De ce Livre n'a été publié que la 1re partie. M. Daniel Elrick
Capit. d'Artillerie de la Ville de Francfort en a Donné un
Supplement reprimé en 1676. à Francfort.

Haug

V. 454.
A.

2334

Cubic Taffel.

Wie sie von eins an auf einander folgen, da der erste Satt 1000.
Theil ein gegründige Zahlen — um die Maaßstäb aufzutheilen. —

№.	Zahl.	№.	Zahl.	№.	Zahl.	№.	Zahl.
1	1000	29	3072	57	3848	85	4396
2	1259	30	3107	58	3870	86	4410
3	1442	31	3141	59	3892	87	4430
4	1587	32	3174	60	3914	88	4447
5	1709	33	3207	61	3936	89	4467
6	1817	34	3239	62	3957	90	4484
7	1912	35	3271	63	3976	91	4497
8	2000	36	3301	64	4000	92	4517
9	2080	37	3332	65	4020	93	4530
10	2154	38	3362	66	4047	94	4546
11	2222	39	3391	67	4067	95	4562
12	2289	40	3419	68	4088	96	4576
13	2351	41	3448	69	4102	97	4594
14	2416	42	3467	70	4124	98	4610
15	2466	43	3502	71	4141	99	4626
16	2519	44	3530	72	4168	100	4642
17	2571	45	3556	73	4179	101	4657
18	2620	46	3587	74	4181	102	4672
19	2668	47	3608	75	4217	103	4687
20	2714	48	3630	76	4238	104	4702
21	2758	49	3659	77	4299	105	4717
22	2802	50	3684	78	4272	106	4732
23	2845	51	3708	79	4299	107	4747
24	2884	52	3732	80	4308	108	4762
25	2924	53	3756	81	4326	109	4776
26	2962	54	3779	82	4344	110	4791
27	3000	55	3802	83	4362	111	4806
28	3036	56	3825	84	4379	112	4820

Vergleichung des Nürnbergischen Gewichts nach
Franckreich aus.

Antorff. — — — — — — 108.	
Augspurg. — — — — — 104.	
Ancona. — — — — — 148.	
Bann. — — — — — — 150.	
Bellonia. — — — 139 in 140.	
Batzen groß gewicht. — 100	
Breßlau. — — — — — 128	
Cathalonia. — — — 160.	
Cölln. — — — — — 102.	
Costnitz. — — — — — 108.	
Cracau — — 126. in 127.	
Cur. — — — — — — 98.	
Dantzig. — — — — 122.	
Florentz. — — — — 142	
Ferrar. — — — — 144	

Zum Exempel setze ich.

Ich hätte ein Tüchlein
mit dem Nürnbergischen
Maßstab gemeßen, finde das
solche Läng 35 ℔ Elln, ſchießt
frag ich wie viel ſchießt gedacht
Läng ſtünd Elln zu Florentz.
facit. &c. —

$$49 \tfrac{7}{10} \, \text{℔} :$$
$$\text{℟.}$$
$$100.$$

℔ zu Florentz.
35.

{ 100 ℔ zu Nürnberg thun zu: }

Franckfurt. — — — — 108.	
Ulm. — — — — — 108.	
Genua. — — 152. in 153.	
Wien — — — — — 90.	
Genff. — — 110 in 111.	
Krembs. — — — — — 90.	
Leipzig. — — — — 110.	
Lion. — — — — — 120.	
Londen. — — — — 112.	
Lübeck. — — — — 108.	
Lüblin. — — — — 128.	
Luca. — — — — — 142.	
Mayland. — 155. in 156.	
Parma. — — — — 161.	
Prag. — — — — 92.	
Saltzburg. — — — 90.	
Straßburg. — — — 104	
Venedig. — — — 106.	

142.
35.
———
710.
426.
4970.
———
10.

GRAND ART
D'ARTILLERIE

Par le Sieur

CASIMIR SIEMIENOWICZ,
CHEVALIER LITVANIEN.

Lieutenant General de l'Artillerie dans le
Royaume de Pologne

MISE

De Latin en François, par

PIERRE NOISET
Macerien,

GRAND ART
D'ARTILLERIE
Par le Sieur
CASIMIR SIEMIENOWICZ
Chevalier Litvanien;
Iadis Lieutenant General de l'Artillerie
dans le Royaume de Pologne
Mise en François par
PIERRE NOIZET
Macerien.
Apud IOANNEM IANSSON

GUILLAUME FRIDERIC

Conte de Naſſau, Catzenellenbogen, Vian-
den, Dietz, & Spiegelbergh: Seigneur de Bylſteyn: Baron de
Liesfeld: Gouverneur de Frize: General de l'ARTILLERIE
des Provinces unies des Pays-Bas &c.

MONSEIGNEUR,

E Grand & Divin Platon a raviſſamment bien raiſonné ce me ſemble, quand il a dit que ces republiques
ſeroient arrivées au plus eminent degré de leur bonheur, deſquelles les Gouverneurs ſeroient Philoſophes,
& les Philoſophes Gouverneurs. Et certes combien
eſt puiſſante & energique la verité de cete ſentence, il ny à que ceux-
là qui ont en main les rénes du gouvernement d'une Republique qui
en peuvent ſainement juger; c'eſt de là que ie ſupplie qu'il me ſoit
permis de former cét axiome militaire & indubitable neantmoins
puiſque la profeſſion que ie fais de ſoldat ſemble me donner cete liberté, qui eſt que les evenemens de ces guerres ſont touſiours com-
bléz de bonheur lors que les chefs & principaux conducteurs ſont
Philoſophes, & Guerriers tout enſemble. Il n'eſt pas beſoin que ie
m'eſtende icy beaucoup ſur l'explication de cete Philoſophie militaire, il ny a perſonne dans l'âge où nous ſommes, qui ne ſcache aſſez dans quelle reputation elle eſt, & comme elle s'appelle: c'eſt de
cete rare ſcience que ces braves Genies de guerre tiennent ce titre
d'Ingenieurs, leur induſtrie toute particuliere, & la force de leurs
beaux eſprits leur ont acquis cét éloge. Or la principale & plus noble
partie de cete ſcience militaire eſt cét excellent art duquel nous faiſons profeſſion,& celle dont nous traiterons particuliérement dans
cét œuvre; puis qu'il s'y treuve tant de ſignaléz autheurs qui ont pris
le ſoin de cultiver les autres, & de les porter s'il eſtoit poſſible dans le
plus haut degré de leur perfection. C'eſt doncques de cete Philoſophie
de laquelle ie ſouhaiterois, que tous ces braves Capitaines, Chefs,
& Generaux d'armées fuſſent parfaitement imbus, ſi la choſe pouvoit
arriver ſelon mon ſouhait. Il n'eſt pas neceſſaire que j'aille rechercher parmy les monuments de l'Antiquité une infinité preſque de teſmoignages & d'arguments invincibles de tous les Anciens pour
confirmer cete verité, puiſque nous avons encore devant les yeux &

‡ 3

de

de fresche memoire les images de ces trois Illustres Heros, qui depuis un si grand nombre d'années se sont non seulement opposez aux puissants efforts d'un des plus Grands Monarques de toute la terre : mais aussi mesprisez ses forces qui paroissoient à tout autre invincibles, quoy que mesme il les eut fait venir de l'un & l'autre hemisphere. Ie diray encore bien d'avantage que ces esclatantes lumiéres de là tres illustre maison de Nassau, l'une des plus nobles, des plus renommées, & des plus anciennes de l'Europe, le pere espaullé de ses deux filz, & fortifié de leurs puissans bras, pour luy ayder comme à un autre Atlas, ont porté avec tant de force, & de courage le ciel de ces Provinces unies, & l'ont élevé jusques à un tel comble de gloire, qu'ils en ont laissé tout le monde non moins remply d'estonnement que d'emulation & d'envie. En sorte que si tout l'enfer eût mesme ramassé toutes ses forces en une, & que toutes les mains des mal-veillants se fussent unies ensemble, pour faire un effort general, & s'opposer à cete entreprise ils eussent rencontré assez de force, decourage, & d'industrie pour les ĕpescher tous de nuire à leurs desseins. C'est donc à ces'nvincibles Heros, à qui la posterité reconnessante doit pour leurs incomparables merites, presenter la palme, & le trophée d'une gloire immortelle; c'est à ceux-là dis-ie à qui nous devons avec justice & raison attribuer le titre & la qualité de Grands Capitaines. Sçavoir maintenant de quels moyens il se sont servis pour s'acquerir des si rares qualitéz, si nous voulons fueilleter les plus celebres autheurs touchant les choses notables qui se sont faites un peu auparavant nostre âge, (car pour le regard des plus recentes elles ne sont point encore écoulées de nostre memoire) il nous sera fort facile de reconnestre, que tant de stratagemes, tant d'ingenieuses inventions, tant de preuves signalées d'une merueilleuse industrie, & d'une incomparable vertu, que ils ont tesmoigné dans les deffences, & attaques des villes, & des places les plus fortes & les mieux munies, soit en batailles rengées, & dans les combats navales, n'ont jamais eu d'autres maistresse que cete parfaite connessance qu'ils s'estoient acquise dans nostre Philosophie Militaire, laquelle ils ont toûjours cultivée avec un soin si particulier, qu'on peut dire qu'ils ont esté les premiers, qui apres l'avoir tirée de la poussiére des choses abandonnées, & du mespris de ceux qui croyoient que l'Art Militaire ne gisoit qu'en la seule vertu, & forces du corps, ou à la bonne fortune des conquerants, l'ont par un certain rappel retablie en sa premiére splendeur, & élevée dans le plus haut degré d'honneur, & de gloire, que iamais elle eût pù esperer; les premiers dis-ie qui ont enseigné à la posterité l'estime qu'en devoient faire tous ceux qui deffendent leurs propres interrets par les armes, ou qui envahissent les biens de leurs voisins pour étendre les limites

de

de leur empire; tant par leurs authentiques écrits, & un exercice continuel du manimēt des armes, que par une infinité de martiales actions
qu'ils ont aussi dignement qu'heureusement executées ; n'estans pas
ignorans de l'importance qu'il y a d'apprendre, & de pratiquer un art,
sans lequel tous les autres ne sçauroient subsister. Or comme ce Grand
Prince auquel seul appartenoit par une puissance absoluë, & souveraine, de conferer les charges, & distribuer les emplois, selon son bon
plaisir, estoit parfaitement bien informé, que VOSTRE EXCEL-
LENCE avoit dés son bas âge eu de l'inclination pour les armes, &
qu'en effet Vous Vous estiez attaché avec tant d'ardeur à l'étude de
cete noble, & excellente discipline militaire, sous des maîtres experts,
(en quoy Dieu mercy foisonnent ces Pays Bas.) qu'en fin Vous estiez
monté au plus éminent degré de sa perfection , il Vous honora de la
charge de General d'Artillerie , au grand advantage des Provinces
confederéez. Et sans doute cete heureuse Republique épreuvera un
jour, si jamais Mars y fait entendre le son de ses trompetes, & rappelle
aux combats cete nation belliqueuse , combien il importe pour
le maniement & la conduite des affaires de la guerre, d'avoir des semblables chefs, & des conducteurs allaitéz de Bellone, exercéz de Mars,
nourris & élevez de nostre Philosophie Militaire. Les anciens Romains n'admettoient point de chefs , pour conduire ou gouverner
leurs machines, qu'ils n'eussent ces belles qualitez , voila pourquoy
(suivant le tesmoignage de Vegese) ils choisissoient pour telle charge
celuy, lequel apres une longue experience, ils reconnoissoient estre le
plus expert & le mieux entendu, afin qu'il pût enseigner aux autres ce
que luy mesme avoit executé avec beaucoup de dignité. Ie ne doute
pas MONSEIGNEVR que Vos hauts faits d'armes, & toutes Vos
actions heroïques, ne treuveront assez décrivains, qui en publiront les
loüanges par leurs escrits, & qui feront retentir le son de Vos éminentes vertus, par la vive voix de la renommée dans les siecles les plus
esloignéz à venir: pour moy ie n'ose pas l'entreprendre ma plume se
sent trop foiblette pour porter son effort si haut , & mon eloquence
me manqueroit infailliblement au besoin; joint que ce n'est pas icy ny
le lieu ny le temps. Ie me rejoüis neantmoins en moy mesme & con-
gratule infinimēt à ma bonne fortune, qui m'a fait autrefois si heureux
que de m'avoir rendu tesmoing & admirateur tout ensemble, de Vos
heroïques & genereuses actions, lesquelles ie ne les consideray jamais
mieux que lors que VOSTRE EXCELLENCE contraignît par une
ingenieuse violence, & par un artifice admirable le fort de Murspeye
à se rendre, c'est là où suivant l'armée de Messeigneurs les Estats sous
Vostre conduite, & sous Vos commendements, ie suivois l'Artillerie
en qualité de Gentil-homme du canon, c'est là où j'ay appris quanti-

tité de chofes remarquables que j'ay inféréez dans ce petit ouvrage que ie donne aujourdhuy au Public.

Ces raifons MONSEIGNEVR ont efté les principaux motifs qui m'ont obligé de confacrer à VOSTRE EXCELLENCE cete premiere partie de mes labeurs, laquelle nous avons fait parler François, ne conneffant perfonne au monde, qui puiffe en juger plus fainement ny plus dignement que VOSTRE EXCELLENCE: Vous di-je MONSEIGNEVR qui excellez en cét art fi éminemment, que difficilement y pourroit-on rencontrer Voftre égal, auffi ay-ie creu que ce prefent ne pouvoit eftre adreffé à une perfonne plus digne, qu'a VOSTRE GRANDEVR: Et veritablement j'aurois creu commettre un crime d'ingratitude & d'incivilité tout enfemble, fi ie ne Vous avois éleu pour arbitre de mes affaires, & juge de ces petites pratiques militaires que ie me fuis acquifes dans les guerres de ces provinces unies, defquelles ie fais part de tout mon cœur au Public. Que VOSTRE EXCELLENCE daigne s'il luy plait donner un accuëil favorable à ce petit ouvrage; petit en effet au regard de la maffe du livre; mais affez grand neantmoins quant à la dignité de fa matiére. Vous y trouverez MONSEIGNEVR, fi Vous commendez à quelque expert Ingenieur à feu d'en faire les efpreuves, de quoy adoucir Vos foins continuels, par un divertiffement militaire, autant recreatif qu'admirable; Vous aurez continuellement devant Vos yeux les images de Vos avantures martiales, pendant que la paix, qui regne maintenant fur ces peuples unis, leur tiendra les yeux bandez, pour ne plus voir les veritables fpectacles de ces horribles combats, & les oreillesbouchées, pour ne plus oüir les mugiffemēts épouvantables de ces effroyables machines de guerre. Vivez donc heureux MONSEIGNEVR, & jouiffez en paix des faveurs & des benedictions que le ciel fera pleuvoir fur Vous; cependant je luy feray des voeux continuels pour la confervation de VOSTRE EXCELLENCE, & l'obligeray par mes frequentes prieres à m'octoyer autant de graces qu'il en faut meriter la qualité de.

MONSEIGNEVR
DE VOSTRE EXCELLENCE.

Le tres humble & tres obeiffant
Serviteur.

CASIMIR SIEMIENOWICZ,
Chevalier Lituanien, Lieutenant
General de l'Artillerie dans le
Royaume de Pologne.

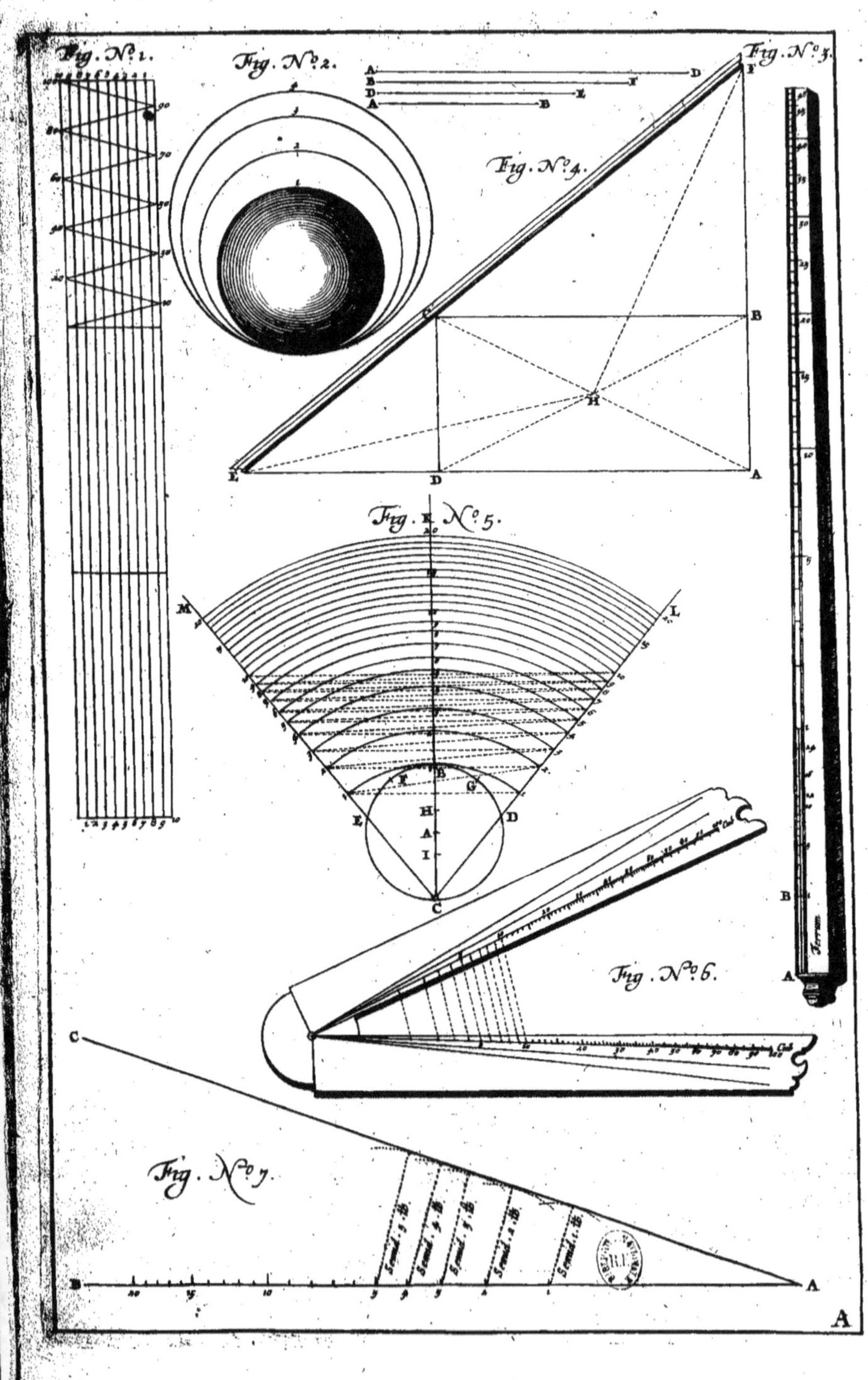

Fig. Nº 1.
Fig. Nº 2.
Fig. Nº 3.
Fig. Nº 4.
Fig. Nº 5.
Fig. Nº 6.
Fig. Nº 7.
A
B
C
D
A

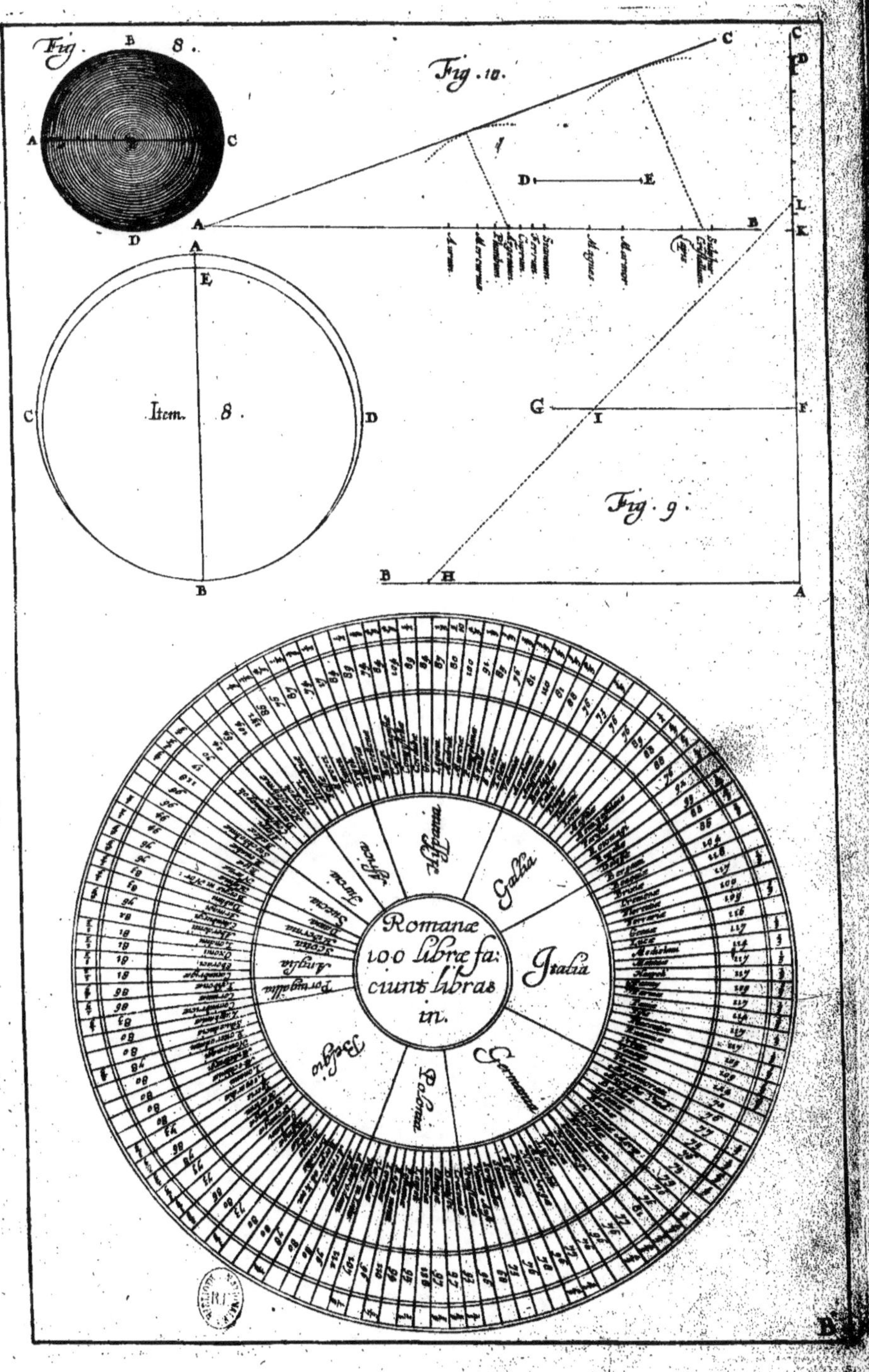

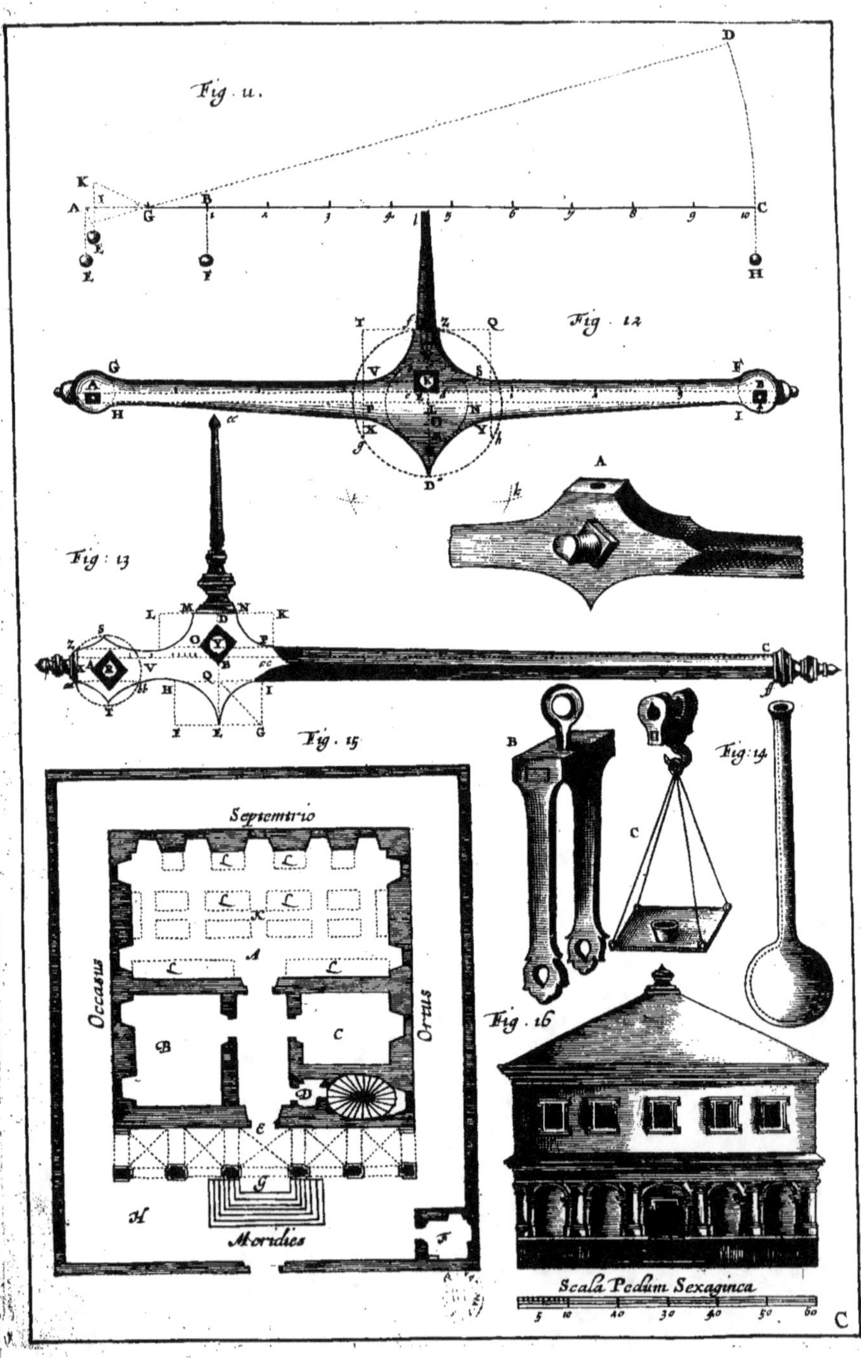

Fig. 11.
Fig. 12.
Fig. 13.
Fig. 14.
Fig. 15.
Fig. 16.
Septemtrio
Occasus
Ortus
Meridies
Scala Pedum Sexaginta
5 10 20 30 40 50 60
C

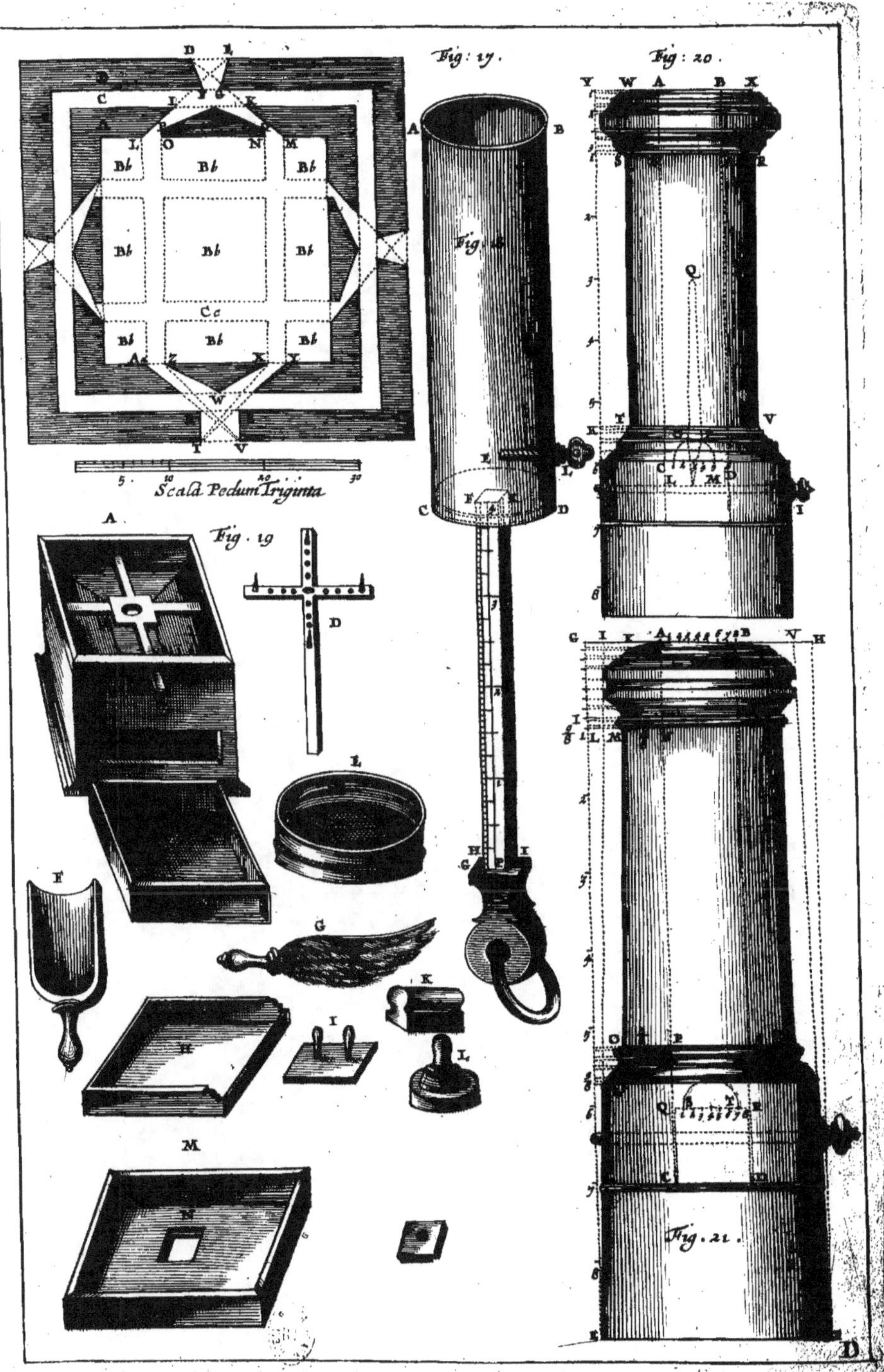

Fig: 17.
Fig: 20.
Fig: 19.
Fig: 21.
Scala Pedum Triginta

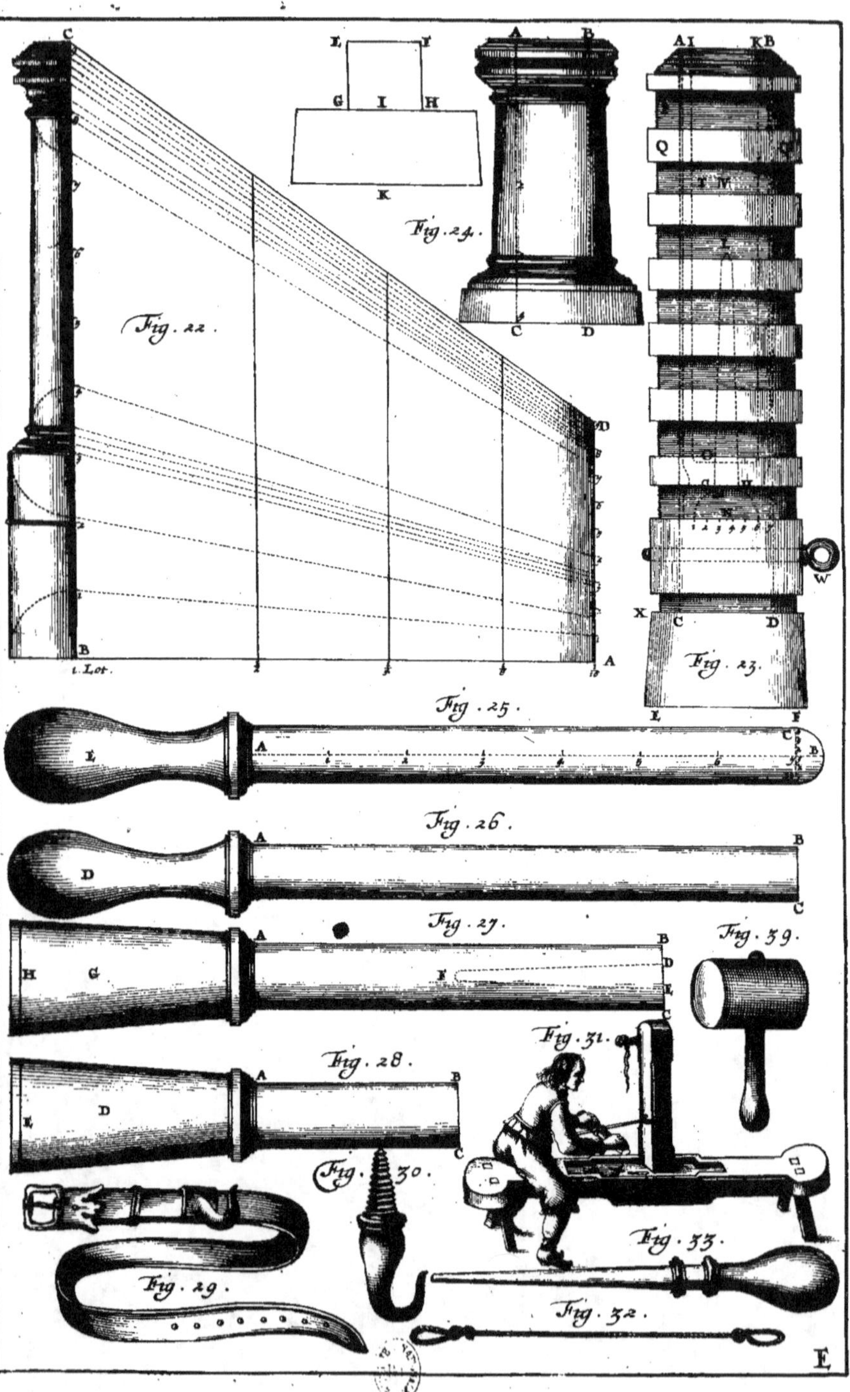
Fig. 22.
Fig. 23.
Fig. 24.
Fig. 25.
Fig. 26.
Fig. 27.
Fig. 28.
Fig. 29.
Fig. 30.
Fig. 31.
Fig. 32.
Fig. 33.
Fig. 39.
E

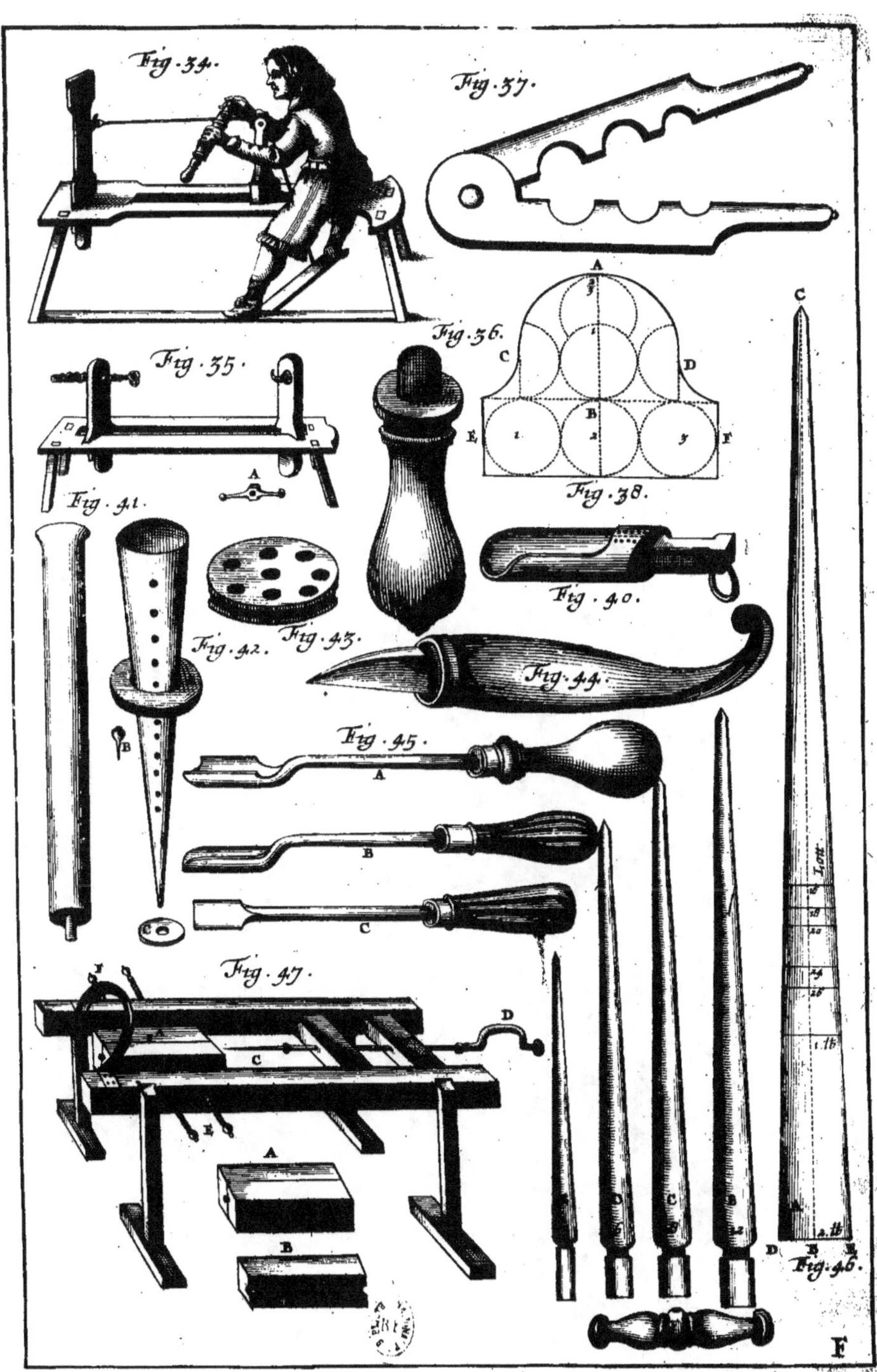

Fig. 34.
Fig. 37.
Fig. 35.
Fig. 36.
A
C
D
E
B
F
Fig. 38.
Fig. 41.
A
Fig. 40.
Fig. 42.
Fig. 43.
B
Fig. 44.
Fig. 45.
A
B
C
Fig. 47.
D
C
E
A
B
C
D
Fig. 46.
F

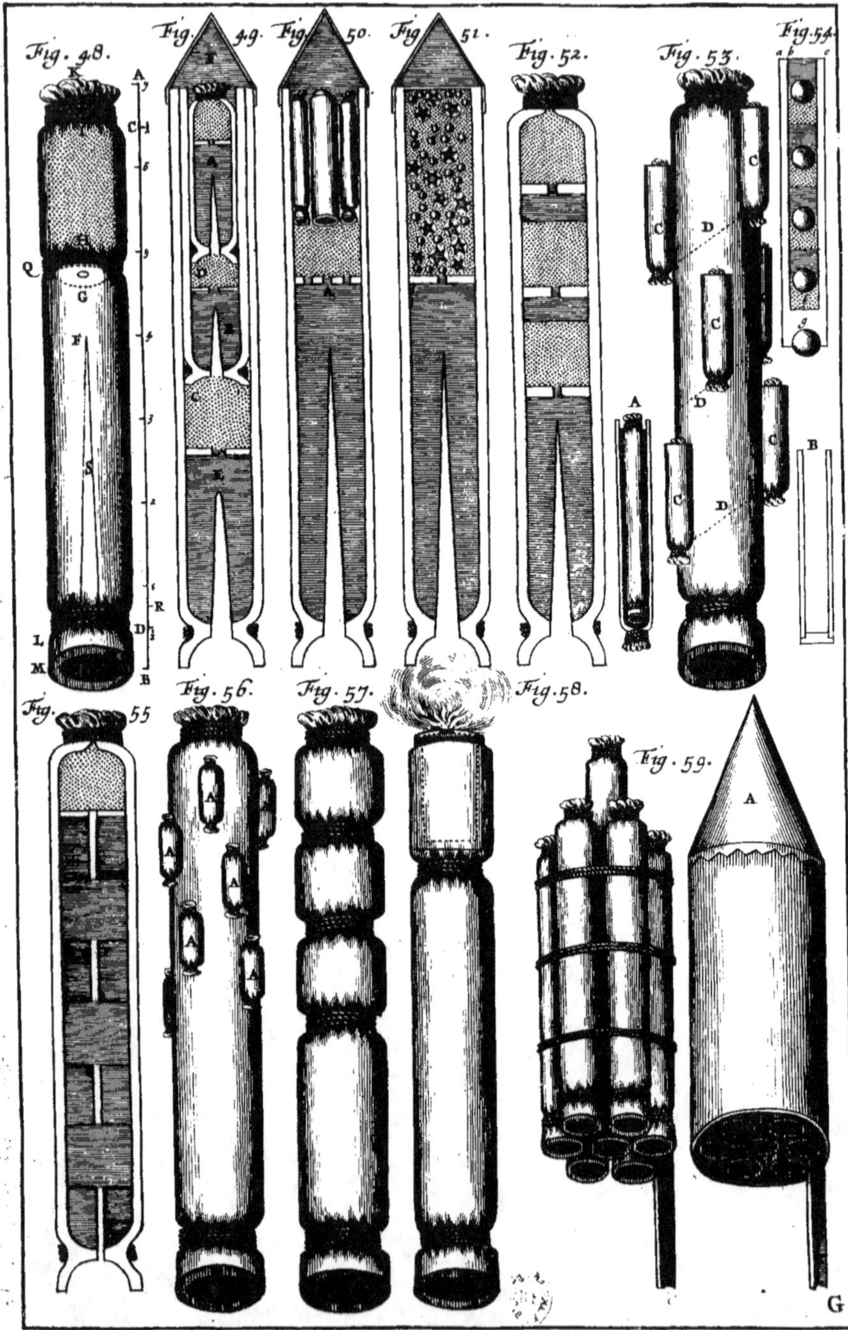

Fig. 48.
Fig. 49.
Fig. 50.
Fig. 51.
Fig. 52.
Fig. 53.
Fig. 54.
Fig. 55.
Fig. 56.
Fig. 57.
Fig. 58.
Fig. 59.
G

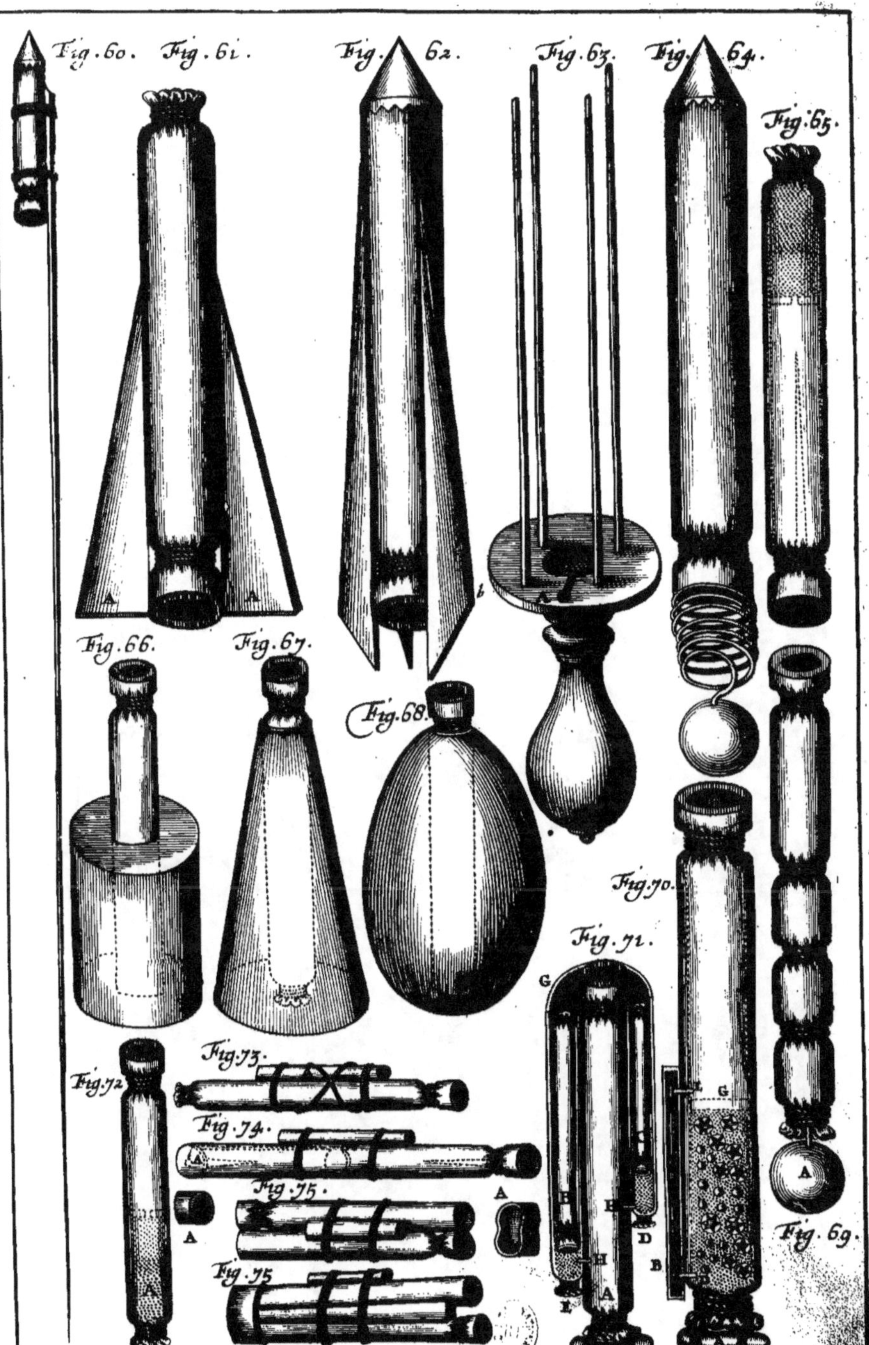

Fig. 60.
Fig. 61.
Fig. 62.
Fig. 63.
Fig. 64.
Fig. 65.
Fig. 66.
Fig. 67.
Fig. 68.
Fig. 69.
Fig. 70.
Fig. 71.
Fig. 72.
Fig. 73.
Fig. 74.
Fig. 75.
Fig. 75.

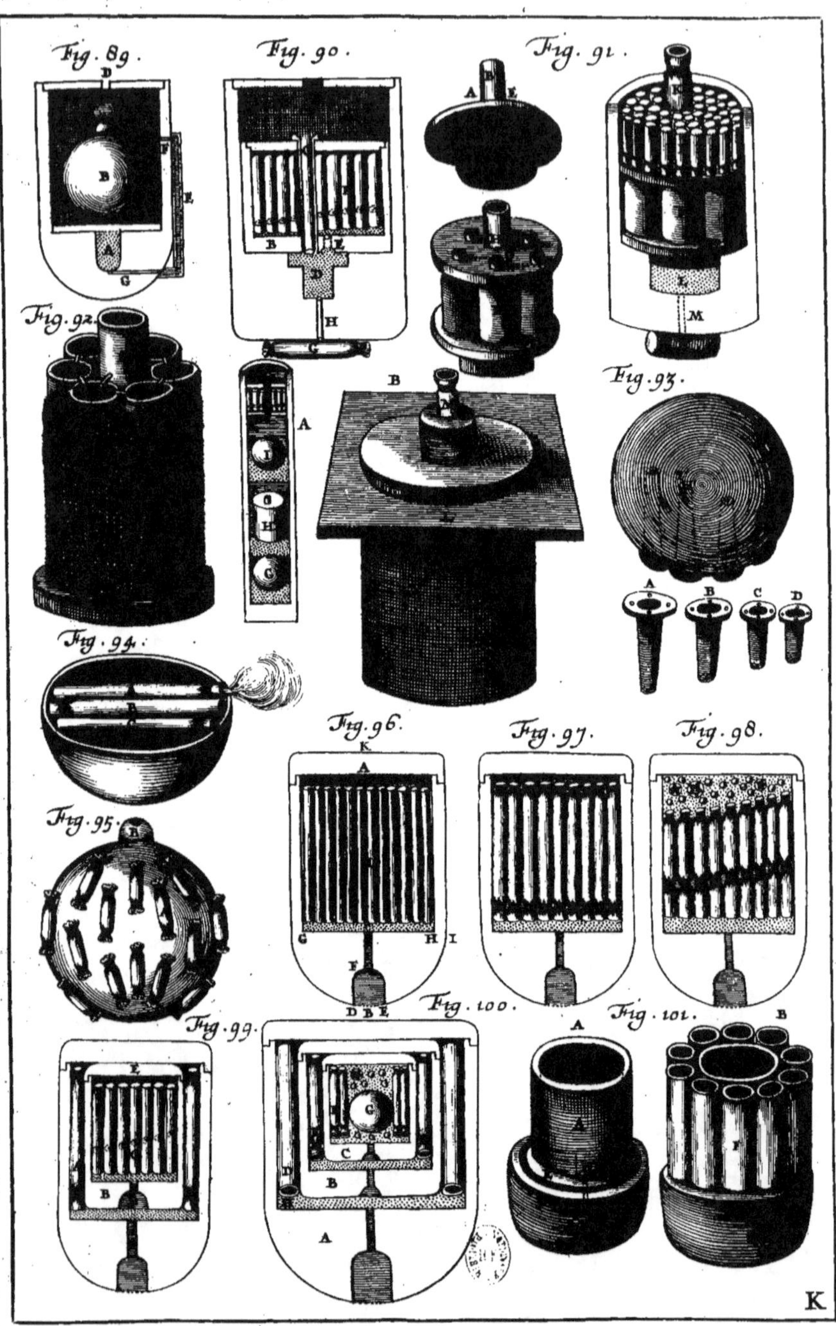

Fig. 89.
Fig. 90.
Fig. 91.
Fig. 92.
Fig. 93.
Fig. 94.
Fig. 95.
Fig. 96.
Fig. 97.
Fig. 98.
Fig. 99.
Fig. 100.
Fig. 101.
K

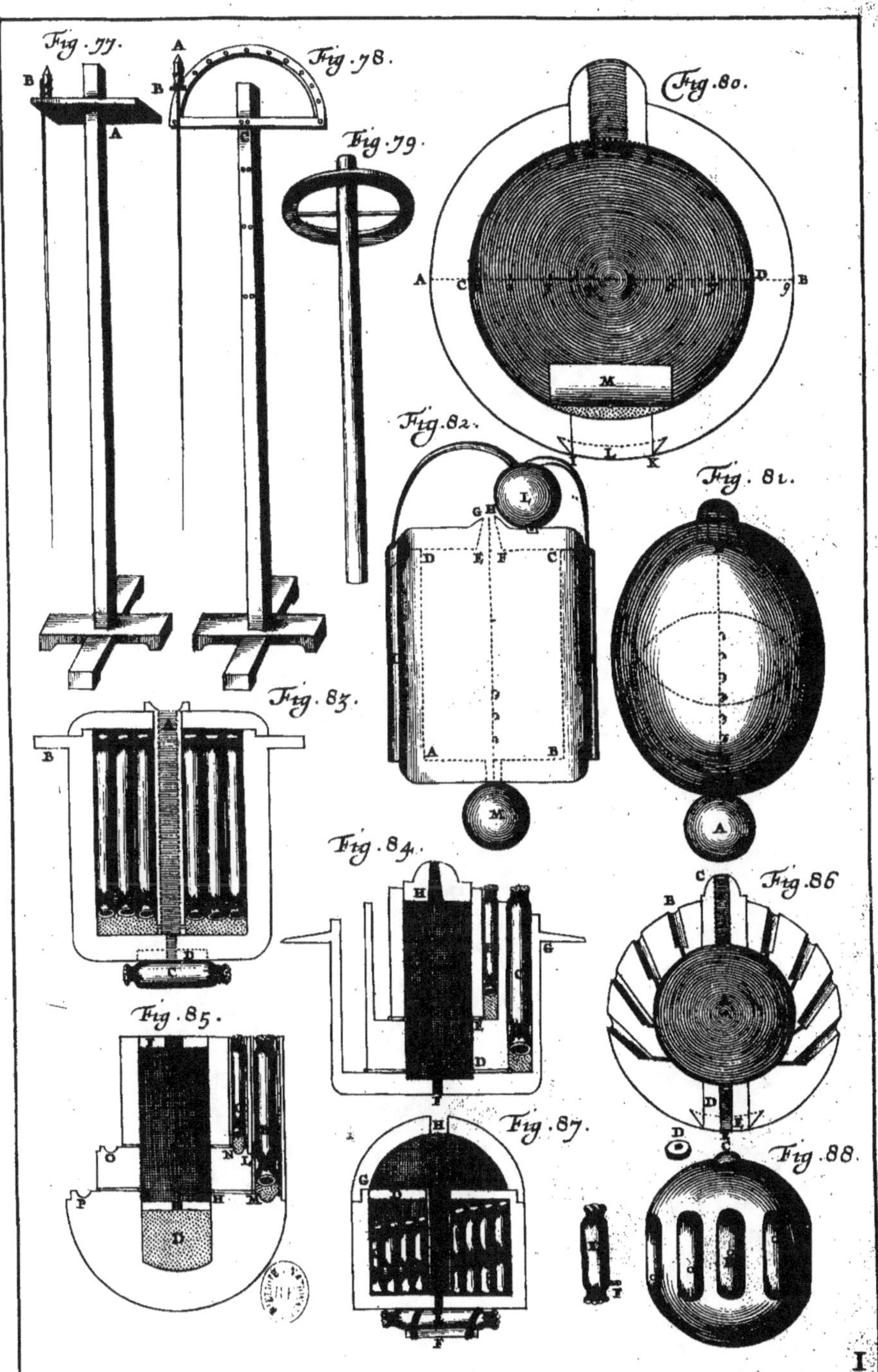

Fig. 77.
Fig. 78.
Fig. 79.
Fig. 80.
Fig. 81.
Fig. 82.
Fig. 83.
Fig. 84.
Fig. 85.
Fig. 86.
Fig. 87.
Fig. 88.

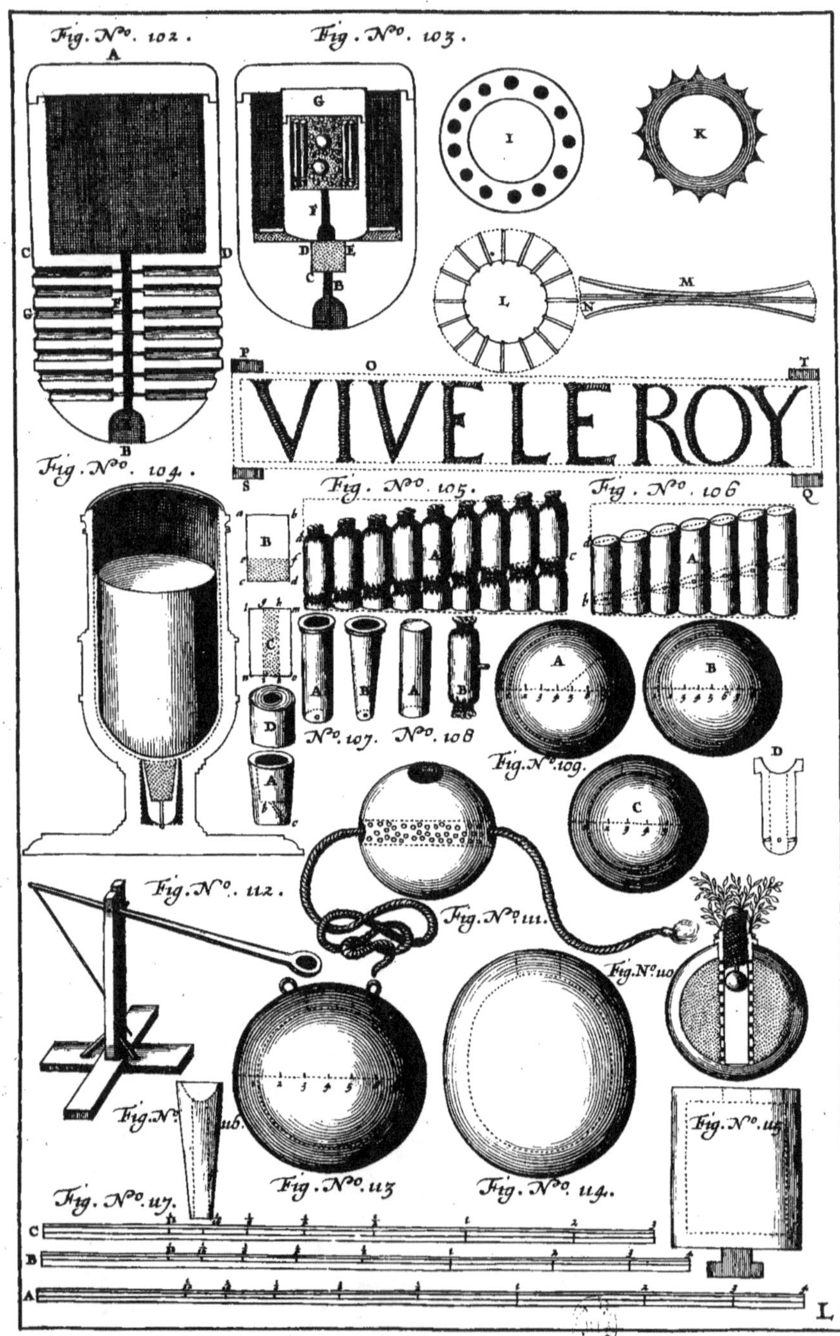

Fig. Nᵒ. 102.
Fig. Nᵒ. 103.
A
G
C D
D E
F
C B
B
I
K
L
N M
P O T
VIVE LE ROY
S Q
Fig. Nᵒ. 104.
Fig. Nᵒ. 105.
Fig. Nᵒ. 106
B
A
A
C
A B A B
D
A
Nᵒ. 107. Nᵒ. 108
A B
C
D
Fig. Nᵒ. 109.
Fig. Nᵒ. 112.
Fig. Nᵒ. 111.
Fig. Nᵒ. 110.
Fig. Nᵒ. 116.
Fig. Nᵒ. 113.
Fig. Nᵒ. 112
Fig. Nᵒ. 114.
Fig. Nᵒ. 115.
Fig. Nᵒ. 117.
C
B
A
L

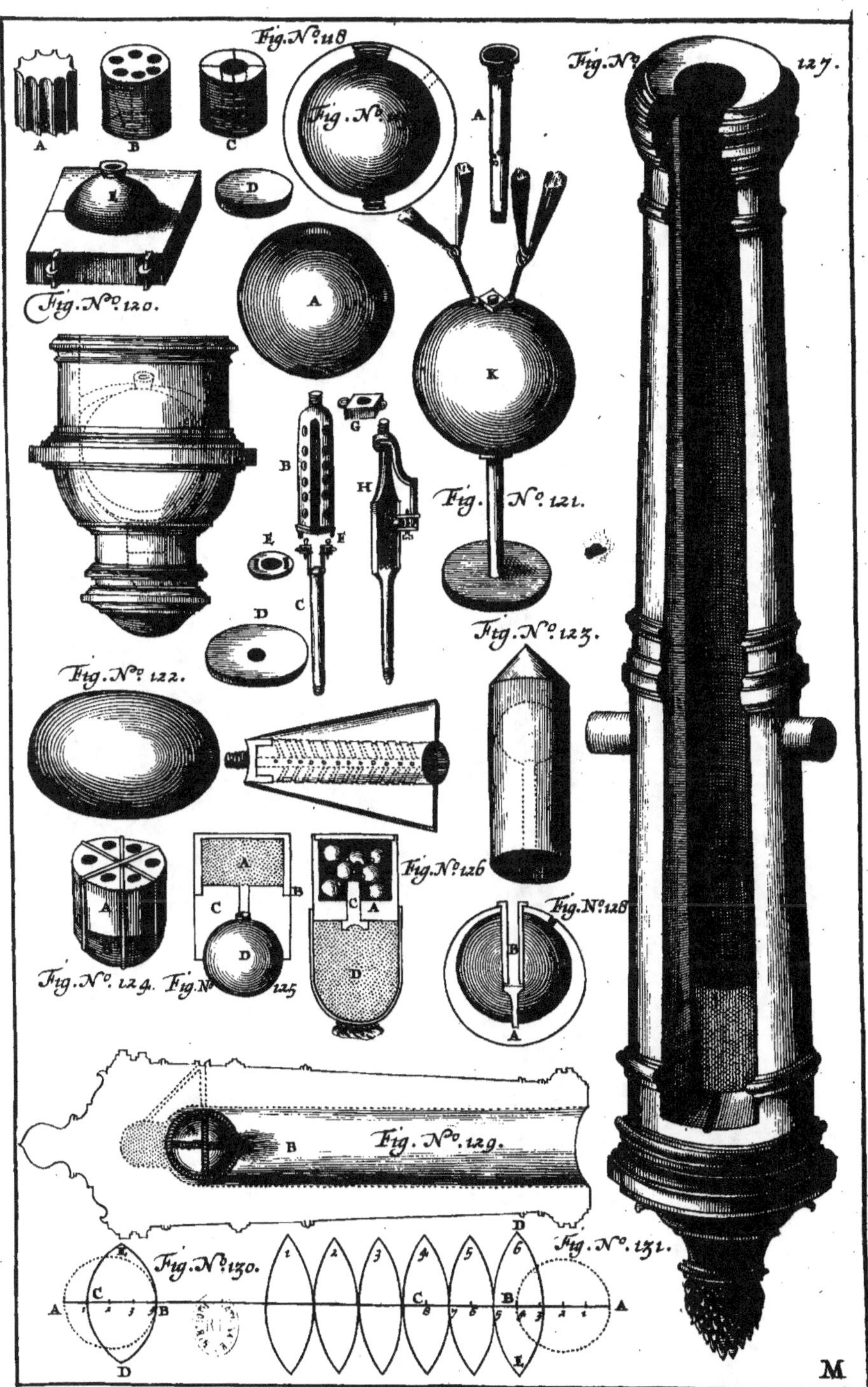

A
B
C
Fig. Nº. 118
Fig. Nº.
127
A
D
Fig. Nº. 120.
A
K
B
G
H
Fig. Nº. 121.
E
E
F
D
C
Fig. Nº. 122.
D
Fig. Nº. 123.
Fig. Nº. 126.
A
A
C
B
A
C A
Fig. Nº. 128.
A
D
B
D
A
Fig. Nº. 124. Fig. Nº. 125.
B
Fig. Nº. 129.
D
Fig. Nº. 130.
1 2 3 4 5 6
Fig. Nº. 131.
E
C
A B
A
D
M

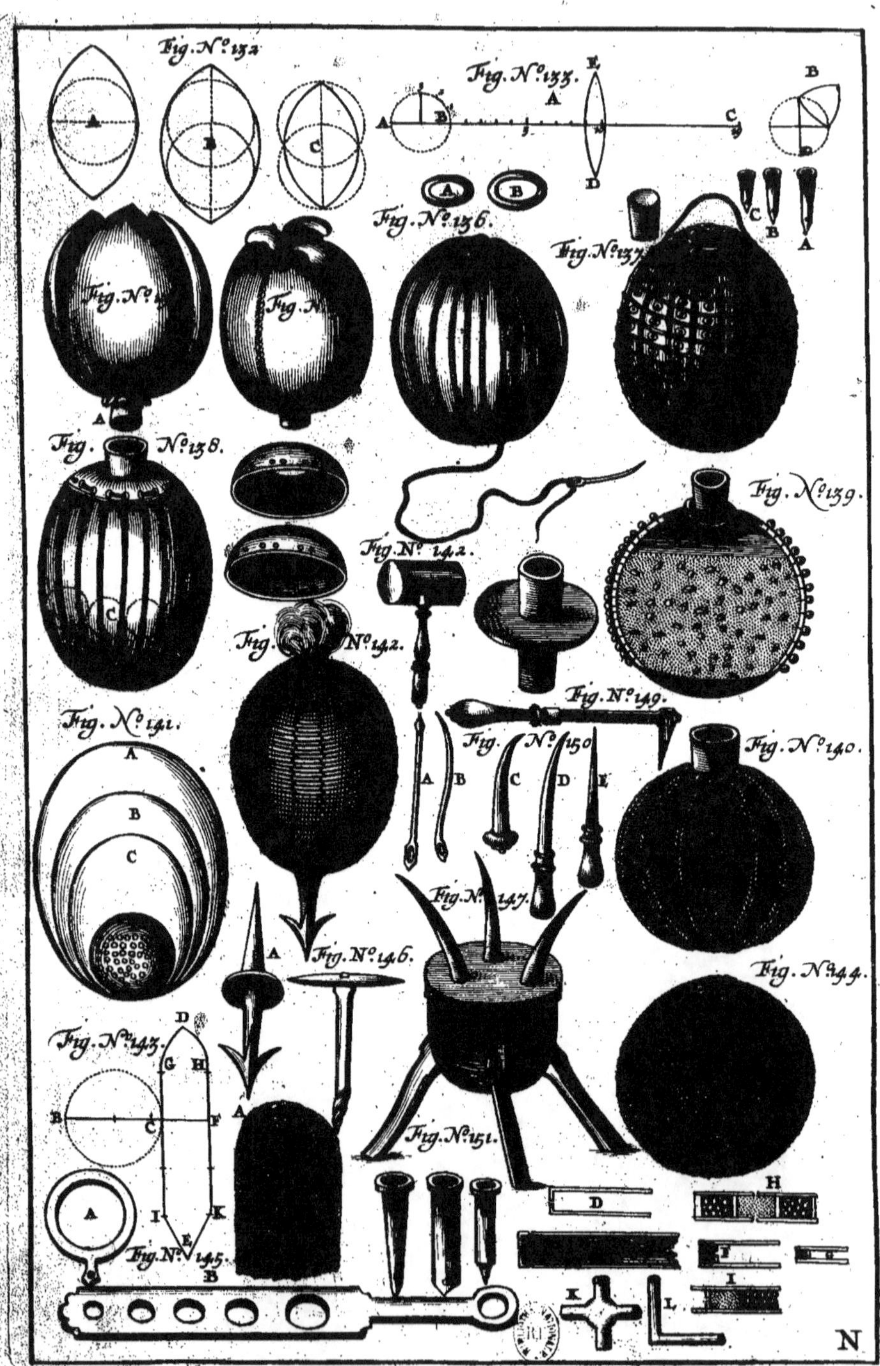

Fig. N.º 152
Fig. N.º 153.
Fig. N.º 156.
Fig. N.º 137.
Fig. N.º 138.
Fig. N.º 139.
Fig. N.º 141.
Fig. N.º 142.
Fig. N.º 142.
Fig. N.º 149.
Fig. N.º 150.
Fig. N.º 140.
Fig. N.º 147.
Fig. N.º 146.
Fig. N.º 144.
Fig. N.º 143.
Fig. N.º 151.
Fig. N.º 145.
A B C
A B C D E
N

Fig. N° 152.
Fig. N° 153.
Fig. N° 154.
Fig. N° 155.
Fig. N° 157.
Fig. N° 156.
Fig. N° 159.
Fig. N° 158.
Fig. N° 160.
Fig. N° 161.
Fig. N° 162.
Fig. N° 163.
Fig. N° 164.
Fig. N° 165.
Fig. N° 166.
Fig. N° 167.
Fig. N° 168.
Fig. N° 171.
Fig. N° 172.
Fig. N° 173.
Fig. N° 169.
Fig. N° 176.
Fig. N° 177.

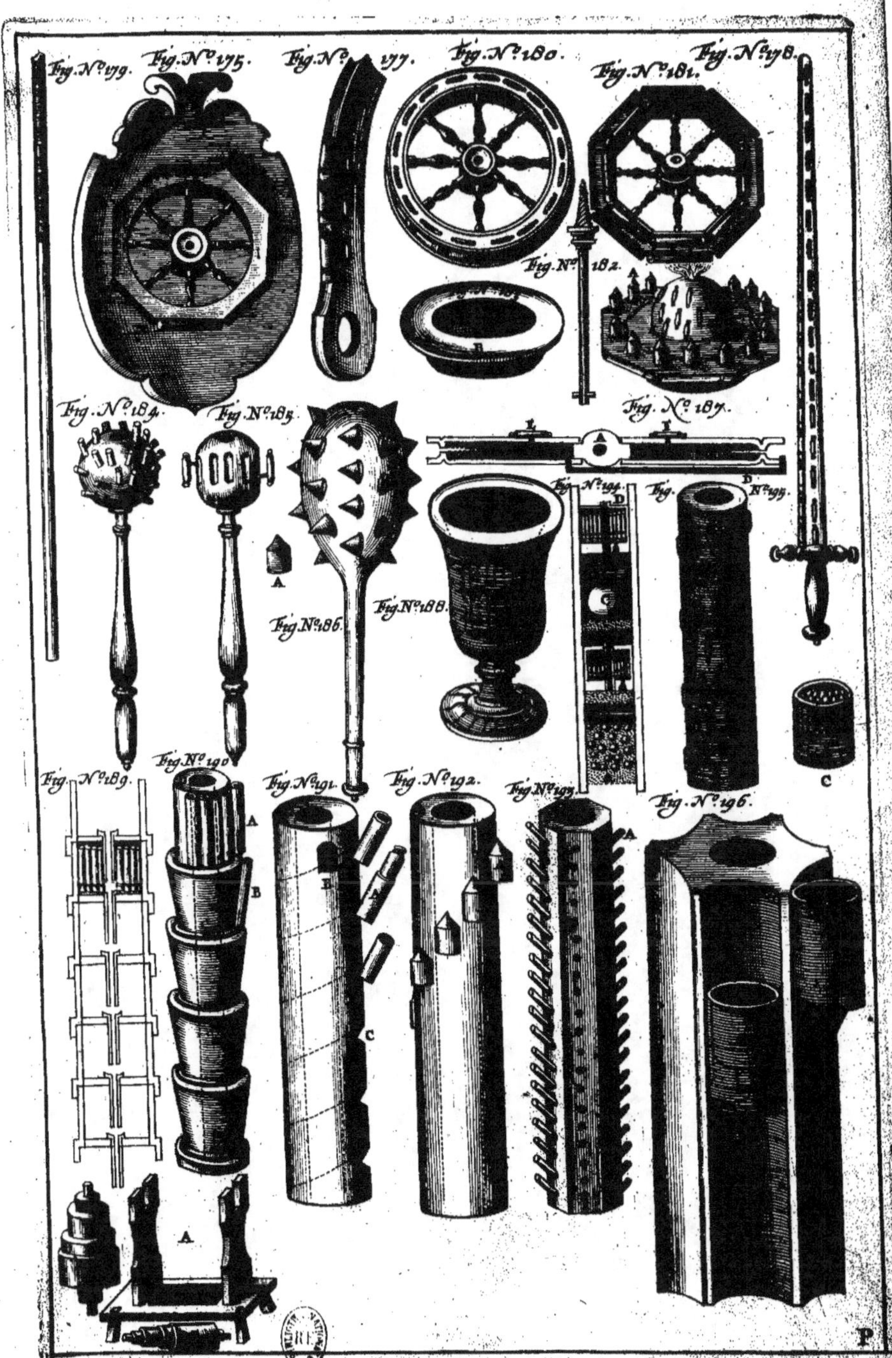

Fig. Nº 179.
Fig. Nº 175.
Fig. Nº 177.
Fig. Nº 180.
Fig. Nº 181.
Fig. Nº 178.
Fig. Nº 182.
Fig. Nº 184.
Fig. Nº 185.
Fig. Nº 187.
A
Fig. Nº 186.
Fig. Nº 188.
Fig. Nº 194.
Fig. Nº 195.
D
D
C
Fig. Nº 189.
Fig. Nº 190.
Fig. Nº 191.
Fig. Nº 192.
Fig. Nº 193.
Fig. Nº 196.
A
B
C
A
A
P

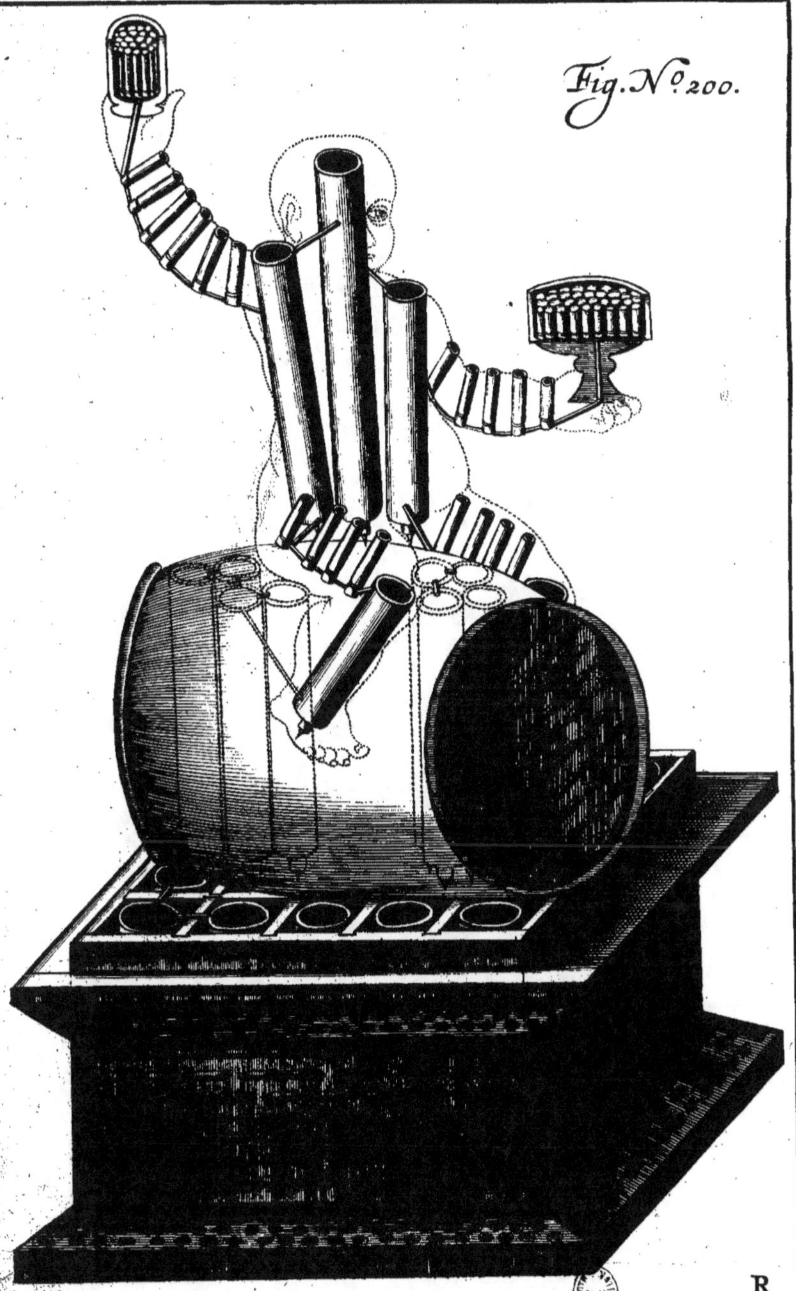

Fig. Nº 200.

R

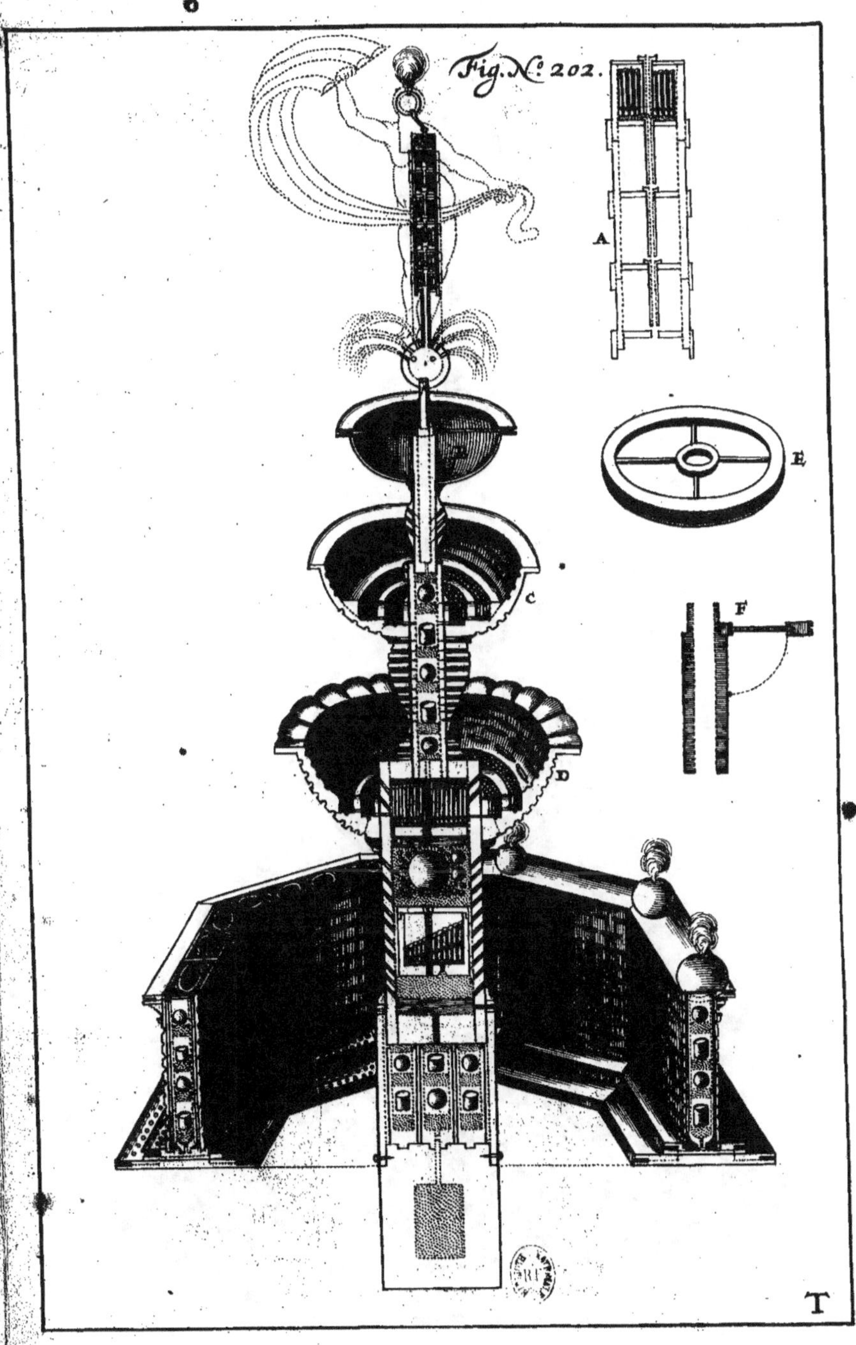

Fig. N.º 202.
A
E
F
C
D
T

Fig. N: 203.
V

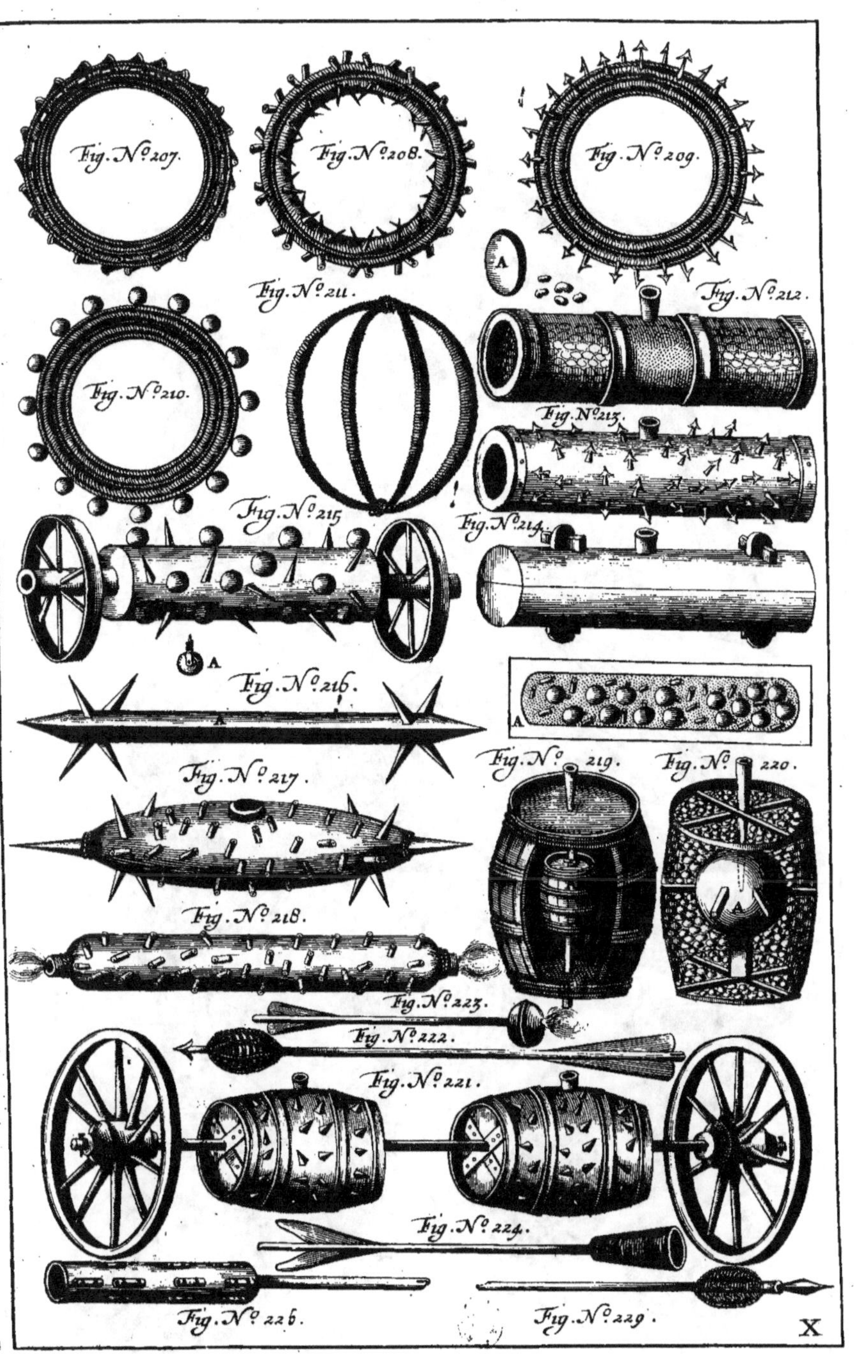

Fig. No. 207.
Fig. No. 208.
Fig. No. 209.
A
Fig. No. 211.
Fig. No. 212.
Fig. No. 210.
Fig. No. 213.
Fig. No. 215.
Fig. No. 214.
A
A
Fig. No. 216.
A
Fig. No. 217.
Fig. No. 219.
Fig. No. 220.
A
Fig. No. 218.
Fig. No. 223.
Fig. No. 222.
Fig. No. 221.
Fig. No. 224.
Fig. No. 226.
Fig. No. 229.
X

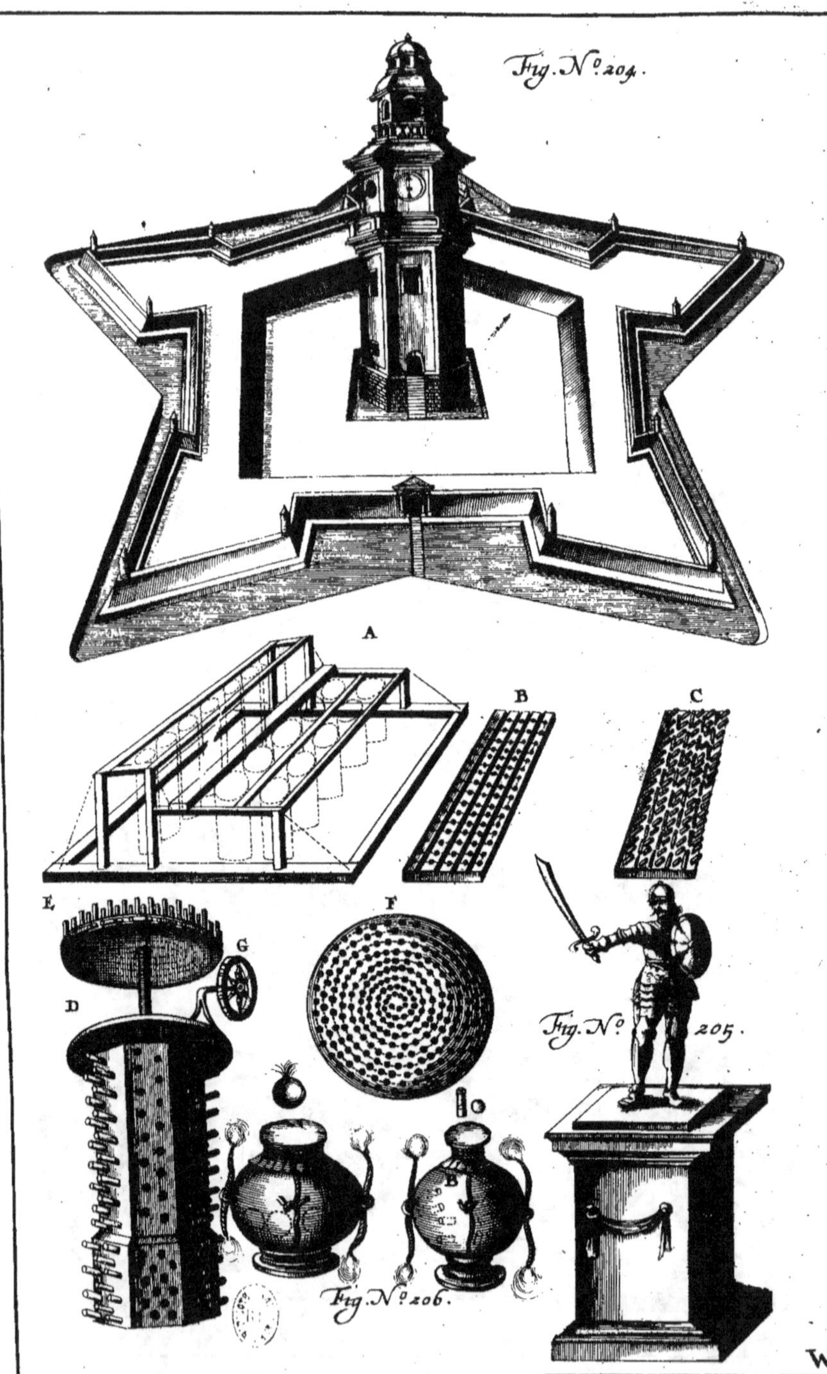

Fig. Nº 204.
A
B
C
E
F
G
D
Fig. Nº 205.
Fig. Nº 206.
W

DU GRAND ART
D'ARTILLERIE
PREMIERE PARTIE
LIVRE I.

De la Reigle du Calibre

E Premier & le Principal Inſtrument de tous les Pyrotechniques que nous appellons REIGLE DU CA-
LIBRE, ſuivant le mot dont ſe ſervent univerſellement
tous les Pyrotechniciens, ou Ingenieurs à feu, tant
Eſpagnols, François, qu'Italiens, eſt appellé chez les Allemands *Mas-ſtab*, ou *Viſier-ſtab*, chez les Flamends *Talſtock*, mais par les
Latins beaucoup plus proprement *Virga* ou bien *Regula Sphæreometrica*.
que nous appellerons avec eux en noſtre langue Françoiſe, *Vergé* ou
Reigle Sphæreometrique ; Il ne faut pas vous imaginer autre choſe par ces
differentes appellations cy deſſus alleguées, qu'un certain Inſtrument, ou eſpece de Reigle, laquelle a un grand rapport avec le Priſ-
me Parallelipipede, un coſté duquel eſt plus long que l'autre, ou
bien avec la Pyramide, quarrée, ſolide, & coupée, laquelle doit
eſtre faite d'un metal qui ne plie pas ayſement, ou d'un bois aſſez
dur, en l'une des ſuperficies delaquelle, eſt une ligne droite. (comme on fait ordinairement) laquelle eſt diviſée en parties inégales (ſuivant la prattique de la Stereometrie, ou du Cube)
& bien proprement ajuſtée pour examiner le poids de tous les boulets
de fer par leurs propres diametres. Et pour cet effect cette Reigle
donne a connoiſtre tous les diametres des autres boulets qui ſont de
meſme metal, depuis le diametre d'un boulet d'une ᵗᵉ, voire d'un
lot, juſques à l'infiny, qui veut dire autant que la longueur de la ligne
le peut permettre. Pareillement ſur la ſeconde & troiſieſme ſuperficie de cette meſme Reigle, vous voyez des lignes tirées, toutes diviſées en diametres qui s'entreſuivent d'un ordre naturel pour les
boulets de plomb, & de pierre, de differentes peſanteurs, & bien ordo-
nées, pour examiner les poids des boulets faits de ces meſmes metaux.
La quatrieſme & derniere ſuperficie de ce meſme Inſtrument, nous
monſtre la meſure du pied Rhenan, ou comme quelques uns veulent dire de L'ancien pied Romain, qui ſe diviſe en douze onces, ou

A

dou-

douze poulces ; & ce sera de cette mesure, de laquelle nous pourrons mesurer non seulement toùs les corps Pyrotechniques, mais aussy toutes sortes de superficies planes, & de lignes,

Maintenant que nous vous avons fait voir l'instrument de la REIGLE du CALIBRE, la raison veut que nous vous enseignons les divers moyens de le construire, & de plus que nous vous declarions son usage particulier dans l'Artillerie ; le tout selon l'ordre & la methode qui s'ensuit,

Chapitre I.

Comme il faut construire la Reigle du Calibre par la voye d'Arithmetique.

IL se trouve plusieurs, & divers moyens presque chez tous ceux qui font profession de l'Arithmetique, & de la Geometrie tant Theorique que Prattique, voire mesme chez la plus part des Mechaniques, pour construire la ligne Cubique ou Stereometrique (d'ou nostre Reigle du Calibre a tiré son origine, & d'ou est sorty ce mot de Calibrer & mesurer tant les globes, ou boulets, comme les bouches des canons) soit que l'on vueilles diviser quelque autre ligne en parties proportionelles, suivant la raison cubique ; Pour venir à bout de cecy, il faut seulement sçavoir bien doubler, tripler, & multiplier le premier cube, jusques a tel nombre qu'il vous semblera bon : mais comme cette operation ne se peut faire par un moyen plus exacte, ny par une voye plus certaine que par un calcul d'Arithmetique, l'ay trouvé bon de vous en donner d'abord un moyen tres facile, & de vous proposer une voye qui me semble à la verité, la plus noble & la plus excellente de toutes celles que i'ay tenté, bien que (pour dire vray) tous ceux qui prattiquent cette science, aussy bien comme le reste des mechaniques ayent appris à l'eviter à cause de l'extraction de la racine cubique qui est un peu fascheuse, & difficile, & se contentent seulement de diviser toute sorte de lignes proposées en proportionalité Stereometrique, par le moyen de certaines tables qui auparavant ont esté calculées par d'autres Arithmeticiens, dont ils se servent franchement dans toutes leurs operations, Mais veu qu'il n'importe pas peu à ceux qui desirent se rendre parfaits dans cet Art, d'avoir la connoissance de cette methode, nous proposerons cy dessoubz quelques reigles fort succinctes de la Racine Cubique, avec la façon de faire les tables Stereometriques ; par le moyen desquelles nous pourrons sans aucune difficulté construire nostre Reigle du Calibre.

Methode fort breve pour tirer la Racine Cubique, comprise dans les Reigles suivantes.

Les Arithmeticiens appellent nombre cubique, celuy qui est fait & formé d'un nombre multiplié par soy mesme, & derechef du mesme nombre multiplié par le produit. Par exemple, si ce nombre, 10 est multiplié par soy mesme c'est a dire par 10 il sera 100, lequel si vous multipliez derechef par 10, produira 1000, qui est le nombre, que nous appellons Cube, & 10.

la

la Racine Cubique; ce qui d'abord estant bien conneu, il vous sera bien facile de tirer la Racine Cubique de quelque nombre que se soit, particulierement si vous observez bien les preceptes suivants.

1. Il faut avoir devant les yeux une Table des neuf premiers Cubes, & de leur Racines: ce que vous obtiendrez aysement, si vous multipliez Cubiquement, les premiers simples nombres, depuis l'unité jusqu'au nombre de de neuf, comme on peut voir en cette table suivante.

Racines	Cubes
1	1
2	8
3	27
4	64
5	125
6	216
7	343
8	512
9	729

2. Avant que commencer vostre operation, faut distinguer le nombre donné, par des petits points, commençant de la main droite vers la gauche, en sorte que la premiere figure de la main droite, soit marquée d'un point, puis apres la quatriefme tirant vers la gauche, puis la septiefme, apres la dixiefme, & ainsi consequemment jusqu'à la derniere figure laissant toufiours deux d'icelles interposées entre chaque point, comme on peut voir icy. 34258630921.

3. Portez les yeux sur vostre table superieure, & prenez moy la racine du nombre compris souz le premier point vers la main gauche, soit qu'il n'ait qu'une figure, soit qu'il en ait deux, ou trois; C'est adire cherchez le nombre dans vostre table des Cubes que vous avez devant les yeux, que si d'avanture il ne s'y rencontre point, prenez le nombre inferieur qui en approche le plus, & en marquez la racine à l'escart, au dela d'un petit demy-cercle, qui est fait à dessein à costé des nombres. Comme dans nostre exemple, cherchez la Racine du nombre 34, laquelle ne se trouvant pas expressement dans la Table des Cubes, prenez le nombre le plus proche au dessoubs, àsçavoir 27, & marquez la racine 3 en cette façon 34258630921.(3

4. Tirez le cube de cette Racine hors du nombre compris soubz ledit premier point, àsçavoir 27 de 34, & posez au dessus le 7 qui est de reste, comme on fait dans une soubstraction vulgaire.

$$\begin{array}{l} 7 \\ 34258630921\ (3 \\ 27 \end{array}$$

5. Triplez la racine trouvée, & en mettez le produit soubz la figure qui devance immediatement celle qui est marquée du susdit point, que si ce nombre triplé se rencontre de plusieurs figures, faudra les poser suivant l'ordre d'Arithmetique vers la gauche.

6. Cherchez vostre diviseur en cette façon; faites tripler vostre quotient, & en escrivez le produit en un en droit plus bas, & plus reculé d'une figure, vers la gauche, que le nombre triplé, affin que ces deux nombres soient tout à fait separéz & distincts, l'un desquels vous appellerez, nombre Triplé, ou Triple, & l'autre le Diviseur. Si maintenant vous divisez le nombre qui est escript au dessus, par ce diviseur; vous aurez la seconde figure de la racine au quotient.

A 2

7. Tri-

7. Triplez en apres tout ce qui se trouve au quotient, & multipliez le produit de rechef par la figure du quotient, laquelle vous avez trouvé immediatement par la division, à ce produit adioutez le Cube du mesme nombre, en tel ordre toutefois que la derniere figure de ce nombre cube, ne soit pas mise vers la droite immediatement au dessouz, de la derniere figure d'en haut, mais qu'elle soit advancée de l'intervalle d'une figure vers la droite.

8. Vous soustrairez du nombre superieur, le produit, ou aggregat de tous ces nombres disposéz suivant cet ordre (si faire se peut) & poserez au dessus le reste (s'il y en a) sinon il faudra diminuer le quotient jusques à ce que le produit que vous aviez trouvé puisse estre soustrait du superieur sans aucunement alterer, changer, ou destruire, le Triple, ny le Diviseur, comme dans nostre exemple, Triplez la racine 3. elle sera 9. que vous escrirez soubz 5. multipliez en apres 9. par trois, ou 3. par 9. vous aurez 27. que poserez plus bas que le triple, le reculant toutes fois d'une distance vers la gauche, à sçavoir soubz 72. divisez maintenant 72 par 27 vous aurez 2 au quotient que vous poserez aupres de la premiere racine au dela de vostre demy cercle, qui feront ensemble 32. multipliez les par 9 vous aurez au produit 288 que multiplirez derechef par le nombre immediatement trouvé, asçavoir par 2, qui est la seconde figure de vostre quotient, vous aurez pour second produit 576; en fin adioutez y le cube dudit nombre trouvé 2. asçavoir 8, il sortira un produit de tous ces nombres ainsi disposéz, tel que Celuy cy 5768 lequel estant tiré hors du nombre qui est au dessus asçavoir de 7258 laisse pour reste 1490.

```
      1
      7 2 9 0
  3 4 2 8 8 6 3 0 9 2 1   ( 3 2 1
          9        Nombre triple
        2 7        Diviseur
         3 2       Racine entiere
        2 8 8      Produit
           2       Nombre immediatement trouvé
        5 7 6      Second produit
           8       Cube
        5 0 7 8    Produit ou aggregat,
```

Voyla le point principal de toute cette operation; si toute fois il y reste encore quelques figures, desquelles la Racine Cube ne soit pas extraite, l'operation ne differe en rien de la forme cy dessus enseignée. C'est à dire qu'il faut tripler tout le quotient, que le triple soit multiplié par la Racine immediatement trouvée, & que soit adiouté à ce produit le Cube de la mesme Racine trouvée, puis en fin que le produit, ou aggregat de tous ces nombres, soit tiré hors du superieur, & que le reste (s'il y en a) soit escrit au dessus, comme on peut voir dans l'exemple proposé; auquel comme il y reste, beaucoup de figures, & de nombres, il est besoin de tirer la racine cubique; ce pourquoy si vous continuez à faire le reste de l'operation suivant la mesme methode, & le mesme ordre, que ie viens de dire, vous aurez la Racine Cubique du nombre proposé, 34258630921. (3247.) & de reste, 45480628.

Si apres que l'operation sera faite vous desirez en faire la preuve, il faudra

dra cuber toute la Racine trouvée, & au Cube adjouter le nombre qui reſtoit de l'operation, que ſi l'aggregat,ou produit de tous ces nombres remis enſemble ſe trouve conforme au nombre duquel on a tiré la racine, l'operation en eſt bonne,ſinon il faut recommencer de nouveau & chercher une autre Racine pour reparer voſtre faute.

Que ſi apres l'extraction de la Racine il y demeure quelques nombres ſuper flus (ce qui arrive fort ſouvent) le nombre propoſé ſera irrationnel, ou comme l'on dit ſourd,c'eſt a dire que la veritable racine cubique luy manquera : c'eſt pourquoy pour trouver la Racine la plus approchante de voſtre nombre, il faut adiouter au reſte de l'extraction, certaine quantité de zero ternaires, ou trois à trois, & continuer l'operation ſuivant la methode que nous en avons donné, puis marquer au deſſoubz de la racine trouveé, comme ſi c'eſtoit le numerateur, une unité avec autant de zero que vous en avez poſé de ternaires, au nombre duquel l'extraction à eſté faite.

Or comme il arrive fort ſouvent qu'il faille tirer la Racine Cubique de quelque nombre donné, qui ne l'a pas bien exactement, en ce cas pour ne point employer le temps inutilement, i'ay iugé à propos de vous donner quelques Reigles par leſquelles vous puiſſiez connoiſtre ſans aucune difficulté tous ces nombres qui n'ont pas exactement la Racine Cubique.

1. Tout nombre duquel les dernieres figures ſont des zero & qui ne ſe peut pas bien meſurer par le nombre ternaire, c'eſt a dire qui ne ſe peut exactement diviſer par trois, ne peut avoir ſa Racine parfaictement Cubique, comme ces nombres : 3420, 62800, 453000, ne ſont aucunement Cubiques.

2. Tout nombre duquel la derniere figure eſt 2. ou 4.& la penultieſme toute autre qu'un nombre impair,ne peut eſtre exactement Cubique, comme ceux cy : 3522,62846. ne ſont point Cubiques.

3. Tout nombre duquel la derniere figure eſt 4 ou 8, & la penultieſme tout autre qu'un zero, ou bien qu'un nombre pair, ne peut eſtre ponctuellement Cubique, comme par exemple : 456174, 110038, ne ſont Cubiques en aucune façon.

4. Tout nombre duquel la preuve par le neuf eſt toute autre qu'un zero, n'eſt iamais exactement Cubique, c'eſt pourquoy ce nombre 12000 ne peut former un Cube parfait, puis que les neuf eſtant rejectez il ſe trouve encore ce nombre 3. de ſupernumeraire.

Contentez vous (s'il vous plaiſt) pour cette fois de ce peu que nous venons de dire touchant l'extraction de la Racine Cube, & la connoiſſance de ſes nombres Cubiques; ſon uſage va bien mieux paroiſtre dans la ſuitte de nos prattiques, & dans nos operations ſuivantes.

Il faut conſtruire une table des Racines Cubiques depuis l'unité montantes juſques à l'infiny. Vous prendrez donc quelque nombre, tel qu'il vous plaira, pour vous ſeruir comme de Racine, lequel eſtant multiplié Cubiquement par ſoy meſme produiſe le premier nombre Cubique, ſa Racine ou le nombre que vous aurez pris pour ſa Racine Cubique, ſera placée la premiere ſur cette table. Comme par exemple ſi vous prenez le nombre 100 pour Racine, & qu'il ſoit multiplié Cubiquement par ſoy meſme,il en ſortira pour premier Cube 1000000, & pour Racine Cubique 100, lesquels vous marquerez ſur voſtre table pour premier nombre, & pour premiere Racine.

Que ſi vous deſirez tirer la Racine Cubique du Cube double, doublez premierement le Cube, & il en ſortira 2000000, de ce nombre ſi vous en cherchez la Racine Cubique, elle ſe trouvera environ de 125, qui ſera la ſe-

A 3

conde

conde Racine de voftre table, & la feconde figure. Que fi vous voulez avoir les Racines du Cube triplé, quadruplé, & ainfi augmenté juſques à l'infiny, triplez premierement le Cube, ou le quadruplez, ou bien le multiplez juſques a l'infiny, & de ces nombres en tirez les Racines Cubiques, & les diſpoſez en bel ordre dans voftre table, y ioignant à cofté les nombres montans d'une fuitte, & d'un ordre naturel, depuis l'unité juſques à l'infiny. C'eft la methode, & l'artifice duquel ié me fuis fervi pour conftruire la table cy deffoubz pofée, de laquelle s'il vous plait vous ayder, pour former la *Reigle du Calibre*, il eft neceſſaire que vous ayez premierement le diametre d'un boulet d'une ℔, fait de ce mefme metal, pour lequel calybrer vous voulez conftruire la *Regile du Calibre*. Comme par exemple vous avez deſſein de preparer l'Inftrument, ou Reigle du Calybre, pour Calybrer des boulets de fer, divifez le diametre d'un boulet de fer d'une livre, pris fur un boulet de fer, (ie monftreray cy apres comme cela fe fait) en autant de parties égales, que la premiere Racine de la table des Cubes contient d'unitéz : Comme icy en noftre table, la premiere Racine Contient 100 unitez, divifez donc le diametre de ce boulet de fer d'une ℔. que vous avez entre les mains en 100. particules égales, ce qui fera tres ayſé a faire, a l'ayde du parallelogramme marqué du Nº. 1. puis ayant tiré de cette efchelle avec un compas commun, toutes les particules en mefme ordre, que les nombres font diſpoſéz dans la table des cubes, tranſportez tous les diametres des boulets dans la *Reigle du Calibre* ; comme fi vous prenez 100 pour le diametre d'un boulet de fer d'une ℔, il vous faudra mettre 125 particules de l'efchelle fuperieure, pour le diametre d'un boulet de deux ℔, c'eft adire qu'au premier diametre, Il faut adiouter 25 parties. Pour le diametre d'un boulet de 3. ℔. faut prendre 144 particules, ou bien faut adiouter au premier diametre 44 particules, qui jointes enfemble conftitueront le diametre d'un boulet de 3. ℔: & par une voye femblable a celle cy, vous pourrez, fans aucune difficulté, tranſporter tous les diametres des autres boulets à *l'Inftrument du Calybre*. Cet accroiſſement & augmentation de diametres, & de toutes les circonferences tracées fur iceux, & augmentées fuivant la raiſon des folides, eft fort manifefte, & ayſé à concevoir par la figure marquée du nombre 2 : en laquelle, le premier cercle marque la circonference du boulet, dont le diametre en eft la Racine premiere, & fa folidité le premier Cube.

Le fecond cercle eft la circonference du boulet, duquel le diametre, eft la feconde Racine, & fa folidité le Cube double du premier. Ainfi devez vous inferer du refte des autres Circonferences des cercles, qui font en la mefme figure, de leurs diametres, & de leurs foliditéz.

Tout ce que nous avons dit icy des boulets de fer, fe peut auſſy dire de ceux qui font faits de plomb, de pierre, ou d'autres metaux pour lefquels calibrer il fera bien ayſé, d'eftablir *la Reigle du Calibre*, fuivant ce que nous en avons difcouru cy deſſus.

Nous vous faiſons voir au Nº. 3. la figure de cet *Inftrument*, ou vous remarquez fur l'une de fes fuperficiés, tous les diametres des boulets de fer exactement tracéz, & fur l'autre tous les diametres des boulets de plomb.

Table des Racines Cubiques ordonnées toutes de suitte depuis l'unité, le premier Cube estant supposé de 1000000. parties.

Or des Cub. Racin. Or des Cu. Rac. Or. des Cu. Rac. Or. des Cu. Rac.

1	100	26	296	51	371	76	424
2	125	27	300	52	373	77	425
3	144	28	304	53	376	78	427
4	159	29	307	54	378	79	429
5	171	30	311	55	380	80	431
6	182	31	314	56	382	81	433
7	191	32	317	57	385	82	434
8	200	33	321	58	387	83	436
9	208	34	324	59	389	84	438
10	215	35	327	60	391	85	440
11	222	36	330	61	394	86	441
12	229	37	333	62	396	87	443
13	235	38	336	63	398	88	445
14	241	39	339	64	400	89	446
15	247	40	342	65	402	90	448
16	252	41	345	66	404	91	450
17	257	42	348	67	406	92	451
18	262	43	350	68	408	93	453
19	267	44	353	69	410	94	455
20	271	45	356	70	412	95	456
21	276	46	358	71	414	96	458
22	280	47	361	72	416	97	459
23	284	48	363	73	418	98	461
24	288	49	366	74	420	99	463
25	292	50	368	75	422	100	464

Chapitre II.

Comment on peut construire la Reigle du Calibre, par une voye Geometrique.

Ayez devant toutes choses le costé du premier Cube, ou le diametre du boulet d'une livre, du mesme metal, pour lequel calibrer vous desirez establir cette Reigle : par exemple en cette figure marquée du N°. 4. soit donnée la ligne A B, pour diametre d'un boulet de fer d'une ℔. Pour trouver donc le costé du double Cube, ou Cube doublé, ascavoir le diametre d'un boulet pezant 2. ℔. doublez moy la ligne A B. ou la posez deux fois : qui soit celle cy A D: Cherchez en apres deux mojennes proportionnelles entre la ligne simple A B, & la double A D. Il y en aura une des deux, à sçavoir la moindre des deux mojennes proportionnelles trouvées, qui est D E, qui sera le costé du double Cube, ou le diametre du boulet de fer de 2. ℔. voila comme il faudra que vous procediez pour chercher tous les diametres des autres boulets suivants : affin que le diametre soit augmenté, d'autant qu'il sera de besoin d'agrandir, & d'augmenter le premier boulet, & par consequent

ſequent que l'on puiſſe chercher entre l'un & l'autre, deux moyennes proportionnelles.

Les Geometres neantmoins les plus experimentéz, aſſeurent qu'il ne s'eſt
rencontré perſonne juſques à cette heure qui ait trouvé l'invention, & le
veritable moyen, de chercher Geometriquement deux moyennes proportionnelles, entre deux autres propoſées; Encore bien que pluſieurs d'entre eux, y ayent ſué juſques a vomir (comme l'on dit,) & employé leur
temps, & leurs peines en vain, à la recherche de ce ſecret: Choſe à la verité
qui paroit extremment difficile, veu qu'on ne peut donner aucune raiſon (i'
entens vrayment geometrique) pour doubler, tripler, & pout multiplier infiniment un Cube, par le moyen d'un ſeul compas, & d'une Reigle vulgaire
comme on a couſtume de faire, lors que l'on veut augmenter toute ſorte de
plans: ce qui toutes, fois ne ſe peut aucunement faire, que l'on ait au prealable trouvé deux moyennes proportionnelles par une recherche bien exacte.

Une infinité de Geometres, tant Anciens que Modernes, ont fait leurs
efforts pour reſoudre Ce tres-Authentique Probleme & à la verité tres utile
dans les choſes mechaniques; & meſme ont taſché de le demonſtrer comme,
une figure plane, & lineaire (& il ne manque pas de ceux qui le mettent au
rang des Problemes des ſolides) par des certaines lignes mixtes ingenieu-
ſement tirées, & par des ſimples qui ſortoyent immediatement d'un Plan,
comme ſont toutes les lignes Droites, & Circulaires. Entre leſquels Nico-
medes nous l'a voulû demonſtrer, par une ligne Conchile, Diocles par une
Coſſoidée, ou Hederacée, Menechnus par la voye des ſections Coniques,
Pluſieurs autres par là Parabole, mais Eratoſtenes, Sporus, & Platon, l'ont
voulu faire par des lignes droites, & circulaires, & meſme Pappus, Hero,
Apollonius Pergæus, Philo Biſantius, Orontius, Villalpandus, Clavius &
pluſieurs autres geometres, ſe ſont éfforcéz de le faire par pluſieurs, & divers
autres moyens. mais quoy qu'ils ont dit, & fait ſur ce paſſage, ne c'eſt pas a
moy d'examiner icy trop Curieuſement les ouurages de ces Illuſtres Perſonnages, à qui la Republique des Mathematiques a tant d'obligation, beaucoup moins d'en porter jugement, ny de mettre en balance avec trop de
temerité leurs ſentiments ſur ce ſubjet. ie diray ſeulement que c'eſt une
choſe reconnuë, & publiée meſme par la plus part de ceux qui ſont bien
verſéz dans la Geometrie, que l'on ne peut donner aucun moyen pour e x-
actement multiplier le Cube par des plans; ce que je remarque dans la propre confeſſion de ceux qui ont tant travailléz à cette recherche qui l'advo-
uënt de leurs bouches propres. Ce n'eſt pas à dire pour cela qu'il nous faille
condamner leurs inventions, ny rejetter leurs laborieux efforts, eſtimant
leurs eſſays comme faux & abſurdes, au Contraire nous devons nous en ſervir, juſques à ce qu'un aage plus heureux nous en ait fourny des meilleurs, &
des plus parfaits. D'une ſi grande quantité de pratiques dont on s'eſt ſervy pour cet effet, ie me ſuis areſté à une ſeule qui m'a ſemblé en quelque façon la plus excellente, & la plus Geometique de toutes, laquelle ie vous
propoſe icy pour vous en ſervir, à augmenter le Cube, & pour trouver deux
moyennes proportionnelles dans un ordre continu, & laquelle auſſy ie croy
ſuffiſante pour bien, & deubment traiter des matieres pyrotechniques.

Qu'il faille donc treuver deux moyennes proportionnelles, dans un ordre continu, entre les deux lignes cy deſſus nommées à ſçavoir A B. & A D,
qu'elles ſoient miſes premierement en angles droits entr'elles, & ſoit con-
ſtitué ſur elles le Parallelogramme A B C D, & que A B & A D ſoient prolongées à l'infiny, puis les diagonales BD, & AC, étans tirées que H ſoit mis à
inter-

l'interſection, puis appliquez la reigle au point C; qui diviſera les lignes A B
& A D prolongées à l'infiny, aux points E & F, en telle ſorte que H E, &
H F ſe puiſſent trouver égales. Cela fait vous aurez D F, & B F pour mo-
yennes proportionnelles Continuës entre les lignes données A B & A D;
Car elle ſeront comme C D, c'eſt à dire comme A B, à D E de meſme B C,
c'eſt à dire comme A D à B F.

Ie paſſe ſoubz ſilence tout à deſſein les autres methodes, la plus part deſquelles vous pouvez rechercher, tant chez les autheurs citez cy deſſus
que chez Marius Bottinus dans ſon threſor de Philoſophie Mathematicale
qui depuis peu a eſté mis en lumiere à Bologne, ou il raſche par tout moyen de nous monſtrer que tous les Anciens Geometres, comme auſſy quelques uns des plus Recents deſquels il rapporte les noms, ont non ſeulements
trouvé la veritable, naiſue, & parſaite methode pour trouver deux moyennes proportionnelles entre deux autres données, mais encore qu'ils en ont
donné les demonſtrations Geometriques : En ſorte que perſonnes ne peut
rien plus ſouhaiter ſur ce ſubiet. Mais eſcoutons ce qu'il en dit voicy comme il y a,

*Itaque quod olim in Apiar. 3. prob. I. ad Nicomedis conchiden, quaſi dubii, ac
trepidi pronuntiavimus, Hic diſertè profitemur, ut Geometricæ Philoſophiæ partem
potiorem de ſolidis verè eſſe ſolidam oſtendamus affirmamuſque duas medias proportionales jam pridem Geometricè, ac demonſtrativè inventas. Nam ut reliquorum
Antiquorum inventa omittam, & ſaltem unum indicem, cujus, & apud nos ve-
ſtigia ſunt, duæ mediæ inventæ per modum Nicomedis opè lineæ conchilis, habent
eam certitudinem Geometricam, quâ nulla major deſiderari poteſt in ullius proble-
matis Geometrica demonſtratione &c.* Et un peu plus bas. *Quas ob res, nulla ſu-
pereſt dubitandi ratio de Geometrica jam pridem inventione duarum mediarum
proportionalium, ac de veritate ac certitudine omnium problematum Stereometri-
corum prodeuntium à duarum proportionalium Geometricè demonſtrata inventione.*
Voyez en d'avantage au lieu icy meſme allegué.

I'adjoute à cecy que les anciens ont eu l'uſage, & la methode de conſtruire
la Reigle du Calibre. Ce que l'on peut connoiſtre par l'eſpitre d'Eratoſtenes
envoyée au Roy Ptolomé que Bottinus rapporte au meſme lieu cy deſſus cité, eſcoutez ce qu'il en eſcrit. *Sed nos excogitavimus per organa facilem in-
ventionem, quâ non tantum duas medias proportionales duabus datis, ſed quot-
quot propoſitum fuerit ut inveniamus, & eo invento poterimus demum ad cubum
reducere propoſitum ſolidum lineis æquè diſtantibus contentum, aut etiam ex una
aliam figuram formare, quæ aut æqualis, aut major ſit ſervatâ ſimilitudine. Quoniam nulli dubium eſt, quin hujuſmodi inſtrumento duplicari poſſint aræ, ædiſi-
ciaque, & ad cubum referri liquidorum & ſiccorum menſuræ, ut modiorum, &
ſimilium, quarum menſurarum lateribus vaſorum capacitas dignoſcitur, & ut
ſummatim dicam, quæſtionis hujus cognitio utilis eſt volentibus duplicare, aut
majora reddere organa è quibus tela, ſaxa, aut ferreæ pilæ mittuntur. Nam ne-
ceſſe eſt omnia in latum, & in longum creſcere proportione quadam, ſive foramina
ſint, ſive nervi, & immiſſa alia, aut quicquid opus fuerit, ſi totum proportione
augeri cupimus ; quod fieri non poteſt ſine medii inventione.*

B

Chapi-

Chapitre III.

Comme on doit conſtruire la Reigle du Calibre Mechaniquement.

D'un nombre ſi prodigieux de Pyrotechniciens qui ſe voyent de noſtre temps, vous n'en rencontrerez pas un ſeul, (pardonnez moy ſi ie dis ſi peu) qui ne vueille paſſer dans l'eſtime de tout le monde, & qui ne deſire non pas tant eſtre en effect, qu'eſtre veu, & eſtimé bon Praticien, capable de beaucoup de choſes & tres bien verſé dans ſa profeſſion: (laquelle à dire vray il ne ſe ſera pas acquiſe en temps de paix, au Coin de ſon foyer, parmy les delices du corps, & le repos de l'eſprit, ou dans une oyſiveté blamable, & infame; mais bien dans les fatigues inſuportables de la campagne, au grand peril de ſa vie, & à la ſueur de ſon corps) voire meſme, i'en ay veu pluſieurs qui ne daignoient pas ſeulement porter le nom ſimple & vulgaire de Pyrotechniciens, mais faiſoyent gloire de Celuy d'ingenieurs à feu, d'armée, & de Campagne; (que les flamends appellent vulgairement *Feld-Fewerwercker*) de la vient que faiſant banqueroute aux principes de la theorie, & de cette divine Mathematique, ils s'imaginent que c'eſt un grand deshonneur à ceux qui s'addonnent à la pyrotechnie, s'il leur arrive de mettre en avant quelques theoremes d'Archimede, ou d'Euclide, ou de quelques autres ſignalez autheurs, ou meſme s'ils viennent à produire quelques deſmonſtrations, pour preuver & eſtablir les reigles de leur art: C'eſt de la dis-ie qu'eſt venuë Cette nouvelle ſcience Pſeudomechanique, totalement inconneuë à la plus part des ſiecles paſſéz, dont l'axiome le plus general, & le principal eſt celuy cy: Perturbare confuſe, & nihil ad rem omnia agere: de mettre tout peſle-meſle, en confuſion, & de ne rien faire qui ſoit à propos. Voiez ſi la portée d'une ſi galante mere n'eſt pas bien heureuſe? & ſi le fruict d'une telle ſcience n'eſt pas bien agreable? Tous les jours, des erreurs, & des fautes irreparables, (tant à baſtir & conſtruire les machines de guerre, & à les bien & adroitement manier, comme à preparer) les feux d'artifices tant ſerieux, & neceſſaires, que ceux qui s'employent aux feux de joye carouzels, & autres ſemblables divertiſſements, le plus ſouvent au grand prejudice des princes, au danger èvident de la vie, tant de ceux qui y travaillent, comme de ceux qui les regardent. Combien ſont miſerables & à plaindre tous ceux qui ignorent la vraye mathematique, & ſes principes? Eſcoutez s'il vous plait parler Paulus Guldenus au lib. 4 Centrobaricorum chap. 5, dans un Probleme d'Arithmetique, voycy ce qu'il en dit: *ne ergo Philomathematici noſtri indigni hoc nomine redderentur, ſed ex ignorationis pelago emergerent, atque ad ſtudium nobiliſſimarum iſtarum ſcientiarum accenderentur, nos Mathematicam tanquam Reginam potentiſſimam cum numeroſo ſibi ſubditarum ſcientiarum famulatu initio lectionum noſtrarum productam conſpeximus; ſed & illarum ordinem, ſubdiviſiones, definitiones, cum ſuis differentiis ac diſtinctionibus fuſè ac luculenter aliquot prælectionibus explicata accepimus: quas etiam, ne memoria exciderent jucundo quodam ordine in parva charta coarctatas, non ſolùm ſpectandas hodie ſed & in poſterum ſummo deſiderio amplectendas vobis*

pro-

propofuimus. Ut verò hunc ipfum ordinem opere teneremus, quem calamo depinximus, fermonéque explanatum, illuftratumque audivimus, ftructuram ab ipfis fundamentis ordiri æquum fuit, ab Arithmetica videlicet, Euclideaque Geometria, quibus deftituti nullam unquam, etiamfi per Neftoreos viveremus ac ftuderemus annos veram ac folidam fcientiam acquireremus. Hinc enim tenebræ illæ plufquam Chimereæ, hinc errorum labyrinthus, & immenfum ignorantiæ chaos; hinc illud portentum infame, ut quod fciunt fe tamen fcire nefciant, & quod nefciunt fe fcire putent. Hinc tot Mechanici Mathematici, Agrimenfores inepti, doliorum vinariorum exhauftores potius quàm dimenfores, hinc tot exhaufti mercatores, infelices belli Duces, Pfeudo-Architecti & artifices, qui ingentes moles attrahere, aquas in altum educere, novas machinas ftruere, promittunt potius, quam perficiunt. Hinc tot fine ingenio Ingeniarii, motus perpetui indagatores fruftranei, infortunati circuli quadratores, paralogifmorumque omnium Architecti. Hinc denique homo ille qui cæpit ædificare & confumare non potuit. Ne croyez pas
pourtant que ce que i'en ay dit icy foit que ie vueille ofter rien de ce qui
eft deub à la pratique militaire (laquelle moy mefme i'ay tousjours uniquement cherie : Il me fafche feulement de voir que cette illuftre fçience
de Pyrotechnie, n'eft pas feulement des'honorée de ceux la mefme qui
l'ont prattiquée (ie fuppofe de ces praticiens fans pratique) & qui l'ont
depovillée de fon ancien honneur, & des plus beaux ornements dont fes
premiers Inventeurs l'avoyent reveftuë, mais encore de la voir feparée, &
comme arrachée par force, du fein de fa mere legitime la Mathematique,
comme une fçience eftrangere, & baftarde, pour eftre de la employée parmy les arts illiberaux, & dans les ouvrages les plus mechaniques.

Ie fouhaiterois en verité, que (cette nouvelle fçience machanique, eftant
tout à fait bannie & rejettée) l'on ne permit aucunement aux apprentis,
de mettre la main à l'euvre que premierement ils ne fuffent bien fondéz
dans les principes tant d'Arithmetique que de Geometrie. De la ie croyrois que ce Grand Art pourroit en peu de temps recouvrer l'honneur qu'on
luy auroit fi injurieufement ofté, & par ce mefme moyen l'invention de
tant de ridicules (diray-ie pluftoft perilleufes, & fomptüeufes ?) machines
que ces maiftres ouvriers ont mis en vogue, perdroient leur credit; &
nous goufterions à plaifir les douceurs des fruits de cette fcieuce.

Mais reprenons le fil de noftre propos, & puis que nous nous fommes obligéz des vous propofer en ce chapitre, les moyens de conftruire la Reigle
du Calybre par une voye mechanique, fçachez premierement qu'il ny a rien
de fi aysé que toutes ces inventions : Que s'il prend envie à quelqu'un d'en
faire quelque efpreuve pour fçavoir fi elles peuvent fouffrir, ou non, l'examen des proportions Geometriques, qui en eft la vraye pierre de touche, il
les trouverra infailliblement toutes pleines de faucetéz, & d'erreurs, & verra qu'il eft tout à fait impoffible, d'en donner aucunes demonfttations, fuivant les reigles de l'art. Nous advourons pourtant que quelques unes fe
font recontrées bonnes, mais elles n'ont pas encore efté demonftrées par la
geometrie, toutes les autres font fauffes, ou tout au moins douteüfes, lefquelles neantmoins nous fommes coutraints de recevoir, & fouffrir par force, parce qu'elle femblent donner quelque forte de fatisfaction au fens
commun. Pour mon particulier, ie ne les ay iamais ny louées, n'y approuvées, pour ce que ie n'ay iamais reconneu qu'elles fuffent appuyées
fur aucun fondement tant foit peu ferme des veritez Geometriques : or
eftant ainfi que cet art confifte en un point, duquel foit que vous vous
éfloigniez ou à droite, ou à gauche, en avant, ou en arrierre, foit que

B 2

vous

vous portiez le pied tout à l'entour du circuit, cela n'empeſchera pourtant que vous ne trouviez la plus part de vos operations deffectueuſes , & vous bien loin de ce que vous cherchiez. C'eſt pourquoy, ie ne conſeille à perſonne de ſe ſervir de ces inventions. Toutesfois pour ne point tenir cachée au lecteur qui eſt curieux de ſçavoir toutes choſes, une pratique que ces artiſans priſent ſi fort , ie propoſeray icy deux exemples ſeulement, leſquels i'ay eſtimé avoir plus de proportions Geometriques , & plus de verité que tout le reſte.

Premier Exemple.   *fig: 5.*

La perpendiculaire C K. eſtant tirée à l'infiny, du point C, uers K, en B. ſoit mis C B diametre d'un boulet d'une ℔ ; puis du centre A demy diametre de A C, ou de AB, ſoit deſcrit le cercle B D C E. que le diametre BC ſoit diviſé en trois parties égales, C I. I H. H B. & que Chaque ⅓ ſoit mis en la peripherie dudit cercle, de B, en F, & de F, en E, d'un coſté du diametre: & de l'autre coſté du meſme point B, en G, & de G, en D ; que ſi maintenant vous tirez de C, par les points D, & E, les lignes droites C L , & CM, à l'infiny, vous aurez voſtre figure adjuſtée : en laquelle vous augmenterez le premier Cube, ou le premier diametre d'un boulet d'une ℔, en cette façon. Ayant pris le diametre C B, de C. ſoit fait un arc de cercle. 1.1. puis ayant pris la meſme diſtance des points 1.1. du meſme point C. ſoit deſcrit un autre arc de cercle 2.2: cet intervalle des points 2.2. qui ſont marquéz ſur toutes les trois lignes, ſera le coſté du double Cube , ou le diametre du boulet de 2 ℔. De plus ſoit priſe la diſtance tranſuerſale des points 2. & 1. & avec ce raiz , de C, ſoit deſcrit un arc de cercle 3.3. la diſtance des points C. & 3. ſera en toutes les trois lignes le diametre du boulet de 3 ℔. Pareillement ſoit priſe la diſtance des points 2.2. ſur les lignes C M, & C L, & ſoit deſcrit de C, un arc de cercle 4. 4; l'intervalle des points C; & 4. en toutes les trois lignes , ſera le diametre d'un boulet de 4 ℔. ainſi ferez vous pour trouver les diametres de tous les autres boulets: à ſçavoir en adjoutant tousjours le nombre impair inferieur avec le nombre pair ſuperieur, & reciproquement le ſuperieur impair, avec le nombre pair inferieur, le tout par des lignes tirées de travers : mais pour ce qui eſt des nombres egaux, par les lignes ſouſtenduës des arcs des cercles, paralleles en la figure : comme il eſt ayſé à voir dans la figure marquée du N°. 5. ſur laquelle nous avons pris la peine de produire cette progreſſion, d'augmentation, de diametres des boulets, juſques au nombre 20 : mais comme tout cecy eſt fort ayſé de ſoy meſme, & que le tout ſe peut faire avec le compas ſans difficulté, c'eſt ſe travailler en vain de parler d'avantage de cette matiere.

Second Exemple.

Soit diviſé le diametre du boulet d'une ℔ en 4 parties égales ; & que ⅕ ſoit adjouté au premier diametre , vous aurez le diametre d'un boulet de 2. ℔. Diviſez derechef, ce diametre trouvé en 7 parties égales, & adjoutez ⅟ au diametre de 2 ℔. vous aurez le diametre d'un boulet de 3 ℔. Et voyla comme quoy il vous faudra touſiours augmenter le nombre immediatement precedent, qui diviſe les diametres par le nombre ternaire, pour trouver les diametres de tous les autres boulets : ainſi pourrez vous continuer juſques à tel nombre qu'il vous plaira. Pour moy, i'ay ſeulement produit cette progreſſion, juſques au nombre denaire, affin d'eſpargner mon temps, & ma peine ; mais i'ay pouſſé les autres juſques au centenaire, montant par les

nom-

nombres decimales, c'eſt à dire de 10. en 10. & les diviſant touſiours en 4,
parties ; Comme la table icy propoſée le demonſtre aſſéz clairement. De
meſme façon devez vous proceder aux nombres d'entre-deux, que vous a-
vez fait aux neuf premiers ſimples nombres : De plus ſi vous diviſez ces
nombres centenaires de meſme maniere, ils vous produiront d'autres centenaires augmentéz de meſme proportion, que les decimales, & les nombres
des unitéz ont produit les leurs.

Diametres des Boulets.	Diviſez en parties.	Parties adjou aux Diametr.	font les Diamet. de lib.
1	4	$\frac{1}{4}$	2
2	7	$\frac{1}{7}$	3
3	10	$\frac{1}{10}$	4
4	13	$\frac{1}{13}$	5
5	16	$\frac{1}{16}$	6
6	19	$\frac{1}{19}$	7
7	22	$\frac{1}{22}$	8
8	25	$\frac{1}{25}$	9
9	28	$\frac{1}{28}$	10
10	4	[illegible]	20
20	4	[illegible]	30
30	4	[illegible]	40
40	4	[illegible]	50
50	4	[illegible]	60
60	4	[illegible]	70
70	4	[illegible]	80
80	4	[illegible]	90
90	4	[illegible]	100
100	4	[illegible]	200

Nous avons appellé mechaniques ces deux exemples cy deſſus propoſéz,
à raiſon qui n'ont ny demonſtrations, ny artifices ; on pourroit pourtant les
appeller en quelque façon Geometriques, à cauſe du rapport qu'ils ont avec
ces problemes Geometriques qui ſe font avec les inſtruments ; ceux cy ne
ſont pourtant pas purement Geometriques, bienque toute fois on les puiſſe
en quelque ſorte nommer Mathematicales, pour le moins ceux là qui ſe ſervent de la ſeule Reigle & du Compas. Car ces deux inſtruments ſont immediatement fondéz ſur les petitions, c'eſt à dire ſur la ligne droite, & ſur la
circulaire. à ce meſme point peut on auſſy rapporter tous ces inſtruments
qui ſe font par la Reigle & par le Compas ; pour ce qui eſt du reſte le tout ſe
rapporte à la mechanique.

APPENDICE.

Certain Moyen tres aiſé pour conſtruire la Reigle du Calibre.

Encore bien que ces deux methodes que nous vous avons donné cy deſſus,
(ſans conter la mechanique) n'ayent aucunes difficultéz dans leurs con-

ſtruction, comme demonſtrant aſſez clairement que la premiere & fondamentale origine de Noſtre Reigle eſt tirée des axiomes, & de veritéz
les plus pures de l'Arithmetique, & de la Geometrique : neantmoins
veu qu'elles portent quand & ſoy ie ne ſçay quoy de fâcheux, & de des-agreable à cauſe de l'extraction des racines cubiques & de la recherche de
ces deux moyennes proportionnelles : ie ne ſçaurois vous donner un
moyen plus ayſé, pour venir à bout de voſtre affaire, qu'en vous mettant
le compas de proportion en main pourveu qu'il ſoit bien & fidellement
conſtruit : Car comme en cet inſtrument vous y avez la ligne Stereometrique ou Cubique exactement diviſée en coſtéz des Cubes, ou pluſtot en
diametres des boulets, auſſy tire-t'elle ſon genre du premier mode d'A-
rithmetique, & de ſes tables. Ce pourquoy ayant pris avec le compas vulgaire le diametre du boulet d'une ℔, fait de quelque metal que ce ſoit, qu'il
ſoit mis tranſverſalement ſur la ligne Cubique de 1. à 1. & qu'ainſi ſans re-
muer l'inſtrument de ſa place, ſoient pris pareillement de travers tous
les diametres ſuivants des autres globes & boulets, & tranſportéz ſur la
Reigle du Calibre : par ce moyen vous aurez ſans aucune difficulté, &
d'une ſeule ouverture de cet inſtrument, voſtre **Reigle**, toute conſtruite
(voyez la figure au N°. 8.) Que ſi vous n'avez pas la commodité d'avoir
un Compas de proportion vous pourrez vous ſervir en ſa place, de la figure marquée du N°. 7. Voicy. comment on la peut ordonner.

Soit tirée la ligne A B à l'infiny, ſur laquelle du point A, vers B ſoyent
mis tous les coſtez des cubes, tiréz de la table de noſtre Chap: I: des Racines Cubiques, par le moyen d'une eſchelle telle que bon vous ſemblera,
depuis l'unité juſques à tel nombre qu'il vous plaira.   Par apres ſoit pris le
diametre du boulet, d'une ℔ de ce meſme metal duquel vous deſirez avoir les
diametres des autres boulets, puis ayant areſté un des pieds du Compas au
point 1. ſoit decrit de l'autre, un arc de cercle, & que ſa tangente AC. ſoit prolongée à l'infiny. Ainſi ces intervalles compris entre les points de la ligne AB,
& la tangente, ſeront les diametres des boulets à l'infiny, montans touſiours ſelon la progreſſion des nombres qui s'entre-ſuivent par un ordre naturel, & marquans touſiours un poids plus grand que celuy qui le precede, à ſçavoir le ſurcroit d'une ℔.

Chapitre I V.

Moyen pour trouver, & tranſporter les diametres des boulets
à la Reigle du Calibre, dont le poids n'egale pas une
℔ entiere, le diametre du boulet d'une ℔
eſtant donné.

Suppoſé donc que le diametre d'un boulet d'une ℔, (comme nous a-
vons dit dans noſtre exemple cy devant) ſoit de 100 particules, que ce
nombre ſoit multiplié cubiquement, pour en avoir le premier Cube il
en ſortira 1000000; diviſez ce nombre par 32, (qui eſt le nombre
des lots contenus dans une livre) vous aurez au quotient 31250 : deſquels,
ſi vous tirez la Racine Cubique, elle ſe trouvera de 31. Prenez moy donc
autant de particules avec le compas, ſur l'eſchelle marquée cy deſſus du
N°. 1, & les tranſportez ſur la Reigle du Calybre, de A en B, elles vous
con-

conſtitueront le diametre d'un boulet d'un lot. Pour trouver maintenant les diametres des boulets ſuivants, peſants pluſieurs lots, que le cube du diametre 31, immediatement trouvé, ſoit doublé, triplé, & ainſi conſequemment multiplié juſques à ce que vous ſoiez parvenu au nombre 31, puis ſoient tirées les Racines Cubiques, de tous ces nombres ainſi multipliéz, en la meſme forme que nous avons fait, pour chercher les diametres, des boulets pezants certaines quantitéz de livres. C'eſt de cette methode, & de ce meſme artifice, dont ie me ſuis ſervi, pour d'eſcrire la table cy deſſoubz poſée; de laquelle vous tranſporterez, à l'ayde du parallelogramme ſuperieur, tous les diametres des lots, à la Reigle du Calybre. De plus ſi vous avez deſſein d'avoir les diametres des parties aliquotes d'un lot à ſçavoir de $\frac{1}{2}$, $\frac{1}{4}$, $\frac{1}{8}$, $\frac{1}{16}$ diviſez le Cube du nombre. 31.à ſçavoir 29791, par 2.4.8.16.& des quotiens tirez les Racines Cubes; & vous aurez les diametres des boulets des parties aliquotes d'un lot; ce que vous pourrez voir ſur cette table.

Ord. des Cub.	*Racines.*
$\frac{1}{16}$	12
$\frac{1}{8}$	15
$\frac{1}{4}$	19
$\frac{1}{2}$	24
1	31
2	39
3	44
4	49
5	53
6	56
7	99
8	61
10	66
12	70
16	78
18	81
20	84
24	89
30	96

Autrement.

Prenez le diametre d'un boulet de 2 ℔, & le diviſez en 4 parties, le quart ſera le diametre du boulet peſant un lot : prenez moy encore le diametre d'un boulet de 4 ℔, & le partiſſez de meſme en 4 parties égales le $\frac{1}{4}$ vous donnera le diametre d'un boulet de 2 lots. Ainſi pouvez vous touſiours continuer dans la ſuitte de vos autres extractions; c'eſt a dire en prenant touſiours les diametres plus grands de 2 ℔, que celuy qui precede immediatement, & les diviſant touſiours en 4 parties égales, le quart donnera le diametre d'un boulet plus peſant d'un lot, ou augmenté d'un lot en peſanteur.

Ainſi pourrez vous continuer juſques à ce que vous ſoyez arrivé à 64 ℔: car le quart du diametre d'un boulet de tel poids, donne iuſtement le diametre d'un boulet d'une ℔.

Que ſi vous deſirez faire cette operation, par le compas de proportion, poſez moy le diametre d'une ℔ pris avec le compas vulgaire, tranſverſalement

ment fur la ligne Cubique, entre 32 & 32. & fans branler, ny mouvoir l'inſtrument, faîtes une recolte, ou un ramas, de toutes ces diſtances tranſverſales, entre 1 & 1, entre 2. & 2. entre 3, & 3. juſques à 31 & 31, & vous aurez tous les diametres des boulets, de tous les lots qui ſont Compris, dans le boulet d'une ℔. que ſi vous ne voulez pas vous ſervir du Compas de proportion, la figure que ie vous ay propoſée au chapitre precedent pourra ſuppleer à ſon deffaut, poutveu que par le moyen d'une eſchelle, telle qu'il vous plaira, vous marquiez au pied de la figure 32 intervalles ſtereometriques, de A. vers B, diſtinguez par des points, & par des nombres, & ſi vous paſſez plus outre, faites toutes vos operations de la meſme façon que nous les avons ordonnées cy deſſus.

Chapitre V.

Le moyen de trouver le diametre d'un boulet d'une ℔, par le diametre d'un autre peſant pluſieurs livres.

ARITHMETIQVEMENT.

L'ordre que nous ſujurons dans cette methode icy, n'eſt pas beaucoup diſſemblable en toute ſon operation, à celuy que nous avons deſcript cy deſſus au Chap: precedent ; ſi ce n'eſt en ce que le diametre du boulet propoſé, peut eſtre diviſé en certain nombre de particules, comme en 100, 200, 300. Comme auſſi en 10, 20, 30, &c. plus ou moins, égales en nombre, ou inégales, (toutefois l'operation ſera d'autant plus certaine, que plus il ſera diviſé) Il n'eſt pas beſoin que vous preſuppoſiez icy les 100 particules du diametre du boulet d'une ℔ que nous avons cy devant diviſé: Ce que vous connoiſtrez aſſez par la ſuitte de noſtre diſcours. Apportez nous (par exemple) un boulet de fer, ou de quelque autre metal, de telle peſanteur, ou de telle groſſeur qu'il vous plaira, vous deſirez maintenant ſçavoir, de combien eſt le diametre d'un boulet d'une ℔, fait du meſme metal, duquel ce boulet que vous avez entre les mains eſt compoſé : ſoit donc en la figure marquée du Nº, 8. A C le diametre du boulet de fer ABCD, (lequel vous obtiendrez facilement par le moyen de deux petits inſtruments gnomoniques élevez ſur quelque plan, ou bien avec un compas courbe, ou par quelque autre voye que ce ſoit) diviſez le en certaines parties égales : ſuppoſons en cet exemple 100 particules, telles que nous avons diviſé le diametre du boulet : diviſez en le Cube par le nombre du poids du boulet : poſons icy le cas que ce boulet ſoit de 24 ℔, la Racine Cubique eſtant tirée du quotient, elle donnera le nombre des particules, qui conſtituent le diametre du boulet d'une ℔ comme on peut ayſement voir, dans l'operation ſuivante.

Cub.

$$
\begin{array}{ll}
\phantom{\text{Cube}}\quad 1111 & 2 \\
\phantom{\text{Cube}}\quad 40006 & 143\ 2 \\
\text{Cube}\quad 1000000\ (\ 41666\ \text{Quotient} & 41000\ (\ 34\ \text{Rac.}\qquad 34 \\
\text{Diviseur}\quad 244444 & 9 9 \\
\phantom{\text{Diviseur}}\quad 22222 & 1777 306 \\
& 22 4 \\
& 122304 1224 \\
& 64 \\
& 12304
\end{array}
$$

Remarquez, que si par le mesme diametre de ce boulet proposé vous
desirez avoir le diametre du boulet de 2. ℔; il vous faut diviser le cube des
particules du diametre, par la moitie du poids du boulet, si le diametre d'un
boulet de 3. ℔. faut le diviser par le tiers, en fin si d'un boulet de 4. ℔. divisez le Cube du nombre des particules, auxquelles voſtre diametre a e-
ſté divisé, par le quart du poids de voſtre mesme boulet : puis des
quotients, tirez les Racines Cubiques ; & vous aurez ce que vous
cherchez.

GEOMETRIQVEMENT.

Soit tirée la ligne droite A B à l'infiny, & du point A ſoit élevée la perpendiculaire A C: sur laquelle ſoit mis le diametre du boulet proposé,
de A en D, & ſçachez auſſy combien pese ce mesme boulet : que s'il se
treuve de 2, de 3, de 4 ℔ &c. (Pourveu toutes fois qu'il n'excede point
8. ℔.) divisez ſon diametre en deux parties égales; & que la partie la plus
haute des deux ſoit ſubdivisée en 100 autres particules. Que si le ſuſdit
boulet excede le poids de 8. ℔. jusques à 27. ℔, que ce diametre ſoit
divisé en 3 parties, & que la troisiesme partie la plus haute ſoit derechef repartie, comme cy devant, en 100 particules égales. Que si la pesanteur
du mesme boulet paſſe au de là de 27. ℔, qu'il ſoit divisé en 4. Si 64 ℔
en 5. Si 125. ℔ en 6. Si 216, en 7. Et ainſi conſequemment, toutes &
quantes-fois que le poids d'un boulet ſurpaſſera quelque nombre Cubique, faudra diviser ſon diametre en autant de parties, que le nombre du
Cube ſuivant, qui monſtre les ordres des Cubes, contiendra d'unitez ;
ſans toutesfois oublier à ſubdiviser la partie la plus haute de toutes, en
100 autres particules égales. Cela ainſi ſuppoſé, ſoit tirée du point I
(qui retranche la portion la plus baſſe de la mesme ligne) la ligne droite F G, parallele à la base : & puis cherchez ſur la table poſée au premier
chapitre de ce livre, le Cube eſcrit à l'oppoſite du nombre du poids de voſtre
boulet, l'ayant trouvé, prenez avec le compas le diametre du mesme boulet.
La choſe donc eſtant tres manifeſte que chacune des parties auxquelles tout
le diametre eſt divisé, contient en ſoy 100 particules ſemblables à celles
de la ſection ſuperieure, puis qu'elles ſont toutes égales entr'elles ; c'eſt
pourquoy vous conterez de A montant vers G, autant de particules, que
ce nombre qui eſt dans la table des Racines Cubiques vis à vis du poids
de voſtre boulet, contient d'unitez. Puis ayant poſé un des pieds du compas, au point du nombre treuvé, de l'autre ſoit d'eſcrit un arc de cercle
coupant la base de la figure,   Du point de l'interſection ſoit menée
une ligne droite au point du nombre treuvé, laquelle eſtant prolongée coupera neceſſairement la ligne F G, parallele à la base :

C

à lors

alors prenant avec le compas l'intervalle des points de l'une à l'autre intersection à sçavoir de la base à l'autre ligne qui luy est parallele, vous aurez
ce que vous cherchiez.

En la figure marquée du N°. 9. soit le diametre A D d'un boulet de 10
℔ : or à cause qu'il excede le poids du boulet de 8 ℔, son diametre est
coupé en trois parties ègales: qui sont A F. F K. K D: & sa section la
plus haute derechef divisée en 100 autres particules. Du point F qui retranche la portion, ou le tiers le plus haut du diametre, est tirée F G,
parallele à la base A B. & ce nombre 125 est le nombre posé à l'opposite du
poids du boulet de 10 ℔, dans la table stereometrique. Supposant maintenant que A F. & F K. soyent chacunes de 100 particules, si vous con-
tez 215 particules, de A vers C, vous treuverez le point L. duquel
un cercle estant descript, à l'intervalle du boulet proposé, il coupera la
base A B, au point H, & une ligne droite estant produite de H en L,
Coupera pareillement la ligne F G. au point I. & par ainsi l'intervalle des
points H & I. est le diametre d'un boulet de fer d'une ℔. Ce qu'il falloit treuver.

Remarquez que si le nombre de la pesanteur du boulet donné se rencontre exactement cubique, en ce cas il faut que le diametre de ce boulet
soit coupé en autant de parties premieres, & principales, que le nombre
de l'ordre des Cubes qui se treuve opposé à ce cube contiendra d'unitez : car une des parties de ce diametre ainsi divisé, est le diametre d'un
boulet d'une ℔. mais comme ces choses sont extremment faciles d'elles mesmes elles n'ont pas besoin d'un plus grand esclarcissement.

Cette operation se pourra faire avecque bien plus de promptitude, par
le moyen du Compas de Proportion : à sçavoir si vous mettez le diametre du boulet entre les points des nombres qui marquent le poids du
boulet donné sur la ligne stereometrique, & puis que vous preniez l'intervalle sur la mesme ligne entre 1. & 1. vous aurez le diametre du boulet d'une ℔.

Avec la mesme facilité, & pour ce mesme effet vous pourrez vous servir
de la figure descripte au chapitre troisiesme si vous avez bien compris comme il la faut mettre en usage.

Chapitre V I.

Le moyen pour treuver la solidité de toutes sortes de boulets, soit en Poulces Cubiques, soit en toute autre mesure considerable.

Nous n'aurons pas beaucoup de difficulté de satisfaire à cette proposition, si nous nous arrestons aux demonstrations que Christophorus Clavius nous donne au lib. 5 fol. 263. de sa Geometrie pratique, touchant le Cube, & la sphere, à sçavoir, qu'il soit fait du Cube
du diametre du boulet proposé, à sa solidité: comme l'on fait de 21, à 11: Soit
par exemple le diametre d'un boulet de 6 poulces du Pied Rhenan : le Cube
du nombre 6, est 216 : Si maintenant vous le posez en Reigle de proportion comme 21 à 11, de mesme sera 216 à sa solidité : l'operation achevée
vous aurez 113 pour le nombre des poulces cubes, que contiendra la solidité du boulet donné.

Notez

Notez que si vous tirez la Racine Cubique du nombre de la solidité de ce boulet, vous aurez le costé d'un Cube égal au boulet proposé, en pesanteur, & en solidité.

De plus, si par une solidité donnée de quelque corps, vous desirez avoir le diametre d'un globe égal à ce corps en solidité & en pesanteur ; Renuersez l'ordre precedent, & faites comme 11 à 21, de mesme sera la solidité donnée, au Cube du diametre, dont la Racine Cubique est le diametre du globe. Comme en l'exemple cy dessus : où est donnée une solidité de 113 poulces cubiques, que si vous la mettez en Reigle de proportions comme 11 à 21, de mesme sera 113 à autre chose : l'operation estant faite il en sortira 215. Or la Racine Cubique de ce nombre à sçavoir 5 ½ sera le diametre d'un boulet égal en poids, à la solidité donnée.

D'avantage vous pourrez connoistre le poids de quelque boulet par sa propre solidité donnée en poulces cubes, sans la Reigle du Calibre, & sans aucune invention mechanique, ny Instrument à peser, en cette façon : Il faut que vous sçachiez premierement (ce que n'ignorent pas comme je crois tous les Pyrotechniciens) que le boulet dont le diametre est de 4 poulces, ou de 4 onces du pied Rhenan, pese 8 ℔ de fer : Cela donc supposé, si on vous propose la solidité de quelque boulet : soit fait par la Reigle de proportion, comme du Cube du nombre de 4 poulces au poids de 8 ℔, de mesme du Cube d'un autre nombre de mesure pareille, à son propre poids. Ce qui est fort aysé à entendre par le calcul de nostre exemple superieur cy dessous posé.

```
Cub.du Nomb.4     ℔ de fer   Solid.du boul.
     64            8            216            44
                   8                           1728  ( 27 ℔ de fer.
                 ─────                          644
                  1728                           6
```

Chapitre VII.

Le moyen par lequel on peut treuver dans les nombres, le diametre d'un boulet d'une grosseur inconnuë, en une certaine mesure donnée, par le diametre d'un boulet d'une ℔ fait du mesme metail.

La solution de cette question depend absolument des Reigles de ce premier chapitre, lesquelles pour tout cela nous ne laisserons de rapporter en cet exemple suivant. Si on vous demande (par exemple) de combien d'onces du Pied Rhenan est le diametre d'un boulet de fer pesant 1000 ℔. Pour treuver cecy sans difficulté, multipliez le cube d'un boulet de fer d'une ℔ par le nombre de la pesanteur du boulet duquel vous cherchez le diametre, puis du produit tirez la Racine Cubique, & vous aurez de quoy satisfaire à la question. Comme icy en nostre exemple, le diametre du boulet de fer d'une ℔. est de 2 onces du pied Rhenan, dont le nombre cube est 8 : 1000 qui est le poids du boulet donné estant multiplié par 8, donne 8000 au produit, duquel la Racine Cubique 20 est le diametre d'un boulet de fer pesant 1000 ℔, à sçavoir de 20 onces du pied Rhenan ; ce que vous cherchiez.

Chapitre VIII.

Le moyen pour Establir l'examen de la Reigle du Calybre, & de son usage particulier en la Pyrotechnie.

Souventêfois il arrive, que nous n'osons pas nous fier aux instruments adjustez, & accommodez des mains d'un Artisant, & ne laissons pourtant de nous en servir sans les examiner, & sans rechercher s'ils sont justes, bien, ou mal construits, d'où viennent je ne sçais combien d'erreurs, & [d'absurditez dans nos operations, que l'experience journaliere nous fait assez voir : Il sera donc de besoin de faire passer nostre Reigle du Calybre par un exact examen, quoy que vous mesme l'ayez fait de vos propres mains, ou soit que vous l'ayez fait faire par les mains d'autres ouvriers : voyci comme quoy vous l'adiusterez. Soit pris avecque le compas vulgaire le diametre d'une ℔, puis autant de fois que faire se pourra qu'il y soit repliqué, suivant la longueur de la Reigle, & sur les points qui sont marquez en icelles : or ce premier diametre montrera tous les points qui sont denommez par les Nombres Cubiques : pour exemple le premier prend sa denomination de 1. qui est le premier Cube : Le second de 8. qui est le second Cube : Le troisiesme de 27 qui est le troisiesme Cube : Le quatriesme de 64, Le cinquiesme de 125, & ainsi des autres. De mesme façon la longeur du diametre de 2 ℔ estant repliquée, montrera le nombre de 8 pris deux fois, à sçavoir 16 : trois fois repliquée donnera 27 deux fois pris c'est à dire 54; & ainsi du reste des diametres repliquez, & multipliez par les Cubes, suivant l'ordre naturel : ce qui paroistra tres clairement par la table mise cy apres, en laquelle les nombres posez sous A, sont primitifs : de la replication ou repetition desquels sont produits tous ceux qui sont marquez sous B. Ainsi du premier diametre sortent ces nombres, 8, 27, 64, 125, &c. Et tous les autres qui se treuvent dans cet ordre transversale. Du second diametre une fois repliqué sorte ce nombre 16; deux fois repliqué 54. & ainsi du reste. Voyla donc comme quoy vous pourrez seurément vous servir de la *Reigle du Calybre* dans vos operations, pourveü qu'elle soit auparavant bien examinée : mais quoy que ses usages sont differents dans la Pyrotechnie toutêfois son principal office est de Calybrer les boulets des Canons, les emboucheures & orifices des machines de guerre, comme sont toutes sortes de pieces d'Artillerie, de Mortiers, de Petards &c. Comme (par exemple) soit proposé quelque piece de canon dont la bouche ou orifice, soit en la figure du Nᵒ. 8. A B C D. que le diametre de la circonference de cet orifice soit A B, lequel estant pris avec le compas, soit transporté en la *Reigle du Calibre*, (ayant premierement retrenché le vent de la balle, du quel nous parlerons ailleurs) un des pieds du compas montrera quelque nombre en la mesme Reigle, denotant le poids du boulet de ce mesme diametre; Comme en cette figure le diametre B E (sans comprendre cette particule A E qui est le vent de la balle) estant appliqué sur la *Reigle du Calybre* qui est preparée pour calibrer les boulets de fer, montre le nombre 2. qui est le diametre d'un boulet de 2 ℔; par là vous Conclurez aysement, que cette piece de canon proposée, porte

une

une balle de fer de 2 ℔. que si vous appliquez ce mesme diametre à l'autre superficie de la Reigle, sur laquelle les diametres de plomb sont tracez, vous rencontrerez quelque nombre, qui vous marquera le poids du mesme boulet, s'il estoit de plomb.

Remarquez, que si le diametre de quelque boulet, estant porté & posé sur la Reigle du Calybre, n'arrive pas exactement sur quelque nombre, qui marque une ℔ entiere, mais qu'il y reste encore quelque espace, entre le point du susdit diametre, & le point superieur du nombre suivant marqué sur la mesme *Reigle* sçachez. que ledit boulet proposé. pesera encore quelques lots outre la ℔ entiere : pour sçavoir de combien, voicy comment vous le pourrez aysement rechercher. Que le compas (par exemple) coupe une , sur la *Reigle du Calibre*, & qu'il y reste encore quelque espace, entre le point 1. & le point de vostre diametre, vers le point 2. Pour lors voyez sur quelque eschelle, de combien de parties est composé vostre diametre: & pareillement combien vostre diametre d'une ℔ contient de semblables intervalles. Soit donc icy le diametre d'une ℔. de 100 particules, & le diametre proposé de 108 particules semblables : De là il est tres manifeste que le poids du boulet duquel il est diametre, excede le poids d'une ℔ de la mesme proportion que le cube du nombre 108 excede le cube du nombre 100 ; & par consequent que le boulet proposé pese encore quelques lots au delà d'une ℔ : maintenant pour treuver ce nombre, voicy comme il vous faut Raisonner par une Reigle de trois. Si 100000 qui est le cube de 100, donne 32 lots ; combien 1259712. qui est le cube de 108, donnera t'il de lots ? l'operation achevée suivant la methode ordinaire, il en viendra 40, ou environ, qui sera le nombre des lots que peze ce boulet ; & par consequent, il excede ra le boulet d'une ℔ justement de huict lots.

A	B	B	B	B	B	B	B	B	B
1	8	27	64	125	116	343	512	729	1000
2	16	54	128	250	432	686	1024	1458	2000
3	24	81	192	375	648	1029	1536	2187	
4	32	108	256	500	864	1372	2048		
5	40	135	320	625	1080	1515			
6	48	162	384	750	1296				
7	56	189	448	875					
8	64	216	512						
9	72	243							
10	80								

Cha-

Chapitre I X.

De la raison mutuelle des Metaux, & Mineraux entr'eux, ou bien
comment on peut treuver par le poids, & la grosseur de quelque corps metallique le poids & la grosseur d'un autre
corps. De plus comment on doit marquer sur la
Reigle du Calybre, les diametres des boulets, faits de divers metaux, &
mineraux.

Veu que dans l'Art Pyrotechnique, on ne met pas seulement en euvre
les boulets de fer, mais aussy quantité faits d'autres metaux; comme de plomb, de pierre, & choses semblables; & qui plus est, comme il s'y rencontre mesme des corps faits de differents metaux, &
mineraux: il arrive souvent soit par necessité, soit que se soit par quelque
curieux divertissement, qu'on desire cognoistre par le moyen de la pesanteur ou grosseur donnée de quelque corps, un autre fait d'un metail different
à celuy là, ou à raison de sa grosseur, mais de differente pesanteur, ou à raison de sa pesanteur, mais de differente grosseur: Voyla pourquoy i'ay creu
ne faillir aucunement, au coutraire obliger beaucoup tous ceux qui ont de
l'inclination à la Pyrotechnie, & leur y faciliter le chemin de beaucoup, si
ie leur faisois voir en ce chapitre certains rapports, & certaines habitudes
mutuelles, de tous les metaux, & mineraux entr'eux, que i'ay tirez des autheurs les mieux sensez & les plus fondez dans cet art: toutefois le lecteur
sera adverty de grace, que lors qu'il rencontrera dans les autres autheurs ces
proportions mutuelles des metaux, en quelque chose differentes des nostres, qu'il ne nous sçache point mauvais gré, si nous nous sommes arrestéz
aux experiences les plus recentes, & aux pratiques les plus nouvelles, sans
toutefois que nous voulions diminuer en rien l'authorité des autres, pouvant bien vous imaginer qu'un chacun sçait assez (comme rapporte Mathias Berneggerus, en les annotations sur le traicté de Galilée *de Galilæis*)
*quanta sit metallorum purorum (pura autem vocantur metalla, quibus nulla al-
terius metalli, admixta vel alligata est particula) non ad se mutuò tantùm, sed &
in suo cujusque genere, aliqua ponderis discrepantia; sic, ut Aurum Auro, Plumbum Plumbo, gravius, leviusve deprehendatur, utut in magnitudine conveniant.
Quin & metallum cusum, fuso metallo præponderat, cùm illius partes cudendo longè
magis, quàm fundendo coarctentur, & solidiùs coëant. Ergò frustrà hìc quæsiveris.
quæsiveris. Lapidum verò diversitas longè quàm metallorum est major. Sunt e-
nim bibuli quidam, quos arenarios vocant: sunt alii solidiores, & hi ipsi interse
soliditate discrepantes.* De plus les differentes façons de peser, dont on se
sert le plus souvent en certaines choses graves & pesantes, ont beaucoup
de ressemblance à la varieté des observations astronomiques, qui different
presque tousiours de quelques minutes, primes, ou secondes. Or comme il
ne sera pas tout à fait inutil, que vous sçachiez comme quoy ces sçavants
personnages nous ont estably des moyens asseurez & fourny des experiences infaillibles, pour treuver les differences des gravitez entre ce metail cy,
& cet autre là, & pour vous rendre faciles les plus grandes difficultez que
vous pourriez avoir à la recherche de leurs veritables épreuves; pour cette
consideration ie vous ay icy rapporté ce que dit Marius Mersennus, un des
                                                                    plus

plus infignes Mathematiciens qui ayt vefcû de nos jours, touchant ce fub-
ject voicy ce qu'il en dit en fon lib: des hydrauliques, prop: 47 :

*Imprimis igitur liquores phialis exploravi, quæ tantò meliores, quantò collum
angustius habuerint ; cui collo lineola, vel filum accommodandum, ut singuli liquores ad eandem lineam ascendentes, lagenam ex æquo impleant. Non comme-
moro qualibet vice lagenam penitùs exsiccandam, ne præcedentis liquoris guttulâ
lateribus interioribus vel etiam exterioribus phialæ adhærens, exactam gravitatis
cognitionem interturbet. Taceo etiam quæ aliàs de bilancibus & stateris dicta sunt,
deque ponderum divisionibus, in quibus maxima diligentia requiritur.*

*Verum hic modus non est commodus ad corpora dura expendenda, qualia sunt
metalla, nisi priùs funderentur, ut revera fundi curavi ; sed præterquam quòd
omnia metalla non æqualiter typum seu formam implent, ut prop. 8. lib. 4. de
Campanis coroll. 3. monebam, & quædam fiant in unis quàm in aliis majora spatia interiora solo aëre plena ; quædam difficillimè fundantur, uti cuprum, seu pu-
rum æs ; non possunt fundi lapides, ligna, &c. ea propter metalla ejusdem magni-
tudinis ex aurificum chalybeis instrumentis in filum ducta, bilancibus exploravi,
ut loco citato librorum harmonicorum videre est, quæ cum mihi ne dum satisfaci-
ant, tùm quia initio fili ducti, quàm in ejusdem fili medio, & fine (licet nullis sen-
sibus id pateat) foramen latius evadit, & minùs uni quàm alteri metallo resistit,
tum quòd omnia metalla duci nequeunt in filum, quemadmodum neque lapides,
neque liquores &c. aliud addendum.*

*Tertium igitur modum ex terno repetendum arbitratus, quo mihi corpora omnia
formarentur in globos æquales, vel ex fabro lignario, qui parallelepipeda, vel cubos
efficeret, quoad fieri poterat, æquales, illum rejeci cùm inæqualitatem bilances o-
stenderint ; sed neque lapides, metalla, vina, liquores &c. tornari, vel rucinâ
levigari possunt : quapropter nullus alius mihi superesse visus est modus, quàm exactis bilancibus omnia corpora in aëre, vel in aqua, vel in utrisque examinaren-
tur. In aëre quidem omnes liquores quos lagena, quæ collo fuerit angustissimo, in-
cludas, & cum aqua conferas : in aqua verò reliqua corpora dura, quæ, prout liquores, exactè ponderari possent in aëre, si vel essent magnitudine æqualia, vel ma-
gnitudinis illorum discrimen agnosceretur : sed cùm diversis figuris ut plurimum
irregularibus afficiântur, nil commodius aut exactius quàm ut in aqua expendan-
tur, & ex ratione aqueæ molis illis æqualis, ad gravitatem illorum, concludatur
quantò sit unum altero gravius: quod si semel in tabulam referatur, nullus deinceps
labor in iis impendendus.*

Le mefme autheur fur ce mefme fujet un peu plus bas au corollaire de la
mefme propofition : *Memini Dounotium Geometram metalla omnia fuisse soli-
tum ad heminam Parisiensem reducere ; & ubi supposuisset, aquam heminâ con-
tentam unius esse libræ : metalla sequentia, ejusdem molis ita se habere, ut ferrum sit lib. 8. æs 9. argentum 10½ Plumbum 11½, & aurum 19, sphæram verò
plumbeam, cujus axis, seu diameter, pollicis cum besse, sive octo lineis, in pre-
tio habuisse, quod esset pondo unius libræ ; sed cùm heminam fusis metallis im-
plendam sibi proposuisset ad aliorum justa pondera definienda, illum ab instituto
revocavi, quod expertus essem typos, & vasa minùs à quibusdam metallis, ab a-
liis verò magis impleri, & in his quàm in illis plura vacuola, seu plures, ut fuso-
res loquuntur, ventos reperiri.*

C'eft icy donc où Merfennus nous fait voir par quelqu'une de ces inventions que luy mefme à cy deffus citées, les mutuelles proportions des metaux, inventées par Mr Petit avec beaucoup de curiofité, & tres exactement
reduites par luy mefme en une table, nous affeurant que les metaux de pareille groffeur, obfervent entr'eux l'ordre & la raifon qui s'enfuit. A Cette
table

table cy deſſous poſée nous avons adjouté la proportion qu'ont le Soulphre
& le Bois avec le reſte des autres metaux.

l'Or	100
le Mercure	71 ½
le Plomb	60 ½
l'Argent	51 ½
le Cuivre	47 ⅓
l'Airain meſlé de Calamine	45
le Fer	42
l'Eſtain commun	39
l'Eſtain pur	38 ¼
l'Aymant	26
le Marbre	21
la Pierre	14
le Criſtal	12 ½
le Soulphre	12
l'Eau	5 ⅔
le Vin	5 ¼
la Cire	5
l'Huyle	4 ⅓
le Bois de Tilliet	3

L'uſage particulier & principal de cette table icy, ſera pour donner à connoiſtre, par la groſſeur & peſanteur connuë de quelqu'un de ces corps pro-
poſez: la groſſeur & peſanteur de quelque autre corps, & par meſme moyen
la raiſon de l'une & l'autre groſſeur & gravité. Comme par exemple ſi vous
voulez ſçavoir quelle eſt la raiſon de gravité ou peſanteur entre le fer & le
plomb ; c'eſt à dire de combien le plomb eſt plus peſant que le fer, eſtans
tous deux de pareille groſſeur, cecy ſera fort ayſé à ſçavoir par la table ſuperieure : Car la peſanteur du plomb ſera à celle du fer, (les deux corps eſtans
de meſme grandeur ou groſſeur) comme eſt 60 ; à 42. Ces choſes icy eſtans
deſia bien connuës nous n'aurons pas beaucoup de difficulté de reſoudre
un certain Probleme, à la verité excellent, & tout à fait neceſſaire dans la
Pyrotechnie. Car ſi on nous propoſe un Canon de fer qui peſe 2000 ℔ de
fer : & qu'on nous demande apres combien de ℔ d'airain, il faudroit avoir
pour conſtruire un autre canon, de pareille grandeur & groſſeur, de meſme
forme, d'égale proportion en toutes ſes parties, & avec tous les ſemblables
ornements que le propoſé. Voicy comme vous le pourrez connoiſtre : poſez de la table ſuperieure les nombres en Reigle de proportion ſuivant cet
ordre : De meſme que 42, (qui eſt le nombre de la peſanteur du fer) eſt à
45, (qui eſt le nombre de la peſanteur de l'airain mellé de calamine) ainſi
eſt 2000 ℔ nombre de la peſanteur du Canon de fer propoſé, à la peſanteur
recherchée. L'operation eſtant achevée, vous aurez le poids de l'airain
meſlé de calamine, neceſſaire à faire un Canon ſemblable au propoſé à ſçavoir
2142 ℔ & 27 lots ou euviron.

Suppoſé donc que la groſſeur de quelque corps ſoit bien connuë en toutes ſes parties : je dis qu'il ne ſera pas mal-ayſé de connoiſtre la groſſeur de
quelque autre corps, cette groſſeur eſtant meſurée par les meſmes parties,
comme auſſy égale en peſanteur au corps propoſé, & de meſme forme quoy
que d'inegale grandeur, ou groſſeur, ſi vous renverſez l'ordre des raiſons
                                                                      don-

donneés. Par exemple soit connuë la groffeur d'un boulet de fer d'une ℔, duquel le diametre eft compofé de 100 particules (comme nous avons defia dit cy deffus: On demande de Combien eft le diametre d'un boulet de plõb de mefme pefanteur. Pour cet effet cherchez la raifon des groffeurs des ces deux corps d'inegale pefanteur fur voftre table fuperieure : car de mefme que 60, eft à 42 ainfi fera la groffeur d'un boulet de fer, à la groffeur d'un boulet de plomb de mefme poids.

Or pour cognoiftre le nombre des particules égalés que doivent contenir les diametres de l'un & l'autre boulet nous avons trouvé bon de vous defcrire cy deffous une autre table, laquelle nous avons tres exactement calculée, à l'ayde de Celle des Racines Cubiques pofée au Chapitre premier de ce mefme livre, particulierement les proportions mutuelles des metaux entr' eux, à raifon de leurs poids, & marquées en la table fuperieure eftant fuppofées ; voicy comme nous y avons procédé. Nous avons multiplié la Racine du centiéme Cube prife fur la table Stereometrique, à fçavoir 464 toujours par 100, & divifé le produit 46400 toûjours par les Racines competentes chaque nombre des poids metaliques au regard de l'or. Par exemple pour trouver le nombre des particules qui conftituent le diametre d'un boulet de plomb, nous avons divifé le produit 46400 par la Racine du Cube 60, qui eft environ de 392 : le quotient 118, s'eft treuvé eftre le diametre d'un boulet de plomb pefant autant qu'un autre d'or. Voila comme quoy nous avons Conftruit cette petite table cy deffous décripte, de laquelle fi vous defirez vous fervir pour chercher le diametre d'un boulet de plomb d'une ℔, fuppofez premierement que la groffeur d'un boulet de fer, de mefme poids que celuy de plomb, en particules égales, vous foit bien connuë (laquelle nous fuppofons en cet endroit auffi bien comme allieurs, de 100 particules égales) puis difpofez vos nombres proportionels des metaux ainfi en Reigle de trois : à fçavoir comme le nombre proportionel du fer, (qui en la table eft 133) eft au nombre proporrionel du plomb 118 en la mefme table : ainfi font les 100 parties égales defquelles le diametre du boulet de fer eft compofé, aux particules du diametre du boulet de plomb de mefme poids que celuy de fer, ce que nous cherchions.

Le Calcul eftant achevé, vous aurez le diametre du boulet de plomb, de 88$\frac{96}{117}$ particules de mefme nature que les 100 du diametre du boulet de fer. Ainfi devez nous proceder pour trouver les diametres faits d'autres metaux ; & qui au regard du poids feront égaux à un de fer. D'avantage fi la grandeur du diametre d'un boulet fait de quelque autre metail vous eft bien connuë ; il vous fera tres ayfé de connoiftre pareillement, la grandeur du diametre d'un autre boulet compofé d'un metail different, & d'égale pefanteur avec le donné, fi aprés avoir bien difpofez les nombres que vous tirerez de la table des proportions metaliques fuivant l'ordre de la Reigle de trois, vous en faites l'operation félon la methode accoutumée. Nous remarquerons auffi ayfément tous les diametres treuvez en la *Reigle du Calibre*, fuivant ce que nous venons de dire cy devant. De plus nous pouvons non feulement rechercher les diametres des globes, mais encore tous les coftez homologues de toute autre forte de corps tant reguliers, qu'irreguliers, faits de tous ces metaux qui fe treuvent dans noftre table : comme auffy la raifon mutuelle de la groffeur d'un corps à un autre (pourveu qu'ils foient de poids égal) fera tres ayfée à concevoir par la table fuperieure. Comme (par

exemple) si on vous propose un cube de bois pesant 10 ℔, Et qu'on vous dise de construire un autre cube de cuivre de poids égal à ce premier. Pour
venir à bout de cecy, vous diviserez un costé du cube de bois en certaines
parties égales: (& tant plus que vous en ferez, d'autant plus certaine & plus
exacte sera vostre operation) supposez icy 60 particules auquelles le costé
du cube donné est divisé, prenez en apres les nombres proportionez de la
table, & les disposez en Reigle de proportion, ou de trois; suivant cet ordre.
De mesme que 309 nombre proportionel du bois est à 121, nombre proportionnel du cuivre; ainsi est 60 nombre des particules du costé du cube
de bois, au nombre des particules desquelles le costé du Cube de cuivre doit
estre fait; De cette operation sortira ce nombre 24$\frac{444}{555}$, qui sont autant de particules de mesme nature que les 60 du costé du cube de bois, que doit contenir le costé du cube de cuivre, qui sera égal en pesanteur au cube de bois
proposé.

Ce qui à esté fait avecque le costé d'un Cube, comme d'un corps regulier, se peut faire aussy avecque toute autre sorte de costés homologues des
corps irreguliers, & par ce mesme moyen on pourra trouver aysement toutes les grosseurs des corps équiponderants composez d'autres differents
metaux, comme d'airain, de metail mixte, & allié, ou bien mesme de fer; le
tout par la voye des modeles (que l'on appelle suivant le mot de l'art Pro-
plasmes)de tous les corps pyrotechniques, qui pour la plus part sont irreguliers: comme sont tous les Canons, Mortiers, Petards, & telles autres semblables machines, soit que ces modeles soient faits ou de bois, ou de cire, ou de
plomb ou de quelque metail ou mineral que ce soit. Pour toute conclusion
on pourra aysement venir à bout de l'augmentation de quelque corps par
quelque moyen que se soit, suivant ce que nous avons dit cy devãt, & à l'ayde
de la table des Racines Cubiques donnée au Chap: 1. à Condition toutê fois
que l'on garde bien la proportion de la mesme forme du modele, ou de
tout autre corps fait d'un autre metal. Touchant ce subjet vous pourrez (s'il
vous plait) rechercher le probleme 25 au Traicté qu'en à fait Galileus, de
l'Instrument de Proportion: où il enseigne comme on peut trouver la mesme chose par un instrument de son invention.

Notez que nous avons fait icy mention de metail mixte, & allié quoy que
dans nostre table superieure nous n'ayons pas donné la raison de sa pesanteur, dans une égale grosseur, au respect des autres metaux: Il est à la verité
assez difficile d'establir des Reigles certaines sur ce sujet, veu que les fon-
deurs, & semblables ouvriers allient diversement les metaux dans la fonte
du canon; de quoy nous parlerons plus amplement ailleurs. Nous avons
pourtant remarqué par experience, que le poids d'un metail meslé, en telle
proportion, que dans 100 ℔ de cuivre il y entre 20 ℔ d'airain de calamine
mixte, (que les Latins appellent *Aurichalcum*, les Allemands *Messing*, les Polonois *Mosiads*, mais nous autres apres les latins *Auricalque*, ou vulgairement
Laiton) & dix ℔ destain:(alliage que l'on iuge assez ferme, & qui est maintenãt le plus en usage parmy toutes les nations de l'Europe) est le plus approchant en pesanteur, au poids de l'airain calamine mixte, si tant est que ces
corps faits de l'un & l'autre metal, soient de pareille grosseur. Ce que l'on
pourra observer, & ensuivre dans l'ordre des choses suivantes.

Dia-

Diametres des boulets æquiponderants en particules égales.

l'Or	100
le Mercure	111
le Plomb	118
l'Argent	122
l'Airain, ou Cuivre	128
l'Airain meflé de Calamine	130
le Fer	133
l'Eftain Commun	136
l'Eftain pur	137
l'Aymant	156
le Marbre	168
la Pierre	192
le Criftal	201
le Soulphre	202
l'Eau	266
le Vin	267
la Cire	271
l'Huyle	276
le Bois de Tilliet	309

APPENDICE.

Nous pourrons fort ayfement decider l'une & l'autre queftion propofée dans les exemples fuperieurs par un autre moyen, foit que nous defirions chercher les diametres des boulets par le diametre conneü de quelque autre boulet, foit que nous voulions connoiftre les coftez homologues de quelque corps tant regulier qu'irrregulier, par les coftez connus de quelque autre corps propofé, (fuppofé toutesfois qu'ils foient tous deux de mefme pefanteur) voicy comment vous le pourrez faire. De quelque efchelle que fe foit, foit pris avec un compas vulgaire les intervalles des points proportionnaux de tous les metaux, fuivant l'ordre des nombres de la table fuperieure, & de là tranfportéz fur la ligne A B tirée en la figure marquée du N° 10, en commençant de A vers B, & marquant avecque des petits points, où chaque intervalle finit, & efcrivant foubz chacun d'eux un nom, ou charactere defquels on à de couftume de marquer les metaux pour les reconnoiftre : ainfi voftre Inftrument fe trouverra conftruit, & en fort bon ordre pour vous en fervir. Pour ce qui coucerne fon ufage ie m'en vay vous l'apprendre par un exemple de mefme qualité que celuy que nous avons rapporté cy deffus. Soit donné le cofté d'un cube d'argent pour exemple que fi on vous demande le cofté d'un cube de criftal, qui fera de mefme pefanteur que celuy d'argent. Prenez la ligne droite fur la mefme figure, avec le compas ; laquelle eft le cofté du cube d'argent, puis tenant un pied du compas fermé & arrefté au point marqué de ce mot *argent*, de l'autre pointe foit d'efcript un art de cercle ; vers lequel, de A vous tirerez la tangente A C à l'infiny. Par apres prenez l'intervalle entre le point, (ou ce mot *criftal* eft efcript) & la tangente A C : Et vous aurez le cofté du cube de criftal æquiponderant ou de mefme poids, au cube d'argent donné : & eonfequemment tous les intervalles compris entre la ligne A B, & la tengente A C, feront

ront

ront les coftez des cubes compofez d'autres metaux, de mefme poids, que le cube d'argent propofé.

Chapitre X.

Des Poids, de leurs Differences & Coéquation ou Egalité entr' eux.

Les poids defquels nous avons contûme de pefer toute forte de corps graves, & pefants, & qui fe mettent fur la balance, eftoient chez les Anciens non feulement diftinguez de nos modernes, & de nom & d'effect; mais encore ils les changeoient, & varioient entr' eux en mille & mille façons, tant pour la confideration des nations differentes qui trâffiquoient avec eux que pour le refpect des diverfes denrées qu'ils pefoient ordinairement. Ce que nous voyons encore tous les jours parmy nous; car autres font les poids dont fe fervent les François, autres ceux des Efpagnols, & autres encore ceux que les Italiens, Allemands, Polonois, Anglois, & toutes les autres nations du monde mettent en ufage, auquels mefme chacun d'eux donne des noms propres, & affectez au language vulgaire du pays. De plus il y a d'autres poids dont on fe fert à pefer l'or, l'argēt, les perles, le coral, & autres femblables marchandifes de grand prix. D'autres encore qui fervent à pefer le fer, le cuivre, le laiton, le plomb, l'eftain, le foulphre, l'alun, la cire, le fuif, le lin, le chanvre, la laine, le fil d'archet de fer, ou de cuivre, la chair falée & fraifche, le beurre, le fromage & toute autre femblable denrée. De plus on en void encore d'autres qui ne font en ufage que chez les medecins, apoticaires & chirurgiens avecque quoy ils pefent & adjuftent les medicaments qui veulent preparer, pour faire entrer aux corps humains. C'eft en ce chapitre icy où i'ay refolu de vous entretenir, de la difference de tous ces poids: Nous commencerons premierement par les poids des Anciens, continuerons par les noftres, & finirons par les plus modernes, lefquels nous denombrerons, égalerons entr' eux, puis en fin nous vous ferons voir l'ufage de leurs coequations & égalitez dans noftre pyrotechnie.

Pour ce qui regarde les poids des Anciens, & leurs particulieres differences entr'eux : les efcripts des autheurs tant Grecs que latins vous en parlent affez amplement : nous en avons icy recueilly quelques uns defquels nous toucherons un petit mot en paffant. Les Anciens en premier lieu divifoient generalement tous leurs poids en deux parties, à fçavoir en grands & en petits, entre les grands il y avoit.

Le Talent qui chez les Hebreux eftoit une efpece de poids fans aucune marque, pefant 3000 *Sicles ;* comme on peut voir tres clairement dans l'Exode Chap. 38 où il eft fait mention d'une certaine fomme de 100 talents, & de 1775 ficles qui provint, apres que 603550 hommes eurent payé chacun un demy *Sicle.* Or le *Talent* des Hebreux contenoit 100 *mines Hebraiques*, mais 120 *Attiques* : ou bien 1500 onces : 12000 dragmes: ou 125 ℔ de douze onces chacune. On pefoit avec le *Talent* l'or, l'argent, & le cuivre. Voyez Villalpandus fur ce fubjet en fon tome 3, ou il refute puiffamment ceux qui ont un fentiment contraire à celuy cy. Mais pour le regard du poids du *Sicle* les autheurs n'en demeurent pas d'accord. Marinus

Mer-

Mersennus au livre qu'il a fait, des mesures, des poids, & des monnoyes
asseure qu'il a espreuvé qu'un *Sicle d'argent* (auquel il veut que celuy d'or
soit égal au regard du poids, quoy qu'inégal en valeur) pesoit 268 grains,&
de là il Conclu que le *Talent Hebraique* pesant 3000 *Sicles*, avoit esté de 87
℔ (de 16 *onces* chacune) 3 onces, 6 dragmes,& 2 deniers,ou bien de 804000
grains. D'ou l'on peut conclure que le *talent* de Villalpandus est plus grand
que le calcul de Mersennus de 6 ℔, (de 16 onces chacune) 8 *Onces*, 2 *Dragmes*, & 2 *Deniers*. Il y en a qui croyent que les Hebreux ont eu deux sortes de sicles, le commun, à sçavoir *le prophane Di-drachme, & le Tetra-drach-
me du Sanctuaire*, qui estoit le double *du sicle commun* : Mais lisez s'il vous
plait Villalpandus,sur ce passage,où il dispute,fort,& ferme contre Grepsius,
& luy sonstient qu'il ny a eu qu'un seul *Sicle*, égal en valeur au *Statere* des
Atheniens, & non pas deux, comme *le commun* ou *prophane*, & *le Sacré*. La
quatrieme partie du sicle à sçavoir une dragme dont il est fait mention en S.
Luc. 15, & 8, estoit égal au denier Romain,duquel en S. Mathieu 18, 22,
ou bien comme *la moitie* en S. Mathieu 17, 27. *Le Sicle* estoit composé de
20 *Oboles*, que les Hebreux appelloient *Gerah*, & les Caldéens *Maha* : *L'obole*
suivant la commune opinion des Rabins, estoit du poids de 16 grains d'orge : desquels (comme ils égalent les grains d'une once, selon les observations qu'on en a faites, & desquels nous parlerons cy apres) on pourra faire
un *Sicle*, ou 20 *Oboles* de 320 grains. Par ainsi 3000 *Sicles* peseront 6000
grains, ou bien 104 ℔ (pesant chacune 16 *onces*) 2 *onces*, 6 *dragmes* & un denier ; lisez Mersennus en son livre des Mesures, des Poids, & Monnoyes,&
les autres autheurs, qu'il cite là mesme sur ce subjet. Si vous desirez en sçavoir d'avantage touchant les differences des poids du *Sicle Hebraique*.

Il est tres certain qu'il y a eu trois sortes de *Talents* parmy les Romains
au rapport des autheurs. *Le moindre & le plus petit* des trois estoit de 84 ℔
Romaines. *Le moyen* estoit de 120 ℔ au dire de Vitruve chap: dernier de son
X. lib: ou il rapporte que Helepolis estoit si bien munie de Cilices,& si puissamment fortifiée de Cuirs qu'elle pouvoit souffrir le choc d'une pierre de
360 ℔ poussée par la fonde, ou baliste ; or est il que c'estoit le poids de 3 talents, chacun desquels pese 120 ℔. *Le plus grand* se trouve chez Suidas, &
Hesychius, qui tesmoignent tous deux avoir esté de 125 ℔ qui est un poids
égal au *Talent Hebraique*.

Le Talent des **Grecs**, ou Attiques estoit composé de 6000 dragmes, ou
de 60 mines Attiques, comme Suidas rapporte de Festus : encore estoit il
suivant l'opinion de Villalpandus la moitie de celuy des Hebreux,& suivant
celle de Suidas & d'Hesychius la moitie de celuy des Romains à sçavoir de
62 ℔ ½ Romaines.La valeur du *Talent Attique* dans la monnoye estoit de 600
escus couronnez. D'où cette insigne, & memorable liberalité d'Alexandre
le Grand envers les hommes doctes, lors qu'il gratifia son precepteur Aristote de 800 talents pour recompence de la peine qu'il avoit prise à luy de-
scrire la nature de tous les animaux, qui valoient comme quelques-uns veulent dire quattre cens & huictante mille escus couronnez & lors qu'il envoya par des embassadeurs au Philosophe Xenocrate cinquante Talents,qui
estoient trente mille escus. Outre ces Talents que ie viens de nommer, il y
en avoit encore d'autres façons, à sçavoir.

Le Talent Thracien, ou des Thraces,qui estoit de 120 ℔; Celuy des Egip-
tiens de 80 ℔: celuy d'Alexandrie estoit le demi de l'Attique à sçavoir de 31

℔ & 3 onces, celuy de Syrie de 1500 dragmes, ou de 15 ℔, 7 onces, & 4 dragmes,& celuy d'Eginée estoit seulement de 10 dragmes.

Parmy les Moindres poids des Anciens, on trouvoit chez les Hebreux.

La Mine ou bien *Manegh* qui estoit de 30 *Sicles* ou de 120 dragmes,

La Mine des Grecs ou *Mna*, μνα, estoit de deux façons, à sçavoir, la petite qui contenoit 75 dragmes,

La seconde qui estoit plus grande que la nouvelle mesure de Solon. Contenoit 100 *dragmes.La Dragme* estoit divisée en 6 *oboles:l'Obole* en deux *demyes oboles*: La Demye Obole en 3 *Chalques*: le *Chalque* en 5 *Leptes*. Mais pour le regard de la dispensation des drogues & medicamments chez les Medecins, & Chirurgiens, *la Mine* se divisoit en 16 onces: *l'Once* en 8 *dragmes:la Dragme* en 3 *Scrupules*: le *Scrupule* en 2 *Oboles*: l'Obole en 2 *demies-oboles*: la *Demie-obole* en un *Silique & demy*: le *Silique* en 4 *grains*, ou *Moments*.

La Mine d'Alexandrie comprenoit 20 *Onces*: & En fin pour conclusion de la Mine, la Ptolomaïque ne contenoit que 8 onces seulement.

La Livre estoit ce que les Romains appelloient proprement, poids & As,ou Assis,ce poids estoit entre les plus grāds le plus petit,& entre les plus petits le plus grand. Il contenoit ordinairement 12 onces: & cette *Livre Romaine* estoit plus legere que *la mine Attique* de 4 dragmes. *La Livre* premierement estoit purement & simplement composée d'onces par soy: *Le Sextans* estoit de 2 *onces*, le *quadrans* de 3 *onces*; le *Triens* de 4 *onces*. Le *Quincunx de* 5 *onces*, le *Semis* de 6 *onces* (qu'on appelloient aussi demye Livre) le *Septunx* estoit de 7 *onces*: Le *Bes* de 8:Le *dodrans* de 9:le *Dextans* de 10, & le *deunx* de 11 onces.La *Livre* se divisoit de rechef en d'autres poids de moindre valeur: comme en 24 *Demies onces*; en 36 *Duelles*: en 48 *Siciliques*: en 72 *Sextules*, en 48 *Deniers*: en 168 *Victoriats*: en 288 *Scriptules*.

Outre tout cecy. *La livre* chez les Romains estoit une espece de mesure, qui contenoit 12 parties égales, qu'ils appelloient pareillement *onces* à celle cy ils donnoient le nom de *Livre Mensurale*, ou *livre de mesuré* à ce qu'elle pust estre distinguée d'avec le poids. L'autre au contraire dont on se servoit à peser les choses, je veux dire le poids mesme, se nommoit.*Livre ponderale, Livre de poids, ou Livre pesant;* qui est celle là mesme que nous avons descripte cy dessus. Or cette *Livre mensurale*, au rapport de Galien en son lib: 5 de la composition des medicaments, estoit une certaine mesure faite de corne de laquelle les Romains avoient accoutumé de mesurer l'huyle, laquelle estoit repartie par des certaines lignes marquées ou dedans ou dehors qui·la divisoient en 12 parties:un douziéme desquelles (c'est à dire un des intervalles qui estoit entre deux de ces rayes, s'appelloit *once*. Maintenant pour sçavoir de combien la livre mensurale differe en pesanteur d'avecque, la livre ponderale, Galien l'enseigne au lib. 6.du mesme traicté. Lors qu'il monstre que la *livre de Mesure* est égale à 10 *onces* ponderales. C'est à dire qu'elle se trouve plus petite de 2 onces que *la livre ponderale,*

C'est assez discouru sur les poids des Anciens, il est maintenant raisonnable que nous examinions un peu ceux dont on se sert dans nos pays,entre lesquels la difference n'est pas petite, tant parmy les grands que parmy les petits. Mais comme les termes nous manquent dans nostre langue, aussi bien qu'ils ont fait aux latins pour exprimer des noms qui nous sont aussi estranges qu'à eux; nous vous les descrirons icy tous,suivant les noms vulgaires qui leurs sont propres, & particulierement affectez aux nations qui les mettent en usage, principalement ceux dont les Marchands se servent

le

le plus communément, le tout avec le moins de prolixité que nous pourrons.

Dolium (qui parmy nous est un certain vaisseau de la grandeur d'un
tonneau) est un poids fort usité des **Polonois**, (lequel ils appellent vulgairement *Beczka*) qui contient 50 *pierres* : ou bien 1600 ℔, ie suppose icy
pierres de Varsavic : chacune desquelles pese 32 ℔.

Le **Miglier**, que nous autres appellons *Millier* : est un poids des
Venetiens qui contient 40 *Miriades* (appellées en langage du pais *Miri*)
chacune desquelles pese 25 ℔, par ainsi tout le *millier* est de 1000 ℔ pesant,
la livre supposée de 12 onces.

Baccar, au royaume de **Calicut**. est un certain poids qui fait à **Lisbo-**
ne 5 grands Quintaux : & pese en tout 640 ℔.

Calla poids d'Alexandrie pese 960 ℔.

Cargo, ou **Carico**, & **Cargo**, ou **Charge**; est un poids fort
en vogue, chez les **François**, **Espagnols**, **Italiens**, & **Portugais**; qui
est proprement la charge d'un cheval, d'un asne, ou d'un mulet. Il contient
en Espagne 3 *quintaux* qui sont 360 ℔, & quelques-fois 432 ℔, à **Venise**, &
à **Anvers**, il est de 400 ℔, à **Lion** & par tout allieurs en **France** il est de
270 ℔, & quelques-fois aussy de 300 ℔. A ce poids se rapporte fort le *schiff-*
pfundt des **Allemands** qui est proprement le poids ou la charge d'un navire,
comme nous le specifierons cy apres.

Birkowiec poids chez les **Moscovites**, & chez les habitans de la
Russe blanche: Contient dix autres petits poids, (que ceux de ces pais là
appellent *Pud*) chacun desquels pese 36 ℔: d'ou vient que ce poids fait en
tout 360 ℔,

Le **Sciba** des **Ægiptiens**, pese 320 ℔.

Rivola, ou **Romula**, poids dont on use à **Damascene**, est de
225 ℔.

Star chez les **Venitiens**, pese 360 ℔ quelques-fois 220, 180, 130, &
quelques-fois aussi 110 ℔ seulement : La raison de tant de differences entre
ces poids vient des diverses denrées qui pesent, lesquelles ie ne treuve nullement à propos de vous dechiffrer icy.

Wage, poids en usage parmy les nations **Belgiques**, est à **Anvers** de
165 ℔: à **Bruges** en **Flandres**, de 30 pierres ou 180 ℔. Là mesme aussi il
ne pese que 20 pierres ou 120 ℔. C'est de ce poids dont on pese ordinairement le fromage & le beurre.

Quintal, ou **Quintalo**, & **Quintalis**, Poids d'**Espagne**
& de **Portugal**: Pese dans la ville de **Leon** 100 ℔: à **Seville** le grand Quintal, est de 144 ℔ & contient 4 *Robes* : la *Robe* 42 ℔. Le petit *Quintal* n'est que
de 28 ℔ seulement. La mesme, ils ont un autre *Quintal* qui Comprend
120 ℔, ou 4 *Robes* dont chacune pese 30 ℔. Le *Quintal* des **Portugais** est de
128 ℔, & contient semblablement 4 *Robes*, chacune desquelles pese 32 ℔. Celuy l'à est le plus grand parmy eux : mais le petit n'est que de 112 ℔, qui
contient aussy 4 *Robes*, de 28 ℔ chacune. En ce mesme lieu le *Quintal* de
cire pese 1 *Quintal*: le *quintal* est de 112 ℔ qui fait en tout 168 ℔. Au Royaume de **Fesse**, le *Quintal* pese 66 ℔ d'**Anvers**. En **Maroc**, & en **Guinée**, il
est de 129 ℔.

Can-

CANTAR & CENTNER, eſt ce qu' Anciennement on appelloit POIDS
CENTENAIRE, (qui veut dire proprement *poids du Cent* parmy nous) à
raiſon qu'il peſoit 100 ℔, d'où vient chez Nonius, que ces ſoldats s'eſ-
crioient : *quid fit ? baliſtas jaċtas centenarias* ; ſi ce n'eſt à cauſe qui ces puiſſantes & admirables machines élançoient de pierres du poids 100 ℔. Mais
pour l'heure preſente ſe poids ce met en mille & mille poſtures ie veux dire
qu'il ſe change & varie au gré d'une infinité de nations qui le mettent en
uſage.   En France par exemple, dans la Ville de Paris on le diviſe en 4
Quartrons chacun deſquels eſt de 25 ℔ peſant, à Lion, à Thoulouſe, à
Avignon, & à Montpellier il eſt de 112 ℔. En Eſpagne il contient 4
Robes. La *Robe* 30 ℔ qui font les 4 enſemble 130 ℔, qui reviennent juſtement au poids du Quintal. En la Poüille, Calabre, & Candie ; pareillement à Conſtantinople, Alexandrie, Aleppe, & aux iſles de Cyprès
& de Rhodes, il eſt de 100 *Rotules* : en Cicile 61. *Rotules* de 30 *onces* chacune font un Centenaire, à Damaſque le Centenaire comprend 5
Zurles, ou 5 *pierres*, chacune deſquelles peſe 20 *Rotules*. En Barbarie, il
contient 5 *Robes*, & la *Robe* 20 *Rotules* : à Oran le centenaire eſt compoſé de
4 *Robes*. En Angleterre de 112 ℔, à Norembergue, & dans la plus part
des principales villes de la haute Allemagne, il eſt de 100 ℔ 120 ℔, & quelque-
fois de 132 ℔: En Sileſie & Vratiſlavie, il peſe 5 *pierres* de 24 ℔ chacune, qui
font emſeble 120 ℔ : à Hambourg & à Dantiſque il ſe trouve auſſi de 120
℔: à Mont-royal il eſt de 138 ℔: à Lubec : à Stetin en Pomeranie il fait
121 ℔: à Cracovie en Pologne il eſt de 138 ℔: à Varſavie il peſe 5 *pier-*
res chacune deſquelles peſe (comme nous avons deja dit cy deſſus.) 32 ℔,
qui font en tout 160 ℔, ſuivant les ordonnances qui furent eſtablies dans ce
Royaume en l'an 1565: à Leopole en Ruſſie le Centenaire contient 5 *pier-*
res deſquelles chacune peſe 30 ℔.

La ROBE eſt un poids en uſage chez les Eſpagnols & Italiens laquelle peſe 36, 32, 30, & 28 ℔, comme nous avons ſi ſouvent redit cy
deſſus.

La PIERRE appellée vulgairement STEIN dans les hautes & baſſes
Allemagnes; eſt un poids fort en vogue parmy les Allemands, Flamends,
& Hollandois, & le reſte des nations qui habitent les coſtes de l'o-
cean Germanique, & de la mer Baltique: côme auſſi dans la Pologne &
dans la Lithuanie on s'en ſert fort, voire meſme juſques dans l'Italie où il
eſt en uſage : à Rome, à Florence, à Bologne, mémement à Hambourg à
Lubec, à Stetin elle peſe 10 ℔, dans ces mêmes lieux il s'y entreuve encore
une autre qui eſt le double de celle cy à ſçavoir de 20 ℔: à Vratiſlavie en
Sileſie, elle peſe 24 ℔: à Cracovie 27 ℔: à Varſavie, & à Lublin 32 ℔,
ſuivant les arrets donnez par Sigiſmund Auguſte en l'an 1565: à Leopole
elle peſe 39 ℔. Celle de Dantiſque ſe rencontre de deux façons ; la plus
grande eſt de 34 ℔, c'eſt celle là qui ſert à peſer le lin & la ciré. La plus petite eſt de 24 ſeulement, c'eſt avec quoy l'on peſe les drogues, eſpiceries, &
toutes les autres choſes aromatiques : à Mont-royal, elle eſt auſſy de deux
ſortes de peſanteur, la plus grande peſe 40 ℔, & la plus petite 28 ſeulement:
à El-

à Elbing: à Vilne en Lituanie : à Rigue : & à Revale en Livonie elle
est de 40 ℔: à Torane de 24 seulement.

NAGEL est un poids dont on se sert fort en Angleterre particuliérement à peser la laine : à Bruges en Flandres il est de 6 ℔. De plus 45 *Nagels* font un certain poids qu'on appelle *Wage*, deux *Wages* font un *Sac*, 3
facs font un *Seltier* ou *Serpelier*. Mais en Angleterre *Nagel* est de 7 ℔. 3
Centenaires &⅓ font un *fac* de laine qui comprend 52 *Nagels*. Le *Tode* pareillement est un poids Anglois qui contient 4 *Nagels*.

La ROTULE ou SCUTAIRE est un poids en usage parmy les Italiens,
& la plus part des Orientaux ; en Arabie, Syrie, en Grece, à Rhodes, en
Chipres, il se divise en 12 *onces*, ou 12 *Sacres*, ou *Sachofes*, en 24 *Sexaires*
ou *Sicles*, en 48 *Deniers*, 7 desquels font une *once*, en 96 *Darquins* qui
veulent dire *Dragmes*, en 288 *Scrupules* en 576. *Orloffats*, ou *Oboles*, en
864 *Danigs*, en 1728 *Kirats*, qui font des *Carats*, ou *Siliques*, en 6912
Keflufs qui signifient des *grains*. La *Rotule* à Venise au rapport de Nicolas
Tartaglia en sa question douziéme, est de 2 ℔, ou de 33 *onces* &⅓. Et 3 *Rotules*
font 100 *onces*. En Sicile la *Rotule* est de 30 *onces*, à Alcair il pese 6 ℔.
à Aleppe 60 *onces* : Là mesme *l'once* est de 8 *Metalliques*, ou *Metecalles*;
(voila comme les Turcs appellent *les dragmes* en leur langage)'& une *Rotule* fait 480 *Metalliques*, chacun desquels en particulier pese 1; *pefo*, & 10
pefo constituent une *Ongue* ou *ongie* : Derechef 50 *Metalliques* font un *Marc
de Turquie*: Mais pour faire le nostre il n'en faut que 32 semblables.

La MINE, MANEG, ou MNA, en Egipte pese 16 *onces* : en Syrie
& en Iudée 18 *onces*: en quelques autres endroits l'on treuve que l'ancienne
Mine des Grecs pesoit 100 Dragmes.

La LIVRE que les Allemands appellent vulgairement *Pfundt*. Ceux
des Pays bas *Pond*. Les Polonois *Funt*. est un Poids fort en credit, & tres
bien conneü à toutes les nations de l'Europe, & presque en usage par tout
le monde. Mais veu qu'on la divise fort diversement, & que chaque nation la separe en autant de parties que bon luy semble, puis qu'on remarque qu'elle contient plus ou moins de parties en un pays qu'en l'autre,
voire mesme qu'on la change & varie extremment quant à son poids, i'ay
treuvé bon de m'étendre un peu plus que ma coûtume à son subjet, &
vous rapporter icy les differentes, & inégales subdivisions qu'on a remarquées dans diverses provinces & villes de l'Europe. Pour cette fois
icy nous suivrons l'orde qu'a tenu Marinus Mersennus, autheur fort exacte dans ses observations; de qui i'ay appris une partie de ce qui s'ensuit dans un livre qu'il a fait des mesures, des poids, & des monnoyes.
Il commence donc par la livre de France, avec laquelle il confere &
égale tous les poids des autres provinces. Premiérement il divise *la livre* Françoise en 16 *onces*: *l'Once* en 8 *Dragmes*: *la Dragme* en 3 *Scrupules*, ou *Deniers*. En forte que *la livre* entiere comprend en tout 384
Scrupules. *Le Scrupule* est divisé en 24 *grains*, par ainsi suivant cette division *l'once* sera de 576 *grains*, & consequemment toute *la livre* sera composée de 9216 *grains*. Pour ce qui regarde le grain ; encore bien que ce
soit une particule extremment petite & peu considerable en la livre, neantmoins (à ce qu'il dit) les Orfêvres en France ont de coûtume de

E

la

la diviſer encore en 512 particules. Voire meſme il confeſſe avoir eſ-
preuvé que [illegible] d'un *grain*, peſoit tout au moins autant que 40 *grains de
ſable*, d'ou il s'enſuit qu'un ſeul *grain de ſable*, peſe [illegible] d'un *grain de
l'once*.

Ayant donc ainſi eſtably la livre Françoiſe, & la ſuppoſant ainſi diviſée, il enſeigne un moyen par lequel les monnoyeurs doivent conſtruire leurs grains autant exactes qu'il leur eſt poſſible, à ſçavoir que *poſtquam
in ſedecim partes æquales libram diviſerint, iterum quamlibet partem decimam
ſextam ſeu unciam in 22. partes, ſeu denarios ſubdividant rurſuſque quemlibet de-
narium in 24. particulas æquales, quæ grana futura ſint : quod fieri poteſt laminâ
ænea, vel argenteâ tenuiſſimâ, & ſatis longâ, quæ poſſit in 24. quadratas laminu-
las dividi ; ſed laminæ tenuitas ubique æqualis eſſe debet : quod alii malunt in filo
ferreo, vel a neo perficere, utpote magis æquali, quanquam ſi rurſus ſummam æ-
qualitatem requiris, fruſtra labores ; pars enim fili quæ prius per foramen tranſili-
it, ejus magnitudinem tantiſper auxit, adeo ut ſequens craſſius, atque adeo pon-
deroſius evadat : quam inæqualitatem bilancibus exploratam, etiamſi lima vel par-
ticulæ detractione corrigas, næ tu Geometricam æqualitatem conſequeris, vel caſu
illatæ conſcius eſſe poteris.*

Il veut entendre par là que quand ils auront diviſé *la livre* en 16 parties égales, ils rediviſent encore chaque douziéme ou chaque *once* en 22
autres parties égales qui ſeront 22 *deniers* puis derechef chaque *denier*
en 24 autres particules pareillement égales, qui ſeront des *grains :* Ce
qui eſt fort aiſé avec une petite lame de cuivre, ou d'argent fort deliée,
& longuette, en ſorte qu'elle puiſſe eſtre commodément diviſée en 24 autres petites lames quarrées ; a condition toutefois que la lame ſoit égale
& uniforme en toutes ſes parties ; d'autres (ce dit-il) treuvent qu'ils le
font bien plus exactement avec un fil de fer, ou d'airain, comme plus égal
& plus uny que ces bandeletes de cuivre ny d'argent: encore bien que pour
en dire mon ſentiment ; ſi c'eſt l'extréme égalité qu'on recherche en cette diviſion, c'eſt en vain que l'on y travaille par cette voye là : la raiſon
eſt que le premier bout du fil qui a paſſé par le trou a augmenté en quelque façon ſa grandeur, & par ainſi celuy qui aura paſſé apres ſe trouverra
plus gros, & conſequemment plus peſant que le premier. Cette inégalité a eſté aſſez examinée par les trebuchets, & reconnuë telle ſur les
balances les plus exactes, & à laquelle il vous eſt impoſſible de remedier,
ſoit que vous limiez ce fil, ou ſoit que vous en retranchiez quelque portion, vous ne recontrerez iamais cette parfaite égalité geometrique que vous
y recherchez.

Apres la livre Françoiſe, il nous décript la *livre* Romaine, laquelle ne differe pas beaucoup de la precedente en diviſion. Car ils la diviſe en 12 *onces*: *l'once* en 8 *dragmes* ; ou en 24 *deniers* ; ou en 612
grains. Or cette difference qui ſe treuve entre *la livre* Françoiſe, & la
Romaine à raiſon du poids, paroît aſſez par les experiences qu'il en a faites
luy meſme : car il dit que l'once Romaine eſt differente de la Françoiſe de
40 grains François & que la dragme Romaine eſt de 67 grains François,
& ainſi que la dragme Françoiſe ſurpaſſe la Romaine de 5 grains. Mais
pour ce qui eſt de la livre Romaine, qu'elle égale onze onces, une dragme,
& un denier. Que ſi vous reduiſez tout cecy en grains vous trouverrez
que *la livre* Romaine égalera *les grains de la livre de* France à ſçavoir 6432 ; &

par

par consequent il y aura *la même proportion de la livre de* France *à la livre de* Rome, comme il y a du nombre 9216 au nombre 6432.

En troisiéme lieu il nous donne la *livre* Angloise, qui est celle dont les Orfêvres se servent particuliérement à peser l'or & l'argent, & laquelle on appelle communément avec eux *livre de Trois*. Cette livre cy est divisée en 12 *onces* : l'une desquelles excede *l'once* Françoise de 10 grains François. Ainsi *la proportion de la livre Françoise à l'Angloise*, est de mesme que celle du nombre 9216 au nombre 7032. Les Marchands de cette isle se servent d'une autre sorte de *livre* laquelle ils divisent en 16 *onces* elle se nomme *livre de Haure* : *l'once* de cette livre cy est plus legere que *l'once* de France de 40 *grains* François : & par consequent égale à *l'once* Romaine : par ainsi cette *livre* entiere est équipolente à 14 *onces* Françoises, 7 dragmes & 18 *grains*. De là on infere que, *telle est la proportion de la livre Françoise à la livre de Haure des Anglois* qu'est celle du nombre 9216, au nombre 8586. Or comme ainsi soit que la *livre* precedente *de Trois*, plus pesante que la Françoise de 10 *grains*, contienne 840 *grains* ; il est par là tres manifeste *que les grains Anglois sont plus legeres que les grains François*, à sçavoir d'un cinquiéme & demy. Et par ainsi, puisque ces *grains* de mesme poids constituent parmy eux l'une & l'autre once, par consequant *la livre de Haure* pesante 16 *onces* égalera *la livre de Trois* pesante 14 *onces & demye*.

Des Anglois il passe au poids des Païs Bas, ou de Hollande ; où il asseure avoir souvent experimenté que *la demye-once des Païs Bas pesoit plus que la Françoise d'un demy grain*. Par ainsi *la livre* Hollandoise de 16 *onces*, pesera 9232 grains François : & consequemment il y aura *la mesme proportion entre la livre Françoise & la Hollandoise*, qu'entre le nombre 9216, & le nombre 9232. On divise *l'once des Païs Bas* en 20 *Angliques* : (que les Hollandois appellent communément *Engelschen*) *l'Anglique* est derechef party en 32 *grains* : ainsi *l'once de Hollande* pese 650 *grains* Hollandois : De là il s'ensuivra que *les grains d'Hollande sont plus legeres que les grains de* France : ie veux dire que ceux cy pese moins que ceux là de ᵼᵼ ou peu s'en faut.

Pour ce qui regarde *la livre* d'Espagne il ne se vâte point d'en avoir faite aucune experience : mais bien d'avoir entendu dire par le rapport de quelques autres, qu'elle égaloit 15 *onces*, & 24 grains François. Que si cela est ainsi, vous avez *la mesme proportion de la livre de* France *à la livre d'Espagne*, que du nombre 9216 au nombre 8664. Pour moy i'apprens icy de Villalpandus que les Espagnols ont trois sortes de livre en usage, à sçavoir *la plus grande*, qui est de 32 *onces*. *La moyenne* qui est de 16 : *& la plus petite* (qu'ils appellent argentaire.) qui est de 8 *onces* seulement.

I'adjouteray icy quantité de subdivisions des livres de plusieurs autres Provinces, & Villes particulieres tirées de mes propres experiences, & de ce que i'en ay appris par le rapport de autres.

En Pologne *La Livre Royale* contient 32 *lots*, suivant l'arrest qui fut estably en ce Royaume en l'an 1568. Là mesme *Le lot* pese 1. *Sicilique* appellé en language du païs *Skoyciec* : c'est pourquoy la livre entiere pese 84 siciliques. *La livre* de Dantsique est pareillement divisée en 32 *lots* : le *Lot* en 4 *quartes* qu'ils appellent aussi *Quintleyn* : la *Quarte* en 4 *Sesteres* ou *nommules poderales*

Par confequët *la livre Danticane* eft compofée de 12 *nõmules*. Or puis qu'ainfi eft que 32 femblables nommules font une once *de la livre*, neceffairement
4 *nommules* feront *une dragme*, & par ainfi un nommule pefera 18 grains.
D'où viendra que la livre entiere fera compofée de 9216 grains, qui feront
un nombre égal à celuy des grains de la livre Françoife que nous avons defcrite cy deffus de Merfennus : or pour fçavoir quel rapport, & qu'elle proportion peut avoir le poids du grain de la livre Dantifcane, avec le poids
du grain François, on le pourra affez connoiftre par la fuitte de noftre difcours.   Pierre Crugerus un des plus fameux Mathematiciens qui foyent
dans la ville de Dantfique, dans un petit livret d'Arithmetique qu'il a compofé en Allemand nous affeure qu'il a fouvent experimenté que la demye-
livre de Cracovie (que les Polonois appellent *Grzywna*, & les Allemands
Marck) pefoit 16 lots, & 12 nommules de Dantfique, c'eft à dire que
la demye livre de Cracovie furpaffe de 12 nommules Dantifcans la demie-livre de Dantfique pefante 16 lots. De là nous concluons que la *livre*
Dantifcane a une telle proportion avec la livre de Cracovie, que 9216 ont avec
9648.   Mais puifque c'eft la plus commune opinion des orfèvres, & mefme la mieux receüe parmy le refte des peuples de Pologne, que la demye-
livre de Cracovie fe doit rapporter au poids de 7 Dalles, ou efcus d'argent
Imperiaux, (qu'on appelle vulgairement *Dalers*, ou *Dalles* de l'Empire) &
veu que le mefme Pierre Crugerus dit avoir là mefme efpreuvé, que 7 Dalles de Holande pefoiët 16 lots, & 12 ou 13 nommules de Dantfique, & puis
avoir treuvé en effet que 7 autres nouveaux Dalles de Saxe eftoient du
poids de 17 lots & d'un ou deux nommules de Dantfique.   Par confequent
fuivant la premiere obfervation, il s'en faudra fort peu que 7 Dallers n'égalët
le poids de la demye-livre de Cracovie. Ce qui s'accorde fort bien au fentiment des orfêvres, & du vulgaire, voire mefme aux obfervations que
Crugerus a faites fur ce fujet lors qu'il nous a examiné le poids de la demye-
livre Cracovienne & de la Dantifcane : voila pourquoy nous nous y atta-
cherons particulierement ; de peur que la quantité de tant de diverfes obfervations ne nous apporte de l'embarras & de la confufion dans nos affaires.

Mais puis qu'ainfi eft que Merfennus, au livre qu'il a fait des mefures,
des poids, & des monnoyes, conftituë le Daler de l'Empire, & celuy de
Bourgogne, ou de Flandre (que les François nomment *Patagons*) qui eft
tres bien connu par tous les pays bas, du poids de 22 deniers, ou de 528
grains François. De là on doit égaler *la livre de Cracovie* contenante 14 pareils Dalers à 7392 *grains François*. Celle de *Dantfique* à 7061½ femblables
grains. La livre de Varfavie comme moy-mefme l'ay experimenté eft plus
legere d'une once que la livre de Dantfique : car elle fe treuve de 8640
grains Dantifcans : ainfi elle aura *fa proportion à la Cracovienne*, telle que
8640 la doit avoir avecque 9648 à fçavoir *moindre* que la livre de Cracovie
de 1008 grains, qui font une once & 5 dragmes, 2 deniers & 21 grains.
Mais elle contient 6619½ grains François. Celle de Mont-royal fe rapporte à la *Dantifcane* cõme 8121½ font à 9216; veuque le mefme Pierre Crugerus a efpreuvé que 160 ℔ de Mont-royal égaloient en Poids 141 ℔ de
Dantfique. La livre de Vilne pefe autant que 29½ lots de Dantfique : & contient 8378½ grains Dantifcans. La livre de *Norembergue* eft de 11511 grains
Dantifcans: d'où vient qu'elle *excede la Dantifcane* de 2295 grains de Dantfique : qui font 7 lots 3 dragmes 2 deniers & 5 grains. Celle de **Cologne**
                                                                    eft

eſt compoſée de 39 lots & 3 nommules ou de 11286 grains Dantiſcans : D'où il eſt ayſé à voir que la Dantiſcane eſt ſurpaſſée de celle cy de 2070 grains des ſiens propres ; ou de 7 lots, 2 deniers & 6 grains. Le poids de la demye-livre *de Cologne*, conformement aux ordonnances des Empereurs doit égaler la peſanteur de 8 Dallers Imperiaux, ce que Crugerus dit avoir treuvé par experience. Par conſequent *la livre entiere* peſera 16 Dalers, & *ſera proportionneé à la livre Cracovienne*, Comme 8 eſt à 7. C'eſt à dire *qu'elle eſt plus peſante de ⅛ (qui vaut 2 onces,) que la livre de* Cracovie. De plus le meſme Crugerus rapporte qu'il a remarqué que la demye-livre de Hollande (appellée communément *Troy-gevicht & Troyſche Marck* par les Allemands) peſe 20 lots & 10 nommules de Dantſique, ou bien 3940 grains. Et conſequemment toute la livre entiere des Païs Bas ſera égale à 11880 grains Dantiſcans. C'eſt pourquoy la livre des Pays Bas excede celle *de Dantſique* de 2664 grains, ou de 2 lots Dantiſcans, & 1 dragme : là où *la Cracovienne* la ſurpaſſe de 2232 grains de Dantſique, ou de 7 lots & 3 dragmes ſeulement. D'où il eſt fort facile à conclure que l'once de cette livre Hollandoiſe *de Troy*, ordinairement diviſée en 20 Angliques, ou en 640 grains (que quelques uns nous donnent à entendre par ce mot *aſen*) contient 742⅖ grains Dantiſcans, & par conſequent *que les grains de Dantſique ſont plus legeres que ceux de Holande*. La meſme once Holandoiſe au rapport de Willebrordus Snellius en ſon *Eratoſthene Botanique* lib. 2 Chap. 5. peſe le poids de 9 eſcus d'or à la roſe vulgairement dits *Roſen-nobel*, Noble à la Roſe parmy nous, ce que Crugerus ayant experimenté a treuvé que 4 eſcus pareils à ceux là peſoient 2 lots, & 9 nommules & ⅖ de Dantſique, ou 742⅖ grains. Ce meſme autheur dans ce meſme endroit veut que *cette once* ſoit égale *à l'once ancienne des Romains*. De plus ſi nous voulons conférer cette livre Batavique avec la livre Françoiſe nous treuverons qu'elle peſera à peu pres 9104 grains François. D'où il eſt tres manifeſte que les obſervations ſuperieures de Merſennus ſur ſa coéquation de la livre Batavique ne s'accordent en aucunes façons avecque celle cy puis qu'on void clairement qu'entre 9232 qui eſt le nombre de grains François compris dans la livre Holandoiſe au dire de Merſennus ; & entre 9104 qui eſt le meſme nombre que cy deſſus, ſuivant les obſervations de Crugerus, il y a difference de 128 grains. Ceſt à dire que Merſennus eſtablit l'once Batavique plus peſante de 8 grains François que Crugerus ne la fait dans ſes obſervations. La livre d'Elbing *eſt tout à fait égale à la livre Dantiſcane*. Mais paſſons maintenant aux ſubdiviſions des livres qui ſont en uſage dans tant d'autres Provinces, & dans quantité d'autres Villes. à Rome par exemple, à Florence, à Bologne, ils ſe ſervent d'une certaine livre qui comprend 30 onces, c'eſt avec quoy ils peſent ordinairement la cire & la laine. à Milan, à Pavie, & à Cremone la livre de laquelle ils peſent la chair, eſt de 28 onces. à Veniſe la livre ſe diviſe en 12 onces, 72 Sextules 1720 Siliques, 6912 grains. à Vienne en Auſtriche la livre eſt diviſée en 32 *lots*, 128 *quintes*, 512 *deniers* & 12800 *grains*. à Anvers on diviſe la livre en 16 *onces*. à Bruges en Flandres la livre eſt de 14 *onces*; ils en ont encore une autre en ce meſme lieu, qui eſt de 16 *onces* de la s'enſuit que 100 ℔, de 16 *onces* chacune font 108 ℔ de 14 *onces* : ils diviſent là meſme, *l'once en 2 lots ; le lot en 4 Siſanits : le Siſanit en 2 dragmes ou quin-*

tes

tes,   Dans le Royaume de la Fesse, la Livre est composée de 18 *onces.*

En fin la livre de medecine qui proprement est l'ancienne livre des **Ro-**
mains, se divise en 12 *onces,* en 24 *demies onces,* en 69 *dragmes,* en 288 *scrupu-*
les, en 576 *oboles,* en 1728 *siliques,* en 5760 *grains.*

Voyci les characteres desquels les Medecins, Apoticaires & Chirurgiens
ont accoûtumez d'appeller la livre & toutes ses parties : par exemple. *La*
livre ℔. une once ℥j. deux onces ℥ij. Et ainsi jusques à la demye-livre ; dont
voyci la marque ℔ ß: une dragme ʒj. deux dragmes ʒij: de mesme jusques à
huict. Le scrupule Э: le grain, gr. vous serez adverty que d'oresnanant nous
nous servirons de ces mesmes characteres afin d'eviter la trop frequente repetition des mots.

Les vaisseaux qui contiennent une ℔ pesant sont 9 en nombre. Le premier avec tous les autres qu'il contient en soy, pese une ℔, ou 16 onces : &
tout seul 8 onces. Le second avec tous ceux qu'il comprend pese une demye-livre , ou bien 8 onces ; & tout seul 4 onces. Le troisiéme avec tout le
reste qui y est compris 4 onces : tout seul 3 onces. Le quatriéme & ceux
qui le suivent , 2 onces : tout seul une once. Le cinquiéme avec le reste
une once : tout seul 4 dragmes. Le sixiéme avec le reste , demye-once,
ou 4 dragmes : tout seul 2 dragmes. Le septiéme avec le reste 2 dragmes :
tout seul 1 dragme. Le huitiéme avec le reste 1 drag: tout seul 1½ scrup: Et
le diernier en fin 1½ scrup: ou 36 grains.

Remarquez que nous avons dit cy dessus que le Sicle Hebraique (suivant
les observations de Mersennus) pesoit 268 grains François. Mais veuque le
mesme Mersennus en sa prop: 9, lib: des mesures , des poids , & des monnoyes semble vouloir absolument que le Dalle Imperial responde ou à peu
pres, à deux sicles, puisque mesme 2 sicles font 536 grains Francois.
Voila pourquoy si l'on presuppose 28 sicles, ou 14 Dalles Imperiaux de
mesme poids , à sçavoir chacun de 536 grains François, & que l'on les
prenne pour le poids de la ℔ de Cracovie ; elle se treuvera infailliblement
de 7504 grains François.   De mesme la livre des Païs Bas (de laquelle
nous avons exposé cy dessus les habitudes, & rapports qu'elle peut avoir
avec la livre de Cracovie) se rencontrera de 92 grains François : Lequel
nombre , comme il ne s'esloigne pas beaucoup des observations de Mersennus au regard de la coéquation de cette livre avec celle de France me
semble le plus raisonnable : & c'est la seule raisó qui m'a obligée a m'en tenir
à cette proportion : Car il m'est advis que Mersennus a assigné au Dalle
Imperial un poids plus leger que de raison , & qui appartient plus proprement au patagon de Flandre (lequel differe en quelque façon du Dalle
Imperial , soit en pureté d'argent , soit en valeur ou en prix , ou bien mesme en poids , & se treuve ordinairement plus petit que l'autre) que non pas
au Dalle de l'Empire.   Mais ie laisse ceux qui ont une entiere connoissance dans la monnoye, arbitres de ces differents.

LE MARC DE MONNOYE (que les latins appellent *Marcha & libra*
nummularia , ou nummaria) que nous disons avec eux *Marque, ou livre nom-*
mulaire, est fort en usage parmy les batteurs de monnoye, parmy les Orfêvres, & semblables gens qui se meslent de manier l'or, & l'argent, & de l'examiner. En Pologne celuy de Cracovie contient 8 *onces* , ou 16 *lots* , qui
égalent en pesanteur 27 *lots* de Dantsique & 7 *nommules* &⅐. Celuy de
Dantsique pese aussi 16 *lots,* ou 256 *nommules,* ou 1024 *quartes.* La proportion

tion de celuy cy à *la demie-livre* de Dantſique ſuperieure, eſt telle que du nombre 4054 au nombre 4608. C'eſt à dire que celuy là excede celuy cy de 554 *grains*, qui font juſtement un lot, 14 *nommules*, & 14 *grains*. Ce Marc dantiſcan ſert particulierement à peſer l'argent, il ſe diviſe en 24 *ſiciliques* dits vulgairement *Schot-gevicht*, un deſquels ſe ſubdiviſe derechef en 4 *quartes*. Mais celuy là avec quoy ils peſent l'or, les perles, & toutes autres ſortes de pierres precieuſes, contient 24 *Carats*, chacun deſquels peſe 12 *grains* ou 4 *quartes*. Le Marc d'Elbing eſt égal à celuy de Dantſique. Celuy d'Anvers peſe 8 *onces* ou 160 *Angliques*, ou 5120 *grains*. Là meſme cet *Anglique* eſt reparti en 6 *Carats*, par ainſi 960 *Carats*, font un Marc d'Anvers, & de plus 200 pareils marcs ſont équipollents à 105 ℔ communes d'Anvers. Le marc de Holande contient 8 *onces* : *l'once* 24 *nommules* : *le nommule* 24 *grains*. Le Marc Romain ſe diviſe en 8 *onces* : *l'once* en 8 *dragmes* ; *la dragme* en 3 *Scrupules* : *le Scrupule* en 2 *oboles* : *l'obole* en 3 *ſiliques* : *le ſilique* en 4 *grains*. Le Marc de France, ſuivant le ſentiment de Merſennus eſt compoſé de 8 *onces* : pour ce qui eſt de ſes diviſions ſubalternes nous en avons deſ-ia ſuffiſamment parlé cy deſſus. Le Marc de Veniſe, eſt auſſi diviſé en 8 *onces*, en 32 *quartes*, en 1152 *carats* ou *ſiliques*, en 4608 *grains*. La livre monnoyale de Florence ſe ſepare en 24 *demye-onces*, ou *lots*, en 288 *nommules*, en 6212 *grains*. Le Marc d'Or de Gennes ſe diviſe auſſi en 8 *onces*, en 129 *nommules*, en 4608 *grains*. En ce meſme lieu la livre d'argent eſt diviſée en 12 *onces*, 288 *nommules* 6912 *grains*. La livre monnoyale de Naple contient 12 *onces*, ou 69 *octaves*. En Portugal, le Marc de monnoye eſt de 8 *onces*, ou de 64 *octaves*, ou de 288 *grains*. Dans la Miſnie, & dans la Saxe il eſt fait de 8 *onces*, ou de 162 *nommules*, ou de 4608 *grains*. Et pour concluſion celuy de Norembergue contient 16 *lots*, ou 64 *quartes*, ou 256 *primes*, ou *nommules*, ou 1024 ſeiziémes.

C'eſt aſſez diſcouru ce me ſemble ſur ces differentes habitudes des poids, tant des anciens, que des noſtres, ie ne crois pas que perſonne puiſſe avoir deſormais aucune difficulté, ni doute, touchant leurs proportions, coéquations, & rapports entr'eux, petits ou grands. Ie vous adverty ſeulement que quiconque deſirera en ſçavoir d'avantage qu'il ſ'amuſe à fueilleter un certain petit livre flamend à qui l'autheur a refuſé ſon nom, qui a eſté mis en lumiere à Amſtredam en l'an 1647 ſous ce titre *Treſoor van de Gewichten, maten van Korn ende Landen &c.* duquel i'ay tiré quantitez de belles choſes, que i'ay inſerées dans ce preſent chapitre. Et même apres avoir reduite l'inegalité preſque de tous les poids de l'uniuers, aux poids des Anciens Romains, & les avoir tous égalez avec eux, ie vous ay fait une certaine table qui eſt à la verité calculée avec beaucoup de ſoin, & environnée de toutes parts de circonferences de cercles : dont ie m'en vay vous apprendre l'uſage par la propoſition ſuivante.

Soit donnée (par exemple) quelque piece d'Artillerie faite en Italie qui porte un boulet de fer de 60 ℔ Romaines, ſi vous deſirez ſçavoir combien de ℔. d'Amſtredam peſe ce meſme boulet, vous le pouuez ſans aucune difficulté comme s'enſuit, tout ainſi qu'il eſt fait de 100 ℔ Romaines à 76 d'Amſtredam, dans la table propoſée ; de meſme ſoit fait de 60 ℔ Romaines que peſe ce boulet de canon, à celles d'Amſtredam que l'on cherche. L'operation eſtant achevée ſuivant la methode ordinaire, il en viendra 45

℔, 9; onces, qui eſt le poids cherché de ce meſme boulet. Ainſi en eſt-il de toutes autres choſes ſemblables, où il vous ſera impoſſible de faillir ſi vous tenez bien les meſmes voyes, & les meſmes procedures que nous avons ſuivies.

I'adjoute icy certains raiſonnements par forme de corollaire tirez des obſervations de Merſennus en ſon lib: des meſures, des poids, & des monnoyes, de peur que quantité de deffauts qui ſe treuvent bien ſouvent dans les poids, & que meſme ces differences ſi grandes, & ſi frequentes, que nous y avons remarquées ne nous eſtonnent, ou ne nous mettent une infinité de ſcrupules dans l'ame. Mais au contraire que ce ſoit affin que toutes ces choſes, auxquelles il ne nous eſt par poſſible de toute l'eſtenduë ny de nos forces, ny de noſtre induſtrie, d'apporter aucun remede, ſoient rejettées ſur cet eminent point d'imperfection qui accompagne preſque tousjours les actions humaines. *Cùm autem in illius diverſitatis rationem penitus inquirerem, quæ non poterat in bilances, aut in varias aëris diſpoſitiones vel in eorum qui bilances ſuſtinent, vel erigunt, halitum reiici quibus æquilibrium turbari poſſet, agnovi varietatem ex ipſis ponderum modulis archetypis, quibus reliqua pondera ſolent examinari, quæque ſervantur in Curia monetarum, oriri: quandoquidem tres moduli, quorum maximus eſt 64. medius 32. & minimus 16. marcorum, ſeu librarum 32. 16. & 8. non ita ſibi perfectè reſpondent, quin differant quibuſdam granis, adeo ut uncia unius, non ſit alterius uncia. Sed ne cuſtodum, vel eorum qui pondera conſtituunt negligentiam temerè arguas, dico vix, ac ne vix quidem fieri poſſe ut ea pondera quovis modo conſtituta, etiamſi forent adamantina, modulum illum accuratum, quem ab initio habuere, perpetuò conſervent.*

Sint enim, verbi gratiâ, duæ libræ æneæ quales eſſe ſolent ſibi, quantum induſtriâ fieri poteſt hominnm, æquales, hæc æqualitas diu, vel ſemper ſervari nequit, cùm enim ſæpe numero ad eas provocetur ut aliæ libræ uſuales explorentur, quolibet tactu deteritur aliquid, & quò una movebitur ſæpius, eò levior evadet, unde contigit egregio Libri pendenti Semillardo, ut ſpatio duorum annorum ſuum marcum, ſeu libræ ſemiſſem 3. granis imminutum repererit; cui propterea ſpatio 200. annorum 300. grana, & tandem 432. annorum ſpatio uncia integra, ſeu grana 576. deterentur.

Dices verò duas illas libras monetales archetypas in quibuſvis controverſiis hac de re motis ſimul eſſe tangendas, ut tantundem una, quantum alia minuatur, ſed præterquàm vix fieri poteſt ut ſemper æquali motu & contactu terantur & agitentur, ut illis qualibet vice partes æquales deterantur, quis certò noſſe poſſit quantum primo tactu, quantum anno, vel ſæculo detritum illis fuerit; Concludamus igitur nil adeo hac in parte conſtans, quemadmodum nec in aliis pluribus requirendum, nobiſq; putemus abundè ſatisfactum, cum duæ libræ uno vel altero grano ſolùm inter ſe diſcrepabunt, & nulla plebi, reique publicæ hinc inferetur injuria: quid enim ἀκριβὲς geometricum nobis in rebus humanis, & in mechanicis ignotum, & impoſſibile requiramus.

M'eſtant donc mis en peine de faire une recherche bien exacte de la raiſon de toutes ces differences, laquelle on ne pouvoit aucunement rejetter ſur les balances, ny ſur les diverſes diſpoſitions de l'air, ny ſur l'haleine de ceux qui ſoutiennent les balances, ou qui les éleuent, qui ſe ſemble pourroit quelque-fois cauſer du trouble, ou divertir l'equilibre, j'ay reconnu en fin que toute cette diverſité procedoit des poids originaux, & des modelles avec leſquels on a de coûtume d'examiner les autres poids, qui ſont ceux là qui ſe gardent ordinairement ſur les hoſtels de villes, ou ſur les chambres

des

des monnoyes : puiſqu'en effet ces 3 modules dont le plus grand eſt de 64 marcs, le moyen de 32, & le plus petit de 16; ou biē de 32 ℔ de 16, & de 8, ne ſe rapportent pas ſi parfaitement qu'ils ne differēt encorē entr'eux meſmes de quelques grains, en ſorte que l'once de l'un ne ſoit pas bien exactement l'once de l'autre. Mais de peur que nous ne ſemblions accuſer trop legerement de negligence, les gardiens qui ont ce poids en charge, ou de peu de conſcience ceux là meſmes qui les ont conſtruits: ie diray icy qu'il eſt biē difficile, ou pour mieux dire tout à fait impoſſible que ces poids de quelque façon, & de quelque matiere qui puiſſent eſtre faits, quand bien meſme ils ſeroiēt auſſi durs que diamants puiſſēt toûjours conſerver leur parfait module, & cette exacte proportion qu'on leur avoit ordonnée du commencement.

Repreſentez vous (par exemple) deux livres d'airain telles qu'elles ont acoûtuméez d'eſtre entr'elles, quelle ſoient autant égales qu'il eſt poſſible de les faire par aucune induſtrie humaine : ie dy que cette extréme égalité ne peut, ny toûjours, ny meſme long temps demeurer dans ce haut point de perfection où vous la ſuppoſéz : la raiſon eſt que comme ces livres ſont de temps en temps maniées pour examiner les autres dont on ſe ſert journellement, elles s'uſent quelque peu par l'attouchement, ainſi d'autant plus qu'une ſera maniée ou changée de place, d'autant plus legere en deviendra-t'elle. D'où il arriva à ce brave & ſignalé examinateur des poids Semillard d'avoir treuvè ſon marc, ou ſa demie-livre diminuée de 3 grains en l'eſpace de 2 ans, laquelle conſequemment auroit eſté amoindrie de 300 grains en 200 ans de temps, & en fin d'une once entiere, ou de 576 grains dans l'eſpace de 432 ans.

Vous me direz maintenaint pour objection, que cès deux livres monetales ou ces deux modules, doivent eſtre également maniez dans toutes les occurrēces où il ſera queſtion de les employer, affin que l'une ſe diminue autāt que l'autre s'amoindrira; mais ie reſpōd à cela, qu'outre qu'il eſt bien difficile de faire en ſorte que tous les deux ſoient agitez d'un mouvemēt égal, & uſez d'un attouchemēt ſi pareil qu'on puiſſe dire en avoir emporté à chaque fois également de tous deux: qui eſt celuy qui pourra ſe vanter qu'il ſçait aſſeurément, combien dans le premier attouchement il en peut avoir uſé, combien en un an, & combien en un ſiecle entier ? Concluons pluſtoſt qu'il ny a rien de certain de ce coſté là, non plus que dans quantité d'autres choſes deſquelles nous ne nous devons guere mettre en peine, & demeurons plainement ſatisfaits, lors que deux poids ne different entr'eux que d'un grain ou de deux ſeulement, & que pour cela on ne fait aucun tort ny au peuple, ny à la republique dans une quantité de ſi petite importance : car à quel propos allons nous rechercher cet ἀκριβὲς geometrique, qui a eſté non ſeulement inconnu dans les choſes humaines, & mechaniques, mais auſſi tout à fait impoſſible à noſtre foibleſſe naturelle.

Chapitre XI.

Des Inſtruments à Peſer.

Nous avons de coûtume d'examiner les poids de quelque eſpece qu'ils ſoient, par le moyen de deux ſortes d'Inſtruments, à ſçavoir avec *les Balances*, & le *Briquet* ou *flatere*, que quelques uns appellent vulgairement *la Romaine*, ou *Romane*. Nous vous declarerons icy le plus ſuccinctement qu'il nous ſera poſſible, l'origine de l'une & de l'autre, leurs vertus, leurs uſages, leurs formes & figures particulieres, & en fin la façon de les conſtruire.

. Des

Des Balances.

Quelques uns veulent dire que *les balances,&la statere* tirēt leurs origi-
nes,&leurs premieres raisons fondamētales de ces deux axiomes generaux de la mechanique,à sçavoir *que tous poids egaux,pesēt égalemēt
en distances égales,& que les égaux ne pesent pas egalement dans des distances inégales, mais qu'ils se portent toûjours à la pesanteur qui tend du costé de la plus
grande distance. Et de cet autre. Que les poids d'inégales pesanteurs, ne pesent
pas également en distances égales ; mais que les inégaux pesent également , en distances inégales pourveu qu'ils soient suspendus dans des distances reciproquement
proportionnelles.* Quiconque voudra voir ces demonstrations il les pourra
rechercher chez Guidon Ubalde, chez Galileus de Galilée, Simon Ste-
vin , Iean Buteon & dans Guevara, & chez quantité d'autres mechaniques
qui en discourrent tres amplement. Pour moy, encore bien que ie sçache
que beaucoup d'autres ayent desia traité de cette matiere assez dignement ;
i'ay creu neantmoins qu'ils m'avoient encore laissé quelque chose à dire ,
en sorte qu'il me sera permis d'appuyer tant soit peu leurs raisons , & de les
ayder en quelque façon à maintenir leurs sentiments , ou pour le moins on
me permettra de faire voir aux amateurs des mathematiques un abregé de
ce que tant d'autres ont traité si au large , & demonstré avec tant de prolixité. Ie m'efforceray de vous satisfaire icy & de vous rendre mon entreprise
utile par une seule figure que ie vous proposeray.

Supposons donc par exemple que la ligne droite A B, en la figure du Nᵒ
11. soit *le sommet*, ou *le joug de la balance*, & que *le soustien* ou *support* soit G;or
maintenant supposant que A & B soient également distans de G, les poids
qui y seront suspendus (s'ils sont egaux) infailliblemēt peseront également,
estant tres évident par les suppositions generales que nous avons faites, que
deux corps de mesme poids, & également esloignez de leur soustien commun, ont un point d'equilibre au milieu de leur conjonction commune, &
de leur esloignement égal: ainsi les corps E & F estans supposés de mesme
poids , & la ligne droite A B qui ioint les poids, divisée en telle sorte que
A G & B G soient égaux,& les points A & B également distans de leur support commun , il s'ensuivra necessairement que le point d'équilibre de l'un
& de l'autre corps est en G, Or est il que ce point d'équilibre ne se trouveroit aucunement en cet endroit là,si d'avanture un de ces corps pesoit plus
que l'autre : ce qui arriveroit neantmoins si deux poids égaux donnez
estoient mis en distances inégales, ou deux poids donnéz inégaux en distances égales : mais comme ny l'un ny l'autre ne se rencontre pas icy , &
que l'on ne les y suppose aucunement c'est pourquoy on ne pourra apporter aucune raison à l'encontre à sçavoir pourquoy les poids égaux E & F.
suspendus dans des distances égales doivent pencher de ce costé cy, ou de
celuy là. Soyez pourtant adverti que les distances qui sont entre le support & les poids doivent estre mesurées par des lignes perpendiculaires des-
cendentes depuis les centres des gravitéz des corps suspendus directement
vers le centre de l'univers. Car supposé que le corps E soit suspendu du
point K, & que la ligne droite G K, soit égale à la ligne droite A G, ou G B,
& d'avantage que l'autre ligne de *direction* K I par laquelle le corps E tend
vers le centre commun de toutes choses graves,coupe la ligne droite AB au
point I: il arrivera de là qu'à cause que G I ne sera pas egal à A G ou à G B,
le corps E n'équiponderera plus au corps F, suspendu de B. Car encore
bien que suivant ce que nous avons dit cy devant,les corps soient égaux en
poids,

poids,toute-fois veu qu'on les fuppofe fufpendus dans des diftances inégales à fçavoir en I G & G B,ils ne fe rencontreront iamais neantmoins équi-
ponderans. Maintenant que ie vous ay declaré ce qui regardoit la connoiffance de l'origine.& de la nature des balances, il me refte encore à vous faire
voir fa figure , & à vous donner quelques obfervations que i'ay creu fort
neceffaires tant pour les bien exactement conftruire que pour les examiner
en cas que vous les ayez chez vous toutes conftruites.

La figure marquée du N° 12 monftre *la branche* , *le travers* ou *le joug de la
balance.* Là les marefchaux,balanciers, & femblables ouvriers qui fe meflent
de les forger peuvent apprendre le moyen comme quoy ils les doivent conftruire , & artiftement ajufter.Cette ligne droite A B eft la feule ligne fondamentale de toute la machine , laquelle eft juftement coupée par le milieu , de la ligne droite C D au point E: à celle cy il y en a deux autres
jointes qui ont paralleles , & également diftantes de E, à fçavoir G F &
H I. pareillement divifée, par la mefme C D. en K & L: de L on defcrit
avec la ligne LM prife comme l'on veut la circonference de cercle MNOP:
cette ligne fe doit divifer en 4 parties égales aux points I O R, & de là on
peut ayfément connoiftre les diftances des paralleles G F & H I, par la ligne A B , car M W. font les diametres de la moitié , & L M les diametres du quart. Du point K centre de la balance , il faut defcrire une circonference de cercle avec le rais K a; ou bien E K : qui eft celle là que le
quarré b.c.d.e. environne , & où les ouvriers ont de coutûme de forger un
certain clou , au axe rond par le haut , un peu longuet par le bas , & pointu
par le bout , fur lequel roule toute la machine : Or le demydiametre de cet
effieu , ou petit axe doit eftre tant foit peu moindre que le demydiametre
du cercle includ dans le quarré. On fait paffer cet axe cy dans une anfe
(dont la forme fe peut voir en la figure notée du nombre 13 fouz la lettre
B) laquelle l'embraffe avec deux branches fçavoir une de chaque cofté du
joug , & fouftient tout le fardeau tant de la machine, que des poids , & des
contrepoids. Les bras A E & E B prennent le commencement de leur longeur de E,& fe terminent toufiours aux bouts des diametres M W ou P N,
fix fois ou huit fois ou plus ou moins de fois mefurez de E, vers A &
B. Notez que tant plus longs que feront les bras ou branches d'autant
plus jufte & parfaite en fera la balance. On forme en apresle ventre du joug ou travers en cette façon: Il faut décrire une circonference
de cercle de L avec le rayon L D ou L C (qui fait les ⅞ du demidiame-
tre L M) puis on la divife en 6 parties égales aux points C.S. h. D. g. V. par
les points g. & V, & h S. On tire les lignes droites g T. & h Q. Iufqu'a
ce qu'elles rencontrent la droite T Q tirée parallelement à la droite A B,
par C. Que fi maintenant de T. & de Q. on defcrit les portions de cercle
V S & Z S, la partie fuperieure du joug fe trouverra formée. Derechef de
P N foient mifes P V ou N S égales en X & Y,puis fi de I & H on tire les lignes droites Y I,& H X,vers Y & X,on aura la groffeur de l'un & de l'autre
bras. De plus des points X D & D Y, à l'intervalle de X D ou Y D. foient
faits les triangles équilateres X D k. & D Y i. En fin ayant defcripts les
deux arcs X D & D Y des points k & i on aura la partie Inferieure du ventre du joug toute formée. Il faut que *la languette* C M , que les latins appellent *fpartum* ou *trutina* (qui proprement eft *le trebuchet de la balance*)
foit auffi long que l'un ou l'autre des bras. Les teftes ou boutons des bras
A & B. font formées de certaines petites peripheries de cercles decriptes
de A & de B avec le rayon du quart du diametre M O. Les petits axes ou

F 2

ef-

eſſieux attachez aux teſtes des bras auquelles on attache d'ordinaire les baſſins de la balance,ont la meſme forme que le grand axe qui eſt au centre de
la machine; ſinon qu'ils ſont diſpoſéz tout au rebours;car leurs parties les
plus longuettes & menuës touchent immediatement la ligne droite A B,
mais les bouts inferieurs, & les plus ronds touchent la ligne droite I H. On
peut ayſement determiner leur groſſeur en faiſant des petits quarrés ſouz
A & B, entre les lignes droites A B & H I. Leſquels eſtans coupez par des
diagonales donnent les centres : d'ou ſi vous formez des petits cercles vous
aurez des eſſieux determinez dans leurs juſtes rondeurs & groſſeurs,au-
quels il faudra donner les meſmes formes qu'au grand axe de la balance.

Que les plats,ou baſſins , dans leſquels ont met les poids & contrepoids
ſoient d'égale peſanteur. Pour ce qui eſt des cordes, ou des chaiſnes , (car
ſi la balance eſt conſtruite pour peſer des poids d'une notable peſanteur
vous en avez beſoin) avec quoy les baſſins ſont attachéz, & qui pendent
aux eſſieux , ſi on leur donne la longueur de toute la tige,ou du joug de la
balance,elle en ſera bien plus parfaite , & plus exacte. Voila ce que i'avois
à vous dire touchant la ſtructure du travers de la balance;que cela vous ſuf-
fiſſe pour cette heure. Paſſons maintenant à des certaines obſervations
que i'ay tirées de quantité de bons autheurs pour les adoûter icy, & vous
les faire voir. Par leſquelles vous pourrez facilement juger de la perfection
ou imperfection de quelque balance que ſe ſoit.

Obſervation I.

*Les grandes balances ſont touſiours plus exactes que les petites , la raiſon de cecy
eſt que les bras d'une grande balance d'écrivent un plus grand cercle que ceux des
petites ,veu qu'ils ont leurs extremitéz plus eſloignées du trebuchet, c'eſt a dire du
centre de l'inſtrument , d'ou vient qu'ils ont un mouvement plus viſte , parce qu'ils
ſont moins attiréz par le centre à un mouvement qui ne leur eſt pas naturel ; c'eſt à
ſçavoir à un mouvement circulaire ; & au Contraire ſont moins empeſchez par ce
mouvement droit qui leur eſt naturel , par lequel ils deſcendroient en bas s'ils n'eſtoient point attirez du centre , & s'ils n'eſtoient point portez en rond. C'eſt pourquoy tant plus que l'extremité du demy-diametre , ou de la branche s'eſloigne du
centre , ou du trebuchet: d'autant plus libre en demeure ſon action , & en eſt moins
contrainte : ainſi d'autant plus que les circonferences ſont vaſtes & grandes tant
plus ſe portent-elles vers la ligne droitte : voyez donc (mon cher THEOTIME)
ſi la circonference infinie peut avoir aucun rapport avec la ligne droite, & au contraire ſi la ligne droite en peut avoir aucun avec la circonference. Que ſi vous me
dites que les balances de pluſieurs ouvriers quoy que notablement grandes ſont beaucoup moins exactes que ces trebuchets des lapidaires & des orfebures , il faut que
vous ſçachiez que cela vient de ce que les grandes balances ſont ordinairement rudes & mal polies, & par conſequent d'une matiere plus opiniatre , & plus reſiſtan-
te au mouvement ; où au contraire ces petits trebuchets eſtans fort delicatement
travaillez,bien liméz, & bien polis , en ſont bien plus juſtes. D'où l'on peut tirer ces
arguments tres infaillibles que la raiſon des mobilitéz eſt la même que celle des diametres; & que les cercles agitez d'un mouvement pareil , & d'un branſle égal obſervent cette analogie entr'eux à ſçavoir telle qu'eſt la raiſon de mouvement en un
grand cercle ſelon ſa nature,à ſon mouvement contre nature ; de meſme eſt le mouvement en un petit cercle ſelon ſa nature, à ſon mouvement,contre nature.En fin ie
dy pour toute concluſion que le bout du bras de la balance eſt porté par le poids
avec d'autant plus de viteſſe , que plus il eſt eſloigné du trebuchet, ou du centre de
toute la machine.*

Ob-

Obſervation II.

Encore bien que les balances toutes libres & dechargées qu'elles ſoient de poids ſemblent eſtre dans un parfait équilibre, elles ne ſont pas neantmoins exemtes de fourbes & de tromperies. Car ſi la languette n'eſt pas bien juſtement au milieu, & que le baſſin du bras le plus court ſoit fait d'un bois noüeux, ou de quelque racine qui en approche, ou bien qu'on y ait coulé du plomb fondu en quelque endroit que ſe ſoit, les baſſins ne laiſſeront pour tout cela de demeurer dans un parfait équilibre entr'eux. Que le bras le plus court (par exemple) ſoit diviſé en 10 parties, & le plus long en 15, & que le baſſin du dernier peſe 10, & le baſſin du premier 15; veritablement à cauſe de cette proportion reciproquement permutée, la balance qui ſera ſuſpendue par ſon ſparte ou ſouſtien demeurera en équilibre, & n'en ſortira aucunement ſi l'on mets dans le baſſin du bras le plus court un poids de 6 onces & dans l'autre un poids proportionné à 6 onces, comme 10 eſt à 15. C'eſt pour cette raiſon qu'Ariſtote en ſon lib. mecha:queſt. 1. tance bien aigrement ces marchands de pourpre : car 4 eſtans proportionnez à 6. de meſme que 10 eſt à 14. infailliblement on prendra pour 4 onces de ſoye le prix de 6 onces, ce qui eſt injuſte. Mais vous decouvrirez la tromperie ſi vous changez le poids alternativement de baſſin, c'eſt à dire ſi vous tranſportez celuy qui eſt dans le baſſin du bras le plus court, dans le baſſin du bras le plus long, & reciproquément le poids du plus long, au baſſin du bras le plus court.

Obſervation III.

Ce n'eſt pas aſſez de recompenſer la longueur de l'un ou de l'autre bras par un plus petit ou plus grand poids qu'on y pourroit adjoûter, encore bien que l'on le puiſſe ayſement faire dans les differentes grandeurs des pendants, voire meſme des baſſins, il vaut beaucoup mieux ne point du tout admettre cette ſorte d'également ou compenſation par le poids de la grandeur ou longueur des parties de la balance. Car d'autant plus que les parties de l'un & de l'autre coſté ſeront égales entr'elles, les balances en ſeront dautant plus commodes, & utiles dans leurs obſervations. Que ſi quelque-fois la neceſſité vous oblige à faire autrement il faut uſer de tant de precautions, & de tant de juſteſſe, à ce que cette compenſation ou ce contre-poids ne manque dans la moindre choſe du monde.

Obſervation IV.

Le plan où repoſent les baſſins de la balance doit eſtre parfaitement horizontal & juſtement ſitué de niveau, car ſi le plan ſur lequel un des baſſins ſe repoſe eſt plus bas que celuy ſur lequel l'autre eſt poſé ; la balace eſtant éleuée de l'horiſon en l'air, quoy qu'au paravant elle ſemblât eſtre en équilibre ſur le même horiſon, ne s'y treuvera neantmoins pas & n'y ſera pas en effet, mais le baſſin qui ſera poſé ſur le plan le plus bas deſcendra, l'autre au contraire qui ſera ſitué en un lieu plus élevé tendra vers le haut, Et ne vous imaginez pas que la balance retournera auſſi toſt en équilibre pour repoſer tant ſoit peu les baſſin ſur le meſme horiſon ; puiſque cette impreſſion precedente qui avoit obligé un des baſſins à ſe porter vers le bas, lors qu'il eſtoit poſé ſur le plan inferieur luy demeurera long temps imprimée : laiſſez donc repoſer les balances bien doucement ſur le plan pour pouvoir éprouver derechef ſi les baſſins ſe trouverront dans un parfait équilibre.

F 3

De

De la Statere.

Vulgairement appellée la Romaine.

Encore bien que ce que i'ay rapporté cy deſſus touchant les balãces pour-roit ſuffire pour donner à cõnoiſtre lesproprietéz,les forces,& la nature de cette machine; neantmoins veu que la figure de celle cy eſt biẽ dif-rente de la forme des balances, voila pourquoy pour oſter toute matiere de doute : & pour prevenir la confuſion qui peut-eſtre pourroit eſtre cauſée de la differences des figures de ce deux inſtruments ; i'adjoûteray icy quel-que choſe en conſideration de cette preſente machine pour une plus gran-de connoiſſance de ſon uſage. Retournons donc au Nº 11, voir noſtre figu-re en laquelle la ligne droite A G C,nous monſtre *le joug,* ou *l'arbre de la ſta-tere,* dont *le bras le plus long eſt* G C, *le plus court* A G, & *le ſouſtien* eſt G: ſup-poſé maintenanr que la proportion du bras A G, au bras G C, ſoit telle que de 1. à 10. Ie dis que ſi le poids qui ſera ſuſpendu en A, eſt de 10 ℔ & que celuy qui ſera en C eſt d'une ℔ ſeulement, ces deux poids feront un parfait équilibre. Car ſuivant ce que ie vous ay rapporté cy deſſus dans le dernier de ces deux axiomes mechaniques, *inæqualia pondera æquiponderarc, ſi ab inæqualibus diſtantiis reciprocè proportionalibus ſuſpenſa fuerint.* Il ſe peut faire que deux poids inégaux demeurent en équilibre,pourveu qu'ils ſoient ſuſpendus dans des diſtances inégales reciproquément proportionnées a-vec le poids. Or eſt il que le bras A G eſtant le double du bras G C, infail-liblement par une raiſon reciproque,le poids H,ſera au poids E,comme A G eſt à G C, qui veut dire,que comme le bras A G qui eſt d'une partie ſeule-ment,eſt au bras G C, qui eſt de 10 ſemblables parties, & égales à celle cy, de meſme eſt du poids H & E, quoy qu'inégaux entr'eux ; leſquels à raiſon qui ſont ſuſpendus en diſtances inégales & reciproquement proportionées de neceſſité peſeront également. C'eſt à dire qu'ils feront le joug de la ſta-tere parallele avec l'oriſon , ſans qu'il ſe porte vers le haut, ny qu'il s'encline vers le bas. Quelques uns eſtiment que la cauſe de cette égalité vient de ce que le poids H ſubdecuple , veut avoir à raiſon de ſa diſtance du centre de la machine,un mouvement plus grand au decuple , c'eſt à dire dix fois plus grand,& qui ſoit porté dix fois plus viſte , ſuivant le cercle C D, qui eſt dix fois plus grand que le cercle A E, lequel ce poids E pourroit parcourir tout ſeul , ſi d'avanture le poids H venoit à retomber. Car comme nous a-vons dit allieurs,tant plus que les points ſont eſloignez du centre, d'autant plus grands ſont ils leurs cercles , & au contraire tant plus ils en ſont pro-ches, d'autant plus petit eſt leur tour, en la proportion ſuſditte : enſorte-que ſi le poids eſt eloigné du centre de l'inſtrument de 10 pieds, il decrit un cercle dix fois plus grand , & ſe porte avec un mouvement dix fois plus viſte qu'un autre poids qui ne ſera diſtant du centre que d'un pied ſeule-ment , & par ainſi cette plus grande viteſſe avec laquelle il eſt porté récom-penſe la gravité ou peſanteur de l'autre poids.

C'eſt aſſez parlé des proprietez de la Romaine , voyons maintenant ſa forme , ſuivant qu'elle eſt deſſinée au Nomb: 13. Il y faut premierement conſiderer la ligne droite A B C,comme la ligne fondamentale de toute la machine,l'intervalle des points A & B,eſt *le bras le plus court* , & l'autre in-tervalle: entre les points B & C eſt *le bras le plus long* : On peut prendre , ou s'imaginer une proportion infinie du petit au plus grand ſuivant les raiſons

que

que nous avons apportées cy deſſus,en celle-cy elle eſt ſubquintuple ceſt à dire comme 1 eſt à 5. *Le ventre de laStatere* ſera formé en cette façon. Que l'intervalle A B ſoit diviſé en 5 parties égales:de B centre de la ſtarere ſoit élevée une perpendiculaire B D.Sur la ligne droite A C:ſur icelle de B vers D, ſoient poſéz ⅖ de l'intervalle A B:que la même perpendiculaire BD ſoit prolongée vers le bas iuſques en E,à la lõgueur de ⅖ du meſme intervalle AB;enſorteque toute la ligne D E ſoit faite égale à l'intervalle A B: de E ſur E D, ſoient tirées deux perpendiculaires vers la droite & vers la gauche à ſçavoir en G & en F égales à ⅖ du meſme intervalle,&ſoient formez les deux quarrés EFHQ & EGIQ: de G & F,avec les rayons GE, & FE,ſoient d'ècrits des arcs de cercles des quarts HE&EI,& par ce moyen la partie inferieure du ventre de l'inſtrument ſera formée, & voyci comment on formera la ſuperieure.De D F,ſoient esleuées derechef deux perpendiculaires D M & D N égales à ⅖ de l'intervalle A B, qu'elle ſoient prolongées en L & en K à la longueur de ⅖ moins ⅕ du meſme intervalle : en apres de L & de K comme centres des cercles ſoient d'eſcripts les arcs de cercle P N & M O, avec les rayons K M & K N, ainſi vous aurez la partie ſuperieure du ventre de la ſtatere toute formée ; pour ce qui eſt de la teſte ou du bouton elle ne peut point recevoir de forme plus commode ny plus ayſée que celle que nous avons tracée dans noſtre figure, à ſçavoir ſi dans le cercle S V T X Z dont le diametre paſſant par R centre de l'inſtrument eſt ⅖ de l'intervalle A B, on fait dès petites evacuations , ou certaines rondeurs S Z, S V, V T, T a a. Les axes ou eſſieux R & Y ont la hauteur de ⅖ du meſme intervalle: on adjuſte leurs parties longuettes, & aiguës en telle façon qu'elles touchent de bien pres la ligne droite A C:on aura la groſſeur du plus long bras, ſi on deſcend de C en ff ⁙ de ce meſme intervalle que nous avons ſi ſouvent redit , & ſi de ff. & C, on tire les lignes ff I, & C P: en fin la ligne droite 5 d d, eſtant tirée par le milieu fera que le bras reſſemblera en ſa figure orthographique à un veritable romboide. En dernier lieu on prend D c c, *la Languette , le Sparte , l'Eſſieu , ou trebuchet* (voila les denominatiõs que l'on donne à cette petite lame qui eſt poſée en angle droit ſur le joug de la Romaine) égale à la ligne triplée A B. Pour le regard des trois ornements qui ſe font d'ordinaire ſur les bras de l'inſtrument , & ſur la languette cela ſe laiſſe à la diſcretion des ouvriers : mais pour le reſte on le pourra aſſez ayſement comprendre par le moyen des figures ſçenographiques , que i'ay tracées & marquées de ces lettres A B & C. Ie n'ay rien plus à vous dire ſur ce ſubjet ſinon à vous donner un expedient pour diviſer le bras le plus long;c'eſt ce que l'on a de coûtume de faire par des intervalles égaux,pour examiner juſqu'aux moindres poids qui ſe peuvent mettre ſur la balance. I'ay dit cy deſſus dans noſtre exemple que la proportion qu'il y avoit du bras le plus court A B, au bras le plus long B C, eſtoit telle que de 1 à 5. Voila pourquoy il faudra marquer chaque intervalle ſur le bras B C , avec des certaines petites marques, où nombres convenables ; & puis on commencera à conter les intervalles de puis le centre de la ſtatere B , en continuant touſiours vers C. Tous ces intervalles pourront eſtre diviſées derechef en quantité d'autres particules moindres que les premieres, & telles qu'il vous ſemblera bon , pour peſer les poids les plus petits. *Le contre poids,ou le coureur* qui ſe pend par un anneau & coure de puis un bout juſques à l'autre le long de l'arbre,en quelques uns eſt d'une ℔, aux autres de 10, de 100, ou de plus ou moins , ſuivant la grandeur de l'inſtrument. La methode dont on ſe ſert pour peſer vous doit eſtre maintenant aſſez maniſeſte , ſuivant les connoiſſances que vous pouvez en

avoir

avoir tirées, par le difcours que ie viens de faire touchant cette matiere, &
toutes les obfervatiõs que l'on peut faire en cecy ne font autres, qu'une feule
raifon reciproque des diftances du centre de la ftatere, & des poids que l'on
met dans le baffin, ou qu'on attache par quelque autre moyen que fe foit à
l'axe du bras le plus court, à fcavoir à R; avec le contrepoids, ou coureur
qui eft mouvant fur le bras le plus long. Mais veu que Iean Buteo a traité
affez amplement de cette prefente machine, ie mettray fin à ce chapitre,
apres vous avoir propofées certaines obfervations, qui font en quelque façon neceffaires pour une plus grande connoiffance de fa nature, & de fon
ufage.

Obfervation I.

*Il faut prẽdre les diftances fur la longueur de la Statere ou Romaine, depuis le point
d'où la Statere depend librement & à l'entour duquel elle roule par un mouvement
libre: & depuis les points defquels le contre-poids depend librement qui refpondent
aux points de gravité des corps qui y font attachez, & fufpendus.*

Obfervation II·

*Si l'on prend la Statere par le joug, la languette fera le fupport ou fouftien, le poids
qu'on doit éleuer, la marchandife qui fera dans le plat ou baffin, mais la potence fera le contre-poids ou coureur enforteque tant plus long que fera l'arbre, ou
le joug de l'inftrument, de puis le fupport jufques à la potence, d'autant plus facilement fe remuëra-t'elle, & tant plus libre en fera fon roulement.*

Obfervation III.

*On peut conftruire une Romaine qui ait le contrepoids fixe & immobile, & le
fupport mouvant cà & là : lequel eftant pofé au centre de gravité, fera arêter
la Statere, & il faut qu'elle foit divifée en telle forte, que dans le contre-change la
mefme proportion fe rencontre toûjours entre les bras & les poids fufpendus.*

Obfervation IV.

*De deux poids qui paroiffent, & qui font en effet dans un parfait équilibre
quant à leur fituation, le plus pefant a toufjours la mefme proportion avec le
plus leger, que le bras le plus long de la Romaine a avec le plus court. C'eft en quoy
vous pourrez remarquer, que de cet équilibrement, les fardeaux, & les poids les
plus legers paroiffent eftre de mefme pefanteur, que les plus pefans : Ce qui neantmoins n'eft qu'en apparence feulement, à caufe des fituations inégales des poids,
& non reellement & d'effet. Voila pourquoy autre chofe eft égalité de poids, aû-
tre chofe équilibre. Il s'enfuit de là, que fi un poids deux fois plus leger, eft
deux fois plus eloigné du centre de la machine, qu'un autre qui eft plus pefant
deux fois : ou bien qu'un poids mille fois plus leger, en foit mille fois plus efloigné,
qu'un autre poids mille fois plus pefant ; on les trouverra tousjours dans un parfait
équilibre.*

Cha-

Chapitre XII.

Des mesures qui ont esté en usage chez les anciens, & de celles
qui se treuvent encore parmy nous autres, tant pour les
choses liquides ; que pour les seiches, reduites tres
exactement aux poids.

La recherche que nous avons faite de tous les poids dont on se sert presque par tous les cantons de l'univers, & laquelle nous vous avons descripte dans le 10 chap. de ce present liv. autant exacte que succincte, nous a donné occasion d'y adjoûter en suite les mesures tant anciennes que modermes des choses liquides & arides : apres les avoir toutes reduites aux poids, desquels nous nous sommes seruy, à peser toutes sortes de corps graves & pesants, que nous avons deduits si au long dans ce mesme chap: estimans que la connoissance n'en sera pas tout à fait inutile tant à nos pyrotechniciens qu'a tant d'autres qui s'addonnent volontairement aux sciences mechaniques : mais en cecy la raison veut, & mesme l'ordre des choses demande, que nous associons premiérement les mesures avec les poids, à cause que d'ordinaire nous les confondons ensemble, & que nous nous servons indifferemment de celles cy, ou de celles là, sans faire aucune distinction de leurs especes, ou differences. Mais premier que d'entrer en matiere, il faut bien observer ce qui s'ensuit.

Premierement que les liquides aussi bien que les arides se changent, & varient infiniment au respect du leurs poids : ce qui n'arrive pas seulement dans la diversité de leurs especes, mais aussi on rencontre des grandissimes differences dans une seule. De sortes que non seulement on void que l'eau differe en pesanteur du vin, de l'huile, du lait, de la bierre de l'hydromel, de l'eau de vie, & de toute autre semblable liqueur : encore bien que toutes ces choses liquides emplissent également une mesme mesure ; mais encore on remarque une notable inégalité de poids entre l'eau & l'eau, le vin & le vin, & tous les autres liquides qui sont de mesme nature. De plus on treuve du froment plus pesant que du froment, du seigle plus pesant que du seigle, de l'avoine que de l'avoine, de l'orge que de l'orge, & ainsi du reste. Ie vous dy cecy pour n'estre pas obligé à vous faire comprendre comme quoy les choses arides de mesme genre s'accordent beaucoup moins en pesanteur avec les autres qui sont d'un genre tout different, puis qu'entr'elles mesmes elles n'ont aucune convenance, quoy que les unes & les autres soient mesurées avec une mesure égale. C'est pourquoy ie desire que l'on observe icy la mesme chose qu'on a faite cy dessus, touchant ce que i'ay dit de la raison mutuelle des poids, des metaux, & mineraux: mais veu qu'on ne peut pas bien exactement remarquer la proportion speciale & particuliere qu'un liquide ou un aride peut avoir en pesanteur, avec un autre d'un genre different : pour cette raison ie propose icy seulement des certaines observations generales, & des experiences qu'on en a faites, qui mettent la chose hors de doute, premierement.

G

Que

Que l'eau de la mer est plus pesante que toute autre eau douce : qu'entre les eaux douces l'eau de pluye est la plus legere, d'avantage qu'entre l'eau de riviere, de fontaine vive, de puis, d'estang, de pluye, de neige, de glace, voire mesme entre toutes ces mesmes eaux, chaudes, ou froides, on y treuve des tres grandes differences, au regard de leurs poids.

Bien plus, autre est la pesanteur de l'eau en une saison, & autre en une autre saison. D'avantage l'eau d'une fontaine, se treuve d'un poids aux environ du lieu d'où elle sorte, & à sa veritable source : neantmoins à quelque distance du mesme lieu elle sera d'un poids tout different : & si iamais vous avez pris garde à la pesanteur de l'eau auparavant qu'elle fût gelée, infailliblement vous l'aurez treuvée toute changée apres son degel, joint que mesme on void par experience que la glace nage sur l'eau, qui est un tesmoignage bien evident qu'elle est plus legere que l'eau mesme.

Ie passeray à dessein sous silence quantité d'eaux qui sont de diverses couleurs, saveurs, & odeurs : Ie ne parleray point non plus de toutes celles qui sont gluantes, bituminenses, alumineuses, sulphurées, ou salées; ny de celles qui en'yvrent ou qui troublent le cerveau, & la raison à ceux qui en usent; je laisse à part aussi plusieurs fontaines grasses, & huyleuses, du nombre desquelles Pline nous en descrit une liv. 31. Chap : 2, aupres de *Soles* ville de Cilicie : & une autre semblable à celle cy, que Theophraste dit estre en Ethiopie : & une autre encore que Solinus nous raconte du mesme en son Chapitre 23. soit qu'elles soient veritables ou fabuleuses : (comme sont la plus part) en fin telle que Philander nous en décrit une dans des certaines remarques qu'il a faites sur le Chapitre 3. de Vitruve lib. 8. laquelle il dit estre en Baviere de Gernzée. De tout cecy ie ne trouve digne de remarque que ce qui se lit chez Cassiodore liv. 4. des varietez en la lettre de Theodoric premier Roy des Ostrogoths, envoyée au Comte Apronian: à sçavoir que *aquas quæ ad Orientem Austrumque prorumpunt dulces & perspicuas esse, & pro sua levitate saluberrimas inveniri. In Septemtrionem vero atque Occidentem quæcunque manant, probari quidem nimis frigidas, sed crassitudine suæ gravitatis incommodas.* Ces eaux Orientales, & Meridionales, (à ce qu'il dit) sont fort douces, & fort claires, & par consequent tres saines, à cause de leur extréme legereté; mais pour les Septentrionales, & Occidentales, elles sont beaucoup plus froides, incommodes, & mal-faisantes, pour estre trop pesantes, troubles, & bourbeuses. Solinus nous raconte quelque chose de semblable, quand il parle du fleuve Hymere : à scavoir *quod cœlestibus plagis mutetur, sitque amarus dùm in Aquilonem fluit, dulcis verò ubi ad Meridiem flectitur.* Ce fleuve (ce dit-il) seulement pour changer de climat change aussi de goût, & de saveur, veu qu'il se treuve amer vers le Septentrion, & doux dans la partie Meridionale. Et veritablement ie ne doute point, que puisque la difference des pays, & des terroirs, par où les eaux passent, a ce pouvoir de changer la saveur, qu'elle ne puisse aussi bien leur changer le poids, c'est à dire les rendre ou plus ou moins pesantes, qu'elles ne se treuvent aux environ de leurs sources : mais pour le regard des eaux des fontaines huyleuses, & grasses il faut croire qu'elles sont de beaucoup plus legeres que les autres. Si vous desirez vous faire sçavant touchant les fontaines & les eaux, allez vous en voir Aristote, Seneque, Pline, Caton, Varro, (où il traite de la chose rustique) Averroes, Palladius.

dius, Columella, Vitruve, Frontinus, Boccasse, & quantité d'autres qui vous donneront toute satisfaction sur ce subjet : La seule raison qui m'a obligée à vous raconter tout cecy, est affin de vous faire voir, comme les differences des poids sont infiniment variées, & changées tant entr'eux mesmes qu'entre leurs espèces differentes.

Les vins de quelque genre qui soient sont plus legers que l'eau; mais comme leurs especes sont bien differentes entr'elles, aussi pesent elles bien differemment. Car tant s'en faut que le vin de Falerne, le Cretique, celuy d'Espagne, de France, d'Italie, de Hongrie, de Turquie, de Vallachie, & quantité d'autres s'accordent au poids, qu'au contraire le Cretique differe du Cretique, celuy de Falerne du vin de Falerne; & ceux cy se treuvent ou plus ou moins pesants que ces autres là : voire mesme cette difference se remarque dans des certaines saisons de l'année; puisque le vin d'un an pese plus que celuy de deux, & le vin nouveau que le vieil.

Les Huyles pesent encore moins que l'eau, ny le vin; veu que l'huyle estant mise dans un vaisseau avec l'un ou l'autre de ces deux, elle surnage, & estant broüillée & melée avec l'un ou l'autre, où avec tous les deux, elle retourne de son propre mouvement au dessus : mais ce qui est bien plus remarquable en cecy est qu'elles sont extremment diffentes entr'elles au regard du poids : car l'huyle d'olives, d'amandes, de noix, de lin, de chennevis, de navets, & tant d'autres qui se mettent soubz le pressoir, ou semblables machines propres à les extraire, sont bien plus pesantes, que les autres huyles tirées par les alembiques, matras, & pareils instruments chymiques, qui sont plus artificiels.

En fin toutes les eaux distillées, les esprits, & essences preparées par la mesme voye que l'on fait les huyles, pesent moins que les huiles telles qu'elles puissent estre; bien qu'à la verité elle se treuvent aussy de diverses pesanteurs entr'elles, & non toutes également pesantes. Ie ne rapporteray point icy une infinité d'autres liqueurs dont vous connoistrez assez le poids par les experiences que vous en ferez, & lesquels vous pourrez conferer à vostre loisir avec les poids des autres liqueurs : C'est une occupation que ie laisse à d'autres qui auront plus de temps à donner à cette curiosité que ie n'ay pas, consideré qu'il ne m'en reste pas plus qu'il ne m'en faut, pour traitter des matieres qui sont beaucoup plus utiles, & necessaires, que celle là.

Les grains (comme nous avons desia dit) dans les choses arides sont infiniment differents en poids, tant entr' eux mesmes, quoy qu'ils soient d'une mesme genre qu'entre ceux là qui sont d'une espece toute differente : enforte qu'il est bien mal-aisé d'establir rien de certain quant à la raison mutuelle de leurs poids. I'adjouteray toutefois icy, ce que i'en ay pû recouvrer par mes experiences. Ie dy donc que le bled est plus pesant que le seigle; le seigle que l'orge; l'orge que l'avoine : bien que leurs grains se rencontrent fort inégaux en grosseur & en poids de quelque genre ou espece qu'ils puissent estre. De quoy l'on peut donner beaucoup de raisons : entre lesquelles le terroir gras & fertil n'en est pas une des moindres causes : car il y a bien plus d'apparance, que la moisson reüssisse mieux dans un champs bien gras, à cause que par son humidité & sa chaleur, il alimente beaucoup mieux son fruit, qu'un autre aride, sablonneux, alteré, maigre & infertil, qui n'aura pas de quoy nourrir ce qu'il a eu bien de la peine à produire.

La seconde raison de cecy vient encore des divers clymats des regions, & des differentes situations des champs,& des terres qui sont dans le monde qui sont en partie que les grains de froment sont de diverses pesanteurs, & de grosseurs toutes differentes. Au rapport de Virgile en ses Georg. lib. 1.

> *Hic segetes, illic veniunt fælicius uvæ*
> *Arborei fœtus alibi,atque injussa virescunt*
> *Gramina.*

Que nous exposerons en ces termes.

> *Ton terroir est fertil au temps de la moisson,*
> *Un autre se promet d'avoir belle vendange,*
> *Celuy cy a des bois, & des fruits à faison,*
> *Cet autre qui en manque.a du foin en eschange,*

Et veritablement ce n'est pas en vain que l'on met tout cecy en avant, puisque nous apprenons des marchands les plus raffinez dans ce trafique que le muid d'Amstredam, estant remply du froment qui vient de Pologne, ou de quelques autres provinces voisines, pese 150 ℔. où au contraire une semblable mesure de froment de France pese 180 ℔. de Sardes 220: de Sicile 224: de Beotice 230 : & en fin d'Affrique 236 ℔. Ie vous prie escoutez Vitruve sur ce subjet en son liv: 8. Chap: 3. *Quod si terra generibus humorum non esset dissimilis, & disparata, non tantùm in Syria & Arabia in arundinibus & juncis, herbisque omnibus essent odores, neque arbores thuriferæ, neque piperis darent baccas, nec myrræ glebulas, nec Cyrenis in ferulis laser nascetur : sed in omnibus terræ regionibus & locis, eodem genere omnia procrearentur. Has autem varietates regionibus & locis, inclinatio mundi, & solis impetus, propius ac longius cursum faciendo tales efficit terræ humores, quæ qualitates non solùm in his rebus, sed etiam in pecoribus & armentis discernuntur. Hæc non ita dissimiliter efficerentur, nisi proprietates singularum terrarum in regionibus ad solis potestatem temperarentur.*

Ce qui ne peut estre aucunement convaincu ny de mensonge, ny de fausseté: puisque non seulement ont void que les divers clymats & territoirs, apportent ce changement dans le fruit de la terre; comme dans les cannes & roseaux, en Arabie, dans le jonc, & dans les herbes de diverses odeurs, dans les arbres qui distillent les gommes si differentes dans leurs vertus, & leur nature mesme : qui portent des fruits si divers, & si differents dans leurs temperaments & proprietez,mais encore dansle bestail & dans le reste des animaux, qui se voyent tous differemment complexionez. Ce qui ne seroit point si le soleil n'avoit communiqué des propietez particulieres, & specifiques à chaque terrain.

D'avantage les differentes saisons de l'année, causent bien souvent de la diversité dans les grains, tant à la forme qu'au poids: car bien souvent les trop longues pluyes, ou un temps nuageux & couvert, est capable de nous rendre les grains, maigres, petits, & legers; pource qu'ils n'auront pas pû arriver à ce degré de maturité, faute de la chaleur qui leur estoit necessaire.

Ce n'est pas mesme sans quelque secret mistere que les paysans & laboureurs, ont accoûtumez d'observer le temps d'ensemenser leurs terres, car

ils

ils sçavent fort bien quelle semence ils doivent mettre sur le champs en la lune croissante, quelle en son declin, quelle lors elle ne monstre ses cornes que fort estroites, & quelle en fin lors que dans sa plenitude, elle ne paroît éclairée que d'une lumiere empruntée & étrangere. Voire mesme leur connoissance passe bien plus avant, puis qu'ils connoissent la plus part des differentes situations des corps celestes, leur lever, & leur coucher, & toutes autres semblables choses qui nuisent à la moisson, & ruinent leurs esperances dans le mesme moment qu'ils la cachent dans le sein de cette bonne mere nourrice. C'est de quoy les advertit de fort bonne grace le mesme poëte au livre que nous avons desia cité cy dessus.

> *Ante tibi Aoæ Atlantides abscondantur,*
> *Gnosiaque ardentis decedat stella coronæ,*
> *Debita quàm sulcis committas semina, quàmque*
> *Invitæ properes anni spem credere terræ.*
> *Multi ante occasum Majæ cæpere : sed illos*
> *Expectata seges vanis delusit aristis.*

Faisons le parler François.

> *Premier que tes seillons recoivent la semence,*
> *Prend garde aux Atlantides avant que la leur donne*
> *Laisse passer cet astre à l'ardente couronne*
> *Si tu veux conserver en eux ton esperance*
> *Ceux qui devant Maya ont jetté la semaille*
> *Au lieu d'un beau froment, n'ont moissonné que paille*

C'est pourquoy de tout cecy on conclud que la raison des poids est extremement differente parmy les grains & les semences. Il y a encore plusieurs autres choses par lesquelles on peut voir la grande difficulté qu'il y a de treuver cette habitude mutuelle en poids, d'un grain à un autre tant en ceux qui sont d'un mesme genre, qu'en ceux qui sont de differentes especes, mais ie passe par dessus tout à dessein. Ie vous rapporteray seulement pour preuver le tout un tesmoignage de Mersennus, traittant de ce mesme subjet dans sa preface sur son livre des mes: de poids, & des monn: *Cum omnia grana vel semina quæ reperiri solent in atriis venalibus Lutetiæ, ad stateram expendissem, vixque granum ullum inter ejusdem speciei grana grano alteri exactè respondisset, in incertis ludere nolui.* Puis le mesme autheur dans le mesme liv: prop: 8. *Ad tertiæ propositionis calcem seminum seu granorum si non cujuslibet herbæ, vel plantæ, multarum saltem lector expectare poterat, si quid certi potuissem ex illorum seminum cum nostris granis uncialibus collatione statuere, sed cùm vix duo, licet ejusdem speciei, mihi visa sint æquiponderare, & fortè ejusdem non sint, hic ac in Italia, vel in alio solo ponderis, laboris improbitatem cum ejus in utilitate non putavi conjungendam. Nam si nihil explorati debeas à frumenti & hordei granis expectare, quorum plurima grana sunt uncialibus granis leviora, alia æqualia, quædam graviora, quid à reliquis granis, vel seminibus, quidvè à reliquis naturalibus corporibus speres; Quibus adde granum frumenti, quod hodie fuerit æquale grano unciali, fortè crastinâ gravius ob adventitium humorem, vel levius ob majorem siccitatem, aut particulas in vaporem abeuntes futurum: quod & de cæteris granis dicendum.* Ce que nous devons croire de ses experiences puis qu'il nous asseure les avoir faites.

SECONDEMENT pour reduire les mesures des liquides aux poids qui nous sont communs & familiers dans nos pays, nous supposerons dans la suitte de nostre discours que la livre mesurable est de 10 onces de la livre ponderable Romaine, ou qu'elle est proportionnée à celle là comme 10 est

G 3

à 12

à 12. veu que la livre ponderable de Rome (comme nous avons defia dit au Chap. 10.) contient 12 onces , & l'once 612 grains Romains , & confequemment toute la livre 7344 grains. Mais reduifant cette livre cy à l'autre qui eft de 16 onces, (telle que plufieurs pyrotechniciens modernes en divers lieux , & quantité d'autres mechaniques la mettent en ufage) nous entendons qu'une once de celle cy, ou bien ʳⁱ foit de 576 grains : mais ces grains ne feront pas de mefme poids que les grains Romains, veu que les Romains fe treuvent plus legers que les noftres: de forteque 612 grains de l'once Romaine, ne valent pas plus que 536 grains de noftre once , & par ainſi noftre livre de 16 onces eftant de 9216 de fes grains propres , excede la Romaine de 2784 grains. Par confequent la livre ponderable de Rome fera compofée de 6432 de nos grains : ce que nous avons fi fouvent rapporté de Merfennus dans la coéquation de la livre Romaine avec la Françoife. Pour le regard des grains modernes des Romains, nous fuppofons icy qui font égaux avec les anciens : (quoy que nous n'en foyons pas affeuréz) & nous avons pareillement eftablie l'once de noftre livre égale à la françoife cy devant décrite; parce que fes grains s'accordent à peu près avec le poids des grains d'orge choifis, lefquels compofent auffi noftre once pyrotechnique fuivant l'exemple, & l'ancienne coûtume tant des Anciens Romains, & des Grecs, comme des Hebreux qui les ont mis les premiers ufage.

EN TROSIEME LIEV lors que dans la defcription des mefures des chofes liquides , ou arides , nous dirons que les mefures contiennent tant ou tant de livres , ou telle quantité d'onces , foit qu'elles foient particulieres aux lieux où elles font mefures ou poids , foit qu'elles foient de quelques autres contrées, provinces, ou villes particuliérement fpecifiées & bien connuës dans l'Europe: ces dittes livres,ou onces pourront eftre facilement reduites à nos livres de 16 onces , ou à leurs onces propres , ou aux onces de quelque autre lieu que fe foit , pourveu qu'on fuive la pratique de cette table generale comprife dans toutes ces circonferences de cercles, de laquelle nous avons enfeigné l'ufage cy deffus. Ou bien pourveu qu'on obferve bien les raifons mutuelles des poids que nous avons fuffifamment expofées au Chap. 10 de ce livre.

Mefures des liquides & arides des Anciens Romains.

DOLIUM qui eftoit un certain vaiffeau de terre que les Anciens enfoüoient dans terre pour conferver le vin,contenoit 1; *Culeus;* c'eft à dire 2400 ℔ mefurables Romaines,& 2000 ponderables;mais des noftres 1395 ℔ 13 onces : 2 drag. & 2 den.

CULEUS eftoit un autre vaiffeau de cuir qui contenoit 20 *Amphores* de liqueur, qui veut dire 1600 ℔ mefurables, tefmoins Fannius & Columella : & 1333 ℔,& 4 onces au poids Romain : des noftres 930 ℔, 1 once 7 drag. & 8 gr.

MEDIMNUS eftoit une certaine mefure avec quoy ils mefuroient les chofes arides , laquelle contenoit 6 *muids*, ou 2 *Amphores* , c'eft à dire 160 ℔ mefurables,& 133 ℔ & 4 onces au poids Romain: & en fin 93 ℔ 7 drag. & 8 gr: des noftres. Il comprenoit 144 ℔ de froment , mefure de Rome, voire mefme Columella nous raconte qu'il y avoit parmy eux encore une autre forte de vaiffeau à mefurer les chofes feiches qui contenoit 10 muyds,d'où vient que cette mefure s'appelloit entre eux DECIMODIUM.

De

De plus ils se servoient encore d'une troisiéme mesure pour mesurer les choses arides, plus grande & plus capable que ces deux premieres qu'ils nommoient Trimedimnum, à raison qu'elle contenoit 3 *Medimnes*, ou 18 *Muids*, ou 6 *Amphores*, ou 480 ℔ mesurables Romaines ou 400 ponderables ; & en fin des nostres 279 ℔ 2 onces 5 drag. & 1 den.

Hydria estoit une grande Cruche à porter l'eau qui conténoit 1 ; *Amphore* au rapport de Villalpandus sur la Genese, c'est à dire 120 ℔ mesurables ; & 100 ponderables : mais des nostres 69 ℔ 12 onces 5 drag. 1 den.

Cadus, une *Cacque*, estoit un vaisseau aussi capable que la cruche cy dessus declaree, suivant le tesmoignage de Fannius ; c'estoit la veritable mesure des choses arides, laquelle contenoit 108 ℔ de froment.

Amphora, & Quadrantal, tesmoins Caton, Fannius, Columella, Volusius, Metianus, & plusieurs autres, contenoit 2 Urnes, ou 80 ℔ mesurables, & 66 ponderables & 8 onces. Mais des nostres 46 ℔ 6 onces 3 drag. 1 den. 16 gr. Les Romains se servoient aussi de cette mesure pour mesurer les choses arides ; & comprenoit 72 ℔ de froment. Mersennus dans la reduction qu'il a faite de cette mesure au poids des livres de Paris, dit que 72 ℔ Romaines égalent 50 ℔ de Paris & 4 onces. C'est à dire qu'il entend que le Quadrantal Romain contienne autant de ℔ & autant d'onces de froment. Ce qui seroit bien vray, si ces 72 ℔ Romaines avoient esté ponderables, mais comme chez les autheurs on les prend tousiours pour des ℔ mesurables qui contenoient seulement 10 onces de la ℔ ponderable ou du poids (comme nous avons si souvent redit) & comme ie voy encore qu'on l'observe en plusieurs lieux, 72 ℔ mesurables faisant 60 ℔ ponderables Romaines, feront 41 ℔ & 14 onces Parisiennes (desquelles aussi nous nous servirons en cet ouvrage) c'est à quoy il faut bien diligemment prendre garde particuliérement dans la suite de nos coéquations. Si ce n'est peut estre (ce queje ne me souviens pas avoir iamais leu) que les Anciens Romains auroient autrefois eu en usage deux sortes de livres à peser, & mesurer les choses liquides seulement, & une seule pour les arides, à sçavoir la ponderable ou livre du poids : à cette mesme mesure estoit aussi égal en capacité le vaisseau du pied cubique Romain estant remply d'eau, veu qu'il contenoit 80 ℔ mesurables d'eau. Dioscorides toutesfois veut que l'Amphore contienne 52 ℔ seulement (à laquelle il ordonne aussi le mesme poids pour le vinaigre) mais pour le vin 80 ℔. Galien au contraire attribue à l'huyle ce que Dioscoride ordonne à l'eau, & au vinaigre : puis qu'il soustient que l'Amphore d'Italie, (c'est à dire la Romaine) contienr 72 ℔ d'Huyle, 80 ℔ de vin & 108 ℔ de miel. Mersennus nous asseure qu'il à luy mesme experimenté que le pied cubique Romain (telle qu'est le congiale de Villalpandus) estoit de 74 ℔ de Paris, d'autres luy assignent une capacité toute differente.

Le mesme autheur ordonne & veut suivant les observations de Pierre Gassende, que l'Amphore Romaine contienne d'eau 55 ℔ & 14 onces Parisiennes, veu que le Conge, qui est ; d'un Amphore peut tenir à son conte 7 ℔ d'eau moins ; d'once : laquelle observation nous fait voir bien clairement que ces 80 ℔ Romaines qui anciennement remplissoient l'Amphore Romaine estoient ponderables. Mais nous laisserons la recherche de cette verité à ceux qui ont plus de loisir que nous. Cependant nous continuerons à discourir de nos mesures suivant l'ordre que nous avons commencé.

Urna.

U R N A, *l'Urne* tesmoin Caton estoit une mesure pour les choses liquides capable de demye Amphore, mais on s'en seruoit aussi à mesurer les arides, & contenoit, suiuant Villalpandus, un muyd & demy, ou 4 conges, ou 40 ℔ mesurables, mais 33 ℔ ponderables & 4 onces. Des nostres 23 ℔ 3 onces 1. drag. 2 den. & 8 gr.

M I N A, la *Mine* estoit égale à l'Urne.

M O D I U S le *Muyd* si l'on en croit Fannius estoit proprement une mesure des choses seiches & arides de ⅓ du Medimne, mais ⅙ d'un Amphore: 24 ℔ Romaines le remplissoient justement de froment. Or des choses liquides (entre lesquelles ie m'imagine qu'il faut entendre le vin & l'eau veu que ces deux liqueurs selon le sentiment, & les obseruations mesmes des plus nouueaux autheurs s'accordent presque au poids: car il est tres constant que les Romains se sont seulement seruy d'une seule mesure, laquelle ils appelloient comme nous auons desia dit livre de mesure pour mesurer toutes sortes de liqueurs : cette mesme mesure contenoit 16 ℔ & 8 onces mesurables: des ponderables 22 ℔ 2 onces 5 drag : 1 den : & ⅙ gr. mais des nostres 15 ℔, 7 onces, 3 dragm. 2. den. 13 ⅙ gr.

C O N G I u s, le *Conge* qui est la moitie de l'Amphore contenoit 6 *Sextaires*, ou Sestiers, ou 10 ℔ mesurables : 8 ℔ ponderables Romaines, & 4 onc: mais de nostres 5 ℔, 12 onc. 6. dragm. 1. den. & 8 gr.

S E X T A R I U S, le *Sestier* contenoit 2 *Hemines* qui veut dire 1 ℔ mesurable, & un besse de 8 onces, qui faisoient 12 onces en tout, ou bien une ℔ ponderable, 4 onc. 5 drag. & 1 den. mais des nostres 15 onc. 3 drag. 2 den. & 5 ⅙ gr. Il y auoit encore un autre Sestier chez les Romains qu'ils appelloient *le Sestier de campagne* qui estoit le double du commun.

H E M I N A, *l'Hemine* qu'on appelloit aussy C O T Y L A estoit une certaine mesure qui contenoit 2 *Quartes* ou 10 onces mesurables: des ponderables Romaines, 8 onces, 2 drag. 2 den. & ⅙ gr. des nostres 7 onc. 5 drag. 2 den. 14 ⅙ gr.

Q U A R T A R I u s, la *Quarte* faisoit 2 *Acetabules*: ou bien 5 onc. mesurables. des ponderables Romaines 4 onc. 1. drag. 1. den. ⅙ de gr. des nostres 3 onc. 6 drag. 2 den. & 19 gr.

A C E T A B U L U M qui estoit une certaine espece de vaisseau de la forme & capacité d'un grand goblet, contenoit un *Cyathe & demy*, ou bien deux onces mesurables & 4 dragmes: des ponderables Romaines 2 onc. 2 den. ⅙ gr. ou environ : des nostres 1 once. 7 drag. 1 den. 9 gr. & ⅕.

C Y A T H U S estoit une autre petite mesure quasi de la mesme forme que la precedente, mais qui ne contenoit que 4 *cuëilleres* seulement, c'est á dire une once de mesure 5 drag. 1 den. & une once de poids 3 drag. 8 g. & demy : mais des nostres une once 2 drag. 23 gr. & ⅕.

C O C H L E A R, *Cuëillere* faisoit la quatriéme partie du Verre ou Cyathe, & égaloit 3 dragmes mesurables & 1 den. mais 2 drag. ponderables 2 den. 8 gr. ⅙ & des nostres en fin 2 drag. 1 den. 17¼ gr.

Mesures des liquides, & arides des anciens Grecs.

M E T R E T A des A T T I Q U E S comprenoit 3 *Vrnes Romaines* c'est pourquoy elle estoit de la mesme capacité que *la Cruche*, ou la *Caque Romaine*.

A T R A B A faisoit 3 *muyds Romains* & ⅙ au rapport de Caton & de Columella.

ME-

METRETA des LACONIENS eftoit tant foit peu moindre que l'Amphore des Romains.

AMPHORA des ATTIQUES, eftoit égale à cette mefure que nous venons d'appeller *Metreta;* comme le rapportent Fannius & Villalpandus.

AMPHOREAS, n' eftoit que la moitié de cette ditte mefure Metreta, tefmoins Agricola & Villalpandus.

CHUS, & *Coa*, contenoit tout autant que le *Congé Romain.*

COTILE, qu'on nommoit auffy TRIBLIUM, eftoit auffi capable & auffi grand que l'Hemine des Romains.

OXIBAPHUM, égaloit la mefure que les Romains appelloient *Acetabulum.*

MISTUM eftoit de deux fortes, *le Grand* comprenoit $\frac{11}{12}$ de la Cotyle; *le Petit* Miftrum contenoit $\frac{1}{12}$ de la cotyle feulement.

CHEME, eftoit égale à la Cuëillere Romaine.

Remarquez icy qu'il fera fort facile de reduire toutes ces mefures cy deffus declarées aux livres tant mefurables que ponderables des Anciens & des noftres: puis qu'ils s'en font fervy autrefois indifferemment à mefurer les chofes liquides auffy bien que les feiches.

Mefures des liquides & arides des Anciens Hebreux.

CHORUS, & *Chomer*, mefure jadis pour les liquides, & pour les arides, comprenoit 2 *Lethec*, il eftoit egal à $\frac{1}{3}$ *du Culeus Romain*, ou à 45 *Muyds* : Ie ne les reduiray pas en livres puis qu'il n'y a perfonne qui ne le puiffe faire auffy bien que moy, s'il a bien compris ce que i'ay dit cy devant; il eft fait mention de cette mefure chez le prophete Ezechiel. & au troifiéme livre des Roys 5, 11 & 2, en la paral. 27 5. Et en S. Luc. 16, 7. Quelques autres adjoûtent que ce poids eftoit la charge d'un Chameau.

LETHEC, la moitié du *Chorus*, comprenoit 5 *Bathos*, ou, *Ephas* ou 15 *Urnes* Romaines, ou bien 22 *Muids* & demy.

BATHUS, ou EPHA, & *Ephi*, eftoit $\frac{1}{5}$ du *Lethec*, & contenoit 3 *Satum*, ou 10 *Gomers*; c'eftoit une mefure égale à *l'Hydrie*, ou *Caque Romaine*, & à la *Metrete Attique*. Iofeph fait mention de cette mefure en fon traité de la guerre Iudaique. Villalpandus en parle auffy en quelque endroit.

SATUM, ou bien *Seah*, la moitié du *Batus* ou Epha, faifoit deux *Hines* : il égaloit 1 muid & demy Romain, ou 24 feftiers comme rapporte Villalpandus de D. Hierome. Mais Alcanzar veut que cette mefure ait efté égale au Muyd : & il faut croire qu'il entendoit égale au Muyd Attique & non pas au Romain, veuque cêtuy cy eftoit un & demy de cet autre. Il eft fait mention du Satum en la Genefe 18 6 & en S. Mathieu 5 & 15.

HINA, la moitié du *Satum* contenoit 3 Cabes, & eftoit égale à 12 *Seftiers*, ou à 2 *Conges Romains*, il en eft auffy parlé dans l'Exode 29 & 40, & en Ezech. 4 & 11.

GOMOR, $\frac{1}{10}$ du *Bathus* égaloit 7 *Seftiers Romains* & $\frac{1}{5}$, il en eft dit quelque chofe en l'Exode 16 37.

CABUS, $\frac{1}{6}$ de la *Hine* eftoit de 4 Logos & faifoit juftement 4 *Seftiers* Romains : touchant cette mefure on peut voir un paffage au 4 des Roys. 6 & 25.

LOGUS $\frac{1}{4}$ du *Cabe* contenoit autant que 6 *Coques d'œufs* : & égaloit *un Seftier Romain* quelques uns difent qu'il y avoit une mefure chez les Thebains qui luy eftoit égale laquelle Epiphanius appelle Aporrhyma.

La COQUE D'ŒUF, $\frac{1}{6}$ du *Logue* & $\frac{1}{72}$ d'Ephi, contenoit à ce que l'on croit le poids de 2 onces 6 drag. & 1 den.

H

C'eft

C'eſt aſſez diſcouru des meſures dont les Anciens ſe ſont ſervy à meſurer les choſes liquides & arides : voyons maintenant les noſtres qui ſont plus modernes & plus familieres.

Ie vous adverty premierement que ie n'entreprens point de vous rapporter icy les meſures de toutes les villes generalement & univerſellement qui ſont dãs tous les Eſtats, Royaumes, & Provinces de l'uniuers: mon entrepriſe ſeroit autant temeraire comme elle eſt impoſſible ; mais ſeulement les plus plus notables, & celles qui ſont le mieux en uſage dans les principales Cités & villes capitales de la plus part des Royaumes les plus fameux & les mieux connus dans le monde: ie ſeray contraint de les appeller des meſmes noms qui leurs ont eſté de tout temps attribués dans les lieux où elles les ont pris, & ou elles ſont miſes en uſage ; & en fin ie les reduiray toutes au poids comme i'ay faites celles des Anciens.

Meſures des liquides des Eſpagnols.

B O T A, *la Bote* contient 30 *Robes*: la Robe 30 ℔, deplus 160 Stopes d'Anvers font un bote: mais la Robe eſt de 5 ſtopes & un tiers. Le ſtope d'Anvers (pour ne le pas redire ſi ſouvent) comprend 6 ℔, par conſequent la bôte peſe 960 ℔ d'Anvers.

P I P A, la *pipe* fait 30 *Robes* chacune deſquelles peſe 28 ℔,

R O B A, la *Robe* eſt de 8 *Sommer*.

S O M M E R, contient 4 *Quartilles* une deſquelles fait la ſixiéme partie d'un *Stope* d'Anvers, & par conſequent peſe 1 ℔.

En Eſpagne il s'y treuve encore une autre eſpece de *Pipe* d'une capacité toute differente à la premiere, avec quoy ils meſurent ordinairement l'Huyle d'Olive, elle contient 40 *Robes*, mais les Robes ne ſont pas toutes d'une pareille capacité, & de meſme poids, comme nous avons dit cy deſſus.

Meſures des arides chez les meſmes.

C A H I, contient 12 *Hennegues* ou *Annegres*.

H E N N E G A, fait 12 *Almudes*.

A L M U D A, eſt de 7 ℔ d'Amſtredam 9 onces 14 ang: & 24 gr. ou environ: & l'Almude eſt juſtement $\frac{1}{77}$ d'un Achane de ſeigle dans Amſtredã (meſure que les Hollandois & Flamends appellent vulgairement un Laſt) veu qu'elle peſe (comme nous dirons en quelque lieu plus bas) 4200 ℔.

C A V E S C O, eſt $\frac{1}{17}$ du laſt d'Amſtredam, & par conſequent contient 262 ℔ $\frac{3}{7}$ d'Amſtredam.

Meſures des liquides parmy les Portugais.

A L M U D A, comprent 12 *Canades*.

C A N A D A, contient 4 *Quartes*.

Q U A R T A, eſt égale à *la Quartille d'Eſpagne* qui peſe une livre, mais l'Almude entiere eſt de 48 ℔ d'Anvers.

A L Q U I E R, ou *Cantar* eſt de la moitie de l'Almude & contient 6 Cánades qui font 4 Stopes d'Anvers & peſe 24 ℔: cette meſure ſert entr'eux à meſurer l'huyle d'olive.

Q U A R T I L E comprend 13 *Cantres* & $\frac{1}{7}$.

S T A R eſt une meſure des liquides en uſage dans les Algarves, du poids de 59 ℔, 10 onces 15 angl. 26 gr. ou environ.

Meſures des arides chez les meſmes.

M O I comprend 15 *Fangues*.

F A N-

Fanga, 4 *Alquieres*.

Alquier, 2 *Mejas*, qui font *demyes mesures*.

Meio, 2 *Quartes*.

Notez que 225 Alquieres font egaux au laſt d'Amſtredam, & par conſequent l'Alquier peſe 18 ℔, 10 onces 13 Angl. & 10 gr.

Meſures des liquides parmy les François.

Le **Muyd** ou *Quartal* ou bien *la Caque* de Paris, contient deux *Filets*, ou *Barriques*.

Le **Filet** ou *Barrique* comprend 18 Seſtiers.

Le **Pot** ou *la Quarte* fait 2 *Pintes*.

La **Pinte** tient deux *Chopines*, ou *Hemines*.

La **Chopine**, contient deux *demy-ſeſtiers*.

Le **Demy-Sestier** eſt de 2 *Poſſons*.

De tout cecy il s'enſuit que le muyd de Paris contient 288 pintes: cecy Suivant le Reiglement fait par **Lovis** xiii. au titre 10: mais ſuivant les ordonnances de **Henri Le Grand** il deuroit eſtre de 300 pintes. Or il ſera bien facile d'égaler celuy-cy au ſuperieur ſi vous en oſtez 12 pintes qui ſeront priſes pour la lye du vin, & qui par conſequent ne doivent pas entrer en nombre. De là on pourra ſans aucune difficulté conneſtre le poids d'un tonneau de vin. Car puiſque ſuivant les obſervations de Merſennus la Pinte peſe 2 ℔, infailliblement le tonneau qui contient 288 pintes peſera 576 ℔. Que ſi on prend la lye avec le vin pur il peſera ſans doute 600 ℔, ſauf neantmoins le poids du vaiſſeau qui n'entre point en conte. Merſennus nous depeint la forme, & la meſure du tonneau, ou muyd en cette façon dans la propoſ. 4 liv. des meſ. des poids & des monn. *Hujus autem figura Cylindrica vel potius cylindri duplicis utrinque truncati, æqualibus baſibus, unde Cadus in medio latior, & craſſior: cujus altitudo, ſeu longitudo interior duorum pedum & 10 digitorum; Latitudo media pedum 2 & ⅓, latitudo verò circa fundum duorum pedum.*

Comme en effet il a la veritable forme d'un cylindre, ou pluſtot d'un double cylindre couppé, avec des baſes égales, d'où vient que ce vaiſſeau eſt beaucoup plus large & plus capable au milieu que vers ſes deux bouts: ſa longueur (dit-il) ou hauteur inferieure eſt de 2 pieds & 10 poûces; & par le milieu il eſt large de deux pieds & ⅓; & vers le fond large de 2 pieds ſeulement.

La Caque, ou muyd de Paris comprend 78 Stopes d'Anvers, & quelquefois 77 c'eſt à dire 312 pintes, ou 308: elle peſe 408 ℔ d'Anvers ou 402 ℔ puiſque (comme nous avons dit cy deſſus) le Stope peſe 6 ℔ ainſi la Pinte qui en eſt un quart, doit eſtre de 1 ℔ eſt demye. De là on peut ayſement juger de la proportion qu'il y a de la livre de Paris à celle d'Anvers.

En France on rencontre encore une certaine meſure ou vaiſſeau à mettre les liquides, que les françois nomment une Ripe: elle contient deux muyds de Paris, & par conſequent elle peſe, c'eſt à dire elle contient le poids de 1200 ℔.

Meſures des arides chez les meſmes.

Le **Muyd** ou *le grand Muyd* contient 2 Tonneaux, ou 12 *Seſtiers*.

Le **Tonneau** | Muyd contient 6 *Seſtiers*.

Le **Sestier** est ¼ du muid, & ⅛ du tonneau : on le divise en 2 *mines*.

La **Mine** fait deux minots.

Le **Minot** contient 2 autres *petits muids*, qu'on appelle vulgairement *Boisseaux*.

Le **Boisseau** selon ce que Mersennus en à remarqué, contient 16 ℔ de froment, mesuré jusques au comble (comme l'on dit) sans le secoüer, ny entasser ou presser aucunement; Le comble, c'est à dire ce qui excede les bords du boisseau (au dire du mesme autheur) pese 3 ℔ & demye; & par ainsi il y reste dans le boisseau mesuré ric à ric, & en raclant 12 ℔ ½. Supposé donc que le muyd comprenne 96 boisseaux, il faut inferer consequemment que le froment contenu dans un tel *muid* doit peser 1536 ℔.

Le mesme Mersennus nous asseure avoir fait experience, que dans l'once de la livre il y avoit 860 grains de blé comme ils se rencontrent sans les trier, par consequent la livre contiendra 13760 grains : & le boisseau comblé (& non pas raclé, qu'il n'en deplaise à l'imprimeur, qui a fait en cet endroit un qui pro quo) 220160 grains; mais le boisseau raclé 172000 grains seulement.

Le Boisseau suivant les ordonnances de **Lovis XIII** l. 22. titre 10. doit contenir 18 ℔ de froment 6 onces & 8 scrup. & en ce mesme endroit *le grand muid* est ordonné du poid de 2640 ℔.

On a une certaine espece de mesure à Roüan pour les choses seiches, que ceux du lieu appellent un **Poinson** qui tient 13 boisseaux.

En Bretagne ils ont aussy un certain vaisseau à mesurer les arides qu'ils nomment une **Charge**, elle comprend 4 *Boisseaux* : & 10 de ces charges font une **Pipe**, qui veut dire 600 ℔ d'Amstredam; puisque 7 Pipes ou 70 Charges égalent justement un last de seigle d'Amstredam.

Mesures des liquides chez les Italiens.

Brenta, ou *Amphora* est proprement une mesure des liquides dont les Romains se servent encore aujourd'huy : elle contient 96 *bocaux*, & se divise en 32 *Robes*, ou *pierres* dont chacune pese 10 ℔, mais ces livres sont de 30 onces. Il faut 42 Stopes d'Anvers pour remplir une Brente. Par ainsi elle doit peser 252 ℔.

Boccale, contient 2 *Sestiers* appelléz vulgairement *Mezzoboccale*.

Barile, *Baril* ou *Caque* est une mesure Toscane, pour les liqueurs aussi, qui tient 20 bouteilles d'Italie, qu'ils appellent en language du pays *fiasco*; 18 Stopes d'Anvers font un baril, & pese 108 ℔ d'Anvers. Mais pour ce qui est du *flasque*, ou *fiasco*, il pese 5 ℔, 6 onces, & 3 drag. ou environ. Item pour faire un Staar il faut 3 barils.

Staar est une mesure capable de 54 Stopes d'Anvers, qui doit peser 324 ℔.

Mostachio, *ou mostacio*, est un vaisseau de Candie qui contient 3 Stopes & ⅓ d'Anvers, & pese 22 ℔ ⅓.

Bottel, est un autre sorte de vaisseau qui contient, 34, 35. & quelquefois 38 *Mostaces*.

Botta, chez les Venitiens fait 38 *Mostaces* qu'on appelle aussi *Zechi* en quelques endroits, & *Cantari*. Il faut 76 Mostaces pour faire une *Brente*, ou *Amphore*.

Bigoncio, ou *Conge* dans le mesme lieu est une mesure justement de

4 quar-

4 *Quartes.* Pour emplir une quarte il faut 18 Stopes d'Anvers. Son poids est de 108 ℔. & égale le baril Romain. Mais le Bigonce fait 72 Stopes d'Anvers, & pese 442 ℔.

S E C C H I O que les Latins ont appellé *Hydria*, comprend 15 Stopes d'Anvers, celle cy est une mesure qui sert particuliérement aux marchands qui traffiquent sur terre & dans les villes ; mais la precedente est navale & particuliere aux marchands de mer, & gens qui font train de marchandise sur les eaux.

A M P H O R A, dans le mesme pays sert à mesurer l'huyle d'olive : elle contient 4 *Bigonces*, ou *Conges* ; le Bigonce 4 *Quartier*. Cette mesme mesure fait 2 *Bottes* : la Botte 38 *Mostaces.*

M I G L I A R I O, est une mesure fort en credit dans l'Italie. à Venise, il pese 1210 ℔. à Verone 1738 ℔, & fait 8 *Brentes*, & 11 *Basses* ; Pour ce qui est de la Brente elle est composée de 16 Basses. à Pavie il fait 1185 ℔, qui sont égales à 110 ℔ d'Anvers. à Vincence, comme à Venise : à Tarvises 1117 ℔.

Outre toutes ces mesures des liquides que ie viens d'alleguer il s'en rencontre encore d'autres, comme

M A S T E L L O, C A R A, C O N S I : 10 desquelles font une *Care* de tarvises.

De plus S A L M, est une mesure qui dans la Pouille, & dans la Calabre fait 16 *Staar*, chaque Staar, fait 32, *pignatelles*, ou *Ollules*. Ce *Salm* est égal à *la barique*, ou *au filet* des François, ou au demy-quartal de France. Il contient de là 39 stopes d'Anvers & pese communément 234 ℔.

Mesures des arides chez les mesmes.

Q U A D R A N T A L E, fait 3 *Muids* Romains ; le Muyd 8 *Hemines* l'Hemine 2 *Sestiers.* Ce Quadrantal contient le poids de 54 ℔, & 8 onces d'Amstredam : puis que 80 Quadrantaux font une Achane, ou last d'Amstredam.

S T A R, mesure navale & maritime en usage chez les Venitiens, pese 134 ℔ & ⅓ qui veut dire 4 onces : puis que 32 stars, font justement un achane, ou last de seigle d'Amstredam : mais d'orge pas tant, car c'est assez de 14 stars pour faire un last.

De plus le last d'Amstredam, est égal à 80 stars de Mantoüe, à 32 de Medine ; à 96 de Pavie ; à 112 de Florence ; à 102 de Vincence ; à 32 de Zarence ; à 48 de Ravennes ; & à 29 de Tarvises.

M O S A, ou *modius*, le *muyd*, est une mesure des Venitiens desquelles 7½ font un last d'Amstredam. En quelques autres endroits on divise le muyd, en 14 *peses* ; chaqune desquelles fait 10 ℔ mais une de ces ℔ fait 30 onces ; aillieurs on le divise en 4 *Degalatro* ; ou en 16 Sestiers.

C O R B A chez les Italiens, est ce que les Latins appelloient au paravant *Corbis* ou *Cophinus*, qui en François se peut dire une *manne* ou *corbeille*, c'est une mesure fort particuliere pour les choses seiches : dans Bologne, elle est égale au star de Venise ; veuque 32 corbeilles font un last d'Amstredam.

M E D I M N U S, mesure des arides dans la Cicile contient 6 *muids*, & le muid fait 16 *sestiers* : le Medimne pese 100 ℔ d'Amstredam, 8 onces, & 3 dragmes ou environ : ensorteque 38 Medimnes font justement un last d'Amstredam.

D'avan

D'avantage le Medimne dans l'isle de Cypres est divisé en deux *Cypres*, ou 4 *demy-cypres*. 40 medimnes égalent un last d'Amstredam.

Dans le mesme lieu on divise le Muyd en 16 *Galenes*, ou *Sestiers*: 2 muyds font en ce pays là un *Pontique*.

MINA, ou MINALI, est une mesure des arides à Gennes, & à Verone 23½ de ces mesures égalent aussi le last d'Amstredam : où il y en faut 72 de Verone.

SOMA, à Brisse sert aussi à mesurer les choses arides ; 16 de ces mesures font un last ou Achane d'Amstredam.

SALM, avec quoy l'on mesure les choses seiches dans la Sicile contient 16 *Tumanes*: il se rencontre quelque-fois plus grand quelque-fois aussy plus petit, 8 grands ou 10 petits font un last d'Amstredam.

CARA, dans la Poüille fait justement autant comme un Star de Venise. Cette mesure est de deux sortes dans son usage, à sçavoir celle avec quoy on mesure le seigle qui contient 36 *Tumanes* : mais celle là avec laquelle on mesure l'orge en comprend 48 égaux à ceux desquels nous avons parlé cy dessus. Ainsi la Care pese 131 ℔ & ½ d'Amstredam. Enfin 32 Cares de seigles, & 24 d'orge constituent un last d'Amstredam.

Mesures des liquides parmy les Allemands.

RUHTE, contient 2 fuder & ½.

FUDER, en François *Foudre*, en Latin *vehes* est côposé de 6 amphores, qu'on appelle Ames vulgairement dans toutes les villes de la haute Allemagne que ie m'en vay vous dire, à Cologne, Wormes, Vlme, Francfort sur le Mein, Oppenheim, Wirtzbourg, Majance, & à Wirtemberge. Mais en tout autre lieu, il contient 10 Ames comme à Heidelberg, & à Spir: dans Vienne neantmoins & par toute l'Autriche 16 Ames ou Amphores font un *culeus*. De plus à Falkenheim, & à Durcheim, & mesme à Augsbourg, 8 le qui sont 8 ames composent un Culeus.

OHM ou AME que les latins exprimoient par ce mot *Amphora* contient 20 *Quartes* ou 80 mesures appellées ou language du pays *Massen* ; ou bien 2 *Urnes* ou *seaux* qu'ils appellent là mesme *Eimer* : ceux qui auront esté à Cologne, à Wormes, à Lipsic, à Francfort sur le Mein, à Vlme, à Oppenheim, à Mayance, à Norembergue; à Wirtzbourg, à Vienne en Austriche en peuvent sçavoir des nouvelles. Mais à Heidelberghe, & à Spir on divise l'Ame en 12 *Quartes*, & la Quarte en 4 *mesures* ou *Cruches* que le vulgaire appelle *Kan*. De plus à Falkenheim, & à Durckheim, ils divisent *l'Ame* en 15 Quartes chacune desquelle fait 4 *mesures*, ou *Kan*, derechef dans Wirtemberge on conte 16 *Innes* dans l'Ame, une desquelles fait 10 *Kannes* ou *mesures*. Voire mesme dans Augsbourg pour faire une *Ame* il faut 2 Muids, ou 12 Besontz, en fin pour conclusion en certains lieux on prend 60, 64, & 72 *Cruches* pour faire une Ohm, ou Ame.

EYMER qui est *Urna* chez les latins à Norembergue, ou à Wirtzbourg, & universellement par toute la Franconie, se divise en 64 *mesures*, ou *Kannes*, à Vienne en Austriche elle contient 32 *Octaves* ou 121 *Seiltem*, à Sabone ou comme l'on dit à Brixem 144 Kannes font une *Urne* mais il n'en faut que 8 pour faire un *Parcede*.

De

Derechef l'Urne dans toute la Mifne , & generalement par toute la haute
Allemagne contient 36 ℔. mais à Lipfic elle fait 40 ℔. & mefme on la divife en 3 *Stubechen*, on la departe encore en 4 *Cantres* ou *Cruches* qu'on nomme en language vulgaire *ein Kanne* , ou bien *Maß*. & chacun de ces Cantres ou Kannes comprend 2 *Noßels* , ou *Seftiers* , ou *Quartes*. Le Seftier eft
fait de 2 *Hemines* appellées en leur langue *Halb Karter*: & en fin l'Heminé
contient 2 certaines petites mefures qu'on peut appeller *Oétaves* qu'eux
nomment *Maßlein*.

M A A S, qui eft doncques cette mefure que les hauts & les bas Allemands
appellent communemēt *Kan*,& le Latins *Cantharus* ou *Congius*,auquel nous
ne pouvons donner autre nom que celuy de *Cantre* ou de *Cruche* ou de *Pot*,fi
nous nous voulons accommoder aux mots du vulgaire. Il eft prefque dans
toutes les villes de la haute Allemagne de pareille grandeur , & d'une égalé
capacité. Pour ce qui eft de fes divifions fubalternes nous en avons defia
affez parlé : mais quant à leur poids, voyci comme il le faut entendre. En
Allemagne ils fe fervent de deux fortes de poids,à fçavoir de la livre ponderable , & de la mefurable , comme nous avons dit ey deffus : enforte qu'à
Lipfic 23 onces mefurables n'en font que 26; des ponderables & par tout
ailleurs dans la Mifne 24 onces mefurables conftituent 20 onces ponderá-
bles : c'eft à dire que les ℔ de mefure font proportionées aux onces du
poids comme 12 eft à 10, ou 6 à 5, fuivant l'ancienne coûtume des Romains.   Cecy eftant donc ainfi fuppofé , les Ohms ou ames de **Wormes** ,
Francfort, **Ulme**, **Oppenheim** , **Cologne**, **Wirtembergh**, **Majen-
ce** , **Heidelbergh** , **Spir** , **Strafbourg**,**Falckenheim**, & de **Durcheim**.
Contenantes 80 Conges ou Kannes , feront égales à l'Ame d'Anvers qui
comprend 50 ftopes , & qui pefe 300 ℔. veuque le Stope d'Anvers (comme
nous dirons cy deffous) pefe 6 ℔, & fuivant la mefme confequence , le Pot
ou Kanne d'Allemagne doit pefer 3 ℔ d'Anvers , & 12 onces. Par cette mefme voye on pourra fans beaucoup de difficulté rapporter au poids l' *Eymer*,
ou *Urne*, & *Fuder*, auffi bien comme le *Ruhte* , & toutes les autres mefures inferieures que nous vous avons racontées , puis que l'on fçait defia affez combien pefe un Pot ou Kanne , ou pour mieux dire la liqueur qu'il
contient.

Derechef, 128 Kannes de Norembergue , de Wirtzbergh , de Franconie , de Vienne , d' Augsbourg font 300 ℔ d'Anvers,& chacune peféé
à part fe treuve de 2 ℔, 5 onces, d'Anvers.

Les Tonneaux à bierre de Lubec égalent une Ame dans Anvers ; puis
que juftement 50 ftopes d'Anvers empliffent un tonneau de Lubec.

Mefures des arides chez les mefmes.

L A S T en Allemand , ou *Achane* pour nous fervir du mot que les Latins
ont emprunté des Grecs , eft proprement la mefure , le poids , ou la charge
d'un navire : il contient 3 *Wifpel* à Hambourg , chacun defquels fait 30
muyds vulgairement appellez *fcheffel* : or le muyd pefe 52 ℔ d'Amftredam ,
& 9 onces , 12 angliques & 22 grains ou environ ; & pour cette raifon un
Achane, ou laft contenant 3 *Wifpel*, ou 90 *muyds* pefera 4554 ℔ 3 onc : 1
angl: & 28 grains.

Remarquez encore que ce mefme *Wifpel* eft équipollant à 6 ames d'Anvers

vers : de plus que 83 muyds de **Hambourg** égalent un laſt ou une charge
d'Amſtredam. à **Roſtock**, & à Lubec 96 muyds font un laſt du meſme lieu : & 85 de ces meſmes muyds équipollent celuy d'Amſtredam. à
Stetin en Pomeranie, 72 muyds conſtituent un de leurs propres laſts :
mais ⅞ de celuy cy en font un d'Amſtredam : à Stralſund ⅞ font la meſme choſe; ce que 32 tonneaux, ou 6 muyds font auſſi.

S c h i f f p f u n d t comme nous avons dit en quelque autre endroit eſt
une charge ou meſure nautique fort commune parmy les peuples qui ſont
voiſins de l'occean Germanique, & de la Mer Baltique. C'eſt proprement
une certaine partie du laſt qui approche fort du Medimne des Romains, ou
du grand Muyd, ou pluſtoſt de ce Trimedimne duquel nous avons parlé
cy deſſus; & il eſt égal en poids à la Charge des François, au Cargo des Eſpagnols, & au Carco, ou Carico des Italiens. On a de coûtume de meſurer
avec cette meſure cy, non ſeulement toutes ſortes de grains, mais on s'en
ſert auſſi à peſer quantité d'autres marchandiſes. Dans **Hambourg** il eſt
compoſé de 20 autres petits poids qu'on appelle *Liſpfundt*; il eſt auſſi de 300
℔ peſant dans Lubec, & à Hafn en Danemarc, comme auſſi dans **Stockholm** en Suede; de plus 20 Liſpfundt conſtituent un Schiffpfundt; qui
peſe auſſi 320 ℔: mais nous reſerverons à parler en ſon lieu du poids, & de là
capacité de cette meſure dans une infinité d'autres villes ou elle eſt particuliérement employée.

L i p s f u n d t, eſt une partie ou portion aliquote du Schiffpfundt cy deſſus declaré, que vous pouvez franchement appeller un Muyd navale: il peſe
à Hambourg 15 ℔, à Lubec 16 Marcs, à Stralſund 16℔.

M a l t e r & *Molder* a quelque ſorte de rapport en capacité, & en poids
avec ce Schiffpfundt cy deſſus deſcript. C'eſt une eſpece de Medimne
terreſtre que les marchands de certaines villes de la Haute Alemagne mettent fort en uſage. Par exemple dans la Miſne il contient 16 muyds chacun deſquels peſe 20 ℔: voila pourquoy cette meſure peſe 320 ℔ à **Vienne**
& par toute l'Autriche cette meſme meſure eſt côpoſée de 32 muyds qu'ils
appellent communêment *Achtel*, ou 64 demy-muids, en leur language
Halb-achtel ou *Spinten*. Suppoſé donc que ce muyd ſoit de 21 ℔, & 14 onces d'Amſtredam; le Malter ſera de 600 ℔, & par conſequent 6 ſemblables
meſures ſont équipollantes à un laſt d'Amſtredam: dans **Cologne** ſur le
Rhin 18 Medimnes font auſſi le meſme effect, quand chacun deux peſe 233
℔ 5 onces 6 Angl. & 2 gr. & demy.

Meſures des liquides parmy les Peuples des Pays Bas.

R o e d e, eſt une perche de meſure qui reſpond juſtement au demy-Cu-
leus des Romains: à Dordrecht, (ou comme les françois diſent) à **Dort,** elle
contient 16 ames.

L' a m e, comprend 10 *ſchrewes*, meſure qui ne ſe rapporte pas mal à *l'Amphore* Romaine.

S c h r e w e eſt un vaiſſeau qui contient 10 *Pots*, ou *Stoppes*: cette meſure ſe peut mettre en parallele avec *l'Urne* des Romains.

S t o o p qui reſſemble fort à l'ancien *Conge* des Romains, contient parmy
eux 2 Kannes ou Pots, que l'on nomme dans quelques autres endroits
Mengel.

K A N N E, P O T, & M E N G E L, qui ne s'esloignent guere de la capacité du *Sestier* des Romains, contiennent 2 *Pintes*.

P I N T A, la *Pinte* se peut à bon droit nommer en latin *Hémina*, puis qu'elle est la moitié du *Sestier*.

Derechef 10 Ames de Dort en font 14 & ½ d'Anvers, chacune estant de 50 Stopes (comme nous avons desia dit) supposé donc que le Stope d'Anvers soit de 6 ℔ : la Roede ou Verge de Dort sera de 4400 ℔ : & par consequent *l'Ame* de Dort de 440 ℔ : le *Schrewe* de 44 ℔ : le *Stoop* de 4 ℔. 6 onces, 8 angl. la *Kanne* de 2 ℔ 3 onc. 4 angl. & en fin la Pinte de 1 ℔. 1 onc. & 12 angl. d'Anvers.

De plus, cette mesme Roede se divise en 2 *Tonneaux*, chacun desquels contient 500 Stopes de Dort, ou bien 2200 ℔, à quoy si vous adjoûtez 50 ℔ pour le poids du vaisseau, ce tonneau remply de vin pesera 2250 ℔ : & consequemment 2 Tonneaux feront 4500 ℔. Voyla pourquoy on a de coûtume d'observer icy que quand on charge un navire de semblable m...rchandise, on prend deux de ces tonneaux pour un last de froment.

D'avantage 14 *Ames* d'Amstredam sont égales à 10 Ames de Dort : mais il faut remarquer icy que l'Ame d'Amstredam se divise en 64 Stopes : voyla pourquoy pour faire une ame d'Amstredam il faut 3 14 ℔ d'Anvers, 4 onc. 5 angl. & 22 gr. ou environ. De mesme le Stope est de 4 ℔ 14 onc. 2 angl. & environ 10 gr. Dans la Frise l'Ame contient 40 *Kannes* ou 160 *Mengels*. à Malines en Brabant, elle fait 80 *Mengels* : par ainsi la Mengel de Malines fait le double de celle de Frise : & ce qu'on appelle Pinte à Malines est une Mengel en Frise : mais pour ce qui regarde l'Ame tant de Malines que de Frise , voire mesme de Louvain, Bruxelles, Bosleduc, & de Breda sont égales en poids, & en capacité à celle d'Anvers: mais la Mengel de Louvain égale le Canthre des Allemands. l'Ame dans Bruxelles & dans Louvain est divisée en 48 Stopes : celle de Bosleduc en 50 : celle de Leyden, de Delf, de Trevers, de Flessingue , & de Midelbourg en Zeeland, de Gand , de Bruges en Flandres, & celle de Liege, se divisent en 60 Stopes. De plus 50 Stopes d'Anvers égalent 54 de la Haye , & de Ruremond ; 72 de Ziriczée, & 26 de Nieuport, & d'Ostende. I'adjoute encore à tout cecy que 14 ames & ½ tât de Bruges que de Midlebourg., de Trevers & de Flessingue, sont égales à 16 ames de Dort.

Outre cette Roede, ou verge que nous venons d'examiner il s'y en rencontre encore une autre à Bruges qui contient 2 Vaisseaux , ou Tonneaux, un desquels fait 22 Sestiers : & derechef un de ses Sestiers contient 16 Stopes.

Tous les *Tonneaux de bierre, ou Tonnes* vulgairement appellées, contiennent universellemét par toutle Brabant 54 Stopes d'Anvers. Mais en Flandres il en faut 60 pour emplir une tonne, & quelquefois bien 64 Stopes de Flandres mesme. Pour le regard de celles de Hollande elles contiennent autant que celles de Brabant: toutefois les tonneaux d'Amstredam demandent 56 Stopes ; d'Anvers. Au reste ie ne reduiray point icy tous les vaisseaux au poids, puis qu'un chacun le peut aysement faire de soy mesme, connoissant si bien le poids d'un Stope d'Anvers.

I

Me-

Mesures des arides chez les mesmes.

L ᴀ sᴛ, en Latin *Achane* apres les Grecs, lors qu'il est employé à mesurer le froment est composé de 16 medimnes navales dans Amstredam, que
les Hollandois appellent en langue vulgaire *Schippont*; chacun desquels
contient 300 ℔: c'est pourquoy le last entier comprend 4800 ℔. Mais si
l'on se sert de cette mesure pour mesurer le seigle, c'est assez de 14 Schippont pour faire un last, chacun desquels égale les precedents en poids & en
capacité:par consequèt un last de seigle sera de 4200 ℔ d'Amstredam. En ce
mesme lieu ils content pour un last 27 Medimnes ou grands Muyds, qu'ils
appellent vulgairement *Mudden*: chacun de ces Muyds contient 4 autres
petits muyds que nous avons appelléz *Boisseaux* qu'eux nomment *Schepelen*:
c'est pourquoy un last comprend 108 boisseaux De plus on conte la mesme pour un last 29 *Sacs* contenãs chacun 3 *Octaves* ou *Huitiémes*, ou comme
ils disent *Achtelingen*.   Item 24 Cacques ou Caisses à sel : ou bien 20; de
ces tonneaux estroits à mettre la farine, ou 15; de ceux qui font plus larges, & plus gros constituent justement un last de seigle : derechef 18 tonnes ou tonneaux de bierre, ou autant *d'Ames* d'Anvers font la mesme chose. Or est il que ces derniers cy font 3 tonneaux à vin : mais on conte 2
tonneaux seulement pour un last de seigle : parce que ces deux vaisseaux
contiennent le poids des 4200 ℔ ou environ : car supposé que le Quadrantal,ou la Cacque de vin pese 500, ℔ 2 vaisseaux par consequent ou 8 Quar-
taux feront 4000 ℔ de mesme 3 semblables vaisseaux ou 12 cacques pleines
de seigle feront 4200 ℔, sans mettre en conte le poids des vaisseaux, car
chacun d'eux contient 360 ℔ de seigle ou environ.   Mais il faut icy remarquer que toutes sortes de froment ne font pas tousiours d'un mesme poids,
comme font tous les autres grains,comme nous vous avons adverty : puisque l'on a autrefois reconnu, qu'un last de froment d'Amstredam pesoit
tantost 4800 ℔, & tantost 4200 seulement.   D'avantage le last de seigle
pese quelque-fois 4200 ℔, & en d'autres temps seulement 4000. voyez l'orge vous ne la trouverrez que de 3400 ℔. pesez l'avoine elle est encore bien
plus legere que ceux cy : voila pourquoy on a de coutûme en des certains
lieux de mesurer l'avoine avec une mesure plus grande, & plus capable,
que celle avec quoy on mesure ordinairement le seigle : puisque suivant
les observations de Mersennus, la livre de P ᴀ ʀ ɪ s contient 13760 grains
de blé : mais comme celle cy décheoit de 16 grains, ie veux dire qu'
estant moindre d'autant de grains,que celle d'Amstredam, necessairement
la livre d'Amstredam aura 13776 grains de blé; par ainsi l'Achane ou le
last estant de 4800 ℔ pesant, contiendra infailliblement 66124800 des
mesmes grains.   à Hemden 15 tonneaux &; faisans chacun 4 de ces petits muyds que nous avons appellez *Boisseaux*, ou *Werpen*, constituent un
last ou une charge ; mais 55 *Werpen* équipollent un last d'Amstredam.   à
Anvers la charge est faire de 32 *Quartes*, & la Quarte de 4 petits Muyds,
ou 4 Boisseaux, appelléz entr'eux *Muchens*: ainsi 38 Quartes égalent le
last d'Amstredam.   à Roterdam 3 *Octaves* ou *Huitiémes*, font un sac, & 38
sacs font un last du lieu mesme; mais il faut 87 octaves pour en faire un
d'Amstredam.

Mᴜᴅᴅᴇ,

Mudde, ou *grand Muyd*, outre ces lieux que je viens de nommer, à Louvain est divisé en 8 petits Muyds, ou boisseaux, qu'on appelle là *Halster*. Il faut 13 de ces muyds pour faire un last d'Amstredam. à Bruxelles il en faut 10½ ; à Mastrect 7 : à Bossleduc 12 & ½ font le mesme effet. à Gand le muyd se divise en 6 *sacs*, le Sac en 2 *Halsters*, le Halster en 2 *Quartes* la Quarte en 2 *muckens* : Or 4 de ces *muyds* avec 7 *Halsters* en font un d'Amstredam. à Bruges ils appellent ce mesme muyd *Hoet* en leur language : lequel ils divisent en 4 plus *petits Muyds*, ou 4 *Boisseaux*, le Boiseau en 4 *Quartes*, la Quarte en 2 *Spintes* : 17½ desquelles font justement un last du lieu mesme ; mais il en faut 17 & ½ pour un d'Amstredam. à Ypres 12 *Razieres* donnent un muyd, chaque Raziere contient 4 tonneaux, & 25 Razieres font un last dans ce mesme lieu : de plus 75 de ces Razieres font une autre certaine mesure plus grande appellée *Ikinck*, qui est bien le triple de la charge ou du last. De rechef 24 Razieres sont contées pour un last d'Amstredam. Dans quantité d'autres places de la Flandre de moindre consideration, la Raziere (que vous pourriez bien appeller boisseau) se divise en 4 *Awots*, l Awot en 4 *Pintes*, & la Pinte en 8 ℔. à Lewards en Frise le muyd contient 2 *lopes*, ou 2 boisseaux, ou *Lopen* (comme ils disent) 16 de ceux cy ne different en rien du last d'Amstredam. à Middelbourg en Zeland, le grand Muyd qu'ils appellent aussi *Hoet* est composé de 16 *Sacs* ; qui veulent dire proprement 8 boisseaux, 41 ; desquels constituent une charge du lieu mesme ; mais pour faire celle d'Amstredam c'est assez de 40 : à Dort le grand Muyd qui disent aussi *Hoet* contient 8 tonneaux : & 3 de ces *Hoet* (qui sont comme des *Medimnes*, ou des *Schif-fundt* navales) constituent exactement le last ou la charge d'Amstredam.

Mesures des liquides chez les Polonois.

Beczka, en Latin *Dolium*, en François *Tonneau* suivant les arrets establis en l'an 1565, doit contenir 72 Conges, ou Canthres, qui s'appellent chez les Polonois *Garniec*. Mais suivant les establissements faits en l'an 1598 il doit estre de 62 conges seulement.

Les Vaisseaux de Dantsique, ou tonneaux à bierre, contiennent 180 *Stofes* de Dantsique. On a aussi experimenté, que 180 de ces Stofes ne faisoient que 81 Stopes d'Anvers dans Anvers mesme : & de là on concluoit que le tonneau pouvoit contenir 486 ℔ d'Anvers : & un Stofe Dantiscan pese justement 2 ℔, 2 onces, & 4 angl. d'Anvers, & sa moitié, quils appellent *Halbe* fait 1 ℔, 5 onces, 12 angl. De tout cecy il est fort aysé à inferer que le Stofe de Dantsique tient moins de 4 onces, & 18 angl. d'Anvers, que le Pot, ou demy Stope d'Anvers mesme. Ontre cela je sçais par les observations que j'en ay faites, que le Conge de Pologne contient environ 2 Stofes Dantiscan de liqueur. C'est pourquoy le tonneau de Pologne contenant 62 conges, est moindre que celuy de Dantsique de 26 Stofes Dantiscans, qui veut dire que le tonneau de Dantsic contient moins que celuy de Pologne de 28 de ses propres conges. Concluons donc maintenant que le Conge Polonois estant de 5 ℔, 6 onces, & 8 angl. d'Anvers, ne s'esloigne guères de l'Ancien Conge des Romains que nous vous avons descrit cy dessus : & je crois fermement, que les premiers qui ont inventé le Conge en Pologne ont eü dessein de le faire tout d'une mesme mesure & capacité que celuy des Romains : mais comme toutes choses dans les revolutions, & vicissitudes des

affai-

affaires de ce monde , apres une longue suitte d'années , ou par la maligni-
té des temps vont tousjours de bien en mal,de mal en pires,& de pires en pires,estans toutes subjettes à mille alterations : ce n'est pas une grande mer-
üeille, si cette mesure s'est trouvée changée en quelque chose, & mesme diminuée de quelques onces en sa capacité. D'avantage puisque le tōneau Polonois contenant 62 cōnges contient le poids de 334 ℔ 12 onc. & 16 angl.
d'Anvers, il égalera presque ; du Tonneau des Anciens Romains , ou 7 Amphores. Pour ce qui concerne le poids du demy-conge des Polonois , qui
nomment *Pulgarca*,& de sa moitié qui est appellée *Kwarta garcowa*, il est impossible que l'on ne l'entende apres tant de divisions données.

O H M A , dans Dantsic contient en vin 110 *Stofes* dantiscans, ou bien 20
Quartes : le vin pur estant mesuré,& conté avec la lye : mais sans la lye c'est
assez de 104 Stofes & ; ou de 19 Quartes pour le remplir.

W I A D R O , est une certaine mesure assez connuë à ceux du Pays qui
contient 20 conges.

Mesures des arides chez les mesmes.

L A S Z T , que les Latins ont appellé *Achane* , les Hollandois avec tous
ceux dés Pays Bas *Last*, & nous autres *Charge* ; est une mesure fort en vogue
en Pologne,Livonie,Prusse,Lituanie,& dans toutes les autres provinces cir-
conuoisines. Elle est fort indifferamment employée tant par les marchands
qui trafiquent sur mer , que par les bourgeois,& autres qui vendent,& achetent dans les villes & citéz qui sont en terre ferme, c'est avec quoy l'on mesure non seulement toutes sortes de grains,mais aussi toutes les danrées, &
marchandises tant seiches que liquides : ou pour le moins on entend sous ce
nom de laszt un certain nombre, ou une quantité de telle ou telle pesanteur,
comme par exemple, un Laszt, ou Charge de lin,ou de chanvre, à Dantsic
doit peser 6 pierres,ou bien 2040 ℔ Dantsicane. De plus une charge de Hou-
blon, pese 12 *Schiffpfundt*,ou medimnes navales:c'est à dire 3830 ℔ de Dantsic. Derechef une charge de farine,de miel , de moût , de bierre, de cendre,
de goudron , ou poids liquide,ou de celle qui est en pierre, comprend 12
tonneaux : mais pour un last de sel,il en faut 18. Pour le regard des blés &
des autres semences , le laszt contient presque universellement par toute la
Pologne 60 boisseaux,ou petits muyds,qu'on appelle dans le pays *Korzec* ;
mais ils se rencontrent de differente capacité, & de poids fort inegaux : à
Dantsic un last ou Achane de seigle fait 15 medimnes navales, ou *Schiffpfundt*,chacun desquels contient 4 boisseaux que nous avons appelléz *Schef-
fel:* dont chacun derechef comprend 16 boisselets,ou petites mesures qu'ils
expriment de ce mot *matzen*. Dans le mesme lieu un achane de froment,
est de 26 medimnes navales : mais il faut considerer que c'est au respect du
poids du froment veu que le blé est beaucoup plus pesant que le seigle,
car celuy cy aussi bien que cettuy là contient 60 muyds. On a neantmoins
remarqué qu'une charge ou achane de seigle de la ville de Dantsic, pesoit
4245 ℔ d'Amstredam ; quoy qu'elle en pese 5100 du lieu mesme (car le
Schiffpfundt de Dantsic est de 340 ℔ Dantsicane : & contient 10 pierres dont
chacune fait 34 ℔. Mais l'autre plus petit qui ne contient que 20 *Lispfund*
pesans chacun 16 ℔ Dantsicanes sert à peser toutes autres sortes de denrées)
Item un last de froment à Dantsique fait le poids de 6440 ℔, de là on pourra sans beaucoup de difficulté sçavoir le poids que contient un muyd de
Dantsic : Car puisque c'est ; d'un laszt,ou de la charge , il sera necessairement

ment de 85 ℔ pefant: pour le regard du froment il pefe 90 ℔ 10 onc. 5 quart. num. pond. ⅓. à Cuningsbergh que nous avons cy devant appellé Mont-royal, & à Elbing la charge fait en poids 6400 ℔, & contient 16 *Schiffp-fundt*, chacun defquels pefe 400 ℔, ou 20 *Liſpfundt*, & 6 femblables char-ges ou achanes en font 7 d'Amſtredam. à Rige, Revele, & Narven, 12 *Schiffpfundt* de 10 pierres, ou de 40 ℔ chacun, conſtituent un laſzt pefant 4800 ℔ du lieu mefme; mais 400 feulement de celles d'Amſtredam.

K l o d a, & *Maca*, eſt une certaine efpece de mefure pour les chofes ari-des fort ufitée, dans la Pologne mineure, & dans la Ruſſe Rouge, qui eſt és environ de Lembourg, Prémifle, & de Iaroſlavie, & qui s'eſtend juſques aux monts Carpathes ou Krapak: elle contient 4 *muyds* ou *quartes*, ou bien 8 demy-muyds, vulgairement appellez *Pulmiarek*; ou bien 16 feiziémes, qu'on nomme, *Macka*; 32 trente-deuxiémes appellez *Pulmacek*: or cette trente-deu-xiéme partie contient à Lembourg 4 conges Polonois, & un *Maca* en tout fait 128 conges.   De là il eſt tres evident que ¹⁄₃₂ de cette mefure, égale l'an-cienne urne des Romains: & par confequent que cette mefme mefure contient 32 urnes, ou 1280 ℔ Romaines. Maca en Iaroſlavie fait 160 con-ges, mais à Prémifle 130 feulement.

C w e r t n i a, eſt une mefure qu'on peut proprement appeller un *Bime-dimne*, car il contient 2 *Medimnes* de Cracovie. à Poſnan il luy faut 42 conges. Il eſt à Califz de 36 conges; fa quatriéme partie quils nous donnent à entendre par ces mots *Wiertel Kaliſki* font juſtement 14 conges.

K o r z e c, eſt juſtement le *Medimne* des Latins, ou *le grand Muyd*. Celuy de Cracovie eſt de 16 conges, & c'eſt en quoy il égale l'ancien Medimne des Romains, ou 2 Amphores, veu qu'il revient au poids de 160 ℔ Romaines. Sa quatriéme partie égale l'urne des Anciens Romains, ou le Sate des Hebreux. Dans Lublin il contient 28 conges & cette mefure n'eſt guere differete du *Decimodium* des Anciens Romains. Celuy de Sendomirie, & de Varſavie fait 25 conges: & par confequent, leur moitié contenante 12 onces égalera une Amphore Attique, fi nous en croyons Fannius: & mefme Villalpandus nous affeure qu'elle ne fera pas beaucoup diffemblable à la Cruche ou Hy-drye Romaine, ny fort êloignée de fon Metrete: de plus un quart de cette me-fure approche fort de la capacité d'un Amphore des Grecs, & mefme un Huitiéme ne contient guere moins qu'un muyd Romain.

B e c z k a, eſt le Dolium des Latins, & le Tonneau des François, dans la Ruſſe blanche, & dans la Lituanie, ils s'en fervent à mefurer les chofes arides: Ce vaiffeau contient en froment, ou autres grains, prefque 2 cacques ou caiffes à fel, fi l'on l'entaffe, & preffe bien fort avec les mains, ou qu'en l'empliffant juſques au comble on luy donne des violetes fecouffes, comme c'eſt la coûtume du pays il pefe environ 350 ℔ de nos quartiers, celle cy eſt la mefure de Vilne; puifque celle de Smolen en fait une & demye qui veut dire 525 ℔. Outre toutes ces mefures que ie vous ay icy declarées, tant des grains que du reſte des arides: il s'en treuve encore quantité d'autres dans la Pologne, Lithuanie, & Ruſſie, plus ou moins capables que toutes celles cy; comme le *Mirka*, *Szanek*, *Ofmaczka*. que ie paffe fous filence tout à deffein, pour ce qu'elles font moins en ufage parmy les marchands que ces autres, & mefme de trop peu de confequence, de peur que leur defcrip-tion n'apporte quelque degoût au lecteur qui n'ayme que la briéveté. Ie re-pete feulement un advertiſſemét que ie luy ay defia donné cy devant, à fça-

I 3

voir

voir que le poids de toutes fortes de mefure, fe pourra varier & changer fuivant les differences des grains , & leurs inégales pefanteurs.

Mefures des liquides entre les Anglois.

THE GALLON. Le Gallion   contient   2 *Bouteilles.*
THE BOTTLE. La Bouteille cont: 2 *Quartes.*
THE QUART. La Quarte   cont: 2 *Pintes.*

LA PINTE pefe une ℔ *de Trois*, & confequemment *le Gallion* ou *Gallon* fait 8 ℔ *de Trois* d'Angleterre. Pour fçavoir maintenant qu'elle proportion il y a du poids de cette ℔ cy, à toutes celles que nous avons deduites : prenez la peine de revoir ce que nous en avons dit en leurs lieux. De plus

8	Gallions font	I	FIRKIN	de	64 ℔.
16	Gallions font	I	KILDERK	de	128 ℔.
18.	Gallions font	I	RUMLET	de	148 ℔.
32	Gallions font	I	BARREL	de	256 ℔.
94	Gallions font	I	HOGSHEADS	de	512 ℔.
84	Gallions font	I	TERTIAN	de	672 ℔.
126	Gallions font	I	PIPE	de	1008 ℔.
252	Gallions font	I	TUNNE	de	2016 ℔.

Voyla tous les vaiffeaux avec quoy on mefure le vin, & une certaine forte de breuvage douceatre & fort neantmoins qu'ils appellent *Ale* en la langue du pays : mais celles cy qui fuivent apres fervent feulement à mefurer la bierre commune : toutes ces petites mefures comprifes, depuis la Pinte jufques au Gallon ou Gallion , font de poids égal, & de mefme capacité.

8	Gallions font	I	FIRKIN	de	72 ℔.
18	Gallions font	I	KILDERK	de	144 ℔.
36	Gallions font	I	BARREL	de	288 ℔.

Un Gallion de bierre en Flandre comprend 2 Stopes, fauf à Amftredam, & à Anvers, où il ne fait qu'un Stope & deux tiers.

Mefures des arides chez les mefmes.

WEY contient   6 *Quartes.*
QUARTER   8 *Bufchels.*
BUSCHELS   4 *Pecks.*
PECK   2 *Gallons.*

GALLON, ou *Gallion* (comme il a efté dit cy deffus) pefe 8 ℔, voyla pourquoy le *Wey* eft de 3072 ℔.

De plus on conte 4 *Bufchels* pour un HALSTER qui fait environ un Seftier, & 20 Hafters & ; conftituent un laft, ou une Charge.

En Cornuailles 20 *Quartes:* font un SCOR.

En Irrelande, & en Efcoffe le Bufchel contient 18 gallions.

Mefures des liquides qui font en ufage parmy certaines nations Orientales.

MATALI, ou *Matari* dans le Royaume de Tunes, contient 36 Rotules, c'eft un vaiffeau qui eft environ de 5 Stopes d'Anvers : 10 de ces Matali conftituent une Ame d'Anvers. Les *Matali* de Tripoly, & de tout le refte de la Barbarie contenans 42 Rotules chacun, font égaux à 7 Ames ; d'Anvers.

vers : par là on peut ayſement juger que chacun contient 40 ℔ de liqueur au poids d'Anvers.

ALMA, eſt une meſure dont on ſe ſert à Conſtantinople, qui fait autant comme un Stope & ⅓ d'Anvers : & la liqueur contenuë dans ce vaiſſeau revient au poids de 10 ℔ d'Anvers.

DORACH, ou bien *Dorag*, eſt un vaiſſeau à meſurer les liqueurs en vogue parmy les Arabes; elle ne reſſemble pas mal à une Amphore des Romains : ils la diviſent en 8 *Iohein*.

IOHEIN, eſt diviſé en 6 *Kiſt* ou *Aſcat*, qui ſont les conges chez les Romains.

KIST, ou *Aſcat* en 2 *Corbins*, comme ſi on diſoit Hemines Romaines.

CORBIN, en 2 *Keliath*, qu'on peut prendre pour les quartaires ou Quartiers des Romains.

KELIATH, en 2 *Caffuk*, ou *Arſrues*, qui égalent les Acetabules Romaines.

CAFFUK, ou *Arſrue*, en 2 *Cuates* qui veulent dire 1 Cyathe ou Goblet.

CUATUM, en 4 *Salgerins* qui ſont veritablement les Cuëilleres des Romains.

Iohein, eſt parmy les Arabes ce que Congius eſtoit parmy les Romains (comme nous avons deia dit) c'eſt ce que les Grecs appelloient Hina : il contient 1 Stope & demy d'Anvers, mais le Dorach fait 12 Stopes.

ARTABA, eſt une meſure uſitée entre les Egyptiens, qui ne contient ny plus ny moins que 15 Stopes d'Anvers.

COLLATUM, dans le meſme pays, eſt un vaiſſeau qui contient en liqueur 6 Stopes d'Anvers.

SABITHA, eſt auſſi une meſure d'Egypte, qui fait autant que 5 Stopes & ⅓ d'Anvers.

DADIX, eſt de 4 Stopes de liqueur meſure d'Anvers.

COPHINUS, contient juſtement 3 Stopes d'Anvers.

CHOENIX, parmy les Egyptiens, & un Stope entre les Antuerpiens eſt une meſme meſure.

MARES, & *Pontes*, ne font que la moitie du Stope d'Anvers ſeulement.

Meſures des arides parmy les meſmes peuples.

METRETA, eſt une meſure qui par toute la Grece a eſté en uſage juſques à cette heure : elle contient 12 *Choas* : 45 de ces meſures faiſoient, & font encore un laſt du pays; mais il en faut 50 ſemblables pour en faire un d'Amſtredam.

ARTABA, ou *Atraba*, eſt une meſure des Perſes laquelle ils diviſent en 25 *Capitha*, ou bien en 50 *Hemines*, ou ſi vous voulez *Hines* : 45 Artabes font une charge d'Amſtredam. En Egypte on diviſe un Artabe en 5 *Aporrhimes*, ou bien en 40 *Chæniques*, ou en 480 *Inia*, qui veulent dire des Seſtiers : 45 Artabes d'Egypte égalent un laſt d'Amſtredam.

TOPIN, dans cette meſme contrée contient 10 *Chæniques*.

EPHIN, là meſme fait 8 *Seſtiers*, ou 8 *Inia*.

CAPHICI, eſt une meſure en Barbarie qui doit comprendre 20 *Guihas*; il ne faut que 7 de ces *Caphici* pour égaler un laſt d'Amſtredam.

DORAG, eſt cette meſme meſure des Arabes de laquelle nous avons deſ-ja fait mention; Ils la diviſent tout de meſme dans les meſures de

chofes arides que dans celles des liquides: auffi 80 Dorag refpondent juftement à un laft d'Amftredam.

Voyla tout ce que i'avois deffein de vous propofer touchant les mefures
tant des liquides que des arides, que fi ie n'ay pas donné toute la fatisfaction
au lecteur qu'il pouvoit efperer de moy fur ce fubjet, ie luy en demande
mille pardons, au refte ie ne crois point avoir merité ny reprimende, ny
chaftiment dans le travail que ie luy offre tel qu'il luy plaira le confiderer;
puifque i'ay fais tous mes efforts, & que i'y ay apporté toute la diligence
poffible, non pas qu'aucun autre refpect m'ait obligé à cela, que le feul
motif de prefter la main à noftre Pyrotechnicien, & d'ayder tous les autres
Mechaniques à venir à bout d'une infinité d'entreprifes que leurs longues
meditations,& leurs pratiques journalieres ne fçauroient qu'a grand peine
parachever.

Chapitre XIII.

Des mefures des Intervalles.

I'ay jugé qu'il eftoit icy fort à propos non feulement, mais auffi tres neceffaire de vous infinüer dans la connoiffance de diverfes mefures dont
nous ferons fouvent mention dans la fuitte de cet ouvrage, par lefquelles
on a de coûtume de mefurer tant les longueurs des lignes,& toutes fortes
de fuperficies, que quantité d'autres corps Pyrotechniques. C'eft cette
connoiffance dy ie que ie me fuis propofée de vous donner dans ce Chapitre, que vous agréerez s'il vous plait. Nous commencerons donc par le de-
nombrement des moindres, que nous puiffions avoir pour l'heure prefente,
& le tout fuivant l'ordre,& la methode,que les Geometres ont toûjours mis
en pratique, voire mefme nous les appellerons des mefmes noms qu'ils
avoient acoûtumez de leur donner,fans changer un feul de leurs termes. Et
premierement.

Un D ôig t, que les Latins appellent *Digitus*, les Allemands, Anglois,
Hollandois, avec tout le refte des Pays Bas *ein Finger*, les Hebreux *Efhath*,
& les Polonois *Palec*,contient en longueur 4 grains d'orge fe touchans l'un
l'autre ,& poféz fuivant leur groffeur. Or ils fubdivifent encore ce grain
d'orge en 5 *grains de Pavot*, & cette femence eft la plus petite mefure qui
peuvent affigner dans les diftances. Mais Merfennus contredit icy car il
affeure avoir experimenté que les grains de pavot rouge font plus gros que
ceux du blanc : puis qu'il dit que 2 grains de mouftarde fe touchans immediatement,égalent la ligne de l'once du pied François, ce que 3 grains de
pavot blanc font auffi, mais que du rouge il en faut 4 pour occuper la mefme diftance. De plus il nous raconte que le diametre d'un grain de femence
de *Scolopandre*, a la mefme proportion avec le grain *de mouftarde* que 1 a
avec 5. De là il faut aduoüer,qu'un grain de Scolopendre eft le plus petit, &
le moindre de toutes les femences puis que fon diametre eft contenu 2 fois
&; dans le diametre d'un grain de pavot rouge, pour ce qui eft des grains de
fable les plus menus,tels que font les Stapulaires : le mefme autheur adjoûte
que 12 de ces grains eftans poféz en droite ligne & fe touchant l'un l'autre,
occupent autant d'efpace, qu'une ligne de l'once du pied François. Con-
eluons donc de là que les grains de fable confideréz dans leur extreme tenuité, eft la plus petite de toutes les mefures qu'on fe peut imaginer.

L'ONCE,

L'ONCE, le POÛCE, ou le DOIGT MAJEUR, appellé chez les Almands *Zol* & *Daum*, comprend en largeur 4 grains d'orge, & se divise en 12 parties que nous appellons lignes.

La PETITE PALME, qui est *Doron* en Grec : en Allemand *ein zwere Handt*, & en Polonois *Dlon* doit estre large de 4 doigts.

La longueur de la main, est ce que les Grecs ont appelléz ORTHODORON, elle contient justement 11 doigts.

La GRANDE PALME, ou *Spithama*, chez les Grecs *Lichas*, entre les Hebreux *Tophac*, en Allemand *eine Spann* en Polonois *Piadz*, contient ⅔ des petites Palmes, ou 12 doigts, ou 9 onces ; *Cette mesure* (comme dit Mersennus) *se doit prendre dans toute l'étandue de la main, de puis l'extremité du poûce, jusques au bout du petit doigt, ensorteque l'on ne puisse avoir un intervalle plus grand, ny ocuper plus d'estenduë entre les extrémitez de ce petit doigt & du poulce.*

Le PIED, est appellé par les Allemands *ein Fuß*, & *Schuch* (qui est le mot de l'art parmy les mechaniques) les Polonois l'appellent *Stopa*, il doit estre de 4 Palmes de large, de 16 doigts, ou de 12 onces. Touchant la division du pied, Philander un des commentateurs de Vitruve nous a marqué cecy dans des certaines annotations qu'il a faites sur le chap : 3 du mesme Vitr. au lib. 3. *Sciendum itaque pedem principio in palmos quatuor, id est digitos 16, divisum fuisse (quod fatentur præter Vitruvium, Columella, Frontinus, Isidorus & alii) Quæ ratio, quum paulo difficilior aut minus expedita videretur, qui secuti sunt, pedem pro asse habentes, eum quemadmodum & omne aliud integrum (quod assem nominaverunt) in duodecim æquas partes divisere. Unam portionem unciam dixerunt, Duas sextantem, Tres quadrantem, Quatuor trientem, Quinque quincuncem, Sex semissem, Septem septuncem, Octo bessem, Novem dodrantem, Decem dextantem, Undecim deuncem, Duodecim assem sive pedem. Eas uncias nostri cùm viderent pollicibus quadrare, non amplius uncias, sed pollices nominarunt. Et certè si componas, tres pollices quatuor digitos efficient. (Hic non ago de observatione illa, qua apud Frontinum lib: de aquæductibus, digitus alius vocatur rotundus, alius quadratus, & rotundus tribus undecimis suis, quadrato minor traditur, quadratus autem tribus quartisdecimis suis rotundo major)* Vous voyez par là comme quoy Columella & les autres ne sont point d'acord avec Vitruve en la division du pied, car tous excepté cet autheur ont voulu qu'il fut divisé d'és le commencement en 4 palmes, c'est à dire en 16 doigts, mais neantmoins comme cette division sembloit un peu trop embarassée & difficile : ceux qui ont suivy ce sentimēt, prenant un Pied pour un As, l'ont divisé aussi bien que toute autre sorte d'entier (qu'ils appelloint communement de ce nom As) en 12 parties égales d'ou viēt qu'une de ces portions se nommoit proprement *une once*, deux faisoient *le Sextans*, trois *le Quadrans*, quattre le *Triens*, cinq le *Quincunx*, six *le Semis*, & ainsi du reste jusques à 12, qui faisoient une *As*, ou un *Pied*. Mais nos Autheurs, & nos Geometres mesmes ayant consideré, que ces onces estoient de mesme nature, & qu'elles faisoient la mesme mesure que nos poûces, ils ont voulu qu'on leur ostât ces noms d'onces pour les appeller poûces, & à la verité, si vous les conferez les uns avec les autres vous trouverrez que 3 poûces égalent 4 doigts. Remarquez cependant icy que nous n'entendons pas parler d'une certaine observation qui se rencontre chez Frontinus au livre qu'il a fait de Aqueductes, où il dit qu'il y a un doigt rond, & un autre quarré, & que le rond est plus petit que le quarré de 3 onziémes, & au contraire que le quarré est plus grand que rond de 3 de ses quatorziémes. Voila le sentiment de Philander touchant les divisions du pied Romain.

K

Ce

Ce que nous avons de plus à remarquer icy eſt que les pieds Romains ſe treuvent par tout le monde de differente longueur : voire meſme il s'en void de deux ſortes en quelques lieux, ainſi que Swenterus nous raconte que dans la ville de Norembergue il y a deux ſortes de pieds en uſage de differente & d'inégale longueur ; veu que le Pied Bourgeois, ou Civile, appellé vulgairement *Stadt-ſchuch*, contient 12 onces, ou 12 poûces : & le Mechanique qui nomment là *Werck-ſchuch*, n'en comprend que 11 ſeulement, égales neantmoins aux premieres: outre cela ils rediviſent encore cette longueur de 11 onces, en 12 parties égales qu'ils appellent pareillement onces, à l'imitation des autres dont le pied Bourgeois eſt compoſé. Or m'eſtant apperceu que cette extréme inégalité des meſures apportoit fort ſouvent beaucoup de difficulté, & de confuſion dans la plus part de nos operations ; i'avois deſſein de reduire les pieds des provinces, & des villes les plus celebres de l'univers, à un certain & determiné, qui auroit eſté le mieux connû de tous: & meſme d'égaler toutes leurs differences comme nous avons deſia fait des poids, & des meſures, tant des liquides que des arides. Mais Mathias Dogen m'ayant prevenu dans ce deſſein, par un traité d'Architecture militaire qu'il a depuis peu mis en lumiere, m'a relevé de cette peine, & en meſme temps ravy le moyen de m'acquerir une palme que ie m'eſtois propoſée dans cette entrepriſe. Neantmoins puis qu'il s'en eſt ſi loüablement acquité, & que ie treuve chez luy toutes les coéquations des pieds, avec leurs parfaites reductions à un Pied Rhenan : ie me contenteray de les vous expoſer telles qu'il nous les a données, à ce que noſtre Pyrotechnicien, & tous les autres Mechaniques s'en puiſſent utilement ſervir, dans le beſoin qu'ils en auront.

	d'Amſtredam	968	le Geodetique poſé devant le Palais
	d'Anvers	909	
	d'Alexandrie	1200	
	d'Antioche	1360	
	de Strasbourg	891	
	de Babilone	1172	
	de Baviere	924	
	de Breme	934	
De telles 100	de la Brille	1060	
parties qu'eſt le	de Dordrecht	1050	
pied de Leiden	de Goeſſe	954	
vulgairement	de l'Ancien Grec	1042	
dit le pied Rhe-	de Hafn	934	
nan: de telles &	de Londres	968	celuy cy eſt en uſage par toute l'Angleterre.
ſemblables eſt	de Louvain	909	
celuy.	de Malines	890	
	de Mildebourg	960	
	de Norembergue	974	
	de Paris	1055	le pied de Roy, ou le Royal
	de l'Ancien Romain	1000	
	de Samos	1200	
	de Tolede	867	
	de Venize	1120	de Bonajute Lorin
	de Ziriczée	988	

l'ad

I'adjoûte à cecy qu'on à remarqué que l'Ancien Pied Romain est proportionné au Pied Rhenan comme 975 est à 1000. i'entend parler de ce pied Romain, de la moitié duquel ie treuve la mesure chez Philander Interprete & Commentateur de Vitruve, en son lib. 3. Chap. 3. Laquel il dit avoir esté tirée d'un marbre antique qui se void encore à Rome dans les jardins d'un nommé Angelus Colotius, qui mesmement ne ressemble pas mal à celle que l'on treuve grauée sur une certaine epitaphe de marbre, de T. Statilius, Vol. Apri. laquelle ayant esté fortuitement rencontrée depuis peu par IacquesMeleghini un des plus signaléz Architectes de sa Saincteté, fut transportée par son moyen du Ianicule où il l'avoit treuvée dans le jardin Vatican.

De plus Mersennus marque en la marge de son liv. premier des mesures &c. qu'il y a eu deux sortes de mesures assez distinctes pour l'ancien demy pied des Romains; dont il y en a une qu'il dit avoir esté prise sur des vieilles murailles du Capitole, laquelle on garde avec beaucoup de soin dans la bibliotheque de la ville de Paris. Celle cy (comme i'ay souvent esprouvé) estant doublée ne s'accorde point avec la mesure entiere du Pied Romain que Philander nous donne, à ¹⁄₃ prés, beaucoup moins encore avec le Pied Rhenan à ¹⁄₃ ou ¹⁄₂ moins: & par ainsi ce Pied cy est proportioné au pied Rhenan comme 950 est à 1000. I'ay encore remarqué cecy que ce pied du Capitole ne differe pas seulement d'un point du Pied des Polonois (duquel i'ay une mesure tres exacte) c'est aussi de celle là mesme de laquelle on se sert en Lithuanie; nous rencontrons encore une autre mesure du demy pied, que Mersennus nous rapporte, laquelle Villalpandus confesse avoir tirée de Congius Farnesianus. La mesure du Pied Romain que Philander nous descript excede le double de celle cy de ¹⁄₃, & a sa proportion telle avec le pied Rhenan que du nombre 969 à 1000. Mersennus nous asseure encore en ce mesme lieu que le pied Royal de France, (de la moitié duquel il nous donne aussi la mesure) est plus grand que le pied Rhenan de 6 lignes ou d'un demy poûce. Mais m'estât advisé d'appliquer le double de cette mesure sur le pied Rhenan, i'ay treuvé que le Pied François surpassoit le pied Rhenan de ¹⁄₂. Voila pourquoy suivant les observations que i'ay faites le pied François est proportionné au Pied Rhenan comme 1050 l'est avec 1000. Mais c'est assez parlé du Pied, voyons un peu les mesures plus grandes, & plus considerables.

Le PALMI-PES, des Latins, est ce que les Grecs ont appellé *Pentado-ron* & *Pigon*, que nous appellerons Palme-Pied avec les premiers, c'est une mesure qui comprend en espace, ou en longueur 20 doigts, c'est à dire une Palme & un pied, à la prendre de puis l'extremité du coude jusques à l'autre extremité de la main fermé, ou du point.

La COUDEE, & l'Aûne, chez les Hebreux *Ammach*, entre les Allemands *ein Elen*, & *Elbogen*, & parmy les Polonois *Lokiec*, contient 24 doigts, ou 6 Palmes, ou un pied & demy, ou 18 onces. Cette mesure se prend du bout du coude jusques à l'extremité du doigt du milieu. En Perse & en Egypte, la Coudée Geometrique contient 6 des nostres. Les Anglois appellent la coudée *yard*, là où 3 pieds, & 9 onces font une aûne.

Mais veu qu'il se treuve des differences extrêmes, & des inégalitéz fort notables parmy les aûnes, aussi bien que parmy les pieds, ie m'en vay vous en donner icy une coéquation, ou reduction assez exacte au pied Rhenan que i'ay empruntée des œuvres du mesme Mathias dogen.

d'Am-

	d'Amstredam	2196
	d'Anvers	2210
	de Dantsic	1842
	de Hereford	1326
	de Florence	1846
	de Franfort sur le Mein	1760
De telles 1000 *par-*	*de Hambourg*	1842
ties dont le pied	*de Leiden*	2187
Rhenan est compo-	*de Lubec*	1842
sé de semblables est	*de Londres*	2904
faite l'aûne.	*de Mildebourg*	2105
	de Norembergue	2105
	d'Oudewater	2190
	de Revel	1768
	de Rige	1768
	de Tolede	2500
	la Varre de Lisbone	2662

J'adjouteray encore cecy de Mersennus que l'Aûne de Paris contient 3 pieds François 7 doigts & ⅐. Par consequent elle sera proportionnée avec le Pied Rhinlandique ou Rhenan, suivant nos observations, de mesme que ce nombre 3820 & ⅐ l'est avec 1000. Mais au sentiment de Dogen elle le sera comme 3808 est à 1000 ou environ. En Pologne l'Aune contient 2 pieds: & celle cy, si nos observations ne sont fausses se rapporte au pied Rhenan comme 1900 font à 1000.

Outre cela Mersennus nous asseure, que le Bras de Florence, (qui est une certaine mesure qui fait à peu prés autant en longueur comme peut faire l'aûne, ou la coudée) a la mesme proportion avec le pied François comme 43 a avec 24. Mais pour le regard de la coudée Hebraique, il nous la fait d'un pied 4 doigts & 3 lignes, conformément au pied du Capitole.

L E P A s simple, que les Latins appellent *Gradus, Gressus, ou Passus*, les Allemands *ein einfacher Schrit*, les Flamends, & Hollandois *een Stap*, ou *Trede*, les Polonois *Krok*; doit estre de 2 pieds & ⅐ de longueur.

Le P A s, des Allemands, signifié par ce mot *ein Doppelter schrit*, est de 5 pieds justement.

L'O R G Y E, ou la Brasse, que les Allemands appellent aussi en leur langue *ein Klafter*, & les peuples des Pays Bas *een Vademe*, les Polonois *Sazen*, doit contenir 6 pieds. Iulien l'Ascalonite Architecte tres excellant, veut que cette espece de mesure soit appellée une aune.

La C A N N E, & le Roseau, qu'ils disent *Kenech* en Hebreux contient, 6 coudées. Mersennus maintient que cette sorte de mesure comprend 8 pieds & un doigt & demy suivant la raison qui est entre le pied Capitolin, & le François, qui chez luy est telle, que 130 est à 145, ou bien 64 à 72 ou à peu prés.

La P E R C H E, La V E R G E, ou La T O I S E, de 10 pieds, qui entre les Allemands est, *ein Mess-ruhte* ou *stange*, chez les Flamends *eene Roede*, &

par -

parmy les Polonois *Prent*, anciennement se divisoit entre les Romains en 10 pieds; d'où vient que ce nom de *decempeda* luy fut donné, & que pour cette raison le Prince des Orateurs Ciceron qui sçavoit imposer des noms si significatifs à toutes choses appelloit les Geometres qui de son temps se servoient de cette mesure *Decempedatores*. Sa longueur se change & varie infiniement pour l'heure presente, comme par exemple dans les Pays Bas, la perche Rhinlandique contient 12 pieds Rhinlandiques : mais ces 12 pieds pour rendre le calcul moins difficile, & pour eviter les fractions qui apporteroient un peu d'ambarras sont divisez par les Geometres en 10 parties égales qui pareillemēt sont appelléez des pieds : & derechef chacune de ces parties, est redevisée en 10 onces. En Pologne, & en Prusse, la Perche comprend 15 pieds, ou bien 7 coudées & ½ c'est celle là quils appellent Culmenique, vulgairement *Prent*, ou bien *Miara Chelmienska*. Au Territoir de Norembergue elle est de 16 pieds. Dans le Marquisat de Brandebourg, 12 pieds en font une. En France, au rapport de Mersennus il faut 22 pieds pour faire une perche. Dans le Territoire de Gand, on conte 14 pied dans la perche ; mais par tout allieurs en Flandres la perche doit estre de 20 pieds. Là mesme les pieds sont de diverse quantité, & de longueur toute differente ; puisque l'on void qu'ils se treuvent en quelques lieux de 10, & en d'autres de 11 onces. En Angleterre la perche est composée de 16 pieds ½ mais en Irrelande 18 pieds font une perche.

La **Corde**, ou La **Chaine**, est une mesure assez commune dans plusieurs pays, c'est celle là que les Latins ont appellée *Funis, Chorda, & Catena* que les Allemands nomment *ein Schnur & Kette*, c'est ce qu'autrefois les Romains nous donnoient à entendre par ce mot *Aruipendium* : les Polonois l'appellent *Sznur & Wensysko*, chez qui aussy elle est longue de 10 Perches. Mais elle n'est pas tousjours d'une mesme longueur chez les Arpenteurs.

La **Stade**, & *l'Aule, Ross-lauff* en langue Allemande, & *Staia* en Polonoise, contient en longueur 125 pas, ou 625 pieds : chez les Grecs la Stade estoit longue de 100 pas, cette mesure estoit proprement la course d'un homme.

Le **Diaule**, estoit le double de la Stade, c'est à dire qu'il contenoit 250 pas.

Hippicon, contenoit 4 stades, ou bien 500 pas c'estoit justement la course naturelle d'un cheval.

Le **Dolicos**, comprenoit 12 stades.

Signes, & *Schœnum*, estoit une certaine longueur qui faisoit 60 Stades, & en quelques endroits 40, & en d'autres 20 seulement.

Le **Mille**, est une distance assez connuë parmy tous les peuples de l'Europe, joint qu'elle se fait assez entendre par sa propre ethimologie, puis que cette mesure tire ce nom, *à mille passibus quibus Romanum Milliare constat*, comme en effet le Mille Romain a toûjours esté composé de 1000 pas : mais veu que cette mesure de chemin se treuve grandement differente, suivant les divers endroits où l'on se sert de cette sorte de dimention : nous avons fait icy un ramas des mesures des chemins les plus communes parmy plusieurs differentes nations, qui se rapportent presque avec les Milles, affin que vous puissiez conferer avec plus de justesse le Mille d'un pays avec celuy d'un autre Royaume, ou province, & à ce que les differences des

mesu-

mesures desquelles les Geographes ont de coustume de mesurer tous les intervalles des lieux paroissent plus clairement, apres les avoir toutes reduites aux Pieds Rhenans (que nous confessons icy estre égaux aux Anciens Pieds Romains) le tout suivant les observations de Dogen ; ce que l'on peut assez aysement comprendre dans la table cy dessouz donnée.

Milles	Pieds	
d'*Egypte*	25000	appellé *Schænum.*
d'*Angleterre*	5454	
de *Bourgongne*	18000	
de *Flandres*	20000	
de *France*	15750	qu'on nomme *Lieüe.*
d'*Allemagne*	{ 20000	le *Petit*
	{ 22500	le *Moyen*
	{ 25000	le plus *Grand*
de *Hollande*	24000	
de *Suisse*	26666	
d'*Espagne*	21270	qui se dit *Legua.*
du *Chemin Hirarien*	15000	
d'*Italie*	5000	
de *Lituanie*	28500	qu'on appelle *Mila*
de *Moscovie*	3750	dit *Warsta*
de *Pologne*	19850	appellé aussi *Mila*
de *Perse*	18750	qu'on nomme *Parasanga*
d'*Escosse*	6000	
de *Suede*	30000	

Brisons icy sur les mesures des intervalles. Et passons soubz silence quantité d'autres, dont la plus part des Arpenteurs ont accoûtumé de se servir dans plusieurs dimensions, & arpentements superficielles des terres, & des champs, qu'ils accommodent ordinairement aux coutumes des pays, & des lieux differents où l'on les employe : puis qu'aussi bien toutes ces mesures ne font rien à nostre propos, & ne touchent en rien nostre pyrotechnie. Adjoutons seulement une chose ; que l'*Arpent de Pologne* (adpellé vulgairement *lan role* par ceux du Pays, par le Allemands *morgen & jauchart*, & par les Flamends *ein bunder-landts*) contient en largeur une corde, ou bien 10 perches de 15 pieds chacune, qui veulent dire 150 pieds : mais en longueur le triple de la largeur, à scavoir 3 cordes, ou 30 perches, qui font 450 pieds. De plus que ce mesme arpent contient 67500 pieds quarréz. D'où il est tres constant que l'arpent Polonois est plus grand que l'ancien Romain, puisque le Romain n'ayant que 120 pieds de long & 240 de large (plan, ou espace qu'on appelloit aussi un double acte quarré) ne comprenoit que 2880 pieds quarréz seulement : pour ce qui est des pieds Romains ils sont égaux avec les nostre de Pologne, comme nous avons monstré cy dessus.

Adjoûtons encore que 30 Arpens quarréz de Lithuanie & de Masovie constituent certaines journées de terre que les latins appelloient *Mansum,* ou *modus Agri,* nommées chez eux *Wloka* vulgairement, qui est ce que les Allemands nous veulent signifier par ces mots *Hube* ou *Huse.* Or la largeur de ce terrain, ou de cette espece de dimension, est toujours de 4500 pieds ou de 30 Arpens, ou de 300 perches de nostre pays. Mais sa longeur est d'un arpent,

pent, ou de 30 perches, ou de 450 pieds. l'Aire entiere ou le plan quarré de
cette piece de Champ, contient 2025000 pieds quarréz.

Qui plus eſt en Maſovie un Arpent ſe diviſe en 2 *lires*, que ceux du pays appellent *zagon*, quant à ſa largeur ſeulement : l'un deſquels eſt large de 75
pieds. Ceux qui deſireront en ſçavoir d'avantage ſur ce ſubjet, qu'ils prennent la peine de s'en enquerir de ces Planteurs de bornes, & des Geometres
à qui cette matiere touche plus particuliérement qu'à moy.

Pour conclure vous trouverrez la veritable & ponctuelle meſure du Pied
Rhenan, & de tous les autres qui luy ont eſté egaléz, dans noſtre inſtrument
univerſel pyrotechnique, dont ie vous ay propoſé la figure, & l'uſage, dans la
ſeconde partie de noſtre Artillerie.   Paſſons maintenant de la theorie à la
pratique de noſtre pyrotechnie , & mettons tout de bon la main à l'oeuvre,
puiſque ce premier livre a mis nos inſtruments ſi bien en train. Eſcoutons
donc ce qui s'enſuit.

Fin du premier livre.

Du

DV GRAND ART

D'ARTILLERIE

PARTIE PREMIERE

LIVRE II.

Des Matieres, & des Materiaux qu'on
a de coûtume d'employer dans la Pyrotechnie.

Chapitre I.

De l'Origine du Salpetre, de sa nature, & de ses Operations.

'est une question tout à fait hors de controverse, & on ne peut douter que quantité de sçavans personnages,& tres bien verséz dans la Philosophie naturelle n'ayent eu la connoissance du Salpetre,ou Selnitre, auparavant tant de milliers d'années qui se sont passéz depuis leurs jours : puisque les Sacrés Cayers nous en rendent tout plein de tesmoignages, comme on peut voir au livre 5 de Moyse chap. 29. Ioint que d'aillieurs plusieurs autheurs prophanes en parlent assez : du nombre desquels Pline en dit beaucoup de choses en son liv. 31 chap. 7,& 10. Vitruve en son liv. 7 chap. 11. Aristote, & Seneque. Dioscoride mesme en son liv. 5 chap. 122. Philostrate dans la vie d'Apollon Tyanée, & une infinité d'autres qui seroient trop ennuyeux de vous raconter, s'offrent à vous produire des tesmoignages,pour appuyer,& affermir la verité de cette question,quoy qu'il n'en soit aucun besoin dans une chose si manifeste. Ce que nous avons à dire sur cecy, est qu'il s'y en rencontre quelques uns des plus modernes qui croyent fermement, que ce Salpetre duquel nous autres Pyrotechniciens nous nous servons à preparer les feux d'artifices; est bien different tant en forme qu'en vertu du Nitre des Anciens,.& par consequent ils veulent que le nostre soit une nouvelle invention qu'on a trouvée depuis peu, pour l'usage du canon. Voyci comme quoy la raison combat pour ceux qui ont ces sentiments, à sçavoir que plusieurs nous asseurent que les Anciens n'ont jamais reconnu qu'un seul genre de Nitre sçavoir le mineral, ou le fossille, qui se formoit naturellement de soy mesme,& sans aucun artifice humain dans les lieux d'où il se tiroit : lequel se divisoit neantmoins en 4 especes differentes;sçavoir en Armenique,en Affiriquain (d'où venoit cet Afronitre qu' Avicenne appelle de ce mot Arabique Baurach) en Romain,& en Egyptien, qui retenoit le nom de Nitria d'une certaine region d'Egypte en laquelle il se trouvoit en grandissime abondance. Serapion nour raconte d'avantage, que les mines d'où se tiroit le Nitre,estoient tout à fait semblable à celles où le sel cōmun se forme, dans lesquelles l'eau courante, se congeloit, & se con-

den-

denſoit ny plus ny moins qu'une pierre vulgaire, d'où ce nom de Salpetreux,
ou de Salpetre luy a eſté donné. Il adjoûte encore que le Nitre eſtoit de pluſieurs couleurs à ſçavoir blanc, rouge, roux, livide, ou plombé, & de toute autre teinture, dont il eſtoit ſuſceptible, bien plus, qu'il ſe trouvoit fort different
en formes : car l'un paroiſſoit fiſtuleux, ou caverneux comme une eſponge,
l'autre au contraire eſtoit ferme, & plus ſolide, luyſant & diaphane comme
verre, & qui ſe fendoit ayſement & eſclattoit en petites foeüilles, outre qu'il
eſtoit fort friable au maniment. De là on tiroit des conſequences de ſes vertus, & de ſa force naturelle : puiſque l'on remarquoit que pour ces meſmes accidents, l'un eſtoit de beaucoup plus puiſſant que l'autre dans ſes operations.
Voyla ce que i'ay pû recüeillir des teſmoignages de tous les autheurs les
mieux recûs touchant le Nitre mineral, entre leſquels ie ne treuve aucun lieu
ny paſſage, où il ſoit fait aucune menſion du Nitre artificiel que nous mettons maintenant en uſage, & que nous appellons proprement Salpetre, Selnitre, ou Halinitre. Mais puiſque cet ancien Nitre eſt tout à fait aboly & perdu pour nous : (ce que toûtefois Scaliger Exoter: dit eſtre tres faux dans une
diſpute contre Cardan : touchant la ſubtilité. liv. 15. exercit. 104. 15. outre que
dans l'Aſſie, & dans l'Egypte il ſe vende communément, & ſuivant le rapport
de Iean Parde, dans une bourgade au champ Hetrurien nommée la vallée
d'Elſe, qui depend de la preture, où il ſe tire en quantité) ou ſoit qu'il ne vienne pas juſques icy, il eſt tres difficile d'en porter aucun jugement bien ſain,
ny de les diſcerner l'un de l'autre, ie veux dire le vieux d'avec le nouveau,
quoy que vous conferiez emſemble les vertus, & les operations de cétuy cy
avec les qualitez & les effets de celuy là. Neantmoins le docte Scaliger, au
meſme lieu cy deſſus cité, ſoûtient puiſſammēt que cet ancien Nitre, (ſi tant
eſt qu'il y en ait encore) n'eſt pas beaucoup different de noſtre Salpetre, particuliérement ſi l'on le conſidere quant à la tenuité de ſes parties qui ſont
fort ſubtiles, & aëriennes. Voyci ſes parolles que i'ay treuvé bon de vous rapporter icy, veu qu'elle ne ſont pas peu à la preuve de cette verité : *Nam*
quemadmodum ſal aliud foſſile, aliud ex aqua maris, aliud è fontibus, aliud è
cineribus, item vitrum aliud è lapide, aliud è ſilice : ita Nitro potuit à natura
comparari. Itaque etiam è ſpecubus reſudat apud Plinium. Vulgare quod e terra
exudans in ſalis modum concreſcit a Sole. Tantùm verò abeſt, ut Salpetræ ſit ſal
foſſile, ut & à ſale & à Nitro diſtet partium tenuitate. Tam enim ſal, quàm Ni-
trum ita uritur : ut cineris quippiam relinquatur. Salpetræ univerſum abſumi-
tur ab igni. Quare ſal foſſile terreſtre magis par eſt, quam Nitrariorum Nitrum :
Nitrum hoc, quam illud ſtillat in ſpecubus. Quaſi flos quidam ſit illud ſpecuari-
um. An verò contra : hoc illo terreſtrius, quia minus aëreum : An illud hoc ma-
gis, quia plus diſcoquitur in Nitrariis, quam in ſpecubus? Exuctis tenuioribus
partibus à ſole in Nitrariis, in ſpecubus non item. An ſpecuarium craſſius quia
minus excoctum? ſicut acerbi fructus terreſtriores, quam maturi, qui ſolem ebi-
berint. Sàl autem foſſile ſale marino craſſius tum propter coctionem, tum propter
materiam. Hæc enim aquæ, illi terræ plus. Utrumque autem ipſo Salepetræ
minus tenue. Sudor enim eſt à Nitri quibuſdam principiis ſecundum aliquam
proportionem : ſed adeo tenuis, totus ut ſpuma ſit, totuſque abeat in ignem. Ac
quemadmodum Camphora præſtantior, quæ rupto exit cortice, quàm quæ exi-
mitur ex arboris vena : ita Nitrum, quod erumpit in Nitrarias, commendabilius
eſt : quod in ſtrias exudat ſpecuum rimas occupans, tenuius, ſi partes ſpectes : ſi
ſolis opus deſideras minus coctum. Quod hæret rupibus, in quibus inſolatur, ac
propterea Salpetræ dicitur, analogiam habet atque affinitatis naturam cum ipſo Ni-
tro, ſed aëreum magis eſt : atque ad Aphronitri veteram ſpeciem potius vergens.

L

Et c.

Etenim sublustris purpuræ quasi splendor quidam in Salispetræ cirris sæpenumero est à nobis observatus.

Parquoy le subtil raisonnement de ce brave & signalé personnage donne assez à connoistre qu'il y a autant de difference entre le Nitre & le Salpetre, comme il y a peu de rapport entre quelque mineral parfait, & un imparfait, entre un pur, & poly, ou un rude & plein d'impureté & de crasse, entre un aërien & subtil, un fort grossier & terrestre; en fin de mesme qu'entre l'esprit & le corps. Or est il donc que la plus noble espece de Nitre, est le Salpetre. Que celuy cy qui est maintenant en usage n'ait esté fort bien connû parmy les Anciens nous en prendrons Pline seul à tesmoin, pour renvoyer tout d'un temps quantité d'autres autheurs qui pourroient icy prester leur foy si on les en prioit. Car il appelle ouvertement ce sel, qui se formoit naturellement sur la superficie des rochers au fonds des cavernes, & des spelonques les plus retirées, fleur & escume de Nitre, & Sel petreux ou de pierre. De celuy cy on en treuve maintenant fort peu en quelques lieux, & en d'autres point du tout. On le rencontre ordinairement sur la surface des vielles murailles exposées à l'humidité: mais particulierément dans les celliers, & caves profondes, où l'on met le vin, & dans quantité d'autres lieux souterrains, dans des cavernes moites, & souz des voutes couvertes, fréches, & humides, il ressemble parfaitement à une certaine bruine, ou gelée blanche, ou à de la pure farine, ou proprement parlant à du succre fin, & blanc comme neige, c'est de celuy cy dont les vertus ne sont pas à mespriser que moy même ay quelque-fois pris la peine d'amasser, à l'imitation de plusieurs autres que i'avois souvent veu faire de mesme. Que si maintenant on desire preparer ce sel suivant la methode de nostre art, on le fera congeler tout en petits & menus gremeaux, & vous verrez comme quoy il prendra justement la forme de cet ancien Nitre que Pline nous rapporte, ou de celuy que Scaliger nous a descript cy dessus. Mais comme il est impossible d'en treuver une quantité si prodigieuse que l'usage continuel en a consumé, & que la necessité en exige encore aujourdhuy pour subvenir à toutes ces guerres qui ont desolées depuis tant d'années les plus beaux Heritages des Princes & qui devorent encore à nos yeux la plus part des plus puissants Empires, & des Estats le plus superbes de l'uniuers; on a esté contraint à ce subjet d'en inventer un nouveau pour suppleer au deffaut de celuy là; lequel estant tiré avec beaucoup de peine, & d'industrie des entrailles de la terre, on espure, & lave par plusieurs fois, pour le separer de ses parties les plus terrestres & grossieres, & luy oster cette premiere crudité, que sa masse apporte quant & soy du sein de sa mere, & lequel en fin on purifie, travaille, & perfectionne jusques à un tel degré de pureté, qu'il ne cede en rien, soit en forme, ou en vertus, au Salpetre de Pline, ny à celuy mesme de Scaliger.

C'est pourquoy s'il m'est permis de dire mon sentiment là dessus, ie diray ouvertement pour ne laisser personne & doute, & pour n'y plus demeurer moy mesme que Scaliger n'a point voulu signifier d'autre salpetre congelé, & condensé en consistence de pierre que celuy dont nous connoissons l'usage, la preparation, l'origine, & l'augmentation artificielle: & duquel nous traiterons suffisammêt dans quelques uns des chapitres suivants de ce present livre. Ce n'est pas une raison à apporter, qui soit assez plausible & legitime de dire, que le nostre ne croit pas naturellement, & de son propre mouvement comme fait celuy de Pline, qui sorte de soy mesme à la superficie des rochers, remplissant les fentes des cavernes, & les ouvertures des casemates, se condense par petits syllons, s'endurcit ainsi, & se petrefie.

Car

Car puis qu'ainsi est que l'art est le veritable singe de la nature, & qu'elle
l'imite en tout ce de quoy il s'advise, il ne faut pas treuver beaucoup e-
strange si nous pouvons avec un peu de son ayde & force industrie, atteindre à la perfection de ses productions : & si i'ose dire faire des choses qui
surpassent de bien loing les plus parfaits, & les plus rares de ses ouvrages.
Ne voyons nous pas une infinité de chef-d'oeuvres que tant d'excellants
ouvriers mettent au iour apres un long & penible travail, qu'il n'est pas permis mesme à la nature d'imiter, quand bien elle y employroit tous ses secrets, & toutes ces forces, pour en venir à bout. Il faut donc conclure
par là que nostre sel pyrotechnique, qui ne rencontre maintenaint aucun obstacle à sa violence, & qui se fait chemin par tout, est fort semblable au
Salpetre des Anciens, ou pour dire tout, qu'ils ne different en rien qui soit
l'un de l'autre. Car s'il est ainsi que le Nitre ancien estoit fossile ou s'il l'est
encore, ie veux croire qu'il faisoit à peu prés les mesmes effets que nostre
terre, ou matiere salpetreuse : laquelle si vous preparez suivant nostre methode suivante, j'ose bien asseurer qu'elle imitera veritablement le Salpetre
naturel. Bien plus que si l'on le purifie & clarifie par plusieurs fois il en de-
viendra plus pur & plus excellant que cet autre supposé. C'est un effet assez ordinaire dans la rectification du sel commun, & l'épurement du Sucre
qui en devienent beaucoup meilleurs apres leur derniere preparation. Outre
toutes les raisons que ie viens d'alleguer, ie m'en vay vous faire voir par un
argument fort recevable que l'opinion de ceux qui croyent que nostre Sel
Pyrotechnique a esté nouvellement inventé, est non seulement absurde,
mais aussi tres fausse, en ce que tant d'autheurs dignes de foy loüent si hautement, & si souvent dans leurs escrits l'inventeur de cette Poudre Pyrique, ou que semblans changer de sentiments il le chargent de mille exe-
crations, & detestent ses pernicieuses & abominables inventions ; Ce n'est
pas qu'ils l'accusent d'avoir inventé quelque espece de Salpetre auparavant
inconnu pour la ruine, & l'aneantissement du genre humain, mais de ce qu'il
a controuvé une composition faite de certaines portions de Nitre (qui lors
estoit fort bien conneü) de souphre, & de charbon mesléz ensemble, &
d'avoir mis en vogue ces foudroyantes machines de guerre, vomissantes feu
& flammes, qu'ils appelloient des Canons, & qui pis est d'avoir donné l'invention d'en construire des semblables. I'accorde pourtant, & veux croire, qu'auparavant que nostre poudre pyrotechnique fut inventée le Salpetre n'estoit guere, ou pour mieux dire point du tout en usage dans la composition des feux d'artifices, mais bien qu'a la longueur du temps, & comme le iour suivant est maistre de celuy qui l'a precedé, on a remarqué avec
étonnement les estranges vertus, & les espouvantables effets de cette poudre pyrique, dont le Salpetre en est proprement l'ame, joint qu'on a veu
que le feu le resoudoit & consommoit si generalement, & qu'il se plaisoit à le
devorer avec plus d'avidité que toute autre matiere ; on a commencé de le
mettre en oeuvre dans la composition des feux artificiels, & depuis cõtinué
jusques au jour present. Ce que raconte Nicetas Choniates, & Ioannes
Zonaras parlans du feu gregeois qui fut inventé avant le regne de Constantin Pogonat Empereur des Grecs ne repugne pas beaucoup à nostre opinion : mais quelques autres asseurent neantmoins (quoy qu'on y ajoûte
peu de foy) que Marcus Grachus en a esté l'autheur, & qui plus est on luy
attribue d'en avoir composé de deux sortes desquelles nous parlerons aillieurs suivant que nous les avons tirées de quelques livres arabiques qui
sont celles là mesme dont Scaliger fait mention en son exercit. 133. liv. 15

L 2

Contre Cardan, dans lesquelles ie remarque qu'entre tant de matieres combuſtibles, & de celles qui eſtant eſpriſes du feu le retiennent juſques à leur entiere conſomption, le Salpetre, & l'huyle de Nitre, ny ſont pas ſeulement employéz mediocrement, mais y ſont proportionellement aux autres, la plus grande partie. Voyci le jugement que ie crois quon en peut ſainement faire, c'eſt que ce Salpetre qui ſe mêle parmy le reſte des autres matieres ſuſceptibles de feu, eſt une nouvelle invention, ou bien que, comme c'eſt un trop grand crime de mettre en doute la foy de ces autheurs, qui ont veſcu avec tant de probité, & de reputation, on doit croire que l'invention n'en a pas eſté commune dans ce temps là, ou qu'il la tenoit cachée comme un rare ſecret. C'eſt ce qui a obligé ce Semimaure (comme rapporte Scaliger) de dire qu'elle eſtoit toute miraculeuſe à cauſe de ſes eſtranges, & admirables effets. Ie n'oſerois pas meſme douter que les Anciens n'ayent eu le jugement aſſez eſclairé pour connoiſtre que le Selnitre, ou Salpetre eſtoit une matiere fort combuſtible, car c'eſt une opinion fort ancienne (quoy qu'elle paraiſſe nouvelle à quelques uns) touchant le Salpetre, de croire que quoy qu'il ſoit blanc à nos yeux, & froid au toucher, il ne laiſſe pas neantmoins que d'eſtre plein d'eſprits fort rouges, & fort chauds, & tres ſuſceptibles du feu. Que s'il nous manque encore des teſmoignages pour preuver cette verité, la Saincte Eſcriture qui eſt la pure ſource de la verité meſme nous en fait foy, lors qu'elle parle ſi clairement du ſel combuſtible, dans les paſſages que nous avons deſia alleguéz. Mais ce qui me donne le plus d'eſtonnement en cecy, eſt que les Anciens Romains (car ie ne parle point icy des Grecs, ny des Carthaginois qui ont toûjours eſté, & en toutes choſes leurs perpetuels émulateurs) ayans eſté les plus parfaits, & les mieux verſez dans l'art militaire, de tous les peuples qui ayent manié les armes de leur temps : ſoit que dans la deffenſe, ou dans les attaques de tant de puiſſantes places qu'ils ont euës en leur puiſſance, ou ravies à leurs ennemis, ils ayent employé quantité de feux d'artifices, où l'huyle ardente, (qu'ils appelloient l'huyle de Napte) le ſoulphre, le bitume, la poix, la reſine, l'encens, l'oliban, ou manne d'encens, les raclures des falots de poix, l'eſtouppe, & tant d'autres ſemblables ingredients n'eſtoient point eſpargnéz ; ils n'ont toutesfois jamais fait aucun eſtime du Salpetre, duquel la puiſſance, & les effets ſont ſi merueilleux que i'oſe bien dire qu'il n'eſgale pas ſeulement toutes ces matieres en vertu, mais encore qu'il les ſurpaſſe de de bien loing : ou ſoit que le poſtpoſant à toutes ces autres denrées ils ne s'en ſoit voulû ſervir, ou ſoit meſme que les maiſtres des feux d'artifices & ingenieurs à feu (ce que ie n'oſe pourtant dire ſans trembler veu que comme dit Lipſius *pauca non habemus inventa ab ævo illo meliore, & ſapientiore.*) n'ayent jamais eu la connoiſſance de ſes rares & énergiques vertus, & par conſequant n'avoient garde de le mettre en œuvres dans leurs feux artificiels; ou bien s'il ly ont employé comme on le peut croire, ils ne l'ont jamais divulgué, mais l'ont touſjours tenu non ſeulement caché comme un grand, & miſterieux ſecret dans l'art pyrotechnique, voire meſme ont iuré le contraire à ceux qui avoient aſſez de curioſité pour s'en enquerir, & vouloir ſçavoir d'eux la cauſe des effets ſi prodigieux que produiſoient ces reſſorts inviſibles, & inconnus. Voyla pourquoy comme il n'eſtoit tombé qu'en la connoiſſance de ceux là ſeulement qui preparoient les feux d'artifices, Tite Live, ny Ceſar, ny Tacite, Saluſte, Polybe, Vegeſe, ny tous ces autres Hiſtoriens n'en ont touché aucun mot dans leurs eſcrits quoy que parmy les plus belles actions des Romains & entre leurs exploits les plus ſigna-

gnaléz , ils n'ont pas oublié de décrire , leurs machines, leurs armes, & leurs
feux artificiels : on n'a neantmoins jamais treuvé la moindre chose du monde dans leurs commentaires, qui ait dit , que le Selnitre , le Nitre , ou le
Salpetre , ayent quelquefois esté mis en œuvre dans aucune composition
des feux artificiels des Romains. Il est bien vray que les Romains aussi bien
que les Grecs : & les Arabes comme les Egyptiens ont employé le Nitre ,
dans la composition de divers medicamments, au rapport de Galien , d'Hy-
pocrate , de Theophraste , d'Avicenne , d'Averroes , & des escrits d'une infinité d'autres autheurs. On a remarqué pareillement dans quelques Cayers,
que Patrobe Affranchi de Neron se faisoit apporter d'Egipte certaines arenes
du Nil fort menües qui avoient force Nitre meslé parmy , duquel il se servoit
à blanchir les corps, & ie crois que c'est de quelque chose de semblable qu'
Ovide veut parler dans un distique qu'il donne par forme d'ordonnance à
quelques uns de son temps qui se servoient de fard.

   Nec cerussa tibi nec Nitri spuma rubentis
    Desit , & Illirica quæ venit iris humo

Où il recommende que la Ceruse , le Nitre , & l'iris ne soient point espar-
gnéz. Puis un peu plus bas parlant encore de quelque semblable pom-
made.

   Thus ubi miscueris radenti tubera nitro
    Ponderibus justis fac sic utrumque trahent

Qui estoit à ce que l'on peut croire une composition en quelque façon corrosive faite de Nitre , & d'encens meslez ensemble , & en poids égal , qu'il
leur ordonnoit pour l'extirpation de verrües , petits boutons, & pareilles maladies cutanées qui surviennent naturellement au visage , ou en toute autre partie du corps.

 Les Egyptiens saupoudroient leurs raifforts de Nitre , ny plus ny moins
que nous faisons nos raves de sel. Les Macedoniens mesme mesloient parmy leur farine , lors qu'ils en vouloit former le pain quelque peu de ce Nitre Calistrin , quils tiroient en grande abondance dans les fodines des Cly-
tes de Macedoine, lequel estoit fort excellant pour l'assaisonnement, & pour
donner la saveur de sel au viandes qu'ils apprestoient. Ie m'imagine qu'il
n'est pas besoin de vous en dire d'avantage , & que ces raisonnements que
ie viens d'alleguer vous pourront peut estre faire changer l'opinion que
vous aviez du Salpetre , si tant est qu'elle fut contraire à nostre sentiment ,
& je veux croire que desormais nous serons tous d'accord touchant cette
verité, en ce que nous adoüerons unanimement que nostre Sel Pyrotechnique a esté fort bien connu des Anciens, & qu'il ressemble fort à leur Nitre
antique avant sa preparation , c'est à dire tant qu'il demeure grossier &
impur : mais qu'estant preparé & clarifié, il est semblable , & tout à fait égal
en espece, & en vertus au Salpetre. Cette verité estant donques ainsi supposée nous passerons à la preparation artificielle de nostre sel : Et j'espere
que vous n'aurez pas pour des-agreable , puis qu'il ne vous sera pas inutil , de sçavoir ce que i'ay mis dans ce Chapitre par forme de Corollaire : qui est la raison pourquoy le Salpetre petille dans le feu : le tout
suivant le sentiment de Scaliger contre Cardan liv. 15 exercit. 24 comme
s'ensuit. *Dii benè faciant salipetræ. Qui tametsi ignem concipit , tamen eximit*
nos ex tuis igneis difficultatibus. Ais , Salpetræ esse terreum , ac propterea in igne
strepere. Non est ea causa. Nam si propter terram strepit , terra magis strepet. At
non strepit. An est raritas ; quam & χαυνότητα & ἀραιότητα dicit Aristoteles. Non
est. Non enim fungus crepitat. An raritati juncta partium duritia ; Non enim pu-

mex crepitat. Cum his igitur aliquid oportet esse, quod pro causa cognoscatur. Divinus præceptor in undecima sectione quæstionum, Sal dicit in igne crepitare, quia humoris in se plurimum continet: qui ab igni attenuatus, spirituosam induit naturam. Sic enim interprætor   Sal tamen aerem potius, quam aquam continere, aut saltem plus aëris intelligas: qui ignescat. Quamobrem ex minori quantitate major factus iisdem augustiis capi non potest: atque iccirco parietes rumpit illico. Quibus momentis aer eliditur, ex illarum resilitione displosus. Id quod & in castaneis, & in lauri frondibus, atque etiam Iuniperinis evenit: (puto baccis) in quibus flatus multus, aquæ minimum. Pumex autem non dissilit: quia totus intus pervius est: neque aer illic captivus cohibetur: sed idem, qui circumstat foris, intus commeat.

Que les Dieux conservent, & benissent nostre Salpetre, s'escrie-t'il, lequel nous met hors de tes dangereuses & ardentes difficultéz, quoy que luy mesme soit la matiere la plus combustible de toutes celles qui conçoivent le feu. Tu nous veux faire croire que le Salpetre tient beaucoup du terrestre qui est la raison, à ce que tu dis pourquoy il petille dans le feu. Mais sçaches que ce n'en est pourtant pas là la cause: Car si c'estoit au subjet de sa partie terrestre, qu'il fit ce bruit; la terre mesme en devroit bien faire un autre, lors qu'elle seroit atteinte de la chaleur de cet element: or est-il qu'elle ne craquette nullement estant mise au feu, par consequent cette raison est nulle. Est-ce donc sa rareté? laquelle Aristote appelle
c'est ce que ie ne peux encore croire. Puisque l'experience journaliere nous fait voir assez que les potirons, les champignons, & tant d'autres choses qui sont d'une matiere extrémement rare, & ténue ne sonnent aucun mot lors qu'ils sont poséz sur les charbons ardants. Ne sera ce point la dureté de ses parties qui est conjointe à cette extreme rareté? Si voyons nous pourtant que la pierre ponce ne petille nullement au feu quoy qu'elle soit d'une composition assez dure, & spongieuse. Il faut donc necessairement qu'il y ait quelque autre chose qui soit la cause de ce petillement, & de tout ce bruit qui est produit pendant l'embrasement de cette matiere. Le Divin Precepteur dans la section onziéme de ses questions, dit que le sel craquette dans le feu à cause qu'il contient en soy beaucoup d'humidité, laquelle estant attenuée par le feu, & rarefiée dans un fort haut degré se convertit toute en esprits, & en une nature aerienne. Voyci comme quoy j'interprete cecy πνευματῶται. Imaginez vous qu'elle renferme plustot de l'air que de l'eau, ou pour mieux dire plus d'esprits que d'humidité, lesquels conçoivent promptement le feu si on les en approche tant soit peu: c'est pourquoy s'estant rendus maistres de la moindre quantité, & en estant mesme fortifiéz & augmentéz, ils se treuvent gesnéz dans des bornes si estroits qu'il leur est impossible d'y demeurer renferméz long temps: ce qui les oblige aussi tost à rompre & boulverser tout ce qui peut faire obstacle à leur violence, cependant l'air exterieur estant puissamment agité, & violenté par leurs refractions se rompt avec impetuosité, & cause par consequent ce tintamare espouvantable que nous oyons d'ordinaire dans la combustion du Salpetre, & des autres compositions dont il fait la meilleure partie. Que cela ne vous semble si estrange, les chastagnes en font bien la mesme chose, les füeilles, ou plustost les bayes de laurier, & de genevre, dans lesquelles il y a beaucoup de vent renfermé, & fort peu d'humidité. Pour ce qui regarde la pierre ponce elle ne fait pas le mesme effet parce qu'elle est toute poreuse, ouverte, & percée de tous costéz: ce qui cause que l'air ny est ny contraint, ny enfermé. Voyla pourquoy celuy qui l'occupe, & celuy qui
l'en-

l'environne par dehors, peuvent librement entrer & sortir sans faire aucun bruit.

Chapitre II.

Le moyen pour bien preparer le Salpetre d'une terre Salnitreuse.

La terre, & la matiere du Salpetre se rencontre d'ordinaire en tres grande abondance, dans des lieux obscurs, ombrageux, & caverneux, où la pluye, ny aucunes eaux douces ne sçauroient penetrer, ny mesme où le soleil ne peut communiquer sa chaleur par ses rayons. Il se tire encore des escuries à chevaux, des estables, & autres enclos couverts, où l'on renferme les beufs, asnes, chevres, brebis, pourceaux, & toutes sortes de semblable bestail : voire mesme dans les lieux où les hommes rendent ordinairement leur vrine, & en fin dans les campagnes, ou d'autres endroits, où apres des grandes batailles on aura amoncellé un grand nombre de corps morts, & jetté sur les cadavres d'une infinité presque de malheureux quelque notable quantité de terre : c'est de là que depuis tant d'annéez en ça on a veu tirer si grande abondance de cette matiere Salpetreuse dans la Valachie, & dans les deserts de la Podolie entre le Bohé & le Borysthene : au subjet de quoy les Polonois ont autrefois esté obligéz de faire la guerre à l'encontre des Tartares Criménsiens, & des Perecopensiens, & qui pis est aujourdhuy, que i'escris cecy sont derechef engagéz dans des horribles troubles, & funestes combustions que leur suscitent les rebellions des causaques & peu-restre bien les uns & les autres. Mais Dieu ! soyez favorable aux extreprises de nostre invincible Prince I E A N C A- S I M I R, par vostre infinie bonté Roy de Pologne & de Suede, inspirez luy, & conduisez tous ses desseins, affin que, si prenant en main les rénes de son Empire que vostre providence eternelle luy a naguere commis : on ne luy permet de les conduire par les voyes de la clemence & de la debonnaireté : (qui sont des ornements incomparablement plus seants à des Monarques que la severité des chastiments,) ses armes vengeresses & victorieuses ensemble, puissent justement chastier ces insolents, & moissonner les testes de ces mutins, dont la servitude a tousiours esté l'appanage; lesquels neantmoins à limitation des asnes retifs & sauvages, se sont tousiours roidy contre l'esguillon, & autrefois refusé a subir les loix les plus douces de leurs souverains, mais qui maintenant ne se proposent pas seulement la liberté comme trop savoreuse, & douce pour leurs palais trop rudes et barbares, mais encore meditent ie ne sçay quel empire sur les autres. Qu'il puisse dis-ie exterminer cette engeance, affin qu'au terme que la juste severité de ce Prince se verra entierement victorieuse sur tous ces esprits rebels, il leur oste toute espérance de pardon, & leur fasse payer la peine que leur perfide rebellion aura attirée sur leurs testes criminelles : en fin qu'apres avoir amoncellé morts sur morts, entassé corps sur corps, & fait des horribles cymetieres de toute cette canaille (les contraignant de gemir soubs le pesant fardeau de leur propre ruine, & de nos terrasses, à l'exemple des Geants que Iupiter foudroya pour un pareil crime) nous puissions accumuler montagnes sur montagnes, & joindre ces nouveaux amas de cadavres aux anciens, de ceux de qui ils auront imité les perfides exemples. De là la

la posterité aura une matiere bien ample , & bien glorieuse , de donner
des loüanges,& des actions de graces immorteles aux heroïques vertus d'un
si Puissant Roy,quand elle jettera ses yeux pleins d'estonnement sur les trophées d'une victoire si signalée,& d'une si juste vengeance , infiniment plus
nobles,que toutes ces fameuses Pyramides,que lavanité de Memphis à fait
passer pour miracle parmy les anciens : c'est de là dis-ie, & de la corruption
de ces cadavres qu'elle tirera cette terre salpetreuse, pour en preparer cette
matiere de foudre & de tonnere , & cette foudroyante poudre pyrique;dont
la fumée sera si insuportable aux reiettons de cette turbulente engeãce, que
si jamais il leur arrive de renouveller ces desordres fatales, ils serõt contrains
de perir (comme les pûces & punaises que l'odeur d'un des corps bruslé de
ces vermines empesche de nuire à l'homme,au dire des naturalistes) ou de
demeurer paisibles sous le joug du Souverain qui leur sera ordonné du ciel ,
ou de s'ensuir si loing avec les ennemis du repos de leur patrie , que la crainte des chastiments leur ostera non seulement l'enuie d'y retourner , mais encore la pensée mesme de jamais la desirer. Voyla les vœux que la fidelité que
ie garde à mon Prince , & la sincere affection que ie porte à ma patrie ont
suggeréz à ma plume : lesquels j'espere que ce souverain Arbitre des armées
sera reüssir,s'il void que le tout soit rapporté à la gloire de son sainct nom.
Mais ie ne m'appercoy point que ie m'esloigne insensiblement de mon
subjet , retournons donc à nostre propos , & voyons un peu comment on
peut espreuver la terre salnitreuse pour en connoistre la bonté.

Ie rencontre trois differents moyens pour tirer des preuves, & des conjectures asseurées de la bonté du terroir,d'où l'on veut tirer le salpetre , chez
les Salpetriers,& telles gens qui se meslent de manier cette matiere.

Le premier est qu'on peut mettre sur la langue tant soit peu de cette terre
que l'on croit contenir du Salpetre ,que si elle la pique un peu asprement,
c'est signe que vous ne perdrez pas vos peines ny (comme l'on dit) vostre
huyle à la preparer. Si au contraire elle n'est pas mordicante , ou un peu
corrosive , ne risquez pas aysement vostre temps,ny vostre argent à sa preparation.

Le second est celuy cy , faitez un trou dans terre , avec un piquet, ou de
bois,ou de fer , dans lequel vous jetterez un morceau de fer tout rouge,puis
ayant bien bouché le trou vous attendrez que le fer y soit tout à fait refroidy : tirez le par apres , que si vous treuvez à l'entour de ce fer quelques
marques de couleur citrine , tendente un peu vers la blancheastre; ne
doutez point que cette terre ne soit fort bonne , pour la mettre en œuvre.

Le troisiéme en fin, jettez moy un peu de cette terre sur les charbons ardants : que si vous entendez qu'elle fasse quelque bruit, & qu'elle petille
dans le feu , ou quelle fasse élever des estincelles claires , & luysantes,vous
pourrez de là tirer en consequence que cette terre contient force matiere de
cette nature.

Alors quand vous aurez treuvé que cette terre sera propre pour en tirer
du Salpetre,& que quelques unes de ces espreuves que ie viens de dire vous
auront rendu certain de sa bonté,& de sa valeur,faitez en enfoüir une grande
quantité , ou autant comme il vous plaira , & la faitez transporter tout
d'un temps dans quelque lieu commode à cet effet. Faitez brusler d'autre
part beaucoup de bois , de chesne , de fresne , d'orme , d'erable , & de toute
autre sorte de bois fort durs , & solides pour en avoir la cendre. Puis prenez moy deux parties de cette cendre, & trois de chaux vive , & les meslez
bien ensemble; & mettez à part cette mixtion pour l'usage que ie vous diray

tan-

tantoſt. Prenez cependant un vaiſſeau de bois qui ait l'emboucheure aſſez large, & qui contienne pluſieurs cruches d'eau. Soit fait un trou au fonds d'environ d'un, ou de deux doigts de diametre : qu'il ſoit couvert bien juſte-ment de petites branches de bois de ſerment, proprement entre-laſſéez en forme dune petite claye : & puis jonchez tout le fonds dudit vaiſſeau (ſans excepter le pertuis) avec de la paille nette, & entiere. Ce vaiſſeau eſtant preparé de la façon; diſpoſez-le en telle ſorte qu'on y en puiſſe mettre par deſſous un autre plus petit, pour recevoir la liqueur qui coulera du vaiſſeau ſuperieur. Puis vous mettrez dans le fonds de ce vaiſſeau ainſi âjuſté, envi-ron la hauteur d'une palme, de cette terre ſalpetreuſe qui auparavant aura eſté un peu deſſeichée à l'air du temps : ſur cette terre vous mettrez la hau-teur de 2 ou 3 doigts de cette mixtion faite de cendre, & de chaux vive: puis derechef de la terre ſalnitreuſe; puis de cendres par deſſus de la meſme hau-teur qu'auparavant:& continüerez de la ſorte, à mettre terre ſur cendre, & cendre ſur terre, juſques à ce que le vaiſſeau ſoit tout remply,reſervé touteſ-fois environ le vuide de la hauteur d'une palme vers le haut, pour retenir l'eau qu'on y doit jetter. Cela fait vous y verſerez de l'eau douce,& fraiſche par deſſus autant que vous jugerez de beſoin : c'eſt à dire tant qu'elle ſur-montera la terre de deux ou trois bons doigts : à meſure qu'elle penetrera, & paſſera à travers le tout, laiſez la couler goute à goute par le trou qui eſt au fonds du vaiſſeau dans le recipient que vous aurez poſé au deſſous, & vous aurez une leſſive ſalnitreuſe,ſuivant la quantitè de l'eau que vous au-rez verſée ſur voſtre vaiſſeau;que s'il vous ſemble que vous en ayez trop peu, il vous faudra reïterer l'infuſion, affin que repaſſant pour une ſeconde fois à travers cette terre,l'eau en reçoive d'autant plus de ſubſtance ſalnitreuſe, & que par conſequent elle en emmeine quant & ſoy plus grande quantité au dehors.

Cela fait verſez moy toute cette leſſive de ce recipient dans quelque chau-diere, ou chauderon aſſez capable, & la faitez boüillir d'abord à feu lent & moderé,puis à grand feu,juſques à la conſomption d'un tiers,puis verſez de-rechef de la meſme leſſive autant qu'il vous en faut pour remplir la chaudie-re,& la faites boüillir,& conſommer comme auparavant : & continuez touſ-jours ainſi à la remplir, faire boüillir, & diminuer, juſques à ce que toute vo-ſtre leſſive y ait paſſée. Vous aurez cependant ſoin de la bien eſcumer dans ce temps qu'elle boüillira, & d'en tirer hors avec la cuëillere percée, ſoit de fer,ou de cuivre,toutes les ordures & ſaletéz qui ſurnageront.Et en fin cette ditte leſſive ayant bien boüilly,& eſtant bien eſcumée, & mondée de toutes ſes ſaletéz,on la tirera du feu & la verſera-t'on dans quelque vaiſſeau de bois : puis l'ayant bien couvert,& bien bouché,on attendra qu'elle ſoit refroidie,& clarifiée, en ſorte que toute la craſſe du ſel, & la partie la plus terreſtre ſoit raſsiſe au fonds.

Apres tout cela,vous prendrez ce vaiſſeau,& l'enclinant tout doucement vous verſerez l'eau toute pure ſeulement dans la chaudiere, comme vous avez fait auparavāt:prenant bien garde que les reſidances qui demeurent au fonds ne s'eſcoulent avec l'eau:puis l'ayant remis ſur un feu fort chaud,vous la ferez recuire juſques à la diminution de la moitie, ou bien juſques à ce qu'elle commence à s'epaiſsir : ou qu'en ayant mis quelques gouttes ſur un marbre rude,ou ſur une lame de fer,on s'apperçoive qu'elle ſe congele.

En fin l'ayant tirée du feu on la fera un peu refroidir : puis on la verſera dans des certaines jattes,où bacques de bois, qui ſont des vaiſſeaux creux & longuets de telle eſtoffe, plus larges toutéfois que profonds : où l'on en

M

verſe

verſe ſeulement dans chacun la hauteur d'une palme ou environ. Apres ayant couvert ces vaiſſeaux, avec des morceaux de toile ou de drap fort groſſier, on les portera dans un lieu fraiz : où à deux ou trois jours de là vous trouverez le Salpetre congelé & concret tout en petits ſillons, reluiſ-ſants, & ſemblables à du criſtal ou à de la glace tranſparente, attachez aux coſtez des vaiſſeaux, ou pendants à des baſtons denuëz d'eſcorce,qu'on aura indifferemment diſpoſez dans ces jattes, avant que d'y verſer l'eau. Amaſſez dõcques ce Salpetre fort diligemmēt dans quelque caſſette propre à le recevoir & conſerver ſec, & faitez boüillir derechef l'eau qui demeurera dans lesdits vaiſſeaux, ſans oublier à jetter hors toutes les reſidences, & immondices, qui ſe feront raſſiſes au fonds pour les mettre aillieurs où elles pourront encore ſervir.

Que ſi pendant la cuitte il arrive que l'eau vienne à ſurmonter, & ſor-tir en boüillant hors de la chaudiere ; ayez de l'autre leſſive faite des trois parties de la cendre que nous avons cy deſſus deſcripte,& d'une de chaux vive : dans laquelle outre tout cela,vous aurez diſſout 4 ℔ d'alun de roche pour chaque 100 ℔ de leſſive : prenez-en un peu, & la jettez doucement de temps en temps dans voſtre chaudiere, lors que le boüillon s'eſlevera:par ce moyen vous verrez que l'eau qui s'appreſtoit à ſortir hors, deſcendra vers le bas,& que le ſel commun, & le plus terrien ſe raſſeoira ſur le fonds.

La terre qui ſera demeurée dans le vaiſſeau apres la leſſive eſcoulée, ſera miſe dans quelque lieu couvert, où le ſoleil,les pluyes,ny les autres eaux, ne puiſſent penetrer;mais que ſe ſoit toutesfois en lieu frequenté des hommes, & des animaux meſmes : où elle ſera eſparſe, & eſtenduë bien également environ à la hauteur d'un pied. On aura en apres auſsi grande quantité qu'on pourra, de fumier, ou de fiente de toutes ſortes de beſtial tant grands que petits,qu'on eſtendra de meſme ſorte ſur cette terre à la hauteur de deux, trois, ou quattre pieds. Prenez en ſuitte toutes les ſaletez & reſi-dences, & l'eſcume que vous aurez tirée, & miſe à part pendant, & apres l'ebullition de voſtre leſſive, & meſme le reſte de l'eau qui ſera demeurée apres en avoir tiré tout le ſalpetre que vous aurez pû par pluſieurs ebullitiõs (reſervée toutesfois la matiere terreſtre, & le ſel commun qui demeure au fonds,qui ſont tout à fait inutils) & les jettez par deſſus voſtre fumier ; jet-tez y encore tous les jours, le plus ſouvent, & le plus que vous pourrez,de l'urine d'homme:quoy faiſant apres l'eſpace de deux années, vous aurez vo-ſtre terre auſsi remplie de Salpetre comme auparavant,voire meſme en bien plus grande abondance: lequel il yous ſera ayſé d e tirer,ſuivant la methode que ie vous viens de donner.

Chapitre I I I.

Comme on doit clarifier le Salpetre.

Puis doncques que c'eſt une opinion tres conſtante que la poudre à ca-non doit tenir le premier rang parmy une quantité de materiaux qui s'employent dans l'art Pyrotechnique : joint que ſes puiſſants efforts, & les effets plus que naturels,que ces effroyables machines de guerre pro-duiſent journellement,ne ſe peuvent attribuër à aucune autre cauſe motrice, plus active,ny plus puiſſante qu'a ſon action naturelle, ſuppoſé d'ailleurs que

tou-

toute l'energie de cette poudre cõsiste dans la separation de toute la matiere,
grossiere & estrangere d'avec sa plus pure : Voila pourquoy ce n'est pas assez
ce me semble, d'avoir simplement tiré ce sel hors d'une terre salpetreuse,
mais il est encore necessaire de le purger , & clarifier deux & trois fois,&
d'avantage s'il en est besoin,si vous desirez mettre cette composition dans le
plus haut point de sa perfection & tirer tout l'effet de cette poudre,que vous
en desirez.C'est ce qui se pourra faire en deux façons.

La premiere est qu'on prendra autant de salpetre que l'on voudra , & sera
mis dans une chaudiere: puis l'on jettera dessus autant d'eau douce qu'il sera de besoin pour le dissoudre ; On y versera quelques cruches de cette lessive preparée de cendre, de chaux vive, & d'alun de roche, laquelle nous
avons descripte cy dessus, on sera boüillir le tout sur le feu , jusques à ce que
le salpetre soit tout à fait fondu , & que son boüillon soit entiérement reduit
en escume. Cela fait qu'on tienne prest un vaisseau de bois assez capable ,
que l'on disposera en telle sorte qu'un autre puisse estre mis au dessous de
son fonds lequel on aura au prealable percé par le milieu.Puis soit mis du sablon bien lavé & bien nettoyé, environ la hauteur d'une palme sur le fonds
du premier,& du plus haut , puis qu'il soit bien couvert d'une grosse toille.
Prenez moy en apres l'eau,où le Salpetre aura esté fondu , & la versez de la
chaudiere dans le vaisseau superieur , ainsi en distillant peu à peu dans le
recipient qui est au dessous , & penetrant à travers le sablon couvert de ce
linge , elle se dechargera de toutes ses superfluitéz , & y laissera son sel le
plus terrestre,& toutes ses parties les plus inutiles: puis estãt derechef remise du recipient dans la chaudiere,on la fera reboüillir sur le feu comme auparavant jusques à tant qu'elle se puisse congeler : & en fin on la versera dans
des vaisseaux de bois un peu longs & plats de fonds comme nous avons dit
au chapitre precedent,& la laissera t'on refroidir tout à son aise en lieu frais :
puis on verra qu'au bout de deux ou trois jours le Salpetre en sortira bien
plus pur.que la premiere fois. Que si on desire extraire une substance de Salpetre encore plus pure & plus energique , il faudra reïterer cette operation
encore quelques autres fois , & observer toutes les mesmes circonstances
que nous venons de dire dans cette seconde coction.

La seconde façon de le rectifier se fait ainsi , mettez moy vostre salpette
dans un vaisseau de cuivre ou de fer ou de terre vernissée,puis l'ayãt mis d'a-
bord sur un feu assez lent , on en augmentera les degrez de chaleur accoûtumez,jusques à ce que le sel soit tout fondu & qu'il boüille à gros boüillons
puis vous prendrez quelque peu de souffre commun bien pulverizé,& le jetterez sur le salpetre liquefié, lequel prendra feu aussi tost , & par mesme
moyen consumera toute l'humeur grasse, & visqueuse, avec tout le sel terrestre qui estoit demeuré inutil parmy le Salpetre avant sa rectification : Or
vous pourrez reïterer cette aspersion de souffre par plusieurs fois jusques à
tant que toutes ces humeurs estrangeres soiẽt tout à fait consommez. En fin
le Salpetre estant bien fondu,& bien purifié, vous le verserez sur un marbre
bien poly , ou sur des lames de fer, ou de cuivre , ou de terre vernissé, & le
laisserez refroidir. Pour lors vous aurez un Salpetre congelé presque semblable en couleur,& en dureté , à du marbre blanc , ou à du pur & veritable
alebastre.

M 2

Cha-

Chapitre I V.

Comment on peut reduire le Salpetre en farine.

Le Salpetre estant bien purifié sera mis dans une chaudiere , sur les charbons ardents , bien proprement ajustée sur un petit fourneau ; puis vous soufflerez sans cesse, & augmenterez le feu avec le soufflet jusques à un telle degré de chaleur,qu'a force de fumer, & de s'esuaporer le Salpetre quitte toute son humidité , & obtienne une parfaite blancheur. Mais il faut avoir grand soing qu'en le seichant de la sorte vous ne cessiez de l'agiter continuellement,en le remuant jusques au fonds avec une spatule de bois , ou de fer , depeur qu'il ne retourne en sa premiere forme. Cela fait vous y verserez de la belle eau , claire , & fresche, autant qu'il en faut pour couvrir le Salpetre , & quand il sera dissout , & qu'il aura acquis la consistance de quelque liqueur épaisse , vous le broüillerez le plus viste qu'il vous sera possible avec la spatule de bois, & sans aucune remise,jusques à ce que toute cette humidité soit evaporée,& que le tout soit reduit en farine tres seiche & tres blanche.

Chapitre V.

La façon de preparer le Salpetre avec la fleur de muraille.

Amassez bonne quantité de cette fleur qui se treuve sur les surfaces des murailles qui sont ordinairement dans les lieux humides , & souterrains:vous pourrezaussi faire provision d'un certain sel qui s'attache d'ordinaire sur la chaux,ou sur le debris des vielles masures , & bâtimēts ruinez;ce quePierre Sardi Romain a remarqué avoir tousiours esté fort biē pratiqué à Bruxelles en Brabant,comme il le confesse au liv. 3, chap. 49 de son Artillerie. Vous ferez premiérement une lessive de chaux vive,& d'eau commune , & la clariferez comme on a de coûtume : puis apres avoir mis vostre Salpetre dans un vaisseau percé au fond,& l'avoir disposé de la mesme façon que nous l'avons décript au chap. 2, de ce livre, vous jetterez vostre lessive par dessus , & la meslerez bien avec un baston , jusques à ce que le Salpetre soit tout resout en eau:laissez distiller cette eau peu à peu dans le recipient que vous aurez mis au dessoubz: en fin estant toute coulée, versez la dans une chaudiere,& la mettez sur le feu, eschauffez la d'abord petit à petit , puis la faites boüillir jusques à ce qu'elle devienne suffisamment espaisse,& qu'elle se puisse aysement congeler; puis continuez le reste de la preparation suivant la methode donnèe cy dessus.

Il s'est treuvé jusques à des simples femmelettes qui ont eu quelque espece de connoissance de ce sel. C'est ce que Valere rapporte en son liv. 1 Chap. 1,d'une disciple de la Pucelle Emilie, laquelle adorant la deesse Vesta , avoit mis sur un rechaut quelque lambeau de toile de fin lin , dont elle en avoit d'excellant,lequel,quoy que le feu parut tout à fait esteint, rendit encore neantmoins de flammes tres vives & tres pures. Or voyci la raison qu'il nous en donne : cest (dit il) qu'il faut croire que cette bonne dame

auoit

avoit remply cette toile de lin de ratiſſures de quelque vieil mur,& de cette farine (que nous appellons auſſi fleur de muraille) & lavoit mis ainſi ſur la cendre chaude, ou bien qu'elle en avoit eſpars quelque peu ſur les meſmes cendres, ce qui faiſoit ce brillement de feu, & cet effet qui donnoit de l'eſtonnement à ceux n'en qui connoiſſoit point la cauſe.

Nous voyons d'aillieurs qu'il arrive quelquefois,que le feu s'attache de ſoy meſme aux murailles de certains edifices, ſi ſubtillement, que l'on s'en eſtonne comme de quelque effet prodigieux. Ce que Cardan en ſon liv. 10. des de varietez chap.49 attribuë ſeulement à ce ſel,qui adhere coûtumiérement aux ſuperficies des murailles,& ruines des vieux baſtiments.

Chapitre VI.

Comment on doit preparer le Selprotique ,avec le Salpetre.

Prenez Salpetre deux ou trois fois clairifié certaine quantité de livres : âjoutez y pour chacune livre, de Sel Ammoniac ℥ij , & de Camphre ℥ ß, & les meſlez bien enſemble:mettez toutes ces drogues dans quelque vaiſſeau d'airain, & y verſez parmy de bonne eau de vie, juſques à deux ou trois doigts par deſſus. Puis faites boüillir le tout à grand feu,tant que toute l'humidité ſoit evaporée : tirez le du feu : & verſez ce qui ſera reſté dans le vaiſſeau, dedans un pot de terre qui ne ſera point verniſſé : puis l'ayant bien couvert, vous le pendrez en quelque lieu un peu élevé : & mettrez au deſſous un plat de terre verniſſé : puis vous raclerez, & amaſſerez diligemment dans ce plat une certaine humeur blancheâtre,& preſque ſemblable à la fleur de murailles, laquelle paroiſtra ſur la ſuperficie exterieure du pot : ce que vous continuerez, c'eſt à dire que vous raclerez toûſiours cette matiere pruïneuſe , à meſure que vous verrez qu'elle aura penetrée ce vaiſſeau. En fin apres que vous aurez amaſſé tout ce qui aura pû ſortir dehors,vous le garderez bien ſoigneuſement en quelque lieu ſec, pour vous en ſervir à divers uſage dans la pyrotechnie.

Chapitre VII.

Comment on peut faire eſpreuve de la bonté du Salpetre.

On mettra ſur une table de bois., ou ſur quelque ais bien poly, & bien net,un peu de Salpetre, puis on y mettra le feu avec un charbon ardant, & obſervera-t'on bien ce qui s'enſuit.

S'il fait le meſme bruit en bruſlant que fait le ſel commun lors qu'il eſt jetté ſur des charbons allumez, ce ſera une marque qu'il contient encore beaucoup de ſel commun.

S'il rend une eſcume graſſe,& eſpaiſſe ce ſera ſigne qu'il ſera encore gras, & viſqueux.

Que ſi apres que le ſel ſera conſommé il y reſte encore de la craſſe, & des immondices ſur les ais. Ce ſera une marque infaillible que le ſel contiendra encore quantité de matiere terreſtre , ainſi tant plus que vous verrez qu'il y

aura resté de ces ordures apres la combustion du salpetre, tant plus ter-
reux & impur , en devez vous juger ce sel, & par consequent d'autant moins
purifié,& moins actif.

Mais au contraire s'il rend une flamme claire , longue, & divisée en plusieurs rayons, & que la superficie de la planche demeure nette , & sans crasse : ou qu'il se soit consumé ny plus ny moins que du Charbon pur, sans
aucune escume , sans un grand bruit, ny petillement trop importun, on
pourra conclurre que ce Salpetre sera bien nettoyé , & dans sa parfaite preparation.

Ioseph Furtenbach , outre tout cecy, nous asseure en son Artillerie que
c'est une marque irreprochable de l'exellance du Salpetre, si apres la seconde clarification faite comme on a de coûtume (à sçavoir suivant la premie-
methode de le clarifier décrite au chapitre 3 de ce livre) on en treuve 4 ℔
de dechet sur chaque 100 ℔: & consequemment apres l'avoir clarifié derechef suivant l'autre moyen que nous avons enseigné au mesme chapitre ; on le devra treuver pareillement diminué de 4 ℔ comme auparavant.

Chapitre VIII.

Le vray moyen pour purifier le Salpetre,& le separer de tou-
te matiere nuisible & superflue , comme du Sel
commun , du Vitriol , de l'Alun , &
de toute humeur grasse,&
visqueuse.

Prenez deux ℔ de chaux vive , 2 ℔ de sel commun,de Verdet-gris 1℔ ,
de Vitriol Romain 1 ℔,de Sel Ammoniac 1 ℔ : pulverizez les tous ensemble , puis mettez toute cette matiere dans quelque jatte, ou vaisseau de bois , & jettez par dessus bonne quantité de vinaigre , ou de
vin, ou au deffaut de ces deux de belle eau douce &claire,& en faites lessive
laquelle vous laisserez rasseoir, & clarifier de soy mesme pendant l'espace de
trois jours : Puis versez vostre Salpetre dans un chaudron : & y jettez par
dessus autant de cette lessive qu'il en faut pour couvrir le Salpetre : posez le
sur un feu assez moderé & lent,& le faites boüillir jusques à la consomption
de la moitié de toute la liqueur:tirez le du feu,& versez doucement le reste,
en inclinant le chauderon,dans un autre vaisseau; puis jettez hors toutes les
fondrilles,& saletéz qui resideront au fonds de la chaudiere. Cela fait laissez
refroidir cette eau salpetreuse, & continuez vostre preparation selon la methode que nous avons donnée au second chapitre de ce livre.

Chapitre IX.

Comme on doit clarifier le Soulphre commun.

Nous experimentons souvent, & sans aucun contredit , que non seulement le Salpetre est remply de matiere terrestre : mais aussi que
le souffre n'en est pas exempt, non plus que de crasse , & d'une certaine humeur huyleuse, qui sont autant de qualitez nuisibles dans

la

la compofition,comme elles font communes à l'une & à l'autre de ces matieres.   Voyla pourquoy fi nous voulons nous fervir utilemnt de toutes les
commoditez que l'on peut tirer de la quinte-effance de toutes ces eftoffes:il
fera neceffaire de purifier auffi le fouffre,& de luy procurer à force de clarification une nature tout à fait fublime , ignée , & aërienne.   L'ordre & la methode que l'on doit tenir en cecy eft tel.   Faitez fondre à petit feu, fur des
charbons bien allumez & non fumeux tel quantité de fouffre commun
qu'il vous plaira , dans un vaiffeau de terre ou de cuivre : puis avec
la cuëillere, vous ofterez tout doucement toute l'efcume, avec les fale-
téz furnageantes au deffus du fouffre , puis apres l'avoir tiré du feu vous
le coulerez à travers un linge, ou toile double dans un autre vaiffeau
enl'exprimant affez legerement.   Ainfi toute la craffe,& l'huyle du fouffre demeureront dans la toile, & aurez le fouffre pur & net apres la cola-
ture.Nous en avons veu des certains qui apres avoir fait fondre le fouffre, &
retiré du feu,y ajoûtoient certaine quantité de vif-argent , & puis le mou-
voient & mefloient le plus vifte qu'il leur eftoit poffible avec la fpatule de
bois,jufques à ce qu'il fut refroidy,affin que l'argent vif s'unit,& s'incorpora
mieux avec le foulphre;ce qui nous oblige à croire que la raifon qu'on peut
avoir de le purifier , eft non feulement affin de le rendre plus violent,& plus
actif:mais auffi affin qu'il en devienne plus volatile & fubtil. Il s'en trouve
d'autres encore qui mêlent dans le fouffre lors qu'il eft fondu du verre reduit en poudre fort deliée , & qui verfent par deffus de l'eau de vie , avec
quelque morceau d'alun concaffé,s'imaginans que cela ne fait pas peu à rendre le foulphre plus puiffant,plus clair,& plus net.

On connoit la bonté du fouffre,en le preffant entre deux lames de fer; car
fi en coulant il paroift jaune comme cire,fans aucune mauvaife odeur,& que
ce qui refte foit d'une couleur rougeâtre , on doit croire qu'il eft naturel &
excellant.Nous remarquons que le feu eft fi friand apres le fouffre,& que reciproquement le foulphre fe plait tellement d'eftre devoré & confommé par
cet elemēt,que fi quelques fragmens eftans poféz aux environs de quelques
pieces de bois à quelque diftance de là , reffentent fa chaleur , ils le femblent appeller à foy,voire mefme l'attirent quelque-fois effectivement,fi on y
prend garde.On treuve toutéfois une certaine efpece de fouffre qui ne brûle
point comme les autres, & qui ne rend aucune mauvaife odeur,mais eftant
mis fur le feu,fe fond ny plus ny moins que la cire vulgaire.C'eft de celuy cy
qu'on trouve abondamment dans l'Iflande proche le mont Hecle , & dans la
Carniole,au rapport de Libavius en la premiere partie de l'Apocap. Hermet.
Or ce foulphre icy eft ordinairement rouge ; comme auffi eft celuy qui fe
treuve au détroit de Heildesheim(comme efcrit Agricola liv. 1 de effl. terr.
chap.22.fur le tefmoignage de Joh. Jonfton.Adm.Nat. Claf.4. chap. 13. où
l'on le tire encore de plufieurs autres couleurs, comme jaune-pafle, & verd ,
qu'on void fi communément attaché aux furfaces des pierres , & des rochers que l'on le peut fans aucune difficulté détacher,& en faire amas.Celuy
qui eft parfaitement jaune eft le meilleur. Nous appellons Souffre vif celuy
qui n'a pas encore paffé par le feu: d'autres le nomment auffi Souffre vierge,
à caufe que dans la Campanie,les femmes,& les filles ont de coûtume d'en
compofer un certain fard,duquel elles fe fervent pour embellir le vifage.

Cha-

Chapitre X.

Comme il faut preparer l'Huyle simple avec le Salpetre.

Soit mise sur une table , ou planche de sapin bien seiche , bien égale,& bien polie une certaine quantité de Salpetre clarifié , puis soit posé au dessous de la table un bassin d'airain,soubz lequel on aura mis des charbons ardans ; à mesure que la chaleur du feu commencera à resoudre le Salpetre en une liqueur toute à fait semblable à de l'huyle, vous verrez que cette humeur penetrant à travers la table, distillera goutte à goutte dans le bassin posé au dessouz : ce que l'on pourra continuer jusques á ce qu'on en ait assez, pourveu qu'on y remette de temps en temps du Salpetre nouveau.

Chapitre X I.

Comme on doit preparer l'Huyle de Soulphre.

Prenez assez bonne quantité de Soulphre clarifié,& le faites fondre sur un feu mediocre dans un vaisseau de terre ou de cuivre , puis ayez des vieilles tuilles rouges qui ayent deja servies à quelque bâtiment, ou si on en peut point trouver de celles là, prenez-en des neufves, bien cuites, & qui n'ayent jamais esté mouillées: brisez les toutes en morceaux gros comme des febves ; & les jettez dans le soulphre fondu. Puis mêlez bien fort vostre Soulphre avec ces fragments de briques,jusques à ce.qu'ils ayent tout à fait beu,& absorbé toute cette liqueur: apres qu'ils soyent mis dans un alambique sur un fourneau à distiller. Puis en fin que l'huyle en soit tirée , suivant l'ordre de la chymie , laquelle sera fort excellante, & sur toutes qualitez,fort combustible , & propre pour la composition des feux d'artifices.

Autrement.

Remplissez une phiole de verre qui aura le col assez long, jusques à la troisiéme ou quatriéme partie du ventre (telle qu'on la peut voir en la figure 14) de Soulphre reduit en poudre bien subtile, puis versez dessus de l'esprit de therebentine,ou de l'huyle de noix , ou de genevre,en telle quantité que cette liqueur avec le soulphre n'occupe pas plus que la moitié du ventre de ladicte phiole. Mettez la phiole sur les cendres chaudes , & qu'elle y demeure l'espace de 8 ou 9 heures: & vous verrez biē tost apres que l'esprit de therebentine convertira le soulphre en huyle rouge,aussi ardente, & combustible que la premiere.

Il y en a qui prennent ces matieres suivantes pour preparer leur huyle de Soulphre,affin de la rendre fort combustible:à sçavoir du Soulphre ꝝ ℥;de la chaux ℥ ß, du sel Ammoniac ʒiiij.

Outre tout cela les chymiques sçavent preparer une certaine huyle de soulphre (qu'ils appellent un baûme) de laquelle les vertus sont si admirables qu'elles ne permettent pas qu'un corps vif ou mort, soit jamais atteint d'aucune putrefaction : mais le conserve dans un estat si parfait, & si entier, que ny les pernicieuses influences des corps celestes , ny la corruption que produisent les elements , ny celle la mesme qui se peut engendrer dans

leurs

leurs-propres principes, ne peuvent en rien endommager, ou alterer tant soit peu la cymmetrie des corps morts qui en auront esté enbaumez, ny de ceux qui en auront esté oints tous vivans. On prepare aussi un certain feu (comme l'enseigne Tritemius) avec de la fleur de Soulphre, du Borax, & de l'Eau de Vie, qui dure plusieurs années sans s'esteindre. D'autres sçavent ajuster une lampe emplie de quelque pareille huyle, de laquelle tous ceux qui en sont esclairéz paroissent sans testes.

Chapitre XII.

Le moyen pour preparer l'Huyle de Soulphre, & de Salpetre meslez ensemble.

Soient mises, & incorporées ensemble parties égales de Soulphre, & de Salpetre : reduisez les en poudre tres subtile, & les passez par un tamis assez fin; puis mettez cette poudre dans un pot de terre qui n'ait point encore servy, & versez par dessus du vinaigre de bon vin blanc, ou de l'eau de vie tant que toute vostre poudre en soit couverte : fermez vostre pot en sorte qu'il ny puisse entrer d'air aucunement; & le mettez ainsi en quelque lieu chaud si long temps que tout le vinaigre soit digeré, & evanoüy. En fin prenez cette matiere qui reste dans le pot, & en tirez l'huyle avec des instruments chymiques, & propres à cette operation.

Chapitre XIII.

Comme on doit preparer le Charbon pour la Poudre à Canon, & quantité d'autres usages dans la Pyrotechnie.

Au mois de May, ou de Ioin, lors que toutes sortes d'arbres sont ayséz à peler à cause que dans ce temps ils entrent fort un seve, & sont plus pleins d'humeur qu'en toute autre saison de l'année, coupez moy bonne quantité de bois de coûdre, ou de saûx de la haûteur de deux, ou de trois pieds, & gros d'un demy poûce : ostez en avec le couteau tous les neuds, & rameaux, comme superflus, & inutiles : puisayant depoüillé le reste de son escorce, faites en des petits faisseaux; & les faitez fort seicher dans un four chaud : mettez les en apres tous debout en un lieu fort uny & égal, & y mettez le feu : puis lors que vous verrez que vostre bois sera bien allumé, & que le feu l'aura tout à fait reduit en braise, couvrez-le moy promptement & diligemment, avec de la terre qui aura esté humectée auparavant, sans qu'il puisse respirer d'air par aucune ouverture. Ainsi la flamme estant estouffée & totalement supprimée, les charbons demeureront purs, & entiers, sans estre chargez de cendres : 24 heures apres vous les tirerez de là, & les garderez pour vous en servir au besoin, & pour les mettre en usage dans les compositions que nous vous décrirons cy apres. Que si vous ne pouvez treuver par hazard, de bois de saux ny de coudre suffisamment pour en faire du charbon vous pourrez vous servir à leur deffaut de bois de tillier

N   D'a-

D'avantage que ſi vous ne deſirez pas faire ſi grande quantité de charbon, & que vous n'en ayez beſoin que de fort peu, prenez des branches de ce bois que ie viens de dire, ou de bois de tilliet, ou de genevre, & apres les avoir fendu en petits eſclats, puis bien deſſeiché, enfermez les dans un vaiſſeau de terre, & luttez bien le couvercle par deſſus avec de l'argile, puis l'ayant environné, & couvert de tous coſtez de charbons ardants, laiſſez-le là l'eſpace d'une bonne heure en continuant durant ce temps, toûjours le feu dans un meſme degré de chaleur : en fin laiſſez le refroidir de luy meſme, & en tirez le charbon pour voſtre uſage. Il y en a d'autres qui prennent du vieil linge bien lavé, & bien ſeiché, & puis le font bruſler de la meſme façon, duquel l'uſage, ny les vertus meſmes ne ſont pas à meſpriſer dans la Pyrotechnie.

Chapitre XIV.

Comme on doit preparer la Poudre pyrique, ou Poudre à Canon.

La Poudre pyrique eſt ſi commune dans ſa preparation que non ſeulement ceux qui s'addonnent à la Pyrotechnie, ou qui font une particuliere profeſſion de la mettre en oeuvre ſçavent les moyens de la preparer, mais encore un grand nombre de ceux qui ne ſe ſervent que de l'arquebuſe, du piſtolet, & ſemblables legeres armes à feu, en connoiſſent fort bien la compoſition : voire ce qui eſt bien plus eſtrange, la plus part de nos païſans ont apris à la preparer de leurs mains propres, ſans ſe ſervir d'aucunes machines artificielles ny d'aucuns autres inſtruments chymiques. Car (puiſque l'ocaſion ſe preſente de vous dire cecy) i'ay veu pluſieurs habitans de la Podolie, & de l'Ukrane, que nous appellons maintenant les Cauſaques, qui preparoient leur poudre d'une methode tout à fait contraire à la commune, & à celle que les Pyrotechniciens obſervent. Ils metttent, par exemple, dans un pot de terre, du Salpetre, du Soulphre, & du Charbon, certaines portions de chacun ; (deſquels ils ont apris la proportion d'une matiere à l'autre par la ſeule pratique) & puis ayant verſé de l'eau douce par deſſus, ils les font boüillir à feu lent, l'eſpace de 2 ou 3 heures juſques à ce que l'eau ſoit tout à fait evaporée, & que leur compoſition devienne eſpaiſe, puis l'ayant tiré du pot, & fait un peu ſeicher au ſoleil, ou dans quelque lieu chaud, comme dans quelque poéle, ils la paſſent par un tamis de crin, & la reduiſent en grains fort menus. Il y en a d'autres qui broyent, & incorporent enſemble dans un teſt, ou eſcuëlle de terre, ou ſur quelque pierre platte & polie la matiere avec laquelle il veulent preparer leur poudre pyrique, puis l'ayant humecté ils la font grener, & en fin l'achevent, & mettent dans un tel degré de perfection, qu'ils s'en peuvent ſervir avec autant d'utilité que ſi elle avoit eſté travaillée des mains d'un des plus habiles Poudriers du monde.

Voyla pourquoy ie croy que c'eſt une peine priſe à credit que d'en parler d'avantage, beaucoup plus encore de deſcrire l'ordre & la methode qu'on a de couſtume d'obſerver en ſa preparation : il me ſuffira de vous propoſer en ce chapitre quelques compoſitions tres excellantes, & bien approuvées, pour preparer trois ſortes de poudre,

Composition pour la poudre à Canon.	*Composition pour la poudre à Mousquet.*	*Composition pour la poudre à Pistolet & autres.*
1.	**1.**	**1.**
du Salpetre 100 ℔	du Salpetre 100 ℔	du Salpetre 100 ℔
du Soulphre 25 ℔	du Soulphre 18 ℔	du Soulphre 12 ℔
du Charbon 25 ℔	du Charbon 20 ℔	du Charbon 15 ℔
2.	**2.**	**2.**
du Salpetre 100 ℔	du Salpetre 100 ℔	du Salpetre 100 ℔
du Soulphre 20 ℔	du Soulphre 15 ℔	du Soulphre 10 ℔
du Charbon 24 ℔	du Carbon 18 ℔	du Charbon 8 ℔

On peut humecter ou arrouser doucement la mixtion de la Poudre à canon , & de celle à mousquet à mesure que l'on la broye , ou avec de l'eau simple seulemēt, u du vinaigre, ou de l'urine, ou en fin avec de l'eau de vie. Mais si vous voulez avoir la Poudre à pistolets plus forte & plus violente, il la faudra arrouser de temps en temps, lors que vos drogues seront dans le mortier , avec la liqueur suivante , à sçavoir d'eau d'escorces d'oranges , ou de citrons , ou de limons , distillée par l'alambique , ou par quelque autre organe chymique, & que le tout soit bien pilé & broyé l'espace de 24 heures puis en fin reduit en grains fort menus.

Or cette liqueur est composée de 20 mesures d'eau de vie , de 12 mesures d'essence de vinaigre fait de vin blanc , de 4 mesures d'esprit de nitre , de 2 mesures d'eau simple de sel ammoniac, d'une mesure de camphre distout en brande-vin , ou reduit en poudre avec du soulphre pulverizé , ou en fin reduit en huyle, avec l'huyle d'amandes doûces.

Ie feray voir dans la seconde partie de nostre Artillerie la figure de cette meule à bras de laquelle on se sert à former la Poudre pyrique, parmy quantité de machines , & divers autres instruments qu'on a de coûtume de garder dans les arsenacs & magazins d'Artillerie.

C'est une chose estrange dans la Poudre pyrique , & qui doit donner le plus d'estonnement, de dire qu'elle fait beaucoup plus d'effet estant grenée que lors quelle est encore en farine, ou qu'apres y estre reduite derechef: mais ie laisse à disputer la cause de ces effets si differants, à ceux qui s'attachent particuliérement à la recherche des secrets admirables de la nature. Ie me contente qu'une longue pratique m'ait apprise que si l'on presse trop la Poudre dans le Canon avec le tampon , & que l'on la batte jusques à luy faire perdre la forme de ses grains , ou la pulverizer en quelque façon , elle perd par méme moyen beaucoup de la force qu'elle auroit, pour chasser le boulet, si elle avoit esté seulement poussée moderémēt au fonds de la piece: &'nous remarquons que sa force en est amoindrie jusques là qu'à grande peine peut elle quelques fois se décharger du boulet qui la presse, & l'obliger à sortir hors du Canon : la mesme chose luy arrive qu'a la poudre moüillée, laquelle estant denüée de toute sa vertu expultrice, ne brusle que fort legerement & sans aucun effet? & que si d'avanture vous en chargez quelque piece d'Artillerie , & que l'on y mette le feu par la lumiere , elle n'est pas assez vertueuse pour contraindre le boulet à deloger , mais forte toute elle mesme par la lumiere , & ne cesse de brusler tant qu'elle soit tout à fait consommée. Or ce qui fait pourquoy la Poudre pyrique , estant trop pressée, & reduitte en farine molle & deliée, perd ainsi sa force & vertu expultrice ? Ie veux

N 2

croire

croire que la veritable cause de cecy est en ce que le feu (quoy qu'il soit le plus actif, & le plus subtil de tous les élemens) n'a pas ses rayons penetrans jusques à ce point, qu'ils puissent en un moment passer à travers un corps extrémment dur & compacte pour l'embraser tout,& dans le mesme instant qu'il s'y est attaché. Ce qui n'a pas besoin d'autres preuves,puisque l'experience nous apprēd dans l'usage des metaux que tāt plus que leurs corps sont solides,d'autant plus difficilement reçoivent-ils les impressions du feu:où au contraire nous voyons que les plus spongieux,& les moins serréz,s'eschauffent promptement, la raison est que comme ils sont rares & fistuleux, ils admettent par consequent plus librement le feu, & l'introduisent aysement par leurs pores qui ne sont remplis que d'air. De mesme en est-il de la poudre à canon, laquelle si elle est pressée en telle sorte que les rayons du feu, qui est entré dans la piece par la lumiere,ne puissent penetrer son corps trop compacte & serré; il s'ensuit de là que pour ny rencontrer aucuns vuides par lesquels ils puissent estre portéz,ils n'enflamment pas toute la poudre en un moment, en quoy neantmoins consiste toute l'action du feu, & sa force la plus energique : mais ce feu la devore & consomme seulement petit à petit, y rencontrant sa matiere ainsi disposée, & consequemment ne s'esteint pas tant qu'elle dure, ou qu'il y soit violamment suffoqué. Autant en peut-on dire de la Poudre esparse çà & là & qui n'est pas ramassée en un corps avant que d'estre allumée : avec cette difference neantmoins que la poudre n'est en rien diminuée, ny affoiblie en sa force essentielle, ou plustot le feu en la poudre, mais bien son action à cause de la distance de ses parties : car il y a quantité d'actions dont l'une succede immediatement à l'autre, comme la recente à celle qui est la plus fatiguée. Quiconque aura tant soit peu pratiqué la Pyrotechnie aura tout plein d'experiences de cette verité. Et la raison que i'ay apporté cy dessus pourquoy la poudre grenée est plus puissante & vertueuse que sa propre farine,servira en quelque façon à soudre cette difficulté,puisque la vertu du salpetre semble estre bien plus unie avec le soulphre, & le charbon, dans un grain bien ferme que non pas dans sa farine. Ajoûtons encore à cecy cette raison que si l'on remplit une piece de canon fort longue, de poudre ie ne dis pas pulverisée, mais bien grenée, jusques à l'emboucheure, & que l'on y mette le feu par la bouche mesme, & non par la lumiere comme on a de coûtume, ie dis que ny le feu ny la poudre ne feront aucun tort à la piece,& ne l'endommageront en aucune façon du monde, veu que le feu agira sur la poudre par parties,& successivement, n'estant pas en sa puissance de l'enflammer toute entiere, & en un mesme instant : outre que le feu fera son action comme du haut en bas,ce qui est fort contraire à la vivavité de sa nature qui est d'agir tousiours du bas vers le haut:ou pour en discourir plus proprement que n'estant pas assez estroitement emprisonné, il ne rencontrera aucun obstacle à forcer pour chercher sa liberté, mais bien un chemin tout ouvert pour sortir librement par l'emboucheure de la piece.

Ie ne veux pas passer souz silence,que l'opinion des moins experts est,que la poudre Pyrique la plus grosse grenée, est plus puissante,plus vive,& plus vigoureuse que celle qui a les grains menus : ce qui de prime-abord paroist assez vray-semblable, à cause de la raison que ie viens d'alleguer cy dessus, à sçavoir que tant plus que le grain est gros, & tant plus y doit il avoir de salpetre allié avec le charbon & le soulphre. Mais la consequence est fausse d'un autre costé : parce que les grains les plus gros ne sont pas si tost reduits en flamme que les petits : & l'experience de la Pyrotechnie nous enseigne

que

que la Poudre la plus menüe grenée à bien plus de force & de vigueur, que
la plus grosse à raison que les petits grains conçoivēt le feu avec bien plus de
facilité, & de vitesse; & en sont bien plus tost embrazez: ioint que le salpetre
(qui est le veritable ressort de toute l'affaire)y entre en bien plus grande quātité que dans l'autre : aussy est-ce pour cette raison qu'on la prepare de cette
façon pour le mousquet, pistolet, & semblables armes portatives seulement:
où au contraire on y prend beaucoup moins de peine pour l'usage du canon.
Mais tout ainsi que les grandes pieces d'Artillerie demandent plus grande
quantité de poudre, que les armes à feu manüelles & portatives, aussi est-il
raisonnable que la poudre qu'on prepare pour celles là, soit bien plus grossiere que celle qu'on veut employer pour celles cy, parce qu'il est necessaire
que les rayons, & la flamme du feu passe avec plus de vitesse par les espaces
vuides des grains d'une grosse poudre, affin qu'ils l'enflamment toute entiere & en un mesme instant. Or la raison que Nicolas Tartaglia apporte en
son liv. 3. quest. 10. pourquoy la poudre à mousquet & à pistolet doit estre
grenée ; est (ce dit-il) affin que cette quantité de poudre qui est precise,&
determinée pour la juste charge de telles armes, puisse estre plus commodement versée hors de leurs boëtes (qui sont de certaines mesures de bois,
ordonnées à mettre la poudre, que nous appellons charges) & qu'elle puisse
couler sans empeschement dans la canne creuse de vos armes, quoy que laditte boëte ou charge en bouchât exactement l'orifice: ce qui ne pourroit
estre qu'avec beaucoup de difficulté si la poudre estoit reduitte en farine :
ou à cause que ces menus grains de poussiere se serrent & se collent presque
ensemble de telle sorte qu'un tombant un autre le suit immediatement, ainsi
cette farine tomberoit tout à coup, & par consequent auroit beaucoup
de peine à descendre dans le vuide du canon,particulierement si le bassinet
estoit fermé à cause de l'air qui s'y treuvant emprisonné, ne pourroit
nullement passer à travers l'épaisseur du corps de cette farine qui oc-
cuperoit trop exactement l'orifice du tuyau de vostre arme à feu, c'est
pourquoy il ne luy pourroit donner aucun passage, ou il la repousseroit
violemment comme estant le plus fort: & par consequent il vous seroit
impossible de charger telles armes dans un besoin. Ce qui n'arrive jamais, & qui ne peut arriver lors que la poudre est grenée, veu que l'air
treuve assez de passages ouverts parmy les grains de la poudre pour se retirer,& qu'apres estre sorty du tuyau de la boëte, il rencontre des chemins libres pour entrer dans la charge, & succeder à la place de la poudre qui en
est sortie. Pour ce qui concerne les grandes pieces d'Artillerie elles n'en-
courent point ce danger, à cause qu'on y porte tousjours la poudre jusques
au fonds avec la cuëillere. Voyla une raison qui a en effet quelque apparence de verité de ce costé là ; quoy que ie ne soit pas la plus preignante, ny la
plus naïfve, qui nous oblige à grener la poudre Pyrique. Mais il s'esloigne
beaucoup quand il dit que la poudre qui se prepare pour le canon n'a pas
besoin d'estre grenée, c'est ce que ie nie absolument: & ie veux croire par
ce mauvais raisonnement, que Tartaglia n'avoit jamaisveu de poudre à canon, bien loin d'en avoir autrefois ouy,ou veu les merueilleux effets dans
les perilleuses occasions que la guerre luy pouvoit fournir de son temps.

Chapitre XV.

Des diverſes couleurs qu'on peut donner à la Poudre Pyrique.

Toute cette noirceur que vous voyez en la poudre commune pyrique luy vient du charbon. Ce n'eſt pas que cette couleur ſoit neceſſairement conjointe à ſa nature, & qu'on doive abſolument luy donner, pour la rẽdre ou plus belle ou plus vigoureuſe, car vous pouvez, & il vous eſt permis de luy faire prendre telle couleur que vous trouverrez bon, & ſans beaucoup d'autres ceremonies, car ſi au lieu de charbon, vous prenez, ou du bois pourry, ou du papier blanc premierement humecté puis ſeiché dans un four chaud, & mis en poudre, ou quelques autres choſes ſemblables qui ſoient d'une nature fort cõbuſtible, & diſpoſeé à concevoir le feu (telles que vous en allez voir cy apres) & que vous y ajoûtiez diverſes couleurs; vous aurez infailliblement une poudre qui fera les meſmes effets que la noir. Ie vous propoſeray donc en ce chapitre certaines mixtions deſquelles ie me ſuis ſouvent ſervy moy meſme pour faire des poudres coloréez & teintes de differentes couleurs.

Poudre Blanche.

1.

Prenez du Salpetre 6 ℔, du Soulphre 1 ℔, de la moüelle du Suſeau bien deſſeichée 1 ℔.

2.

Prenez du Salpetre 10 ℔, du Soulphre 1 ℔, de l'eſcorce, ou du bois de chanvre, apres que le chanvre en eſt hors 1 ℔.

3.

Prenez du Salpetre 6 ℔, du Soulphre 1 ℔, du Tartre calciné juſques à ce qu'il ſoit devenu blanc, puis mis avec eau commune dans un pot de terre, qui ne ſoit point verniſſée, & boüilly juſqu'à ce que toute l'eau en ſoit evaporée ℨ j.

Poudre Rouge.

1.

Prenez du Salpetre 6 ℔, du Soulphre 1 ℔, de l'Ambre ℔ß du Santal rouge 1 ℔.

2.

Prenez du Salpetre 8 ℔, du Soulphre 1 ℔, du Papier ſeiché & mis en poudre, puis boüilly dans de l'eau de cynabre, ou vermillon, ou de bois de breſil, & derechef deſſeiché 1 ℔.

Poudre Iaune.

Prenez du Salpetre 8 ℔, du Soulphre 1 ℔, du Saffran baſtard, ou ſauvage, boüilly premiérement dans de l'eau de vie, puis ſeiché, & reduit en poudre 1 ℔.

Poudre Verte.

Prenez du Salpetre 10 ℔, du Soulphre 1 ℔, du bois pourry boüilly avec du verdet, & de l'eau de vie, puis bien ſeiché & pulverizé 2 ℔.

Pou-

Poudre Bleüe.

Prenez du Salpetre 8 ℔, du Soulphre 1 ℔, de la Scieure de bois de tiliet boüillye avec une certaine couleur bleüe que les tinturiers appellent indigo communément, & du brande-vin, puis seichée, & mise en poudre 1 ℔.

Chapitre XVI.

De la Poudre muette.

Il y en a qui se sont pleu à raconter beaucoup de merueilles de cette poudre muette, (que quelques uns appellent fort impropremēt poudre sourde) & mesme d'en traiter fort prolixement, c'est ce que ie n'ay pas voulu faire de peur d'ennuyer le lecteur ; ie me suis seulement arresté à recüeillir certaines mixtions que i'ay reconnües estre les plus excellentes & mieux approuvées.

I.

Prenez moy de la Poudre pyrique commune 2 ℔, du Borax de Venize 1 ℔, ces choses estans bien pulverizées, mêlées, & incorporées ensemble, faites-en de la poudre grenée.

2.

Prenez de la Poudre commune 2 ℔ du Borax de Venize 1 ℔, de la Pierre Calaminaire ℔ β, du Sel ammoniac ℔ β, Pulverizez les ensemble, & les meslez bien, & en faites poudre grenée comme cy devant.

3.

Prenez Poudre commune 6 ℔. Poudre de Taulpes vives calcinées dans un pot de terre vernissée ℔ β. du Borax de Venise ℔ β.

4.

Prenez du Salpetre 6 ℔, du Soulphre 8 ℔ & ⁊, Poudre de la seconde escorce de Suzeau ℔ β. du Sel commun brusié 2 ℔, faites poudre grenée de tout cecy selon l'ordre, & la methode accoutumée.

I'ajoûte icy une chose, vous en pourrez faire experience s'il vous plait, pour moy ie ne l'ay jamais experimenté, mais bien tiré de la magie naturelle du Sieur de la Porte, qui dit que si vous ajoûtez du papier brulé, dans la composition de la poudre pyrique, ou le double de semence de foin vulgaire bien battu, cela luy oste une grande partie de sa force, & empesche quelle ne produise ny tant de flamme, ny tant de bruit. Les mieux sensez, & les plus sçavants hommes dans cet art, attribuent la cause de ce bruit, ou pour le mieux exprimer, s'il se peut, de cet horrible tintamare que produit le canon, non pas à la poudre pyrique, mais bien au battement, & concussion de l'air qui s'irrite d'estre si furieusement choqué par un mouvement estranger, & si extraordinaire. C'est de quoy nous parletons plus amplement aillieurs. Si faut il neantmoins qu'en faveur de la poudre muette, ie vous rapporte icy le sentiment de Scaliger tiré de son livre 15 en ses exer. Exoter. contr. Card. de la subtil. exer. 25. *Longè pejus illud: cum sonitus causam à bellicis machinis editi, attribuis salipetræ. Nam renuissimum in pulverem comminutum, cavernulas amisit.* (Il faut se ressouvenir icy de ce que nous avons dit plus haut touchant le perillement du Salpetre) *Tonitru vero fit ex aëris complosione: quemadmodum & in clamore & in eo sonitu, qui aliquando convicia ciet, aliquando risum movet, simulque nares, ut occludamus cogit. Nisi*

& ibi quoque salpetræ inveniri quæpiam suaserit subtilitas. Nam sane nullum in nubibus est. Pulvis autem quem Ferrariæ inventum narras, non edebat tonitru: quia sine impetu impellebat. De là il est tres aysé de juger qu'elle peut estre la cause de ce bruit. Car la poudre muerte n'a point d'autre artifice, ny d'autre finesse dans sa preparation; tout le secret gist à luy oster sa force naturelle, par le moyen des ingrediants qui ayent une certaine antipathie occulte avec le Salpetre, lors que l'on vient a les mesler avec la poudre commune: je vous en ay descript cy dessus une grande partie. Outre tout cecy il y en a des certains qui disent que le fiel de brochet fait le mesme effet, si l'on manie, & mesle bien la poudre avec les mains, apres les en avoir ointes: mais je laisse la croyance de cette verité à la foy des autheurs qui l'ont experimenté. J'adjouteray seulement encore icy un passage de Scaliger sur ce subjet, que la poudre pyrique ne cause point du tout cet espouvantable bruit qu'on entend au sortir de ces machines de guerre: mais bien la violente concussion de l'air qui en est puissamment agité dans cet instant que le coup est lâché. Il ne faut point d'autre similitude pour vous faire bien comprendre cette verité, que ces arquebuzes pneumatiques, que l'on charge avec du vent seulement.

Chapitre XVII.

Comment on doit épreuver la Poudre Pyrique.

Nous avons de coûtume d'épreuver la Poudre pyrique en trois differentes façons: à sçavoir, *par la veuë, par l'attouchement, & par le feu.* Pour ce qui regarde la premiere épreuve. Lors que la poudre est trop noire c'est un signe manifeste d'une trop grãde humidité: que si estant posée sur du papier blanc elle le noircit c'est à dire qu'elle a plus de charbon qu'il ne luy en faut. Mais une couleur cendrée, & tirant un peu sur l'obscur, & tant soit peu sur le rouge, est la meilleure marque & la plus asseurée de la bonne poudre.

Nous épreuvons la poudre au toucher en cette façon, escrasez quelques grains de poudre avec le bout du doigt, que si vous les brisez aysement, & qui se reduisent aussi tost en farine sans resister à l'attouchement, sçachez de là que vostre poudre contient en soy trop de charbon. Que si la pressant un peu fort avec le bout du doigt, sur quelque table de marbre, ou de bois bien polie, vous y rencontrez parmy des petits grains meslez plus durs, & plus solides que le reste, qui piquent en quelque façon le doigt; & qui ne s'escrasent qu'avec difficulté: vous infererez delà que le soulphre, n'est pas bien incorporé avec le salpetre, & par consequent que la poudre n'est pas bien & duëement preparée.

En fin vous pourrez tirer des conjectures infaillibles de la bonté de la poudre par la voye du feu: si apres avoir mis des petits tas de poudre, sur une table bien nette & bien unie, distans les uns des autres de demye-palme ou environ; vous mettiez le feu à un d'entr' eux seulement. Car s'il prend feu tout seul, & s'emflamme tout à coup, sans que les autres en soient atteints; & qu'il fasse un petit bruit esclattant: ou qu'il rende une fumée blanche, & claire, qui s'esleve avec une vitesse, & soudaineté presque imperceptible: & qu'il y paroisse en l'air comme un cercle de fumée, ou comme

me

me une petite couronne, ce sera une preuve infaillible que la poudre sera parfaitement bien preparée.

Si apres que la poudre sera bruslée il y demeure quelques marques noires sur la table, ce sera signe que la poudre contient beaucoup de charbon qui n'a pas esté assez bruslé : si vous voyez que la planche demeure comme grasse, c'est que le Salpetre & le Soulphre ne sont pas bien purifiez, & qu'il n'ont pas esté entiérement separez de cette humeur huyleuse , & nuisible , qui est naturellement conjointe à leurs matieres. Que si vous y rencontrez des petits grains blancs , & citrins, ce sera un tesmoignage que le Salpetre n'est pas bien clarifié, & par consequent qu'il retient encore beaucoup de cette matiere terrestre , & de sel commun : outre cela que le soulphre n'a pas esté bien broyé, ny suffisamment incorporé avec les deux autres parties de la composition.

Ie ne parleray point icy de certains instruments avec lesquels la plus part des Pyrotechniciens ont de coûtume d'esprouver la bonté & vigeur de leur Poudre pyrique ; veu que i'ay souventes-fois appris, qu'une mesme poudre, dans la mesme mesure, & en pareille quantité avoit enlevé ce qui la couvroit à divers degrez de hauteur. Vous pourrez voir s'il vous plait le dessein de quelques uns de ces instruments chez Furtenbach, & les autres, chez d'autres autheurs.

Chapitre XVIII.

Comme on doit fortifier la poudre affoiblie , & retablir celle qui est gastée en sa premiere vigeur.

On appelle Poudre gastée, evantée , & alterée celle là qui à beaucoup degenerée de sa premiere vigeur, & de la force qu'elle s'estoit acquise, dans sa premiere preparation. Or est-il que nous ne pouvons point assigner d'autre cause de cette alteration, qu'un affoiblissemét, ou diminution de la vertu naturelle du Salpetre , ou bien sa separation actuelle d'avec le soulphre , & le charbon. Ce qui peut estre causé par deux accidents divers, ou pour estre trop surannée, ou pour estre trop humide. Ie dis trop surannée, à cause que le Salpetre participe fort à la corruption du charbon , qui naturellement est subjet à s'alterer , apres quelque nombre d'années. Pour son humidité parce que la meilleure partie du Salpetre se separe du Soulphre & du Charbon, & la raison de cecy est que comme le salpetre est engendré d'eau, ou d'une certaine humeur salée, ny plus ny moins que les autres sels qui sont produits de leurs propres salures, s'il arrive qu'il ressente tant soit peu d'humidité , il se resout tout incontinent , & retourne en sa premiere nature : & par ainsi abandonnant les deux autres matieres qui luy adheroient, ou il s'exhale en l'air, ou bien il descend au fonds du vaisseau dans lequel il est renfermé , où estant rassis il demeure arresté (si d'avanture il est ou d'argile ou de grez , ou de verre) ce qui cause que la poudre la plus proche du fonds est bien plus pesante , que celle qui est au dessus du vaisseau : mais s'il est remfermé dans des tõneaux, bariques, & semblables vaisseaux de bois , il passe subtilement à travers les pores de ce corps rare & leger qui l'emprisonne , puis il retourne en sa premiere substance : & par consequent il laisse le reste de la composition plus legere , en la dechargeant de cette pesanteur dont il faisoit auparavant la plus grande partie. Pour ce qui est du charbõ & du soulphre, ils ne perdent pas un grain de leur

O

pe-

pefanteur,veu qu'aucune humidité n'eft capable de les refoudre:au contraire le charbon l'attire avidemment,& en devient en quelque chofe plus pe-
fant.Que fi maintenant pour les raifons cy deffus apportées vous defirez reparer & conforter les forces de la poudre qui commence à s'alterer , ou rendre fa premiere vigueur à celle qui feroit tout à fait gaftée, vous le pourrez
faire en trois façons,premieremēt foit faite une leffive avec 2. mefures d'eau
de vie.1.mefure de Salpetre clarifié,& mis en poudre,1.mefure de bon Vinaigre fait de vin blanc,demi mefure de Selprotique,d'Huyle de foulfre demye
mefure,deCamphre diffout en brande-vin demye mefure.Cette leffive eftant
bien coulée à travers une groffe & forte eftamine,vous en arrouferez voftre
poudre vitiée fort fouvent,& la ferez feicher au foleil dans des vaiffeaux de
bois,puis la porterez ainfi toute chaude & feiche dans des lieux où l'humidité ne puiffe plus luy apporter aucun détriment.

    Le fecond moyen de reparer la poudre eft celuy cy , fçachez par exemple
combien toute la poudre gaftée qui eft contenuë dans voftre vaiffeau pefe
encore,refouvenez vous d'ailleurs de ce qu'elle pefoit alors qu'elle y fut
mife,voyez la differēce qu'il y a entre l'un & l'autre poids,& puis adjoûtez à
la poudre vitiée autant de livres de falpetre bien clarifié que vous en aurez
treuvé de differentes entre les deux poids , comme par exemple qu'il y ait
efcript fur une barique à poudre(comme on fait prefque toufiours) le poids
de 1000 ℔.Puis ayāt mis cette mefme poudre fur la balance fi vous la trouvez
pefante de 290 ℔ feulement : la difference fera fans doute entre l'un & l'au-
l'autre poids de 80 ℔.Vous ajoûterez donc à cette mauvaife poudre 80 ℔ de
Salpetre:puis vous mettrez toute cette matiere en plotons,& la pilerez bien
à l'ordinaire,& apres la ferez grener comme elle eftoit auparavant.

    En fin le troifiéme moyen pour reftaurer les forces de la poudre gaftée,eft
celuy qui eft le plus fimple,& le plus commun chez les Poudriers , & Pyrotechniciens. On verfe fur des toiles,ou fur des planches bien jointes,& bien
collées enfemble,égales portions de cette poudre vitiée , & de celle qui eft
novellement preparée,& là avec les mains ou avec de paëfles de bois, on la
mefle,& remuë d'importance,puis on la fait feicher au foleil:& en fin l'ayant
refferrée dans des vaiffeaux de bois,on la conferve en des lieux commodes
pour s'en fervir au befoin.

Chapitre X I X.

Des Edifices,&Magazins à Poudre,& de plufieurs obfervations fur ce
fujet,à fçavoir comment la poudre doit eftre arengée,& prefervée tant
du feu,que de l'humidité, en fin comment il la faut garentir de quantité d'autres accidens , affin qu'elle demeure toufiours
en fon entier,& dans fa premiere vigueur.

Apres avoir diligemment examiné toùtes les machines de guerre des
    Anciens nous fommes contrains d'avoüer quil ne s'y en treuve point
    de fi admirables,ny de fi bien & ingenieufement inventées que leCa-
non & toutes ces eftranges & nouvelles inventions d'armes à feu
qu'on a mis en ufage dans ces derniers fiecles.Qu'ainfi ne foit,nous voyons
que dans l'âge où nous fommes cette efpece de tonnere artificiel eft le veritable nerf de la guerre, & le plus puiffant moyen que les hommes ayent pù
inventer pour faire heureufement reüffir toutes les entreprifes militaires
des Princes & des plus puiffansMonarques de la terre.Mais on m'aduoüera
auffi

auſſy que ce ne ſont que des corps inutiles ſans force, & ſans vigeur, ſi vous leur oſtez l'ame qui eſt la PoudrePyrique:ou ſi vous la leur donnez mauvai-ſe, mal preparée, ou gaſtée pour diverſes cauſes. Ce qui eſt le plus important en cet affaire icy,eſt d'en avoir un grand ſoin quand elle eſt preparée,la met-tant en lieu de ſeureté , & de faire en ſorte que dans la preparation dune choſe ſi ſomptueuſe,voſtre deſpenſe & vos peines ne ſoient pas tout à fait in-utiles, afin qu'en temps & lieu elle puiſſe faire l'execution qu'on eſperoit de ſa bonté,& vous,recevoir l'honneur,& la ſatisfaction de voſtre travail. Quant à ſa preparation nous en avons de-ja parlé ſuffiſamment dans le chapitre 14 de ce livre,où nous avons deſcript quantité de mixtions pour la compoſition de cette poudre, & ſi ie ne croy pas mettre fin à ce livre , ſans y en adjoûter encore quelques-unes. Voyons un peu cependāt où nous pourrons commo-dément ſituer les magazins à poudre , & en quelle forme , & poſtures nous devons conſtruire ces edifices pour les exempter des accidens auquels ils ſont ordinairement ſubjets.

Il faut premiérement faire choix d'un lieu qui ne ſoit point mareſcageux , aquatique,ou humide,qu'il ne ſoit point dans une vallée trop eſtroite, & fer-mée qu'il n'y ait point de fontaine,ny d'eſtang voiſin : mais que ce ſoit un terrain mediocrement êlevé dans une campagne ouverte, & bien deſ-embar-raſſée & dans un lieu fort ſec.

Secondement , le plus eſloigné que l'on pourra des bâtiments, tant pu-bliques que particuliers à cauſe de pluſieurs inconvenients qui peuvent ar-river de leur voiſinage. Outre cela que ce ne ſoit un lieu ny peu ny point frequenté du monde , mais le plus eſcarté des paſſages , grands chemins, ou ſentiers,& du concours du commun peuple,qu'il ſera poſſible.

Troiſiémement,qu'il ſoit à couvert & hors du danger du canon de l'enne-my ce qui ſera ayſé à faire ſi l'on fait bâtir les magazins dans le coſté de la ville que l'on jugera de plus difficile accez,& le moins ſujet aux attaques & irruptions des ennemis.Comme par exemple aux lieux environnez de quel-que maraſſe,ou lac,ou de quelque riviere large & rapide, ou en fin de la mer meſme. De l'autre coſté de la ville qui ſera le plus foible ,& le plus en danger d'eſtre attaqué,on y ſera baſtir des maiſons fort elevées & force baſtiments tant publiques que privez,pour les mettre à couvert des batteries de de-hors,& les derober à la veuë des aſſiegeans.Pour cette meſme raiſon ces ma-gazins n'auront qu'une eſtage ſeulement ou deux tout au plus , mediocre-ment hauts, couverts d'un toiɕt plat & bas.

En quatriéme lieu,on les placera tout au beau milieu des courtines,& non pas dans les baſtions,ou proche des boulevarts ,afin deviter les mines, galle-leries couvertes,& ſapes ſecretes des ennemis,voire meſme on les eſloignera le plus que l'on pourra des ramparts de la ville pour le plus ſeur.

En cinquiéme lieu,on baſtira ces edifices avec des bonnes voutes, & épaiſ-ſes par dedans,bien fermées & bien cymentées,depeur qu'en temps de ſiege les grenades,bales à feu, bombes & ſemblables foudres pyroboliques venans à fondre deſſus , & les percer , n'endommagent la poudre que l'on y con-ſerveroit. Le toiɕt ne ſera pas couvert de lattes, nyd'ardoiſes, de tuiles plattes,ny creuſes , mais de plomb, ou (ce qui vaut beaucoup mieux,) de bonnes & fortes lames de cuivre. Et ie voudrois encore que ces voutes fuſſent faites en telle ſorte qu'elles fuſſent baſties en dos d'aſne par de-hors, ou en forme teſtudinaire , afin qu'on ne fût pas obligé d'y em-ployer aucune charpenterie , comme poutres, ſolives, ou planchement :

O 2

Mais

Mais que les tuyles, ou ce qui ferviroit á la couverture, fuffent pofées fur une muraille bien ferme, & bien cymentée de tous coftez avec de bonne chaux.

En Sixiéme lieu, un baftiment quarré fera plus convenable que toutes autres fortes, de quelques formes ou figures qu'on les puiffe côftruire, quoy que nous ne des-approuvons aucunement ceux là qui font baftis en domes, ç'eft à dire d'une forme ronde, pour eftre les plus capables de tous, & ceux fur lefquels, on peut eflever les voûtes les plus fermes, à caufe de leurs figures hemifpheriques. Suppofé donc que vous les vouliez baftir en quarré, eflevez vos quattre murs en telle façon qu'ils foient directemment oppofez aux quatre parties du monde.

Septiémement, la porte du baftiment fera tousjours tournée du cofté qui eft à l'oppofite du midy.

En Huitiéme lieu on y fera fort peu d'ouvertures, çeft à dire le moins de feneftres que l'on pourra encore feront elles fort étroites, & bien munies de bons barreaux de fer, bien entre-troifez, avec des bonnes fermetures, des bons panneaux, & des battans de mefme matiere.

En neufviéme lieu, on fera faire les briques qu'on doit employer à la ftructure des magazins à poudre deux ans auparavant que de les mettre en oeuvre; & fi prendra-t'on bien garde qu'elles ne foient point feichées trop à la hafte au foleil. Nous croyons que les briques cuittes une fois, puis moüillées, & cuittes derechef font beaucoup meilleures que les autres, quoy que naturellement elles refufent le mortier: car on remarque, que s'il arrive qu'on les enduife par dehors, ou par dedans, la chaux ou le plaftre n'y peuvent long temps adherer.

En dixiéme & dernier lieu, vos magazins eftans baftis, erigez, & couverts comme ils doivent eftre, vous les laifferez feicher l'efpace de deux ou trois ans, premier que d'y entrer la poudre : & l'on prendra bien garde de ne les point faire baftir en temps d'hyver.

Vous trouverrez l'Ichnigraphie de ces edifices avec leurs plans Orthographiques aux nombres 15 & 16. Dans la figure Ichnographique, la lettre A marque la chambre où l'on doit conferver la poudre. B. celle où le Salpetre, & le Soulphre doivent eftre mis. C. celle où l'on enfermera le Charbon, & quelques autres materiaux, & outils neceffaires à la preparation de la poudre : comme des cribles de diverfes façons pour paffer la poudre, & d'autres pour la grener, des toiles & vieux linges, les ais fur quoy on feiche la poudre. Or comme ces chambres feront affez capables & grandes, on poura dans ce mefme lieu mettre des cacques, barils vuides ou deliez, des planches, cercles de bois, & tout autre meuble utile & neceffaire au fervice de la poudre. D, eft une montée, ou efcaillier à viz : que les Italiens appellent *la lumaca*, par laquelle on monte au fecond eftage. E. eft la Gallerie ou le porche. F. la Chambre du concierge de la poudre, qui doit eftre un tonnelier de fa vacation. G. les Degrez. H. la Place, ou la Court qui environne le magazin. I. une petite muraille haute de 6 ou 8 pieds enfermant toute la court & l'edifice. K. les efpaces vuides entre les bariques à poudre. L. le lieu ou l'on mets les vaiffeaux à poudre. Les autres diftances fe pourront mefurer avec le Compas, tant fur la figure Ichnographique, que fur l'Orthographique. I'adjoûteray feulement cecy, que les Meches fe pourront commodement conferver fur le plancher du fecond eftage.

Vous pouvez voir encore s'il vous plait au nombre 17, la figure Ichnographi-
phi-

phique d'un magazin à poudre, laquelle j'ay tracé suivant le deſſein, d'Eugene Gentillin Italien, qui en a fort exactement & curieuſement deſſiné un au chap. 44 de ſon Artillerie fort ſemblable à celuy cy, il eſt à la verité travaillé avec beaucoup de curioſité & d'artifice, & hors de tout danger de feu. Examinons donc un peu toutes les parties du noſtre. A. eſt la muraille de l'edifice interieur avec ſes ouvertures & lumieres. B. eſt l'autre muraille exterieure avec des ouvertures ſemblables à la premiere. C. l'eſpace entre l'une & l'autre muraille. D E. la largeur externe de l'ouverture, de 3 pieds, dans le mur exterieur. F G. la largeur interne de 1 pied & ½. Ie veux vous enſeigner icy comment on doit faire les ouvertures dans le mur interieur de ce bâtiment. Soient miſes de H en I, & K, deux lignes égales à D E, à ſçavoir de 3 pieds, que ſi vous tirez par les points I & L, & par D, & K, les deux lignes droites E I, & D K, elles ſeront coupées en la face interieure de la muraille aux points L, & M. Soient tirées apres les deux lignes égales F G, de 1 pied & ½ des points L, & M, en N, & en O. Puis ayant tirées deux lignes droites de H en L, & en M, ſi de O & de N vous eſlevez deux perpendiculaires, elles ſeront coupées par les ſuſdites lignes droites immediatement tirées L & M, aux points P & Q: par ainſi ayant tiré D F, E G, I L, O P, P H, H O, G N, & M K, vous aurez la largeur exterieure & interieure des ouvertures des feneſtres toute tracée. I'aduoüe neantmoins qu'un tel edifice ne ſera pas beaucoup eſclairé à cauſe que la muraille eſt double, & que les ouvertures par dedans, ſçavoir L O, & N M, ſont juſtement à couvert ſous les angles I & K, & par conſequent n e recoivent pas beaucoup de lumiere: outre que les angles P & Q derobent la moitie du jour à L O, & M N. Mais d'autre coſté il faut auſſi conſiderer que ces bâtimens n'ont pas beſoin de tant de clarté que les auttes edifices qui ſont ordonnéz pour la demeure des hommes: car c'eſt aſſez qu'il y ait du jour autant qu'il en faut pour ny voir point tout à fait goutte, je veux dire autant qu'il en eſt de beſoin pour eſclairer ceux qui entrent & ſortent les bariques, tonnes & autres vaiſſeaux à poudre. D'aillieurs le vent ſoufflant de dehors par D E, & s'aheurtant contre le coing H, & ſe trouvant là briſé & mi-party à l'encontre de l'angle vers I & K, & entrant impetueuſement par les ouvertures de ces ſouſpiraux renouvellera l'air qui eſtoit au dedans, & par ce meſme moyen chaſſera & deſſeichera toutes les humiditez nuiſibles auquelles ces lieux ſi ferméz ſont ordinairemēt ſubjets. Pour ce qui concerne la precaution dont on doit uſer pour tenir les magazins hors du peril du feu, il vous ſera aſſez aiſé de le faire ſi vous obſervez bien preciſement dans la fabrique des voutes & de la couverture, tout ce que nous avons dit cy deſſus: Car pour les feneſtres & ouvertures, elles ſont tellemēt exemptes de tous ces dangers quil eſt impoſſible d'en inſinuer dedans par aucun artifice qu'on ſe puiſſe imaginer.

On fera la porte du magazin à poudre en cette façon: la largeur externe T V, dans la premiere muraille, & la largeur interne R S dans la meſme, ſeront de 3 pieds. Puis de l'angle W, ayant tirées les lignes droites en X & Z, & de T & V, en A & Y vous aurez la largeur interieure & exterieure de la double porte au ſecond mur, le reſte s'apprendra mieux par la figure, ſi on la conſidere bien attentivement: I'adjoute ſeulement que B b, ſont les Chambres où l'on loge la poudre, & que C c, ſont les eſpaces vuides entre chaque vaiſſeaux pour ce qui eſt du reſte de l'Orthographie de ce bâtiment & de toutes le proportions de ſes parties, chacun en pourra inventer à ſa fantaiſie ſans aucune difficulté. Neantmoins ie luy conſeille de fuivre l'aduis,& l'ordre de cet autheur de qui i'ay fait mention cy deffus. Voyla ce que i'avois à dire touchant la ftructure, des magazins & des edifices deftinéz pour loger,& conferver laPoudre à Canon. Parlons maintenant de l'ordre qu'on doit tenir tant pour fa preparation que pour fa confervation apres qu'elle eft preparée.

Sçachez donc premiérement que fi vous defirez avoir de la poudre qui fe puiffe conferver toûjours en fa premiere vigeur, encore bien que vous la logiez dans des lieux humides & fraiz,pour y demeurer affez long temps,il ne faut prendre que du Salpetre bien pulverizé , & clarifié par plufieurs fois, fuivant la methode que nous avons donné au chapitre 3.de ce livre.

2. Que chaque matiere qui entre dans la compofition de la poudre doit avoir fon tamis particulier, afin qu'on puiffe les difcerner les uns des autres.

3. On ne mettra pas ces matieres en plotons qu'elles n'ayent efté premiérement bien feichées, bien battuës, & bien paffées par le tamis:à fçavoir chacune à part premiérement,puis toutes enfemble derechef bien meflées, battuës & repaffées.

4. En les battant on les humectera un peu de quelqu'une de ces liqueurs dont nous avons donné les defcriptions cy devant, & les remüera-t'on fouvent & diligemment afin que toutes les matieres s'incorporent mieux emfemble.

5. La poudre eftant bien & deuëment preparée vous la mettrez bien proprement dans des vaiffeaux de terre verniffée qui contiendront chacun 100 ℔ ou environ, lesquels vous boucherez bien fort avec des couvercles d'argile mefme;& les lutterez bien par dehors de quelque matiere gluante & tenace, pour empefcher ,que l'air , ou autre accident exterieure ne luy puiffe nuire. I'appreuve auffi fort les tonneaux & barriques, qui font faits d'ais de fapin, ou de bois de chefnes bien fecs.

6. Les tonneaux à poudre feront mis fur des chantiers,ou longues folives élevées de terre d'un ou de deux pieds.

7. Tous les ans dans les mois les plus chauds comme en Iuin , Iuillet , & Aouft, on ouvrira les vaiffeaux, & verfera-t'on la poudre fur des toiles,ou fur des grandes planches bien uniës pour la faire feicher au foleil & au vent:puis on la paffera par des tamis de crin couverts & affez fins , & en amaffera-t'on diligemment la farine;mais la poudre grenée fera derechef remife dans les dits vaiffeaux,& renfermée comme auparavant, puis reportée dans le mazin, pour s'en fervir au befoin.

8. Les foufpiraux , & feneftres feront ouvertes aux vents de Bize & d'Orient , afin qu'y entrans avec impetuofité ils purifient l'air qui fera renfermé dans ce lieu. Où au contraire ou tiendra fermées celles qui feront oppofées au Zephire,& vent du Midy , fi d'avanture il y en à quelques unes qui regardent ces vents qui font ordinairement nuifibles aux chofes feiches. Car l'experience maiftreffe univerfelle de toutes chofes nous enfeigne que les vents qui foufflent de ces quartiers là eftant naturellement chauds & humides , engendrent d'ordinaire la teigne , la corruption, & la pourriture dans la farine,à caufe de leur trop grande humidité. Et bien d'avantage. On fe doit bien donner de garde de tous les vents qui font fituéz depuis l'Orient jufques au Midy , & depuis le Midy jufques à l'Occident: la raifon de cecy eft que tous ceux qui s'eftevent en quelque partie que ce foit de ce demy cercle, rendent l'air fort moite & tiede , & par confequent caufent quantité de fymptomes, & d'affections dangereufes aux corps humains. Confequence qu'on doit tirer auffy pour la poudre , à caufe du Salpetre qui eft fujet, &

d'ailleurs

d'ailleurs fort difposé à fe fondre, s'il luy arrive d'eftre furpris de quelque humidité exterieure; pour eftre de fa propre nature d'une matiere beaucoup plus humide que graffe.

Ie dis maintenant, & ofe bien affeurer que fi ces regles que ie viens de donner cy deffus, (touchant la preparation de la Poudre pyrique, & fa confervation) font bien exactement obfervées la poudre fe confervera plufieurs années dans fa premiere force & vigueur, fans fouffrir la moindre alteration du monde, en la moindre de fes parties. Et je defavoüe plattement l'opinion du vulgaire, laquelle ie tiens pour fauffe, qui croit que la Poudre pyrique ne peut pas demeurer faine & vigoureufe, apres l'efpace de deux ou trois ans. Il y en a quelques uns qui difent que fi vous mettez un peu de camphre dans chaque vaiffeau où voftre poudre eft renfermée, cela n'apporte pas peu pour la maintenir dans fa premiere vigueur. Ce que ie treuve fort vray femblable : veuque fon odeur refifte puiffamment aux putrefactions, & corruptions qui font caufées des vapeurs humides; à caufe de fon exrréme ficcité. Nous avons remarqué affez fouvent qu'on à tiré des matieres fort faines & entieres, & des compofitions tres legitimes qui fentoient au camphre, hors de certaines Grenades, & Petards fort anciens qui pourtant avoient efté chargéz plufieurs années auparavant de matiere convenable, meflée avec de la poudre pyrique, & du depuis abandonnées pendant un grand efpace de temps, & gardées dans des Arcenacs. De là il nous faut conclure que le meflange de cette drogue avec laditte poudre n'eft pas tout à fait inutile pour la conferver dans fa premiere vivacité. Mais ie traiteray de cecy plus au long dans squelque autre endroit.

Chapitre X X.

Des Proprietez & Offices particuliers de chaque Matiere qui entrent dans la compofition & preparation de la Poudre à Canon.

Nous devons croire infailliblement que la Poudre pyrique na pas efté treuvée cafuellement ou fortuitement, mais bien inventée par une veritable conneffance, & par un raifonnement fpeculatif de la Philofophie naturelle, en ce que jufques à cette heure on n'a rencontre perfonne (quoy que plufieurs y ayent fait tous leurs efforts) qui ait pû mettre en avant trois matieres femblables à celles cy, & de telle nature qu'eftans bien unies & incorporées enfemble elles pùffent produire un feu fi vigoreux, fi efpouvantable, fi puiffant, & fi vif, & fur tout inextinguible jufques à la confomption entiere, & univerfelle de toute la matiere qui l'alimente, & le tout en un moment. Or comme on ne fait pas beaucoup de difficulté particuliérement dans l'âge où nous fommes d'adjoùter quantité de chofes aux inventions des autres, & que (comme difent les Phificiens) tout ce qui a eu commencement, à paffé de l'imparfait au parfait. Ie fupplie qu'il me foit auffi permis (puifque l'inventeur ne nous en a rien laiffé par efcript) de propofer icy quelques obfervations à la verité fpeculatives, mais neantmoins tirées des experiences qu'on en a faites touchant les forces, la nature, les effets, & offices de toutes les matieres comprifes dans la compofition de la Poudre pyrique, tant en particulier, que de toutes mi-

fes

ſes en un corps. Car ie veux croire qu'ayant inſinué une parfaite cōnoiſſance des proprietéz , & des affections tant ſpecifiques que generales de tous ces ingredians : perſonne ne pourra plus tomber dans les erreurs qui ſe commettent aſſez ſouvent dans l'Art pyrotechnique , donc la correction eſt extremement dangereuſe, outre qu'elle eſt d'une grande dépence.

Il faut dont premiérement ſçavoir que la Poudre pyrique n'eſt pas ſans ſujet compoſée de ces trois matieres, à ſçavoir de Salpetre, du Soulphre, & de Charbon, mais affin que l'une remedie, ou ſupplée au deſſaut de l'autre, ou des deux enſemble. C'eſt ce qui eſt ayſé à comprendre dans les effets du ſoulphre : car celuy cy eſtant naturellement le veritable aliment du feu, veu qu'il s'y attache ſi volontairement & avec tant de franchiſe, joint qu'en, eſtant eſpris il a de la peine à s'en deffaire, n'eſtant proprement qu'un feu flambant, ou pour mieux l'exprimer une pure flamme, il a bien plus d'aptitude pour enflammer le Salpetre par ſon activeté, que non pas toute autre eſpece de feu. Mais comme le ſalpetre eſtant allumé ſe reſout promptement en une certaine exhalaiſon venteuſe, elle a une telle force en ſoy qu'infailliblemēt elle accableroit tout à coup, & éteindroit la flamme que le ſoulfre auroit conceu, & par conſequent aneantiſſant cête flãme qui ſeroit attachée au ſoulfre, elle ſe priveroit elle meſme de celle que le ſoulfre luy auroit communiqué: & voyla pourquoy ſi on avoit fait une ſimple compoſition de ces deux matieres ſeulement, ie veux dire de Soulfre & de Salpetre bien battus, & bien mixtionnez, le feu y eſtant appliqué, elle s'emflammeroit bien viſte à la verité, mais elle s'eſteindroit incontinent apres pour les raiſons apportées cy deſſus. C'eſt à dire que le feu ne continueroit pas iuſques à la conſomption entiere de toute la matiere mais n'en conſommeroit qu'une petite partie ſeulement, ſans toucher au reſte. On a donc jugé que le charbon bien bruſlé, ſeiché, & pulverizé eſtant adjouté à ces deux autres matieres dans une certaine proportion, eſtoit un excellant remede pour ſuppleer à ce deſſaut; veu que le Charbon a cette proprieté, & eſt d'une telle nature que s'il eſt tant ſoit peu atteint du feu, il s'allume promptement, & ſe reduit en moins de rien en feu ſans aucune flamme: d'ou vient que tant plus que ce feu eſt agité du vent ou de l'air, tant moins ſ'eſteint-il: au contraire s'augmente d'avantage, & ſe conſerve juſques à ce que toute la matiere qui le nourrit ſoit totalement reduite en cendre. De là on conclud qu'un corps eſtant compoſé de ces trois ingredians, telle qu'eſt noſtre Poudre Pyrique, concevra le feu, le conſervera, s'enflammera, & ſe conſommera juſques à un dernier atome. Car il eſt certain que ſi on en approche le feu, le ſoulfre qu'il ayme extremement en eſt auſſy toſt eſpris : or celuy-cy le tenant, il ne l'introduit pas ſeulement avec ſa flamme dans le Salpetre, mais auſſi il en embraſe dans ce meſme moment le Charbon ſans produire aucune flamme; or ce feu (comme nous avons dit cy devant) ne peut eſtre ſuffoqué par le vent, au contraire s'alume d'avantage & prend des nouvelles forces par l'agitation de l'air. Et comme ce ſoulfre eſt extrémement voiſin du feu, ſoit qu'il ſoit avec flamme, ou qu'il ſoit ſans flamme, il ne pourra s'empeſcher qu'il n'en ſoit allumé : or eſt-il que cette flamme du ſoulfre embraſe le Salpetre, & par conſequent ces trois matieres meſlées enſemble, bien incorporées, & puis allumées, produiſent un feu qui ne ſe peut eſteindre, que tout ſon aliment, & toute ſa ſubſtance, ne ſoit univerſellemment conſommée, & aneantie. Il faut toutéfois bien prendre garde qu'il n'y ait dans quelques uns de ces trois ingredians aucun deffaut accidentel, ſoit de l'humidité, ou d'une diſproportion trop grande de la quantité d'une matiere à l'autre. Nous con-

clu-

clurons donc de tout ce que nous avons dit que le veritable office du Soulfre,& celuy qui luy eſt le plus propre dans la compoſition de la poudre, eſt
de re cevoir le feu avec flamme,& l'ayant,de le communiquer auſſy toſt aux
deux autres matieres. Que le Charbon a un ſoin particulier de le retenir , de
le conſerver , & d'empeſcher apres qu'il y eſt une fois introduit par le ſoulfre,que cette exhalaiſon venteuſe , & trop violente que produit le Salpetre
ne le ſuffoque. Et en fin que le particulier & le plus notable office du Salpetre eſt de produire,& de cauſer une tres puiſſante & tres vehemente exhalaiſon venteuſe. Et ceſt en celuy-cy ou giſt toute la vertu, la vigeur & la puiſſance motrice, expultrice, & active de la poudre : & par conſequent, le
ſeul Salpetre ,eſt la cauſe premiere & principale de tous les admirables, &
eſtroyables effects que produit la Poudre Pyrique : & conſequement les
deux autres matieres ne ſont alliées avec le Salpetre pour autre fin que pour
le faire reſoudre en feu , & en vent. Car pour preuve de cecy ſi quelqu'un
compoſoit une poudre de Soulfre,& de Charbon ſeulement,& qu'il en char-
geât quelque piece de Canon d'une quantité bien notable ; ie dis qu'en ce
cas,tant s'en faut que cette eſpece de poudre repouſſât un boulet de fer, ou
de quelque autre metail,qu'au contraire elle ne pourroit pas meſme obliger
une paille à deloger du calibre. La raiſon de cette impuiſſance eſt ayſée à
concevoir par les diſcours que nous avons faits cy devant : par ce que cette
violente expulſion dépend abſolument de la vertu du Salpetre & de ſa
puiſſance expultrice ſeulement:non d'aucune autre matiere:voire ie croirois
bien pluſtoſt qu'on pourroit preparer de la Poudre ſans Charbon , ou ſans
Soulfre,que ſans Salpetre: ou que l'on pourroit inventer avec moins de difficulté deux autres matieres d'ont l'une feroit l'office du ſoulfre , en allumant
le feu avec flamme,& l'autre celle du charbon en le conſervant , & l'y rete-
nant ſans flamme,que de trouver quelque autre choſe qui ayt des proprietez
occultes & naturelles pour cauſer une exhalaiſon venteuſe,ſi violente , & capable de produire des effets ſi prodigieux dans la Pyrotechnie que le ſalpetre nous en produit tous les jours.

Chapitre XXI.

De l'Or fulminant,ou foudroyant,tiré de la chymie royale de
Oſvaldus Crollius.

*Prenez demye ℔ deau forte commune. Diſſoudez dedans une once de ſel Am-
moniac , ou bien autant qu'un peu de chaleur en peut reſoudre,ainſi vous aurez l'eau Royale preparée,dans laquelle vous diſſoudrez autant d'or qu'il vous
plaira. Puis verſez cette ſolution dans un verre aſſez capable , & grand,&
diſtillez dedans goutte à goutte ſeulement (à cauſe du peril & du grand bruit quelle fait en boüillant) de la meilleure huyle de tartre , qu'on aura laiſſé premiérement
reſoudre de ſoy meſme dans un cellier ou cave fort humide : Ou à ſon deffaut prenez
du ſel de tartre diſſout en eau commune : Car il faut que vous ayez une bonne quantité de cette huyle de tartre. Pour lors l'or tombera au fond par repercuſſion quand
vous vous apperceverez que toute la Chaux de l'or diſſout ſera raſſiſe au fôds du vaiſſeau (ce que vous reconnoiſtrez ayſement à la couleur de l'eau royale qui doit eſtre
blanche : car ſi elle eſt jaune c'eſt ſigne que l'or n'eſt pas encore tout à fait repercuté)
Ce pourquoy vous y ferez degoutter un peu d'avantage d'huyle de tartre (& faitez
vous ſage à mes deſpens) apres quil ſera raſſis tout à fait,quelques heures apres vous
verſerez en lieu chaud la liqueur qui eſt au deſſus puis ayant adouci la chaux (qui
reſſemble quaſi en couleur à de la terre ſeelée un peu paſle,trois ou quatre fois avec*

de l'eau chaude, faites la prudemment seicher peu à peu, & à petit feu au bain de Marie, ou pour le faire avec plus de seureté mettez la dãs un bassin de verre, & la laif-
sez seicher de soy mesme dans quelque poesle sans en approcher aucun feu, puis ramas-
sez la chaux diligemment avec une spatule de bois pour le plus seur, & non pas de
fer, & puis la serrez bien precieusement dans un vaisseau de verre pour vous en
servir au besoin. Remarquez qu'il y a grand danger de la seicher autrement que ie
viẽs de vous dire: parce qu'elle sent aussi tost la chaleur du feu & le conçoit si d'avanture on la remuë un peu trop violemment avec quelque instrument de fer, car d'elle
mesme elle s'enflamme & s'enleve en l'air comme une fumée purpurine avec un tin-
tamarẽ espouvantable, & un bruit tout à fait semblable à celuy que produit la poudre à canon: mais jusques à sa cõsomption si generale que vous n'en sçauriez trouver
un seul atome apres sa combustion. Ie vous dis bien plus que sa vertu est si extraordinaire que si vous en meslez avec un peu de soulfre bien battu, & puis que vous la
fassiez brusler dãs un creuset, il y demeure une espece de chaux d'or tres subtile d'une
couleur brune qui èst entiéremẽt depoüillée de cête force percussive, & ce qui est admirable, & le plus digne de remarquë en cette poudre, est qu'un scrupule de cet Or
volatile, est plus fort & plus puissant quasi sans comparaison, & agit plus violamment qu'une demye livre de poudre à canon.   Ie dis bien plus qu'un grain ou deux
estans mis sur la pointe d'un coûteau & eschauffez sur la flamme d'une chandelle
fait autant de bruit qu'un coup de mousquet, mais un bruit qui frappe l'oreille avec
tant de violence, que ce son extrémement aigu blesse l'oüye de ceux qui en sont les
moins esloignés. La plus grande difference que nous trouvons entre cette poudre & la
poudre à Canon, est que les effects de celle cy sont diametralement opposez aux operations de celle là, car cette poudre foudroyante agit directement en descendant vers
le bas, où l'autre au contraire s'enleve directement en haut, car si par exemple vous
en mettez quelques scrupules sur une lame de fer assez espaisse, & qu'on y mette le
feu, elle la percera infailliblement de part en part, & il faut croire que le Sel Ammoniac cause ce bel effet. Car tout ainsi que le Salpetre & le soulfre sont ennemis l'un
de l'autre, & qu'ils ne se peuvent aucunement souffrir, comme on peut remarquer
en la poudre à canon lors qu'elle est allumée, de mesme en est-il du Sel Ammoniac,
avec l'huyle de tartre, dõt les qualitéz sont tout à fait incompatibles ensemble. Voyla pourquoy quand le Sel Ammoniac vient à se joindre avec l'huyle de tartre qui
est son puissant ennemy, ils font retomber l'or au fonds qui auparavant avoit esté
dissout dans l'eau royale par le combat qui se fait entre leurs qualitez antipatiques:
& ainsi l'huyle de tartre repercute l'esprit du nitre parfaitement purifié, qui
dans ce conflict s'allie avec le soulfre solaire son ennemy, & parce que ce soulfre du soleil est de soy mesme purifié dans un parfait degré, & incomparablement plus subtile que nostre soulfre vulgaire, & plus combustible, c'est pourquoy il en est bien plus puissant, & fait ces épouvantables operations avec bien
moins de matiere que ce dernier.   De mesme que nous voyons que le Soulphre & le
Salpetre commun joints & embraséz ensemble dans la composition de la poudre pyrique, font un tintamare si horrible qu'il ne se peut imiter que par le tonnere. C'est
de quoy Quercetanus, & Sennertus nous parlent en quelque passage; au
rapport de Ioh. Ionstonus adm. nat. clas. 4 chap. 26. Quand ils disent que ce qui
cause l'esprit du nitre, & du soulfre vient de la contrarieté, & de l'extréme antipa-
tie qui se rencontre entr'eux & l'or: Car comme on verse dans la solution de l'or,
force huyle, & sel de tartre, le sel de tartre s'unit, & s'allie avec le sel commun ou
bien avec l'alun, & le sel Ammoniac, & par consequent il fait descendre au fonds
l'or qui luy estoit demeuré: & si d'avanture il y reste encore quelque peu de ces
sels avec l'or, on le lave fort bien avec de l'eau chaude. Ainsi il n'y demeure que le
seul esprit du Nitre qui s'est totalement allié avec l'or. Voyla la raison pourquoy si

on

on vient à l'efchauffer, s'attachant auffy toft au foulfre de l'or, il s'y oppofe puiffam-
ment rallie fes forces, & faifant un puiffant effort, s'allume, & forte avec un bruit
épouvantable.

Chapitre XXII.

De la Preparation des fleurs de Belzoi ou de Benjoïn.

Prenez du Belzoi (que quelques uns appellent Benjoïn, ou affa douce) une certaine quantité d'onces : mettez les dans une courge ou
alambique de verre, & la couvrez bien d'un chapiteau fourd (comme
l'on dit) ayez pareillement un pot de terre bas & large d'emboucheure, lequel vous mettrez fur un trepié, ou pour le plus feur fur un petit fourneau à diftiller, vous ajufterez au deffus voftre courge, & l'entourrerez bien
de cendres, ou de fable bien lavé, à la hauteur de la matiere qu'on aura mis
dans le recipient, puis faites allumer fous ce pot un feu mediocre, de peur
que l'alambique ne s'efchaufe trop tout à coup ; car cela feroit caufe que les
fleurs deviendroient cytrines, ou iaunes, au lieu qu'elles doivent eftre blanches comme neige. Puis quand vous aurez remarqué que les fleurs de
Belzoi ou benjoin, commencerõt à faire eflever une vapeur ou petite fumée,
continuez voftre feu dans ce mefme degré de chaleur l'efpace d'un quart
d'heure, à lors quand vous verrez que les fleurs feront montées jufques à la
fuperficie interieure de chapiteau, oftez le promptement, & y en remettez deffus un autre qui foit tout froid : & pofez celuy que vous avez ofté, fur
un papier blanc jufques à ce qu'il foit refroidy : puis faites tomber doucement avec une plume, ou fpatule de bois bien delicate les fleurs qui font demeurées attachées au chapiteau, & les amaffez bien diligemment. Ainfi
ferez vous du fecond, & troifiéme chapiteau, & en fuite de plufieurs, jufques à ce que tout le benjoin ait ceffé de fumer.

Autre moyen.

pour le mefme effet.

Mettez dedans un pot d'argile verniffé certaine quantité d'onces de Belzoi, & le pofez fur les cendres chaudes, quand vous verrez que le Belzoi
commencera à fumer, couvrez voftre vaiffeau d'un grand cornet de papier
fait en forme de cone, qui foit tant foit peu plus large que l'orifice du pot,
laiffez l'y environ un quart d'heure. Apres levez ce cornet, & en raclez les
fleurs, puis remettez deffus un autre cornet tout nouveau, & l'y laiffez autant de temps que le premier, puis raclez-le de mefme que vous avez fait
l'autre auparavant, & continuez ainfi à mettre cornet apres cornet, jufques
à ce que vos fleurs foient entierement évaporées.

Chapitre XXIII.

Comme on doit preparer le Camphre.

Prenez moy de la gomme de genevre (qu'on appelle quelque fois San-
daracha, Vernis blanc, ou Maftic) bien fubtilement purverizée 2 ℔ :
Vinaigre blanc diftillé, autant qu'il en faut pour couvrir la gomme
dans une phiole, mettez la bien profond dans du fumier de cheval

P 2

l'efpal'eſpace de 20 jours: puis la tirez de là,& la verſez dans un autre vaiſſeau de verre qui ait l'emboucheure aſſez large, & la laiſſez ainſi recuire au ſoleil l'eſpace d'un mois entier, ainſi vous aurez du Camphre congelé en torme d'une crouſte de pain, & qui en aura en quelque façon la veritable & naïve reſſemblance. Nous avōs de-ja parlé en quelque autre endroit cy deſſus, touchant les proprietez du Camphre naturel; neantmoins puis qu'il eſt ſi ſouvent employé dans la plus part de nos compoſitions, ie diſcoureray icy un peu plus amplement de ſa nature, le tout ſuivant les teſmoignages des bons autheurs. Premiérement Scaliger en ſon exercit. 104. 1. en parle de la façon

Sed ad rem arboris lachryma eſt capura, ne bitumen credas, ſicuti Succinum bitumen credidiſti. Ex arboribus enim delapſum maris appulſu defertur in littora, quorum arena obrutum effoditur poſtea, eo toto tractu, qui a Memel portenditur ad Gedanum. De arenarum vero cumulis non erit mirum, cui notæ fuerint plagæ illæ: quique viderit ad Hollandiæ latus occidentale arenarum cumulos extantes a ſuperficie maris. Non igitur foſſile quia natum, ſed quia obrutum. Camphoram vero falſo bitumen arbitrati ſunt: idque miſero admodum argumento: Quia inquit, ardet. Nam & reſina & oleum, & thus idem quoque patiuntur. Ne vous imaginez pas, ce dit-il, que le Camphre ſoit un bitume, comme vous avez creu que l'Ambre en eſtoit un: mais bien la veritable gomme, & pure larme d'un arbre, laquelle en eſtant tombée, eſt apportée par les vagues & ſecouſſes de la mer ſur les rivages, où elle demeure accablée de ſable, & c'eſt de là qu'on le tire abondamment dans tout ce trajet qui s'eſtand depuis Memel juſques au Gedan. Ce n'eſt pas grande merveille de voir ces grands amas d'arene à ceux là particuliérement qui n'avigent vers ces coſtez là, ou à qui aura veu les coſtes de la mer occidentale vers la Hollande toutes remparées de ſemblabes montagnes de ſable. Il ne faut doncques pas croire que le Camphre ſoit foſſile à cauſe qu'il eſt produit, & né ce ſemble dans ce lieu. Mais bien à cauſe qu'il y eſt accablé de ſable. Voyla pourquoy ceux là ont grand tort, qui s'imaginent que le camphre eſt un bitume, & ie ne ſçais quelle ſorte de raiſon ils peuvent avoir ſur quoy ils puiſſent ſonder leur croyance: puiſque nous voyons qu'il bruſle,& qu'il ard tres clair, ce qui eſt une paſſion commune à la reſine, à l'huyle, à l'encens, & choſes ſemblables. Un peu plus bas il dit encore. *Camphoram vero cum ſapientum maxima pars frigidiſſimam ſtatuat, Avenrois in quinto aliam agnoſcit. Camphora, inquit, indica, quæ in Arabico Coforalgent appellatur, calefacit & deſiccat in ſecundo gradu. Diverſæ igitur fuerint, niſi aut in codice mendum, aut error in opinione. Poſtremum quærebatur an eſſet frigida. Negant enim innovatores. Sané accendi facillimé, atque etiam in aquis ardere, præterquam quod eſt odoratiſſima. Verùm odor ejus ab aeris partibu., quarum vi ardet etiam. Aquæ tamen habet tantum, quanta poteſt ſub ea forma frigiditas conſervari. Ardet autem propter pinguedinem; ſtultitia eſt inſcitiæ parens, aut filia. Quis enim dixerit, calidiſſima quæque facillimè ardere. Non enim ſimilitudine ſemper evocatus tranſit ignis in corpora: ſimilitudinem caloris intelligo: ſed & allicitur aliquâ materiâ, quæ eum propter raritatem admittere facilé queat. Ex indicarum rerum commentariis hæc: Arbor maxima: rami adeo patuli ut umbram quam latiſſimè jaciat. Ligni materia leviſſima, & rariſſima. Addit Aboali etiam candorem. Camphoræ probitas, prout vel vi extracta fuerit è matrice, vel expulſa a natura. Nam quædam è venis eximitur, in quibus hæret, quaſi cruſta quædam. Aliquando rupto exit cortice, & concreſcit, reſinarum modo primum colorata: deinde ſole, aut arte candidiſſima fit. Melior hæc quam prior. Præſtantiſſima, quæ ſole albeſcit. Nam & igni fit hoc. Factumque primum ad naturæ imitationem a loci Rege Riach: unde ei co-*

gno-

gnomen Riachinæ. Stillatitia diutius servat dotes suas, & defæcatior est. Quare & pellucida. Illa inclusa non item: & color ei fuscior. Duæ præterea species viliores. Una inæqualis grummosa, gummosa. Altera fusci coloris. Adulteratur sevo, & mastiche, & aquavitæ. Qui veut dire que quoy que la plus part des sages ait tousiours creu, que le Camphre fût froid au dernier degré: Avenrois en reconnoissoit pourtant un autre qui ne l'estoit que dans le cinquiéme. Car ce dit-il le Camphre Indique, que les Arabes appellent *Coforalgent*, eschauffe & desseiche au second degré, il faut donc qu'il y en ait eu de differentes natures, si ce n'est que les copies qu'on nous en a laissées ayent esté fautives, ou que cette opinion soit fausse. En fin, on doutoit encore bien fort sçavoir s'il estoit froid ou non. Car tous ces inventeurs de nouveautez le nient fort & ferme. Au reste il s'allume aysement, & brusle mesme dans l'eau, joint qu'il rend une odeur fort agreable, bien que son odeur luy vienne des ses parties les plus aeriennes, qui l'obligent à s'enflammer. On advoüera neantmoins qu'il a autant d'humidité qu'il luy en faut pour conserver sa froideur soubz cette forme. Or est il qu'il ard à cause de son humeur grasse. Mais qu'on a raison de dire que la folie est la mere, ou plustost la veritable fille de l'ignorance: car qui dira jamais que les choses les plus chaudes soient celles qui s'enflamment le plus aysement, veu que le feu ne passe pas tousiours dans les corps, attiré par son semblable, & quand ie dis par son semblable j'entend par la chaleur, mais au contraire est pour l'ordinaire alleché par quelque matiere, qui luy permet une entrée facile dans elle par le moyen de sa rareté. Voyci ce qui se treuve dans les commentaires des remarques indiennes. Il y a un grand Arbre qui a ses branches & ses rameaux si estendus au large, qu'il fait ombre à un grandissime canton de terre, son bois est d'une substance tres legere & tres rare, on adjoûte aussi qu'il est extrémement blanc. La bonté du Camphre se connoit suivant qu'il est extrait avec plus ou moins de peine de la matrice où il demeure enferré, ou suivant que la nature le pousse au dehors. Car on en tire un certain hors des veines où il demeure attaché comme une grosse crouste. Quelquesfois aussy il fait crever l'escorce de l'arbre pour se faire chemin, & se fige là premiérement avec une couleur de resine: puis il devient tres blanc aux rais du soleil, ou par quelque autre artifice qu'on y apporte, & celuy-cy est beaucoup meilleur que le premier. Mais le plus excellant est celuy là à qui le soleil donne la blancheur, laquelle on luy peut aussi procurer par la chaleur du feu. Le premier inventeur de ce secret, & de la preparation de cette drogue fut Riach, Roy de ce lieu là mesme, qui s'imagina qu'on pouvoit imiter en cela la nature. D'où vient que le surnom de Riachine luy est demeuré. Ce Camphre qui distile goutte à goute est bien le meilleur de tous, & conserve bien plus longuement ses vertus que tout autre: aussi est il le plus purifié. Voyla pourquoy il paroist le plus clair & transparent. Celuy au contraire qui demeure enfermé ne le peut estre tant, & est d'une couleur plus brune & plus obscure. Outre cela il y en a de deux sortes qui sont d'assez petite consequence. Une qui est fort inégale, grumeleuse, & gommeuse; l'autre obscure, & fort chargée de couleur. Ceux qui font profession de tromper le contrefont avec du suif, du mastic, & de l'eau de vie (c'est de quoy nous avons parlé cy dessus.) Mais, *Deprehenditur indita in panis internam partem, atque pane in furnum. Si liquatur, vera est: si siccatur, adulterata. Sinceram etiam ajunt facilé evanescere. Marmoreis in thecis servari, affuso lini, aut psillii, aut milii semine.*

R 2   Voy

Voyci comme on peut decouvrir la tromperie: faut en fourrer dans un pain, & mettre le pain dans un four chaud, s'il se liquefie, il sera bon & naturel, si au contraire il se desseiche, il sera bastard & sophistiqué. On dit aussi que le veritable s'esvapore aysement. Lors que vous l'aurez bon, vous le pourrez conserver dans des boëtes de marbre avec de la semence de lin, ou de la semence de psillium, qui s'appelle communément l'herbe aux puces, ou bien dans du milliet. Ionstonus, admir. nat. clas. 4, chap. 9. *Scribunt Mauri Camphoram lachrymam esse arboris, adeo patulis diffusæ ramis, ut tantum locum reddere possit opacum, quantus homines capere queat centum. Addunt, lignum esse album, ferulaceum, & camphoram in fungosa continere medulla: Incertum id, certius ex bituminis quodam genere fieri hoc modo. Indicum bitumen, quod ex nativa efflorescit Camphora, subjectis carbonibus in vase coquitur, partes tenuissimæ in candidum colorem versæ in operculum feruntur; quod ipsis collectis eam quam videmus, dat figuram. Nativam in India dari affirmant mercatores. Adeo amica est igibus; ut si eos semel conceperit, donec consumatur ardeat. Flamma quam emittit, lucida, & odorata est, In aerem sublata & suspensa sensim evanescit; tenuissimæ partes in causa.* Les Maures escrivent que le Camphre est la larme d'un arbre qui a ses branches si fort estenduës qu'elles peuvent ombrager assez de lieu pour mettre à couvert cent hommes, ils adjoûtent à cela que le bois en est fort blanc, & ferulacé, c'est à dire creux & spongieux comme la tige du fenoüil, & que là il renferme le Camphre dans un moüelle fongeuse, & legere. Mais cecy est fort incertain; il est bien plus vray semblable que le bitume indique se forme en cette façon d'une certaine espece de bitume qui fleurit & sorte hors du camphre naturel. On le prepare & cuit dans quelque vaisseau sur des charbons ardents, où les parties tenuës & les esprits les plus subtils, estans couvertis en une couleur blancheatre s'eslevent vers le couvercle du vaisseau, ce qui luy donne cette forme que vous luy voyez, apres que ces vapeurs sont bien ramasséez & unies ensemble. Il y a quelques marchands qui asseurent qu'il s'en treuve du naturel dans les indes. Ce camphre a une telle familiarité avec le feu, & l'aime jusques à un tel point que quant il en est une fois espris il le retient, jusques à ce qu'il en soit tout à fait consommé. La flamme qui en sorte est fort claire, & d'une odeur fort agreable, apres qu'elle s'est enlevée en l'air, & demeureé quelque temps suspenduë; elle s'evanoüit insensiblement; & la cause qui produit tous ces beaux effets est en ses parties qui sont extrémement subtiles & aëriennes.

l'adjoute à tout cecy qu'il sera aysé de reduire le Camphre en poudre pour le mettre en œuvre dans les feux d'Artifices, si on le triture, & pile doucement en roulant avec du soulphre. L'Huyle de camphre qui sert aussi pour le mesme effet, se fait en y adjoûtant un peu d'huyle d'amandes douces, & les triturans ensemble dans un mortier de bronze avec un pilon de mesme metal, jusques à ce que le tout soit converty en huyle de couleur verdastre. On bien en le mettant dans une phiole de verre qui soit bien bouchée, pourveu toutefois que se soit du camphre naturel & non point falsifié: puis qu'on mette laditte phiole dans un four chaud, & qu'on l'en tire hors quand on jugera que le tout sera bien dissout, alors vous verrez que le Camphre vous rendra une huyle pure & claire qui bruslera avec une vivacité admirable.

Cha-

Chapitre XXIV.

De l'Eau de Sel Ammoniac.

Prenez du Sel Ammoniac ℥iij, du Salpetre ʒj, reduiſez les en poudre bien ſubtile, & les meſlez bien enſemble : puis les mettez dans un alambique, apres y avoir ietté du meilleur vinaigre, & du plus fort vous pourrez trouver, vous ferez diſtiller le tout à petit feu.

Chapitre XXV.

D'une certaine Eau artificielle qui bruſle ſur la paulme de la main, ſans faire aucun mal.

Prenez de l'huyle de Petrole, & de Therebentine, de la Chaux vive, de la graiſſe de mouton, & du ſain de porc parties egales, battez les enſemble juſques à ce qu'ils ſoient bien incorporez, puis les faites diſtiller ſur des cendres chaudes, ou ſur des charbons ardants, & vous en tirerez une excellante huyle.

Chapitre XXVI.

Comme il faut preparer les Meches communes.

On fera premiérement filer, & tordre des cordes de la groſſeur d'un demy poûce de diametre, d'eſtouppes de lin, ou du chanvre, qui ſe tire des peignes des ouvriers qui le broſſent, & ſerencēt pour une ſeconde fois, & ſi on fera en ſorte qu'il ny demeure aucun bois parmy. Puis on prendra de la cendre de bois de cheſne, de freſne, d'orme ou d'erable brûlé, trois parties : de la chaux vive, une partie, & fera-t'on une leſſive ſuivant la methode commune. Eſtant faite on y adjoûtera du ſalpetre une partie : du ſuc de fiente de boeufs liquide, ou de cheval, bien nettement, coulé, & legerement exprimé à travers une eſtamine, ou drap de laine, deux parties. Toutes ces matieres eſtans bien meſlées enſemble ſeront verſées ſur les cordes dans un chaudron d'airain, bien proprement ajuſté ſur un fourneau, puis vous allumerez deſſous un petit feu, & lent d'abord, lequel vous augmenterez petit à petit, juſques à ce qu'il ſoit fort grand. Vous les ferez ainſi boüillir l'eſpace de deux ou trois jours continuellement : en y remettāt touſjours de cette meſme liqueur que nous venons d'ordonner depeur que les cordes ou meches, & le chauderon meſme ne ſe bruſlent faute d'humidité. En fin les ayant tirées du feu vous les oſterez hors de l'eau, & les tordrez bien fort avec les mains, en eſſüyant touſiours avec un chiffon de toile la liqueur qui en ſortira, puis vous les pendrez en l'air ſur des longues perches, ou au ſoleil pour les faire ſeicher : puis les porterez en lieu commode pour les garder, & vous en ſervir au beſoin dans la Pyrotechnie.

Cha-

Chapitre XXVII.

Comme on doit preparer les Meches, ou Cordes à feu qui ne rendent ny fumée, ny aucune mauvaise odeur en brûlant.

Prenez certaines mesures de sablon rouge, ou d'arene carbonculaire, bien lavée, bien nettoyée, & purgée de toute son humidité, mettez les dans un pot de terre qui ne soit point vernissée, puis posez sur ce sable vostre corde à feu commune, ou bien toute autre meche faite de cotton, ou pareille matiere, & l'ajustez bien en forme spirale : en telle sorte toutéfois, qu'il y ait un demy doigt d'intervalle entre chaque tour de corde, afin qu'ils ne s'embarassent & ne se touchent nullement, mais que la corde en ses revotions ayt ses costez également distans les uns des autres. Puis versez derechef par dessus une bonne quantité dudit sable, puis posez de la corde comme auparavant sur le sable, & du sable derechef sur la corde, & continuez ainsi vostre ouvrage tant que vostre pot soit remply, mettant tousiours lit sur lit, c'est à dire corde sur sable, & sable sur corde jusques à la fin, apres vous couvrirez bien ce pot, avec un couvercle de mesme matiere, & boucherez bien exactement les jointures, avec de la terre grasse, afin que l'air ny puisse entrer. Le tout estant ainsi preparé, vous mettrez du charbon bien allumé tout autour de ce vaisseau, & le laisserez dans cette posture quelque temps : puis l'ayant tiré de là vous attendrez qu'il soit refroidy de luy mesme, & ne l'ouvrirez pas qu'il ne soit froid tout à fait, cela estant vous le découvrirez, verserez le sable hors, & en tirerez la meche ou corde. On procede aussi de cette mesme sorte pour preparer les esponges communes : sinon qu'on les coupe seulement en petits morceaux longuets, puis on les dispose dans un pot d'argile sur le sable, & les met on sur le feu tout de mesme que nous avons fait les meches. Si l'on prend des morceaux de cette susditte meche allumée, & que l'on l'ensevelisse dans des cendres de bois de genevre, ils brusleront quelque espace de temps sans rendre aucune mauvaise odeur, voire mesme l'air exterieure ne les fera pas consommer avec tant de vitesse, comme il fait les meches communes. Voila pourquoy on les pourra cacher librement en quelque lieu que soit, suivant le besoin qu'on en aura, sans craindre que la fumée, ny l'odeur les fassent découvrir.

Chapitre XXVIII.

Comme on doit preparer les Esponges Pyrotechniques.

Vous prendrez de ces grands champignons, & des plus vieux qui croissent ordinairement sur les pieds des fresnes, des chesnes, des Sapins, des bouleaux, & de quantité d'autres arbres qui les produisent volontiers : vous les enfilerez, & les pendrez à la cheminée, pour les y laisser bien macerer, estans bien amortis, & macerez vous les prendrez, & les couperez par morceaux & puis vous les batterez long temps dis mais ie vous d'importance avec un maillet de bois : cela fait vous les ferez boüillir à petit feu dans une forte lessive, avec une assez bonne quantité de Salpetre jusques à ce que toute l'humidité soit evaporée. En fin les ayant mis sur des

ajs

ais, ou planches bien unies dans un four mediocrement chaud, vous les laisserez là seicher: puis les ayāt tireés du four, vous les batterez avec des maillets de bois comme auparavant jusques à ce qu'ils soient devenus entiérement souple, & mols: ainsi ajustéz & preparéz, vous les conserverez dans quelque lieu commode, pour vous en servir quand l'occasion le requerra.

Chapitre XXIX.

Comme on doit preparer les estoupes pour les feux d'Artifices.

On fera faire des méches d'estoupes de lin, ou de chanvre, ou de coton si l'on veut, de deux ou trois cordons qui ne soient pas trop torts, on les mettra dans un pot de terre neufve & vernislée: On versera par dessus du vinaigre de bon vin blanc 4 parties, de l'urine 2 parties, de l'eau de vie 1 partie, du Salpetre purifié 1 partie, de la poudre à canon, ou pyrique reduite en farine 1 partie: faites boüillir tous ces ingredians ensemble a grand feu jusques à la consomption de toute la liqueur. Puis apres vous esparderez ou semerez sur quelque grande planche bien polie de la farine de la plus exellente poudre pyrique que vous ayez: puis ayant tiré vos méches du pot, vous les roulerez par dessus & les ferez ainsi seicher à l'ombre ou au soleil, n'importe pas. Au reste la méche qui est preparée en céte façon brusle fort viste: voila pourquoy si on desire qu'elle soit un peu plus lente à brusler, il faudra preparer ceste composition qui sert d'aliment au feu un peu plus foible, & pour cét effet ce sera assez, si l'on fait boüillir les estoupes dans le vinaigre & le salpetre seulement, puis les ayant saupoudrez de poudre pyrique pulverizée, on la peut faire seicher, comme nous avons dit cy devant de la méche.

Il y a encore une autre espece d'Estoupe Pyrotechnique qui ne se tort point aucunement, mais on la fait seulement boüillir toute telle qu'elle est dans les liqueurs que nous avons dit cy dessus ou bien on la fait tremper dans de l'excellente eau de vie l'espace de quelques heures, puis l'ayant saupoudrée, de farine de bonne poudre on la fait seicher. On adjoûte quelquefois un peu de gomme arabique ou adragant avec le brande-vin, particuliérement quand on veut faire des estoupes qui adherent, & qui soient difficiles à des-embarasser du lieu où l'on les applique.

François Ioachim Prechtelin en la seconde partie de sa Pyrotechnie chap. 2. nous descript une certaine Estoupe Pyrotechnique qui est extrémement lente à prendre feu, & à brusler, voicy comme il l'ordonne. Prenez du Mastic 2. parties de la Colophone 1 partie, de la Cire 1. partie du Salpetre 2. parties du Charbon ;, bruslé dans un tel point qu'il se puisse aysement battre, & reduire en poudre, broyez les bien chacun à part & en faites une farine tres subtile. Puis les ayant tous bien meslez: faites les fondre ensemble sur le feu. Cela fait prenez moy une méche ou de chanvre ou de lin d'une grosseur assez raisonnable, & la faites passer à travers cette composition: la faisant couler jusques au fonds du vaisseau, & la passant, & repassant tant de fois qu'elle se soit acquise la grosseur d'une chandelle commune. Quand vous desirerez vous en servir, allumez la premiérement, puis quand elle sera fort bien esprise, soufflez la flamme en sorte qu'il ny demeure que le charbon embrasé.

Q

Cha.

Chapitre XXX.

Comme on doit preparer la **Terre** de Sapience.

On prendra de la terre telle quantité qu'on voudra bien seichée, bat-tuë, & passée par le tamis, laquelle sera meslée avec un peu de bour-re, ou de cette laine courte qui se treuve chez les tondeurs de drap:
Puis on mettra par dessus un peu de fiente de Cheval, ou d'asne, ou bien de la limure de fer: & puis on la petrira bien avec un quantité raisonna-ble de blancs d'oeufs: & de cette paste vous en lutterez bien proprement les vaisseaux de verre, ou d'argile que vous desirez mettre sur le feu, pen-dant qu'elle sera encore toute fraische, & pleine d'humidité. Car si vous attendez quelle soit desseichée vous ne pourrez pas vous en servir nul-lement.

Ou bien on peut prendre de la craye blanche, ou du plastre 4 parties: de la cendre commune: de la fiente de Cheval, ou d'asne desseichée 1 partie: un peu de limure de fer, & de la bourre un peu. Malaxez bien le tout en-semble, premiérement avec un baston, puis avec une palette, ou battoir de bois, & en faites une masse: laquelle estant bien petrie sera mise sur un banc bien ferme, ou sur quelque grosse pierre arrestée, & la batterez là tout de nouveau avec un battoir jusques à ce qu'elle soit suffisamment ma-laxée, & incorporée.

Chapitre XXXI.

Certains Antidotes excellans & approuvez, contre les brûlures, tant de Poudre à Canon, que de Soulphre, de Fer chaud, de Plomb fondu, que d'autres semblables ac-cidents.

Tirez des mes experiences particulieres.

1.

Faites boüillir du sain de porc fraiz dans de l'eau commune sur un feu assez lent & moderé, l'espace de quelque temps: tirez-le du feu, & le laissez refroidir, & puis l'exposez au serain par 3 ou 4 nuits: puis l'ayant mis dans un vaisseau de terre, faites le refondre sur un petit feu; estant fondu coulez-le à travers un linge sur de l'eau froide: puis lavez-le quantité de fois avec de belle eau claire & fraische, tant qu'il devienne blanc comme neige; cela fait mettez le dans un vaisseau de terre vernissée pour vous en servir au besoin. L'usage en sera tel; vous en oindrez la par-tie bruslée le plustost que vous pourrez, & vous en verrez un effet, prompt, & admirable.

2.

Prenez, Eau de Plantin, Huyle de noix d'Italie, de chacun autant qu'il en faut.

Pre-

3.

Prenez. Eau de Mauves, Eau de Roſes, Alun de plume, de chacun autant qui en faut, & les meſlez bien enſemble avec un blanc d'oeuf.

4.

Prenez de la leſſive faite avec de la chaux vive & pure, & de l'eau commune : adjoûtez-y un peu d'huyle de Chennevis, d'huyle d'Olives, d'huyle de Lin, & quelques blancs d'oeufs ; meſlez bien tout enſemble, & oygnez le lieu bruſlé avec cette compoſition. Tous ces onguents gueriſſent les brûlures, ſans faire aucune douleur, & ſans laiſſer aucune cycatrice. C'eſt ce que i'ay ſouvent experimenté ſur moy meſme.

De divers Autheurs.

I.

Prenez Huyle d'Olives 1. partie. Huyle d'Amandes douces 1. partie, Ius d'Oygnons, 2 partie, Vernix liquide 1. partie; de tout cecy frottez-en la partie affectée.

Que ſi d'avanture il y a des ampoules eſlevées, & des ulcerations en la partie, cét onguent qui ſuit icy y eſt tres excellant.

Faites cuire une grande quantité de la ſeconde eſcorce de Suzeau dans de l'huyle d'olives : puis la coulez à travers un linge : adjoutez-y par apres 2. parties de Ceruſe, du Plomb bruſlé, de la Litarge d'or de chacun, 1. partie mettez les dans un mortier de plomb, & puis les meſlez, & broyez tant que le tout ſoit reduit en forme de liniment. Il ſe faut bien garder de crever les veſſies le premier ny le ſecond jour, mais le troiſiéme ou le quatriéme ſeulement. Car quelquefois ces accidens ſe gueriſſent par la ſeule reſolution, comme eſcript *Leonardus Bottalus de Vulneribus Sclopetorum Chap.* 21.

2.

Prenez Lard fondu, & reçeu dans ʒij. d'eau de Morelle, & ʒj d'Huyle de Saturne. Puis les meſlez bien enſemble. Ce remede eſt ſouverain.

Ou bien prenez des mucilages de racines de juſquiame, & de fleurs de pavots rheas, ou rouges, de chacun ʒj. du ſalpetre ʒj. meſlez le tout avec un peu d'huyle de camphre, & ſoit fait un liniment ſelon l'art.

Ou bien prenez du Ius d'oygnons cuits ſoubz la cendre ʒij. Huyle de noix ʒj. meſlez les tous bien enſemble.

Ou Prenez ſi vous voulez de fuëilles de Liére noir ij. m. ou poignées, bien broyées avec de l'eau de plantin. Huyle d'olive j. ℔. faites boüillir le tout avec ʒiij. de bon vin blanc, juſques à la conſomption entiere de ce vin : ſur la fin de la coction adjoutez-y de la Cire autant comme il en faut pour luy donner la forme, & conſiſtence d'un liniment.

Prenez encore du vieil Lard fondu à la flamme du feu, & receu dans ʒij. de jus de bettes, & de ruë, de la creme de laict ʒj. des mucilages de ſemences de coings, & de gomme tragagant de chacun ʒ ß, meſlez les bien enſemble, & en faites un liniment. Ce remede n'eſt pas des pires, nous l'avons appris chez *Joſephus Quercetanus, in libro Sclopetario.*

 Cha-

Chapitre XXXII.

D'un certain instrument nouvellement inventé, à mesurer la Poudre pyrique, le Salpetre le Soulfre, & le Charbon. De plus d'un Tamis à cribler, & passer lesdittes matieres, & du reste des instruments propres, & necessaires à leur preparation.

Vous trouverez la forme de cét instrument au nombre 18: sa constru-ction en est fort aysée, & voicy comment vous y pourrez reüssir s'il vous prend en fantaisie de le faire construire vous mesme. Soit fait un tuyau d'une lame de cuivre de la forme d'un cylindre qui soit bien soudé. La largeur de l'orifice A B, & sa hauteur A C, ou B D, quoy qu'elle soit arbitraire, sera neantmoins plus legitimement faite, si on luy ordonne une certaine mesure determinée, comme d'une ℔, ou d'une telle, ou telle quantité d'onces de poudre, ou de salpetre, ou de quelques unes de ces matieres que ie viens de nommer cy dessus. Dans nostre exemple nous avons supposé un cylindre capable de 4 ℔ de poudre pyrique commu-ne : pour cet effet nous avons divisé le costé I H de cette piece de cuivre, ou instrument quarré, (qui est aussy long justement comme le cylindre est haut) en 4 parties égales : afin que chacune puisse marquer une ℔ : nous avons en suitte redivisé en deux parties égales chacun espace, puis derechef chaque moitié en deux parties égales : à ce que l'on puisse mieux distinguer les demyes livres, & les quarts de livres. Outre cela nous avons encore di-visé derechef chaque quart en 8 particules égales, chacune desquelles vous marque un lot, ou ¹⁄₃₂ d'une livre. L'autre costé de ce dit instrument quarré sçavoir I K est ajusté pour le poids du charbon : sur lequel pareillement nous avons fait des distinctions avec des petites lignes, & marqué avec des nombres & caracteres convenables : ensorte que l'on puisse sans difficulté connoistre les livres entieres, les demyes livres, les quarts, & les lots de toute la livre. Notez icy que cette distinction ne se peut pas regler exacte-ment, que vous ne sçachiez bien premier le poids de la quantité du char-bon qui remplit vostre tuyau ; ce qui ne sera pas bien difficile à sçavoir si vous la mettez sur une balance. Comme par exemple, si ce tuyau qui con-tient 4 ℔ de poudre n'en comprend pas seulement 2 de charbon, il faudra diviser le costé I K en deux grandes parties égales seulement : puis redivi-ser ces espaces comme dans l'autre costé ainsi que vous voyez dans cette fi-gure. Ce que nous avons dit icy du charbon se doit aussi entendre du soul-fre & du salpetre, & ajuster vos divisions sur les deux autres costez de cét instrument quarré suivant la methode que ie viens de dire. Cét instrument estant ainsi preparé vous vous en servirez en cette sorte. Par exemple si vous desirez mesurer le poids de 2 ℔ de poudre, eslevez vostre instrument quarré par cette petite rotule de cuivre E, que vous voyez attachée, à un des bouts, jusques à ce que la ligne & le nombre 2 marquéz dessus, touchent imme-diatement le fonds du tuyau : puis serrez bien fort l'instrument avec la viz L; depeur que pressant trop la poudre il ne la fasse descendre vers le fonds. Ainsi ferez vous pour mesurer toutes les autres matieres qui entrent dans la composition.

Cet-

Cette petite Machine de quoy l'on se sert à passer la poudre,& les autres matieres quand elles sont toutes reduites en farine, (laquelle est dessinée au N°. 19.) ressemble à peu pres à une de ces corbeilles qui sont faites de petits esclats de bois entretissus. Sa hauteur est de 3 pieds , sa longueur de 3 pieds & ⅓. & sa largeur de 4 pieds & ¾. Sur celle-cy ont peut mettre par B cette autre petite corbeille C,qui se peut oster & remettre quand on en a de besoin: elle est haute de demy pied longue de 3 pieds & ⅓. & large de 2 pieds & ¾. Dans celle cy tombe par un tamis de crin posé sur une croisette en E, la farine qui descend le long du penchant des petits ais de la corbeille marquez par A, laquelle il vous faut tirer de là avecque un ratissoir de bois fait tout exprez de la forme que vous le voyez en F. D, est une autre croisette,qui attachant le crible avec 4 petites chevilles de bois , ou de fer , le tient en estat de cribler. G est vne aisle d'oye, ou de quelque autre oyseau pour amasser la farine,& la rassembler quand vous la voulez tirer hors du recipient. H est une table de bois bien seiche , & bien polie qui est renfermée de 4 petits ais par les quatre costez, pour broyer, triturer & pestrir les matieres qui entrent dans la composition des poudres. I. K. L. sont des molettes de bois , avecque quoy , l'on broye les matieres sur cette table. M. est une aurre table percée par le milieu au point N, d'un trou lequel demeure fermé en la table O, pendant que l'on y broye les matieres: & puis s'ouvre lors qu'il est question les en retirer.

Fin du second livre.

DV GRAND ART
D'ARTILLERIE
PARTIE PREMIERE
LIVRE III.
DES FVZEES.

Ntre tous les feux d'artifices qui depuis tant d'années ont esté mis en usage, les Fuzées (que les Latins appelloient *Rochetæ*, & les Grecs *Pyroboli*) ont tousiours tenu les premiers rangs (encore bien que ce mot Grec pris ethimologiquement ne s'accorde guiere bien avec celuy de *Rocheta*) veu que πυρϭολη signifie proprement *Tela ignita*, des dards ou flesches ardantes. Les Italiens, les nomment *Rochette*, & *Raggi*. Les Allemans, *Steigende Kasten, Ragetten, & Drachetten*. Les Polonois *Race*. Mais nous autres François nous les appellons Fuzées. Pour ce qui regarde leur invention, il est certain qu'elle est autant ancienne que leur construction en est maintenant commune & familiere parmy tous les Pyrobolistes, & Ingenieurs à feu : laquelle bien qu'elle paroisse assez aysée de soy mesme, ne laisse pourtant d'estre fort penible, & veut que ceux qui s'y appliquent ne le fassent point laschement, mais avec tout le soin & la diligence qu'on peut apporter à la preparation d'une chose si perilleuse, & dont la despence, & les pertes sont irreparables apres les experiences. C'est par là neantmoins qu'il faut que ces disciples de Promethé qui desirent apprendre à manier le feu, commencent leur apprentissage : & ie treuve à la verité que c'est avec beaucoup de raison qu'on leur donne premiérement cét ouvrage en main, veu que tous les feux d'Artifices qui se font pour les divertissements, & feux de joye, & toutes ces machines ardentes soit necessaires ou recreatives, comme Cartouches, Rouës à feu, Cymeteres, Balles ardentes, & une infinité de semblables inventions Pyroboliques, ne peuvent estre mises en usage dans les recreations publiques, sans les fuzées, ou pour le moins elles ont si peu de graces que sans elles tout le plaisir en est osté. C'est ce qui ma obligé en partie de vous faire voir dans ce troisiéme livre, le veritable moyen de les bien, & seurément preparer, leurs formes, & leurs figures differentes, & leur particulier usage.

Chapitre I.

Des Formes, ou Modeles, tant de Bois que de Metal pour construire les Fuzées, Petites, & Moyennes.

Mode. 1.

On fait faire ordinairement les Formes, & Modeles sur lesquels on prepare les Fuzées, ou d'airain, ou de laiton ; Ou si l'on veut, on les fait tourner de quelque bois bien dur comme est le Cypres, le
Pal-

Palmier, le Chaſtaignier, le Buis, le Noyer d'Italie, le Genevre, le Prunier
ſauvage, & tant d'autres ſemblables qui ne ſont pas moins fermes, & ſoli-
que tous ceux cy, qui plus eſt ſi vous les voulez avoir d'une matiere plus
precieuſe & plus riche, faites les faire de bel luoire ou de bois d'inde, les
faiſant percer bien proprement tant par dedans que par dehors. Les ouvriers
n'obſervēt pas tous une meſme proportiō pour leurs hauteurs, & eſpaiſſeurs,
non plus que pour leurs ornements exterieurs : C'eſt en quoy ils rendent
veritable ce dire aſſez commun, autant de teſtes autant d'opinions.   Pour
ce qui eſt des formes & modeles dans leſquels on doit conſtruire, les petites & mediocres fuzées (remarquez que nous appellons icy petites
fuzées celles qui portent en leurs emboucheures, & orifices les diametres
des balles de plomb de certaine quantité d'onces qui toutefois n'excede pas
la livre entiere : Les mediocres celles, qui portent une & deux livres ou juſques à trois pour le plus haut : Et en fin les grandes celles dont les crifices
portent des diametres depuis 2 ℔ juſques à 100) i'en propoſeray icy deux
modeles des premieres : & ie reſerveray à parler des plus grandes au chapitre ſuivant.   Le premier modele obſerve donc cét ordre cy. En la figure
donnée au nombre 20, ie ſuppoſe que le diametre de l'orifice de la forme AB
eſt d'un boulet de plomb d'une ℔ (car cela ſe pratique ordinairement parmy
tous les Pyroboliſtes, de meſurer les orifices des formes des fuzées par les
diametresdes balles de plomb) la hauteur de la forme depuis Y juſques à
E, eſt de 7 diametres de l'orifice : mais depuis E juſques à G c'eſt la hauteur de la culaſſe, qui ſe met au derriere de la forme, pendant que l'on charge la fuzée, qui eſt d'un diametre & un tiers.   Celle cy a un Cylindre dans
le milieu eſpais par le diametre C D de ½ : & haut d'un diametre de l'orifice,
ſur ce cylindre eſt poſée la moitie du boulet L O P M, dont le diametre
LM eſt de ⅔ du meſme diametre de l'orifice. Les ornements tant ſuperieurs,
qu'inferieurs ſe peuvēt former ſuivant la fantaiſie d'un chacun ; on imite en
cecy neantmoins pour l'ordinaire les ornements des colomnes d'Architecture.   En noſtre figure, la hauteur de la forme du Chapiteau, eſt d'un diametre. Or pour former ceſdits ornements, le meſme diametre poſé de Y vers
G ſur la ligne Y G parallele à A G, ou à D C ſe diviſe premiérement en
trois parties : puis chaque tiers eſt diviſé derechef en d'autres moindres
parties.   De plus, de E en F, on poſe un diametre pour les ornements inferieurs.   Ie vous expliqueray mieux, & plus clairement toutes ces hauteurs dans la figure ſuivante, à raiſon qu'elle eſt plus artiſtement travaillée
& bien mieux ornée que celle-cy, vous pourrez vous en ſervir cependant
pour y appliquer le compas, ſi vous deſirez en connoiſtre les meſures & les
juſtes proportions . La groſſeur ou eſpaiſſeur de la forme juſques à A W, &
B X, item juſques à S Z, & Aa R, puis apres juſques à T & V, eſt de
½ du diametre : mais juſques à F G il eſt d'un diametre entier.   En fin juſques à G H il eſt de 3 diametres de l'orifice.   J. eſt un clou ou pointe de
fer, qui paſſe tout à travers de l'eſpaiſſeur de la forme, & du cylindre de la
culaſſe, & qui fait joindre la culaſſe avec la forme dans le temps qu'on charge la fuzée.

Mode 2.

Dans la figure marquée du nombre 21, la hauteur de toute la forme G E,
eſt de 9 diametres de l'orifice A B, deux deſquels ſont occupez de la
Baſe A B. C D eſt le vuide, ou le creux de toute la forme. A N ou G L le
Chapiteau de la forme, haut par tout d'un diametre & ½ de l'orifice : Or ce

dia-

diametre icy estant divisé en 80 parties égales, il sera bien aysé de prendre toutes les dimensions des membrures du Chapiteau. Premiérement en descendant, le Sourcil sous-baissé sera haut de 7 parties, le Reglet ou Listeau de 3, l'Eschine renversée de 7, le Listeau qui est au dessoubz de 3, le Cimaise ou Gueule dorique renversée de 7, le Listeau de 3, le Bandeau superieur de 10, la Face de 10, le Bandeau inferieur de 10 aussy, l'Eschine de 8, le Reglet de 2, l'Apophige de 10, l'Anneau, ou Rondeau superieur de 2, l'Astragale de 4, l'Anneau inferieur de 2, les Projectures de l'une & l'autre liste sont de 5 parties, & d'autant la retraite de la Face. On prendra le demy diametre avec lequel le Cimaise dorique est décrit, sur la perpendiculaire de la Face, & sur le mesme Reglet qui est au dessous du Cimaise: mais le demy-diametre de l'Eschine renversée sera pris sur la perpendiculaire qui descend de K sur G A. Pour le regard de A K on la prendra de 30 parties du diametre. Le demy-diametre de l'Eschine inferieure est de sa propre hauteur. La ligne droite H F coupe d'un costé les projectures des Listes, & la ligne I E de l'autre costé. Or on les prolongera de F en V, & de E en I, si de B en V, & de A en I, on mets 60 parties du diametre. Sçachez aussy que ces mesmes lignes droites determinent aussy le dessoubz de la forme. à sçavoir le souz-bassement & la base. L'espaisseur superieure de la forme jusques à l'Astragale, est d'un demy-diametre de l'orifice : & par consequent de 40 parties : mais l'inferieure jusques à O P, sur la base, elle est de 50 des mesmes parties : Or toute l'espesseur du milieu de la forme est determinée par la ligne droite N O: mais celle d'en bas par cête autre E W, sur E I. toute la base entiére est haute d'un diametre, & ¼. Parlons maintenant de ses membrures en montant, la Plynthe a de hauteur 110 parties, la petite Eschine renversée 8, le Listeau qui est au dessouz 2, le Cymaise dorique 6, le Reglet 2, le Thore 6, le Listeau 2, les Projectures des Listeaux, & du demy-diametre tant de l'Eschine renversée, que du Cymaise dorique, sont de leurs propres hauteurs. Les membrures du Pied-estal, ou Stilobate, sont le petit Thore qui est haut de 3 parties: mais le Reglet de 2 parties seulement. Celuy-cy est espais par le diametre E F de trois diametres de l'orifice de la forme. Le Cylindre C Q R D, sur le pied-estal est haut d'un diametre : mais gros & espais par le diametre Q R, de 78 parties du diametre de l'orifice, le diametre du demy globe sur ce cylindre est de ½ du diametre de l'orifice, & par consequent de 60 parties du mesme. Voila tout ce que i'avois dessein de vous proposer touchant les formes des petites fuzées tant du premier que du second mode. Vous pourrez doncques bien observer & suivre exactement toutes ces proportions que ie viens d'ordonner tant pour la hauteur, & espaisseur, que pour la construction particuliere des ornements, si vous desirez que vostre entreprise reüsisse bien : encore bien qu'il soit permis (comme nous avons de-ja-dit) de varier & changer ces embelissements exterieurs suivant la fantaisie de ceux qui les construisent. Outre ces deux figures, ie vous en fais voir encore une troisiéme au nombre 22 par le moyen de laquelle on pourra aussy proportionner, & rapporter tant les hauteurs, que les espaisseurs, & tous les autres ornements d'une grande forme (telle que ie vous en ay proposé une d'un lot à son orifice) à quantité d'autres moindres. Comme par exemple de ⅛ partie d'un lot. La base donc de la figure est A B, laquelle est divisée suivant la raison cubique : & des points des divisions vous voyez autant de perpendiculaires eslevées, puis terminées de la secante de la mesme figure C D, laquelle il
faut

faut produire de C en D, pourveu que B C qui eſt la hauteur de la forme
d'un lot, ſoit ſuppoſé de 9 diametres de ſon orifice, puis on tirera toutes les
perpendiculaires de la meſme proportion en longueur.

     Remarquez que les demy-diametres des quarts de cercle, & les lignes
produites juſques à leurs extrémitez dans la figure de la forme d'un lot,
donnent à entendre les eſpaiſſeurs des formes, vers les parties dans leſquelles ſont compris les centres des quarts de cercles. Pour concluſion de tout,
ſouvenez vous que tout ce que nous avons allegué touchant la proportion
qui ſe doit obſerver dans la conſtruction des petites formes par le modele
d'une plus grande, ſe peut auſſi dire reciproquement de la conſtruction des
grandes formes, par le modele d'une des plus petites.

Chapitre II.

Des Formes, ou Modeles pour conſtruire les grandes Fuzées.

Nous avons limité au chapitre precedant la longueur des formes
pour la conſtruction des petites & mediocres fuzées, de 7 diametres de leurs orifices: (ſans conter la hauteur des baſes) & il ne
faut pas s'eſtonner ſi ie me ſuis donné cete liberté, puiſque les con-
tinuelles experiences que i'en ay faites, & la plus part des plus beaux de
mes jours que i'y ay employez, m'ont aſſez confirmé dans cete pratique,
& rendu certain qu'elles ne peuvent & ne doivent eſtre faites autrement
pour eſtre legitimes, joint que l'authorité des plus modernes Pyroboliſtes
appuye ſuffiſamment les raiſons que i'ay eu de ce faire; Car pour vous dire
mon ſentiment c'eſt en vain que l'on va rechercher cete proportion dans
les eſcrits des Anciens: veuque ſi vous les conferez tous enſembles (car ie
vous aſſeure que i'avois devant les yeux pour le moins deux douzaines des
autheurs qui ont eſcript de la Pyrotechnie) vous les trouverez non ſeulemẽt
tous diſcordans entr'eux, mais encore infiniment eſloignez de mes obſervations, & pour ainſi dire diametralement oppoſez à mes pratiques. Qu'ainſi
ne ſoit ie m'en vay vous en propoſer quelques unes, de leur invention, pour
vous faire voir la verité de mon dire. Premiéremẽt Brechtelius en la ſecõde
partie chap. 9. de ſa Pyrotechnie dit que la forme des fuzées d'une ℔ doit
eſtre de la hauteur de deux grands doigts: & large à ſon orifice de deux
doigts.   En celle-cy la proportion de la largeur à la hauteur eſt ſubquadru-
ple. Mais pour les grandes fuzées il augmente la hauteur & la largeur de la
forme, en y adjoûtant ⅛ de doigt tant à la largeur de l'orifice qu'à la hauteur de la forme.   De cete progreſſion vient cete diſcordance extréme,
que l'orifice de la forme des fuzées de 17. ℔. eſt la ſubdecuple de ſa hauteur.   Et que la hauteur d'une forme de 100 ℔ differe d'un peu plus que
d'une cinquiéme partie de ſa hauteur. Par ainſi il y a la meſme proportion
de la largeur à la hauteur, que du nombre 106, au nombre 131: Mais comme
ce nombre eſt irrationnel il ne ſe peut rapporter à des moindres termes: il y
a toutefois de la proportion de la hauteur à la largeur ſuperpartiente vingt
cinq, cent ſixiémes parties.   Il faut encore remarquer en cét endroit que
les orifices des formes ne s'y augmente pas ſuivant la raiſon cubique (ce
qui neantmoins doit eſtre) mais par une égale progreſſion de l'addition d'un
quart de doigt: joignez à cela que les hauteurs de formes ſont fort mal

R

pro-

proportionnées aux largeurs des orifices : & ie me laiſſe ayſement perſuader que ce bon homme n'a jamais fait de fuzées dans ſon temps plus grandes que d'une ou de deux ℔ : veu qu'il eſt tout à fait impoſſible de faire
partir des machines ſi mal baſties, ny les obliger à s'enlever, eſtans preſque
auſſy larges que hautes, de la ſorte que les autres fuzées, qui ſeront bien &
loüablement conſtruites. Cecy n'eſt pas encore un des moindres deffauts,
quand il dit que l'orifice de la forme d'une ℔, doit eſtre de deux doigts au
diametre : car il eſt conſtant que deux doigts conſtituent exactement une ℔
de fer au poids de Norembergue, & par conſequent le diametre de l'orifice
d'une forme de 100 ℔ ſera à ſon conte de 26 doigts & demy. Que ſi l'on
ſe figuroit que ce diametre fût celuy d'un boulet de fer, ce boulet ſeroit du
poids de 2326 ℔. & 3 onces. Si d'ailleurs on ſuppoſoit ce meſme boulet dõt
il eſt diametre, eſtre de plomb (eſtant meſuré ſuivant la methode que nous
avõs donnée cy devant pour meſurer tous les orifices des formes & modeles
par les diametres des boulets de plomb) il peſeroit 3350 ℔. & 13 onces. Par
ce mauvais raiſonnement il n'y a perſonne qui ne puiſſe ayſement juger
dans quelle abſurdité Brechtelius eſt tombé, & qu'avec peu de jugement il
a raiſonné ſur cette matiere. C'eſt en quoy on ſe donnera bien de garde de
l'imiter. Le ſecond que je veux vous rapporter des anciens Pyroboliſtes qui
ont eſcript des fuzées, eſt un certain Ioannes Schmidlapius qui a veſcu
quelque temps avant Brechtelius. Celuy cy veut que les formes de toutes
ſes fuzées, ſoient de la hauteur de 6 diametres de leurs orifices. Pour le
regard de la largeur des orifices il les augmente en cette ſorte. Il diviſe en
5 parties le diametre de l'orifice de la premiere forme (laquelle il ſuppoſe
dans ſa figure, d'un lot de plomb) il adjoûte 2 de ces parties au premier diametre, & conſtituë le diametre de l'orifice de la ſeconde forme. Voila l'ordre qu'il obſerve pour conſtruire toutes ſes fuzées juſques à l'infiny. Mais
pour en dire mon ſentiment il m'eſt aduis qu'il agrandit par trop les hauteurs des formes ſuivantes, joint qu'il ne nous aſſigne aucunes meſures
certaines & determinées pour les orifices, qui ſoient tirées des diametres
des boulets ou de fer, ou de plomb. Mais i'ay fort ſouvent experimenté
que les orifices augmentez de la ſorte avoient la progreſſion ſuivante dans
les poids des boulets de plomb : à ſçavoir que le Second diametre contenant ⅖ du Premier diametre, eſt exactement le diametre d'un boulet de
plomb de 3 lots. Le Troiſiéme contenant ⅖ du Second diametre, eſt le diametre d'un globe de plomb de 7 lots. Le Quatriéme comprenant ⅖ du Troiſiéme diametre, eſt le diametre d'un boulet de plomb de 20 lots. Le Cinquiéme de ⅖ du Quatriéme diametre, eſt le diametre d'un boulet de plomb
d'une ℔ & 22 lots. Le Sixiéme de ⅖ du Cinquiéme diametre, eſt le diametre d'un boulet de plomb de 4 ℔. & 26 lots. Le Septiéme de ⅖ du Sixiéme
diametre, eſt le diametre d'un boulet de plomb de 13. ℔. Le Huitiéme de ⅖
du Septiéme diametre, eſt le diametre d'un boulet de plomb de 35 ℔. Et
en fin le Neufuiéme de ⅖ du Huitiéme diametre, eſt le diametre d'un boulet
de plomb de 98 ℔. De tout ce que ie viens de dire il s'enſuit que cét autheur n'a eſtably aucune proportion certaine & limitée par laquelle on pût
augmenter les diametres des orifices. Sa faute eſt neantmoins aſſez pardon-
nable, auſſi ne le condemnerõs nous pas tout à fait, puis qu'il s'eſt mis en devoir de nous monſtrer comment on doit conſtruire les fuzées en telle façon
qu'une petite puiſſe juſtement & exactement emplir le vuide d'une plus
grãde. Outre ce qu'il en a dit la choſe eſt aſſez ayſée de ſoy meſme, par exemple, ſi l'on prend les diametres de 9 fuzées, à commencer depuis un lot, des
bou-

des lots, & tant de livres, que nous en avons rapporté cy deſſus : Car les
huit premieres de celle-cy eſtans miſes les unes dedans les autres, entre-
ront fort commodément dans la plus grande & neufuiéme forme dont l'orifice ſera d'un boulet de plomb de 98 ℔. Mais toûtefois prennez garde que
le papier des petites, & le bois des grandes formes ne doit en ce cas
eſtre plus eſpois que de ⅓ du diametre de ſon orifice. Ces deux Pyroboliſtes que ie viens de citer ſont des plus anciens que ie vous puiſſe ramente-
voir : puiſque le premier a eſcrit ſa Pyrobolie il y a plus de 59 ans, l'autre
a mis la ſienne en lumiere il y a 90 ans & plus. Des plus recens nous avons
Diegus Vſanus. Celuy cy au chap. 26 du troiſiéme traité de ſon Artillerie conſtituë la hauteur des formes pour les petites & grandes fuzées de 6
ou 7 diametres & ⅓ de leurs orifices. C'eſt pourquoy il approche en quelque façon de la proportion de nos petites forme:mais il s'eſt s'eſloigné bien
fort de celles de nos grandes. Le plus moderne & le plus parfait Pyroboliſte de tous ceux que i'ay leu & qui a eſté le plus exacte en ſes proportions
(ſans faire tort neantmoins à la reputation, ny à l'eſtime que tous les Pyrotechniciens ont touſiours fait d'Adrian Romain, Iacques Valhauſe, Furtenbach, Frontsbergue & de quantité d'autres ſignaléz perſonnages qui
ont fort dignement traité de cete matiere) c'eſt un nommé Hanzelletus
Gallus, qui, ſi l'on en croit à ſon nom, doit eſtre françois de nation ; cét autheur icy fait les modeles de toutes ſes fuzées depuis un lot juſques à une
livre, de 6 diametres de leurs orifices, c'eſt en quoy il s'accorde le moins avec
nos meſures:mais lors qu'il traitte des grandes fuzées (auxquelles giſt tout
le ſecret de l'art) il dit que c'eſt aſſez pour leurs hauteurs, de 4.4 ⅓ ou de 5
diametres de leurs orifices : en celles-cy il approche fort des proportions
que nous avons données cy deſſus : qui eſt un modele fort ioly de l'invention des Italiens , chez qui les hauteurs des formes & toutes ſortes de fuzées ſont de 5 diametres de leurs orifices. Pour ce qui regarde nos obſer-
ſervations dans la conſtruction des grandes fuzées, ie vous en donne une
figure au nombre 23 : dont le modele eſt ajuſté pour en conſtruire de 20
℔. Car i'y ay ſuppoſé que le diametre de la forme A B, eſtoit le diametre
d'un boulet de plomb de 20 ℔. La hauteur A C ou B D, y eſt de 6.dia-
metres de l'orifice, & 14⁄100 : cete meſme hauteur priſe ſur la table ſuivante. En cete figure cy le nombre 86 reſpond juſtement à 20 ℔. C'eſt à
dire que le diametre de l'orifice AB eſtant premiérement diviſé en 100 particules égales : & en ayant priſes 86 avec le compas, puis portées 7 fois
de A ou B, vers C & D, elles conſtituent la hauteur de la forme A C,
ou B D. Ou ſuivant cette meſme analogie, le diametre compoſé de 100
particules, conſtituë la hauteur d'une forme pour les fuzées d'une ℔. de 7
diametres de leurs orifices ; mais 86 donnent la hauteur d'une forme de
6 diametres & 14⁄100. Par cete meſme voye on pourra ayſement trouver toutes les hauteurs des autres formes qui auront en leurs orifices les diametres d'un boulet de plomb juſques à 100 ℔ : ſi on les cherche par la regle de
proportion (comme nous avons de-ja dit) à ſçavoir en poſant touſiours
au premier lieu le nombre 100 qui correſpond à une ℔. & au ſecond lieu, le
nombre 7, & au dernier en fin ce nombre qui dans la colomne du coſté
droit de la table, eſt directemment oppoſé aux livres, (leſquelles vous devez treuver dans la colomne de la main gauche) ou biē on diviſera touſiours
le diametre de l'orifice de la forme en 100 parties égales, & prendra-t'on
autant de parties en nombre, qu'il y en a de marquées ſur la tablé vers la
main droite au nombre du poids d'un boulet de plomb le plus convenable

R 2

avec

avec l'orifice de voftre forme: lefquelles eftans pofées 7. fois fur quelque ligne droite , donneront la hauteur de la forme que vous defirez conftruire.
De mefme en eft-il du diametre d'une forme de 100 ℔,fi vous la divifez en
100 parties,& qu'en prenant 57 dehors avec le compas , vous les transpor-
tiez ailleurs,il en proviendra la hauteur d'une forme pour des fuzées de 100
℔,de 4 diametres de leurs orifices, ou de 399 telles & femblables particules,
que font les 100 que contient le diametre de l'orifice , car il y demeure de
refte ₁⁰⁰ dela fraction.

De là il eft tres manifefte que ie n'ay pas peché ny dans l'exces ny dans le
deftaut,ie veux dire que ie ne les ay pas eftablies ny de trop , ni de trop peu,
trop hautes ny trop baffes.Car premiéremēt ie n'ay pas augmēté les hauteurs
des formes d'une progreffion égale:en multipliant ou agrandiffant les diame
tres des orifices,comme à fait Brechtelius.Secondemēt ie n'ay pas toufiours
obfervé la mefme proportion des hauteurs au refpect des diametres de leurs
orifices. Outre cela ie n'ay pas toufiours retenu 6 ou 6½ , comme il a plû à
Diegus Ufanus , & Smidlapius. Et pour tout dire ie n'ay pas augmenté les
diametres des orifices fuivant la methode des mefmes Smidlapius &Brech-
telius par leur fubdivifiō des diametres en 5 particules,ou par leur augmentation des deux cinquiémes parties du diametre fuivant,ny en adjoûtant un
quart de doigt comme ils ont fait : mais i'ay tellement agrandy & diminué
les hauteurs des formes en augmentant les diametres des orifices,par la raifon cubique(eu égard aux grands diametres) que je ne crois pas que perfonne puiffe dire que ie les aye faites ou trop longues ou trop courtes.

Or afin que vous en doutiez moins,ie vous mets devant les yeux une petite table,dont l'art & la theorie fpeculative ne m'en ont pas tant fuggeré
l'invention;comme la longue pratique, & les pertes que i'ay fouffertes dans
des grandes & journalieres dépences , m'ont rendu inventif pour la conftruire.

Table des Hauteurs pour les Formes, & Modeles des grandes Fuzées.

Diametres des livres des boulets de plomb.	*Points des centiémes parties des diame-tres fubfeptuples des hauteurs des formes.*
1	100
2	98
4	96
6	94
8	92
10	91
12	90
15	88
20	86
25	84
30	82
35	80
40	78
45	77
50	75
55	73

60	71
65	69
70	67
75	66
80	64
85	62
90	61
95	59
100	57

Ce n'est pas assez, retournons voir nostre figure, & nous y trouverons encore quelque chose touchant céte proportion des formes. E X est la hauteur de la base d'un diametre de l'orifice. X C est l'espaisseur de la forme ou modele égale par tout de ⅓ du diametre du mesme orifice. E F est la grosseur inferieure de la base d'un diametre & ½. B E ou A P, est le Chapiteau de la forme, dont les membrures vont en montant. Le Listeau ou Bandeau est haut de ½₂ du diametre de l'orifice. l'Eschine renversée est de ⅟₇₀, le Reglet de ⅟₇₀, le Sourcil penchant de ⅟₇₀. Q Q. marquent le bois solide, & ferme, & l'espaisseur entiére de la forme. P P font voir les excavations, & évuidures faites dans la mesme espaisseur de la forme: c'est par où vous liez bien serré le modele avec une bonne ficelle, ou corde de chanvre bien torte, puis bien collée avec de la colle chaude, pour empescher que la forme ne se rompe dans le temps qu'on charge la fuzée, ou qu'elle ne s'entre-ouvre en quelque endroit. Ces susdites évuidures, sont retirées en dedans de ⅓ du diametre de l'orifice. Il y a encore outre tout cela un cylindre de bois attaché à la base de la hauteur d'un diametre, mais en celles-cy seulement : car aux autres formes des grandes fuzées, depuis 40 ℔ jusques à 70 ℔, il faut qu'il y ait ⅓ de hauteur; & au reste jusques à 100 ℔ la moitié du diametre de son orifice, On couchera par dessus le cylindre un demy boulet, dont la circonference est décripte du centre N sur le diametre, de ⅓ du diametre de l'orifice. R est une petite cavité, où l'on attache un petit anneau. W est un clou de fer qui arreste le Stylobate, ou la base avec la forme. Pour ce qui reste a remarquer sur cette figure ie le vous feray voir au chapitre suivant.

Dans la figure marquée du nombre 24 est donnée la forme pour construire les Petards de papiers. Lesquels ie vous monstreray à ajuster, & mettre en usage dans les chapitres suivants. Soyez seulement icy advertis que la hauteur de ces formes, qui est A B C D, doit estre de 4 diametres de leurs orifices, & que la hauteur de la base I K, & du cylindre G E, ou H F est d'un diametre: en fin souvenez vous que la superficie du mesme cylindre E F est par tout extrémement plane, hormis toutefois le demy globe qui la releve du costé où il est posé.

Chapitre III.

De divers instruments, pour former, presser, lier, & charger toutes sortes de Fuzées.

Les formes & les modeles des fuzées estans doncques ainsi ajustés suivant les proportions que nous avons dites aux Chapitres precedents; il sera necessaire d'estre muny d'autres instruments pour le reste de la preparation. Premiérement pour former les petites &

mediocres fuzées faut avoir un certain pouſſoir de bois ou baſton à charger fait en forme de cylindre (car pour celles qui ſont extrémement petites on ſe ſert d'une petite baguette de fer) lequel ſera auſſy long que la forme eſt haute : & gros par le diametre de ⅙ du diametre de l'orifice. Voyez-en la figure au nombre 25, en laquelle la ligné A B eſt de la longueur de 7 diametres de l'orifice de la forme du ſecond modele deſſiné au nombre 21. on adjoûte toûtefois au bout d'en haut un demy globe, dont le demy diametre eſt de ⅙ du meſme diametre de l'orifice (car il eſt bon que cedit baſton ou pouſſoir ſoit tant ſoit peu plus long que la hauteur de la forme) la groſſeur C D en la meſme figure eſt de ⅙ du diametre. E eſt le manche du baſton à charger qui doit eſtre long d'une palme. Sur ce baſton vous colerez le plus ſerré, & le mieux qu'il vous ſera poſſible du bon & ferme papier, juſques à ce qu'il ait atteint la groſſeur de ⅙ du diametre de l'orifice : encore bien que dans la figure du premier modele au nombre 20 i'aye ſuppoſé cette meſme groſſeur d'un ſixiéme du diametre de l'orifice, car pour lors il eſt neceſſaire que ce dit baſton ſoit gros de ⅙ en ſon diametre. Mais pour ce qui eſt des grandes fuzées qui ſont faites de bois : telle que vous en voyez la figure I K au nombre 23, l'eſpaiſſeur K B ou A I eſt de ⅙ du diametre de l'orifice, ou tant ſoit peu moindre : car on laiſſe touſiours entre le tuyau vuide de la forme, & celuy de la fuzée, un eſpace en S. par le moyen de certaines ficelles de lin ou de chanvre aſſes groſſes dont on ſe ſert à lier & ſerrer bien fort les fuzées par dehors. Le fonds de ceſdites fuzées dans la meſme figure G O eſt eſpais d'un tiers du diametre de l'orifice. Or ſçachez que ſi les fuzées ſont faites de bois on ne pourra ſe ſervir de ce baſton à charger, dont ie vous ay donné cy devant la proportion : mais d'ailleurs ſi vous ne les voulez que de carton ou de toile colée, la groſſeur du baſton ſera de ⅙ du diametre de ſon orifice : ſa longueur ſera telle que celle de la forme, ſans la culaſſe ou cylindre : c'eſt à dire qu'il ſera auſſy long que ſa forme eſt haute moins la hauteur du cylindre. Sur cette eſpece de baſton i'ay ſouvent conſtruit des fuzées de 20 & de 30 ℔ & quelques fois d'avantage, dans des cartouches de papier bien colé, ou de toile bien enveloppée & bien roulée, puis apres les avoir liées fort & ferme de bonne ficelle colée avec de la cole bien chaude, ie les ay miſes dans le moyeu d'une rouë à canon & là les ayant garnies de ſable bien ſec tout à l'entour, & ſerrées avec des coings de bois : apres y avoir mis au deſſoubz une baſe avec ſa culaſſe, ie les ay chargées de la ſorte aſſez commodément.

En ſecond lieu il faut encore avoir un autre baſton pour charger les fuzées outre ce premier. Celuy cy ſe peut conſtruire en deux façons : car ſi vous avez deſſein de percer les fuzées avec une tariere (comme nous dirons cy deſſoubz] vous luy donnerez la forme de celuy qui eſt deſſiné en la figure marquée du Nom. 26. Sa longueur A B ſera égale à la hauteur de la forme. Sa groſſeur B C ſera moindre de 1/7 que la groſſeur C D de la premiere figure B C. La ſuperficie ſuperieure du baſton ſera fort unie, ie veux dire que ce baſton ſera bien arondy, pour plus commodément battre & preſſer la compoſition dans la Cartouche. Mais ſi d'avanture vous voulez charger vos fuzées ſur des pointes de fer, ou de cuivre, telles que ces lettres O P Q vous les repreſentent en la figure 20, & en 22 M L H; pour lors les baſtons ſeront auſſi gros & auſſi longs que les fuzées ſont creuſes, & profondes ; vous feres percer dans le milieu c'eſt à dire de bout en bout, un trou de la meſme longueur, & largeur que vos pointes ſont longues & groſ-

groſſes, afin que pendant que vous chargerez vos fuzées ces pointes s'enfi-
lent dans ce trou, & que la compoſition puiſſe eſtre par conſequent bien
battuë & bien ſerrée tout à l'entour. Il faut remarquer icy que ſi cette pointe vient à eſtre tellement attachée á la baſe, qu'on ne l'en puiſſe tirer par
aucun moyen (ce qui arrive neceſſairement, ſi l'on veut que cete éguille
ſoit poſee perpendiculairement au milieu de la culaſſe, & qu'elle occupe le
milieu de la fuzée, car cela meſme ne ſert pas peu à la bien charger) pour
lors il vous faudra avoir une autre baſe ſans éguille pour ajuſter les cartouches de papier, & un baſton à charger ſuivant le premier modele que nous
avons donné, ou bien un autre baſton percé au milieu de la meſme profondeur que cete pointe ou éguille eſt haute. En la figure 27 par exemple
B A eſt la longeur du baſton égale à la longueur du vuide de la fuzée repreſentée en la figure du nombre 23. Sa largeur B C eſt égale au diametre du
meſme orifice, ou un peu moins, comme nous avons dit: le trou qui reçoit
l'éguille eſt D F E.

Outre ces deux Baſtons, les Pyroboliſtes ſe ſervent d'un troiſiéme qui
n'eſt guiere moins utile que les autres pour charger les fuzées ſur ces pointes. La forme de celuy cy ſe void au Nom. 28 où la longueur A B eſt égale à la hauteur du vuide de la fuzée ſur l'eguille c'eſt à dire depuis I juſques à I K qui eſt l'orifice de la fuzée en la figure marquée du nombre 23:
mais la largeur ou groſſeur B C eſt juſtement égale à la groſſeur du premier
baſton. Celuy-cy ſert à battre & ſerrer le reſte de la matiere au deſſus de
l'éguille juſques aux bords du meſme orifice, les manches des baſtons à
charger D & G ſeront formez de meſme façon que vous les voyez dans
la figure, on mettra auſſi des viroles de fer aux bouts H & E pour ceux
qui ſervent à conſtruire les grandes fuzees de peur qu'en frappant fort ils
ne s'eſclattent.

La figure du Nom. 29 nous repreſente une Ceinture ou courroye de cuir
avec ſa boucle, & le petit ardillon qui paſſe à travers la ceinture, avec un
anneau de cuivre, & ſon petit crochet de fer qui eſt mouvant ſur la ſan-
gle. C'eſt de cette courroye que le Pyroboliſte ſe ceint (comme on le
peut voir en la figure 31) lors qu'il eſt queſtion de ſerrer les cols des fuzées. En la figure 30 vous voyez un autre crochet, qui eſt fait en viz par
un bout comme un tire-fonds. Cét inſtrument eſtant attaché & bien fort inſeré, contre quelque parois qui aura du bois, ou contre le tronc d'un arbre
bien ferme, ou bien à quelque ſoliveau bien areſté, avec cét autre premier,
ſert à tenir la ficelle ou corde attachée, laquelle eſt ajuſtée au col de la fuzee pour la ſerrer autant que l'on peut, voyez la figure 32. Au nombre 33 eſt
la forme d'un inſtrumēt de bois avec quoy l'on dilate les trous qui ſont faits
aux cous des fuzées lors qu'elles ont eſté trop ſerrées.

Nous avons encore une autre voye pour lier les cous des mediocres fuzées, ſçavoir par le moyen d'une poulie de bois roulante ſur un petit eſſieu
de fer, ſur laquelle il y a une corde paſſée dont un bout eſt attaché à un crochet de fer, l'autre bout à un marche-pied de bois qui ne doit point eſtre areſté, lequel le Pyroboliſte tient ſoubz le pié, comme on peut voir en la figure du Nom. 34.

Mais pour ce qui concerne la ligature des grandes fuzées, on ſe ſervira de
l'inſtrument deſſiné au nombre 35 avec ſa vignette perpetuelle, ſa broche
de fer recourbée & ſon anneau de fer, auxquels on attache la ficelle pour la
ſerrer avec ſa poignée A, dans la meſme figure on tourne cette vignette perpetuelle: apres toutefois avoir mis dans le col un cylindre garny de bourre, &
couvert

couvert d'un demy globe, comme la figure du nombre 36 le fait voir; qui sert proprement pour former vne cavité ronde dans le col de la fuzée.   On fait aussi servir à ce mesme usage un autre instrument de fer marqué au nombre 37 sur lequel suivant la grosseur des fuzées il y a des rondeurs compassées, dans lesquelles vous engagez les cous des fuzées pour les y bien serrer. Nous avons encore d'autres moyens outre ceux cy que ie viens d'alleguer pour lier les fuzées comme il faut.   Vous n'avez par exemple qu'a attacher un bois de travers, ou levier, à une muraille, ou à quelque pillier, ou si vous voulez une planche de bois quarrée, bien arrestée au plancher avec des fortes cordes, puis à force de bras ou bien avec quelque pesant fardeau, tirer ces cordes vers le bas qui enveloppent les cous des fuzées afin de serrer puissamment les lumieres, ou trous par où la fuzée doit prendre feu.

Mais comme ces inventions sont entiérement hors d'usage, outre qu'elles ont fort peu d'artifice, ie les laisse comme indiferentes, & ie passeray cependant aux autres instruments dont la connoissance nous est plus necessaire.

La figure du nombre 38 represente une Lame de cuivre pour former une cuëillere telle que vous la voyez dessinée au N₀ 40, de laquelle on se sert ordinairement pour charger la fuzée. Ie l'ay proportionné en telle façon que sa longueur depuis A jusques à B, soit de 1 diametre & ⅓ de l'orifice du vuide interieur de la fuzée : mais qu'elle ait pour sa largeur C D deux diametres, & qu'elle se termine en demy cercle vers le bout.   On ajoûtera encore à sa longueur un diametre, & à sa largeur un autre, afin qu'elle se puisse commodement ajuster sur un cylindre de bois emmanché, sur lequel on l'attachera avec des petits clous.   Que la largeur du cylindre soit de 1 diametre : la circonferance de sa rondeur de trois diametres: c'est à dire égale à la largeur E F. Or la proportion qui a esté donnée pour la longueur de cete lame se doit observer de mesme pour celles des petites & mediocres fuzées. Car i'ay fort souvent experimenté que les cuëilleres d'une pareille longueur & largeur contiennent justement autant de composition à charger les fuzées, qu'il en faut pour emplir exactement de cylindre de l'orifice, dont la hauteur égale la largeur, ou le diametre de l'orifice.   Or ce sera assez de verser à la fois autant de composition quil en faut pour occuper la hauteur du demy diametre du mesme orifice, ou bien le demy cylindre dans le vuide de la fuzée, apres qu'elle aura esté battuë fort & ferme avec un maillet de bois & un baston à charger. Mais pour ce qui touche les grandes fuzées il faut prendre moins de la composition qu'on y doit mettre: car se fera assez d'y en verser la moitie de ce que nous en avons ordonné; pour la charge des petites : & par consequent la lame de cuivre, de laquelle on veut construire une cuëillere, qui ne contienne de composition que ce qu'il en faut pour emplir la moitié du cylindre dans le vuide de la fuzée; & laquelle estant battuë, n'occupe en hauteur que ⅓ du diametre de l'orifice du vuide de la fuzée; sera longue d'un diametre de l'orifice. Pour ce qui est de la grosseur & longueur du cylindre de bois sur quoy la lame de cuivre s'attache elles auront les mesmes proportions que nous avons prescriptes pour la lame superieure.

Au nombre 39 vous voyez la figure d'un Maillet de bois avec son manche, On le fera faire d'un bois dur, ferme, & pesant, tel qu'est l'orme, ou la racine de bouleau ; il sera fait une fois & demye aussi long que gros.   Le diametre de sa grosseur sera proportionné aux orifices des formes en cette façon.   Depuis 100 ℔ jusques a 50 ℔ en descendant, on bat les fuzées avec

des

des maillets,dont les diametres de la groſſeur ſont pareils aux diametresdes
orifices des formes. Mais on chargera toutes les autres juſques à 10,avec un
maillet qui aura le diametre de ſa groſſeur de 50 ℔ de plõb. En fin on chargera le reſte depuis 10 jusques à 1 ℔,avec un maillet qui aura l'eſpaiſſeur du
diametre d'un boulet de 40 ℔ de plomb. Pour les moindres fuzées qui ſuivent depuis 1 ℔ juſques à 8 lots en deſcendant,on les battera avec un maillet qui aura 20 ℔ d'eſpaiſſeur en ſon diametre. Ou pour faire bien mieux, &
avec beaucoup moins de ceremonies,on fera conſtruire tous les maillets depuis 100 ℔ juſques à 10 ℔ des meſmes groſſeurs que les diametres des orifices de leurs formes : Puis on les évuidra du coſté qui ne doit point frapper,
& mettra-t'on tant de plomb fondu dans cette cavité que la peſanteur de
chaque maillet vienne à égaler le poids des boulets des orifices des meſmes
formes deſquelles ils ſont maillets. On peut auſſi fort bien charger avec un
maillet de 10 ℔ tout le reſte des fuzées, juſques à celles de 4 ℔. & depuis
4 ℔ juſques à 1 ℔. avec un maillet peſant 6 ℔ & depuis 1 ℔ juſques à ℔ ß,on
les chargera avec un maillet qui peſera 4 ℔. En fin d'une demye ℔ juſques
à 4 lots,on fera le maillet de 2 ℔ peſant ſeulement.

    Pour ce qui concerne la charge des petites fuzées qui ne montent point
en haut directement, mais qui ne font que courir ça & là, il ne ſera beſoin
d'y prendre tant de peine. I'ay connu des Pyroboliſtes modernes qui aſſi-
gnoient à certaines compoſitions dont ils chargeoient leurs fuzées, certain
nombre de coups, & un marteau d'un tel ou tel poids, de ſorte que lors
qu'ils chargeoient une meſme fuzée de differentes compoſitions,ils ſe ſervoient de marteaux de diverſes peſanteurs , & leur donnoient un nombre
de coups auſſy tout different. Mais cette obſervation à mon aduis eſt plus
ridicule & ſuperſtitieuſe qu'elle n'eſt utile. Ces abſurdités miſes à part , voicy la voye la plus ſeure qu'on peut tenir en cecy. On verſera la compoſition
dans le creu des fuzées , non par trop deſſeichée de peur que ſe reduiſant
en farine dans le temps de la charge , elle ne s'evapore : mais tant ſoit peu
humectée afin qu'elle s'amaſſe , & ſe preſſe plus fermement dans le tuyau
de la fuzée. Il faut croire d'avantage qu'on ne peut aſſigner aucun nombre
determiné de coups,c'eſt aſſez dire que la compoſition doit eſtre tãt battuë
& preſſée qu'elle devienne auſſi dure cõme une pierre: pour ce qui eſt de la
matiere qui s'eſt deſſeichée à force de battre, & qui ne veut point s'allier au
reſte du corps de la fuzée,on la verſera hors en inclinant de temps en temps
le moule , & le frappant un peu rudement pour la faire ſortir. Outre toutes
ces remarques ſoyez encore advertis que chaque fois que vous mettrez de
la cõpoſition dans la fuzée elle doit eſtre battuë d'un nombre égal de coups,
& frappée avec une égale force,non trop violemment,ny trop lentement,
mais avec moderation , & faiſant des petites poſes entre chaque coup.
La peſanteur du maillet ſera telle que nous l'avons preſcrite cy deſſus. La
compoſition ſera priſe & employée ſuivant la proportion des orifices des
fuzées,comme nous dirons dans le chapitre ſuivant , vous donnant bien de
garde de jamais ne charger une meſme fuzée de cent ſortes de compoſitions,mais d'une où de deux ſeulement deſquelles on ſe tiendra bien aſſeuré apres en avoir fait les eſpreuves. I'adjoûte encore que les matieres trop
ſeiches , mal pulverizées,& paſſées un peu trop negligemment , ou qui ont
par trop de Charbon fait de quelque bois aſpre , & dur, ne ſe peuvent affermir qu'avec beaucoup de difficulté c'eſt pourquoy on les doit battre plus
long temps que les autres qui n'ont pas ces defectuoſitez. Il me faut encore vous advertir que d'autant plus que la compoſition eſt violente, tant plus

S

doit

doit elle eſtre preſſée , afin que le feu travaille beaucoup à la conſommer,
& faſſe ſon effet avec beaucoup de lenteur ſur cette matiere extrémement
compacte & ſerrée. Mais cecy nous jette dans une autre difficulté , qui eſt
que cette repetition de coups , & ces trop violents frappements augmen-
tent de beaucoup la force de la compoſition & luy apportent ie ne ſçay
qu'elle vertu extraordinaire qu'elle n'avoit pas en ſoy auparavant. Voila
pourquoy faut tenir icy cette ſentence comme une regle generale de noſtre
art. *Serva mediocritatem.* Tenez toujours le milieu,& ſoyez moderez dans
toutes vos affaires c'eſt à dire ne vous portez point au trop , & n'en demeurez point auſſy au trop peu,de peur que l'un & l'autre ne rēde vos entrepri-
ſes vaines & ridicules. Mais retournons au ſubjet d'où nous ſommes inſenſiblement ſorty. Diſons doncques que tant plus que le manche du maillet
ſera long , & tant plus haut que le Pyroboliſte levera les bras pour frapper ,
avec d'autant plus de viteſſe,& de force retombera le maillet ſur le pouſſoir,
ou baſton à charger qui eſt au deſſoubz. Enſorteque ce maillet aura plus de
force, & agira bien plus puiſſamment qui ne ſera peſant que de 10 ℔ , qu'un
autre plus peſant au double qui n'aura la longueur du manche que ſubdecuple du premier. Rapportez vous-en aux mechaniques ils vous en diront
la raiſon. I'adjoûteray encore cecy ſeulement du ſentiment de quelques autres que tous corps violemment pouſſéz en quelque façon que ce ſoit ont
plus de force, & agiſſent avec d'autant plus de violence ſur l'objet vers lequel ils ſont pouſſez , que l'air interpoſé entr'eux , & le corps qu'on veut
frapper en eſt plus eſpais & compacte : or eſt-il que l'air ſera tant plus
condenſé que leur mouvement en ſera plus viſte: joint que les corps qui ſe
meuvent en cercle ont leurs mouvements bien plus actifs (c'eſt de ce mouvement circulaire duquel nous entendons parler ſeulement , & non des autres) & plus viſtes du point le plus éloigné du centre de leurs mouvements
que ceux là qui ſont plus proche du meſme centre. Enſorte que cette viteſſe,& la facilité de ce mouvement à une telle proportion avec la celerité,que
le rayon du cercle,& la circonference qui en eſt formée,ont avec le rayon &,
la circonference de l'autre. Que ſi maintenant vous prenez le manche d'un
maillet un peu long pour le rayō du cercle,le centre duquel eſt ſuppoſé aux
bras de celuy qui frappe , le maillet en aura un mouvement bien plus libre,
& plus viſte, & par conſequent il agira bien plus puiſſamment qu'un autre
maillet dont le mâche ſera plus court,encore qu'il peſe plus que le premier,
mais qui ſe porte bien plus pareſſeuſement & lentement dans ſon action , à
cauſe qu'il eſt plus court que l'autre. Or toutes ces raiſons là ſont belles &
& bonnes : mais pour moy ie veux croire que la cauſe de cecy ſe peut rapporter avec plus de probabilité à l'inſtrument qui agit , quà toute autre accident , & ie ne me peux aucunement perſuader que l'air condenſé puiſſe en
rien contribuer à cette celerité ny faire que le maillet retombe plus rudement ſur le pouſſoir qui reçoit le coup : la raiſon eſt qu'il ny peut pas avoir
beaucoup d'air dans un ſi petit eſpace que le maillet peut faire en ſon mouvement circulaire, joint qu'autant qu'il s'y en rencontre d'interpoſé ſe rare-
ſie toûjours de plus en plus par la frequente repetition des coups dudit
maillet , ainſi cette extréme union & adherence des parties qui d'abord
eſtoient ſerrées entr'elles avant que le marteau fit ce mouvement : ſe diſſipe
& s'eſvanoüit dans le meſme temps , bien loing de ſe condenſer pour augmenter l'activité de ce mouvement. Mais nous aurons occaſion de parler
de tout cecy ailleurs où nous ferons une plus exacte & longue recherche
des cauſes de l'air rarefié & condenſé dans ſes forces les plus unies:où diſ-ie
nous

nous examinerons, en quoy l'air interposé entre deux corps, sçavoir un immobile, & l'autre se mouvant naturellement, ou violemment poussé, peut ayder ou nuire au mouvement. Ie vous ramentevray encore icy un advertissement que ie vous ay de-ja donné cy dessus, que la force d'un bras qui agit puissamment, augmente de beaucoup l'activité & la vitesse du mouvement du maillet, & par consequent luy donne d'autant plus de force pour agir sur le subjet qui reçoit les coups.

On pourra aussy charger les grandes fuzées fort commodement, si au lieu de maillet on se sert d'une espece de Hie, qui est une certaine machine que les Entrepreneurs, Architectes & gens de ce mestier appellent assez communément un Mouton, ou Belier, pourveu toutefois qu'il ne soit que d'une mediocre grandeur, c'est un engin fort semblable à ceux qu'on employe pour enfoncer les pilotis, dresser des palissades, planter des pieux & faire toute autre office semblable dans l'architecture, il est composé de trois grosses perches bien liées par le haut avec des hars de bois de saulx, ou d'une corde bien torte, lesquelles sont élargies par le bas en forme de trepié; puis de deux autres solives élevées perpendiculairement : le long desquelles le belier armé de ses anses, & de sa teste serrée, monte par le moyen d'une corde passée dans une poulie attachée en haut qui l'enleve en l'air puis le laisse retomber de son propre poids sur le poussoir, qui dans ce choc presse puissamment & serre la composition qui est dans la fuzée. Que si cete Hie, ou Mouton, ne pese que 100 ℔ il sera aysé à deux hommes de l'enlever, & de le mettre en train. Remarquez icy que tant plus longues que seront les perches qui soûtiennent le Belier, tant plus haut s'eslevera t'il, & consequemment faisant un plus grand espace de chemin en descendant, ses forces en estant augmentées, il agira avec plus de violence sur la chose mise au dessoubz, suivant ce discours assez commun, *gravis casus ab alto.* Marinus Mersennus en son Hydraulique Balistique & Mechanique, explique la cause de cecy assez au large, où ie rennoye ceux qui seront curieux de l'apprendre. Voyons cependant le reste des instruments. En la figure 41 se void un Cylindre de fer se terminant en pointe par le bas vers la superficie plane, avec quoy on perce de part en part certaines petites roüelles de carton ou de papier qui se mettent sur la composition apres que la fuzée est chargée. De plus la figure 42 represente un Cone ou Poinçon de fer fort pointu qui peut servir pour le mesme usage que le precedent : Il y a en A une Rotule de fer ou de bois percée par le milieu qu'on peut arrester avec un petit Clou, ou quelque cheville de fer qu'on fait entrer dans des petits trous qui sont faits tout le long de l'instrument à ce dessein de peur que la rotule ne vacille. La largeur de cette rotule sera telle par le diametre qu'elle puisse emplir exactement l'orifice de la fuzée dans le temps qu'elle perce la petite roüelle C. Cét instrument pourra servir à plusieurs sortes de fuzées pourveu qu'il soit assez long & qu'on aye de ces rotules de fer de differentes grädeurs & toutes ajustées aux orifices des fuzées. La figure 43 vous monstre une Rotule ou Orbe de bois à mettre sur les emboucheures des grandes fuzées apres qu'elles sont chargées, percée neantmoins en plusieurs endroits & evuidée par le milieu de son espaisseur à la facon d'une poulie vous en apprendrez l'usage un peu plus bas : la figure 44 vous represente le Couteau Pyrotechnique. En fin dans la figure 45 aux lettres A, B & C, vous voyez divers instruments, pour graver, tailler, evuider tout le bois qui s'employe dans la structure des machines Pyroboliques, desquelles ie vous en proposeray plusieurs dans les livres suivants.

S 2

Cha-

Chapitre I V.

Comment on doit allier les matieres, & preparer les compofitions pour charger toutes fortes de Fuzées.

Nous ne pouvons pas mieux comparer nos Pyroboliftes quà ces fouffleurs d'Alchimie, forgerons, & charbonniers du temps paffé, ou du noftre s'il s'en treuve encore (car c'eft à grand tort que ces vendeurs de fumée s'attribuent le nom de profeffeur d'un art fi noble & fi excellant qu'eft la chimie: lefquels travaillans nuict & jour, le plus fouvent aux dépens de leurs bources, ou de celles d'autruy à rechercher cette pierre philofophale, & femblables réveries qui ne fubfiftent que dans leurs imaginations; debitent au moins ruzes leurs menfonges pour des veritez & des chofes réelement exiftentes, ny plus ny moins que ces bafteleurs qui nous iettent la pouffiere aux yeux, pour obliger noftre credulité à adjoûter foy à leurs tromperies, & qui au bout du conte font contrains auffi bien comme eux de fe repaiftre de charbon, de cendres, & des excremens de leurs alambiques, & de boire comme une agreable Ambroifie les larmes que la fumée leur tire continuellement des yeux) car comme ceux cy tiennent caché les fecrets de leur art le plus qu'il leur eft poffible ou pour mieux dire les impoftures qui nous fçavent debiter avec des difcours fi fpecieux & pleins d'apparēce de verité: defquels fi d'avanture ils en laiffēt des efcripts ils ne nous les baillent point en langues, ni en caracteres Arabiques, Caldaïques, ny Syriaques, mais bien comme une fcience empruntée des demons, & fortie (à ce qu'ils diront) des enfers, afin de mettre cete art dont ils font proffeffion en plus grande reputation parmy le vulgaire; n'eftans pas ignorans que les chofes, qui luy font les plus inconnuës & qui tombent le moins fous fes fens luy caufent de l'admiration, & luy engendre quant & quant une extréme envie de les apprendre. Ainfi en eft-il de tous nos Pyroboliftes ou pour le moins de la plus part d'entr'eux qui femblent avoir contracté cete mauvaife habitude, & appris d'eux ces ridicules maximes, enforte qu'ils veulent nous faire croire qu'ils ont recouvré tous les fecrets de leur art, de leurs maiftres, avec beaucoup de difficulté, ou d'autres perfonnes qui en avoient des particuliéres connoiffance, qui les leurs ont donné comme un dépoft ou pour recompence de leurs bons fervices, ou pour marque d'une eftroite amitié, ou bien qu'ils les ont acheté au poids de l'or, & en cachette; Mais remarquez icy leur infigne malice, car de peur que quelqu'un ne vienne à defcouvrir fans beaucoup de difficulté les fecrets qui tiennent cachéz avec tant de foin, ou tirer quelque connoiffance confufe des memoires qu'ils pourroiēt avoir faits pour foulager la leur propre : Ils ont de coûtume de marquer toutes les matieres qu'on employe dans la Pyrobolie, leurs poids, & leurs mefures, avec des certaines lettres & marques inufitées dont perfonne ne peut rendre aucune raifon qu'eux mefmes. Il y en a d'autres qui ont mis des certaines clefs, en caracteres tout à fait inconnus fur les livres qu'ils ont autrefois fait mettre fous la preffe, lefquelles fi par malheur viennent à eftre perduës, à Dieu la fcience, il faut fermer les livres, & la boutique quant & quant, & croire qu'on a perdu le moyen de s'enrichir des trefors Pyrotechniques qu'ils avoient cachez dans ces riches & ineftimables cabinets. A la

verité

verité i'approuverois fort leur deſſein,& loüerois meſme en ce cas leur extréme ſedulité , s'ils tâchoient en quelque façon, de porter leur art au plus
haut point de ſa perfection par les voyes que les autres autheurs leurs ont
tracées (car c'eſt une ſotiſe bien grande à un neceſſiteux d'avoir honte
d'emprunter d'un autre ce qu'il eſpere luy rendre bien toſt avec uſure :
joint que c'eſt une entrepriſe trop difficile , & un travail de trop longue durée de vouloir apprendre toutes choſes de ſon propre eſtoc,& ſans aucune
ayde)mais de voir au cõtraire qu'ils font tout leur poſſible à ce que ce qu'ils
ont appris comme des ſaincts & ſecrets miſteres, ne vienne à eſtre divulgué.   Quelle apparence? (ce diſent-ils) l'eſtime que l'on fait de leur
art s'amoindriroit tout au moins de moitié , & par conſequent ceux qui
la profeſſēt perdroit une bonne partie de l'opinion qu'on auroit conceuë de
leur capacité. I'ay en effet tant veu,& ſi ſouvent,de ces grands & puiſſans re-
cüeils de ſecrets,de remarques & d'annotations (i'entend grands & puiſſans
en papier,mais en effet fort vuides & legers de ſçience.)auſſi ay-ie eſprouvé
que la plus part de ces beaux ſecrets qui paroiſſoiēt quelque choſe de grand
aux yeux de ceux qui les liſoient,apres l'experience n'eſtoit plus qu'un peu
de fumée , ou une petite exhalaiſon produite de ces teſtes mal-ſaines , ou
comme des veſſies enflées d'un vēt qui n'y peut ſubſiſter qu'autāt qu'elles ne
ſont pas piquées.   Mais puis qu'ils ſont de cét humeur ils feroiēt beaucoup
mieux à mon advis ſi avant que faire paſſer dans leurs obſervations ce qu'ils
ont appris des autres comme des rares ſecrets ils les eſpreuvoient ſouvent,
& qu'ils vouluſſent les reduire eux meſmes en pratique avec tout le ſoin
qu'ils y pourroit apporter :.ce faiſant ils ne ſe tromperoient plus,& ne tromperoient plus les autres ſoubz la bonne foy de ceux qui les leurs auroient
donnez.   Mais ces gens là ſont d'un tel naturel qui croient que toute la
vraye ſçience giſt à faire des grāds amas d'inventions de tous coſtéz encore
qu'ils ne ſçachent ſi elles ſont bonnes ou mauvaiſes , valables, ou non, tout
leur eſt bon,pourveu qu'ils groſſiſſēt leurs ouvrages. Or ie treuve que la voye
la plus ſeure & la plus loüable que puiſſiez tenir en cecy eſt de ne vous ſervir dans vos ouvrages Pyroboliques que d'une ou de deux compoſitiõs ſeulement deſquelles vous ſoyez bien aſſeuré ſoit que vous les ayez iuventées
vous meſme & bien eſprouvées , ou ſoit que vous les ayez receües de quelque autre , ſi d'avanture vous n'aviez par la borce aſſez fournie pour ſurve-
nir aux deſpences qu'il eſt impoſſible déviter dans telles occurences: à condition toutéfois qu'elles ayent eſté premiérement eſtablies ſur des fonde-
ments raiſonnables , & demonſtrées geometriquement.   Or puis que ie
me ſuis propoſé de traiter en ce chapitre des compoſitions neceſſaires pour
charger toutes ſortes de fuzées ie m'efforceray de faire voir icy (eſtant certain que perſonne ne s'eſt aviſé de ce faire auparavant moy) par quel moyen , & en quelle proportion de matiere on doit allier les compoſitions qui
entrent aux corps des fuzées : afin que de cette belle cymetrie , de leur alliage , & du reſte des obſervations, que nous ſpecifierons aux chapitres ſuivans, nous puiſſions recueillir les fruits que noſtre travail nous en auroit fait
eſperer.

On treuve ſi grande quantité de ces compoſitions par tout,chez ceux qui
font profeſſion de cét art,qu'on a de la peine à deviner leſquelles ſont les
meilleures & les mieux approvées : joint que pour en faire les eſpreuves
il y faut employer beaucoup de temps, & beaucoup d'argent.   C'eſt en
partie la raiſon qui m'a obligée de me mettre en peine depuis pluſieurs an-
nees en ça pour rechercher un moyen par lequel ie puiſſe promptement

par-

parvenir à la connoiſſance de la bonté , de chaque compoſition : & pour cét effet i'ay eſté ſi exact dans ma curioſité que ie n'ay pas voulu en reduire aucunes en pratique, que premiérement ie ne les aye fait paſſer par un juſte calcul d'Arithmetique , & par l'examen des demonſtrations geometriques apres les avoir bien eſtablies ſur des regles certaines , & ſur des raiſons fondamentales de la philoſophie naturelle. C'eſt icy (amy Lecteur) où ie te permets non ſeulement (ſi tu es bon Pyroboliſte ou ſi tu as tant ſeulement la moindre teinture du monde des elemens de mathematiques jointe à la connoiſſance de tant ſoit peu de phiſique) mais encore où ie te convie d'examiner juſques au fonds toutes les compoſitions que ie te propoſeray dans le reſte de cet ouvrage. Car ie n'apprehende aucunement que tu y rencontres rien qui te puiſſe chaquer, ou que tu puiſſe juſtement deſaprouver tant en ma theorie qu'en ma pratique. Il faut doncques que tu ſçaches premiérement ces reigles generales qui te ſerviront comme de pierre de touche pour faire eſpreuve des compoſitions des fuzées que tu aura recouvrées de l'inventions des autres ou de la tienne propre , & meſme par leſquelles tu en pourra inventer quantité d'autres à ta fantaiſie.

La premiere regle eſt , *Rochetæ quò majores fuerint lentiori onerentur materia: quo autem minores fortiori.* C'eſt à dire tant plus que les fuzées, ſeront grandes , elles ſeront chargées d'une matiere d'autant plus lente, & au contraire tant plus qu'elles ſeront petites leur compoſition en ſera d'autant plus forte & violente. C'eſt un maxime qu'on doit bien obſerver. Et la raiſon de cecy eſt que quand la matiere a pris feu dans le corps de quelque groſſe fuzée le feu conſommera plus en un moment d'une matiere violente, qu'il ne ſera pas dans une petite fuzée en une ou deux ou pluſieurs minutes d'une d'heure : c'eſt á cauſe qu'il a bien plus d'eſpace dans une grande & large fuzée,& qu'agiſſant ſur une grande quantité , il conſume & bruſle en un meſme inſtant beaucoup de matiere.Car il eſt fort difficile de preſcrire des reigles au feu qui eſt le plus ſubtil, & le plus violent de tous les elemens beaucoup moins de luy ordonner des bornes geometriques ny proportions aucunes,quand il agit ſur quelques corps, tant qu'il aura du lieu & de la matiere combuſtible , pour s'y attacher & s'y nourrir. De là il s'enſuivra neceſſairement qu'une matiere violente cauſant une combuſtion ſubite & momentanée , pour eſtre un aliment que le feu ayme & devore avec beaucoup plus d'avidité que tout autre moins fort , ou plus lent duquel on puiſſe charger une grande fuzée, la fera pluſtoſt crever par quelque endroit. En voicy la raiſon,c'eſt que la trop grande frequence , & denſité , ou pour mieux l'exprimer l'extréme union des rayons du feu ramaſſez enſemble, engendrée d'une matiere extrémement violente, jointe à une grande abondance de vent & d'exhalaiſons produites de la grande quantité du Salpetre que le feu reduit en flamme, demandant place & cherchant à ſe mettre au large, rompent d'abord les bornes qu'on leur avoit preſcripts , & font crever les murailles ou de carton,ou de bois qui leur faiſoient obſtacle. Mais aux petites fuzées il n'en va pas de meſme car pendant que le feu conſomme la matiere violente petit à petit ſeulement, les rayons du feu qui n'y ſont pas en ſi grande quantité ne treuvent pas dans un lieu ſi eſtroit tant de vent à rarefier en un meſme inſtant : d'où vient que la fuzée n'encoure aucun danger de ſe rompre.

La

La Seconde est , *ad majores Rochetas que unam libram vel duas ad summum superant , non alligetur aliis materiis pulvis pyrius.* Pour les grandes fuzées qui passent une livre ou deux pour le plus, on alliera aucune poudre pyrique avec les autres matieres. Ie n'ay point d'autre raison à donner de cecy que celle que ie viens d'alleguer cy dessus , parce que quand on travaille la poudre, il est necessaire qu'elle soit fort long-temps battuë en plottons , d'ou vient qu'elle s'acquerre une force extraordinaire : en ce que la quantité des coups frappez avec grande violence luy engendre beaucoup de chaleur , & de feu mesme, unit le salpetre avec le charbō & le soulfre, & les convertit en une substance quasi toute de feu ; apres en avoir consommé toutes les humiditéz nuisibles. Ce qui fait qu'un peu de poudre à canon a plus de vertu & fait plus d'effet, qu'une quantité de salpetre qu'on pouroit employer dans la composition en differentes proportions.

En fin la troisiéme. *Ad Rochetas Majores à* 100 *nempe libris usque ad* 10 ℔, *sumatur ea quantitas Salisnitri clarificati alligandi , ut ad Sulphur & Carbones primùm æqualitatis , tum deinceps vel superparticularis, vel superpartientis inæqualitatis Geometricæ simplicis , habeat proportionem. A* 10 *vero* ℔, *usque ad* 1 ℔, *& etiam semis , sit in dupla primùm, tum deinceps in tripla , & quadrupla , & partium unius integri aliquotarum ratione. A libræ denique semisi usque ad minimas Rochetas , in multiplici superpartiente , & superparticulari, nempè Sextupla, Septupla , Octupla, Noncula, Decupla eadem proportione accipiatur Salnitri , cum Pulvere etiam Pyrio. Carbones vero proportionabuntur ad Sulphur vel in sesquialtera , vel in dupla, etiam tripla , & æquali habitude.* Pour ce qui est des grandes fuzées , à sçavoir depuis 100 ℔ jusques à 10 en descendant, il faut prendre une telle quantité de salpetre clarifié pour y allier, qu'il ait une proportion premiérement d'égalité , puis apres d'une simple inégalité geometrique superparticuliere, ou superpartiente. Mais depuis 10 jusques à une ℔, voire jusques à une demye livre, qu'elle soit premiérement en proportion double, puis en triple, & puis en quadruple des parties aliquotes d'un entier. En fin depuis une demye-livre jusques aux moindres fuzées on prendra le salpetre avec la poudre mesme en plusieurs sortes de superpartiente & de superparticuliere, à sçavoir en la mesme proportion sextuple septuple, octuple, nuncuple, & decuple. Pour ce qui concerne le charbon on le proportionnera avec le soulfre, ou en sesquialtere , ou en double, ou en triple & quelquefois en proportion égale.

Ie remarque pourtant icy qu'il faut tellement augmenter & diminuer les quantités tant du salpetre respectivement aux deux autres matieres, comme du charbon au soulfre ; & reciproquement comme du soulfre au charbon, & des deux autres matieres au salpetre, comme si par exemple vous commencez par les grandes fuzées , vous augmenterez la quantité du salpetre en montant par degré, & diminuërez les deux autres matieres en telle proportion que vous ne passiez pas les limites de la progression d'Arithmetique. Pour tout ce que vous aurez inventé de vostre estoc, ou que vous aurez composé & preparé suivant vostre fantaisie, ie vous conseille d'en faire les espreuves premier que de les publier , & de les reduire en pratique promptement autant qu'il vous sera possible & que l'estat de vos affaires vous le permettra, afin que vous puissiez mieux éviter les fautes, ou les corriger si par accident vous en aviez commises quelques unes.

Quant

Quand à ce qui eſt des compoſitions que d'autres ouvriers vous auront ordonnées ou preparées pour charger des fuzées de certaines grandeurs ou
groſſeurs determinées , vous les pourrez examiner ſans aucune difficulté ,
ſi vous entendez tant ſoit peu les proportions geometriques , & que vous
en ſçachiez l'uſage,& ſi vous voulez prendre la peine d'en faire les experiences ,ſuivant les regles que ie vous ay décrites cy devant.

 Agréez ie vous prie maintenant ces compoſitions ſuivantes, lequelles ie
vous offre pour occuper voſtre loiſir. Ie les ay diſpenſées, & décrites le plus
ſidelement qu'il ma eſte poſſible commençant depuis 100 ℔. juſques à la
moindre fuzée qu'on puiſſe conſtruire. Ie ne me ſuis pas pourtant arreſté
à aucune methode reglée de progreſſion d'Arithmetique au regard de la
proportion du charbon avec le Soulfre comme ie l'avois propoſée cy deſſus
(auſſi n'eſt-il pas abſolument neceſſaire) car ie vous donne ſeulement toutes
les compoſitions,dans la meſme proportion & dans lordre que ie m'en ſuis
ſervy le tout ſuivāt les experiences que i'en ay faites. Vous trouverez neantmoins ſi vous prenez la peine de les éprouver, & de les reduire au calcul
d'Arithmetique, que i'ay exactement obſervé noſtre premiére regle generale dans toutes mes compoſitions.

Compoſitions pour toutes ſortes de
Fuzées.

Iuſques à 100. 80. *&* 60. ℔.

Du Salpetre 30 ℔, du Charbon 20 ℔, du Soulfre 10 ℔.
 Dans cette compoſition icy vous avez la proportion du Salpetre
égale aux deux autres matieres : mais celle du Charbon au Soulfre
eſt double. On ſe peut ſervir librement & ſans aucun ſcrupule de
cette compoſition dans toutes les fuzées qui ſe peuvent faire depuis 100
juſques à 60 ℔:Car c'eſt bien le plus ſeur de leur donner la matiere tant ſoit
peu plus lente,quoy qu'elles la pourroient ſouffrir plus fortes:veu qu'en matiere de manier la poudre on peche avec plus de bonheur & moins de peril
dans le deffaut que dans l'exez , c'eſt à dire dans le trop peu, que dans le
trop : car le deffaut dans une compoſition un peu foible, ſe peut ayſement
corriger en y adjoûtant de la matiere plus violente, & pour en eſtre plus aſſeuré,vous pouuez en eſpreuver une avant que de charger toutes les autres
pour tirer une conſequence du ſuccez de tout le reſte.

Iuſques à 50. 40. *&* 30 ℔.

Du Salpetre 30 ℔, du Charbon 18 ℔, du Soulfre 7 ℔.
 Dans celle-cy vous avez la proportion du ſalpetre aux deux autres matieres ſeſquiquinte : mais du charbon au ſoulfre , la double ſuperpartiente les
quatre ſeptiémes.

Iuſques à 20. *&* 18. ℔.

Du Salpetre 42 ℔, du Charbon 26 ℔, du Soulfre 12 ℔.
 Vous avez icy la proportion du Salpetre aux deux autres matieres ſuper-
bipartiente,les dixneufuiémes : mais du Charbon au Soulfre la double ſex-
quiſexte.

Iuſques à 15. *&* 12, ℔.

Du Salpetre 32 ℔, du Charbon 16 ℔, du Soulfre 8 ℔.
 En celle-cy vous avez la proportion du Salpetre aux deux autres matieres ſeſquitierce: mais du Charbon au Soulfre la double.

Iuſ-

Jusques à 10. & 9. ℔.

Du Salpetre 62 ℔, du Charbon 20 ℔, du Soulfre 9 ℔.

Icy vous avez la proportion du Salpetre aux deux autres matieres, double superquadrupartiente les vingtneufiémes : mais du Charbon au Soulfre, la double superbipartiente les neufiémes.

à 9. 8. & 6. ℔.

Du Salpetre 35 ℔, du Charbon 10 ℔, du Soulfre 5. ℔.

Vous avez en celle-cy la proportion du Salpetre aux deux autres matieres, double sesquitierce : du Charbon au Soulfre, double.

à 5. & 4. ℔.

Du Salpetre 64 ℔, du Charbon 16 ℔, du Soulfre 8 ℔.

La proportion du Salpetre aux deux autres matieres, est icy double sesquialtere : mais du Charbon au Soulfre, double.

à 3. & 2. ℔.

Du Salpetre 60 ℔, du Charbon 15 ℔, du Soulfre 2 ℔.

La proportion du Salpetre aux deux autres matieres est icy triple superpartiente, neuf dixseptiémes : mais du Charbon avec le Soulfre, septuple sesquialtere.

à 1. ℔.

De la Poudre 18 ℔, du Salpetre 8 ℔, du Charbon 4 ℔, du Soulfre 2 ℔.

Vous avez icy la proportion de la poudre aux deux autres matieres, quadruple : mais du Charbon au Soulfre, triple.

à 18. *lots.* & ⅞. ℔.

De la Poudre 18 ℔, du Salpetre 8 ℔, du Charbon 4 ℔, du Soulfre 2 ℔.

La proportion de la poudre avec le Salpetre est icy aux deux autres, matieres quadruple sesquitierce : mais du Charbon au Soulfre, double.

à 12. & 10. *lots.*

De la Poudre 30 lots, du Salpetre 24 lots, du Charbon 8 lots du Soulphre 3 lots.

La proportion de la poudre avec le Salpetre est icy aux deux autres matieres, quadruple, superdecupartiente les onziémes : mais du Charbon au Soulfre, double sesquialtere.

à 6. & 4. *lots.*

De la poudre 24 lots, du Salpetre 4 lots, du Charbon 3 lots, du Soulfre 1 lot.

Vous avez icy la proportion de la Poudre avec le Salpetre proportionée aux deux autres matieres, septuple : mais du Charbon au Soulfre, triple.

à 2. & 1. *lot.*

De la Poudre 30 lots, du Charbon 4 lots.

Icy la proportion de la poudre est au Charbon, septuple sesqui-altere.

à ¾ & 1/16 *de lot.*

De la Poudre 9. ou 10 lots : du Charbon 1 lot, ou 1 lot & ⅞.

Ces petites fuzées qu'on appelle courantes se peuvent charger avec de la seule poudre bien battuë, sans Charbon, sauf l'amorce qui doit estre d'une bonne poudre, & bien grenée.

T

Cha-

Chapitre V.

Comme on doit percer les Fuzées, & des inſtruments propres à cét effet.

Pour ce qui concerne la terebration des fuzées, ou le moyen de percer les corps durs & compacts de leur compoſition, dans une certaine hauteur & largeur determinée ; ſoit en les chargeant, ou apres qu'elles ſont chargées ; c'eſt une invention laquelle ie ne puis vous donner pour vieille, ny pour nouvelle: veuque ie n'en ay rien de certain. Ie veux toutesfois croire que les Anciens Pyroboliſtes n'ont pas ignoré une choſe ſi neceſſaire à la preparation des fuzées, & ſans laquelle elles ne pourroient en aucune façon s'enlever directement en l'air (à cauſe que le feu ne s'y pourroit pas ayſement inſinuer pour emflammer la compoſition, & par conſequent ne pourroit pas entrainer quant & ſoy (qui neantmoins eſt une action des plus propres à ſa nature) vers ſon centre tout ce qu'on auroit mis en ſon pouvoir : ie veux dire, pour enlever en l'air, auſſi haut, & auſſi long temps que ſa matiere le retiendroit, le tuyau de la fuzée, avec toute ſa dependence: mais bien me perſuaderois-ié pluſtoſt, que ces bonnes gens ont voulu tenir cete invention enveloppée dans un profond ſilence comme un grandiſſime ſecret de leur art. Ou bien faut croire, qu'ils ont voulu tout à deſſein paſſer (comme l'on dit) à pied ſec par deſſus cete difficulté ſe contentans alors de nous faire part de quantité d'autres miſteres qui nous divulguoient aſſez liberalement touchant cete ſçience. Or moy apres avoir longuement leu & releu autant d'eſcrits des Anciens Pyroboliſtes que i'en ay pû recouvrer, ie n'ay iamais rencontré un ſeul iotta, qui ait fait mention du moyen qu'on devoit tenir pour percer les fuzées. En effet c'eſt de quoy ie ne m'eſtonne pas beaucoup, veu que ie ſçay que c'eſt une choſe qui eſt encore aujourdhuy fort religieuſement obſervée de tous nos Ingenieurs à feu modernes, ou pour le moins de la plus part (comme j'ay de-ja touché en paſſant au chapitre precedent) de ne point reveler les ſecrets des feux d'artifice qu'apres beaucoup d'inſtances : encore que pour dire le vray s'ils en évantent quelqu'uns ils ne les declarēt qu'a des perſonnes qui font une particuliere profeſſion de cete ſçience: où peut eſtre à quelques autres qui leur promettent des ſpecieuſes recompenſes, ſi ce n'eſt que lors qui ſont yvres, il leur arrive de mettre au vent tout ce qu'ils ſçavent & ce qu'ils ne ſçavent pas, & laiſſer eſchapper indiſcretement à leur langue, parmy d'autres fatras qu'ils debitent, ces ſecrets que leur coeur auroit premedité de tenir long temps couverts. Qu'ainſi ne ſoit il eſt bien certain que les profeſſeurs en cét art apres que leurs diſciples ont achevé leurs cours, & qu'ils ſont ſur le point de les renvoyer, ils tirent deux un ſerment ſolemnel, qu'ils ne decouvriront à perſonne les ſecrets qui leurs ont eſté confiez: Outre qu'il ne leur ſera pas permis de profeſſer publiquemment, ny meſme d'enſeigner ſecretement aux autres, ce qu'ils ont appris d'eux, qu'apres le terme de trois années. Ils imitent en cela les Cabaliſtes qui ne communiquent jamais les miſteres chachez de leur art qu'a des hommes remplis de l'eſprit divin , & (comme ils diſent) qu'à ceux qui ſont d'és le ventre de la mere predeſtinez à recevoir le ſacré don de prophetie , ou pluſtoſt pſeudoprophetie: miſteres qu'ils reverent avec une extréme reverēce & avec des ceremonies extraordinaires,

mur-

murmurans ie ne ſçay quoy entre leurs dents, avec deffences expreſſes
(ſuperſtition neantmoins puniſſable de mort) de ne les reveler à ame qui
vive. Quant à moy bien loing des ſentiments de tous ces eſprits bourrus
ſans aucune eſperance de recompence, ny d'aucun autre reſpet, ie vous
donne gratuitement, ce qui ma eſté bien cher vendu: & rompant le ſilence
pour obliger mes amis,& ſervir au public, malgré les reproches,& les ex-
communications que ces Meſſieurs les Pyroboliſtes pourront jetter à l'encontre de moy. Ie dis haut & clair ſans crainte de leurs menaces, que les
ſuzées doivent eſtre percées à la hauteur des deux tiers de la compoſition
qui les emplit,moins un diametre de ſon vuide interieur. La largeur du
trou inferieur fait ou col de la fuzée ſera de ⅓ du diametre de la forme, mais
celuy d'en haut,s'en ira en pointe à la façon d'un cone, en telle ſorte toutefois que la largeur ſuperieure ſera de ⅛ du diametre de la largeur inferieure.
Car cete forme de trou eſt la plus commode pour recevoir les rayons du
feu, conſideré qu'il y peut avec beaucoup plus de facilité que dans tout autre forme,s'attacher à la matiere de tous coſtez:& par conſequent luy communiquer plus de force pour enlever la fuzée. Il y a deux ſortes d'inſtruments dont on ſe ſert pour percer ces trous, à ſçavoir des Tarieres évui-
dées,ou bien des certaines Eguiles de fer,ou Poinçõs de cuivre faits en forme de cone. Au nombre 46 vous pouvez voir les figures de ces inſtruments marquez des lettres A. B. C. D. E. La premiere marquée de A
eſt pour les fuzées de 2 ℔: ſa hauteur B C eſt des deux tiers de la hauteur
de la fuzée moins un diametre du vuide interieur, commençant à meſurer
du point où la compoſition commence dans la fuzée (à ſçavoir au col)juſ-
ques à l'autre point on la meſme matiere finit. Par exemple en la figure
48, la hauteur de la fuzée de P. en I. eſtant diviſée en trois parties égales,
il y en a deux tiers qui tombent en G: puis de G prenant N O le diametre
interieur du vuide de la fuzée, & le poſant vers le bas en F donnera la hauteur du trou P E: à ſçavoir des deux tiers de la hauteur de la fuzée moins
un diametre de vuide interieur : & ſa largeur E F, ſera de deux huitiémes
du diametre M B: la largeur ſuperieure du meſme inſtrument en C, eſt ⅛
de l'inferieur D E. Dans la ſeconde figure de la lettre B, eſt un Poinçon
pour les fuzées de 12 lots. En C pour celles de 8 lots. En D pour celles de 6. Et en fin en la lettre E, pour les fuzées de 2 lots. Or la proportion de la longueur & groſſeur de celles-cy,eſt toute la meſme que de la ſuperieure en la lettre A. Outre tout cecy dans la premiere figure A vous
avez l'inſtrument diviſé en d'autres plus petits poinçons pour percer les
moindres fuzées , juſques à une demye ℔ chacun marqué de ſon nombre.
Sçachez que i'ay fait toutes ces diviſions ſuivant la raiſon cubique : ſçavoir
en ſubdiviſant la ligne droite B C, (qui eſt la longueur d'un poinçon
pour une fuzée de deux ℔) en d'autres parties cubiquement proportionnelles; comme en ſubduple qui eſt d'une ℔;ſubquadruple qui eſt d'une demye ℔ ou de 16 lots:&ainſi de toutes les autres parties qui ſont entre-deux.
Encore bien que l'on pourroit ordonner de la meſme ſorte pluſieurs autres
éguilles moindres que celles-cy ſur une plus grande que de 2 ℔: ie l'ay
pourtant fait ainſi pour cete raiſon, à cauſe, que les groſſeurs ſuperieures des petites éguilles ſeroient par trop diſproportionnées aux largeurs inferieures: ou bien il faudroit tellement diminuër la largeur ſuperieure
des grandes, qu'elle pourroit ſervir à percer les fuzées d'un ou de deux
lots; Or eſt il qu'elle ſeroit trop retroicie.C'eſt pourquoy on fera beaucoup
mieux, ſi on fait faire les éguilles des petites fuzées à part : car ce faiſant

T 2

elles

elles auront leurs largueurs tant supérieures qu'inferieures toutes proportionnées d'une mesme façon. Ces éguilles ou poinçons ont aussi besoin de
chacune un petit manche pour les pouvoir plus commodement gouverner: dont vous pouvez voir la figure en la lettre F. La lettre D dans la
figure 47 vous donne à connoistre une autre manche qui tourne & vire sur
l'instrument comme celuy d'un vibrequin. En fin tous ces poinçons &
éguilles se peuvent aysement ajuster sur le tour d'un tourneur en bois pour
y percer les fuzées proprement & promptement. Si d'avanture cete invention ne vous plait, servez vous de cete petite machine dont la figure est
tirée au N°. 47 elle est fort propre pour cét effet: il faut que vous ayez premiérement un parallelipipede, party en deux, ou composé de deux demy-
parallelipipedes evuidéz de toute leur longueur d'un costé pour y engager la fuzée, comme il paroist en A & B. Puis vous enfermerez cedit parallelipipede dans la machine, & le sererez avec quatre viz de bois, deux de
chaque costé, comme on void en F & en E, pour l'arrester là bien ferme,
depeur qu'il ne vacile; puis ayant mis la Tariére C, dans le manche D, vous
en appuyrez la teste contre la poictrine, en fin le tournant d'une main, ou
de deux, vous percerez la fuzée toute à vostre ayse. On peut encore percer
les fuzées, d'une autre façon comme nous avons de-ja dit à sçavoir si vous
les chargez sur des pointes de fer, ou des éguilles de cuivre avec des pous-
soirs ou bâtons percez: nous leur avons ordonne une parcille proportion,
tant pour la longueur que pour la grosseur, qu'a ces tarieres, sçavoir la longueur des deux tiers de la hauteur de la matiere contenuë dans la fuzée,
moins un diametre de son vuide interieur. Cete éguille ou pointe doit estre
faite de la mesme façon qu'elle se void au nombre 23, dont la longueur est
M L, la grosseur G H. Il est bien vray que i'ay estably une autre proportion
à cete éguille pour sa grosseur tant du bas que du haut, dans la figure du N°.
20, où sa largeur O P est ½ du diametre C D: pour ce qui est de la superieure
jusques à Q, elle doit estre de la moitie de l'inferieure O P. I'ay fait cecy
pour une raison, par ce que i'ay remarqué que quantité de Pyrobolistes s'estoit servye de cete proportion, laquelle ie ne peux pas des-approuver,
mais pour en dire la verité, ie n'ay iamais veu quels effets produisoint des fuzées chargées sur des éguilles faites de la sorte. I'adjoute encore cecy qu'on
ne fait pas tousiours les trous d'une mesme grandeur, tant en largeur,
qu'en hauteur: & ie ne veux pas asseurer que mes observations seront par
tout, & tousiours generales, particuliérement chez ceux qui chargent une
mesme fuzée de plusieurs compositions, dont les matieres sont alliées entr'elles en differente proportion: car il faut considerer que tant plus que les
compositions seront violentes & fortes, tant plus estroits & moins profonds
doivent estre percez les trous dans la fuzée, & au contraire tant plus qu'elles
sont lentes, lesdits trous en seront faits plus profonds, & plus larges, La
raison de cecy n'en est pas bien loing à chercher comme nous avons dit au
chapitre precedāt, parce que comme une matiere violente s'enflamme avec
beaucoup plus de vitesse, & de facilité, qu'une lènte & foible composition: ainsi une fuzée chargée d'une matiere forte & vigoureuse, qui aura
le trou trop large par lequel elle admetra le feu dans soy, afin de s'enlever
en l'air librement par le moyen de ce feu, se brûlera & se consommer en
moins d'un instant: veu que le feu a plus d'espace dans un trou large &
spacieux que dans un estroit, où il puisse faire agir ses forces c'est pourquoy
s'attachant presque en un moment par toute la matiere, & la reduisant generalement en feu & en flamme: il fera crever le plus souvent la fuzée à cau-

se

ſe des exhalaiſons de la matiere violente & de l'abondance des raÿons du feu,unis & joints enſemble: ou bien apres l'avoir enlevée en l'air fort haut il la conſommera en un inſtant, & ne nous la fera voir que comme un eſclair. Pour le regard des petites fuzées elle ne peuvent pas encourir ce danger, à cauſe du peu de compoſition qu'elles contiennent; mais pour ce qui eſt des groſſes,qu'on prenne diligemment garde de les emplir d'une matiere bien proportionnée & convenable à la fuzée, & de les percer à proportion des compoſitions qu'on y met, autrement vous pouvez bien vous aſſeurer que tout voſtre travail & voſtre deſpence s'en iront tout en fumée. Voila Amy Lecteur, ce que les anciens Pyroboliſtes nous ont tenu ſi long temps & ſi ſecretement caché: impie contagion d'ingratitude, denuie, & de jalouſie! dont les maiſtres de cét art, qui la profeſſent encore aujourdhuy ſont demeurez tâchez comme d'un mal hereditaire, qui s'imegineroient perdre tout leur credit, ou faire tort à leur fortune & à leur profit particu-lier, s'ils avoient communiqué la moindre partie de ce qu'ils appellent ſecret, aux honeſtes gens qui ont quelque inclination pour cete ſçien-ce. Il faut croire qu'ils ne ſe ſonviennent pas, ou qu'ils ſont tout à fait ignorants de ce que l'experience journaliere nous apprend, que ſi on ap-proche mille lampes eſteintes d'une autre allumée pour en prēdre de la lu-miére, elle leur en communiquera en effet, ſans en rien diminuer ſon huy-le, ny meſme ſans perdre pas un des moindres rayons qui la rendent ſi reluiſante. Pour moy ie n'ay fait aucune difficulté de vous decouvrir in-genuëment, ce qui ne meritoit point de demeurer caché. Ce n'eſt pas que ie ne prevoye aſſez que tous ces commenteurs de bagatelles (qui ne doivent paſſer que pour telles, & pour les productions d'une pure igno-rance, ou d'une infame baſſeſſe) ces eſprits bourrus,& ces ames peu cour-toiſes ne me haïront d'une haine plus que vatiniane (comme l'on dit) mais c'eſt ce qui m'eſmeut fort peu la bile, ie ſçais trop bien que, qui aura l'eſ-prit un peu fort, ſe rira de tous ces coaxements de grenoüilles, & n'en re-poſera pas moins en ſeureté pour tout cela,particulierement s'il ſe ſouvient de ce commun dire qui eſt bien veritable. *Principibus placuiſſe viris vel ma-xime ſat eſt.* Ceſt ames vulgaires ne ſont que des petits chiens qui abbo-yent & qui ne nous peuvent mordre, pourveu que nos travaux & nos ſoins ſoient agreables à nos princes que nous importe du reſte.

Mais briſons icy pour le preſent ſur ce ſubjet. & paſſons cependant à la conſtruction des fuzées, & ſongeons de mettre la main à l'euvre tout de bon.

Chapitre VI.

Des fuzées qui montent en l'air avec leur baguettes.

Eſpece I.

La fuzée deſſinée au nombre 48 (laquelle nous avons ſuppoſée d'une ℔) a ſa hauteur A B, de 7 diametres de ſon orifice, de meſme que la hauteur de ſon modele : mais il faut premiérement retrancher de cete hauteur pour le col L M ; diametre, comme la ligne B D vous le fait voir ſur A B. Deplus pour le retreciſſement, & les plis du col de la fuzée juſquées en P ; en fin pour la lier par le haut, on oſte encore à cete

hau-

hauteur, diametre comme on void en K I, & A C: c'eft pourquoy il n'y refte pour la compofition, que la hauteur de 5 diametres & ½ comme il eft icy marqué en P I, ou C R. Divifez maintenant cete hauteur en 3 parties aux points S & G: & la chargez d'une compofition convenable à fa portée comme nous avons de-ja affez redit depuis P jufques en G, c'eft à dire, jufques aux deux tiers de la hauteur P I: cela fait mettez par deffus la compofition une petite rotule de papier, ou de carton G: ou ce qui fera beaucoup plus commode pour les groffes fuzées, un morceau de bois rond canelé, tel que nous l'avons dépeint en la figure du nombre 43. Vous le collerez bien ferré contre les parois de la cartouche avec de la colle bien chaude : Que fi voftre cartouche eft faite de carton, ou de papier vous la lierez fort & ferme avec une ficelle bien torte à l'endroit où cete rotule de bois eft canelée, enforte que la ficelle entre dans la cavité pour y demeurer ferme comme il paroift en Q. Mais fi d'ailleurs la cartouche de la fuzee eft faite de bois, il n'eft pas befoin que cete rotule foit canelée mais fimplement ronde & pleine fans aucune évuidure; fon efpaiffeur fera ½ du diametre de la fuzée. Vous l'arrefterez dãs le creu de la fuzée avec des petits cloux de fer, ou des chevilles de bois que vous y attacherez par dehors, puis vous la luterez bien avec de la colle chaude, c'eft de quoy il faut avoir grand foin : car i'ay fouvent remarqué que les cartouches des grandes fuzées apres eftre allumées eftoient demeurées toutes vuides fufpenduës au clou, fur lequel on les avoient pofées, fans quelles fe puffent enlever : c'eft à dire que la compofition (pour n'avoir pas eu un arreft bien ferme par deffus) eftant pouffée par la violence du feu s'eftoit enflammée & confommée dans l'air fans faire l'effet quon en efperoit. Toutefois les petites fuzées qui fe lient par le haut font hors de ce danger. Or on fait un trou à cete rotule pour donner feu à la poudre, qui doit eftre large de ½ du diametre de la fuzée, ou bien on y en fait plufieurs, lors que fur cete rotule on veut enfermer des fuzées courantes ou d'autres petites inventions gaillardes qui fe pratiquent dans les feux d'artifices defquelles nous parlerons cy apres. Par deffus cete rotule vous acheverez d'emplir le vuide de la fuzée avec de la bonne poudre bien grenée, laquelle fera preffée avec telle moderation que les grains foient confervez entiers fans eftre reduits en farine car autrement la poudre perdroit toute fa force. En fin elle fera liée par le haut, puis percée depuis P. jufques en E, à la hauteur des deux tiers de la longueur de la fuzée moins un diametre de fon vuide interieur, à fçavoir N O: laquelle eftant mife de G en E donne le refte E P, qui eft la hauteur du trou qu'on doit percer,

I. Efpece

Soit prife une Cartouche de fuzée ayant à fon orifice le diametre d'un boulet de plomb de 10 lots. Que fa hauteur foit de 4 diametres & ½ qu'elle foit chargée d'une matiere convenable, à la hauteur de 3 diametres du vuide interieur de la fuzée : puis apres qu'elle foit percée à la hauteur de deux diametres du mefme vuide. Soit mis par deffus cete matiere une rotule de bois, ou de carton, dont l'épaiffeur & le trou de l'amorce foient de ½ du diametre du vuide interieur de la fuzée. En fin que le refte foit lié fort & ferme avec une bonne ficelle. La forme de cete fuzée fe peut voir en la figure du nombre 49 en la lettre A. En fuitte de cecy, foit prife encore une autre cartouche dont l'orifice ait le diametre d'un boulet de plomb de 24 lots, qu'elle foit longue de 5 diametres de fa forme. On la chargera

d'une

d'une compofition propre & convenable, à la hauteur de 1 diametre & ⅓ du vuide interieur : puis on la percera bien adroitement à la hauteur de 1 diametre &⅓ du mefme vuide, en telle forte toutefois qu'il refte au de là du trou la hauteur d'un tiers du diametre, de la compofition qui ne foit point percée. Soit mife apres fur ladite compofition une rotule de la mefme proportion que nous avons dit. Puis fur cete rotule de la poudre grenée à la hauteur de ⅓ du diametre de la fuzée. En fin vous mettrez par deffus le tout, la fuzée que vous avez immediatement preparée, laquelle vous arefterez bien avec de la colle chaude dans le vuide de celle-cy, afin qu'elle ne puiffe branler. Vous trouverez la forme de cete derniere fuzée avec celle qui eft ajuftée dedans, foubs la mefme figure en la lettre B. En fin foit prife une cartouche d'une troifiéme fuzée de 2. ℔. dont la hauteur ait la mefme proportion à la largeur de fon orifice que nous l'avons enfeignée au fecond chapitre de ce livre : vous la chargerez d'une matiere competante jufques à la hauteur de deux diametres & ⁵⁄₁₁ du vuide interieur. Vous mettrez par deffus une rotule de bois dont l'épaiffeur, & le trou de l'amorce feront de ⅓ du diametre de la forme. Vous verferez puis apres de la poudre grenée par deffus cete rotule, à la hauteur de 1 diametre du vuide interieur. En fin vous prendrez la fuzée B, dans laquelle la premiere eft enfermée, & l'ayant ajuftée dans la canne de cete troifiéme, vous la colerez bien proprement avec de la colle chaude : puis vous couvrirez le tout du chaperon F, fait de papier ou de bois. Vous pouvez remarquer tout l'ordre de cete fuzée dans la mefme figure en la lettre E.

Remarquez 1. que les cols des deux premieres fuzées ne foient pas plus hauts que de ⅓ du diametre. 2. Que l'on peut prendre trois autres plus grandes, ou plus petites fuzées pour les inferer dans cete grande cartouche. Mais ie vous adverty qu'il faut bien prendre garde que les deux moindres foient, tellement racourcies, que la troifiéme ne puiffe en rien eftre diminuée de fa hauteur : ny pareillement au contraire que ces mefmes fuzées ne foient pas fi hautes qu'elles excedent tant foit peu la troifiéme que les contient : enforte toutefois que les deux premieres foient d'une telle groffeur, que la premiere des deux puiffe emplir exactement la feconde, & la feconde avec la premiere, puiffe juftement occuper le vuide de la troifiéme. Si d'avanture les cols des fuzées n'obfervent pas icy precifement la proportion que nous leur avons donnée, cela n'importe pas beaucoup, puifque leur largeur eft de-ja proportionnée : & en ce cas, la troifiéme fuzée doit eftre chargée d'une matiere un peu plus lente que fa groffeur ne le demande : Pour ce qui regarde les deux premieres elle n'ont que faire de fe mettre en peine du depart, car il faut que la troiéme les enleve en l'air, où elles produifent leurs effets, en courant tantoft d'un cofté tantoft de l'autre, par un mouvement oblique, veu qu'elles ne peuvent pas monter perpendiculairement, manque de baguettes, ou de contre poids : Mais nous deviferons de tout cecy à la fin de ce Chapitre.

Efpece 2.

Prenez moy une groffe fuzée, à fçavoir de 2. 6. 8. ou fi vous voulez de 10. & 20 ℔. & la chargez d'une compofition propre & convenable à fa groffeur : puis la percez comme on à de coûtume, & fuivant la methode que nous avons monftrée dans la premiere efpece des fuzées. Apres avoir mis deffus la compofition une rotule, vous verferez par deffus cete dite rotule

(qui

(qui fera percée en plufieurs endroits telle qu'on la void en la lettre A) de la poudre bien battuë, avec égale portion d'autre poudre bien grenée & bien meflée enfemble. Puis vous remplirez le vuide du refte de la fuzée d'autant d'autres petites fuzées courantes, que ce vuide en pourra contenir, refervé toutefois au milieu un certain efpace pour y mettre un tuyau de bois, lequel vous voyez reprefenté au Nomb. 54. Voicy comme quoy on le doit ajufter. Prenez un Cylindre de bois qui foit évuidé de hauteur juftement égale au vuide de la fuzée, quoy que l'on le puiffe faire auffi haut que le fommet interieur du Chapperon qui le couvre. Que l'efpaiffeur du bois A B foit de ⅓ du diametre A C: que le fonds F G foit efpais de ⅓ du diametre, auquel on ajuftera un contrepoids tel que ce boulet de plomb. Chargez en apres ce tuyau de la façon que ie m'en vay vous dire. Premiérement verfez y de la poudre grenée à la hauteur d'un demy diametre: fur cete poudre ajuftez-y une balle luifante, dont ie vous monftreray la conftruction au Chap. 3. du liv. fuivant: fur cete balle verfez de la compofition lente comme monftre la lettre O: puis mettez derechef fur cete compofition de la poudre grenée de la mefme hauteur que devant; fur cette poudre grenée ajuftez encore une autre balle luifante; & en fin de la compofition lente, & continuez toufiours ainfi à mettre lit fur lit jufques à ce que le tuyau foit tout à fait plein. Nous traiterons des compofitions lentes au livre des differentes Machines Pyrotechniques; où nous defcrirons auffi affez amplement toutes les circonftances de ce mefme tuyau. Le tout eftant donc difpofé de la forte, & ce tuyau chargé comme nous avons dit, bien lié avec de bon fil de fer, ou de lin ou de chanvre, bien collé avec de la colle bien chaude, pour plus grande feureté, depeur que la force de la poudre ne le faffe crever, il fera placé au milieu des fuzées, l'orifice tourné vers la rotule de bois furfemée de poudre. Tout eftant ainfi achevé par ordre, on bouchera bien fort la fuzée avec un tampon de papier, ou de bois, fi la cartouche en eft faite. Voyez la figure du N° 50 vous y remarquerez le tout par ordre.

Efpece 4.

Cete efpece de fuzée montante ne differe quafi en rien de la fuperieure, finon qu'au lieu des petites fuzées que l'on enferme dans fa capacité, on y met des eftincelles, & des eftoiles (lequelles ie vous apprendray à conftruire au Chapitre 2. du livre fuivant) meflées avec de la poudre grenée, & battuë. Pour ce qui eft du refte on y procedera de la mefme façon que nous avons fait dans les premieres. Voyes la figure du nombre 51.

Efpece 5.

On chargera une fuzée de quelque grandeur que fe foit d'une compofition propre & convenable, jufques à la hauteur de 2 diametres & ⅓ de fon orifice. Puis on la couvrira d'une rotule de bois efpaiffe de ⅓ du mefme diametre: fur cete rotule on mettra de la poudre grenée à la hauteur de ⅓ du diametre. Puis fur cete poudre on verfera encore de la compofition à la hauteur de ⅓ du diametre. Sur cete compofition fera ajuftée une autre rotule; derechef fur cete rotule de la compofition; en fin fur cete compofition on metra de la poudre à la mefme hauteur qu'auparavant: & recommencera-t'on ce procedé jufques à ce que la fuzée foit toute chargée.

Cela

Cela fait on la liera bien ferme par le haut, & puis on la percera à la hauteur
de 2, diametres & ⅓ de son orifice. La figure 52 monstre le tout par ordre.

Espece 6.

Premiérement vous Chagerez quelque fuzée suivant l'ordre & la methode ordinaire, & la percerez tout de mesme que vous avez percé la fuzée
de la premiere espece. Cela fait preparez certains tuyaux d'un bois sec,& leger, de la mesme forme que vous en voyez un dessiné sous la lettre B, en la
figure du nombre 53:ou bien d'un papier bien collé de mesme qu'on fait les
cartouches des fuzées,lequel on liera par dessous. Vous attacherez apres,de
ces tuyaux avec de la colle forte sur la superficie exterieure de la fuzée,au-
tant qu'il vous plaira en forme spirale neantmoins : & les lierez bien fort
avec du bon fil, en tournant pareillement vostre fil de la mesme façon que
vos boëtes sont disposées sur vostre grãde fuzée,comme vous le monstre la
lettre D. emplissez moy apres tous ces tuyaux ou boëtes,de fuzées courantes toutes percées avec l'éguille ou poinçon de fer, de trous qui penetrent
jusques dans la matiere, remplis de poudre battuë,par où le feu leur sera apporté de la grande fuzée à travers la cartouche & la boëte. La grande fuzée
se pourra bien passer de petard chargé de poudre grenée,mais en sa place on
y mettra si l'on veut des petards de fer,dont le haut sera remply de fine poudre , & le bas de la mesme composition de laquelle on a chargé la fuzée. La
lettre A dans nostre figure fait voir la cartouche de papier avec la fuzée courante qui est inserée dedans,pour vous rendre la chose plus aysée à entendre.

Espece 7.

Emplissez une fuzée d'une composition raisonnable, jusques à la hauteur
des 2 diametres du vuide interieur : puis ayant pris un poinçon en main
faites un trou dans laditte composition , profond d'un diametre, & large de
⅓ du diametre. Couvrez ce trou d'un simple papier:depeur qu'en achevant de
charger la fuzée la matiere ne vienne à le remplir:vous observerez tousiours
ce mesme ordre que ie viens de dire,jusques à ce que vostre fuzée soit entiérement chargée : à sçavoir mettant tousiours de la composition à la hau ·
teur de deux diametres,& la perçant à la profondeur d'un seulement. Voyez
la figure au Nomb. 54.

Espece 8.

Vous observerez icy toutes le circonstances deduites en la premiere,qua-
triéme, & sixiéme espece, tant pour la charge que pour la façon de percer les fuzées.   Supposé donc que vous en ayez quelque une de preparée
comme elle doit estre,vous y attacherez sur la superficie exterieure, des petards de papiers tels que vous les voyez marquez de A, autant qu'il vous
semblera bon:& prendrez bien garde de les esloigner les uns des autres dans
des distances raisonnables & telles que vous jugerez à propos : Puis emplirez les amorces tant de la fuzée,que des petards,de poudre battuë. Les figures des Nomb. 56. & 55. font voir cela au net.

Espece 9.

Pour le regard de cete neufiéme espece de fuzée, on la preparera suivant
l'ordre que ie m'en vay vous deduire. On chargera premiéremēt la fuzée
d'une matiere convenable, jusques à la hauteur de 2 diametres & ⅓; puis on
ajustera dessus la composition une rotule de bois percée par le milieu : puis
par dessus cete rotule vous verserez de la poudre grenée à la hauteur de ⅓ du
diametre du vuide interieur de la fuzée ; vous jetterez derechef sur cete

V

poudre

poudre de la composition, à la hauteur de ⅓ du mesme diametre: Puis prenant une forte ficelle vous lierez la fuzée bien ferrée au deſſus de la compoſition, reſervé ſeulement un petit trou, au milieu du col de la fuzée pour y donner entrée au feu : cela fait vous verſerez de nouveau de la compoſition à la hauteur de ⅓: & puis ſur cete compoſition de la poudre grenée à la hauteur de ⅓. En fin ſur cete poudre ſera miſe encore de la compoſition à la meſme hauteur que devant: puis vous lierez la fuzée pour une ſeconde fois comme auparavant. Ainſi continuerez-vous d'emplir touſiours ſuivant ce meſme ordre, juſques à ce que la fuzée ſoit tout à fait remplie. Cecy eſt fort ayſé à remarquer dans la figure 57.

Eſpece 10.

Cete eſpece de fuzée n'a rien de particulier qui la rende beaucoup difereſrète des autres. Car premierement elle ſe charge, & perce de la meſme façon que nous avons chargé & percé, celles qui ſont deſcrites en la 1. 4. & 6. eſpece. Elle a ſeulement de ſurplus ſur un petard de poudre grenée, un globe longuet fait de bois, & creu vers la lettre A, rempli d'une matiere aquatique (par ce mot d'Aquatique faut entendre des compoſitions faites pour brûler ſur, ou dans les eaux, telles que nous les décrirons au livre ſuivant) ou de quelque autre matiere violente. Vous l'allumerez premierement par deſſus avant que vous donniez feu à la fuzée par deſſous, á cauſe que l'orifice du globe n'a aucune communication avec la fuzée. Eſtant doncques partie, & enlevée en l'air vous y remarquerez deux ſortes de feux, à ſçavoir de la fuzée qui êlancera des longs rayons de feu vers la terre, & d'autre coſté du globle, qui eſpandra parmy l'air comme un groſſe pluye de feu. Voyez la figure marquée du Nomb. 58.

Eſpece 11.

Prenez moy 7 petites fuzées comme de 2. 3. 4. ou pluſieurs onces chargées d'une compoſition ordinaire, & percées ſuivant la methode ordonnée : liez-les bien fort enſemble avec une groſſe ficelle, enſorte qu'elles ne facent qu'un corps rond & ſolide: puis couvrez-les d'un fort papier ou carton bien collé en forme de cylindre, & le bouchez par deſſus d'un turban, ou chaperon fait en pointe tel que le voyez en la lettre A: vous n'oublierez pas d'y joindre auſſi une baguette (dont nous vous apprendrons bien tôſt la conſtruction, & la proportion) en telle ſorte toûtefois que le bout d'en haut ſoit pareillement engagé ſoubz le cylindre de papier qui enveloppe toutés les fuzées. La figure 59 vous en rendra plus certain.

Remarquez icy que, toutes ces eſpeces de fuzées que je vous ay décrites cy deſſus, ont beſoin de baguettes de bois, leſquelles on y attache pour leur ſervir de contre-poids, & à l'aide deſquelles elles s'enlevent droit en l'air. On les prepare ordinairement d'un bois fort leger & fort ſec comme de pin, de ſapin, ou de tilliet. Leur longueur eſt proportionnée avec les fuzées en proportion ſeptuple ou octuple tout au plus, c'eſt à dire qu'elles ſont d'ordinaire 7 ou 8 fois plus longues que la fuzée. Elles doivĕt eſtre d'une groſſeur aſſez raiſonnable par le bout qu'elles ſont attachéez aux fuzées; au reſte elles s'en vont de ce gros bout vers l'autre extrémité toûjours en diminuant inſenſiblemnt juſques à un point. Ce qu'il y a de plus remarquable en la neceſſité qu'on en a, n'eſt pas tant en leur figure qu'en une extréme égalité de peſanteur, ou équilibrement exacte qu'on y doit obſerver, pour les approprier avec les fuzées ſuivant qu'elles ſont plus ou moins peſantes : or le ſecret pour trouver cete extréme

juſ-

justesse n'est pas grand , c'est quil faut que la baguette estant posée à deux
doigts près du col de la fuzée, sur le trenchant d'un couteau, ou si vous
voulez sur le doigt, qu'elle fasse un parfait équilibre:c'est à dire qu'il faut
que la fuzée , avec l'autre extremité de la baguette soit justement parallele à l'orizon,sans qu'elle s'encline ny trebuche plus d'un costé que de l'autre.   Que si d'avanture la baguette pese plus que le reste, il la faudra ra-
tisser , & diminuer jusques à ce qu'elle devienne de mesme pesanteur que
la fuzée.La forme de cete fuzée avec sa baguette est naïfuement representée en la figure du Nomb. 60.   Brechtelius nous enseigne une autre methode assez facile pour trouver la longueur de ces baguettes au Chap. 9. de
la seconde partie de sa Pyrotechnie en cete façon.   Adjoutez 1. au nombre des doigts que contient la lōgueur de la fuzée,multipliez le produit par
la mesme longueur de la fuzée & vous aurez la longueur de la baguette.
Par exemple si la fuzée est longue de 8 doigts, adjoutez-y 1. le produit sera
9 : ce nombre 9 estant multiplié par 8, qui est la longeur, ou la hauteur de
la fuzée,produira le nombre 72. Vous attacherez doncques une baguette
longue d'autant de doigts à vostre fuzée.

Chapitre VII.

Des Fuzée montantes en l'air sans Baguettes.

Espece 1.

On attachera à quelques petites fuzée,comme de 8,de 10, de 16, ou
de 18 lots, chargée & percée à l'ordinaire 4 panaceaux tels qu'on
les void aux flesches, ou dards des archers (la lettre A en la figure du Nomb. 61 vous fera assez entendre comme elles sont faites)
quant à leur matiere elles seront d'un bois leger comme de tilliet , ou bien
d'un bon papier collé : elles seront disposées en croix : leur longueur sera
des deux tiers de la longueur de la fuzée : leur largeur,à sçavoir vers le bas
sera de ; de la mesme longueur de la fuzée : pour leur espaisseur vous leur
donnerez telle que vous la jugerez à propos.   Neantmoins si vous desirez
qu'elles soient en quelque sorte proportionnées avec le reste, vous les ferez
épaisses de ; ou de ; du diametre de l'orifice de la fuzée.

l'ay bien voulu vous dessiner icy à costé une certaine petite machine armée de quatre bastons fort droits, avec son manche par dessous, lequel
est fait à dessein pour poser les fuzées de cete espece lors qu'on les veut faire partir & monter en l'air.   Cette invention n'a pas besoin d'un plus grand
esclarcissement, veu que le tout se peut aysement reconnoistre par la figure
mesme.   Au milieu d'un orbe de bois qui soustient ces perches est une petite Chambrette , ou l'on met de la poudre battuë , pour amorcer , auquel
respond un petit canal remply de la mesme matiere pour donner feu à la fuzée. Le Nomb. 63 vous l'expliquera mieux.

Espece 2.

Cete espece de fuzée n'est en rien differente de la precedente , sinon que
ses panaceaux sont tout autrement ordonnez : car en celle-cy, on y en
ajuste que trois seulement , de la mesme espaisseur que les autres, qui se res-
semblent neantmoins fort peu en leur longueur & largeur. Car ceux cy sont

T 2

égaux

égaux à la longueur de la fuzée, sur laquelle on les attache en telle sorte que vers le bas du costé du col de la fuzée, ils la surpassent de la longueur d'un diametre, & consequemment ils demeurent esloignez de l'autre bout, de la mesme distance. On leur donnera la largeur du demy-diametre de l'orifice de la fuzée, comme A B le monstre sur la figure. Il vous est permis si vous voulez de poser ces fuzées ajustées de la façon sur cete mesme machine que vous avez veu cy dessus décrite, pour les faire mieux & plus commodement monter. Voyez la figure du Nomb. 62.

Espece 3.

Quand on aura construite une fuzée de telle grandeur que l'on voudra suivant la methode ordinaire: on attachera au bords de son col un fil de fer avec un petit globe de fer aussi, égal en grosseur à l'orifice de la fuzée, Ce fil sera contourné spiralement comme une viz, & sera s'il se peut d'une longueur si proportionnée qu'en cas qu'il vienne à s'estendre tant soit peu, que le globe ne laisse pourtant de demeurer en équilibre avec la fuzée de mesme que nous avons dit des baguettes de bois cy devant. Voyez la figure du nombre 64 elle vous fera sçavant du tout.

Espece 4.

Apres que vous aurez chargé quelque petite fuzée comme vous sçavez, & que vous y aurez mis une petite rotule avec de la poudre grenée par dessus, à la hauteur d'un diametre: emplissez moy bien le reste du vuide de la fuzée, de rapure ou limure de plomb: dont la quantité sera telle que leur poids fasse le double de la pesanteur d'une cartouche des mesmes fuzées. Consultez la figure du Nomb. 65 elle vous mettra le tout en evidence.

Chapitre VIII.

Des Fuzées Aquatiques, ou qui brusient sur l'eau en nageant.

Espece 1.

On remplira une fuzée de 2 ou 3 lots d'une matiere convenable, jusques à la hauteur qu'on a accoûtumé de remplir les fuzées communes: puis on y ajustera par dedans une rotule avec de la poudre grenée par dessus, puis on la percera de toute la hauteur de la poupoudre qui est dans la fuzée. Cela fait on preparera un cylindre de papier avec deux petites roüelles de bois ou de carton si l'on veut: percée par le milieu. La hauteur de ce cylindre ne sera que de la moitié aussi haut que toute la fuzée: les trous de l'une & l'autre roüelle seront percez en telle sorte que la fuzée puisse entrer à son ayse dans ledit cylindre. En fin apres avoir aresté ladite fuzée bien ferme dans le cylindre, ensorte qu'elle ne puisse branler; on la jettera dans une quantité de cire, ou de poix fonduë; puis on y mettra le feu & la jettera on ainsi dans l'eau. Voiez la figure 66.

Espece 2. & 3.

Ces deux especes de fuzées aquatiques sont fort semblables à la precedente, tant au regard de leur grandeur qu'à la façon de les charger. & de les percer, & au reste des circonstances qui concernent sa construction.

Tou-

Toute la difference qu'il y a entre l'une & l'autre de ces deux, est que la premiere marquée du Nomb. 67 doit estre toute enfermée jusques au col dans un cone de papier, & arrestée par le haut, (comme il se void dans la figure,) ou bien attachée par la base, au col de la fuzée. La seconde du Nombre 68, se met dans une vessie pleine de vent, laquelle on ne doit point plonger dans la cire, ny dans la poix fonduë comme les autres fuzées aquatiques, mais seulement enduire d'un liniment composé de 4 parties d'Huyle de lin, de 2 parties de Bol d'Armenie, de 1. partie d'Alun de plume, & de ½ partie de cendre.

Espece 4.

Pour ce qui concerne celle-cy marquée dn Nomb. 69, elle se prepare tout de mesme que celle que nous avons décrite au Chap. 7. dans la neufieme espece des fuzées montantes: elle a seulement cete difference, qu'elle ne se perce point, & a le trou de l'amorce fort étroit qui sont des circonstances communes aux autres fuzées aquatiques: celles-cy ne sont point faites pour courir ça & là sur l'eau mais bien pour brûler dans un lieu certain & aresté c'est pour cete raison qu'on attache un poids au bas de la fuzée à la lettre A. On plonge celle-cy aussi dans de la cire ou de la poix fonduë, comme toutes les suivantes.

Espece 5.

La fuzée marquée du Nomb. 70 n'a point d'autre preparation que celle de la troisiéme espece des fuzées montantes décrites au Chap. 7. elle a pourtant une rotule de bois pleine & solide, ie veux dire qui n'est pas percée laquelle separe quantité de flamesches, & petites estoiles meslées de poudre grenée, & battuë ensemble, d'avec le reste de la composition de la fuzée. Elle porte aussi au costé un petit canal de fer, ou de bois marqué de la lettre B. Outre celuy là elle en a deux autres plus petits sçavoir C D & F E remplis aussi bien que le premier de poudre battuë par lequel le feu est porté (apres avoir consommé toute la matiere jusques à la rotule de bois) dans cete chambrette où sont logées les estincelles & estoilles pour y allumer la poudre meslée parmy, & tout d'un temps faire voler en l'air les unes & les autres, & tout ce qu'on pourroit avoir caché dedans ce reservoir. Son contre-poids se void aussi marqué de la lettre A.

Espece 6.

Au Nombre 71 nous representons une fuzée qui ne differe en rien de celle qui est descrite dans la sixieme espece des fuzées au Chap. 76. Car icy les grandes cartouches de papier marquées de E avec leurs fuzées qui sont emfermées dedans, marquées de B: & ces autres plus petites cartouches que la lettre D vous represente avec ces moindre fuzées marquées pareillement d'un C, s'atachent aussi à la grande fuzée A: laquelle portant le feu par des petits canaux qui sont en H dans les cartouches qu'elle tient à ses costéz, allume la poudre qui est au dessouz qui les envoye tout d'un temps en l'air faire leurs effets. Cete espece de fuzée se couvre par dessus avec ses deux tuyaux qui l'accostent d'un chapperon de papier assez fort, comme il est aysé de voir en G: puis on la plonge dans la cire fonduë: On n'oublie pas aussi d'y attacher un contre-poids par dessoubz afin qu'en bruslant elle demeure droite sur l'eau & quelle puisse flotter tousjours également.

V 3

Espe•

Efpece 7.

La fuzée que ie vous fais voir icy au nombre 72. n'a point d'autre preparation que celle que ie vous ay defcrite dans la quatriéme efpece des fuzées du Chapitre fuperieur. Toute la difference feulement eft, qu'elle ne
fe perce nullement comme nous avons de-ja dit, outre qu'eftant bien en-
duitte de cire, & bien poiffée, elle brufle fur l'eau.

Chapitre IX.

De fuzées courantes fur des cordes·

Efpece 1.

On attache deux anneaux de fer, ou un tuyau de bois à une fuzée
chargée d'une certaine quantité d'onces de matiere convenable,
& percée comme elle doit eftre, puis on paffe á travers cét anneau une corde fur laquelle on defire faire courir cete fuzée. Celle-cy eft des plus fimples dans fon efpece, car depuis qu'elle eft une fois
allumée & qu'elle eft parvenuë jufques au lieu que fa duré luy a limité, eftant confommée elle ne retourne plus en arriére, mais demeure à ce terme
que la quantité de fa matiere luy avoit prefcrit : les fuivantes feront beaucoup plus artificielles. La figure de celle cy fe void au nombre 73.

Efpece 2.

On charge quelque fuzée qui foit de la mefme grandeur en fon orifice
que la precedente (mais bien plus longue) jufques à la hauteur de 4 diametres : Puis on la perce à la hauteur de 3 ⅛: on met par apres fur la compofition une rotule, ou petite feparation de bois qui n'eft point percée par
le milieu, laquelle on colle bien contre les parois de la fuzée par dedans
avec de la colle bien chaude, ou avec des eftoupes trempées de colle, afin
que le feu eftant parvenu jufques là, il n'y rencontre la moindre ouverture par laquelle il puiffe embrafer la matiere qui fera renfermée dans l'autre
partie de la fuzée. Eftant doncques bien lutté de la forte; on charge le
refte de la fuzée par deffus cete rotule, à la mefme hauteur qu'auparavant
fçavoir de 4 diametres, & la perce-t'on cõme l'autre bout à la hauteur de 3 ⅛.
En fin on lie la fuzée par le haut,& y forme-t'on une Chambrette pour l'a-
morce de mefme comme à l'autre extremité;ou bien on met une petite rotule percée qui fe peut voir en la lettre A,laquelle on couvre apres d'un
petit chapperon marqué de la mefme lettre. Cela fait on luy attache à
cofté un canal fait d'une lame de fer fort deliée qu'on remplit de poudre
battuë : puis on perce la fuzée avec un poinçon de fer proche cete pétite
rotule, & y met-on deffus un peu de poudre battuë, & tout cecy fe fait
à deffein que le feu eftant porté par ce trou & confequemment par ce canal, jufques à l'autre chambrette, il allume la fuzée par l'autre bout : la
où ce feu eftant arrivé il l'oblige à retourner d'où elle eft venuë fuivant fon
action naturelle. Il faut remarquer icy que le trou fuperieur ou fe met
l'amorce doit eftre couvert d'un papier auffi bien que ce petit canal qui
communique le feu d'une fuzée à l'autre:à cete fuzée on attachera auffi un
tuyau de bois,ou deux petits anneaux de fer par lefquels la corde doit paffer

pour

pour courir le long. Si l'on veut on attachera tout à l'entour quelques petards de papier pour en avoir plus de passe-temps. L'invention de cete fuzée est fort jolie. Vous en pouvez voir la figure au Nombre 74.

Espece 3. & 4.

Soient prises deux fuzées d'une mesme longueur, construites suivât la mé-
thode que nous avons donnée, & qu'elles soient liées ensemble d'une bonne ficelle de lin ou de chanvre. Disposez leurs chambrettes en sorte qu'
elles soient opposées l'une à l'autre, ie veux dire teste contre col; afin
que le feu ayant consommé la premiere jusques au bout il puisse passer dans
l'entrée de l'autre chambre & les obliger toutes deux á rebrousser chemin.
Or cete extremité où la premiere doit donner feu à l'autre, (c'est à dire la
teste de l'une & le col de l'autre) sera couverte d'une Chappe, ou enveloppe de papier telle qu'on la void en A, sans oublier à remplir le vuide de ce
Chapperon d'une matiere lente. En fin on y ajustera un Canal ou Tuyau
de bois pour la faire couler. Voyez les figures dessinées aux nombres 75
& 76. Vous y remarquerez neantmoins une certaine difference entre les
deux, à sçavoir que la derniere porte un coin de bois au milieu cannelé des
deux costez pour tenir les deux fuzées tant soit peu esloignéez l'une de
l'autre, pour cete consideration que si par malheur la premiere venoit à se
crever dans le temps que le feu y est, l'autre n'en fut incommodée pour en
estre trop proche.

Remarquez que ces especes de fuzées servent ordinairement pour donner feu à quantité d'autres machines pyroboliques qu'on employe dans les
feux de joye. Quelque fois aussi on les deguise de figures de divers animaux
comme de dragons volans, colombes, & autres qu'on veut faire voltiger &
courir çà & là, desquelles nous parlerons dans le livre des Machines Pyroboliques.

Aux nombres 77. 78. & 79 se voyent 3 machines sur lesquelles on pend
les fuzées qui montent en l'air, auparavant que d'y mettre le feu pour les
faire partir.

Chapitre X.

De divers deffauts des fuzées. Comment on les peut éviter, & ce
qu'on doit observer pour les bien construire.

Le premier & le plus notable vice qu'on remarque dans les fuzées, est
lors que d'abord qu'elles sont allumées, ou eslevées en l'air à la hauteur d'une, de deux, ou de trois perches elles se rompent, & se dissi-
pent sans faire leur effet entier.

Le second qui ne vaut guiere mieux, est lors que demeurant suspenduës
sur le clou, elles se consomment fort lentement, sans partir, ny s'enlever en
l'air.

Le troisiéme est lors que s'enlevant en l'air, elles font comme une arc en
ciel, ou décrivant seulement un cercle, elles retournent en terre, avant que
toute la composition soit consommée dans la fuzée.

Le Quatriéme est quand elles montent par un mouvement spirale, en pi-
roüettant en l'air, sans observer un mouvement tousiours égal, & droit comme elles doivent faire.

Le

Le cinquiéme quand elles montent pareſſeuſement & à la negligence, comme ſi elles dedaignoient ou refuſoient de s'enlever dans l'air.

Le Sixiéme en fin eſt lors que les cartouches demeurent ſuſpenduës toutes vuides ſur les cloux , & que la compoſition s'enleve & ſe diſſipe toute ſeule dans l'air.

Il y a encore quantité d'autres facheux inconvenients qui peuvent rendre les eſperances, les peines , & les dépences des Pyroboliſtes vaines. Qui me coûteroient trop de temps à vous raconter: ce ſera aſſez ſi vous vous donez de garde de ceux cy qui ſont les plus notables : ou ſi par malheur, vous eſtiez tombé dans quelques unes de ces disgraces vous puiſsiez en corriger le deſſaut promptement , & y donner ordre le plus viſte qu'il vous ſera poſſible. Pour cét effet il vous faut obſerver les regles que ie m'en vay vous deduire.

Regles infaillibles ſuivant leſquelles on peut conſtruire les
fuzées ſans aucun deffaut.

1. Les fuzées auront leurs hauteurs proportionnées à la largeur de leurs orifices , comme nous avons ſi ſouvent redit.

2. Les cartouches ſoit qu'elles ſoient de bois ou de papier collé , elles ne ſeront ny trop deliées ny trop eſpaiſſes.

3. Elles ſeront faites d'un papier fort, mediocrement ſec, bien proprement roulé , & ſerré bien ferme ſur le baſton.

4. Les cols ſeront liez fort & ferme : en ſorte que les neuds des cordes & ſi celles, ni meſme les plis des cartouches ne ſe puiſſent relacher aucunement, c'eſt pourquoy on les collera bien fort avec de la colle forte, & chaude.

5. Toutes les matieres qui entrent dans la compoſition eſtant exactement pezées , conformement à la proportion de l'orifice de la fuzée qu'on veut charger , ſeront premiérement battuës , & paſſées chacune en ſon particulier; puis les ayant repezées & miſes toutes en une maſſe, vous les incorporerez bien enſemble ; puis vous les rebatterez derechef. & les paſſerez par un tamis aſſez fin, comme vous avez fait auparavant.

6. Le Salpetre & le Soulphre ſeront pulverizez, & clarifiez autant qu'il ſera poſſible : le Charbon ſera parfaitement bien brûlé : il ſera exempt de toute humidité ; & ſera fait de bois legers, & doux, comme ſont le tilliet , le coudre , & les branches de ſaulx ; au contraire on ſe donnera bien de garde d'employer du Charbon de bois de bouleau , de cheſne , d'erable, ny de ſorbier : parce que ces arbres contiennent en ſoy beaucoup de matiere terreſtre, & peſante.

7. On preparera les compoſitions pour les fuzées immediatement auparavant que de les mettre en oeuvre.

8. La compoſition de laquelle on chargera les fuzées, ne ſera ny trop humide, ny trop ſeiche: mais humectée tant ſoit peu de quelque humeur huyleuſe, ou d'un peu de brande-vin.

9. On verſera dans la cartouche touſiours une quantité égale de compoſition, à chaque fois qu'on y en mettra pour la battre, juſques à ce quelle ſoit toute remplie.

10. On frappera touſjours à plomb, & perpendiculairement ſur le pouſſoir, lors qu'on battera la compoſition.

11. On battera les fuzées avec un maillet d'une peſanteur proportionnée à leur grandeur & groſſeur : toûjours d'un train égal : & avec un nombre

bre egal de coups, à chaque fois que l'on versera de la composition dans la cartouche.

12. Dans les cartouches de papier, on posera des rotules de bois canelées : mais aux cartouches de bois on y en posera des plaines sans évuidures, afin qu'elles joignent mieux aux parois de la fuzée, où l'on l'arrestera bien ferme tant par dehors que par dedans.

13. On percera la fuzée avec une tariére, ou poinçon convenable, ensorte que le trou ne soit ny trop large, ny trop estroit, ny trop long, ny trop court.

14. Ce trou sera fait le plus droit, & perpendiculairement qu'il sera possible, & justement au milieu de la composition, ensorte qu'il ne se porte, pas plus d'un costé que de l'autre.

15. On ne percera point les fuzées premier qu'on les vueille mettre en oeuvre : & depuis qu'elles seront percées, on les traitera fort doucement, ne les maniant que du bout des doigts seulement depeur de les deformer.

16. Les perches, & baguettes seront proportionnées tant en longueur qu'en poids, aux fuzées sur lesquelles on veut les attacher, suivant la regle & la methode que nous en avons donnée cy dessus. Elles ne seront point tortuës, ny courbes en aucune façon; point inégales ny pleines de neuds : mais droites autant qu'elles se pourront faire, applanies, & dressées avec le rabot s'il en est besoin,

17. Les fuzées estans chargées ne seront pas mises en lieu trop sec, ny trop humide, car l'un & l'autre de ces accidens luy peuvent nuire, mais bien dans un lieu bien temperé.

18. Lors qu'on y voudra mettre le feu on les pendra sur des cloux perpendiculairement à l'orizon.

19. On ne les obligera point d'enlever en l'air des fardeaux d'un grand poids ou trop disproportionnez à leurs forces : ou encore bien qu'on les leur en baille qui ayent de la proportion avec leurs forces, on les ajustera neantmoins si adroitement avec les fuzées, que le tout ensemble puisse avoir une forme propre & raisonnable pour passer dans l'air, & s'eslever en haut sans aucune difficulté ; ensorte que ces fardeaux ne leur puissent donner aucun empeschement pour monter en ligne droite (qui est le mouvement le plus contraire & le plus difficile à tout corps qui s'enleve violemment) & remarquez encore que cecy se devra d'autant plus exactement observer que les fuzées seront plus grandes, à ce qu'elles puissent retenir le plus que l'on pourra une forme pyramidale ou conique avec tous les poids qu'on y attachera, veuque de toutes les figures qu'on peut donner à un corps, c'est celle là qui treuve non seulement le moins de resistance dans l'air pour son mouvement, mais aussi celle que l'air reçoit avec le moins de contrainte, & à qui elle permet le passage plus librement qu'à toute autre. Encore bien que pour dire la verité, la forme spherique soit la plus commode pour tourner, rouler, & virvolter dans l'air, à cause de l'égalité de sa superficie ronde.

20. On évitera autant qu'il sera possible les nuits pluvieuses, humides & fort couvertes de nuages & broüillards, comme fort incommodes & nuisibles aux fuzées. Outre cela les vents impetueux, les bourasques & les tourbillons n'empeschent pas moins leurs effects que les premiers.

21. Il ne faut point rejetter sur autre cause les differents effets qui sont produits de plusieurs fuzées quoy que chargées d'une mesme composition, sinon sur ce qu'elles n'auront pas esté traitées avec une diligence égale, soit en les chargeant, soit en les perçant, ou dans le reste des circonstances qu'on estoit obligé d'y observer, ou bien en ce que peut estre quelques unes auront

X

ront

ront efté confervées dans des lieux plus humides que les autres,où elles fe fe
ront acquifes trop de moiteur:qui leur caufera des effects tous differents
les uns des autres,tant en montant qu'en fe confommant.

  22. Sçachez que lors qu'on veut faire paroiftre en l'air comme quelque
pluye de feu, ou une quantité d'étincelles ardentes, ou bien des rayons
longs & larges fortans des fuzées, on a de coûtume de mêler parmy les
compofitions quelque peu de verre groffierement pulverizé, dela limure de
fer, ou de la fcieure de bois.Outre tout cecy on peut encore reprefenter par
les fuzées du feu de plufieurs couleurs.Comme fi par exemple vous meflez
dans la compofition certaine portion de Camphre vous verrez en l'air un
feu qui paroiftra blanc, pafle, & de couleur de laict ; fi vous y mettez de la
poix Greque,elle vous reprefentera une flamme rougeâtre, & de couleur de
bronze : fi vous y meflez du foulfre,le feu qui en fortira fera bleu : fi du fel
Ammoniac,elle produira un feu verdâtre: fi de l'Antimoine crud, la flamme
fera rouffe,jaunâtre & de couleur de miel,ou de buis:fi de laRaclure d'Ivoire,
elle rendra une flamme argentine, blanche, & reluifante, tirant neantmoins
fur la livide & plombée:fi de la râpure d'Ambre jaune, le feu paroiftra de
mefme couleur,approchant de la citrine:en fin fi de la poix noire les fuzées
vomiront un feu obfcur & fombre,ou pluftoft une fumée noire & efpaiffe laquelle obfcurcira tout l'air. Le Sieur de la Porte nous raconte en fa Magie
Naturelle liv.7. Chap.7. que l'Aimant eftant enfeveli fous des charbons ardens rend ordinairement une flamme , bleüeâtre, fulfurine,& de couleur de
fer:quiconque en doutra,pourra f'il veut en raper un peu dans la compofition de fes fuzées pour experimenter fi la chofe elle telle , & voir fi elle produiront un tel effet:que fe foit neantmoins avec beaucoup de moderation &
& deretenuë, depeur qu'une quantité trop difproportionnée ne le trompe en quelque façon.Mais c'eft affez difcouru ce mefeble des fuzées,pour le
prefent;ie crains d'y ennuyer le lecteur,ou de luy affoiblir la veuë à force de
les confiderer trop long temps dans l'air;auffi bien ne crois-ie pas avoir rien
l'aiffé à dire fur ce fubjet particuliérement de tout ce qu'un bien advifé,
diligent,& accortPyrobolifte doit eftre adverty,fçavoir de tout ce qu'il doit
embraffer,ou fuir,fuiure ou éviter.Ie donneray feulement encore un petit
advertiffement premier que de mettre fin à ce livre, & diray qu'il eft tout à
fait impoffible de rencontrer un ouvrier fi parfait dans fon art à qui il n'arrive quelque fois de chopper en quelque chofe fi legere qu'elle puiffe eftre
dans une infinité prefque de circonftances qu'on eft obligé d'obferver.C'eft
pourquoy on ne doit iamais porter aucun jugement de la capacité d'un Pyrobolifte , ny tirer aucune bonne ou mauvaife confequence de la connoiffance qu'il peut avoir acquife dans fon art,par les effets des fuzées qu'il aura conftruites.Car c'eft une chofe prefque hors de toute apparence de pouvoir exprimer combien il fi rencontre d'accidens differens dans des ouvrages fi chatoüilleux(qui d'abord neantmoins ne paroiffet que des jeux d'en-
fants ,) ny de dire mefme de quelle confequence peut eftre un nombre
prefque incombrable de circonftances ; lefquelles Argus mefme avec tous
fes yeux qu'une fabuleufe antiquité luy a fuppofée pour fon extréme faga-
cité, & prevoyance admirable dans tout ce qui dependoit de fes foins) ne
pourroit jamais toutes obferver beaucoup moins f'empefcher d'y commetre quantité de fautes, & confequemment bien efloigné de les éviter
generalement toutes.   Mais tout ce qu'il y a à faire en cecy, eft qu'il faut
quelque-fois prendre un peu de confeil des bons maiftres, confulter des
experts Pyrotechniciens,& gens qui mettent fouvent la main à l'euvre.
Car pour dire la verité ie ne fais aucun eftat de certaines perfonnes, (auffi
                                                                        ne

ne m'y areste-ie point aucunement) qui n'ayans aucune connoissance, ou si peu que rien dans ces pratique reprenent neantmoins à tort ou à droit les ouvrages de ceux qui sans comparaison sont plus sçavants qu'eux , à dessein de les ruiner de reputation & d'honneur , ou de les mettre en mauvais credit aupres des ceux qui quelquefois ont le plus d'interrest dans la perte ou conservation de ces personnages qu'on leur décrie si fort. Mais que peut on dire à ces esprits critique (pour ne les pas offencer plus fort) Sinon, *Ne sutor ultra crepidam.* Maçon prends garde à ta truelle. Or ce n'est pas tout l'excellence de la Pyrotechnie, & toute sa connoissance en general , n'est pas dans la composition, preparation , ny usage des fuzées seulement veu-que ce n'est que la moindre partie d'un si grand art & si noble : aussi vo-yons nous qu'elles ne sont jamais mises en oeuvres que dans des rejoüissan-ces populaires , apres de grandes victoires remportées sur les ennemis de la patrie , ou dans des villes renduës, apres des sieges levez , quelquefois dans des nopces , assemblées , ou festins solemnels pour donner du divertisse-ment aux conviez , bref dans quantité d'autres feux de joye publiqs qui ne sont faits que pour divertir le peuple seulement. Voila pourquoy on ne doit pas conclure que celuy là est un habile homme dans nostre art, pour estre adroit à faire partir une fuzée , ou pour la sçavoir bien proprement composer : car on ne treuve que trop de ces suffisans qui vous prepareront une fuzée d'assez bonne grace, mais pour ce qui sera du reste , si vous les en priez, il vous suppliront bien fort de les en dispenser. A la verité se seroit à grand tort que ces gens s'attribuassent le beau titre de Pyrotechniciens, car qu'elle apparence par exemple qu'un petit vendeur de mitridat , un simple barbier de village , ou pour ainsi dire un mareschal se puisse vanter, destre quelque grand docteur en medecine. Ce n'est doncques pas là où gist le point de la perfection de l'art, il faut croire qu'il y a encore quelque chose de plus relevé , qui constituë proprement & positivement le veritable Py-roboliste, à qui on puisse donner avec juste raison cét authentique nom de Maistre. Toutes nos inventions , nos machines à feu avec le reste de nos pratiques que vous verrez dans la suite de ce livre vous ferõt assez connois-tre le parfait Pyrotechnicien. Ie dis doncques encore & le repete, pour plusieurs raisons, qu'on ne peut tirer aucune consequence au desavantage des autres parties de ce grand art, qui sont infiniment plus nobles & plus re-levées que celle cy , de la course inégale ou dereglée des fuzées dans l'air, comme faisoient autrefois certains magiciens qui tiroient des conjectures du vol des oyseaux, & par consequent on ne doit point si legerement, (com-me i'ay de-ja dit,) condemner d'incapacité en cét art ceux à qui par mal-heur il arrivera de ne pas reüssir dans les effets de leurs fuzées comme ils s'estoient promis. Tout ce que i'ay mis icy en avant ne manque pas de fondement pour appuyer mes raisons, il ny a rien qui ressente icy sa fable d'Esope : car i'ay conneu de mon temps le General d'Artillerie d'un Grand Prince (dont ie tairay icy le nom; quoy qu'il n'ait iamais espargné le mien) qui croioit qu'il ny avoit point de plus habiles gens, ny de plus experimen-téez dans l'art pyrobolique, que celles qui pouvoient construire des bonnes fuzées ; aussi ne se contentoit-il pas de les recevoir à bras ouverts au service du Prince , & de la Republique , & de les mettre aux rang des Pyroboli s-tes, mais encore il les hautloüoit infiniment , & les mettoit dans un tres haut predicamment aupres du Prince, par les impression qu'il luy donnoit de l'exellente & de la necessité de ceste incomparable conneßance qu'elles avoient dans leur art. Mais il a peut estre bien appris depuis ce temps (s'il

X 2

la voulu apprendre, quoy qu'au depens du public & non au fiens) que les fuzées n'eftoient en effet que des paffe-temps feulement, & des nouvelles inventions plus propres, à donner du divertiffement à un peuple qui ne cherche qu'a paffer fon temps dans les débauches, & dans les diffolutions d'une vie oyfive, que non pas des veritables foudres de guerre ; auffi à-t'il bien pû remarquer qu'elles n'eftoient pas capables desbranler l'ennemi, bien loin de le mettre en deroute, quand il a reconnu que tous ceux à qui il avoit enfeigné avec tant de foin à preparer les fuzées s'eftoient trouvéz non feulement incapables de gouverner aucune machine de guerre avec l'addreffe, & la methode requife à leur maniement dans le temps qu'il eftoit queftion de mettre l'ennemy en piece, mais encore tout à fait indignes du nom que fa trop grande facilité leur avoit fi liberalement impofé : pour fon particulier, l'hiftoire dit que n'ayant pas voulu, ou pluftot n'ayant pas ozé fe treuver prefent à un fpectacle fi plaufible, il eftoit demeuré à qua-rante milles de là pendant que la tragedie fe joüoit, où il avoit efté treuvé par aprés remfermé dans une place bien ramparée, & hors de tous dangers meditant en fon cœur ces beaux mots. *Beatus qui procul negotiis.* Que bien heureux eft celuy qui peut s'exempter de tous ces rifques & de tous ces dangers où ces macheureux fe treuvent enveloppez.

Mais ie prie à Dieu qui luy faffe la grace de s'amander : & qu'ayant quit-té (fi la honte ne l'empefche de ce faire) le nom, & l'office de Maiftre, il s'humilie, & fe vienne ranger foubz la ferule, des bons & experts Profef-feurs en noftre art, pour y faire un loüable apprentiffage, qu'il ne recoive plus leurs advis comme des corrections importunes & facheufes, mais bien comme des enfeignemens utiles au reftabliffement de fon credit, & de fon honneur. Pour Meffieurs fes Sectateurs qui ont autre fois embrafféz fa do-ctrines avec tant d'ardeur, & qui la recevoient comme des purs oracles, ie les fupplie de fe reconnoiftre en fin, & renonçans à la fauffeté de fes mauvais preceptes, ils fongent à s'eftablir deformais dans un eftat plus rai-fonnable, & à donner un meilleur ordre tant à leur fortune qu'à leur reputa-tion. Mais comme eft impoffible de rappeller les chofes qui font paf-fées, & que fe foit comme l'on dit appeller le medecin apres la mort, neant-moins ie veux croire que ce celebre docteur n'apporteroit pas un petit re-mede à fon infirmité particuliere, & au tort qu'il a fait à tant d'honeftes gens fi d'orefenavant il medite continuellement de cœur & de bouche ces parol-les du Grand Prince des Orateurs : *Tibi femitam non fapis, & alteri mouftras viam.* Tu es aveugle & tu veux conduire les autres.

Fin du troifiéme livre.

D V

DV GRAND ART
D'ARTILLERIE
PARTIE PRIMIERE
LIVRE IV.

Des Globes ou Balles à feu.

E mot de Globe s'eſtend bien plus au loing quant à ſa forme, & meſme quant à ſa ſignification chez les Pyrotechniciens que non pas chez les Geometres : Car il ne faut pas que vous vous imaginiez icy, que les globes tant recreatifs que ſerieux & neceſſaires ſoient tous des corps parfaitement ronds . & compris ſous une ſeule ſuperficie ; tels qu'Euclide nous definit la ſphere & le globe en ſon livre 11 definit: 14: mais bien des corps de pluſieurs ſortes de formes,toutes diſtinctes & differentes,entr'elles. Car premiérement on en prepare qui ſont en effet auſſi parfaitement ronds qu'une ſphere meſme : mais outre ceux-cy qui peuvent eſtre vuides on en fait auſſi des ſolides,tels que ſont tout les boulets à canon grands & petits, toutes les balles à mouſquets, piſtolets, & autres telles armes à feu portatives, ſoit de fer ou de plomb. (Car pour de pierre on n'en fait plus,ou fort peu)De plus nous avons des certaines grenades à main,& d'autres qui s'envoiët avec le mortier,ou dans le canõ;avec cette difference toutefois des premiers boulets,qu'elles ſont d'abord conſtruites toutes creuſes, puis remplies de compoſitions, & de matieres artificielles,ſuivant l'ordre de la Pyrobolie. On conſtruit encore d'autres Globes qui ont la forme d'un oeuf; d'autres celle d'un ſpheroide,quelques autres encore celle d'un citron d'une poire, d'un cylindre, & de mille autres figures que l'ouvrier ſe peut imaginer. Outre toutes ces figures ſimples dans leurs eſpeces il s'en fait encore des mixtes c'eſt àdire qui participent de l'un ou de l'autre corps; de deux figures ou de pluſieurs enſemble.Ie vous diray biẽ d'avantage que i'ay veu dans les magazins du comte d'Oldembourg, & meſme ailleurs des grenades fort anciennes qui avoient la forme d'un Cube tres parfait ou d'un veritable parallelipipede. Or tous tant qu'ils ſont de quelle qualité & condition qui puiſſent eſtre , de quelle forme & figure qu'on nous les puiſſe conſtruire, ils me permetront de les appeller de ce mot general de Globe, ou de Balle à feu,à condition toutêfois que nous leur donnerons à chacun des certains ſurnoms, ou titres conformes à leurs qualitez & aux effets particuliers qui produiront pour les pouvoir mieux diſtinguer les uns des autres. Voila le ſubjet duquel ie deſire vous entretenir dans ce preſent livre: lequel nous diviſerons en deux parties. Dans la premiere ie vous feray voir, & quaſi comme toucher au doigt ſans aucun danger de vous brûler, tous les globes à feu recreatifs tant aquatiques que terreſtres, ſautans & courans ſur des plans horizontals. En ſuitte, ceux qui ſe jettent avec le mortier (que nous pourrions bien appellet aëriens avec juſte raiſon puis qu'ils font leurs effects en l'air.) La ſeconde partie de ce liure comprendra tous les globes que nous appellons ſerieux, & militaires : c'eſt à

X 3

dire

dire tous ceux qui s'employent pour faire des executions de guerre, tant
pour repouſſer & ſouſtenir les efforts des ennemis, quand ils nous aſſail-
lent,que pour porter le feu & l'effroy dans leurs quartiers,lors qu'il en ſera
de beſoin.　Ie ſupplie qu'on ne treuve pas eſtrange, ſi i'ay icy preferé les
globes à feu recreatifs aux militaires : ie ne crois pas pour cela avoir fait
aucune iniure à cette illuſtre ſçience:la nature m'a induit elle meſme à ſuivre cét ordre à ſon imitation : laquelle forme premiérement l'enfant de ſe-
mence : puis de l'enfance l'ayant élevé à l'âge puerile, elle le conduit
de là juſques à l'adoleſcence:puis en fin elle en fait un homme fort & robuſte. Ces ouvrages divertiſſans de noſtre art ne ſont que les premices ou pour
en parler dans les meſmes termes,la ſemences de tant de beaux fruits que
produit cete noble ſçience : ce ne ſont diſ-ie que comme des échellons,par
leſquels il n'eſt permis de monter pour pouvoir arriver au plus haut degré
de perfection de cét art, ie veux dire pour parvenir à une entiere connoiſſance de la parfaite preparation de ces horribles & admirables machines de
guerre : qu'a ceux qui ont l'eſprit fort, & le corps robuſte, & qui ne s'eſ-
branlent point au mugiſſement effroyable du canon, qui ne s'eſtonnent
pour la greſle ny peut la tempeſte que produiſent ces impitoyables ſoudres
de guerre.Mais à tant de ce diſcours, paſſons à la matiere, que ie vous ay
propoſée.

PARTIE PREMIERE

DE CE LIVRE.

DES GLOBES RECREATIFS.

Chapitre I.

Des Globes Recreatifs Aquatiques , bruſlans ſur les eaux en nageant.

Eſpece　1.

Faites faire un globe de bois de quelque grandeur que ſe ſoit, vuide
par dedans, & parfaitement rond en ſa ſuperficie tant convexe que
concave, l'eſpaiſſeur du bois ſera de tous coſtéz également de¦ du
diametre A B, comme vous voyez en A C, ou B D: il aura par deſſus un certain cylindre relevé, dont l'eſpaiſſeur par le diametre E F ſera
de¦ du diametre A B:la largeur du trou de l'amorce G H n'excederâ point
¦ du diametre : par embas il ſera égal en largeur au cylindre ſuperieur avec
le tampon ou la culaſſe I K,par lequel on verſe la compoſition dans le globe
quand on le veut charger & par où on fait auſſi entrer un petard, fait d'une
lame de fer d'une forme cylindrique, & remply de bonne poudre grenée
lequel ſe couche de travers ſur l'ouverture tel que vous le voyez en M. Ce
globe eſtant ainſi preparé,on le remplira d'une de ces compoſitions aquatiques que nous décrirons cy deſſous, & puis on le bouchera bien fort avec
un tampon imbu de poix chaude.　Cela fait vous y coulerez par deſſus
telle quantité de plomb fondu que ce globe aquatique puiſſe obtenir la
peſanteur égale, ou quelque peu d'avantage d'une maſſe d'eau qui luy ſeroit

roit égale en groffeur. Pourquoy cecy fe fait ie vous en dôneray la raifon fur la fin de ce chapitre. En fin ce globe eftant bien ajufté de toutes pieces il fera plongé dans de la poix fonduë. Puis lors qu'il vous prendra envie d'en avoir le paffe temps, ou qu'il fera befoin d'en faire voir les effets; apres avoir mis le feu à l'amorce, & qu'il fera bien attaché à la matiére, vous le jetterez dans l'eau. Voyez la figure au nombre. 80.

Efpece 2.

Ce globe dont vous voyez la figure au Nomb. 81 differe feulement du fuperieur, en ce que fa forme n'eft pas fpherique comme de celuy là, mais fpheroide : encore que la fection parallele à l'axe, foit oblongue circulaire L'efpaiffeur du bois par toute la rondeur de la figure, fon tampon inferieur, ou fa culaffe & mefme le trou de l'amorce B, obfervent tous également la mefme proportion que les parties du fuperieur. Par deffous, elle a une grenade de plomb, marqué de A: chargée de bonne poudre grenée, dont le col entre dans le fonds du globe comme la figure le demonftre. En fin on le chargera d'une de ces compofitions aquatiques que nous décrirons cy deffous. Puis on le poiffera d'importance de tous coftez pour le mettre fur l'eau.

Efpece 3.

On fera creufer par un tourneur un cylindre de bois duquel la hauteur A D: ou B C fera une fois & demye de la largeur A B ou D C. Vous le couvrirez par deffus d'un tampon pareillement de bois, percé d'un trou d'une forme conique pour mettre l'amorce : duquel la largeur inferieure E F fera de ; de la hauteur du globe: la fuperieure G H fera de la moitié feulement. Vous luy chargerez le ventre de quelque une de ces matieres cy deffous pofées, & y ajufterez un tampon bien proprement, apres l'avoir premiérement envelopé d'une toile trempée de poix chaude, ou de goudron. Au deffous de ce globe on applique auffi un petard comme on peut voir en M. Le tout eftant bien ordonné de la forte, on attachera par deffus proche le trou de l'amorce une Eolipile telle que vous voyez en L; dont voicy la conftruction. On fait faire par un fondeur un petit globe, rond & concave, (quoy qu'on le puiffe faire d'une autre forme fi l'on veut) ou bien on le compofera de deux demyes fpheres, & fera-t'on bien fouder les commiffures, & fentes par où elles fe joignent : elle aura par deffus deux longues cornes percées de bout en bout : mais ie dis percées avec des trous autant petits qu'on les pourra faire, & particuliérement vers les bouts où elles finiffent toutes deux : c'eft à dire que leurs emboucheures les plus eftroites, n'excederont point la moitié de la ligne de leur propre diametre. Eftant conftruite de la forte couvrez la fous les Charbons ardents jufques à ce qu'elle foit toute rouge ; tirez là de là toute ardente; & plongez fes cornes. ou becs promptement dans l'eau, & les y laiffez jufques à ce que l'Eolipile foit retournée à fa premiere froideur, là où pendant ce temps elle fucceront, & attireront au dedans certaine quantité d'onces d'eau plus ou moins fuivant la groffeur de l'Eolipile. Cete balle donc ou Eolipile eftant preparée de la façon que ie viens de dire, vous l'arrefterez bien ferme proche le trou de l'amorce avec des petits cloux de fer paffez à travers un petit ance, qui eft collé au deffouz. Apres cecy vous appliquerez aux coftez du globe deux petites flutes, ou canules de plomb, comme elles font marqueé en I, & K fur la mefme figure, en telle forte que leurs orifices fuperieurs viennent à emboucher juftement les bouts des cornes de l'Eolipile.

Quand

Quand vous aurez fait tout cecy mettez le feu à l'amorce avec un bout de meche pour allumer la composition , & attendez un peu que la flamme se soit fortifieé,& qu'elle soit bien attachée à la matiere;alors jettez voftre globe dans l'eau.   Vous remarquerez bien toft apres , qu'aufi toft que le feu de l'amorce aura efchauffé l'Eolipile dans un tel point que l'eau qui y fera contenuë y boüillira, qu'elle regorgera par ces petits petuis avec tant d'impetuofité que fe refoudant toute en vapeur fort fubtile, & pareille à de l'air, elle produira un vent impetueux avec un fort grand bruit, lequel s'entonnant violemment dans les emboucheures de ces flutes ou canules qui font au deffous , fera entendre une harmonie extrémement agreable à l'ouyë. Voyez s'il vous plait la figure marqué du Nomb. 82 elle vous monftre toutes ces particularitez fort au net.

Efpece   4.

L a figure du nombre 83 vous reprefente un globe aquatique appellé par Allemands *Binfchwerm*. Celuy-cy n'a pas befoing d'un plus long difcours pour fe faire entendre,veu qu'on peut ayfement comprendre fa conftruction par fa figure mefme. Pour ce qui touche la hauteur du globe on la proportionnera à celle des fuzées courantes qui fe doivent inferer dans fa capacité : quoy que communément on le faffe une fois & demye auffi haut que large.   Le tuyau de bois marqué de la lettre A doit avoir fa longueur égale à la hauteur du globe.   On le chargera d'une compofition faite de trois parties de poudre ; de deux de Salpetre ; & d'une de foulfre. Par deffous encore fe peut attacher un petard de papier tel qu'on le void en la figure marquée de la lettre C. On attache en D un morceau de plomb pour fervir de contre-poids ; & en fin une roüelle de bois qui fouftient le tout ; & fait flotter le globe à fleur d'eau, c'eft cete piece que vous voyez notée de la lettre B.

Efpece   5. & 6.

Ie vous reprefente icy les figures de deux globes aquatiques tout d'un temps foubz les nombres 84 & 85. à caufe du grand rapport qu'elles ont enfemble, quant à leurs effets, mais fort peu neantmoins quant à leur forme.   Dans la premiere figure le milieu du globe A , eft premiérement remply d'une matiere ou compofition aquatique lequel on bouche bien ferré par deffus d'un tampon ou cylindre de bois relevé par le haut comme il fe void en H, & percé d'outre en outre par le milieu pour y mettre l'amorce.   Aux lettres B & C vous avez des certains vuides , ou petits receptacles pour recevoir des petites & grandes fuzées. Les lettre E & D marquent des petits canaux,par lefquels le feu eft porté à l'une & l'autre chambre qui renferment ces fuzées.   La lettre F, eft le trou qui infinuë le feu jufques dans une grenade de plomb, ou quelque petard qui f'attache ordinairement au deffouz du fonds.   Voyla pour ce qui concerne la premiére figure. Examinons un peu l'ordre & la compofition de la feconde. Dans celle-cy comme dans la premiere vous chargez le milieu, d'une compofition aquatique ; comme on void en la lettre A. Cette figure contient auffi deux ordres de fuzées, à fçavoir des grandes comme B & des petites comme C.   Les canaux qui apportent le feu du milieu du globe dans les deux fuzées font marquez des lettres H & I. La lettre D. eft un petard de poudre grenée, fur lequel on pofe une rotule de bois en E. percée par le milieu. De plus en la lettre F vous voyez un autre orbe de bois qui fe

pofe

poſe ſur la cõpoſition aquatique, pareillement percé par le milieu en G, pour mettre le feu dãs ce petit magazin. K & L ſont des couvercles ou bouchons de papier colé, ou de toile bien trempée de colle, & quelque-fois auſſi faits d'une lame de fer avec quoy on couvre les tuyaux M N. qui renferment les fuzées courantes, apres qu'elles ſont bien ferme areſtées dans le globe, afin qu'elle ne paroiſſent point. En fin O & P marquent deux excavations faites en demy-ronds, ſemblables à des petits canaux évuidez qu'on remplit de poudre battuë pour donner feu aux fuzées qui ſont renfermées dans ces tuyaux, poſez ſur cesdites excavations. Le profil vous fera ſçavant du reſte.

<h3 align="center">Eſpece 7.</h3>

Faites faire un Globe de bois parfaitement rond & creu par dedans : vous y ferez des certains trous par dehors dãs ſon épaiſſeur d'une telle largeur qu'une fuzée courante y puiſſe entrer ſans difficulté. Prenez garde que ces trous ſoient percez en telle ſorte qu'il y reſte du bois à l'epeſſeur d'un doigt vers la partie concave du globe, qui veut dire entr'eux & la compoſiti-on aquatique contenuë dans le milieu du globe A. Dans le reſte de cete eſ-paiſſeur, vous ferez des petits trous, avec une tariere aſſez delicate, ou bien avec un poinçon de fer premiérement rougi au feu, comme vous les pou-vez voir en B: puis vous les remplirez de poudre battuë. Cecy ordonné de la ſorte vous couvrirez ce globe par deſſus d'un cylindre de bois relevé en G, & percé par le milieu pour amorcer. Par deſſous en D, eſt une culaſſe percée pareillement par le milieu pour donner feu à un petard qui s'attache exterieurement contre le fonds. En fin la lettre F, monſtre un contre-poids de plomb, qui ſert pour tenir le globe droit, & en eſtat ſur l'eau. Voyez la figure 86.

<h3 align="center">Eſpece 8.</h3>

La forme de ce globe deſſiné au Nom. 87, n'eſt pas ſimple dans ſa conſtru-ction comme les precedents, mais bien d'une compoſition mixte: Car ſa partie inferieure, eſt un cylindre creu, couvert d'un chapiteau rond, ou pour mieux l'exprimer d'une demye-ſphere concave laquelle on void en G. Le cylindre de ce globe eſt rempli de petards de papier: outre cela ce chapi-teau qui couvre tous les petards, & poſé ſur une certaine rotule de bois qui les ſepare d'avec la matiere, eſt rempli d'une compoſition aquatique comme nous le ſuppoſons en A. A travers cete rouë de bois cy deſſus alleguée paſ-ſe un tuyau de bois pareillement marqué en B, chargé de la meſme com-poſition que celle du globe de la quatriéme eſpece cy deſſus deſcrite. Il ſera d'une telle lõgueur qu'il puiſſe toucher preſque le fonds du globe; c'eſt à dire qu'il y doit demeurer un petit intervalle entre le fonds & le tuyau. Au deſ-ſous du tout, en la lettre E, eſt un petard de papier : F marque un contre-poids de plomb: & H eſt la lumiere où ſe met l'amorce pour donner feu à toute la compoſition.

<h3 align="center">Eſpece 9.</h3>

Cete balle à feu que vous voyez au nombre 88 a la forme d'un ſpheroi-de ; quoy que vous la puiſſiez faire parfaitement ronde ſi vous voulez. On la remplit par dedans de quelque une de ces compoſitions qui ſont diſpen-ſées cy deſſous pour les globes aquatiques ſeulement. Par dehors ſur la par-tie convexe de la balle on fait des évuidures, pour y mettre des petards de

Y

pa-

papier : la lettre A vous les fait voir fur la mefme figure à cofté en la lettre E ; vous voyez de quelle façon font faits les petards que l'on infère dans ces cavitéz, à ces petards font attachées des certaines petites canules de fer ou de cuivre, remplies de poudre battuë, & ajuftées en telle forte qu'elles puiffent emboucher exactement des petits trous qui font autant de lumieres, qui fe voient marquez en B dans ces mefmes excavations, par lefquelles le feu eft apporté du corps de la balle dans leur capacité. F vous monftre la forme de ces petites canules, & comme elles doivent eftre ajuftées fur les petards. La lettre C eft l'orifice fuperieur de l'amorce. En fin D, en eft fon cylindre, que vous voyez deffiné pas loing de la figure, lequelle doit eftre percé de part en part, pour donner entrée au feu.

Efpece 10.

Pour ce qui touche la conftruction de ce globe marqué au Nomb. 89 vous n'aurez pas beaucoup de difficulté à la concevoir ; le deffein de la figure eft capable de vous la faire comprendre fans autre explication : voila pourquoy ie ne m'y arrefteray point autrement. I'adjoute feulement cecy. Premiérement que cete petite chambrette qui eft au bas marquée de la lettre A, doit avoir de largeur ⅔ de la largeur du globe : fa hauteur fera une fois & demye de fa largeur. Secondement ce globe aquatique B tel que nous en avons defcrit un cy deffus dans la première efpece, fera environné de tous coftez d'une compofition pareillement aquatique comme tout ce vuide H vous le laiffe à confiderer. Vous couvrirez cete chambrette inferieure du couvercle de bois C; afin qu'apres que la poudre qui fera renfermée dans fa capacité, aura receu le feu par ces petits tuyaux E, F & G, elle puiffe avec plus de facilité, & de force, envoyer en l'air cete balle que le ventre de voftre grand globe tenoit cachée, lequel prenant feu tout d'un temps par le trou D, brûlera d'abord fur l'eau avec eftonnement des fpectateurs, & leur fera voir bien toft apres par l'enlevement de celle qui demeuroit cachée, qu'ils eftoient deux corps en un. En dernier lieu ie vous adverty que la rotule qui fe met par deffus pour couvrir le tout, doit eftre areftée fort & ferme, de peur que la violence du feu ne la faffe fauter, avant que toute la compofition foit confommée.

Efpece 11.

Si vous confidererez ce globe icy marqué du Nomb. 90 quant à fon effet, vous le trouverez tout à fait femblable à celuy que nous venons de décrire cy deffus ; finon qu'il ne contient point de globe fpherique dans fa capacité, chargé d'une compofition aquatique comme le precedent. Outre qu'il retient la forme d'un cylindre plat par le haut & par le bas, & qu'il eft remply de petards de fer, comme les lettres B & F le font voir. Par deffus vous le rempliffez d'une compofition aquatique, auffi bien comme l'autre cy devant décrit. A vous le fait voir. Le tuyau de bois C, qui luy paffe à travers le corps, & qui touche à la compofition enfermée dans la chambre D, doit eftre chargé de la matiere que nous avons ordonnée en la quatriéme efpece de ces globes. Proche de ces tuyaux vous faites un petit trou par lequel le feu eft porté pout allumer les petards, lors que le globe fera enlevé en l'air. En fin la chambre D, dans l'endroit où elle eft le plus large, doit avoir la largeur de ⅔ de la largeur du globe mefme ; fa hauteur fera de ⅔, mais par deffous c'eft affez qu'elle foit large de ⅓ de la mefme largeur du globe. La lettre G vous monftre un petard de papier qui s'attache au deffous du

tout

tout. H est un petit canal par lequel le feu est porté de cete chambrette dans le petard.

Espece 12.

Quant à la preparation du globe suivant, marqué du Nomb. 91. Il faut premiérement avoir un globe de bois creu & d'une forme cylindrique, qui ait par dessous une chambre qu'on puisse remplir de poudre. La largeur de son orifice sera tout au moins d'un pied de diametre : Sa hauteur sera une fois & demye de sa largeur. L'ayant tel, vous ajusterez une roüe de bois qui aura sa circonference égale à celle du globe, en telle sorte toutesfois qu'on la puisse commodement approprier sur le vuide du globe. Elle sera bouchée par dessous avec un tampon de bois pour tenir la poudre serrée dans la chambrette, à travers duquel passera un tuyau de fer remply de poudre bien batuë, ou de cete composition décripte en la 4 espece de ces globes. Vous verrez la forme de cete rotule de bois dans la figure, aux lettres A. B. C. D. E. En troisiéme lieu vous preparerez six globes aquatiques ou d'avantage, comme vous le trouverez bon, de mesme forme que nous en avons décripts quelques uns en la première, & seconde espece, & dans les autres precedentes, chacun desquels aura une canule de fer engagée dans son orifice, & remplie d'une bonne poudre battuë. Que tous ces globes soient d'une telle grandeur & grosseur qu'estans disposez en rond & joints ensembles, ils ayent une circonference qui n'excede point celle de l'orifice du globe, dans lesquel on les veut loger, c'est à dire qu'ils y puissent entrer aussi justement, qu'il sera possible de les y mettre. Cecy estant disposé de la sorte, & ayant chargée la chambre du globe d'une poudre grenée, on inserera dans ce globe la rotule de bois de laquelle nous avons fait mention cy dessus : & sur iceluy vous arengerez perpendiculairement tout à lentour du tuyau de fer les six globes aquatiques, puis vous les couvrirez d'une autre roüe de bois laquelle sera percée en six endroidis, de trous, qui auront la mesme largeur que les tuyaux des globes seront gros, & les percerez avec tant de justesse entre leurs distances qu'ils se rapporteront ponctuellement aux emboucheures des tuyaux des globes lesquels passans à travers de cete dite roüe excederont tant soit peu sa superficie. Pour le mieux concevoir jettez les yeux sur la mesme figure en la lettre G. Sur cete derniere rotule, versez moy une bonne quantité de poudre battuë, meslée de poudre grenée; sur celle-cy ajencez encore quantité de fuzées courantes autant que la capacité du globe en pourra contenir. Au milieu de toutes celles-cy, ajustez y en une plus grande que toutes les autres qui ne soit pas percée, dans l'orifice de laquelle puisse entrer par dessous, ce tuyau de fer duquel nous avons parlé cy dessus, qui est le mesme que vous voyez en H. Cet tuyau icy sera percé en plusieurs endrois justement au niveau de la roüe de bois, afin que le feu passant du tuyau par ces trous, il puisse emflammer les fuzées qui y sont posées, & qu'au mesme instant tous ces globes dont les orifices surpassent la surface de la rotule puissent aussi concevoir le feu; & de là, aprés que le feu aura passé jusques dans la chambre inferieure par le tuyau du milieu, estre envoyez bien haut en l'air pour s'y faire entendre. Dans la mesme figure la lettre F marque les six globes aquatiques; la lettre K la grande fuzée qui est posée au milieu des courantes; L fait voir la chambre, où se met la fine poudre; M un petit tuyau qui porte le feu jusques dans un petard de papier qui est noté de N. Enfin ce globe estant ainsi preparé, & ajusté suivant l'ordre que

nous venons de dire , il fera caparaçonné par deffus d'un chapperon convenable , puis plongé dans du goudron , pour le deffendre de l'eau.

Efpece   13.

Ce globe aquatique que ie m'en vay vous décrire icy,& duquel vous voyez la forme au Nomb. 92, eft appellé par les Allemands *Waffer pum-
pe* , comme qui diroit une pompe à eau , un tuyau , ou autre femblable
organe hydraulique ; ils l'appent encore *Waffer-morfer*, qui fignifie comme
un mortier aquatique , ou pour le moins, un mortier à fervir dedans, ou fur
les eaux, Or voicy quoy comme on le conftruira. On prendra 7 tuyaux de
bois creux & vuides par dedans,qu'on enveloppera bien de toile collée,poif-
fée , ou goudronnée:puis ils feront liéz fort & ferme , de cordes ou de fi-
celle.Il vous fera permis de donner telle hauteur à leurs corps,telle largeur à
leurs orifices,&telle efpaiffeur à leur bois qu'il vous plaira,refervé neatmoins
celuy qui fera placé au milieu de toute la machine , lequel fera tant foit peu
plus haut que les autres : vous joindrez tous ces tuyaux enfemble , & les
ajencerez à lentour de ce plus grand , enforte qu'ils ne facent qu'un corps
rond,ou cylindrique,comme la lettre D,vous le fait voir.Au deffous de toutes
leurs extremitez inferieures vous ajufterez pour toute baze & tout autre
fondement un morceau de bois rond,tel qu'il eft marqué en C, auquel vous
attacherez ces tuyaux avec des petits cloux de fer,& ny efpargnerez point la
colle, pour bien boucher les ouvertures , & lutter exactement toutes les
fentes,depeur que la compofition qui y feroit renfermée ne prenne vent.
Cecy eftant fait vous chargerez les tuyaux fuivant cét ordre que vous pouvez voir en la figure marquée de la lettre A.   Premiérement vous verferez
dans le tuyau un peu de poudre grenée, environ à la hauteur d'un demy
doigt par deffus le fonds:puis vous mettrez pas deffus une balle aquatique
telle que vous voyez en G: fur ce globe vous verferez de la compofition
lente ; puis par deffus de la poudre grenée ; fur cette poudre fera pofé un
autre globe chargé de fuzées courantes , comme on les peut voir en H ;
puis par deffus ce globe vous verferez derechef de la matiere lente avec de
la poudre grenée , & une balle luyfante qui fe mettra par deffus,comme on
void en I. Par deffus tout cecy vous verferez pour la troifiéme fois de la
compofition lente , avec de la poudre grenée comme auparavant:puis vous
la couvrirez d'une rotule de bois ; fur cette rotule vous garnirez le tuyau
K de fuzées courantes : non pas toutefois fi plein que vous ny referviez
au milieu un efpace affez grand pour faire paffer une cartouche de bois
remplye d'une compofition aquatique.   En fin pour achever d'emplir voftre globe vous y verferez de la compofition lente , & puis le tamponnerez
bien par deffus.   Suppofé maintenant que toutes vos fuzées foient chargées de la façon vous ferez ajufter une planche quarrée ou ronde n'impor-
té pas (laquelle aura un trou pareillement rond au milieu , de telle largeur en fon diametre,que tous ces tuyaux joints enfemble comme vous les
voyez,y puiffent entrer librement) laquelle vous arrefterez proche les
orifices des tuyaux , pour fouftenir fur l'eau toute la machine , & la faire
flotter avec plus de feureté pour les poudres , cete planche eft marquée de
la lettre L.   Le tout donc bien & deuëment preparé fuivant l'ordre que ie
viens de dire ; tout le globe fera plongé , dans une quantité de goudron :
puis on mettra dans l'orifice du tuyau du milieu la fuzée M, ou une petite
canule de bois remplie d'une matiere forte , & ardente fur l'eau (de laquelle nous avons fi fouvent parlé) qui eft celle là mefme dont ie vous ay
dif-

difpenfé la compofition dans la quatriéme efpéce de ces globes. Pour ce
qui eft du refte vous pourrez l'apprendre ayfement par les figures fcenographiques que nous vous en avons tracées icy mefme.

Remarquez premiérement qu'il eft neceffaire que le tuyau du milieu ait
un peu d'avantage de matiere lente que ceux qui l'environnent.

En Second lieu, notez que fi vous defirez que tous ces tuyaux Collaté-
raux prennent feu tous d'un mefme temps, il vous faudra percer des petits
trous à la grãde cartouche du milieu qui refpondrõt à chacune de celles qui
la coftoyent, par lefquels le feu fera porté en un mefme inftant dans tous les
orifices de ces tuyaux pour les confommer également, & dans le mefme
temps. Que fi vous ne defirez pas en avoir une fi prompte execution,
mais que vous vouliez avoir le plaifir de les voir brufler tous les uns apres
les autres, pour lors vous couvrirez leurs orifices bien fort, d'un bon gros
papier; & ajufterez dans chaque tuyau des petits canaux, remplis de poudre fine, & battuë, ou d'une matiere lente, par lefquels le feu fera porté du
fonds de celuy qui fera confommé, fucceffivement à l'orifice du plus prochain, qui n'aura pas encore fait fon effet.

COROLLAIRE I.

Des Balles Aquatiques odoriferentes.

Faites faire par un tourneur des balles de bois, vuides par dedans, environ
de la groffeur d'une noix d'Italie, ou d'une pomme fauvage : lefquelles
vous chargerez de quelque une de ces compofitions : eftans toutes preftes, & chargées vous les jetterez dans l'eau, apres les avoir allumées :
mais i'entend que l'eau foit dans quelque Chambre, ou autre lieu renfermé, qui ne foit pas trop ample, ny fpacieux, Ce ne fera pas fans avoir mis
premiérement un petit bout de meche fait de noftre eftouppe pyrotechnique, afin que la compofition qui eft renfermée dans ce globe fe puiffe allumer avec plus de facilité. Voicy les compofitions telles qu'elles doivent eftre.

Prenez du Salpetre ℥ iiij, du Storax Calamite ℥ j, de l'Encens ℥j, du
Maftic ℥ j, de l'Ambre ℥ ß, de la Civete ℥ ß, de la Scieure de bois de Genevre
℥ij. de la Scieure de bois de Cypres ℥ij, de l'Huyle de Spic-nard ℥j, faites-en
voftre compofition fuivant l'art & la methode ordonnée.

Ou bien Prenez du Salpetre ℥ij, de la Fleur de Soulphre ℥j, du Camphre
℥ ß, de la Raclure d'Ambre jaune, & mife en poudre bien deliée ℥ ß, du
Charbon de bois de tilliet ℥ j, de la fleur de Belzoi, ou d'Affa douce ℥ ß. Que
les matieres triturables foient pulverizées, puis bien meflées & incorporées
enfemble.

COROLLAIRE II.

Des Compofitions pour charger les Globes, ou Bal-
les Aquatiques, qui brulent tant fur l'eau, que
dans l'eau.

1.

Premiérement prenez du Salpetre reduit en farine fort deliée 16 ℔. du

Soul-

Soulfre 4 ℔. de la Scieure de bois qui aura premiérement esté boüillie dans de l'eau salpetreuse, puis seichée, 4 ℔. de la bonne Poudre grenée ℔ β. de la Raclure d'ivoire ʒiiij.

2.

Prenez du Salpetre 6 ℔, du Soulfre 3 ℔, de la Poudre battuë 1 ℔, de la Limure de fer 2 ℔, de la poix Greque ℔ β.

3.

Prenez du Salpetre 24 ℔, de la poudre battuë 4 ℔, du Soulfre 12 ℔, de la Scieure de bois 8 ℔. de l'Ambre jaune râspé ℔ β, du Verre grossiérement en poudre ℔ β. du Camphre ℔ β.

Pour ce qui concerne la forme de preparer toutes ces compositions, elle ne differe en rien de celle que nous avons décrite au traité des fuzées : hormis qu'il n'est pas necessaire que la matiere soit si subtilement battuë, pulverizée, ny tamisée, comme pour lesdites fuzées, mais toutes fois pas moins mêlée & incorporée avec le reste : On prendra bien garde qu'elle ne soit pas par trop seiche lors qu'on en voudra charger le globe : Pour cete raison on l'humectera tant soit peu d'Huyle de lin, ou d'Olives, de Petrole, ou de Chenevis, de noix, ou de quelque autre humeur grasse, & susceptible du feu.

Notez qu'outre toutes ces compositions aquatiques que ie vous ay cy dessus proposées de mes propres & particulieres experiences, chacun en pourra faire comme il luy plaira pourveu toutéfois qu'il prenne les matieres dans une autre proportion de l'une à l'autre. Cela vous sera à la verité assez facile, mais neantmoins ie vous conseil d'experimenter de temps en temps vos compositions pour le plus seur, avant que d'exposer vostre ouvrage à la veuë de tout le monde. Outre cela il importe beaucoup à qui veut bien s'acquiter de son devoir dans la preparation de toutes ces matieres aquatiques, & à qui en desire connoistre les vertus, & les forces en general lors qu'elles sont conjointement preparées, d'avoir une parfaite, & entiere connoissance de toutes les matieres en particulier qui entre dans les compositions aquatiques, de leur nature, de leurs vertus, de leurs effets, & de leurs proprietez : car comme dit Aristote au liv. 7 de sa Phisiq. Chap. 10, *Ex particularibus præcognitis universalis acquiritur scientia:* La connoissance des choses particulieres nous porte à une science plus universelle & generale. Ce pourquoy vous remarquerez bien diligemment ce qui touche chacune de ces matieres en particulier.

La Poudre à Canon ou pyrique est le premier & principal ingrediant, la matiere la plus aspre au feu, & la plus violente en brulant de toutes celles qui entrent dans la composition : d'ou vient qu'elle resiste puissamment à toute sorte d'humidité, pour empescher que la flamme n'en soit suffoquée.

Le Salpetre bien clarifié, & purifié se met au second rang. Pour cecy nous avons de-ja traité assez au long cy dessus de sa nature, & de ses vertus incroiables dans la poudre. Mais parce que pour ce que nous en avons dit il semble que dans les compositions aquatiques il a encore ie ne sçay quelle autre proprieté particuliere pour dissiper, escarter, & repousser bien loing les gouttes d'eau qui se presentent aux emboucheures, & orifices des machines aquatiques, par le moyen de la grande quantité du vent & de l'abondance des exhalaisons qu'il tient renfermées dans sa matiere.

Toutes les huyles qu'on mesle avec les ingredians pour les humecter, lors qu'elles y sont bien unies, & incorporées, conservent la flamme malgré les eaux & semblent luy prester la main pour empescher qu'elle n'en soit suf-

Y   pri-

primée,& ce à cauſe d'une humeur graſſe, jointe à une ſubſtance extrémement aërienne,& ignée qu'elles contiennẽt, apres quoy le feu aſpire avec
tãt d'aſpreté,qu'il eſt impoſſible à cete matiere de s'en de faire lors qu'elle
en eſt une fois ſurpriſe. Car comme les huyles ſont naturellement d'une
ſubſtance aſſez eſpaiſſe , & tenace , leurs parties ne ſe pouvans que difficilement, diſjoindre,& diſſiper, il eſt fort mal-aiſé que le feu en ſoit chaſ-
ſé par cét ennemy extranger, particuliérement lors qu'il y eſt bien vivement attaché. C'eſt donc la raiſon pourquoy il n'eſt pas poſſible à l'eau
de pouvoir compatir avec ces humeurs graſſes , beaucoup moins de ſe pouvoir inſinuër dans leur ſubſtance,conſideré qu'il y a un puiſſant maiſtre au
dedans,qui jure & promet de ne point quitter la place,qu'il n'ait premiérement diſſipé tout ce qui luy appartient, ou tout ou moins qu'il n'ait enlevé
quant & ſoy tout ce qui ſera capable de recevoir ſa forme.

Le Soulfre a auſſi des vertus qui ne ſont pas des moindres,& que nous
devrions bien avoir miſes dans les premiers rangs à cauſe de leur excellence ; c'eſt de luy que toutes les compoſitions que nous avons deduites,ti-
rent une partie de leurs forces , & ſans qui infailliblement elles demeure-
roient imparfaites ; puiſque c'eſt luy ſeul qui a un ſoin tres particulier , de
recevoir le feu, lors qu'on leur en preſente, puis apres l'avoir receu
de l'introduire dans les autres matieres qui luy ſont alliées. Au reſte ie ne
crois pas qu'on puiſſe treuver aucune eſpece de matiere graſſe, ou bitumi-
neuſe,qui puiſſe entrer en parallele avec ſes proprietez,tant à retenir,& conſerver la flamme du feu conceu dans la matiere, qu'à la deffendre & proteger à l'encontre de ſes ennemis,qui par des qualitez oppoſées, s'effor-
cent à la deſtruire , & ſuffoquer : la ſeule cauſe de cecy procede d'une cer-
taïne ſympathie, qui ſe rencontre entre luy & le feu, d'une naturelle con-
formité dans leurs humeurs, ou de ie ne ſçaïs quelle amitie occulte qui ſe
portent mutuëllement,& laquelle les rend inſeparables l'un de l'autre quand
ils ſont une fois unis enſemble.

Entre les rares qualitez du Camphre, celle de retenir & conſerver un feu
inextinguible n'eſt pas d'une petite conſequence, & il ſe peut bien vanter
qu'il eſt le ſeul entre toutes les matieres graſſes,huyleuſes & bitumineuſes,à
qui la nature ait concedé une proprieté ſi extraordinaire. Qu'ainſi ne ſoit
ne voyons nous pas par experience que ſans le ſecours d'aucun autre ingrediant, il brûle parmy les choſes humides, & s'y maintient avec tant d'opiniatreté qu'il ſemble qu'il veüille meſme leur faire la loy chez eux , & dans
leur propre element. Si vous en doutez,allumez-en un morceau, & le poſez ſur de la glace,ou ſi vous voulez parmy de la neige (pourveu routefois
qu'il n'en ſoit point accablé,& qu'il y demeure une ouverture au feu pour
reſpirer) vous verrez qu'il la fondra infailliblement l'une & l'autre,& y ſub-
ſiſtera malgré leur froideur,juſques à ce qu'il ſoit entiérement conſommé.
De plus eſtant reduit en poudre,puis allumé,& eſpars ſur la ſurface de l'eau
il produit un feu fort agreable à voir , car il ſemble que l'eau meſme ſur laquelle il ſurnage à cauſe de ſon extréme legereté, ſoit toute en feu & en
flamme. Sçachez neantmoins que s'il conçoit le feu ſi aiſement ce n'eſt
pas à cauſe de ſa chaleur, mais bien parce qu'il eſt d'une nature fort tenuë
& graſſe. D'où vient cét eſtrange effet & ſi admirable qu'il produit , à ſçavoir que ſi vous en jettez dans un baſſin ſur de l'eau de vie , & que vous la
faſſiez boüillir juſques à ſon entiere evaporation , dans quelque lieu fort eſtroit, & tellement fermé,qu'il ny ait aucune ouverture tant aux parois,
qu'au lambris, ou au plancher inferieur , il ſe rarefiera & s'y convertira en
une

une vapeur si tenuë, & en un air tellement subtil, que si la porte de ce
cabinet estant ouverte à quelque temps de là, vous y entrez avec un flambeau allumé, tout cét air remfermé conçoit en un moment le feu qui paroist comme un esclair, sans toutêfois incommoder en rien le bastiment,
ny sans que les spectateurs en reçoivent la moindre atteinte du monde. La
cause de ce rare effet procede d'une extrême rareté, qui est conjointe à sa
matiere ; car on doit croire que le feu ne brusle aucunement, sinon lors
que ses parties sont extrémement unies & serrées : ce qui se peut remarquer au papier de ce païs quand le feu s'y est attaché sur lequel on peut
franchement passer la main sans se bruler ; de mesme en est-il de l'eau de
vie, laquelle produit un flamme si tenuë, qu'un mouchoir en estant moüillé
elle s'y consomme de bout en bout, sans que le moindre fil du mouchoir en
soit offencé.

Toute sorte de poix, & de bitumes (parmy lesquels on peut bien faire
passer la rapure d'Ambre jaune, quoy qu'elle n'ait pas beaucoup de rapport
avec eux quant à sa nature, comme ie vous l'ay de-ja dit ailleurs, suivant le
sentiment de Scaliger) produisent dans la composition une puissante fumée, laquelle contenant en soy beaucoup de feu, & quantité d'esprits aëriens, & consequemment estant d'une nature fort legere, s'efforce de
tout son pouvoir de s'enlever en l'air, & de forcer tous les obstacles que
l'eau luy pourroit opposer ; voila pourquoy rompant avec violence les
parties les plus unies de cét element froid, elle sert comme d'avant-cou-
reur au feu pour le faire passer avec seureté, & luy faire un chemin libre
pour s'envoler vers son centre. D'où vient que se trouvant sous l'eau
amassée en gros tourbillons, elle enleve de vive force en l'air celle qui
s'oppose à sa sortie, & causant tout d'un mesme temps une infinité de
gros boüillons sur sa surface, elle fait voir qu'elle n'est pas d'humeur à se
soufmettre à un element qui est ordonné pour subsister au dessous
d'elle.

La Scieure de bois, la Limure de fer, la Raclure d'ivoire, & le Verre pulverizé, estans une fois reduites en feu par les autres matieres qui en sont
plus susceptibles qu'elles, sont envoyées bien loing dans l'air par la force de
la Poudre, & du Salpetre, là où elles paroissent comme un grand brasier
d'étincelles, & nous font voir un spectacle fort plaisant aux yeux : puis
tout d'un temps retombans dans l'eau, elles nous font entendre un bruit,
que produit un peu chaleur resté dans leur substance, dans l'instant qu'elles se joignent avec l'humidité, lequel n'est pas desagreable. Or vous devez sçavoir que toutes ces estofes que ie vous viens de deduire ne sont pas
seulement employées, dans la compositiõ pour la satisfaction de l'ouyë, & de
la veuë, mais aussi qu'elles aydent encore de beaucoup au feu pour le for-
tifier, & maintenir ses rayons unis ensemble : Ce qui est en partie la raison
pourquoy il s'oppose si puissamment à toute sorte d'humidité. Aussi leur
veritable office est de multiplier les parties du feu, & d'en produire en
quantité · car de cete grande abondance de feu, & de l'extréme union de
ses parties, procede le mespris qu'il fait de la resistance de son ennemy, &
de tous les desseins qu'il pourroit avoir de le suffoquer : s'il est vray que les
forces & vertus les mieux unies soient les plus puissantes, Or est-il que
cete force ne reçoit pas encore un petit accroissement lors qu'elle se trouve
contrainte : ou quand on luy empefche la liberté de sa respiration, à cause
de quantité de parties qui demeurent au dedans lesquelles se resoudroient ;
jointes à une matiere trop abondante qui l'accroit par la contrainte de ses

parcies dans un lieu si limité , & par consequent leur force (comme dit Scaliger) en est de beaucoup augmentée.

Voila ce que i'avois proposé de vous dire touchant les matieres dont on se sert à remplir le vêtre des globes aquatiqnes, i'espere que cecy nec servira pas de peu au Piroboliste, pour reüssir dans toutes ses pratiques, pourveu qu'il observe de point en point toutes les circonstances, l'ordre, & la methode, que nous luy avons proposée.

Vous me permetrez de vous presenter encore ce plat de dessert, en faveur que la comparaison, & du rapport qu'il y a de la force, & puissance du feu, avec les qualitez contraires de l'eau , & des vertus qu'ils exercent mutuellement l'un sur l'autre, lors qu'ils en sont aux prises, pour la souveraine préeminence.

Cùm Chaldæi ignem haberent Deum , circumferentes quòd omnia pervinceret, unum Deum existimari volebant , cæterarum enim gentium Dii , quia ære , argento , ligno , lapide , aut hujusmodi aliquâ materia constarent , eos aiebant igne consumi. Id cùm ad Canopi sacerdotem adlatum esset , ut erat ingenio ad astutiam composito , hydriæ pertusæ aquâ plenæ foramina cerâ obduxit , & totam variis pinxit coloribus , & symulachro (quod gubernatoris Menælai esse ferebatur) prius abscisso capite, aptavit. Non ita multo post tempore cùm Chaldæi venissent , ignemque symulachro admovissent , facturi ipsi periculum num posset & Egiptiorum Deum superare , liquatâ cerâ sensim effluens rimis aqua ignem extinxit, ut Ægyptiorum Canopus sacerdotis astutiâ Chaldæorum Dei victor ceperit ab aliis coli. C'est une histoire qui est assez commune laquelle Philander rapporte de Suidas chez Vitruve en la preface du Liv. 7. Ruffinus en fait aussi mention en l'histoire ecclesiastique liv. 2, chap. 26. à peu pres en ces termes. Du temps que les Chaldéens sacrifioient au feu , comme à une divinité qu'ils reveroient par dessus toutes les autres puissances celestes & elementaires, ils se vantoient que leur Dieu seul pouvoit surmonter toutes choses, & par consequent qu'il estoit juste & raisonnable, (à ce qu'ils disoient) qu'on luy rendit tous les honneurs, & tous les hommages qu'on avoit accoûtumé de deferer aux autres: adjoûtans pour raison que les Dieux des autres nations, fussent-ils d'airain, ou d'argent , de bois , de pierre, ou de quelque autre matiere encore plus dure, n'avoient aucune resistance à faire à l'encontre du leur qui en devoroit autant comme on luy en pouvoit fournir. Ce qui ayant esté rapporté à un Sacrificateur Canopien homme qui estoit d'une humeur assez gaillarde, & d'un esprit fort subtil, entreprit de les des-abuser, en leur faisant voir qu'il y avoit encore quelque autre puissance à laquelle leur Dieu seroit contraint de ceder ; pour en venir aux preuves il fit faire pour cét effet un grandissime vaisseau percé de trous en plusieurs endrois , & fort proprement bouchez de cire , lequel ayant fait peindre de diverses couleurs, il le fit proprement ajuster sur les espaules d'un grand simulacre (qu'il feignit estre la statuë du Gouverneur Menelas) en la place de la teste qu'il luy avoit fait oster. Quelque temps apres les Caldéens estans venus pour voir la decision de ce different qui estoit entre ces deux belles divinitéz , on fit paroistre le feu devant son ennemy qui l'attendoit de pied ferme: en effet à la veüe d'un si puissant Colosse, la colere luy estant montée au visage, il l'attaqua si resolument, à son abord, & s'y attacha avec tant de violence, & d'opiniatreté qu'il ny eut personne qui d'abord ne jugea qu'il deut emporter le prix de la victoire, & demeurer maistre du champ de bataille, veu l'immobilité, & le peu de resistance de son Adversaire. Mais le sort qui en avoit ordonné autrement fit bien tost chan-

Z

ger

ger d'opinion aux fpectateurs,car fort peu de temps aprés que ce grãd corps
fut efchauffé d'un bout à l'autre, & que fa flamme du Feu mefme eût brifé
les fers qui luy tenoit les mains liées,& fait fondre les obftacles de cire qui
retenoit fon ennemis emprifonné dans la ceruelle de cette Statuë,il fe fentit infenfiblement furpris d'une fueur froide,qui luy coulant depuis la tefte jufques aux pieds,luy ralentit bien toft fon ardeur , & luy oftât tout d'un
temps l'efperance de fortir de ce cõbat victorieux comme il s'eftoit promis.
Comme en effet il ne tarda guere,car bien toft apres, toutes les bondes de
ce vaiffeau eftant ouvertes il fe trouva accablé de tous cofté, & fût con-
ftraint d'avoüer en mourant qu'il eftoit vaincu,& que l'Eau luy devoit eftre
preferée par tout. Les Chaldéens auffi honteux qu'affligéz,de voir leur beau
Dieu en fi piteux eftat,fe retirerent fort mal-fatiffaits de ce combat , & cef-
fans de lors d'adorer le Feu,ils prirent le party des Ægyptiens. Voila le fuccez qu'eût la fineffe du Preftre Canopien.

COROLLAIRE III.

Du poids jufte & legitime qu'on peut determiner pour chaque Globe Aquatique.

Pour ce qui regarde les promeffes que ie vous ay faites dans la defcription
de la premiere efpece des globes aquatiques , i'y fuis trop engagé pour
m'en pouvoir dedire.   C'eft donc une chofe tres evidente tant par les
experiences que nous en avous faites , que par les demonftrations mefmes
d'Archimede (en fon liv. πεεὶ τῶν ἐχουμένων, *feu de infidentibus humido*, prop:
3. 4.&7.)où il parle des corps qui fe mettent fur les eaux:*quòd folidarum ma-*
gnitudinum quæ æqualem molem habentes æquè graves funt atque humidum :
in humidum confiftens demiffæ , mergentur ita ut ex humidi fuperficie nihil extet:
non tamen adhuc deorfum ferentur.   Solidarum verò magnitudinum quæcun-
que levior humido fuerit demiffa , in humidum manens, non demergetur to-
ta , fed aliqua pars ipfius ex humidi fuperficie extabit.   En fin : folidæ magni-
tudines humido graviores demiffæ in humidum ferentur deorfum , donec defcen-
dant : & erunt in humido tanto leviores , quanta eft gravitas humidi molem
*habentis folidæ magnitudini æqualem.   C'eft à dire que des grandeurs folides
celles qui eftant de pareille groffeur, font de mefme pefanteur que l'eau ou
tout autre humide:eftans plongées dans une eau arreftée,elles s'y maintien-
dront en telle forte qu'il ny paroiftra rien de ces corps au deffus de la furface fans pour cela fe porter vers le fonds.   Mais àu contraire , des grandeurs folides , celles qui feront plus legeres que l'humide , y eftans mifes
dedans , elles ne fe plongeront point tout à fait,mais une partie d'icelle paroiftra rouffiours au deffus de la furface de l'eau.   En fin les corps folides qui font plus pefans que l'humide y eftans jettez, defcendront vers le
bas , & s'y trouveront d'autant plus legers que cét humide qui contient les
grandeurs folides aura plus de rapport , ou d'égalité avec elles.   Voila
pourquoy comme tous ces globes qui fe font pour nos vfages font ordinairement de bois , & quoy que leurs vuides foient chargez d'une matiere
aquatique , ils ne laiffent pour tout cela d'eftre legers , & ne fe rencontrent
pas de pois égal à une maffe d'eau comprife fous une pareille, & égale groffeur : d'où vient qu'eftans jettez dans l'eau (fuivant ce que nous venons de
dire çy deffus d'Archimede)ils furnagẽt en partie,& font en partie plongez:

Et

Et cela se fait en telle sorte que les parties du globe qui sont au dessus de l'eau, rejettent, & impriment tousiours le defaut de leur pesanteur sur la masse de l'eau contenuë soubs un égal circuit avec le globe. Outre cela les parties qui sont dans l'eau, ont un tel rapport avec le tout, que le poids du globe aquatique a avec la pesanteur d'un corps égal à l'eau, & ainsi peut on dire en renversant la proposition. De là il s'ensuit que la grosseur du corps aquatique égale à la partie submergée du globe, est tousiours équiponderante à tout le corps du globe aquatique. Comme par exemple ayez un globe aquatique du poids de 3 ℔, jettez le dans l'eau en telle sorte, que les trois parties estans chachées souz l'eau il n'en paroisse qu'une seulement au dessus de la surface. Ie dis maintenant que le poids du globe aquatique est surmonté du poids de la masse d'eau égale au globe aquatique, de de la mesme proportion, que les parties submergées sont surmontées du tout, c'est à dire d'une quatriéme partie : & par ainsi que la masse d'eau égale en grandeur au globe aquatique, est du poids de 4 ℔. Et au contraire prenant la proposition à rebours, si le poids d'une masse d'eau, est supposé bien connu, & que l'on y plonge un globe jusques aux trois quarts de sa hauteur, il est tres constant que le globe sera plus leger d'un quart que la masse d'eau : c'est à dire qu'un corps aquatique semblable, contenant 2 parties de mesme nature, & telles que sont les 4 du globe d'eau, pesera autant que tout le globe aquatique l'un & l'autre estant mis en balance : Or si les trois parties de cete masse d'eau, égales aux trois parties du globe aquatique sont de 3 ℔ : on pourra dire franchement que le globe aquatique est pareillement du poids de 3 ℔. Mais veu que nous avons accoûtumé de construire nos globes aquatiques non seulement à dessein qu'ils puissent nager sur la surface des eaux, mais encore afin qu'y flottans à fleur comme on dit, ou qu'estans tout à fait plongez dedans, ils puissent élever en l'air quantité d'eau par le moyen du feu, des flammes, & des estincelles qu'ils vomissent en abondance dans le temps de leur combustion, & aussi afin que le feu ne souffre pas qu'il y soit suffoqué de l'eau, qui l'assiege de tous costez, au contraire qu'augmenté de plus en plus en ses forces il puisse surmonter la violence de l'eau, (qui est le veritable nœud de l'affaire, & le seul but où tous ceux de nostre profession doivent unaniment viser.

Que si maintenant ces globes aquatiques sont plus legers que la masse d'eau qui leur est égale, ils ne plongeront pas dans l'eau jusques aux bords de leurs orifices, mais surpasseront en quelque façon la surface : & consequemment à mesure que le feu viendra à consommer la composition aquatique contenuë dans la capacité des globes, d'autant plus legers en deviendront-ils & s'esleveront vers le haut, surmontans toûjours la surface de l'eau, & se decouvrans de plus en plus jusques à ce qu'il n'y reste seulement dans l'eau que cete partie à laquelle la masse d'eau égale à tout le globe qui surnage, est équiponderante. Voila pourquoy il y faut adjoûter quelque poids qui fasse le globe d'eau équiponderant à la masse d'eau égale, afin que la superficie superieure du globe submergé soit de niveau avec l'horizon de l'eau : ou un peu plus pesante si vous voulez, que la masse d'eau égale, par le moyen de quelque poids qu'on y adjoûtera, afin qu'il demeure tout à fait caché sous l'eau, ce qui sera beaucoup meilleur pour la raison que j'ay apportée cy dessus, à sçavoir, à cause de la successive consomtion des parties de la matiere renfermée & consequemment de la legereté du globe qui luy succede.

Or en quelle façon on pourra connoiſtre la legereté d'un globe d'eau au
reſpect d'une égale maſſe d'eau ; & meſme les parties que la ſurface de l'eau
ne couvrira pas lors qu'il y ſera plongé : ou bien comment on pourra ſçà-
voir quel poids de plomb on attachera au globe aquatique, lors qu'il ſera
plus leger que l'eau pour le rendre équiponderant, ou tant ſoit peu plus
peſant. De plus comme quoy on pourra decouvrir le poids d'une maſſe
d'eau égale à un globe aquatique, ſans peſer, ny meſurer, tant le globe, que la
maſſe d'eau par la voye ordinaire des mechaniques, afin de tirer la connoiſſance du reſte de ce qui touche cét affaire, le tout ſe pourra voir clairement
par le calcul du globe aquatique, que nous avons décrit cy deſſus, dans la
premiere eſpece.

Nous avons ſuppoſé & defini l'axe, ou le diametre du globe aquatique
ſuperieur de neuf parties égales : chacune desquelles ſera priſe pour une
once du pied Rhenan : de là on pourra ayſement connoiſtre la ſolidité, &
le poids d'un globe de bois en cete façon.

Soit poſée la proportion telle: comme 21 eſt à 11, de meſme en ſoit-il
du cube du diametre du globe de 9 onces (qui eſt 729) à la ſolidité du
globe, en poûces ou onces cubiques; ſuivant les demonſtrations de Chriſto-
phorus Clavius, Geomet. prat. liv. 5. fol. 253. Il ſortira de cete operation environ 381 doigts cubiques, leſquels contiendroit ce globe s'il eſtoit ſolide
& plein : mais comme il eſt creu & vuide, & que le diametre de ſon vuide
eſt de 7 poûces, il eſt doncques queſtion de chercher la capacité, & corpulence de ce vuide s'il eſtoit ſolide. Soit donc poſé derechef comme de
21 à 11. de meſme du cube du diametre du vuide de 7 onces, à la capacité du vuide. Or eſt-il que le cube du diametre eſt de 343. par ainſi ſa capacité
ſe connoiſtra apres l'operation, de 276 doigts cubiques ou environ. Or
maintenant, 249 doigts que peut comprendre le vuide, eſtans ſouſtraits de
381 qui eſt la corpulence du globe entier, (lequel nous avions d'abord
ſuppoſé ſolide) vous aurez de reſte 102 doigts cubiques, que contient le
corps de bois, du globe environnant le vuide, dont l'eſpaiſſeur eſt d'un
doigt de tout coſtéz : à ce reſte adjoutez encore la corpulence du demy
globe ſolide poſé ſur le tampon, qui bouche l'orifice du globe. Voicy
comme quoy vous la pourrez chercher.

Doublez le plan de la baſe de l'hemiſphere (lequel ſera de trois doigts
& demy quarrez, ou de 42 lignes : veu que le diametre ſur lequel l'hemiſphere du cercle repoſe, eſt de deux de ces doits que nous avons dit cy
deſſus) il en viendra pour la ſuperficie convexe (ſans conter la baſe) 7
doigts, ou 84 lignes quarrées. En fin multipliez-la par ⅓ du diametre de
la baſe de l'hemiſphere, vous aurez au produit pour la ſolidité de l'hemiſphere 336 lignes ſolides, qui ſont un cinquiéme de doigt, & 48 lignes
cubiques : leſquelles eſtans adjoutées en une ſomme avec le nombre ſuperieur conſtituëront un corps cubique dont la ſolidité ſera de 202 doigts
& ⅕, avec 48 lignes, ou ſi vous voulez le tout reduit en lignes, vous aurez le
nombre de 349392 lignes cubiques.

Vous chercherez pareillement le poids de ce corps en cette ſorte. Sup-
poſez premierement que ce corps ſoit de fer. Or comme ſuivant les regles données au Chap. 6. Liv. 1. un globe ou boulet de fer dont le diametre
eſt de 4 doigts, doit eſtre du poids de 8 ℔: voyla pourquoy il ſera fait comme du globe du diametre de 8 ℔ de fer, à 8 ℔ qu'il peſe : de meſme de la
ſolidité du globe aquatique ſuperieur à ſon propre poids, s'il eſtoit de fer.
l'operation eſtant parachevée, on trouvera 25 ℔, 4 on. 3 drag. & 8 gr. ou
en-

environ, pour le poids du globe. Derechef si vous faites la position (suivant les nombres proportionnels des metaux lesquels nous avons faits voir dans la table du Chap. 9. Liv. 1.) comme de 42 à 3, de mesme de ce poids immediatement treuvé, (qui est de fer) au poids du bois de ce mesme globe ; vous trouverez que le poids du globe de bois sera de 1 ℔, 12 onces, 7. drag. & 5 gr: ou environ.

La Composition aquatique qui remplit le vuide du globe, soit icy supposée de 8 ℔, 10 onces, 2 den. & 7 gr. Que le poids du petard de fer soit pareillement supposé de 4 onces : & que la poudre grenée que contient le petard pese une once. Adjoutez maintenant le poids du globe de bois, avec le poids que pese la composition aquatique, & le petard, vous aurez en tout 10 ℔, 11 onces, 7 drag. 2 den. & 12 grains.

Suivant cete mesme methode vous pourrez reconnoistre le poids d'une quantité, ou masse d'eau égale en grosseur, à un globe aquatique proposé. Or nous avons dit au liv. 1. Chap. 12. suivant le tesmoignage des Anciens qu'un vaisseau d'un pied cubique Romain estant remply d'eau pesoit 80 ℔, Romaines mesurables, mais des ponderables 66, & 8 onces seulement. Outre cela au Chap. 21 du même livre suivãt les observations de Snellius nous sommes demeurez d'accord que l'Ancien pied Romain, estoit égal au pied Rhinlandique, lequel nous avons tousiours appellé pied Rhenan ; de là il s'ensuivra qu'un pied cubique Rhenan d'eau, devroit pour lors contenir autant de livres, qu'il en contenoit auparavant. Mais comme i'ay treuvé par mes experiences particulieres, qu'un corps cubique d'eau, tous les costez duquel seroit de 6 onces, ou d'un demy pied Rhinlandique (l'eau prise dans le Rhin mesme, proche de Leiden en Hollande) pesoit environ 8 ℔, & 2 onces ponderables des nostres, la livre supposée de 16 onces. On comme d'ailleurs un corps cubique mesuré d'un pied entier, comprend 8 semblables corps, par consequent il pesera 65 ℔ ou environ des nostres. Et parce que d'autre costé un pied cubique comprenant 1728 doigts cubiques, pese pareillement 65 ℔ : voila pourquoy 381 doigts cubiques qui constituent un corps aquatique, ou si vous voulez une masse d'eau égale au globe aquatique, peseront 14 ℔ 5 onc. 2 drag. 1 den. & 8 gr. Comme il sera fort aisé à voir, à celuy qui voudra prendre la peine d'en faire l'espreuve.

Or ça conferons maintenant les deux poids l'un avec l'autre, c'est à dire tant du globe aquatique remply d'une composition convenable, lequel est de 10 ℔, & 11 onces, 7 drag. 2 den. & 12 gr. que de la masse d'eau, égale en grosseur au globe aquatique. De la mesme façon que nous avons cherché 14 ℔, 5 onc. 2 drag. 1 den. & 8 gr. nous trouverons par la soustraction du moindre nombre hors du grand, 3 ℔ 9 onc. 2 drag. 1 den. & 20 gr. de difference. Or comme celle-cy est exactement la quatriéme partie du poids de la masse d'eau, on pourra inferer que le globe aquatique sera d'un quart plus leger que la masse d'eau qui luy est égale : & consequemment que les trois quarts de la masse, égaux en grandeur, aux trois quarts du globe aquatique, seront aussi pesants que tout le corps du globe.

Voila pourquoy, si nous voulons preparer un globe aquatique en telle sorte qu'estant jetté dans l'eau, il y soit plongé tout entier sans que pour tout cela il descende au fonds, mais que la partie ou surface superieure dans laquelle se forme l'orifice, soit égale & de niveau justement avec la superficie de l'eau, il faudra adjouter au globe aquatique ce poids qui constitue la difference entre l'un & l'autre, à sçavoir la quatriéme partie du poids de

la

la maſſe d'eau, laquelle eſt de 3 ℔, 9 onces, 2 drag. 1 den. & 20 gr. C'eſt à
dire qu'il faudra attacher au fonds du globe un morceau de plomb qui ſera
équiponderant à cete difference : ou bien on fera une cavité à l'entour du
tampon inferieur du globe, dans laquelle on verſera autant de plomb fondu qu'il en faudra pour égaler le poids qui fait cete meſme difference. En
fin ie treuve qu'on fera fort bien, ſi on ajoûte encore au poids de cette meſme difference quelques onces, pour tant de raiſons que j'ay deduites cy deſſus, leſquelles il n'eſt pas à propos de vous redire icy.

Or pour vous faire voir ce point ſur l'axe du globe aquatique, avec un
certain cercle, qui de là meſme en eſt fait, & formé ſur la ſurpercie convexe
du meſme globe, par leſquels ſi on tire un plan égal & parallele à l'horizon
tel que le plan de l'eau, (encore bien qu'elle ait une toute autre figure en ſa
ſuperficie, laquelle trompe les yeux du vulgaire, mais non pas le jugement
ny l'eſprit de ceux qui en ſçavent le contraire & qui en conneſſent la cauſe)
il retranchera une quatriéme partie de tout le globe aquatique (comme il
retrancheroit en effet en la ſurface, ou ſepareroit au moins imaginairement,
du reſte du corps contenu & caché ſouz la ſuperficie, le plan de l'eau, ſi
d'avanture on luy avoit jetté, & que ce globe aquatique fût devenu plus leger, que la maſſe qui luy eſt egale, pour la raiſon que nous avons dite. Voicy
comme vous devrez proceder.

Puis que ſuivant Lucas Valerius parlant du centre de gravité des ſolides
liv. 2. prop. 33. *Hemiſpherii centrum gravitatis fit punctum illud in quo fic axis di-*
viditur ut pars que ad verticem fit ad reliquum ut 5 ad 3. Qui veut dire par là
que le centre de gravité d'un hemiſphere eſt le point auquel l'axe ſe diviſe
en telle ſorte que la partie qui eſt vers le haut ait ſa proportion avec le reſte,
telle que 5 a la ſienne avec 3. Voila pourquoy vous pouvez diviſer le demy-diametre du globe, ou l'axe de l'hemiſphere en 8 parties égales : & comme chacune d'elles eſt compoſée de 6 lignes & ⅔, par ainſi ⅞ de l'axe de l'hemiſphere, ou 33 lignes ⅓, ou bien 2 doigts & 9 lignes & ⅓ meſurez ſur l'axe
depuis le haut du globe, vers le fonds du meſme, donneront le centre
de gravité de l'hemiſphere : par lequel ſi vous tirez un plan également
diſtant de l'horizon, il diviſera l'hemiſphere en deux parties égales, &
équiponderantes. Car c'eſt ce qu'on appelle proprement : *Centrum gravi-*
tatis uniuſcujuſque corporis, le centre de gravité de quelque corps que ſe ſoit,
ſuivant la definition de Guidon Vbalde, & des autres Mechaniques. *Punctum*
intra extrave poſitum, circa quod undique partes æqualium momentorum conſi-
ſtunt ; ita ut ſi per tale centrum ducatur planum figuram quomodocunque ſecans,
ſemper in partes æquiponderantes ipſum dividat. Ce point ſoit qu'il ſoit poſé
dehors ou dedans, à l'entour duquel les parties des moments égaux conſiſtent, en telle ſorte que ſi on tire un plan par un tel centre, diviſant la figure
en quelque façon que ſe ſoit, il le diviſe touſiours en parties équiponderantes. C'eſt pourquoy la moitié de l'hemiſphere, qui eſt en haut vers la partie
où ſe forme l'orifice du globe, eſt une quatriéme partie du globe aquatique.

Et ſi de ce point immediatement treuvé ſur l'axe du globe on en décrit, cō-
me du centre, un cercle ſur quelque plan, dont le rayon eſt une ligne perpendiculaire au rayon du globe, laquelle eſt tirée du point du centre de
gravité de l'hemiſphere, vers la circonference exterieure du globe : & que
l'on prenne un fil de la meſme longueur qu'eſt la circonference du cercle, &
qu'ayant liez les deux bouts enſemble, on l'ajuſte ſur la partie convexe du
globe, il marquera par ſon tour un certain cercle, qui reſpondroit également
à la ſuperficie de l'eau qui environneroit le globe de tous coſtez, ſi d'avanture

ture on y en avoit mis un qui fût plus leger de la quatriéme partie de son poids, qu'une masse d'eau egale à sa grosseur.

De dire maintenant, & de monstrer comment on peut treuver les parties aliquotes d'un entier sur d'autres corps, dont on peut donner des figures à l'infiny, outre les reguliers, ou ceux qui en sont voisins ; & qui approchent le plus de la regularité, ou de traiter comment on les doit separer du reste de la masse du corps, c'est ce qui n'est pas icy, ni de mon intention ; ny mesme de mon devoir. Que le Pyroboliste qui sera curieux de l'apprendre prenne la peine, d'aller voir Villalpandus Tom. 3. part. 2. ou Keplerus en sa nouvelle Stereometrie; outre un infinité presque de Braves Geometres, & Mechaques qui en ont escrit assez au long.

Au reste le poids d'une masse d'eau au pied cubique, & de là la façon de treuver la pesanteur de divers corps qui nagent sur les eaux, ou qui flottent entre deux, se peut varier infiniment, à cause du poids differant de l'eau dans une masse égale : d'ou vient qu'il nous faut retracter ce que nous avons dit touchāt les eaux au Liv. 1. Chap. 12. Or sçachez qu'on ne doit point se mettre en devoir de faire aucune operation pour chercher le poids de quelque corps nageant sur les eaux, ou d'un autre tout à fait plongé, qu'on ne sçache premiérement bien le poids de l'eau contenuë dans un vaisseau du pied cubique, ou tout au moins d'une de ses parties aliquotes: autrement on s'esloignera trop loing du but de la verité. Tout ce que ie vous ay icy proposé, n'est que pour exemple seulement, & pour vous frayer comme un sentier, qui vous puisse seurément conduire au chemin royal de tant de merueilleuses operations.

Mais premier que de quitter la plume, si faut-il que j'adjoûte à tout cecy, une petite methode pour peser en l'eau toutes sortes de corps tant reguliers qu'irreguliers (qui sont ceux pour qui elle est particuliérement inventée) laquelle ne sera pas moins agreable à nostre Pyrotechnicien, qu'elle luy sera utile &necessaire. Ie lay tirée de Marinus Mersennus: ie vous la presente de sa part en mesmes termes qu'il nous la laissée dans ses Phenom. Hydr. prop. 46.

Quam Archimedes vocat magnitudinem, intellige de corpore, licet ipsum vacuum, sive spatium nullo corpore plenum sub hâc voce possit ab aliis intelligi qui credunt hujuscemodi spatium minimè repugnare ; quod spatium si intelligatur in aquam descendere, quæ proptérea solito altius ascendat, idem ac corpus durum præstabit, quemadmodum vas aliquod aëre solo plenum in aquam impulsum idem efficit, ac idem vas aquâ, vel alio liquore plenum, adeo ut si quis fingat spatium aliquod cubicum nullius gravitatis, in aquam vi quâcunque immersum, idem aquæ respectu facturum sit ac æqualis plumbi cubus, si tanta vis requiratur in illo spatio vacuo in aqua retinendo, quanta fuerit æqualis plumbi gravitas.

Verùm ad magnitudinem solidam eamque duram accedamus ; sitque corpus aliquod aquâ levius, cujus gravitas innotescet, si gravitas aquæ, vel humidi, cui innatat, & pars illius immersa, vel emersa cognoscatur, ut antea dictum est: sit enim pars demersa ad totum corpus ut 1 ad 12, aquæ gravitas erit ad corporis gravitatem ut 12 ad 1, hoc est aqua decuplo gravior erit ; si pars corporis immersa sit totius corporis subquadrupla, vel subdupla, quadruplo, vel duplo gravior erit corpore aqua toti corpori æquali.

*Sed & alia ratione corpus illud aquæ innatans, seu aquâ levius ponderabitur, adjuncto nempe aliquo corpore aqua graviori, quale plumbum, cujus gravitas nota sit, quòd levius secum in aquam immergat : moles enim aquæ utrique æqualis, erit differentia gravitatis illorum corporum in aere, & in aqua : ex cujus molis gravitate pondus corporis aquâ levioris innotescet. Ablatâ siquidem gravitate mo-*lis

*lis aquæ plumbo æqualis,à tota mole aquæ utrique corpori æquali, supererit aquæ
gravitas magnitudine corpori aquâ leviori æqualis.*

*Sit exempli gratia baculus , vel cylindrus ligneus, cujus gravitas in aëre 12 un-
ciarum , cui undecim plumbi unciæ annectantur , ut illum demergant : Cum in a-
qua plumbum illud decem solummodo sit unciarum , moles aquea plumbo æqualis
unius erit unciæ. Sit autem utriusque corporis in aquam mersi gravitas 16 unciarum , quæ fuerat in aëre 23 unciaram , quarum differentia , nempe 7, ostendit
molem aquæ baculo, plumboque æqualem esse 7 unciarum, à quibus ablata mole a-
quæ plumbo æquali, unius unciæ, supererit moles aquæ 6 unciarum , baculo æqualis. Idemque contingit si plura corpora humido leviora beneficio plumbi , vel alterius corporis aqua gravioris immergantur.*

*Cavendum est tamen ne corpus aere levius , vel etiam gravius , aquam in suis
poris admittat , quod propterea gravius quàm revera sit, in aere inveniretur: quanquam huic incommodo possis occurrere cera, pice , vel alio glutine corpori circumda-
to ; nam aquæ mole æquali ceræ , vel alteri glutini , ablatâ, moles aquæ reliqua
porosi corporis gravitatem ostendet. Priùs tamen explorandum quodnam glutinis
pondus ligno, lapidi, vel alteri corpori poroso circumpositum sit, & quæ sit ratio gravitatis illius ad aquæ gravitatem.*

*Verbi gratia si fuerit cera circumducta 22 unciarum in aëre , moles aquæ ei æ-
qualis erit 21 unciarum: atque adeo moles aquea 21 unciarum erit primùm aufe-
renda, ut reliqua moles corporis æqualis, sua gravitate corporis gravitatem demon-
stret, ut ante dictum est.*

Imaginez vous (se dit-il) que toutes & quantes fois qu'Archimede parle
de grandeur, il entend parler de corps, soit qu'il soit vuide, ou soit que cét
espace plein de ce qui n'est pas corps, ou de rien du tout, puisse estre pris
sous ce mesme mot, de ceux là mesmes qui croient que ce genre d'espace
n'a aucune repugnance, ny resistance en soy. Que si vous supposez que ce
corps descende dans l'eau, laquelle à son respect s'eslevera plus haut que
de coûtume, un corps dur & solide à plus forte raison n'en sera pas moins
puis que par exemple un vaisseau remply d'air seulement estant poussé
dans l'eau fait la mesme chose que si le mesme vaisseau estoit remply d'eau,
ou de quelque autre liqueur, en sorte que si quelqu'un s'imagine un espace
cubique qui n'ait aucune pesanteur, lequel soit plongé dans l'eau par force,
il fera le mesme effet au respet de l'eau qu'un cube de plomb qui luy sera
égal, supposé qu'il soit besoin d'autant de force pour retenir cét espace vuide dans l'eau, que la gravité du glomb égal sera grande.

Mais passons un peu plus avant, & considerons cete grandeur solide comme un corps dur. Soit par exemple supposé un corps plus leger que l'eau,
duquel la pesanteur se pourra facilement treuver par la connessance que
vous aurez de la gravité de l'eau , ou de tout autre humide, sur lequel il nage, de la partie submergée du même corps, & de celle qui surnagera comme
nous avõs dit cy dessus. Que la partie dõc submergée sous l'eau ait une telle
proportion à son entier , que 1, a avec 12, Ie dis que la gravité de l'eau
sera à la gravité du corps, comme 12, est à 1. C'est à dire que l'eau sera dix
fois plus pesante ; que si d'avanture la partie submergée du corps, est la sub-
quadruple, ou subduple du corps entier, l'eau sera plus pesante au quadruple, ou au double, qu'un corps égal à sa masse entiere.

On pourra encore par une autre voye peser un corps nageant sur l'eau, ou
pour plus proprement parler un corps plus leger que l'eau, à sçavoir en
y adjoutant un corps plus pesant que l'eau, tel qu'est le plomb duquel
la pesanteur sera connuë, qui par son poids fait plonger quant & soy les

cho-

chofes legeres:car il fera aifé d'inferer qu'une maffe d'eau egale à l'un & l'autre fera juftement la difference de gravité de ces corps en l'air , ou dans
l'eau :   par la pefanteur de laquelle on pourra connoiftre le poids du corps
qui fera plus leger que l'eau, fuivant cette confequence , que la pefanteur
d'une maffe d'eau egale au plomb eftant oftée, & retranchée de la maffe entiere d'eau , égale à ces deux corps , il reftera une pefanteur égale en grandeur au corps plus leger que l'eau.

Par exemple foit donné un bafton ou cylindre de bois, duquel la gravité
en l'air foit de 12 onces : attachez y 11 onces de plomb pour le faire plonger,& le jettez ainfi dans l'eau.Ie dis que comme ce plomb n'eft plus que de
10 onces feulement dans l'eau,une maffe d'eau égale à ce plomb fera juftement d'un once.Or fuppofons maintenãt que la pefanteur de l'un & l'autre
corps plongé dans l'eau foit de 16 onces, laquelle eftoit auparavant dans
l'air du poids de 23 onces : cete difference qui eft 7 monftre qu'une maffe
d'eau egale au cylindre de bois & au plomb, pefera 7 onces , defquelles fi
vous retranchez une maffe d'eau égale au plomb,à fçavoir une once,il y reftera 6 onces pour une maffe d'eau égale au cylindre de bois.Ainfi en arrive-
t'il fi l'on fubmerge plufieurs corps enfemble plus legers que l'eau ,ou l'humide ou l'on les plonge,par le moyen d'un plomb,ou de quelque autre corps
plus pefant que l'humide qui les reçoit.

Il faut pourtant fe bien donner de garde qu'un corps plus leger que l'air ,
ou fi vous voulez plus pefant n'admette de l'eau dans fes pores,qui pour cete raifon fe trouveroit plus pefant dans l'air qu'il ne le feroit en effet : quoy
que l'on peut affez aifement éviter ce danger à fçavoir en enduifant bien le
corps de cire, de poix , de colle , ou de quelque autre efpece de luttement ;
car ayant fouftrait une quantite d'eau, egale à la cire , ou à quoy que fe foit
qui fert d'enduiment à la maffe entiere d'eau , infailliblement le refte donnera à connoiftre la pefanteur de ce corps poreux. Il faudra toutefois premier avoir experimenté avec la balance quelle quantité de colle,ou de cire,
on aura mis à l'entour de ce corps poreux,foit qu'il foit de bois, ou de pierre ou d'autres chofes femblables. Outre cela quelle proportion il y aura de
la gravité avec la pefanteur de l'eau.

Comme par exemple fuppofez le poids de 22 onces de cire employées à
l'entour de ce corps eftant en l'air , infailliblement une maffe d'eau qui luy
fera égale pefera 21 onces:par ainfi il faudra premiérement retrancher une
maffe d'eau de 21 onces,fi l'on veut que le refte de la maffe du corps égal,
vous faffe conneftre par fa pefanteur,combien pefe ce corps mefme,comme
nous avons de-ja dit cy devant.

Si vous en defirez fçavoir d'avantage touchant l'ordre & la methode de
pefer les corps graves par cete voye,voyez le mefme Autheur dans ce mefme traité prop: 43.44.45.47. & les autres, il vous donnera toute forte de fatisfaction fur ce fubjet.Si celuy-là ne vous fuffit Galileus de Galilée en parle
auffi fort nettement ; outre ces Meffieurs icy vous avez un petit livret de
Nicolas Tartaglia lequel eft compofé en langue Italienne, avec ce titre.
Ragiònamenti de Nicolao Tartaglia : fopra la fua travagliàta inventione. Avec
un autre encore qui porte cete infcription : *Regola generàle da fulevar é mi-
furar non folamente ogni offondata nave: ma una torre folida, di metallo, trovata da
Nicolao Tartaglia.*

A a   Cha-

Chapitre II.

Des Globes recreatifs sautans sur des plans horizontaux.

Espece 1.

Prenez moy un globe de bois, creu par dedans, parfaitement rond, avec
son orifice, & son cylindre bien approprié pour le boucher, de la mesme proportion & forme que ce globe que nous avons dessiné, & décrit
en la premiere espece du Chapitre superieur, où nous avons traité des
globes aquatiques. On le chargera pareillement de la mesme matiere que
nous avons chargé les globes aquatiques. Faites faire en apres 4 petards
de fer, ou d'avantage si vous voulez, de la mesme forme & figure que nous
les avons dépeints au profil du nombre 93, aux lettres A. B. C. D. vous les
chargerez jusques aux orifices de la plus excellente poudre grenée que
vous aurez, & les boucherez bien fort par dessus avec des bouchons de papier, ou d'estouppe bien serrée : puis ayant percé des trous dans le globe,
d'une telle grandeur & largeur que ces petards y puissent entrer tout à l'aise, vous les arresterez bien avec des cloux par dehors le globe ; ainsi vous
aurez vostre globe tout preparé : lequel si vous laissez en liberté dans quelque lieu plain & uni, apres y avoir mis le feu, vous luy verrez faire autant de
sauts qu'il aura de petards attachez à l'entour de sa rondeur.

Espece 2.

Faites faire un globe de bois solide, autant rond qu'il sera possible; enduisez
le de cire tout à l'entour: puis coupez moy des bandes de papier assez lõ-
guettes, & larges de deux ou trois doigts, & les collez diversement sur la superficie du globe ; ensorte qu'il en soit tout couvert de tous costez, non pas
d'un simple seulement, mais jusques à l'espaisseur d'une ou de deux lignes.
Ou ce qui sera beaucoup meilleur, & plus aisé. Prenez de cete masse, ou paste, laquelle on prepare ordinairement dans les papeteries pour faire le papier, dissoudez-la avec de l'eau de colle, & en enveloppez toute la superficie.
de vostre globe. Puis la faites seicher petit à petit proche un feu fort lente,
& moderé : estant bien seiche divisez la en deux parties égales. En fin apres
avoir mis le globe aupres d'un feu, assez chaud pour faire fondre la cire,
vous en tirerez de dessus deux hemispheres de papier toutes creuses, comme vous pouvez vous imaginer, avec quoy vous construirez un globe sautant, à la façon que ie m'en vay vous dire. Prenez trois fuzées communes,
chargées, & percées suivant la methode que nous avons dite en la premiere
espece des fuzées montantes; hormis toutefois un petard de poudre grenée
qui n'est pas icy necessaire. Ces fuzées seront d'une telle longueur, qu'elles
n'excederont point la largeur du diametre interieur des hemispheres. Ajustez moy propremẽt ces fuzées dans l'une ou l'autre de ces hemispheres, &
les y disposez en telle sorte que là où l'une aura sõ col, ou sa partie inferieure
l'autre y ait son orifice, & sa partie superieure; & voicy la raison de cete contr'-opposition, qui est afin qu'aussi tost que la premiere sera consommée, &
que le feu sera parvenu à son extremité, la seconde le reçoive incontinent, &
par mesme moyen qu'elle fasse retourner le globe en arriere; de mesme de la
troisiéme, quand celle cy luy aura communiqué le feu. Il faudra toutefois
bien soigneusement prendre garde que le feu ne passe secretement de la pre-
mie-

miere fuzée,à la seconde ou troisiéme, auparavant qu'elle soit tout achevée
de brûler : c'est ce que vous pourrez aisement éviter si vous vous ressou-
venez de ce que nous avons dit cy dessus touchant deux fuzées jointes ensemble, lesquelles sont faites pour courir sur des cordes.Or pour donner feu
à ce globe vous ferez un trou dans vostre hemisphere de papier tout viz-à-
viz de l'orifice du col de la premiere fuzée , tel que vous le voyez en la
lettre D, dans le profil marqué du nombre 94.   En fin toutes les ceremonies requises à la veritable situation de ces fuzées estans achevées , vous re-
joindrez l'autre hemisphere à celuy cy, & recollerez bien proprement les
commissures par où elles je joignent, avec du bon papier , & les serrerez le
mieux qu'il vous sera possible;depeur qu'en courant,tournant,& virant ça &
là, dans le temps que les fuzées feront leurs effects , ils ne viennent à se separer l'une de l'autre,par ainsi que vostre travail,& vostre d'épense ne servet
d'une matiere de risée aux Spectateurs, & à vous de confusion , au lieu d'un
applaudissement.   En fin supposé qu'il soit bien reünit,& fermé, mettez le
feu à l'amorce qui respond à la premiere fuzée,puis laschez librement vostre globe sur un plan horizontal qui soit bien égal, & vous le verrez cour-
rir,aller & venir avec un vitesse, & un mouvement si extraordinaire,qu'il ny
aura personne qui se ne s'en estonnera. Dans la mesme figure scenographi-
que les lettres A. B. C. marquent les fuzées , & montrent comme on les
doit arenger dans l'hemisphere.

Espece 3.

Ce globe icy n'est pas beaucoup dissemblable à celuy que nous avons décrit dans la premiere espece;si ce n'est quà celuy-cy on attache quantité
de petards,sur la superficie exterieure lesquels sont disposéz suivant l'ordre
que vous voyez en la figure du nombre 95; sur laquelle , les petards sont
marquez de la lettre A, & le trou de l'amorce de la lettre B.

Chapitre III.

Des Globes recreatifs aëriens,qui se jettent avec le Mortier.

Lors qu'il vous prendra fantaisie de vouloir construire un de ces globes à feu qu'on envoye en l'air avec le mortier, vous aurez soin devant que de vous attacher à toute autre chose de prendre bien exactement le diametre de l'orifice de ce mesme mortier qui doit faire
une telle execution. L'ayant treuvé, vous le diviserez en 1 2 parties égales ,
une desquelles vous donnera le vuide du globe;les autres ⁚⁚ parties resteront
pour le diametre du globe,que vous voulez construire.Vous diviserez derechef ce diametre en 6 parties égales,La hauteur depuis A jusques en C sera
égale à la largeur,ou au diametre du globe. Le demy-diametre du demy-cercle C I, sera de ⁚,ou de la moitié de la hauteur, ou de la largeur du globe.
L'espesseur du bois,aux costez H I sera de ⁚ du mesme diametre, mais l'espesseur du couvercle A K sera de ⁚ du mesme diametre du globe.La largeur
interieure du globe,aura par son diametre G H⁚ de la mesme largeur du
globe. La hauteur de la chambre où se met l'amorce B F aura pareillement
⁚ & ⁚ du diametre:mais sa hauteur ⁚ seulement c'est à dire que sa hauteur sera une fois & demye de sa largeur. Pour le regard de la largeur du trou de
l'amorce,ou de la lumiere, se sera assez d'un quart,ou d'un sixiéme.

A a 2

Voila

Voila tout ce que ie vous peux dire touchant la proportion des globes de cete nature, quant à ce qui se doit observer pour la structure Symmetrique du bois. Mais pour le regard de la charge, les especes suivantes vous en monstreront l'ordre. La figure de ce globe duquel le suivant de la premiere espece semble emprunter son invention, aussi bien que quelques autres de ceux qui suivent, se peut distinctement voir, & comprendre par le profil marqué du Nomb. 96.

Remarquez icy que la proportion de ces globes à raison de leurs formes se doit seulement entendre de ceux là qui se jettent avec les grands mortiers, à sçavoir ceux qui porteront aux diametres de leurs orifices 30, 40, 60, & 100 ℔, de pierre, & d'avantage encore s'il s'en treuve : Mais pour le regard des moindres qui ne portent que 6. 10. 15. ou 20 ℔. de pierre, on leur pourra ajuster de ces globes de papier collé, & roulé comme des cylindres: hormis les fonds qui par dessous seront de bois, avec leurs chambrettes, & leurs lumieres, par où ils reçoivent le feu.

Espece   1.

Prenez de ces Cannes ou des Roseaux vulgaires, & les coupez justement aussi longues que le globe sera haut dans sa partie concave: puis les chargez d'une composition lente, faite de 3 parties de poudre battuë, & de 2 parties de charbon, & d'une partie de soulfre, humectée tant soit peu d'huyle de petrole: toutefois aux bouts d'en bas qui se posét sur le fonds du globe ils seront chargez de poudre battuë, humectée pareillement d'un peu d'huyle de petrole, ou arrousée de brande-vin, puis seiché derechef, pour leur faire prendre feu avec plus de vitesse & de facilité. Vous Espardrez sur le fonds du globe tant soit peu de poudre batuë avec moitié de poudre grené mêlée parmy. Ces roseaux estans chargez de la sorte vous les ajencerez dans la concavité d'un globe tel que nous l'avons décrit cy dessus, autant comme il en pourra contenir. Puis vous le couvrirez bien par dessus, & l'envelopperez bien fort tout autour d'une toile imbuë de colle, ou de quelque autre luttement fort tenace. Par dessous vous attacherez aussi une piece de drap, ou de laine bien pressée, d'une forme ronde, justement sur le trou de l'amorce. Vous Chargerez la Chambrette de la mesme composition lente de laquelle les roseaux sont remplis, ou bien d'une des deux suiuantes. La premiere desquelles sera faite, de 8 parties de Poudre, de 4 parties de Salpetre, de 2 parties de Soulphre, & d'une de Charbon. La Seconde sera composée, de 4 parties de poudre, & de 2 de Charbon. Battez, meslez, & incorporez tous ces ingredients si bien ensemble qu'ils ne fassent qu'un corps. Pour conclusion attachez à l'entour de l'orifice avec un peu de colle pyrotechnique (de laquelle nous toucherons un mot en passant au Chapitre suivant) ou sur l'orifice mesme de la lumiere du globe, un peu d'estoupe pyrotechnique (laquelle se prepare comme vous l'avez apris au Liv. 2. Chap. 29) avec de l'autre qui sera éparse & lasche. Le mesme profil qui se void au nombre 96 declare le tout par ordre, car la lettre L. marque les roseaux qui sont interez dans le globe : le reste n'a pas besoin d'exposition

Espece   2 & 3.

Ces deux especes de globes recreatifs qui vous sont representez sous les figures des nombre 97 & 98 sont tout à fait semblables à celuy de la premiere espece, il y a seulement cecy de difference entr'eux qu'on charge le

pre-

premier de fuzées courantes, & le dernier au contraire de petards de papier avec quantité d'estoiles, & d'estincelles pyrotechniques meslées de poudre battuë lesquelles se posent confusement par dessus lesdits petards. Ce n'est donc pas la peine de nous arrester d'avantage à ces deux sortes de globes, puis que l'on peut tirer aisement la conneffance du reste de leur construction de ce que nous avons dit cy dessus, & des profils qui sont si clairs, qu'il est impossible d'errer, à celuy qui les voudra considerer.

Espece 4.

Ce globe icy que nous mettons au rang de ce ceux de la quatriéme espece, & duquel ie vous propose la figure au nombre 99, n'est pas si difficile dans sa construction qu'il ne se puisse aisement comprendre par la figure mesme. Premierement le plus grand globe, dans lequel on en ajuste un autre plus petit, est le mesme que nous avons décrit parmy les especes superieures, tant à raison de sa forme, que de sa preparation; car on le charge de fuzées courantes aussi bien que celuy que nous avons donné dans la seconde espece, avec cete difference neantmoins, qu'en celuy cy nous n'avons qu'un seul ordre de fuzées, comme la lettre A le fait voir; là où au contraire, la concavité de l'autre en est toute remplie. Tout au beau milieu des fuzées vous dressez un globe, ayant la forme d'un cylindre, & le fonds plat, tel qu'il se void en B avec une Chambrette, & un trou pour amorcer fait en D. La capacité de ce globe se remplit de petards de fer tels que G vous les marque. Puis on le couvre par dessus d'un couvercle pareillement plat marqué en E. De plus vous remplirez les chambres à amorcer, des mesmes compositions desquelles les globes superieurs ont esté chargez. Pour ce qui est des lumieres qui portent le feu, on les chargera aussi d'une bonne poudre battuë.

Espece 5.

Pour ce qui regarde la construction de cete cinquiéme espece de globe recreatif, elle ne differre en rien de la quatriéme que nous venons de décrire cy dessus, sinon que le globe est plus grand, & plus capable, lequel en renferme deux autres moindres inserez l'un dans l'autre. Le plus grand est marqué de la lettre A. qui est chargé des tuyaux D; desquels nous avons si souvent donné la construction : Ils ont tous leurs orifices tournez vers le fonds du globe, lequel doit estre surfemé de poudre battuë, meslée avec de la poudre grenée. Le Second qui est engagé entre les deux autres marqué de la lettre B, est pareillement chargé d'un ordre de fuzées courantes, comme on les peut remarquer en E. En fin le troisiéme, & le plus petit, marqué de C, est aussi remply d'autres petites fuzées courantes, notées d'un F en la figure, au milieu desquelles s'adjuste un globe luisant en la lettre G. Pour ce qui est du reste, on y procede suivant le mesme ordre que nous avons prescript aux autres globes superieurs. Voyez le profil marqué du Nomb. 100. il suppléera aux deffauts de nostre exposition, si d'avanture il vous y reste encore quelque doute.

Espece 6.

Faites premiérement faire un globe de bois au milieu duquel soit un mortier avec une Chambrette on petit reservoir à poudre: tout à l'entour duquel on formera comme une Berme pour y arenger des certains tuyaux de

papier, vous y creuserez un petit canal qui se remplira de poudre battuë
pour porter le feu par tout.   Cela fait vous insererez dans ce mortier un
globe recreatif chargé de fuzées courantes, de petards 'de papier, ou de fer,
de roseaux, ou en fin d'étoiles & d'étincelles, lesquelles ie vous ay si amplement décrites ailleurs   Sur ce canal donc, vous ajusterez vos cartouches ou tuyaux de papier justement de la mesme façon que nous avons fait
au Chap. superieur dans la sixiéme espece des globes aquatiques, puis vous
les emplirez de fuzées courantes, & les couvrirez bien par apres d'un fort
papier collé, ou d'une toile imbibée de colle.   Iettez l'oeil sur le profil du
nombre 101, sur lequel la lettre A vous fait voir le globe de bois tout
nud, & tout dechargé: cete mesme lettre A marque aussi son mortier, E
le canal, D la lumiere ou le trou de l'amorce: C la chambre de l'amorce.
Mais dans l'autre figure laquelle nous avons notée d'un B, la lettre F marque tous les tuyaux de papier qui se doivent poser sur cete berme canelée.
Le reste est assez aisé à comprendre à qui considerera bien le dessein de
l'Autheur dans la figure.

<h3 align="center">Espece   7.</h3>

Vous donnerez ordre qu'on vous fasse un globe de bois, duquel la hauteur soit le double de la largeur.   Tel qu'il se void en la figure 102. Sa
hauteur donc comme vous voyez depuis A jusques à B, est le double de
sa largeur C D.   Voila quant à sa forme exterieure. Vuidez-le par dedans
jusques à la moitié seulement, i'entend la partie superieure, de la mesme façon qu'il a esté fait aux globes recreatifs precedents.   Vous chargerez apres
ce vuide de fuzées courantes, ou de petards, ou de quelqu'une de ces autres inventions que nous avons données cy dessus.   Puis vous y adjusterez
bien proprement un couvercle par dessus. La partie inferieure de ce mesme globe aura en E une Chambre à mettre l'amorce dont la hauteur, & la
largeur seront de ⅓ du diametre de la largeur du globe. La lumiere par où se
portera le feu sera large d'un quart, ou d'un sixiéme du mesme diametre.
Cela fait vous percerez des trous tout à l'étour de cette partie inferieure du
globe, dans la solidité du bois, en telle sorte toutéfois qu'ils ne passent pas
jusques au tuyau du milieu qui porte le feu dans le globe superieur, mais
qu'entr'eux, & ce conduit, il y demeure du bois solide à l'épesseur d'un demy doigt: dans lequel neantmoins serons percéz avec un poinçon assez
delié, rougi au feu, des petits trous qui aboutiront tous à celuy du milieu.
Voyez comme cela se peut faire dans la mesme figure aux lettres G & I.
Vous ferez donc ces trous d'une telle largeur, que des petards de fer y puissent entrer librement, ou bien des fuzées courantes.   Vous redire maintenant comment on les y doit mettre, ce qu'on doit observer pour les faire partir apres estre allumez, & ce qu'il faut faire ou éviter pour en tirer des effets loüables, & tels que nous les pourrions souhaiter, c'est une
chose qui a esté tant de fois dite, que la repetition vous en sembleroit à la fin
ennuyeuse & importune.   Passons plustot à l'espece suivante.

<h3 align="center">Espece   8.</h3>

La structure de ce globe suivant, n'est pas tant considerable, pour son artifice, qu'elle est admirées des Spectateurs pour les beaux & plaisants
effets qu'elle produit en l'air: & ie veux bien dire que ce n'est pas une chose vulgaire ny commune parmy les Pyrobolistes de pouvoir representer dans
l'air, pendant une nuit obscure, & nubileuse, des lettres de feu, des certains
ca-

caracteres, des noms entiers , voire mefme des fentences differentes , toutes de flammes.   C'eft icy dans la conftruction d e cete efpece de globe,la-
quelle j'ay moy mefme inventée, & pratiquée fort fouvent , que ie vous
en feray voir un de cete nature , & qui produira des tels effets qu'il vous
fera impoffible que vous ne les trouviez admirables:en voicy la methode &
l'ordre.   Ayez en premier lieu un globe de bois, de la mefme forme & façon,tant en hauteur, largeur, qu'efpaiffeur , à celuy de la premiere efpece de ces globes, ou des fuivantes, n'importe pas.   Or la chambrette de
l'amorce A, dans le profil deffiné au Nombre 103, aura fa largeur & hauteur de ⅛ du diametre de la largeur du globe.   Outre cete dite chambrette,
vous y en formerez encore une autre,pour y chacher de la poudre grenée ,
dont la hauteur C D , fera égale à la largeur D E: (laquelle eft auffi de ⅛
du diametre du globe) mais le conduit de l'amorce aura feulement fa largeur fubquadruple de ce petit refervoir à poudre que ie vous viens de dire,
ou bien de cette chambrette où fe met l'amorce.   Vous ferez faire auffi
un autre globe d'une forme cylindrique, dont le fonds fera en quelque façon arondy exterieurement,comme on le peut remarquer dans la mefme
figure en la lettre F.   Son couvercle G entrera tant foit peu dans celuy
du grand globe , afin que le petit qui eft enfermé dans fa capacité y demeure ferme & immobile , & qu'il foit perpendiculairement dreffé fur la poudre qui eft renfermée dans le vuide du refervoir inferieur.   Vous emplirez
donc la concavité de ce petit globe de fuzées courantes, d'étoiles, ou
d'étincelles, comme le profil vous le fait voir.   Vers la partie inferieure
par où le fonds arondy de ce globe fe joint au cofté droit du mefme globe
vers H, on arreftera bien ferme une roüelle de bois, percée par le milieu
d'un trou égal à la largeur du diametre du globe ; Outre cela fur les bords
elle fera toute percée de trous , telle que vous la yoyez deffinée en la lettre
I: ou fi vous voulez vous la pourrez faire canelée tout à l'entour comme
elle fe void en K: Ou bien en fin vous planterez tout à l'entour fur le fonds
du globe des petits clous de fer,affez deliez,en tel ordre que l'un ne furpaffe
point l'autre,mais que toutes leurs teftes faffent fuperficiellement un cercle
parfait,dont le diametre correfponde juftemēt au diametre de la largeur interieure du globe,& fa circonference à la circonference du mefme.Voyez le
profil en la lettre L.Apres donc que vous aurez preparez ce globe de la façõ
prenez moy des longs efclats & deliez d'une cofte de baleine : (que les
Allemands appellent *Walfifchbein*) Or comme elles ont cete proprieté qu'-
elles fe peuvent courber,& plier fans danger de fe rompre , & que mefme
elles fe portent naturellement à un recourbement volontaire: voila pourquoy nous nous fervons dans des femblables occurrences de cete matiere.
Vous en ajufterez donc deux petites guindes ou reglets,lefquels quoy que
fpiralement roulez , ayent neantmoins tant de corps, & de forces qu'ils
puiffent eftans relachez,retourner à leur premiere droiture malgré leur
contrainte.   Ayant donc pris deux de ces efclats , ou reglets, de baleine
que ie viens de dire , apres les avoir joint enfemble ; difpofez - les en telle forte que leurs parties cõvexes foient tournées en dedans,& leurs concaves en dehors , comme il vous eft aifé de voir fur la figure marquée de M.
Puis de ces deux reglets courbes & contr'-oppofez, liez par les deux bouts,
& par le milieu,vous en ferez une regle droite (telle qu'elle fe void en N)
laquelle demeurera toufiours dans ce mefme eftat , & qui quoy qu'elle foit
pliée, torte, roulée , & mife en quelle que pofture que vous voudrez re-
tour-

tournera de son propre mouvement à sa premiere droiture lors que vous luy permettrez un libre retour.

Disposez donc deux de ces reglets sur quelque plan bien uny en distances égales (considerez icy la lettre O, sur la figure composée de ces caracteres artificiels *Vive le Roy*) & y en attachez deux autres plus courts en angles droits aux deux costez en telle sorte que vous en formiez le parallelogramme rectangle P. T. S. Q. Ces quatre pieces estans bien liées vous ajusterez dedans avec du fil de fer, ou de laiton (ou ce qui sera beaucoup meilleur) avec des morceaux mesmes de ces costes de baleines bien delicatemet appropriez des lettres, & caracteres tels que vous aurez dessein de representer dans l'air, d'une telle grandeur neantmoins qu'ils n'excederont point la hauteur du vuide H R, ou quand mesme ils seront un peu plus courts, ils n'en iront que mieux, comme nous avons fait dans nostre exemple. Ces lettres seront éloignées l'une de l'autre de la largeur d'une palme, ou tout au plus de la longueur d'un pied, en fin elles seront disposées conformement à la largeur & capacité de vostre globe, où vous les voulez faire entrer. Vos lettres estant bien ajustées & arrestées dans vostre parallelogramme, prenez de l'étouppe pyrotechnique lasche & esparse, preparée suivant la seconde methode que nous avons donnée au Chap. 29 du Liv. 2, & les envelopppez ioliement toutes, depuis un bout jusques à l'autre, puis les trempez de brande-vin dans lequel vous aurez premierement dissout un peu de gomme arabique, ou de gomme tragacant, & leur jettez de la farine de poudre dessus, à mesure qu'elles seicheront. Ie vous adverty cependant qu'il faut bien se donner de garde que ces guindes de baleines qui forment le parallelogramme ne soient aucunement embarassées de ces étouppes : depeur que les lettres venant à brûler, leurs flammes ne se confondent ensemble, & par ainsi que difficilement on ne les puisse distinguer dans l'air. Que si maintenant vous avez dessein que vos lettres descendent perpendiculairement sur l'orizon, pour lors vous attacherez deux petits poids, en S. & en Q. seulement. Que si au contraire vous desirez que le plan du parallelogramme, responde dans sa descente au plan de l'orizon (mouvement qui luy est un peu estrange neantmoins, & mesme difficile, à cause de l'air qui s'y oppose) vous en attacherez encore deux autres en P & en T. C'est à dire qu'il y en aura aux quatre angles du parallelogramme. Bref le tout estant bien disposé, tournez-le fort adroitement contre la superficie interieure du globe en telle sorte qu'il soit perpendiculairement posé sur H, dans le grand globe, par apres remplissez bien les espaces vuides qui sont entre les lettres, d'une poudre battuë. Cela fait couvrez le globe par dessus, & je vous asseure qu'il ny à rien de plus ravissant à voir, & que vous recevrez un plaisir indicible des effets d'un tel globe, pourveu que vous observiez bien tout ce que ie vous ay proposé pour sa construction.

Remarquez que non seulement on peut representer en l'air, des lettres, & des caracteres differents ; & flambants par cete façon de proceder : Mais encore, les Armes des Princes, & Grands Seigneurs : outre cela des figures humaines, des representations d'Animaux, toutes differentes en apparence, lesquels, paroistront tous environnez de feu & de flamme, & voltigeans dans l'air, ce qui ne donnera pas peu de plaisir à ceux qui se trouveront presens à ce spectacle. Mais il faut que vous sçachiez que pour bien reüssir dans des si belles & difficiles entreprises, il faut avoir le sens commun bon, & le jugement naturel dans une grande perfection, outre une

con-

conneſſance dans l'art pyrotechnique, & dans les choſes dont elle a de
de beſoin, laquelle ne doit pas eſtre vulgaire; ce qui venant à manquer, ie
ne conſeille à perſonne de s'y engager puis qu'Eſculape meſme, ny tous ces
Meſſieurs de la Faculté, ne pourroient dans toute l'eſtanduë de leur ſçience
trouver aucun remede, qui pût reparer le moindre deffaut qui s'y pourroit
commetre.

COROLLAIRE I.

Des Balles luiſantes, telles que nous avons de coûtume de les employer dans les feux de joye, que les Allemands appellent *Lichtkugel.*

Il y a deux ſortes de balles luyſantes, à ſçavoir les recreatives, & les ſerieuſes, ou belliques, mais nous parlerons des dernieres en leur lieu, nous
ferons ſeulement icy mention comme en paſſant de la preparation des recreatives.

Prenez de l'Antimoine crud 2 ℔, du Salpetre 4 ℔, du Soulfre 6 ℔, de la
Colophone 4 ℔, du Charbon 4 ℔.

Ou bien, Prenez de l'Antimoine ℔ β, du Salpetre j ℔, du Charbon j ℔,
du Soulfre ℔ β, de la Colophone j ℔, de la Poix noire ℔ β.

Vous mettrez l'une ou l'autre de ces deux compoſitions (toutes les matieres eſtant au prealable bien battuës) dans un chauderon d'airain, ou dans
quelque vaiſſeau de terre verniſſée, & les ferez fondre ſur le feu. Puis jetterez dedans de l'eſtouppe de lin ou de chanvre; autant qu'il en faudra pour
abſorber toute la matiere; & cependant que la mixtion ſe refroidira vous
en formerez des balles rondes comme des plotons, d'une telle grandeur
que vous les voudrez avoir, ou que vous les jugerez plus propres aux
uſages, auquels vous les voudrez employer. Puis en fin apres les avoir bien
enveloppéz dans de l'étouppe pyrotechnique, vous les mettrez dans des fuzées, ou dans des globes recreatifs tant aquatiques, qu'aëriens: c'eſt à dire
dans ceux qui s'envoyent en l'air avec le mortier.

COROLLAIRE II.

Des Eſtoiles & Eſtincelles Pyrotechniques appelléez par les Allemands *Stern-veuer* & *Veuerputzen.*

Les Eſtoiles pyrotechniques ont cete difference d'avec les Eſtincelles en
ce que celles-cy ſont plus gráde que celles-là & qu'elles ne ſont pas ſi toſt
conſomméez par le feu, que les eſtincelles, mais elles ſubſiſtent plus longuement dans l'air, & y reluiſent avec plus de durée, & d'une lumiere qui
à cauſe de ſon extréme ſplendeur, eſt en quelque façon comparable avec les
étoiles attachées dans le firmament. On les prepare ſuivant la methode
qui s'enſuit.

Prenez du Salpetre ℔ β, du Soulfre ℥ ij, de l'Ambre jaune pulverizé ℥ j.
de l'Antimoine crud ℥ j. de la poudre battuë ℥ iij.

Ou bien Prenez du Soulfre ℥ ij β, du Salpetre ℥ iiiij, de la Poudre ſubti-
lement pulverizée ℥ iiiij, de l'Oliban, du Maſtic, du Criſtal, du Mercure
ſublimé de chacun ℥ iiij; de l'Ambre blanc ℥ j, du Camphre ℥ j, de l'Antimoine, & de l'Orpiment de chacun ℥ β.

B b

Tou-

Toutes ces matieres eſtant bien battuës , & bien paſſées par le tamis , on
les arrouſera d'un peu de colle diſſoute, ou d'eau de gomme Arabique , où
de Tragacant; puis formez-en des petits globes de la groſſeur d'une febve
ou d'une noiſette : leſquels eſtans ſeichez au ſoleil , ou dans un poeſle , ſeront conſervez en quelque lieu commode pour les mettre en uſage dans les
feux d'artifices, deſquels nous avons de-ja parlé cy deſſus aſſez amplement.
Il faut ſeulement ſe ſouvenir que lors qu'on les veut mettre dans les fuzées,
ou dans des globes recreatifs , il les faut envelopper de tous coſtez d'eſtoupe pyrotechnique.   Quelques-fois les Pyroboliſtes ont de coûtume de
prendre au lieu de ces balles , des certaines portions , d'une matiere fon-
duë(de laquelle nous parlerons cy deſſous lors que nous vous enſeignerons
le moyen de preparer la pluye de feu)leſquelles ils embaraſſent dans de l'eſtoupe pyrotechnique pour divers uſages , dans la compoſition des feux artificiels.

Que ſi d'avanture celles-cy ne vous plaiſent à cauſe de leur couleur noi-
râtre , mais que vous aymiez mieux les avoir jaunes , ou bien tirant en
quelque façon ſur le blanc, pour lors prenez ʒ iiij de gomme Tragacant, ou
de gomme Arabique battuë, pulverizée , & paſſée par le tamis ; du Camphre diſſout en eau de vie ʒ ij, du Salpetre ℔ j. ß, du Soulfre ℔ ß, du Verre
pulverizé aſſez groſſierement ʒ iiij; de l'Ambre blanc ʒ j. ß, de l'Orpiment
ʒ ij: faites de tous ces ingrediens une maſſe,& en formez des globes comme
auparavant. I'ay appris cete compoſition de Claude Midorge.

Pour ce qui eſt de la methode particuliére pour former les étincelles la
voicy. Prenez du Salpetre ʒ j, de cete matiere liquide ʒ ß de la poudre battuë
ʒ ß, du Camphre ʒ ij, apres que vous aurez miſes toutes ces matieres en
poudre chacune à part , verſez-les toutes dans un vaiſſeau d'argile , puis
jettez par deſſus de l'eau de gomme Adragant , ou du brande-vin dans lequel vous aurez premierement fait diſſoudre de la gomme Adragant , ou de
la gomme Arabique ; enſorte qu'elles ayent la conſiſtence d'une boüillie aſſez liquide; cela fait prenez environ une once de charpie qui aura premierement eſté bouillie dans de l'eau de vie ou dans du vinaigre , ou dans du
Salpetre , puis deſſeichée derechef, tirée & défilée , jettez-la dedans cete
compoſition , & la broüillez ſi bien , & ſi long temps qu'elle ait abſorbée
toute cete matiere: de cete drogue, formez-en par apres des petites balles de
la forme d'une pilule , & de la groſſeur d'un gros pois , leſquelles vous ferez ſeicher apres les avoir ſaûpoudrées de farine de poudre , & vous en ſer-
virez ſuivant que nous en avons enſeignez les uſages.

Outre tout cecy on prepare encore des certaines pilules odoriferentes,
qui s'employent dans des petites machines , & inventions pyrotechniques
qui ſe repreſentent dans des chambres , ou dans des cabinets fermez. Celles-cy ſont compoſées pour l'ordinaire de Storax Calamite, de Benjoin , de
Gomme de Genevre de chacun ʒ ij, d'Oliban, de Maſtic , d'Encens , d'Ambre blanc, d'Ambre jaune, & de Camphre de chacun ʒ j, de Salpetre ʒ iiij,
de Charbon de bois de tilliet ʒ iiij , on bàt bien fort tous ces ingrediens , on
les pulverize , on les incorpore bien enſemble, on les humecte avec de l'eau
roze, dans laquelle on a diſſout de la gomme Arabique , ou Tragacant pour
en former des pilules. En fin les ayant formées on les expoſe au ſoleil , ou
au feu pour les faire ſeicher.

COROLLAIRE II.

Du moyen le plus certain , pour faire partir & enlever les globes recreatifs par le mortier. De la quantité de la poudre necessaire pour cét effet , & des Chambres, qui s'y forment pour la loger.

Consideré que tous les globes recreatifs de cete nature ont accoûtumez d'estre poussez dans l'air, tousiours par un mouvement perpendiculaire au respet de l'horizon : voila pourquoy il est tres necessaire d'avoir la conneslance d'une quantité de poudre proportionnée à la pesanteur du globe recreatif pour l'obliger à sortir du mortier, & à s'enlever dans l'air à la hauteur, ou à peu pres, qu'on luy aura determinée. Nous pouvons venir à bout de nostre dessein par deux voyes. La premiere est telle , si par hazard vous vous treuvez en main une balance , ou statere vous examinerez combien pesera vostre globe, & autant de livres que cedit globe contiendra dans son poids, prenez autant de demis-lots de poudre. Comme par exemple si ce globe recreatif peze 40 ℔, il faudra pour le faire deloger du mortier, 40 demys lots , ou bien 10 onces de poudre ; car cete quantité est tres bastante pour faire cét effet ; veu que ces globes n'estans que de bois à grāde peine pourroint-ils souffrir les efforts & la violēce que leur feroit une plus grande quantité de poudre, joint que la poudre à canon enfermée dans des machines de guerre, déploye biē plus de force pour enlever un corps en ligne droite que pour un autre qui ne sera poussé que par un quart de cercle, veu qu'il luy faut faire un effort bien plus violent, pour vomir ce fardeau qui l'oppresse, & qui luy empesche la liberté de son action; c'est ce que je tascheray peut estre de vous demonstrer ailleurs par un discours un peu plus ample. Que si par avanture vous n'aviez pas la commodité d'avoir une balāce ny autre machine à peser, ou que vous fussiez en lieu où vous n'en puissiez pas recouvrer aucune, prenez moy le diametre de la largeur du globe avec un compas vulgaire, ou bien avec un compas qui ait les pointes recourbées , puis le portez sur la regle du calibre, laquelle est ajustée pour le poids des boulets de pierre : apres divisez en deux parties le nombre sur lequel un des pieds du compas passera , & vous aurez le nombre des lots de la poudre qui sera necessaire pour faire partir vostre globe.

Or supposé donc que vous sçachiez la juste & legitime quantité de poudre que vous avez de besoin pour forcer vostre globe à deloger, ce n'est pas encore assez ce me semble , il faut encore sçavoir comme quoy , & en quelle forme cete poudre se doit mettre dans la chambre du mortier. Or nous avons deux moyens pour cela dont voicy le premier. Soit fait un certain corps , d'un bois mol & doux de la forme d'un cone coupé renversé (que les Allemands appellent *Setz Kamer*) égal en hauteur & largeur à la chambre du mortier. Par en haut du costé le plus large, il aura une chambre pour loger la poudre. On le percera aussi d'une tariere fort delicate , ou d'une éguille de fer rougie au feu, depuis le bas de ce corps jusques au centre du fonds de la chambre creusée en iceluy, & ce trou ne se fera pas perpendiculairement , mais bien diagonalement, & de biaiz, à sçavoir depuis C jusques en B comme il se void dans la figure marquée de la lettre A au nombre 104. Vous marquerez aussi d'une entaille le lieu où commen-

men-

mence le trou par deſſous : afin que lors qu'on voudra charger le mortier, on puiſſe tourner le trou de cedit corps en telle ſorte qui reſponde directement à la lumiere du mortier.   Quand doncques vous voudrez charger le mortier, de voſtre globe recreatif, verſez premierement au fonds de la chambrette un peu de poudre battuë, meſlée avec de la grenée, ſur cete poudre poſez ce corps de bois, & mettez dans ſa cavité la poudre qu'il y faut pour faire deloger le globe.   En fin ajuſtez voſtre globe recreatif ſur cete chambre, en telle poſture que l'orifice ſoit renverſé ſur la poudre : vous l'arreſterez bien ferme dans le mortier tout à l'entour en le garniſſant d'eſtouppes de lin, ou de chanvre, de foin, ou de paille ou de quelque etoffe pareille n'importe pourveu toutefois qu'elle ne le retienne point engagé dans ſa capacité.   Conſiderez s'il vous plait le profil 104 il monſtre tout cecy fort evidemment.

Notez que la chambre qui eſt creuſée dans ce corps de bois doit eſtre d'une telle grandeur, & capacité qu'elle puiſſe contenir toute la poudre neceſſaire pour enlever le globe ; auſſi faut-il qu'il ne ſoit pas plus grand que de raiſon, en ſorte que la poudre, ne l'empliſſe pas juſtement, car c'eſt une choſe aſſeurée qu'il ny a rien qui nuit d'avantage à l'enlevement d'un globe que quand il s'y rencontre quelque eſpace vuide entre la poudre, & le globe qui doit partir. En voicy la principale raiſon, qui eſt qu'entre ces corps de bois deſquels nous avons parlé maintenant, (à cauſe que cete poudre laquelle eſt miſe dans la chambre du mortier pour envoyer le globe en l'air ne l'emplit pas toute entiere,) il y demeure encore un intervalle aſſez grand juſques à l'orifice de la chambrette & une notable capacité du vuide interpoſé, laquelle (comme nous avons dit) eſt la ſeule cauſe pourquoy le globe n'eſt enlevé guiere haut. Comme en effet cete machine à feu pouſſeroit ſon globe dans une hauteur bien plus grãde, s'il n'y avoit point de vuide entre la poudre & le globe : car il faut vous imaginer que le feu a premierement à combattre un certain air qui luy peſe bien fort, & lequel n'eſt pas peu eſpaiſſy par le poids du globe qui l'a comprimé en entrant dans le mortier, pour le rarefier, & s'approcher du globe afin de le pouvoir envoyer dans l'air : Or cete luite, ou pluſtot ce combat mutuel du feu avec l'air a beſoin de quelque eſpace de temps : pendant lequel la fureur du feu, ſe ralentit, & diminuë de beaucoup, ou pour mieux dire la poudre n'agit plus qu'avec une certaine langueur qui luy oſte la meilleure partie de ſon action. Au reſte dans ce combat, & dans le violent effort que fait le feu, produit par la poudre, pour chaſſer ce poids, il en arrive de meſme qu'il en arriveroit ſi l'on frappoit une boule de bois avec un maillet, & que l'on eûſt mis entre deux une veſſie pleine de vent, ou un couſſin remply de plume, ou bien quelque autre corps mol, & ſans reſiſtance.   Car ce corps à cauſe de ſa grande moleſſe, & la rareté des parties dont il eſt compoſé, n'auroit pas le pouvoir de renvoyer le coup qui luy ſeroit imprimé par le maillet, ſur le corps dur qui luy eſt voiſin, à ſçavoir ſur la boule de bois : & la raiſon de cecy vient de ce que tous les degrez de viteſſe produits de la puiſſance mouvante, qui ſeroient baſtans pour chaſſer la boule de bois, ſont diſperſez & diſſipez de tous coſtez, par le moyen de ce corps mol interpoſé, & ne ſe peuvent pas unir à un point, à cauſe de la diſtance des parties, l'attouchement duquel feroit mouvoir, & partir la boule avec les meſmes degrez de viteſſe que ceux qui ſont imprimez ſur le corps mol. De meſme en eſt-il dans le depart de nos globes, veuque la puiſſance motrice engeandrée

drée de la poudre ne touche pas immediatement le globe, mais par le moyen d'un autre corps interposé, qui est tout à fait incapable de communiquer le coups qu'il reçoit sur celuy qui luy est voisin; par ainsi il est tres certain que le globe ne sera point poussé avec les mesmes degrez de vitesse comme il se roit en effet si un tel obstacle, qui rompt toutes les forces de la puissâce motrice, ne se trouvoit pas interposé entre le feu & le globe; & ce qui suit cete vitesse, le globe seroit enlevé en une distance bien plus grande partant du lieu où il commenceroit à se mouvoir; veu qu'une grande vitesse à le pouvoir de faire passer un corps par un plus grand espace, tout en un mesme temps, si ce n'est d'avanture que l'air vienne à s'opposer par trop à ce mouvement viste & actif. D'ailleurs ces corps durs & solides, qui sont posez entre la puissance motrice & le corps qui doit estre meu, s'ils sont tellement unis qu'ils ne fassent quasi qu'un corps, ils ne nuisent en rien à la vitesse du mouvement. D'où vient dans les chambres des mortiers, que quand on en veut faire partir des grenades, ou toute autre sorte de globes pyrotechniques par le moyen d'un feu ou quelquefois de deux (de quoy nous parlerons cy apres) que les cylindres faits d'un bois dur & compact, quoy que bien fort pressez sur la poudre qu'ils renfermét, & toutes ces rotules de bois qui sont immediatement posées sur le fonds des grenades, n'apportent non seulement aucun empeschement à la vitesse de leur mouvement, mais au contraire les aide de beaucoup à s'enlever d'autant plus haut dans l'air, à cause que ces corps remplissent tout le vuide qui pourroit estre entre les grenades & la poudre, joint qu'ils tiennent la poudre plus serrée, & mieux unie en un corps: (pourveu toutefois qu'on ait bien observé tout ce que nous avons dit cy dessus touchanr la condensation de la poudre) & font la cause par consequent pourquoy le feu ne peut respirer qu'avec grande difficulté, ce qui augmente de beaucoup sa force, comme nous avons dit cy devant.

Que si d'avanture quelque corps separé, est égal & semblable en grandeur, forme, & matiere, à quelque autre corps, contre lequel il est poussé, il imprimera sur le corps immobile la moitié du coup qu'il a receu de la puissance motrice au point d'attouchement, de laquelle il sera privé luy mesme tout aussi tost; car c'est une maxime infallible, & receuë universellement d'un chacun sçavoir que ce qui est donnée à quelqu'un par un autre passe en la possession de celuy à qui la chose est donnée, & consequemment le donneur en est depoüillée dans le mesme instant: Or est-il que ce mouvement ne se perd nullement, mais passe seulement d'un subjet dans un autre. Voila pourquoy ces deux corps se mouveront ensemble, mais d'un mouvement plus lent au double que le precedent.

Pour ce qui est des corps inégaux d'une mesme forme neantmoins, & d'une mesme matiere, ils observent dans leur inegalité une certaine raison de proportion entr'eux pour communiquer la force du coup & de cete vertu agissante ou pour mieux l'exprimer de la qualité motrice dont ils sont douëz. Comme par exemple si une boule de bois poussée avec grande violence, rencontre en son chemin une autre boule pareillement de bois, le solide de laquelle ait une proportion double à son solide, il imprimera la moitié de son mouvement à cete boule: par ce qu'on se doit imaginer ces deux boules jointes ensemble comme un corps separé en trois parties, lesquelles emploient pour lors trois temps, pour parcourvir un espace que la petite boule parcouroit auparavant en un seul temps.

B b 3

le

Ie vous ay voulu propofer tout exprez ce dernier exemple pour vous faire entendre le mouvement des corps feparez, égaux, & inégaux , lequel ils
fe communiquent mutuellement, encore bien qu'on le doive feulement entendre de ces corps qui fe mouvent dans un air libre, comme dans un lieu
exempt de toutes fortes d'obftacles, ils ont non-obftant une certaine reffemblance, ou ie ne fçay quel rapport en leur mouvement, avec ces corps dont
on charge nos machines de guerre : un defquels touche la poudre de fort
proche , & la preffe le plus fouvent bien fort , mais l'autre en eft diftant
de quelque efpace de lieu ; en telle forte qu'entre les deux il y demeure
quelque vuide interpofé. Comme par exemple fi dans un mortier ou quelque piece d'Artillerie un peu longue , un boulet de fer repofe immediatement fur la poudre , & qu'a l'intervalle de deux ou trois pieds, il y en ait un
autre femblable & parfaitement égal à ce premier , qui foit arrefté dans le
tuyau du canon, en telle façon toutefois qu'il s'y puiffe mouvoir fans difficulté (car nous parlerons en fon lieu des boulets qui demeurent arreftez
dans les canons, ou autres armes à feu manuëlles, foit pour la roüille qui les
retient , ou foit qu'ils y demeurent engagez de quelque cloux, ou efclat de
pierre qui fe gliffe quelquefois entre le boulet & la partie cõcave du canon,
ou pour tant d'autres caufes qui les peuvent retenir dans la canne ou calibre
de la piece, en telle forte que quelque fois on ne les peut pouffer fur la poudre, ny les tirer hors par aucun moyen que ce foit , ce qui les oblige en fuitte de crever lors qu'on vient, à les tirer dans cét eftat) en ce cas doncques
fi la poudre eftant allumée elle fait mouvoir le globe qui luy eft le plus
voifin , pour lors le globe le plus proche de la poudre, imprime & communique une partie de fon mouvement à l'autre qui eft plus avancé vers l'orifice du canon : d'où vient que la puiffance motrice venant à fe divifer , ils
font pouffez tous deux avec un mouvement bien plus lent , & pareffeux.
Or il n'eft pas poffible à qui que fe foit de pouvoir precifement determiner
la proportion des mouvements qui animent ces deux boulets ; veuque
la diftance de l'un à l'autre globe fe peut infiniment varier dans la canne du
canon, joint que la grandeur des corps, & du vuide de tãt de pieces differentes d'Artillerie, fe treuve prefque infinie: ce qui fait que dans un grand vuide, il s'y treuve d'avantage d'air interpofé, qui a de la peine à fe mouvoir , &
qui faifant joindre l'un de ces corps à l'autre avec beaucoup moins de viteffe , eft caufe qu'il luy communique cete qualité expultrice , laquelle eft
neceffaire à fon mouvement, avec bien plus de l'afcheté & de lenteur : d'où
vient que le feu fe treuvant arefté plus long temps qu'il ne voudroit
dans la canne du canon auant qu'il puiffe faire déloger ces deux boulets, il
perd beaucoup de fa force, & de fa vigeur naturelle. La chofe eft fi veritable qu'il eft impoffible d'en douter à ceux qui en voudront tirer des experiences , car prenez moy deux pieces de canons d'une differente longueur,
c'eft à dire une qui ait la canne affez longue, & l'autre qui foit notablement
plus courte, & les chargez neantmoins d'une égale quantité de poudre pour
faire fortir un poids d'une mefme pefanteur , & vous verrez une grande
difference dans leurs mouvements : mais nous en difcourrons un peu plus
amplement, & plus à loifir dans quelque autre endroit.

Derechef fi les corps font inégaux tant à raifon de leurs formes , que de
leur matiere , & grandeur , ils partageront auffi inégalement entr'eux les
coups receus. Car il faut que vous fçachiez qu'un cylindre de bois pofé
fur la poudre , ne communiquera pas tant de fon choc à un globe de fer
pofé à quelque intervalle de luy dans le calibre du canon, que feroit un boulet

let semblable, ou qui luy seroit égal, ainsi en est il du contraire si l'on renverse la proposition. C'est pourtant une chose asseurée que tous les corps, sont d'autant plus capables de recevoir un grand choc, & d'autant plus susceptibles d'une vitesse libre, que plus il s'y treuve de parties dans la matiere sous une pareille quantité, pourveu qu'ils les ayent également dures, toutefois on aura égard à leurs formes, comme nous avons dit cy dessus.

C'est assez parlé de cete matiere pour le present, que ce peu vous suffisse pour vous donner quelque intelligence du reste. Ie suis contraint de retenir ma plume, qui s'escarte un peu trop dans son vol, depeur que moy mesme, ie ne sorte des termes de la brieveté que ie m'estois proposée : aussi biē n'est ce pas icy le veritable lieu où ie doive examiner avec tant de loisir, la difference de ces mouvements. Ie passe donc au second moyen qu'on employe pour faire partir hors des mortiers les globes recreatifs ; le voicy fort au net.

Que si par hazard la chambre du mortier a son orifice plus large qu'il ne soit de besoin, ou que sa hauteur ne soit pas bien proportionnée avec sa largeur : ou que la quantité de poudre necessaire pour envoyer en l'air le globe recreatif, soit si petite qu'elle ne puisse pas emplir tout à fait la chambre de ce mortier (ce qui neantmoins se rencontrera fort rarement, veu que les globes recreatifs sont de beaucoup plus legers que les grenades, ou que quantité d'autres globes militaires, pour l'usage desquels les mortiers sont particuliérement inventez ; c'est la raison pour laquelle on forme dedans des grandes chambres pour recevoir la quantité de poudre qui est necessaire pour enlever ces corps de grand poids, & qu'outre cela ils ont encore un certain espace vuide au dessus de la poudre pour loger un cylindre de bois) & quoy que suivant nostre premiere methode, vous fassies une chambre dans ce dit cylindre, aussi capable qu'il la faut pour renfermer la poudre requise à cete execution, toutefois à cause qu'elle n'est pas bien amassée en un tas, mais au contraire toute lâche & esparse ça & là : ce qui luy feroit perdre beaucoup de ses forces estant éprise de feu, & l'empecheroit d'agir avec autant d'action sur le poids qui la couvre, que si l'on la mettoit dans quelque tuyau qui auroit son vuide proportionné à l'effet de sa quantité (c'est de quoy ie rendray raison cy dessous) il faut necessairement coustruire quelque cylindre de bois qui soit égal en hauteur, & largeur, à la chambre du mortier ; Or on le creusera en telle sorte au milieu de sa solidité, & le percera-t'on tellement, que le plan de la rondeur de ce trou estant cherché par le diametre, puis eslevé dans sa hauteur, il produise un solide qui soit égal au solide du cylindre dans lequel la poudre est contenuë dans la chambre du mortier. C'est à dire qu'il faut former un tel vuide dans ce corps de bois, qui ayant sa hauteur égale à la chambre du mortier, puisse loger autant de poudre qu'on en a destinée pour faire enlever le globe recreatif. Or cecy sera assez aisé de treuver par la voye de la regle suivante, ou à l'aide d'un calcul d'Arithmetique.

Premiérement soit mesurée par le moyen d'une échelle divisée en intervalles parfaitement égaux : la hauteur de la poudre renfermée dans la chambre de ce mortier, & necessaire pour chasser le globe recratif: puis la hauteur entiere & largeur de la mesme chambre seront pareillement mesurées avec la mesme échelle. Soit cherché par apres un nombre moyen proportionnel entre le nombre des intervalles de l'échelle, lesquels cete poudre occupe en hauteur dans la chambre du mortier, & entre le nombre

bre

bre des intervalles de la mesme échelle qui sont deubs à la hauteur de la chambre.   Ce nombre estant treuvé, vous chercherez derechef un quatriéme proportionnel : en telle sorte que le premier soit le moyen proportionnel immediatement treuvé, que le second nombre soit celuy des intervalles de l'eschelle que la hauteur de la poudre occupe dans la chambre : finalement que le troisieme nombre soit celuy des intervalles de la mesme échelle, qui donnent à connestre la hauteur de la chambre.   Toute l'operation estant parachevée comme on a de coûtume, vous aurez un quatriéme nombre proportionnel, qui vous découvrira le diametre de la largeur du cylindre futur, capable de toute cete poudre, lequel vous mesurerez par les mesmes intervalles de vostre échelle ; la chose sera fort aisée à comprendre par l'exemple suivant.

Soit donc la chambre du mortier A D dans la mesme figure marquée du Nombre 104 en la lettre B : la hauteur de la chambre soit A C, ou B D, la largeur A B ou C D : que la hauteur de la poudre dans la mesme chambre soit C E : ainsi D E sera le tuyau contenant la quantité de poudre requise pour pousser en l'air le globe recreatif.   Car comme cete poudre n'emplit pas tout à fait la chambre ; mais qu'il y demeure un certain espace vuide entr'elle & le globe qui se doit poser sur l'orifice de la chambre , à la hauteur de A E : voila pourquoy le cylindre F A remply d'air seulement, entre le poids qui doit se mouvoir (à sçavoir le globe) & la puissance motrice (qui est la poudre renfermée dans la chambre du mortier,) occupe justement le milieu.   Or comme suivant les raisons que nous avons apportéez cy dessus, ce vuide nuit extrémement, à l'ejaculation, & enlevement des globes, & qu'outre cela il n'a qu'une fort petite quantité de poudre, dans un lieu si ample & si large, voila pourquoy ce cylindre qui contient la poudre , se doit transformer en un autre qui soit de la mesme capacité, & qui ait neantmoins sa hauteur égale à la hauteur de la chambre du mortier. Or cecy se fera en la maniere qui s'ensuit.

Cherchez premierement entre E & C, qui est la hauteur de la poudre (laquelle sera par exemple de 20 parties de vostre échelle) & entre C A, qui est la hauteur de la chambre de 44 parties, un nombre moyen proportionnel ; ce nombre se trouvera 30 apres l'operation.   Disposez en apres ces nombres en regle de trois suivant l'ordre qui s'ensuit : De mesme que 30, qui est le nombre moyen proportionnel immediatement treuvé, est à E C, qui est la haureur de la poudre dans la chambre de 20 parties : de mesme en soit-il de C D, ou de A B qui est la largeur de la chambre du mortier de 24 parties, à la largeur de l'orifice du tuyau qu'on veut construire.   L'operation estant parachevée vous aurez le nombre 16 qui vous marquera le diametre de la largeur de l'orifice de vostre tuyau futur.   Soit donc formé dans le cylindre de bois L O, qui est égal en largeur à la chambre du mortier A D, le cylindre concave G K : la largeur de l'orifice duquel (comme on void en G H) est de 16 telles & semblables parties, que sont les 45 de la hauteur du mesme L N, ou G I : par ainsi ces deux cylindres se treuveront d'une mesme capacité, veu qu'il ny a pas beaucoup de difference entre les solidités de l'un & de l'autre.

Remarquez icy qu'il n'est aucunement necessaire de presser la poudre dans des cylindres faits de la façon ; afin qu'il y demeure de interstices, ou des petits vuides, par lesquels l'air puisse estre porté & diffus par toute la matiere : car par ce moyen le feu estant mis à l'amorce par dessous, & agissant suivant son action & son activeté naturelle vers le haut, trouvera des

passa-

paſſages libres pour reſoudre la poudre auſſi toſt en flamme, ce qui luy augmentera ſa force puiſſamment.

Que ſi un cylindre de la ſorte vous déplâit, faites faire un rouleau de bois, qui ſoit auſſi gros par ſon diametre, que le cylindre eſt large par celuy de ſa cavité: collez par deſſus du bon papier juſqu'à telle épeſſeur, & longueur, qu'il puiſſe exactemēt emplir la chābre du mortier. La fig. de ce corps ſe void en D.

A mon advis ie crois qu'on ne peut pas rendre de meilleure raiſon pourquoy la poudre enfermée dans la chambre étroite & longue d'un mortier, doive eſtre plus puiſſante pour obliger un poids à ſe mouvoir, & s'élever en l'air, que non pas celle qui ſe loge dans des chambres larges & baſſes, bien que priſe en égale quantité? ſi ce n'eſt que la poudre eſt bien mieux unie dans une chambre eſtroite, que dans un lieu vaſte, où la même quantité de poudre eſt toute eſparſe: d'où vient que la condenſation les rayons du feu, produit dans cete poudre ſerrée, eſt bien plus frequente; la quantité des exhalaiſons bien plus abondante; l'union des parties du feu bien plus parfaite, & par conſequent la vertu de la poudre bien plus énergique, comme j'ay de-ja dit cy deſſus.

Bref ie veux croire que la veritable raiſon pourquoy on a inventé des chambres dans les mortiers, & dans les periérés des Anciens, eſt par ce que ces machines ſervoient d'ordinaire à jetter des boulets de pierres (quoy qu'en ce temps là on mit auſſi les mortiers en uſage pour jetter certains globes pyrotechniques comme on fait encore à preſent, auquels nous avons depuis peu ajoûté l'uſage des nos grenades) car comme ces globes n'avoient beſoin que de fort peu de poudre, au reſpet de ces grandes maſſes de pierre (quoy que proportionnée toutêfois) pour les pouſſer dans l'air: laquelle ſi elle avoit été miſe dans un lieu ſpacieux, tel qu'eſt le tuyau d'une periére, ſe ſeroit infailliblement diſſipée ça &là, ſans faire aucun bō effet; la raiſon eſt que le feu entré par la lumiere ne pouvant conſommer la poudre que grain à grain, il ne peut bien unir ſes forces, d'où vient qu'agiſſant lâchement contre le globe qui la couvre, à grand peine le pourroit-elle obliger à ſortir hors du canon, ou mortier. Or pour remedier à cét inconvenient, les anciens Pyroboliſtes, ont treuvé l'invention, de former des chambres dans les mortiers, qui ſont comme des petits magazinspour y tenir la poudre ſerrée, & jointe en un corps, afin que le feu venât à s'y attacher elle puiſſe s'embraſer tout d'un coup par la proximité de ſes grains, & conſequemment unir ſes vertus motrices & expultrices qui ſortans à la foule de ces grains ſalpetreux, attaquent vivement le globe, & le contraignent à déloger plus viſte que ſa peſanteur ne luy auroit permis Nous avons neantmoins remarqué que les chambres formées dans les mortiers & canons des Anciens, eſtoient beaucoup plus grandes, que les noſtres: & la raiſon de cecy eſt par ce que leur poudre eſtoit beaucoup plus foible que celle que nous employons aujourdhuy, à cauſe du peu de ſalpetre qui entroit dans ſa compoſition: c'eſt pourquoy comme ils avoient beſoin d'une plus grande quantité de poudre pour enlever les fardeaux qu'ils luy mettoient deſſus, ils eſtoient obligez de former les chambres de leurs machines plus capables, afin que toute la poudre y pût étre logée. C'eſt à quoy les Pyroboliſtes modernes ont pourveu du depuis: car dans le ſiecle où nous ſommes, (auquel il ſemble que Mars s'eſt montré plus inſolēt, qu'il n'avoit fait dans tous les precedens) ceux qui ont traitez ces machines, ont de beaucoup moderé cete grandeur; à cauſe que la poudre que nous preparons, & bien plus violente que celle qui ſe mettoit iadis en œuvre. Voila pourquoy il faut que les mortiers ayent leurs chambres proportionnées, aux vertus, & qualitez de la matiere qu'on y veut loger. Que ſi tout ce que ie viens de dire n'eſt pas ſuffiſant à voſtre advis, pour ſatisfaire à ce que ie vous ay propoſé cy deſſus touchant les effers plus ou

C c

moins

moins violents de la poudre suivāt les lieux reserrez ou vastes, où ils sont produits.   Pour confirmer mes raisons, on se pourra proposer tous ces organes
pneumatiques , enflez de vent: car si dans deux d'iceux, égaux en capacité
vous soufflez un égale quantité de vent: puis que vous le contraigniez à sortir
avec une egale violēce. Il est tres certain que le vent sortira par le tuyau estroit
avec bien plus de bruit, & d'impetuosité, que de l'autre, qui aura l'orifice plus
large: voire mesme il attaquera l'objet, & le pressera avec une action bien plus
preignante, que non pas l'autre; le tout à cause de l'egalité des tuyaux ; car ce
n'est pas que ie ne veüille croire que dans des capacitez inégales, la plus grande, ou plus petite quātité de vent, n'ayde, ou ne nuise beaucoup, à l'impetuosité du souffle sortant de deux organes differens : la raison de cecy est que ce
vent qui estoit suffisant naguiere pour enfler un petit tuyau, ne se trouvera pas
maintenant bastant , pour emplir cét autre, qui est plus large, veu qu'il se dis-
perce ça & là, & conséquemmēt se dissipe aisement dans la capacité, jointqu'il
ne peut se cōdenser pour sortir puis qu'il treuve son chemin libre. Ainsi en est
il des machines hidrauliques qui élevent leurs eaux d'autant plus haut que
leurs canaux sont plus estroits; voire méme sont bien plus de chemin sur l'horizon dans un pareil espace de temps que celles qui courent par des canaux
plus larges: pourveu que vous supposiez ces eaux passer à travers deux diffe-
rēs canaux, dovées des mesmes facultez, & que vous leurs dōniez une pareille
situation sur l'horizon, & en fin tout le reste égal. Les causes de ces effets si differens, se peuvent demonstrer par les mesmes raisons que nous avons fait les
autres cy dessus: parce que dans les tuyaux estroits les parties potentielles &
corporelles sont biē plus recueïllies: lesquelles venās tout à coup à estre poussées violemmēt, ou seulement relâchées, se portent avec une rapidité merueilleuse. Il n'en est pas de méme des tuyaux larges, dās lesquels les parties de l'eau
ont le passage franc, & par consequent se dispersent, à cause que rien ne les rallie, comme celles qui sont emprisonnées dans un lieu estroit. Dites-en autant
de la poudre, qui se loge dans les mortiers: Car la poudre estant cōvertie en esprits par le feu, se treuve bien plus gesnée, dans un lieu estroit: & comme ses
parties de-ja rarefiées, cherchent à se mettre au large, ne pouvans pas souffrir
une prison si estroite, elles unissent toutes leurs forces pour se deffaire du fardeau qui les pressent & dans ce temps choquent violemment l'air; d'où sen-
suit cét épouvantable bruit qui est produit dans le moment que le feu fait son
execution.

COROLLAIRE.
Des petards pour les feux d'artifices recreatifs.

Nous avons deja assez parlé des petards dans les autres chapitres, mais rien
touchāt leur construction. Vous sçaurez donc qu'il y a deux sortes de petards, que la pirotechnie met en usage, appellez par les Allemands *die Schlage*.
Il y en a des certains, dōt on se sert, dans les feux d'artifices recreatifs (qui sont
ceux desquels ie vous entretiendray) il y en a d'autres qu'on employe seulement pour les entreprises & stratagemesde guerre: nous parlerons de ceux-cy
ailleurs. Pour le regard de leurs formes, on leur peut dōner toutes differentes.
Or d'un nombre presque infiny, voicy ceux que i'ay choisy pour les feux d'artifices, dessinez aux Nᵒ. 105. 106. 107. & 108. en A & B. une partie d'iceux sont
de papier; tels qu'on les void en B aux Nᵒ. 105, & 108. Ceux cy se façonnent dās
leurs modeles particuliers, dont nous en avons dessiné & décrit un, au L. 3, C. 3.

Les autres sont faits de lames de cuivre, ou de fer bien deliées, & quelque-
fois de plomb, comme ils se voient aux Nomb. 106. 107, & 108. let. A.

Ceux qui sont formez de papier , tels qui sont aux Nomb. 105 , & 106,
se chargent vers la partie d'en haut, marquée d'un A, avec de la poudre
gre-

grenée, toutes leurs chambres à amorcer feront inégalement pofées: afin que les petards ne faffent pas leurs effets tous en un temps, ny en un mefme inftant, mais bien par intervalle, à fçavoir l'un apres l'autre. La chambre du premier vers la droite eft la fubquadruple de celle du dernier vers la gauche, auffi bien dans les uns comme dans les autres. Pour ce qui cöcerne la proportion des chambres des petards qui font entre-deux depuis le premier jufques au dernier, elle va toufiours en montant, & par confequent la compofition qui y entre s'y augmente à mefme proportion; cecy fe remarque fort aifément par la ligne oblique B C fur l'une & l'autre figure fcenographique, laquelle eft parallele à une autre D F, qui termine là hauteur de tous les petards: en telle forte toutéfois que tous foient également longs du cofté qu'ils auront efté chargez de poudre grenée. On leur formera donc leur chambrettes inégales comme nons venons de dire toute à cete heure; ces chambres feront remplies d'une amorce lente, dont nous avons décript la compofition cy deffus, & pour lefquelles charger la fuivante pourra fort bien fervir.

Prenez doncques de la Poudre battuë 3 parties, du Charbon une partie: battez-les long temps à part, puis les meflez bien enfemble pour n'en faire qu'un corps: En fin portez cete compofition dans quelque lieu un peu humide, afin qu'elle s'acquere tant foit peu d'humidité, & que par ce moyen elle fe preffe d'autant mieux dans la cartouche: Sinon, vous l'arrouferez d'un peu d'huyle de Petrolle, ou de Lin.

On inferre dans les petards de fer certaines petites rotules pareillement de fer qui fe pofent par deffus les chambrettes, percées par le milieu dun petit trou, par lequel le feu paffe à la poudre grenée, pour s'y attacher. Dans les petards on forme des petites chambres de la mefme façon, avec des lumieres par où prend l'amorce, ny plus ny moins que nous avons fait aux fuzées, hormis qu'il faut que les trous foient plus delicatement faits dans ceux cy, que dans ces autres là, & le tout fuivant la grädeur & qualité des petards.

Pour ce qui touche le refte des petards notez du Nomb. 107, ils fe chargent feulement de poudre grenée, & fe bouchent bien fort par deffus d'un papier, ou avec de l'eftoupe, ils ont auffi par deffouz leurs petites lumieres, par où ils reçoivent le feu.

En fin les petards marquez du Nomb. 108, en la lettre A fe bouchent bien proprement par deffus & par deffoubz de deux petites rotules de fer, qui ne doivent point eftre percées, mais bien foudées, avec le corps du tuyau: quant au regard de leur charge, vous y faites à cofté un trou, par lequel vous les empliffez de poudre grenée.

Celuy que vous voyez encore en la lettre B fe doit traiter de la façon que ie m'en vay vous dire, apres l'avoir premiérement bien lié par deffous avec une forte ficelle, vous le rempliffez de poudre; puis le liez encore bien ferré par deffus. Cela fait vous le percez par le cofté, & vous inferez dans le trou une petite canule de fer, ou de cuivre, laquelle on remplit de poudre battuë, ainfi vous avez vos petards tous prefts & ajuftez.

Quelque-fois au lieu de petards on fe fert de boulets de plomb creux par dedans, ny plus ny moins que des grenades: lefquels on charge par apres de poudre grenée; c'eft de cete conftruction que nous en avons mis plufieurs en oeuvres parmy les globes aquatiques au Chap. 1. de ce Liv. Outre ceux-cy on en fait encore qui reffemblent à des cubes, d'autres à des tetraëdres, plufieurs qui retiennent la formes des prifmes, & de plufieurs autres corps tant reguliers qu'irreguliers, defquels ils font fufceptibles.

Cc 2

SE.

SECONDE PARTIE

DE CE LIVRE

Des Globes ferieux, preparez pour les ufages militaires.

L E nombre des Globes artificiels qui fe mettent en ufage,tant dãs les armées,que dans les attaques & deffences des places , pour faire des executions de guerre , (car ie n'ay pas deffein de vous parler icy des boulets de fer,ny de plomb, qui font pour l'ufage du canon, encore moins de ceux de pierre dont les Anciens fe fervoient pour charger leurs machines , comme eftans trop bien connus,outre qu'ils n'ont aucun artifice dans leur conftruction) eft fi grand parmy les Ingenieurs Pyrotechniques:on en forge de tant de genres & de tant d'efpeces:la façon de les preparer en eft fi differente,que non feulement il eft bien difficile, mais auffi tout à fait impoffible, de les déchiffrer tous, de les décrire ou d'établir aucune methode certaine & determinée touchant leur conftruction & leur ufage. Nous nous fommes doncques contentez feulement d'en choifir quelques uns des meilleurs & des principaux, parmy un fi grand nombre ,mais particuliérement de ceux qui fe mettent en pratique, dans le temps où nous fommes,defquels ie feray voir à noftre Pyrobolifte, le plus au net qu'il me fera poffible,les profils & les figures avec leurs expofitions, dans la feconde partie de ce livre. Or fouvenez vous que nous donnerons un chapitre , à chaque efpece de ces globes, puis qu'ils font la plus part tous differents entr'eux quant à leurs effects:joint que chacun d'eux à un nom qui luy eft particuliérement & affecté.

Chapitre I.

Des Grenades à main.

Efpece 1.

L es grenades à main,quant au regard de leurs formes, font des globes parfaitement ronds,& creux dans la partie interieure à la façon d'une fphere. On les appelle grenades à main , ou grenades manüelles parce que l'on les empoigne avec les mains mêmes pour les jetter contre les ennemis. Que fi nous voulions nous attacher aux denominations des Latins nous les pourrions auffi appeller avec eux grenades palmaires,à caufe que leurs hemifpheres empliffent exactemẽt la paûme de la main, car elles font ordinairement de la groffeur d'un boulet de fer , de 4, 5,6, & 8 ℔:elles pefent quelque-fois 1 ℔ tantoft 1 ℔ ; quelques-unes font de 2 ℔, & d'autres qui vont jufques à 3 ℔. Mais ce mot de palmaire eft à mon advis un peu trop rude & déplaifant à l'oreille du François. On a donné à ces efpeces de globes le nom de Grenades, à caufe de la grande reffemblance qu'ils ont avec ce fruit punique que nous appellons auffi pommes de Grenades. Car comme ceux-cy renferment dans leur efcorce une grandiffime abondance de grains,d'où leur vient ce nom de Grenades, ainfi nos Globes militaires font remplis d'un nombre prefque innombrable de grains de poudre, lefquels apres avoir conceus le feu les brifent en mille & mille

pe-

petits esclats qui rejalliffent contre les ennemis & percent, s'ils peuvent
tout ce qui rencontrent oppofé à leur violence:c'eft ce qui a obligé Lienard
Frontzberger dans fon Artillerie,de les appeller *Springende,& Schlagende Ku-*
gelen. Comme s'il eut voulu dire globes ou balles fautantes,& bondiffantes,
ou pluftoft balles frappantes s'il eftoit permis de parler ainfi.Or la deductiõ
de la derniere denomination de ces globes fe peut fort proprement attribuër à toutes fortes de grandes grenades : quoy que ie veüille croire que
les grandes, ayent empruntées leur ethymologie des petites, qui ont un
peu plus de rapport, & de reffemblance quant à la forme avec les pommes
de grenades que non pas les groffes.	Outre cecy il eft tres certain que les
petites ont efté en ufage premier que les hommes fe fuffent avifez d'en
preparer des groffes,bien qu'ils les ayent à leur malheur inventées pour leur
propre ruine & la deftruction de leur efpece. Auffi ne trouvez vous chez
les anciens Pyroboliftes aucunes marques,ny veftiges de ces grandes Grenades;mais pour des petites,leurs efcrits en parlẽt affez, comme d'une chofe dont la pratique eftoit tombée fous leur conneffance, quoy que toutefois, ils les ayent appellez par d'autres noms,ou qu'ils en ayent traitez en
d'autres termes.Boxhornius raconte quelque chofe qui s'accorde affez bien
avec mon fentiment touchant les petites grenades à main, dans l'hiftoire
qu'il a efcrite du fiege de Breda fait en l'an 1617:*Granatis,quarum haud femel*
meminimus ab ejufdem nominis malorum fimilitudinẽ vocabulum adhæfit. Globus
eft ex ære aut ferro vacuus,diametro unciarum trium,craffitie metalli trium linea-
rum. Sinus pulvere pyrio aliifque refertur: orificio ejus fiftula adftructa, cui lenta
quidem,fed ignem cõcipere ac alere nata materia inditur,ne inter jaculatorum ma-
*nus ftatim difrumpatur.*Le mefme dit encore ailleurs: *Quæ inter, pilæ quibus à*
malis punicis vocabulum,fed raro difturbandis operis projectæ: Nam multus in illis
pyrii pulveris ufus;cujus penuriâ obfeffi vel maxime laborabant.

 Les Grenades (fe dit il) defquelles nous avons fi fouvent parlé ont pri-
fes leurs appellations de la reffemblance qu'elles ont avec ces pommes qui
portent le mefme nom; C'eft un globe vuide & creu fait de fer, ou d'airain, qui porte en fon diametre, 3 onçes, & qui à d'épeffeur 3 lignes en
fon metail.	On le remplit ordinairement de poudre pyrique, ou quelque
fois d'autres compofitions; On ajufte à fon orifice une petite canule laquelle on remplit de matiere lẽte à la verité,mais neantmoins fort fufceptible du feu, & capable de le nourrir quelque temps,depeur qu'il ne creve
auffi toft entre les mains de ceux qui le manient pour le jetter. Le mefme dit encore ailleurs. Pendant ce temps, ils ceffoient de jetter de ces balles qui empruntent leurs nõs de ces pommes puniques: & la raifon de cecy
eftoit, que comme ces grenades leur confommoit une grande quantité de
poudre,les affiegez n'en avoient pas plus qu'il leur en falloit.

 Mais c'eft fe travailler l'efprit en vain que de fe mettre en peine du nom
de ces globes, puis qu'on fçait affez ce qu'ils fignifient.On ne peut pas auffi
ignorer de leur forme apres les difcours que nous en venons de faire. At-
tachons nous doncques maintenant à leur matiere, & voyons en quel ordre nous les preparerons. Bien qu'il ne feroit pas beaucoup neceffaire que
i'en parlaffe d'avantage, puifque Boxhornius femble nous avoir dit tout ce
qu'il falloit touchant leur preparation & leur matiere. Vous me permettrez pourtant d'y adjoûter feulement quatre mots qui fentent un peu plus
la Pyrotechnie que l'hiftoire.

 Pour ce qui regarde la matiere,il fe rencontre trois fortes de grenades à
main chez les Pyrotechniciens: Les premieres & les plus communes font
Cc 3

fai-

faites de fer: les autres font d'airain mêlé, & allié avec d'autres metaux, ce que nous appellons fonte : & les troifiémes en fin de verre. Que fi vous les faites conftruire de fer, prenez la matiere la plus fragile & la moins travaillée que vous pourrez trouver. Si vous les voulez de fonte, ou de cuivre, faudra allier 6 ℔ de cuivre avec 2 ℔ d'eftain, & une demy ℔ de marcafite : ou bien vous mettrez une partie d'eftain avec 3 ℔ de laiton, ou d'auricalque. Celles qui feront conftruites de fer feront efpaiffes par tout le corps de ⅛ de leurs diametres : celles qui feront d'airain auront 1/12 d'efpeffeur : bref celles que vous ferez faire de verre porteront ¼ de leurs diametres en leurs efpeffeurs ; comme elles font voir dans les figures que nous avons tracées au Nombres 109 avec ces caracteres A, B.& C.

La largeur de l'orifice dans lequel il faut engager un petit tuyau de bois, fera de ⅛ du diametre de la grenade : Or ce petit trou aura la largeur de 1/11 du mefme diametre ; c'eft par là que fe remplit le refte de la capacité de la grenade d'une bonne poudre grenée jufques au haut, à l'aide de ce tuyau qui a efté arrefté à l'orifice de la grenade mefme.

Le tuyau qui doit eftre inferé dans la cavité de la grenade, tel qu'il fe void en la mefme figure fous la lettre D aura l'efpeffeur de ⅛ du diametre, ou fi vous voulez, vous le pourrez faire un peu plus menu, afin qu'il n'ait point de peine, pour entrer dans l'orifice de la grenade. La longueur de ce tuyau fera de ⅜ du mefme diametre ; le vuide du tuyau fera large de 1/12 : par en haut on le creufera en rond comme une hemifphere, là où il aura pour fon diametre ¼ dudit diametre. On remplira cete evuidure de poudre bien fubtilement battuë, laquelle on humectera d'un peu d'eau de gomme, ou de colle diffoute, afin qu'elle s'allie mieux : Pour ce qui eft du tuyau on le chargera d'une de ces compofitions que ie vous décriray cy deffous; puis on l'arreftera bien ferme avec de l'eftoupe, & de ce luttement pyrotechnique que les Allemands appellent *Kit*, lequel eft fait de 4 parties de Poix navale, de deux parties de Colophone, d'une partie de Therebentine, & d'une partie de Cire; On met tous ces ingrediens dans un vaiffeau d'argile verniffée: On les fait fondre fur un feu mediocre puis on les mefle & incorpore bien enfemble.

Compofitions pour charger les tuyaux des Grenades.

I.
De la Poudre 1 ℔, du Salpetre 1 ℔, du Soulfre 1 ℔,

2.
De la Poudre 3 ℔, du Salpetre 2 ℔, du Soulfre 1 ℔,

3.
De la Poudre 4 ℔, du Salpetre 3 ℔, du Soulfre 2 ℔,

4.
De la poudre 4 ℔, du Salpetre 3 ℔, du Soulfre 1 ℔.

Efpece 2.

Cete efpece de Grenade à main, que i'ay deffein de vous faire voir icy ne differe en rien de la precedéte ny en matiere, ny en forme, ny en capacité; la feule difference eft feulement dans le tuyau, qui apporte tant foit peu de changement, avec quelques autres petites circonftances qui s'obfervent dans celle cy les quelles nous obmettons dans l'autre, ce qui la conftituë une feconde efpece de Grenade de ce genre. Nous vous en avons tracée une de cete façon dans la figure marquée du Nomb. 110 dont la preparation

tion gift en l'obſervation de ces regles ſuivantes· Faites faire premiérement un tuyau de bois (quoy que l'on le puiſſe faire forger de metail ſi l'on
veut) dont la longueur ſera égal au diametre des grenades ; ſa groſſeur ſera correſpondente à l'orifice du meſme ; on aura pourtant ſoin de le faire un
peu plus eſpais & plus large en haut, dans l'endroit qui doit eſtre évuidé en
hemiſphere de la largeur de $\frac{1}{3}$ du diametre. Le bout qui doit eſtre inſeré
dans la grenade , ſera percé de quantité de trous, leſquels on remplira de
poudre reduite en farine bien deliée. Ajuſtez-le par apres dans le vuide de
la grenade en telle ſorte que ſa baſe repoſe perpendiculairement à l'orifice
ſur le fonds de la grenade; puis l'arreſtez bien ferme comme nous avons
dit cy deſſus. Cela fait vous verſerez de la poudre grenée dans la capacité de la grenade par un certain trou qui ſe fait à coſté ; eſtant remply autant
qu'il ſe peut, vous boucherez bien ce pertuis, d'une cheville, ou tampon de bois, que vous y pouſſerez par force. Vous coronerez la teſte
du tuyau, c'eſt à dire que vous ornerez la partie qui émine par deſſus la
ſuperficie de la grenade avec des rameaux & des fuëilles de buis; frai-
ſches & verdoyantes, leſquelles vous lierez bien ſerrées avec une ficelle , depeur qu'elles n'eſchappent dans le temps qu'on les maniera, pour
les jetter.

Lors que vous voudrez vous ſervir de ces grenades, ou que la neceſſité
vous obligera de les mettre en oeuvre , prenez moy premiérement un petit bout de mêche qui ſera d'une telle groſſeur qu'il puiſſe entrer librement
dans la cavité du tuyau ; attachez-y par deſſous un petit boulet de plomb :
allumez cete meſche par apres , & lors que vous verrez qu'elle aura fait un
bon charbon, mettez-la bien promptement dans le vuide du tuyau par le
bout auquel eſt attaché le contre poids. Cela fait jettez-la où il vous ſemblera bon : & ſoyez aſſeuré qu'auſſi toſt que cete grenade aura frappée contre
terre, le poids attaché à cete meſche deſcendant perpendiculairement à travers de ce tuyau juſques au fonds de la grenade, attirera auſſi quant & quat
la méche allumée; laquelle ne manquera point auſſi toſt de donner feu, par
tout dans ce tuyau à la poudre battuë, dont ſes trous ſont remplis, enſuite de quoy la poudre grenée venant à prendre feu , elle fera voler la grenade en mille & mille pieces. Ces rameaux de buis qui ne ſembloit avoir
eſté mis ſur la teſte de cete grenade que pour ornement, ny ſont pourtant
pas pour ce ſeul motif , mais il faut que vous ſçachiez qu'ils ſervent à tenir
l'orifice de la grenade en un eſtat droit & perpendiculaire à l'horizon , pendant qu'elle eſt en l'air, afin que tombant ſur ſon fonds le poids puiſſe attirer la meſche à plomb. C'eſt ce qui ne ſert pas de peu auſſi pour tous les
autres corps, lors qui viennent à tomber ſur des plans horizontaux.

On arme le plus ſouvent ces grenades icy de balles de plomb, c'eſt à dire qu'on en charge toute la ſuperficie exterieure , afin qu'elles faſſent une
execution plus grande dans les lieux où elles tombent. Mais pour cét effet
il faut premierement bien enduire toute la partie conuexe avec de la cire
fondüe dans laquelle on aura fait fondre une certaine portion de colophone : cela fait on y enfoncera quantité de balles à mouſquet, avant qu'elle ſoit
tout à fait refroidie, & affermie : puis vous l'envelopperez d'un linge , lequel
vous lierez bien par deſſus avec une ficelle.

Eſpe-

Efpece 3.

Ie vous reprefente dans cete figure du Nomb. 111. une Grenade à main
(quoy qu'on la puiffe faire plus grande) laquelle on peut cacher à l'entrée d'une avenuë, ou dans quelque autre deftroit par où nous efperons que
noftre ennemy doit infailliblement paffer. Cete Grenade a deux trous qui
paffent tout à travers le diametre dans lequel on infere un tuyau de bois ou
de metail, creu & percé en plufieurs endroits, & par tout furfemé de poudre battuë par dedans : puis par ce tuyau vous paffez une mêche commune
allumée par un bout.   Par deffus elle a encore un troifiéme trou par lequel
on charge fa cavité d'une bonne poudre grenée :   lequel fe bouche bien
proprement d'un tampon ; ainfi vous avez voftre grenade preparée. le ne
crois pas qu'il foit befoin de vous enfeigner l'ufage de cete grenade; puis
que l'on le peut apprendre fort aifement par la figure mefme, & que la neceffité que vous en aurez vous forgera affez d'invention pour la mettre en
pratique.

COROLLAIRE.

Comment on doit jetter les Grenades à main.

Suivant la definition que nous avons donnée du genre des Grenades, il
eft tres évident, & ie crois que perfonne ne doute que c'eft avec la main
qu'on les prend, & qu'on les empoigne pour les jetter à l'encontre des ennemis, lors qu'ils font à la portée de noftre bras : on fçait affez d'aillieurs
que cete efpece d'armes, eft autant deffenfive comme offenfive, voila
pourquoy nous ne nous arrefterons point à vous le preuver;ceux qui ont
veu quelques fieges de place, ou de ville le pourront affeurer à ceux qui
en ignorent; Nous dirons feulement que le lieu auquel on fe fert le plus
des Grenades à main, eft immediatement apres le bon & heureux fuccez
d'une mine, laquelle aura faite une grande ouverture dans un rampart,ren-
verfée un pand de muraille, boulverfée un baftion, pour donner lieu au
affaillans de faire leurs efforts pour monter fur la breche, c'eft là ou les affiégez auffi bien que les affiegeans fe peuvent fervir de ces grenades à main?
c'eft là ou l'on void les plus genereux de part & d'autre armez de feu &.de
flammes deffendre vaillamment la querelle de leur Prince,l'interreft de leur
patrie,leurs libertez,& leurs vies.On les employe auffi en d'autres occafiõs,
fçavoir lors que les affiegeans eftans parvenus au pied du rampart, s'y attachent fi bien que faifans comme des efcailliers dans l'épeffeur de la terraf-
fe montent infenfiblement par retraite fans que les affiegez les puiffent aucunement incommoder des deffences des flancs, pour eftre à couvert du
rampart mefme.C'eft dans cette occafion dis-je ou les affiegez doivent faire pleuvoir une quantité de grenades du haut en bas fur ces fappeurs &reci-
proquement les affaillans doivent leur & renvoyer à force, pour fe faire un
paffage plus libre, & plus feur ; Comme nous avons veu au fiege de laville
Hulft il ny a pas long temps, prife par les Hollandois. Mais ie ne crois
pas qu'il foit poffible de raconter les divers ufages des grenades à main dans
les occurrences de guerre, particuliérement quand l'une & l'autre armée
font fi voifines que peu s'en faille qu'elles n'en foient aux mains?à caufe
des infinies & perpetuelles occafions qu'on a des'en fervir. Quelque fois
auffi on les jette dans une diftance plus grande qu'a l'ordinaire, fuivant
                                                                        le

le befoin qu'on a ; mais i'entend les unes apres les autres (car ie montreray
plus bas comme il en faut jetter plufieurs enfemble :) Or comme cecy ne
fe peut faire , avec la force naturelle d'un foldat, fans l'aide de quelque inftrument artificiel ; les maiftres dans cét art ont inventé certaines petites
machines fort propres,& fort aifées pour cét effet , dont ie vous en ay deffinée une en la figure du Nomb. 112 laquelle m'a femblée la plus jolie de
toutes , & la meilleure ; apres toutéfois y avoir adjoûté quelques pieces
neceffaires qui luy manquoient.   Avec cét inftrument on peut élancer fur
les ennemis non feulement des grenades manüelles , mais auffi quantité
d'autres feux d'artifices militaires , comme globes luifans, bombes , pots
à feu , cercles à feu , bouquets , & couronnes, & tant d'autres femblables chofes defquelles nous parlerons en leurs lieux , voire mefme dans
une bien plus notable diftance, que s'ils eftoient jettez avec la main feulement.

Cét inftrument n'eft pas beaucoup difficile à conftruire,il fe peut fort aifement comprendre par la figure mefme.   Ie veux feulement vous advertir d'une chofe , que d'autant plus que le bras qui eft fait en forme d'une
cüillere,dans laquelle on met la grenade que l'on veut jetter,fera plus long
que celuy au bout duquel la corde que l'on tire eft attachée , tant plus
de force en aura cette machine : mais faut entendre que cette mefure fera
prife,depuis le centre de la broche de fer fur laquelle roule cete guinde,
ou fi vous voulez du trou,par lequel cete mefme cheville paffe jufques à l'u-
ne & l'autre extremité. Cete machine imite en cela la nature d'un trebuchet,auffi n'eft-ce rien autre chofe ,qu'une bacule de laquelle le pivot, eft le
clou fur lequel tourne & vire cete guinde.

Boxhornius nous fait auffi mention , au mefme lieu cy deffus cité d'une
certaine machine nouvellement inventée , faite comme un de nos mortiers
de guerre , & bien reliée de cercles de fer , avec laquelle on jettoit des grenades à main dans la ville de Breda pendant le fiege.   Mais nous avons
veu il ny a pas long temps au fiege de Hulft , & depuis à Murfpey qui eft
une place affez forte,une femblable machine conftruite par un certain drille
Anglois:laquelle il prefenta à Frederic Henric Prince d'Orenge d'eternelle
mémoire:à qui ce foldat demāda cent florins deHollande,pour la peine qu'il
prendroit,& le danger qu'il encourroit à jetter fes grenades : comme en effet,il obtint ce qu'il avoit demandé, il commença donc à mettre fa machine
en oeuvre,& à jetter quelques grenades fur les ennemis,mais pour vous dire
la verité, avecque tant de malheur , ou fi peu dadreffe que la plus part d'i-
celles n'arrivoient point jufques au lieu où il les d'eftinoit, ou bien fe
rompoient & crevoient toutes dans l'air, à mefure qu'elles s'enlevoient ce
qu'on attribua au vice de la machine qui eftoit imparfaite, & defectueu-
fe,& à l'ignorence de l'ouvrier,auquel la machine ne pouvoit pas obeïr pour
en eftre trop mal conduite.

Ie vous feray voir dās la feconde partie de noftre œuvre au traité des mortiers une petite machine de noftre invention,plus parfaite, & plus ingenieu-
fement inventée que celle là, pour jetter des grenades manüelles (& des
plus grandes auffi s'il en eft de befoin) & pour les envoyer là ou bon vous
femblera : voire ce qui fera autant utile comme admirable , elle n'en jettera
pas feulement une à la fois , mais elle les vomira par fept toutes enfemble,&
dans un mefme inftant , ou bien en diverfes fois , & par intervalles , fuivant
la neceffité qu'on en aura;où ie renvoye pour le prefent le lecteur qui fera
curieux d'en conneftre l'invention.

D d

Mais

Mais ie ne peux d'ailleurs affez m'eftonner, pourquoy les premiers inventeurs de noftre art, ont porté une fentence fi rigoureufe, & irrevocable à l'encontre des machines belliques des Anciens : & ont voulu qu'elles fuflent banies des confins de la milice moderne, comme fi elles avoient commifes quelque crime de leze-majefté ? & qui pis eft les ont condemnées à eftre brûlées ignominieufement dans leurs cuifines, affin qu'il n'y en reftât aucuns veftiges ; apprehendans peut-eftre que leurs fuccefleurs venans à connoiftre leur innocence, ne les rappellaffent de leur banniffement. Comme en effet fi les efcrits de ces grands perfonnages qui ont vefcu de leur temps, qui les ont veuës, & qui fe font trouvez tefmoins & admirateurs des merueilleux effets qu'elles ont produites, lors qu'elles eftoient dans leur plus grand efclat, & dans leur majefté la plus venerable , n'en avoient laifféz des monuments à la pofterité ? il ne faut point douter que leur puiffance ne fut demeurée inconnuë, & que nous n'aurions iamais fçeu comme quoy ces machines auroient efté conftruites. Malheur à la verité qui merite d'eftre plaint, & déploré ; que de recevoir des meconneflances, des injures, & des affronts, pour recompence des biens-faits que nous faifons à ceux que nous croyons obliger , eft-ce là le pris que merite cete illuftre vertu, par laquelle cete incomparable milice romaine s'eft renduë maitrefle de l'un & l'autre hemifphere ? & par qui elle a triomphée des Peuples, & des Roys que la puiffance de leurs armes avoit autre-fois rendus invincibles ? dequoy me fervira de faire revenir icy tant de nations belliqueufes, à qui ces machines antiques ont fait faire de fi grands progrez dans les armes? non non? il faut que i'advovë feulement qu'on a fait un infigne tort à ces nobles inventions de guerre, à qui l'art militaire , & tous ceux qui l'ont profeflez ont tant d'obligations : car comme ces pauvres malheureufes fe font mifes en devoir de venir faire la reverence à noftre nouvelle fçience militaire, comme à la cadete de Mars & de Bellone , defirans la reconnoiftre pour leur Reine & Maitrefle, elles ont efté fouffletées & ont receu mille mauvais traitemens, & lors qu'elles ont offert leur tres humbles fervices, au lieu d'eftre bien receuës ; on s'eft faify d'elles , on leur a fait leur procez, & de là condemné a un horrible fupplice comme coupables de trahifon ou d'attentât : & maintenant (ce qui doit eftre le comble de leur extréme calamité) s'il arrive à quelqu'un de leurs amis de mettre fur le tapis quelque chofe en faveur de effets admirables, & des braves exploits qu'elles ont autrefois executées, un tas d'ignorants, reçoivent ces faits eftranges comme des fables, & s'en mocquent ouvertement, s'imaginans que ce ne font que difcours faits à plaifir pour endormir leurs petits enfans.

Mais à quel propos femble-je vouloir icy prendre en main la caufe de ces pauvres rebutées pour la vouloir deffendre ? Lipfius le plus jufte, & legitime Arbitre de l'une & l'autre milice , qui ait efté, la autrefois deffenduë, cét illuftre juge, à qui nous avons des obligations infinies de la peine qu'il a pris dans la recherche qu'il a fait des merueilles des antiquités, & de nous en avoir fait un recuëil fi exact & fi obligeant : C'eft de fon creu, d'où nous avons recuëilly tant de beaux fruits en confideration de ces miraculeufes machines des Anciens , defquels nous vous ferons part en fon lieu lors que nous viendrons à les mettre en parallele avec nos modernes.   Pour le prefent tout mon deffein eft feulement de vous demonftrer que toutes les efpeces de grenades que nous mettons en ufage, & le refte des inventions pyroboliques qui font au deffoubz des fondes, & fondi bales, mais au deffus des baliftes, fe peuvent guinder en l'air fort com-

mo-

modement, & s'envoyer à une assez grande distance de là.

Premierement donc escoutez ie vous prie ce que ie m'en vay vous dire touchant les forces estranges , & efficaces admirables des fondes, lesquelles sont si estranges que veritablement lors que ie les ay leuës , & bien considerées elles m'ont tellement estonnées, que i'en suis demeuré comme ravy en extase. Voicy comme Ovide en parle en quelque endroit.

Non secus exarsit, quàm cum Balearica plumbum
Funda jacit, volat illud & incandescit eundo,
Et quos non habuit , sub nubibus invenit ignes

Ce qui est un signe manifeste que de son temps , on se servoit de la fonde pour jetter des boulets de plomb , & qui comme il est à croire estoient remplis de matieres combustibles , puis qu'il dit qu'ils brûloient en volant, & qu'ils s'acqueroient un nouveau feu, lors qu'ils arrivoient dans les nuës. Lucanus n'en dit pas moins.

Inde faces, & saxa volant, spatioque solutæ
Aëris, & calido liquefactæ pondere glandes.

Tous ces brandons, ces falots, ces pierres volantes ces boulets liquefiez, qu'il nous décrit estoient les veritables feux d'artifices de son temps lesquels ils élancoient à l'encontre de leurs ennemis , avec la fonde & autres semblables machines de guerre propres à cét usage.

Ie renvoye quantité d'autres personnages dont Lipsius nous a recüeilly les tesmoignages, touchant les effets, & vertus des fondes, en son Lib. 5, de la Milice Romaine Dialogue 20. Ie ne laisseray pas neantmoins passer sous silence cete sentence de Seneque en ses questions naturelles Chapitre 56. *Aëra motus extenuat , & extenuatio accendit. Sic liquescit excussa glans funda , & attritu aëris velut igne stillat.* Le mouvement (dit il) rend l'air subtil , cete extréme attenuation le fait ardre , ainsi le boulet sorti de la fonde se liquefie , & cete concussion de l'air le fait fondre, ny plus ny moins que si c'estoit du feu. Qui est-ce qui ne trouvera pas cela estrange ? Certes si nous n'avions les tesmoignages de tant d'illustres personnages, nous prendrions ces discours pour des réveries , ou pour des fables. Ioseph Quercetan nous rapporte aussi quelque chose de semblable, & presque en mesmes termes, en son Liv : des Escopetes, où disputant contre Aristote, qui dit en son Liv. *De Cœlo* Chap. 7. *tela ita ignescere aeris pulsu, ut plumbum etiam colliquescat* , que les dards & javelots s'eschauffoient tellement par le battement de l'air , qu'ils s'acqueroient de la chaleur dans un assez haut degré pour pouvoir fondre du plomb. C'est ce qu'il nie toutefois purement & simplement : veu qu'en effet l'experience nous fait voir le contraire aux balles des mousquets , & d'arquebuses, lesquelles sont envoyées & chassées dans l'air par le feu mesme , & avec une bien plus grande vitesse (voicy ses parolles mesmes) qu'aucune fléche ne sçauroit estre portée , Mais Dieu gard de mal les sentiments des uns & des autres, sans toutefois faire tort au raisonnement de la nature philosophante. Examinons maintenant les poids, les grandeurs, & les qualitez des corps; puis nous verrons tout d'un temps les distances de lieu , jusques où les fondes anciennes les pouvoient élancer : c'est ce qui est en partie la fin, & le but de nostre entreprise.

Diodorus le Cicilien Liv. 6. parlant de peuples qui habitent dans les isles Baleares. *Baleares fundis lapides magnos jacere optimè omnium mortalium.* Les habitans des Isles Baleares (dit-il) sçavent tirer des grosses pierres avec la

Dd 2

fonde

fonde mieux que tous les hommes du monde.   Le mefme dit encore ailleurs parlant de ces infulains.   *Lapides jaciunt multò majores quàm alii, ita intentè, & robuſtè, ut videatur iſtus ex catapulta quapiam deferri.   Et ſcuta, & galeas, & omne armorum genus perfringunt.*   Il affeure que ces mefmes peuples fe font acquis une telle habitude dans cét exercice, qu'il s'en treuvé peu parmy les autres nations, qui puiffent élancer des fi groffes pierres avec la fonde comme font ces Baleares, car fe dit-il, ils les tirent avec une telle force, & roideur, que vous croiriez que ces pierres foient élancées avec des catapultes, tant le coup en eſt rude, & le choc violent : Et cecy eſt affez aifé à croire puifque d'un feul coup, ils enfoncent un bouclier, forcent un heaume, rompent, & brifent toutes fortes d'armes fi bien trempées que elles puiffent étre.   Un certain Autheur chez Suidas dont on ne connoit pas bien le nom, parlant des mefmes peuples dit : *Balearium infularum funditores lapides minæ pondere jaciebant.*   Les frondeurs des ifles Baleares, jettoient des pierres pefantes une mine.   Il entend une mine attique, laquelle eſtoit du poids de 100 dragmes, comme nous avons dit ailleurs; mais Cefar les appelle fondes librales.   Voila donc quant au poids des pierres qui s'élancoient avec la fonde, lequel (fuivant ce que nous avons dit cy devant, approche fort du poids de nos grenades à main.   On nous raconte encore, qu'outre ces pierres, ces nations élancoient des globes, & des fpheres de plomb à l'encontre de leurs ennemis, fans l'ayde d'autres machines que de leurs fondes; lefquelles nous ne pouvons pas mieux reprefenter que par nos grenades, un Autheur incertain chez Suidas efcrit: *Carduchi optimi funditores, lapidibus, & plumbeis ſphæris, quas ejaculantur certo & deſtinatò.*   Les Carduches eſtoient eſtiméz les meilleurs frondeurs de tous ceux de leur temps, à caufe qu'ils fçavoient tirer des pierres & des globes de plomb avec tant d'adreffe, qu'ils ne manquoient jamais de les adreffer là où ils vifoient.   Outre cela, ils avoient encore cete induftrie d'élancer dans les villes, & places qu'ils affiegeoint des pots remplis de feu, lors qu'ils en eſtoient affez proche, fçavoir quand ils s'eſtoient emparez des ouvrages de dehors. le veux neantmoins croire que ces pots à feu pefoient d'avantage que nos grenades manüelles.   Voicy comment Appianus en parle en fon Libique : *Romani aggeres excitarunt oppoſitos & adverſos turribus, & faces apparantes, itemque ſulphur, & picem in vaſis fundis emittebant in ipſas.* Les Romains avoient élevé des terraffes fort hautes, à l'oppofite de ces tours, d'où ils jettoient quantité de torches ardentes & des brandons de feu, outre cela ils y élançoient avec leurs fondes des certains vaiffeaux remplis de foulfre, & de poix.   Et Denis en fon lib. 20, parlant du temps que les Romains affiégerent le Capitole, dont leurs efclaves s'eſtoient emparez : *atque alii à vicinis ædibus bitumine & pice fervidâ vaſa repleta fundis inferentes, & adaptantes jaculabantur ſuper ipſum collem.*   Il y en avoit (ce dit-il) des certains, qui ajuftans dans leurs fondes, des vaiffeaux pleins de bitume, & de poix boüillante, les élancoient des maifons voifines fur cete colline.   Que ainfi foit, il les faut croire puis qu'ils le difent; Mais qu'ont eſté toutes ces inventions, finon des avant-jeux de nos grenades à main ? Vous trouverez encore quelque chofe de femblable chez Cefar en fon comment. 7. *Galli maximo coorto vento ferventes fuſili ex argilla glandes, fundis, & fervefactâ jacula in caſas, quæ more Gallico ſtramentis erant rectæ jacere cæperunt.* C'eſt à dire qu'un grand vent s'eſtant eflevé, les Gaulois commencerent à envoyer fur nos Cabanes & fur nos huttes qui n'eſtoiët couvertes que paille fuivant la coutûme de ce peuple, quantité de boulets ardens, faits d'un argile fuzible,

ble,avec leurs fondes,outre une infinité de jauelots fort chauds,qui faisoient pleuvoir sur nous. Lipsius croit qu'on doit entendre cecy de la façon *Vasa dico argillacea acceperim, repleta ferventi materiâ.* Que c'estoient des vaisseaux de terre, remplis d'une matiere boüillante. Orosius escrivant aussi sur ce mesme subjet dit : *testas fundis ferventes intorsisse.* Qu'ils prenoient des pots, ou des tets de terre, tous rouge de feu, & les jettoient à l'encontre de leurs ennemis.

Voila comment les Romains, & ces nations les plus belliqueuses de leur temps se servoient de ces machines, tant pour attaquer que pour se deffendre. Si d'ailleurs vous desirez sçavoir en qu'elle estime estoient ces fondes, il n'y a pas encore long temps chez nos voisins du costé du nord, & combien de la memoire encore de nos peres, ils les avoient renduës importantes, & necessaires pour les attaques des places ; voire mesme depuis l'invention de nostre foudroiante Poudre pyrique, consultez Olaus ce Grand Archevecque d'Upsal, Liv, 7.Chap. 7. qui a esté un des plus doctes escrivains qui ait vescu parmy ces peuples, lequel en parle en ces termes. *Flexibilibus catenis ferreisque juncturis, fustibus ligneis alligatis, sæpiùs in castrorum obsidione, quàm reliquis armis Aquilonares utuntur, presertim ubi campus circumjacens sit lapidosus. Ubi autem saxa non sunt, quod raro videtur, crustatum ferrum ignitum scintillis micans, forfice in bursam fundæ impositum, vehementi jactu in castra emittunt. Habent enim semper ad manum vasa instar barilium Romanorum, plena crustato ferro, eoque in ignem misso, & fundis applicato, ac contra obsessos projecto, tam vehemens vulnus & cruciatum infligunt, ut rara vel nulla medicorum ope valeant restaurari. Casu etenim, ob ponderis gravitatem, (remarquez cecy) & tactus adustionem, irremediabiliter lædit: cujus memoria, recentior est in Danorum Rege Christierno II, qui talibus armis Anno 1521 in civitate & castro Arosiensi perdidit potentissimum exercitum suum. Similiter & sagittis ignitis: quæ de flamma ereptæ, atque forfice ballistis impositæ,* (car ces peuples du nord n'avoiët pas encore en ce temps là abandõné l'usage des Machines anciennes, mais s'en servoient indifferemment, & les entre-meloient avec celles qu'ils avoient nouvellement inventées) *repentino jactu eò atrociora vulnera indiderunt, quò minus manibus propter ardorem extrahi quiverunt. Sed miserabilibus erat, quod ferreæ sagittæ, ac crusta ignita in pulverem bombardalem cadentia, quasi momentaneo excitato flammarum impetu, latius per circuitum plurimos astantes milites interemerunt ; maximè etiam, quia montani, ferox hominum genus mineralibus exercitiis educatum, sagittis, saxis, ferreisque crustis, quasi imbribus per fundas emissis, vehementer instabant. Vidi ego, exinde spatio 250 milliarium Italicorum, navigio in regiam Sueciæ Holmiam plurimos sic miserabiliter sauciatos, eodem anno, terribili spectaculo, nempe naribus, oculis, brachiis, pedibusquue evulsis, adduci:qui tandem insanabili vulnere & cruciatu, præcipuè Germani,Dani,& Scoti, miserabili morte vitam efflarunt.*

Les Aquiloniens se servent (suivant son rapport) plus souvent,lors qu'ils veulent assieger quelque place ou attaquer un camp, de certaines chaines flexibles, ou de ie ne sçais quelles entraves, & jointures de fer attachéez à des bastons, que non pas de toute autres sortes d'armes, particuliérement lors que la campagne circonvoisine est pierreuse : mais dans les lieux où il ne s'y treuve point de cailloux (ce qui est assez rare dans ces contrées) ils jettent à grands coups de fondes, dans le camp des ennemis, des croutes & des morceaux de fer tout rouge, & tout ardent, lesquels ils mettent dans les bources des leurs fondes, avec des tenailles. Vous leur voyez

toû-

toûjours dans la main un certain vaiſſeau fait comme un baril Romain, plein de ces croutes & fragments de fer, leſquels ayans fait rougir dans le feu, & appliquez ſur leurs fondes, puis élancez à l'encontre de leurs ennemis, font de ſi eſtranges playes, & des ſi dangereuſes bleſſures, que quiconque en eſt atteint, ſon malheur eſt ſans remede, il n'y a Medecins ny Chirurgiens qui les puiſſent ſecourir. Et la raiſon pourquoy ce fer bleſſe ainſi irremediablement, (remarquez bien cecy) c'eſt à cauſe de la gravité de ſon poids, & de l'aduſtion qu'il fait dans la partie : La memoire d'un pareil accident, eſt encore toute fraiſche en la perſonne de Chriſtierne II, Roy de Dennemarc qui perdit une puiſſante armée en l'an 1521, devant la ville & le camp Aroſien, par des ſemblables armes ſeulement. Ils n'en faiſoient pas moins avec des fleſches ardentes ; leſquelles eſtant tirées du feu, & miſes avec des tenailles de fer ſur les baliſtes (car ils ſe ſervoient de ces machines antiques comme nous avons de-ja dit cy deſſus, peſle-meſle avec les nouvelles inventées) puis décochées de la ſorte, faiſoient des bleſſures d'autant plus incurables par la ſurpriſe & violence de leurs coups, qu'il eſtoit moins poſſible de les tirer avec les mains, à cauſe de l'extréme ardeur qu'elles portoient quant & ſoy : mais le deſaſtre eſtoit encore bien plus horrible quand ces dards allumez, & les billons de fer ardents, venoient à tomber par malheur, ſur les poudres à arquebuſes, leſquelles s'enflammoient en un inſtant, avec un bruit épouvantable, brûloient & étouffoient tout autant de malheureux ſoldats qui ſe trouvoient aux environ d'elles ; & ce qui rengregeoit encore leur mal d'avantage eſtoit les incurſions, & les decharges de ces peuples de montagnes, race brutale, & ſauvage, nourrie dans les cavernes, & minieres, qui les accabloient de fleches, de cailloux, & de billons de fer, qu'ils jettoient avec leurs fondes, comme d'une greſle qui leur eut tombée ſur le corps. I'en ay veu moy meſme (dit-il) à 250 milles Italiques de là, pluſieurs qui furent ramenez de la mer dans Stockholm, capitale de Suede, ainſi miſerablement bleſſez, dans cete meſme année, ce qui eſtoit une choſe horrible à voir ; car les uns eſtoit ſans nez, les autres ſans yeux, ceux-cy avoient les bras emportez, ces autres les jambes, & ce qui eſtoit le pis de tout, leurs bleſſures eſtoient ſans remede ; avec des douleurs inſupportables, particuliérement aux Allemands, Danois, & Eſcoſſois qui eſtoient contrains de mourir de douleur, & de deſeſpoir, ſans qu'ils puſſent recevoir aucun ſoulagement à des maux ſi extrémes.

Briſons icy ſur le poids, la groſſeur, & les qualitez des corps qui ſe guindoient avec les fondes des Anciens, & ie ne doute pas meſme que ie n'en aye aſſez dit, pour vous faire tirer quelque conjecture de la diſtance & de l'eſtanduë du chemin qu'elles pouvoient porter, & même de la certitude de leurs coups. Mais ce n'eſt pas aſſez Vegeſe nous en parle encore plus clairement en ſon Liv. 2. Chap. 23. *Sagittarii verò vel funditores ſcopas, hoc eſt, fruticum vel ſtraminum faſces pro ſigno ponebant, ita ut ſexcentos pedes removerentur à ſigno, ut ſagittis, vel certe lapidibus ex fuſtibalo deſtinatis, ſignū ſæpius tangerent.* Les Archers & les Frondeurs plantoient pour but un certain balet, qui eſtoit un petit faiſſeau de paille ou de rameaux, duquel ils s'eſloignent de 600 pieds en arriére, lequel il ne manquoient guiere d'atteindre avec leur fleſches, ou avec les pierres qu'ils tiroient de leurs fondes. Ne liſons nous pas dans les Sacrez Cayers au Liv. de Judith Chap. 20. *Habitatores Gabaa ad ſeptingentos, ſic fundis lapides ad certum jeciſſe ut capillum quoque poſſent percutere.* Que les habitans de Gabaa, eſtoient ſi adroits, &

ſi

fi affeurez de leurs fondes, qu'il s'en eft treuvé jufques au nombre de 700
qui ne failloient guiere d'atteindre un poil. Qui plus eft les Arpenteurs Romains affignoient une mefure certaine, & determinée aux champs & aux
terres par le ject de la fonde; c'eft de là qu'ils ont appellez *Fundum* (ce que
les François appellent encore aujourdhuy fonds) cét efpace de terre que
pouvoit contenir une metaire, avec le labourage qui en dépendoit : lequel
eftoit d'une telle longueur, & largeur qu'un ject de pierre tirée avec la fonde pouvoit s'étendre. Ceux qui ont quelque intelligence dans ces dimenti-
ons difent que le fonds eftoit une étenduë de 600 pieds. Nous trouvons
quelque chofe de femblable, chez Quintillian *in jocul.* liv. 397, touchant
l'appellation du fonds, en ces termes,

> *Fundum Varro vocat, quem poffim mittere fundâ*
> *Ni tamen exciderit qua cava funda patet.*

Mais à quoy bon nous arrrefter plus long temps à produire des tefmoignages, en faveur des forces & vertus de la fonde ? Voyons un peu maintenant,
& épreuvons fi d'és lignes d'approches, nous pourrons commodément, fuivant les regles de l'Architecture moderne, jetter nos grenades à main, avec
les fondes, & les fuftibales, dans les retranchements de nos ennemis. Premiérement c'eft un axiome general parmy les Architectes de guerre, que
auffi-toft qu'on eft arrivé au lieu qu'on veut affieger, on commence les lignes d'approches à la diftance de 60 verges ou environ de la place affiegée,
fi la fituation du lieu, ou quelque autre empefchement ne permettent de fé
loger plus proche, pour les commencer fans peril. Cete diftance de chemin
eft égale au ject horizontal des fondes : car il le faut ainfi entendre, de ces
jects, lefquels Vegefe dit cy deffus avoir efté en ufage dans les exercices des
foldats Romains, comme quelques autres le tefmoignent auffi par leurs efcrits. C'eft ce qui fe pratique encore à prefent de nos moufquetaires, lefquels
s'exercent quelque-fois à tirer dans un blanc élevé de terre à la hauteur d'un
hôme, d'où ils s'éloignent de 200 ou 300 pas, pour s'acquerir de l'habitude
dans la vifée du moufquet, & pouvoir fans frayeur mettre en pratique, lors
qu'ils auront les ennemis en tefte, ce qu'ils ont fait pour divertiffement dans
des lieux hors de danger. Mais comme cét ajuftement, ou cete vifée n'a aucun rapport avec la projection de nos grenades à main, parce que celle-cy eft
parallele à l'horizon, au contraire des grenades qui doivent eftre portées en
arc dans l'air, pour pouvoir retomber à plomb dans la trenchée ennemie : voila pourquoy il nous faut tenter une autre voye pour les jetter.

Or comme il eft tres evident, fuivant les obfervations de la porté de nos
canons, & des autres machines de guerre, élevées & conduites par les degrez du quart de nonante, ou quart de cercle, que la vifée ou le ject horizontal, que les François appellent *de niveau, de but en blanc, ou de blanc en blanc* les
Italiens *de ponto in bianco*, (qui eft à dire ce ject qui obferve un chemin ou
une ligne parallele à l'horizon) eft le fubdecuple ou environ du ject ou de la
portée de la plus grande élevation, qui eft de 45 degrez du quart de nonante, principalement quand on ajufte tellement fa vifée qu'il s'y fait un demy-
angle droit, ou un angle de 45 degrez, entre l'horizon, & la voye que doit
tenir le ject.

Or comme tous les corps miffiles, c'eft à dire qui fe peuvent jetter, affe-
ctent une certaine proportion : voila pourquoy fi quelqu'un prend fa vifée
pour guider une grenade à main, mife fur une fonde, apres luy avoir fait
faire quelques tours par deffus la tefte, & la jetter à la diftance de 6000
pieds, ou de 600 perches, ou toifes, qui eft le decuple de celle d'où les

lignes d'approches commencent (pourveu toutêfois qu'elles n'excede point 60 toiſes,ou 600 pieds) en telle ſorte que s'il la vouloit jetter à une fort grande diſtance , ie ne doute aucunement , qu'elle ne deſcende directement dans l'enceinte des retrenchements : car il eſt tres certain, que ceux qui ſe ſervent de la fonde , ou qui jettent ſimplement avec le bras, ſont naturellement portez à choiſir l'angle de 45 degrez, ou à peu prés , lors qu'ils balançent un poids ou quelque corps pour l'envoyer à une grande diſtance , làquelle ſuit en effet l'angle demy droit. Mais s'il eſtoit queſtion de jetter les grenades manüelles ſur les bords des lignes d'approches , ou à quelque diſtance encore moindre , comme par exemple à la longueur de 30 ou de 20 toiſes ſeulement, qui eſt celuy qui me peut nier que cela ne ſe puiſſe faire fort commodement avec les fondes ? à condition toutéfois qu'on les ordonne , & dirige de la meſme façon que nous faiſons nos mortiers, lors que nous les diſpoſons pour jetter des bombes , grandes grenades , & autres ſemblables globes pyroboliques , à quelque petite diſtance , c'eſt à dire qu'il leur faut donner la meſme élevation , & les conduire de meſme que nous faiſons nos mortiers de guerre ; habitude que l'on pourra ſans difficulté s'acquerir en partie par la conneſſance qu'on aura de cete ſçience,& le reſte , par un exercice continuel du maniment de la fonde , de meſme que ces peuples eſtrangers,s'y eſtoient autrefois habituez, & deſquelles ils ſe ſont ſervy ſi heureuſement, qu'elles ont touſiours eſté les principaux inſtruments , qu'ils ayent mis en œuvre , pour ruiner tant de belles armées comme ils ont fait , forcer des trenchées , attaquer , & prendre des fortes places , bref pour eſtablir des puiſſants eſtats , & affermir tant de floriſſants empires qui ſont demeurez inébranlables pendant pluſieurs ſiecles.

I'advoüe que la direction , & le maniment de ces machines exigeroit un raiſonnement un peu plus prolixe , mais à cauſe que ce n'eſt pas icy le lieu pour en diſcourir,ie ne paſſeray pas plus avant ; I'adjoûteray ſeulement cecy en faveur des fondes , pour enſeigner comme quoy eſtans chargées de grenades à main , les tireurs les doivent tellement diriger dans les lignes d'approches, que les grenades puiſſent tomber au milieu de leurs ennemis ; & faire des grandes executions parmy eux. Venons-en donc aux effets. Faites loger vos tireurs de fondes ſur le lieu le plus advancé des lignes, dans un endroit où ils puiſſent eſtre en ſeureté , & à couverts d'un bon paparapet ; à ſçavoir dans une redoute , dont la diſtance , depuis le ſommet du parapet du rampart des ennemis (lequel termine la hauteur interieur dudit rampart , ou pour mieux dire, depuis le ſommet des gabions & corbeilles que les enncmis auront dreſſeés ſur le ſommet du parapet , pour leur ſervir de couverture) ſera de 500 pieds. Or afin qu'il ne ſemble pas que nous voulions d'abord traiter avec rigueur nos ſoldats qui n'ont point encore les bras accoûtumez dans cét exercice, & qu'ils ne croyent pas que nous voulions exiger d'eux des choſes en quelque façon impoſſibles ; nous ſuppoſerons que noſtre grenade manüelle ne peut eſtre envoyée à un terme limité d'une plus grande diſtance que de 100 pieds. C'eſt pourquoy ſuivant ce qui a eſté dit cy deſſus, elle pourra parcourir ſur l'horizon l'eſpace de 1000 pieds, lors qu'elle ſera pouſſée en angle demy droit. Or veu que la diſtance de 500 pieds à beſoin que le bras qui tourne la fonde, élance & chaſſe tellement la grenade que ſon chemin faſſe dans l'air, par une ligne imaginaire horizontale , commençante du centre des bras du frondeur, un angle de 10 degrez , ou un neufuiéme du quart du cercle, ou environ.

Voila

Voila pourquoy si le frondeur, arresté au lieu d'où il presuppose la distance
de 500 pieds jusques au sommet des paniers & gabions, à la distance de 15
pieds, & que de ce mesme point auquel il est arresté, la mesure justemēt prise de la trenchée assiegée, il y fasse planter une perche, dont la hauteur soit
plus grande de 2 pieds, & de 8 onces que la mesure prise depuis la plante de
ses pieds jusques au cētre de ses bras, laquelle perche sera plantée perpendiculairement sur le terrain, & directement opposée à l'endroit de la trenchée,
où l'on desire envoyer les grenades; (car autrement vos grenades s'esloi-
gneroient bien loing de vostre bùt) que si le frondeur ne se bouge de sa place, & qu'apres avoir donné feu à sa grenade mise dans la bource de sa fonde il luy fasse faire un tour seulement par dessus sa teste; puis qu'il la jette vers le lieu assiegé; en telle sorte que la grenade touche à chaquefois quasi le sommet de la perche, lors qu'elle sorte de sa fonde; & qu'il ait toûjours le bout de cete perche pour but, il se peut asseurer que son dessein
reüssira bien, & que toutes ses grenades arriveront au lieu, où il desire que
elles tombent; à condition toûtefois que toutes cesdites grenades soient
d'un poids égal, & que tous leurs tuyaux soient tellement construits, que
le feu ne prenne point à la poudre incluse dans le ventre de ladite grenade,
si subitement ou dans le temps quelle sera dans l'air, mais seulement lors
qu'elle sera tombée sur terre: Or ce feu ne se pourra esteindre aucunement, si vous chargez les tuyaux de quelques-unes de ces compositions
que nous avons décrites cy dessus: & vous pouvez bien vous en asseurer,
puis que ie m'en suis plusieurs fois servy fort heureusement, à charger les
tuyaux de ces grandes grenades qui se jettent avec le mortier, lesquelles
comme vous pouvez vous imaginer ne sont pas des plus lentes, à se mouvoir, & courir dans l'air.

Remarquez 1. Ce que nous avons dit de la perche qui doit estre plantée
perpendiculairement sur le terrain, se doit entendre que la hauteur de 2
pieds & 8 onces, adjoûtée sur la mesure, prise depuis la plante des pieds jusques au centre des bras du tireur de fonde, est un cathéte dans un triangle
rectangle, dont la base est de 15 pieds: Or l'angle compris depuis la base qui
commence du centre des bras du fondeur, & l'hypotenuse qui est la main
élevée avec la fonde, est justement de 10 degrez, à qui le cathete elevé perpendiculairement sur l'extremité de la base, est directement opposé : Or
d'autant plus que le frondeur s'approchera de la perche, le Cathete diminue-
ra d'avantage; au contraire tant plus qu'il s'en éloignera d'autant plus s'en
augmentera-t'il en hauteur. Tout ce que i'ay rapporté icy n'est seulement
que pour exemple, veu que les bases prises de diverses longueurs forment
toûjours des cathetes tous differents.

Remarquez 2. Qu'il faut prendre le commencement de la mesure mesme
de la distance du frondeur depuis le sommet des paniers posez sur le rampart des ennemis, en telle sorte que l'espace de 15 pieds, ou de plus ou de
moins, demeure pour base, jusques au parapet de lignes d'approches, laquelle base aura pour terme & pour borne cette perche qu'on aura plantée; depeur que venant à mesurer la distance depuis le sommet de la hauteur interieure de vostre parapet vous ne soyez obligez de vous exposer à
un danger évident, pour planter ladite perche au de là des paniers qui bor-
dent le parapet des lignes d'approches, laquelle se planté justement sur l'es-
planade de vos ouvrages, à l'opposite de la trenchée des ennemis, mais tout
cecy se doit faire dans l'interieur des travaux qu'on veut assieger.

Ee

Re·

Remarquez 3. qu'on peut ajuſter aux fondes, des rênes, ou des longes de diverſes longueurs, & le tout ſuivant les plus grandes, ou plus petites diſtances des lieux où l'on veut envoyer les grenades : comme Florus
nous le rapporte en ſon Liv. 3. Chap. 8. des habitans des Iſles Baleares, qui
ſçavoient fort bien pratiquer cete methode, de ralonger, & racourcir leurs
fondes ſelon le beſoin qu'ils en avoient. *Tribus quiſque fundis prælian-
tur, certos eſſe quis miretur ictus ? cum hæc ſola genti arma ſint, & unum ab in-
fantia ſtudium. Cibum puer à matre non capit, niſi quem ipſa monſtrante per-
cuſſit.* Ils mettent en uſage (dit-il) dans leurs combats, trois ſortes de fondes;
pourquoy doncques s'eſtonner de voir qui ſoient ſi adroits à ſe ſervir de cete ſorte d'armes, & à tirer leurs coups ſi juſtes, puis qu'ils n'ont point d'autres
armes offencives ny d'effenſives que celles-cy, joint que pour ainſi dire, ils s'y
eſtudient d'és le berceau. Et ce qui eſt de plus remarquable parmy ces nations, l'enfant ne peut recevoir aucun aliment de ſa mere qu'elle ne l'ait
donné à connoiſtre premiérement en le frappant. Mais eſcoutons Strabon
parlant des meſmes Inſulains. *Tres fundas circum caput habent, unam longioribus
habenis, ad longiores jactus; alteram brevibus ad breviores; tertiã mediis, ad medios.*
Ils portent trois fondes, entortillées à l'entour de leurs teſtes, dont l'une a les
reſnes fort longues pour les diſtances les plus eſloignées, l'autre à les longes
fort courtes, dont ils ſe ſervẽt lors qui ſont fort proches des ennemis, en fin la
troiſiéme eſt entre l'une & l'autre pour les coups de moyenne portée. Voicy
comme quoy Diodorus veut que l'on les porte, que la premiere ſerue de bandeau, la ſeconde de ceinture, & la troiſiéme dans la main, *unam* (ſe dit-il) *Circa
caput, alteram ventrem, tertiam in ipſa manu.*

Remarquez 4. qu'on ne ſe peut ſervir d'aucun inſtrument, ny machine
plus cõmode ny plus ſeure, pour jetter les grenades à main, que de la fõde, car
nous avons fort ſouvent obſervé que lorsqu'on les élancoient avec des machines faites commes des mortiers, elles ſe crevoient toutes, premier qu'elles
fuſſent iamais élevées dans l'air; ce qui endommageoit non ſeulement leſdites machines, mais auſſi faiſoit courir grand riſque, à ceux qui les gouver-
noient. D'ailleurs que ſi vous les élancez avec la main nuë, c'eſt à dire
ſans vous ſervir d'aucun autre inſtrument que du bras, à combien de
perils ne ſeront point ſubjets ceux qu'on obligera à cela, outre ceux auquels ils ſont de-ja expoſez, & le reſte des incommoditéz qu'ils en recevront? nous avons eu des exemples de cecy preſque dans tous les ſieges qui
ſe ſont faits de noſtre temps, combien de ſoldats, & de braves garçons a-t'on
veu, qui ſont peris, en maniant ce fruit plus fatal pour eux, que dangereux
pour leurs ennemis: veritablement ſi le maître qui ma imbu des premiers élements de ce noble art eſtoit icy, il n'adjoûteroit pas peu de poids à mes parolles, par ſon teſmoignage, & vous luy entendriez dire vous meſmes, que
que s'il eut eu le moyen, ou pluſtoſt l'uſage de jetter les grenades avecque la
fonde, lors qu'il s'eſt treuvé dans les occaſions de ce faire, il n'auroit pas
perdu la main droite. Or outre la fonde i'approuve encore fort certaines
petites machines qui reſſemblent fort aux Baliſtes des Anciens, telle qu'eſt
celle que nous avons décrite. Voila pourquoy ie ſuis reſolu de vous en toucher icy deux ou trois mots enpaſſant.

Nous parlerons au Chapitre ſuivant des grandes grenades, leſquelles on à
de coûtume de jetter dans les places avec le mortier. I'adjoûte ſeulement
icy une choſe, à ſçavoir que l'on pourroit auſſi les élancer fort commodement avec les Baliſtes, dont les Anciens ſe ſervoient autrefois. Mais ie vous
entretiendray des forces, & des vertus de ces machines au Liv. 1. Chap. 1.

de

de la Seconde partie de noftre Artillerie , lefquelles i'authorizeray des tefmoignages de quantité de bons autheurs ; la où ie vous en feray voir les
profils , & les figures fcenographiques , fort curieufement , & exactement
deffinées , à l'occafion defquelles ie vous expliqueray tout d'un temps ,
comme quoy les Anciens fouloient les conftruire.   Contentez vous pour
le prefent , de ce que rapporte Jofephus , liv. 6. de l'incendie de Hierufa-
lem , touchant la force & puiffance incroyable des Baliftes : *Talenti ponderè*
erant lapides , qui mittebantur , duo autem & amplius ftadia pervadebant. Ipfe
ictus non iis modò quibus primis incidebat , fed & longè retrorfum ftantibus erat
intolerabilis.   Les pierres que ces machines éjaculoient , pefoient un talent , & ne manquoient guiere de les pouffer à la diftance de deux ftades :
Mais ce qui eftoit de plus eftrange dans leurs effets , c'eft que la premiere
portée de leurs coups n'eftoient pas tant à craindre , que leur feconde atteinte eftoit dangereufe à ceux là mefmes qui en eftoient bien effoignez. Et
Diodore le Cicilien en fon Lib. 20. *Demetrius in Hellepolim fuam intulit va-*
rias Petrarias quorum maximæ trium talentorum erant.   Demetrius fit apporter dans la ville d'Hellepole diverfes efpeces de Periéres , dont les plus grandes portoient 3 talents. Athenéus auffi en fon Liv. 5. parlant du navire du
Roy Heron , lequel fût conftruit de l'invention d'Archimede , rapporte cecy : *Murus five lorica & tabulata fuper fulcris & fuftentaculis erant : In iis Pe-*
traria quæ lapidem trium talentorum emitteret , & haftam 12 cubitorum :
utrumque iflud ad ftadii longitudinem. Voila une chofe eftrange & prefque incroyable qu'il nous rapporte ; il dit que dans ce vaiffeau ils avoient élevé une
certaine batterie , où l'on plaçoit une periére qui portoit des pierres pefantes 3 talents , & avec cela une javeline longue de 12 coudées , & l'une &
l'autre à la diftance d'une ftade. Mais c'eft trop difcouru fur les fondes , ie
crains de vous ennuyer ; outre que ie m'imagine vous en avoir affez dit ,
pour vous faire entendre comme quoy les poids élancez avec les baliftes des
Anciens , & portez dans des diftances affez grandes , ont efté à peu pres
égaux à nos groffes grenades , & quand mefme i'aurois dit qu'ils les ont
furpaffez en groffeur, & en pefanteur , ie n'aurois pas creu mentir.   Pour ce
qui regarde le refte des commoditez qu'on peut tirer de ces machines , pour
jetter , guinder , & faire voler en l'air , quantité d'autres feux d'artifices
nous le demonftrerons plus amplement en fon lieu , où l'on pourra recon-
noitre qu'on auroit grandiffime raifon de leur donner place parmy nos machines modernes.

Chapitre II.

Des Bombes & Grenades qui fe jettent coûtumiérement avec
les mortiers.

Si nous confiderons la forme des grandes grenades qui fe jettent
d'ordinaire , dans les villes & places affiegées , & reciproquement
celles que les affiegeans envoyent dans les trenchées , & lignes d'approches de ceux qui les attaquent , nous en trouverons de deux fortes , à fçavoir des parfaitement rondes comme des globes , & d'autres ovales qui retiennent la forme d'un fpheroide : qui font celles que nous appellons vulgairement *Bombes.*   Quoy que Boxhornius dans fon hiftoire du fiege de Breda donne auffi le nom de bombe , à celles qui font parfaitement

ſpheriques,car voicy comme il eñ parle dans la ſuite de la deſcription de ſes grenades à main: *Bombæ circulo majores , diametro pedis unius , ſæpe etiam duorum , eadem mala inferunt , machinis in aëra mittuntur, lapſuræ quo deſtinantur.* Il treuvoit par ſes experiences journalieres que les bombes les plus groſſes, qui avoient un , ou deux pieds de diametre faiſoient les meſmes deſordres dans la ville ; on les envoyoient (ſe dit-il) dans l'air avec des machines, d'où elles retomboient,où l'on avoit deſſein qu'elles fiſſent leùrs executions. Mais ſi ie ne me trompe il confond icy les grenades , avec les bombes , veu que dans un autre endroit , il attribuë la meſme choſe aux grenades qu'il avoit fait aux bombes:*Nam ſuggeſtus tum plures propioreſque excitati,& loco moti quoties uſus in tutandis noſtris,cohibendiſque hoſtibus, ac eorum machinis irritis reddendis flagitabat.Ex cujus ratione plura aut pauciora tormêta,& non nullis etiam iſta* (il entend icy parler des mortiers) *quibus excitando incendio , & circumpoſitis omnibus ſubvertendis , pilæ , queis Granatarum nomen funduntur.* il met icy derechef de la difference entres les petites & les grandes grenades *Quas etiam ſed minoris ponderis manu quidam in proximos expoſitos jam hoſtes jaculabantur.* Il aſſeure donc qu'ils eſtoient obligez d'élever des batteries tantoſt plus & tantoſt moins,quelque-fois proches les contreſcarpes , & & quelque-fois auſſi bien éloignées ſuivant le beſoin qu'ils en avoient tant pour mettre leur gens à couvert, que pour arreſter les ſaillies & boutades des ennemis, ou pour rendre vaines leurs machines, ruiner leurs batteries , demonter leurs pieces & ſemblables neceſſités ,ſur leſquelles on plantoit plus ou moins de canon, avec quelqu'uns de ces inſtruments, (voulant parler des mortiers) deſquels,nous nous ſerviôs à jetter force grenades, qui brûloient & boulverſoient tout ce qu'elles trouvoient,dans l'eſtanduë de leur portée apres leur diruption(c'eſt icy ou il diſtingue les petites d'avec les grandes grenades) leſquelles(ajoûte t'il) nos ſoldats élancoient avec les bras à l'encontre de nos ennemis,lors qui s'approchoient de trop prés de nos travaux , pour n'eſtre pas ſi peſantes que les premieres, En matiere d'hiſtoire je ne treuve pas mauvais qu'il en ait parlé de la ſorte (veu que c'eſt une conneſſance laquelle eſt particuliérement reſervée aux Pyroboliſtes) il faut ſeulement remarquer cecy,que la plus part de Pyrotechniciens appellent ordinairement ces grands globes de fer qui ſont ainſi ronds & creux, des Grenades ; à cauſe de la reſſemblance qu'ils ont avec celles qui ſe jettent avec la main meſme.   Mais aux longs,ou ovales,ils leur donnent le nom de Bombes.

S'il vous plait voir le deſſein d'une de ces grenades rondes vous en avez le modele,en la figure marquée du N°. 113 : Celuy des longues ſe peut voir dans la figure ſuivante au nombre 114.

A ces deux icy nous en avons encore adjoûtée une troiſiéme d'une forme cylindrique , laquelle nous avons marquée du Nomb. 115,elle a par deſſus un certain tampon bien ferme,par lequel la poudre eſt fort preſſée dans la chambre du mortier,outre qu'elle même pouſſée de force par deſſus,bouche auſſi fort exactement ladite chambre comme ſi s'eſtoit un de ces cylindres de bois,dont nous nous ſervons coûtumiérement.   Il n'y a pas encore long temps que ces grenades eſtoient en uſages: car quelques-uns de ceux qui ſe ſont trouvez à ce memorable ſiege de la Rochelle , fait en l'an 1627, & 1628,par LOVIS XIII, Roy de France & de Navare , nous ont rapporté, qu'elles avoient faites des executions eſtranges, & puiſſamment incommodées les aſſiegez.   Or on attribuë avec non moins de
juſ

Iustice que de raison, la plus part des heureux succez de ces grenades à une parfaite, & non vulgaire conneſſance que cét inſigne, Henry Clarmer, Norembergeois avoit dans la pyrotechnie, auquel veritablement on ne peut denier une des premieres palmes qui ont eſté juſtement ordonnées aux merites des braues Guerriers, qui ont fait tant de merueiles pendant un ſiege ſi notable : ſans toutêfois diminuer en rien la gloire qui eſt deuë à Pomponius Targon pour lors Grand Ingenieur de ſa Majeſté tres Chreſtienne.

Il s'eſt rencontré neantmoins, certains eſprits mal timbrez ſi impudens, qui ont eu aſſez d'effronterie pour vouloir dérober à ces grands hommes la gloire & l'honneur qu'ils s'eſtoient acquis, dans les travaux inſupportables d'un ſiege ſi long, & ſi penible; & qui ont taſché par tout moyen, pouſſez de ie ne ſçay quelle envie, de s'attribuer impudemment ce qui eſtoit deub à la vertu de ces illuſtres perſonnages : & cependant, tels qu'ils ſont ne laiſſent pas d'inſinuër dans la credulité des plus ignorãts une certaine bonne opinion de leur capacité, & de leur faire croire qu'ils ſont en effect ce qui ne ſont qu'en apparence, mais un temps viendra qu'ils recevront les châtiments deubs à leurs demerites, & que la juſtice divine qui ne laiſſe rien d'impuny ſe vengera de leurs ſupercheries, pour avoir voulu rauir avec tant d'injuſtice la gloire que d'autres avoient ſi cherement achetée. Mais retournons à noſtre propos, & conſiderons un peu, en quelle façon, nous proportionerons, preparerons, & mettrons en uſage, ces deux premiéres eſpeces de grenades.

Quelques-uns ont de coûtume de donner aux Bombes & Grenades de fer de cete eſpece tant rondes que longues, l'eſpeſſeur de ⅓; ou 1⁄12 de leurs diametres. La largeur de l'orifice par lequel on fait entrer un tuyau de bois dans la capacité de la grenade, lequel paſſe juſqu'au fonds, doit avoir ⅓ auſſi bien que ceux des grenades à main. Elles ont par deſſus, aſſez proche de l'orifice deux petits ances, auxquels on attache deux cordes, lors qu'on veut ajuſter la grenade dans le mortier.

Le tuyau qu'on inſerera dans l'orifice de ladite grenade ſera long de ⅔ de ſon diametre, il eſt bien vray que quelques Pyroboliſtes ne le prennent que de ⅓ ſeulement. Par le haut il ſera eſpais en ſon diametre de ⅓ ou 1⁄12 mais par deſſous on ſe contentera de luy donner ⅓ d'épeſſeur. La hauteur du trou dans le tuyau ſera de 1⁄12 du meſme diametre (comme on le fait d'ordinaire) vous avez la forme de ce tuyau en la figure marquée du Nomb. 116. Mais tout le plus grand miſtere qu'il y a en cecy, eſt de ſçavoir de quelle largeur doivent eſtre percez les trous, qu'on doit former dans les tuyaux; veu qu'on determine un certain temps à la grenade, apres lequel, elle doit faire ſon effet, joint qu'on a une certaine diſtance connuë & limitée à laquelle il faut que le mortier envoye la grenade, outre cela on ſcait comment on doit diſpoſer la machine, & à quelle hauteur d'élevation, meſurée, & guidée par les degrez du quart de nonante, on l'élevera ſur l'horizon; de plus de quelle compoſition on doit charger la cavité de ce tuyau, à ce que la grenade parcoure un certain eſpace dans l'air, & pendant un certain temps limité, & afin qu'elle faſſe ſon effet, lors qu'elle viendra à eſtre fort proche de terre. Mais comme toutes ces obſervations icy, & quantité d'autres ſemblables circonſtances, ne ſont pas proprement de ce lieu pour y eſtre traitées : veu qu'elles ſe rapportent à l'uſage & à la conſtruction artificielle de nos machines de guerre, ie me ſuis reſervé d'en parler dans la ſeconde partie de noſtre Artillerie Liv. 2 où ie traiteray fort amplement de la ſtructure des

Ee 3

mor-

mortiers, de leurs proprietez , & de leurs uſages particuliers.   Et s'il plaiſt
au ciel me favoriſer je rendray des raiſons ſuffiſantes de tout , & taſ-
cheray autant qu'il me ſera poſſible de ne point tromper l'attente , de noſtre diligent Pyroboliſte.   Mais achevons maintenant le reſte de noſtre entrepriſe.

Ces meſmes tuyaux ſeront donc fortifiez par dehors, avec des nerfs deſ-
ſeichez , & defilez comme de l'eſtoupe, puis bien trempez de colle chaude,
& appliquez exterieurement, pour les rendre fermes & reſiſtans contre la
violence de la poudre : Mais par dedans on y collera ſeulement quelques
fils d'étoupes pyrotechniques eſpars ça & là , depeur que le feu par malheur ne s'eſteigne dans le tuyau par la vehemence , & impetuoſité du
vent , dans le temps que la grenade eſt enlevée dans l'air ; Enfin ce tuyau eſtant chargé d'une compoſition convenable (telle que nous en avons
décrites quelques unes au Chapitre ſuperieur) vous l'arreſterez bien ferme dans la capacité de la grenade, laquelle ſera remplie d'une bonne poudre
grenée , de la meſme façon , que nous l'avons monſtré au Chap. precedent,
où nous avons traité des grenades à main.

Notez qu'il ne faut iamais charger une grenade de poudre , que l'on ne
ſçache premiérement ſi elle eſt bonne , & bien entiere, ce que vous pourrez ſçavoir par l'eſpreuve ſuivante.   Enſeveliſſez voſtre grenade ſoubz les
charbons ardents pour l'y faire rougir : eſtant toute rouge tirez-la hors du
feu ; & verſez de l'eau froide dans ſa capacité , premier qu'elle ſoit refroidie : puis en ayant bien bouché l'orifice , depeur que l'eau n'en ſorte , vous
oindrez promptement toute la ſuperficie convexe de ladite grenade avec
de l'écume cauſtique , ou du ſavon humecté d'un peu d'eau chaude.   Que
ſi elle eſt percée ou fenduë en quelque endroit qui vous ſoit inconnu, vous
remarquerez auſſi toſt des petites boüilles , ou des petites empoulles qui
s'éleveront de temps en temps & redeſcenderont , puis s'eſvanoüiront. Que
ſi vous apperceuez un tel effet ſur la ſurface de ces grenades, & que vous
en ayez des meilleures , ie ne vous conſeille point de vous en ſervir , mais
au contraire de les rejetter bien loing, non ſeulement comme inutiles , mais
auſſi comme tres perilleuſes : Or ſi d'avanture l'eſtat de vos affaires , ou la
neceſſité vous obligeoit de vous en ſervir , pour n'en avoir point d'autres
ou des plus mauvaiſes : vous remarquerez bien diligemment les fentes &
fiſſures s'il eſt poſſible de les voir, ſinon l'endroit ſur lequel, ces petits boüilles ont paruës , ou ſi ce ſont petits trous & qui paroiſſent, vous y pouſſerez de force des pointes d'acier, Cela fait vous les enduirez de goûdron
ou poix liquide , ou de nôtre luttement pyrotechnique, puis les entourerez
d'étouppes imbuës de la meſme drogue , de laquelle nous avons donnée la
compoſition au Chapitre ſuperieur. Enfin elles ſeront enveloppées exterieurement d'une forte toile , pour tenir le tout bien ferme ſur la ſuperficie.
Vous obſerverez doncques toutes ces circonſtances fort exactement ſans
en obmetre la moindre du monde, depeur que la grenade ne reçoive quelque dommage par la violence du feu , dans le temps qu'elle ſera dans
l'air.

On pourra ſçavoir la quantité de la poudre, qui eſt requiſe pour pouſſer, &
faire partir la grenade, par les diſcours que nous ferons cy apres. Mais il faut
que premiérement ie vous advertiſſe , comment on peut trouver la peſanteur d'une grenade , ſans poids, ny ſans balances, à l'aide ſeulement d'un
calcul d'Arithmetique , & par le moyen de noſtre Regle du Calibre ; C'eſt
la voye la plus aiſée , pour tirer promptement & aſſeurément la conneſſance

ce de la quantité de poudre proportionnée pour chaffer les grenades, c'eft
ce qui fe fera par la voye de la methode fuivante.

Soit pris le diametre de la grenade, & porté tout d'un temps fur la Regle
du Calibre, ajuftée pour calibrer les boulets de fer; un pied du compas
coûpera fur icelle quelqu'un de ces nombres du poids que contiendroit la
folidité, ou la groffeur de cete grenade fi elle eftoit folide. Marquez donc ce
nombre trouvé à l'efcart fur un papier, ou pour le moins fouvenez vous en
bien. Prenez derechef avec un compas le diametre du vuide interieur de la
mefme grenade, & le portez fur la mefme Regle du Calibre; le pied du
compas coûpera comme auparavant quelque nombre qui marquera le poids
de cete capacité interne de la grenade, fi d'avanture elle eftoit folide, &
de fer. Cela eftant fait, ce dernier nombre fera fouftrait du premier que vous
avez mis à part, à fçavoir du nombre entiere de la pefanteur de toute la
grenade, fi elle eftoit folide; & le refte vous donnera le poids, que pefe la grenade, dans toute l'épeffeur que contient fa circonference.

Que fi par hazard il s'y rencontroit quelque diametre d'une telle grandeur qu'on ne pût pas l'appliquer fur la Regle du Calibre pour eftre trop
courte, ou le diametre trop long, vous en prendrez feulement la moitié, &
l'appliquerez fur ladite regle; puis le nombre que le compas monftrera fera
multiplié par 8, ainfi par le produit de cete multiplication, vous aurez le
nôbre du poids de toute la corpulence de la grenade. Comme par exemple
foit donné le diametre de quelque grenade qui ne puiffe pas eftre mefuré
fur l'eftenduë de la regle du calibre; que la moitié donc en eftant prife,
& appliquée fur la mefme ligne du Calibre, monftre le nombre 18 avec le
pied du compas; ce nombre multiplié par 8, produira 144, qui feroit le
poids de la grenade, fi elle eftoit toute folide. Derechef que le diametre de
la concavité interne de la mefme grenade, eftant prife par la moitié, & pofée
fur la mefme regle du calibre, vienne à tomber fur le nombre 7, que ce nombre foit pareillement multiplié par 8, il produira 56; en fin le nombre 56
eftant fouftrait de 144, il y reftera 88, pour la veritable pefanteur de la grenade, toute vuide & déchargée de poudre.

Vous trouverez auffi fort ayfement le poids de la poudre neceffaire pour
charger la capacité de la grenade, fi vous mefurez le diametre de fa concavité, avec cete ligne ou échelle des poudres, laquelle eft divifée ftereometriquement en livres & en onces (telle que vous la voyez deffinée au
nomb: 117 en la lettre A) le nombre qui fera montré avec la pointe du compas, fera le nombre des livres, ou des onces de poudre defquelles la concavité de la grenade fera capable; adjoûtez maintenant ce dit nombre du
poids de la poudre, à ce refte, provenu de la fouftraction de l'un de l'autre produit des globes, vous aurez le poids entier de toute la grenade remplie de poudre. Si vous defirez fçavoir comment fe doit conftruire cete
ligne des poudres, ie m'en vay vous l'apprendre. On remply le vuide de
quelque grenade extrémement ronde, d'une poudre grenée, jufques à l'o-
rifice, puis l'ayant verfée dehors, on la pefe, & on en marque le nombre
du poids en quelque lieu. On mefure par apres le diametre de la concavité interieure de la mefme grenade, puis on le divife ftereometriquement
en autant de parties, que cete poudre contient de livres, ou d'onces; par
cete voye il ne vous fera pas mal-aifé fuivant les regles de noftre premier Livre, d'ajufter cete efchelle, ou ligne des poudre, fur laquelle vous marquerez les diametres de plufieurs livres, ou des onces d'une livre, & voire
mefme des demyes onces s'il en eft befoin.

Que

Que fi vous n'avez pas de grenades à la main juftement, & tout à propos pour en tirer les mefures, faites faire un cylindre de bois creu, de telle grandeur qu'il vous plaira, dont la hauteur foit égale à la largeur ; remplif-fez-le de poudre grenée, puis l'ayant tirée hors, mettez-la fur la balance, pour en conneftre le poids. Or comme tout cylindre qui comprend une fphere, ou duquel la bafe eft le plus grand cercle de la fphere, mais dont la hauteur eft égale au diametre de ladite fphere, eft fans doute le fefquialtere de la fphere mefme, fuivant les propofitions d'Archimede là où il traite de la fphere & du cylindre. Voila pourquoy on fuppofera une telle proporti-on ; de mefme que 3 eft à 2, ainfi en foit-il du poids de la poudre dont le cylindre eft capable, au poids de la poudre contenuë dans la fphere, que comprent le cylindre. L'operation eftant achevée, vous aurez au quotient de voftre divifion un nombre qui donnera à connoiftre le poids du globe de poudre, à fçavoir de celuy dont le diametre eft la hauteur, & la largeur du cylindre. Il n'y a doncques perfonne qui ne puiffe faire cela fort ayfement, quoy quil n'ait pas mefme beaucoup d'intelligence dans la Geometrie. Chacun pourra pareillement conftruire une ligne des poudres, s'il obferve bien tout ce que nous avons dit cy deffus.

Quelque-fois les Pyroboliftes quand ils veulent fe divertir ils ont accoûtu-mez de remplir des grenades de fable au lieu de poudre, afin d'en treuver tant plus ayfement le veritable poids. Ils vous les mettent d'abord dans leurs mortiers ; puis prenant leurs vifée à des certaines diftances & vers un certain but prefix ils vous les envoyent vers là, & remarque leur cheutes. Voila pourquoy il eft auffi neceffaire que l'on fçache qu'elle proportion il y a, du poids du fable, au poids de la poudre, comprife dans une capacité égale, & fous une pareille groffeur de l'un & l'autre corps. Pour moy j'ay quelque fois experimenté, que le fable blanc, & extrémement menu & bien fec, avoit une telle proportion, avec la fine poudre grenée de laquelle on charge les piftolets, que 144 a avec 83. C'eft fur ce fondement que nous avons eftably une autre ligne, laquelle nous avons deffignée dans la mefme figure fous la lettre B, fur laquelle nous avons marqué les diametres des globes de fable. Par le moyen de cete mefme ligne, on pourra auffi fort ayfement cognoiftre, combien de livres il faudroit avoir pour emplir le vui-de de chaque grenade. Mais s'il eft queftion de prendre autant de fable pe-fant, que pefe juftement la poudre, dont le vuide de la grenade eft capable (ce que les Pyroboliftes obfervent fort exactemēt) pour lors il faudra rechercher cete proportion par le moyen des nombres mutuellemēt proportionnaux du fable avec la poudre au refpet de leurs poids, que nous avōs rapportéz cy def-fus. Mais fçachez que ces nombres ne peuvent eftre tousjours pris generale-mēt, & ne croyez pas qu'ils foient pour tout cela immuables ; veuque le poids de la poudre & du fable font infiniment variables : car comme les matieres & ingrediants qui compofent la poudre fe mêlent diverfement, & s'allient en mille & mille façons, d'où vient que la poudre qui en eft preparée eft auffi toute differente en pefanteur ; de mefme en eft-il des arenes qui fe rencon-trent infiniment inégales & differentes en poids, quoy que plufieurs d'elles foient mifes dans des vaiffeaux d'égales capacités, ou foit qu'ils rempliffent des corps égaux. Neantmoins ceux qui auront de l'inclination pour fe rendre parfait dans noftre art fe donneront le loifir, & la patience d'exami-ner les poids des diverfes efpeces d'arenes, mifes dans des globes & cylin-dres differents. Mais puifque mon deffein eftoit de vous faire voir feule-ment, comment vous pourriez trouver fans les balances la difference du

poids

poids d'une grenade remplie de poudre, d'avec celuy d'un autre de pareille grosseur remplie de sable: maintenant que ie suis venu à bout de mon intention ie passeray plus avant.

Or supposons donc que ce poids soit treuvé, & qu'il vous soit bien connu, ie dis maintenant qu'il vous sera fort aisé de sçavoir quelle quantité de poudre on doit employer dans les mortier pour obliger une grenade à déloger. Mais pour vous dire la verité c'est une chose qui ne se peut pas bien determiner, à cause que les Pyrobolistes la changent & varient fort souvent suivant que les occasions differentes l'exigent: car ils sont quelque-fois contrains de prendre tantost plus, ou tantost moins de poudre, pour s'accommoder aux inégales distances, & portées des lieux, où il faut que leurs grenades soient poussées par les mortiers. Car le plus souvent sur chaque livre du poids de la grenade, ils ne mettent qu'une demye once, ou un lot de poudre; quelque-fois aussy ils n'y en mettent qu'un demy lot, & dans des certaines occurrences ils se contentent bien d'un quart de lot; & dans d'autres encore de moins, particuliérement lors qu'ils veulent jetter la grenade en telle sorte, que ne demeurant en l'air que l'espace de 4 ou 6 secondes d'heure tout au plus, elle puisse tomber sur terre à dix ou quinze pas de là, par un chemin fort court, & qui tienne plus de la ligne droite que de la courbe, ou circulaire. C'est ce qui se pratique maintenant assez communement; particuliérement lors que les assiegez voyent leur ennemis qui se preparerent à faire leurs galleries, ou qui s'oppiniâtrent à vouloir passer le fossé par quelque autre moyen, pour s'attacher au pied du rampart; pour lors l'usage des mortiers, des grenades; & des bombes n'est pas oublié. l'advoüe bien neantmoins qu'on peut faire le mesme effet avec une plus grande quantité de poudre; mais il faut aussi que vous sçachiez que cete seconde voye a cecy d'incommode, à sçavoir que la grenade estant poussée avec plus de violence par une plus grande quantité de poudre, est contrainte de faire un plus grand chemin & par conséquent demeurant trop long temps dans l'air, elle donne loisir à ceux qui la voyent venir de loing de l'éviter, & de se mettre hors du peril avant qu'elle soit arrivée dans leur quartier. Ajoûtez à cela que d'autant plus que la grenade est élevée dans l'air tant plus y treuve-t'elle de resistance, & quelquefois se trouvera tellement agitée d'un grand vent, ou de quelque tourbillon, qu'il luy sera impossible de suivre son chemin, & consequemment s'en ira cheoir bien loing du lieu où l'on l'avoit destinée. Ie suis contraint aussi d'avoüer que l'on peut jetter les grenades, & le reste des globes pyroboliques, par le moyen des mortiers, dans des distances toutes differentes avec une mesme quantité de poudre, la raison de cecy est que l'on peut recompenser cete grande quantité de poudre, laquelle est necessaire pour jetter quelque bombe, ou globe, à une plus longue distance, par l'élevation de la machine sur l'horizon, ou par son inclination vers le mesme, du point vertical, jusques à l'angle demy-droit, (qui est l'élevation la plus particuliére aux mortiers) Or cete derniere raison que i'ay apportée en faveur de la quantité de la poudre, combattra icy vaillamment pour moy: car ie crois veritablement que se seroit bien le plus seur (si des certaines difficultés, & circonstances tout à fait impossibles ne s'y opposoient directement) de prendre certaines quantités de poudre proportionnées suivant chaque distance où l'on voudroit envoyer les globes par le moyen des mortiers; Par ainsi les machines seulement élevées sur l'horizon, jusques à quelques premiers degrez du quart du cercle, auroient toûjours une situation

F f

fort

fort baſſe, laquelle ne changeroit jamais, ou fort rarement. Or comme cecy ne ſe peut obſerver, que fort difficilement, ou point du tout, dans toutes ſortes de diſtance : je voudrois que tout au moins pour les élevations des grandes machines, qui approchent le plus du point vertical, & leſquelles on choiſit toûjours pour les diſtances les plus courtes, on diminuât la quantité ordinaire de la poudre, & qu'en recompence de cete diminution de poudre, on abaiſſât la machine de quelque degrez vers l'horizon, afin que la grenade élancée, prenant ſa courſe par une plus baſſe region de l'air, ne fût pas ſi ſubjette, aux tourbillons & aux grands vents, & par conſequent qu'elle eut moins d'occaſion d'eſtre divertie du lieu où l'on l'envoye.

Mais afin de n'en pas demeurer en ſi beau chemin, & que nous puiſſions conclure quelque choſe de certain, touchant cete quantité de poudre, j'ay treuvé fort à propos d'en établir une certaine & determinée, qui puiſſe generalement faire ſortir hors des mortiers les globes militaires, & les enlever en l'air, de quelque ſorte de peſanteur qu'ils puſſent eſtre : pour cét effet ie vous ay icy conſtruit une petite table des portées (deſquelles nous traiterons plus amplement dans la ſeconde partie de noſtre Artillerie) de laquelle on pourra ſe ſervir fort heureuſement comme i'eſpere ; ie dis donc qu'il ſuffit, ſi pour les globes qui ſont d'un grand poids, comme de 300 ℔, ou d'avantage s'il s'en treuve, on prend pour chaque livre du poids du globe, une demie once de poudre ; (qui eſt ce que nous avons appellé ailleurs un lot) Cete proportion ſe pourra obſerver juſques aux globes du poids de 100 ℔ : mais, depuis 100 juſques à 1 ℔ en deſcendant, on augmentera les nombres quinaires ('eſt à dire pris de cinq en cinq) de 15 grains ; enſorte qu'on pourra prendre 288 grains de poudre, qui ſont 2 lots & 12 grains, pour faire partir & enlever un globe peſant 1 ℔. Pour cete ſeule conſideration, ie vous ay calculé fort exactement une petite table de proportion, depuis 100 ℔. juſques à 1 ℔. en deſcendant toûjours par le nombre quinaire. L'uſage en eſt le plus facile du monde, car il ne faut que multiplier les nombres de la colomne B par les nombres de la colomne A; puis diviſer le produit par 288, & on aura au quotient le nombre des lots, qu'il faut employer ; (car un lot contient tout autant de grains) puis ce nombre des lots eſtant diviſé par 32, il en ſortira le nombre des livres de poudre neceſſaires pour donner la chaſſe à voſtre globe. Mais il vaut mieux que ie vous propoſe icy un exemple pour vous faire comprendre la choſe avec plus de facilité. Suppoſons par exemple un globe du poids de 80 ℔ : lequel vous voulez faire ſauter en l'air. Vous chercherez d'abord ce nombre 80 parmy ceux qui ſont d'écrits dans l'ordre de la colomne marquée d'un A; l'ayant treuvé vous le multiplierez par celuy, qui eſt tout à l'oppoſite, dans la colomne B, à ſçavoir par 348, il vous donnera au produit 27840, qui ſeront autant de grains de poudre, leſquels eſtans diviſez derechef par 288 vous produiront 96 lots, & 8 deniers au quotient, chacun deſquels fait 24 grains. En fin ces lots eſtant diviſez par 32, il en ſortira juſtement 3 au quotient. Vous prendrez doncques 3 ℔, & 8 den de poudre pour charger la chambre de voſtre mortier, dans lequel vous voulez ajuſter un globe peſant 80 ℔.

La table ſuivante vous ſervira de guide, pour vous conduire dans les difficultez que vous pourriez rencontrer ſur ce ſubjet, pourveu que vous ayez bien conçeu cét exemple que ie vous ay appoſté cy deſſus.

Table des Portées.

100	288
95	303
90	318
85	333
80	348
75	363
70	378
65	393
60	408
55	423
50	438
45	453
40	468
35	483
30	498
25	513
20	528
15	543
10	558
5	573
1	588

Notez 1. qué si parmy les nombres quinaires de noſtre table, il s'y preſentent quelques autres nombres d'entre-deux, pour lors vous adjoûterez 3 grains pour chaque livre, qui manquent au poids de ce globe, depuis le nombre ſuperieur : cela ſait vous multiplirez le nombre qui eſt produit de cete addition, avec le nombre quinaire ſuperieur, par le nombre du poids de voſtre globe. Comme par exemple, s'il s'y rencontre un globe qui peſe 82 ℔, vous le trouverez moindre de 3 ℔. que 85, qui eſt le nombre quinaire ſuperieur marqué ſur la table, ayant donc adjoûté 9 (qui eſt 3 pour chaque livre du manquement) à 333, vous aurez un produit de 342, ce nombre 342 eſtant multiplié par le nombre du poids du globe 82 ℔, vous en ferez ſortir un autre produit de 28044 : en fin ce nombre eſtant diviſé par 288, il en viendra 97 lots, & 4 den. & ½.

Notez 2. que la regle que ie vous ay propoſée cy deſſus touchant la quantité de la poudre neceſſaire pour pouſſer toutes ſortes de globes militaires hors des mortiers, doit eſtre toûjours ſuivie comme univerſelle & immuable. Toutefois on doit bien côſiderer la force des differentes eſpeces de poudre, veuque fort ſouvent un once d'une telle ou telle eſpece de poudre agit au double, & voire meſme au decuple, plus puiſſamment, qu'une égale, & pareille quantité de poudre d'une autre eſpece : en telle ſorte quelquefois qu'une once de celle-cy, ſoit autant vigoureuſe, & faſſe meſme plus d'effet que 10 onces de cete autre là. Mais ie laiſſe la conſideration de ces differences de poudre au jugement des bons praticiens, & de ceux qui les mettent tous les jours en œuvre; cependant paſſons à la charge de nos mortiers.

Suppoſé donc que nous ayons la quantité de poudre neceſſaire pour faire ſortir une grenade hors de ſon mortier : On meſurera premièrement la hauteur & la largeur de la chambre, par le moyen d'une regle cylindrique ou pour mieux dire, cylindro-metrique, diviſée en parties égales ſuivant la nature des cubes, & accommodée au poids de la poudre ſyrique, telle que

nous

nous l'avons deſſignée au nombre 117 en la lettre C. Que ſi la largeur de la chambre s'accorde avec ſa longueur, dites que cete chambre contiendra autant de livres de poudre, que le nombre coupé ſur la regle vous monſtrera d'unités. Mais ſi au contraire, ſa largeur & ſa longueur comprenent des nombres tous differents ſur la meſme regle, pour lors il faudra chercher un troiſiéme nombre moyen proportionnel, entre les nombres de la largeur & de la longueur : lequel donnera la veritable capacité de la chambre. Que ſi d'avanture il arrive que ces nombres ſoient ſourds (comme l'on dit) ou irrationnels, il ſera bien plus ayſé de trouver ſur les lignes, un nombre moyen proportionnel entr'eux, que non pas par aucun calcul d'Arithmetique.

Que ſi la chambre du mortier ſe treuve capable de d'avantage de poudre qu'il n'en ſoit de beſoin pour chaſſer le globe ; verſez premiérement voſtre poudre dans ladite chambre, puis meſurez avec quelque regle le reſte de la hauteur de la chambre qui ſe treuve vuide par deſſus la poudre juſques aux bords de l'orifice : diviſez-la en apres en 6 parties égales, & adjoûtez un ſixiéme à la hauteur, & vous aurez la veritable hauteur du cylindre de bois qui eſt neceſſaire pour tenir la poudre ſerrée, & l'enfermer dans ladite chambre, & par ce moyen la poudre ſera raiſonnablement preſſée, ſuivant les advertiſſements que nous vous avons dõnez de ce faire, en ſorte qu'elle ne perdra aucun de ſes grains, & qu'il ne luy demeurera aucuns petits vuides qui puiſſent cauſer la rarefactiõ au feu, lors qu'il y ſera une fois épris, ou en amoindrir en rien qui ſoit ſes vertus actives & expultrices. Que ſi par un accident contraire, il ſe rencõtre que la chambre du mortier ſoit beaucoup plus petite qu'elle ne doiué eſtre, en telle ſorte qu'elle ne puiſſe contenir toute la poudre neceſſaire pour faire ſauter ſa grenade, ou ſon globe quel qu'il ſoit, pour lors diviſez toute la hauteur de la chambre en 10 parties égales ; puis en ayant remplis ⁴⁄₁₀ de poudre, vous ajuſterez un cylindre haut de ⁶⁄₁₀ & dans cete occurrence la regle que nous avons donnée cy deſſus, ne peut ſervir de rien.

Il faudra proceder de la meſme façon que nous venons de dire, en cas que voſtre poudre empliſſe ſi juſtement la chambre juſques à l'orifice, qu'il n'y reſte aucun eſpace pour mettre voſtre cylindre : Mais vous apprendrez mieux par la ſuite de noſtre diſcours, de quelle façon ils doivent eſtre faits.

On a de coûtume de preparer ces cylindre de bois avec quoy on preſſe la poudre dans les chambres des mortiers, de diverſes façons : car ſi l'on a deſſein de mettre la grenade dans le mortier en telle poſture, que ſon ruyau ſoit tourné du coſté de l'orifice du mortier, & que l'on veüille faire partir la grenade avec un ſeul feu, alors le cylindre doit eſtre cannelé tout à l'entour, à la façon d'une colomne, comme on peut remarquer dans la figure du nombre 118 en la lettre A : Ou bien vous y percerez des trous par deſſus, en telle ſorte qu'ils aboutiſſent tous unanimement à un autre plus grand qui eſt par deſſous ; tel qu'il ſe peut voir dans la figure notée de la lettre B. Ie vous adverty icy que cete voye de jetter les grenades par le moyen d'un feu ſeulement, eſt la plus ſeure de toutes ; & voicy comment on doit continuër.

Apres que vous aurez mis dans la chambre du mortier, la poudre requiſe pour chaſſer la grenade, & que vous y aurez pouſſé un cylindre de force par deſſus, en ſorte toutefois qu'il n'excede point les bords de ladite chambre, vous remplirez les trous percez dans ledit cylindre, ou les évidures qui ſont faites autour d'iceluy, d'une bonne poudre battuë, & vous en épardrez mefme une grande poignée par deffus puis vous envelopperez tout le corps de la grenade d'un feutre , ou gros drap de laine bien trempé d'une forte eau de vie , meflée de poudre battuë : Cete enveloppe aura une ouverture par deffous juftement à l'endroit du fonds de la grenade ; laquelle fera auffi large que l'orifice de la chambre du mortier. Cela fait ajuftez la grenade dans le vuide de voftre mortier en telle forte que fon fonds repofe jufte-ment fur le cylindre que vous aurez pouffé dans la chambre.

On garnira bien l'orifice du tuyau de la grenade, tant par deffous que par les coftez, de noftre eftoupe pyrotechnique, affez lâche & demelée. On jet-tera auffi une affez bonne quantité de poudre battuë tout à l'entour de la grenade , afin que le feu arrive avec plus de facilité jufques à l'orifice du tuyau.

Voila le premier moyen dont on fe fert pour jetter les grenades hors des mortiers avec un feu feulement. La feconde voye que l'on tient pour fai-re ce mefme effet, n'eft pas beaucoup diffemblable à celuy - cy , mais bien plus perilleux : à fçavoir lors que l'on renverfe l'orifice du tuyau de la grenade fur la chambre du mortier ; pour lors , il faut preparer un cy-lindre de bois percé d'un trou par le milieu , & divifé en quatre parties éga-les par deux diametres s'entre-coupans à angles droits au centre de la fuper-ficie du cylindre, comme nous en avons dépeint un en la mefme figure du Nomb. 118 , fous la lettre C. Or ie ne fuis nullement d'avis que l'on fe ferve dans cete occafion des grenades communes, & vulgairement prepa-rées ; mais ie confeille bien pluftot qu'on faffe faire des grenades telles , qu'il s'en void une deffignée en la figure 119, dont l'orifice & le fonds foiet percez en forme d'égrous ; puis vous ferez faire un certain tuyau de fer de la mefme façon qu'il s'en void un en A. lequel eft façonné par le bas & par le col en forme de viz, avec tant de jufteffe, qu'il fe puiffe rapporter aux égrous de la grenade : & par ce moyen le tuyau demeurera arefté , bien fer-me, dans la capacité de la grenade, & ne doit on point craindre que la pou-dre l'esbranle pour violente qu'elle puiffe eftre.

Que fi vous aymez mieux faire fauter la grenade par le moyen de deux feux ; en ce cas vous ferez conftruire le cylindre qui doit preffer la pou-dre dans la chambre, tout à fait folide , c'eft à dire fans eftre percé ny canelé en aucune façon. Ce cylindre eftant donc ajufté, & pouffé par force fur la poudre de ladite chambre , vous mettrez par deffus un gazon, verd & fraiz ou de la terre molle, & en quelque façon humectée, par apres vous couvrirez cete terre d'une rotule de bois efpaiffe de 3 ou 4 doigts , mais un peu moins large par fon diametre que l'orifice du mortier (voyez comme elle eft fai-te en la lettre D. dans la mefme figure.) En fin pour conclure le tour, vous poferez voftre grenade bien proprement par deffus, en telle forte que fon orifice refponde à l'orifice du mortier , puis vous la couvrirez de nouveau d'un gazon verd, apres avoir premierement bien garny les vuides du mor-tier de tous coftez, foit de paille, ou de foin , ou d'eftoupes, ou de terre molle , pour la tenir ferme & arreftée dans fon affiete. Cete derniere metho-de de charger la grenade dans le mortier, eft fort naïvement reprefentée, par la figure marquée du nombre 120, à laquelle vous aurez recours, s'il vous refte quelque doute dans noftre expofition.

COROLLAIRE.

De vous dire qui a efté le veritable Inventeur, & le premier Architecte qui fe foit advifé de nous forger cete horrible, & épouvantable efpece de

fou-

foudre, laquelle a massacrée tant d'hommes, ruinée de fonds en comble les plus superbes bâtiments des plus florissantes villes de l'univers, bref dissipée saccagée, & boulversée tant de si puissâts bastions, des ramparts si bien gardez, & en fin des places qui sembloient presque inexpugnables par toutes autres sortes d'artifices militaires, (comme ie vous en rapporteray quantité d'exemples cy apres) c'est à la verité ce qui m'est impossible, à cause qu'il ne s'en treuve rien de certain dans les histoires de ceux qui en ont escript. Il est bien vray qu'on treuve assez des graves autheurs, qui rendent compte du temps, & des lieux, où ces inventions diaboliques ont autrefois esté employées : desquels ie vous rapporteray icy les tesmoignages quoy qu'assez discordans entr'eux.   Mais pour ce qui est du nom de l'ouvrier qui les a premier mises en œuvre, ils n'en sonnent aucun mot. C'est neantmoins de quoy ie m'estonne fort, puis qu'en effet c'est une chose qui paroist injuste de vouloir celer à la posterité le nom propre d'un si celebre Architecte. Ie ne sçais certes encore ce que ie dois croire, ny penser touchant la suppression du nom de cét ouvrier, & ie suis fort en doute de sçavoir, si c'a esté par hazard, ou de propos deliberé, que ceux qui ont écrits du temps que ces foudres jettoient par tout l'épouvante, & l'effroy, se sont oublié d'en nommer l'inventeur : mais quoy qu'il en soit chacun en pourra juger suivant son sentiment.   Pour moy ie m'en vay declarer franchement à ceux qui jusques à cete heure n'ont eu aucune connessance de l'origine de cete invention, ce que i'en ay pù recuëillir des tesmoignages de plusieurs autheurs. Thuanus en son Liv. 89. pag. 263.   Environ l'an de nostre redemption 1588.   *Cùm aslus non successisset de Bergis potiundis, desperans Parmensis jam inclinatâ anni tempestate, & inundatâ ferme omni circumposîtâ regione, adhæc præsidiariis ex Tolensi insula continuò excurrentibus, quod annonam admodum caram reddebat, castra movet, misso in hyberna milite, & Tornohuti, Rosendalæ, & per Campensem regionem distributis præsidiis, partem sibi servavit, quam cum iis quæ Petro Ernesto Mansfeldio in Bonnæ obsidione militaverant, copiis ad Vachtendoncam obsidendam misit.   Opidum Sicambrorum ad Neram fluvium situm, haut longè a Geldra civitate.   Id factum instigatu Ruremondensium, qui ab intolerandis prædonum, (sic illius loci præsidiarios vocabant) excursionibus, liberari petebant. Octobri exeunte castra ad opidum posita, duce eodem Mansfeldio, magnaque tormentorum vi ex tumulis è cespite vivo opera fossorum erectis, pulsatus locus, sic ut fastigia domorum, & prominentes turres passim disjicerentur : globi item ignea materia referti, in opidum per machinas displosas immissi, à quibus ut se defensores tuerentur, in locis subterraneis degere cogebantur. Fabricati illi in Venloa urbe vicina fuerant, quorum repertor cùm periculum facere vellet, occasione convivii quod Wilelmo juniori Clivensium Principi ibi tum parabatur, incendio per ludum excitato, medium pene opidum consumpsit.*

Tous les stratagemes du Duc de Parmes n'ayans pas pù reüissir devant Bergues sur Zoome, desesperant de le pouvoir emporter, consideré que la saison estoit de-ja fort avancée, & que le plat païs estoit presque inondé d'eau, joint d'ailleurs que les garnisons de l'Isle de Tretole faisoient des courses continüelles dans les lieux circonvoisins, ce qui rendoit les vivres fort chers dans son armée, il se resolut de faire lever le siege, & les tantes, & d'envoyer se gens en garnison ; ce qu'il fit ; car ayant distribué une partie de ses troupes dans Turenhaut, dans Rosendal, & dans le Païs de Campen, il se reserva l'autre pour soy ; laquelle neantmoins il enuoya, avec les troupes, que P. Ernest Mansfelt, avoit de-ja commandées au siege de Bonne, pour bloquer Wachtendonck ; qui est encore un ancien
Bourg

Bourg de Sicambriens situé sur le Nirse, non guiere loing de la ville de Gueldre. Ce qui les obligea à cecy, furent les instantes prieres des habitans de Ruremonde, qui demandoient à corps & à cris qu'on eut à les delivrer des incursions importunes de ces brigands, (voila comme ils appelloient les soldats des garnisons d'alentour.) Sur la fin doncques d'Octobre le siege estant mis devant la ville, sous la conduite, & le commandement dudit Mansfeldt, on fit avancer les pionniers, pour élever des batteries d'un gazonnage vert & vif, ces batteries formées, le canon y sût aussi tost placé, d'où on commença à battre la place avec tant de furie qu'il ny demeura pierre sur pierre, tant des bâtiments, que des tours les plus éminentes, & des murs les plus forts. On ne se contenta pas (ce dit-il encore) de les ruiner avec le canon, mais on leur envoya outre cela si grande quantité de grenades & de globes remplis d'une matiere ardente, par le moyen de certaines machines qui les faisoient voler par toute la place, que les pauvres assiegez avoient de la peine à treuver de la seureté sous terrre, tant cete horrible tempeste les pressoit. Il adjoute à cecy que ces globes se forgoient dans une petite ville proche de là, nommée Venloo : remarquez icy un plaisant accident qui arriva en suite : comme l'Inventeur voulut d'abord faire preuve des effets de ses grenades, à l'occasion d'un festin qui s'apprestoit à lors pour taitter Guillaume le Ieune Prince de Cleves, ils n'eut pas plustost mis le feu à quelques unes dicelles pour en avoir le divertissiment que faisans un effet auquel il ne s'attendoit point, il mit si bien le feu dans la ville, que peu s'en fallut qu'il n'y en eut la moitié de brulée

C'est autheur nous à assez bien informé jusques à present du lieu où nos foudres missiles ont esté inventez, & du temps auquel on les a premiéremēt mis en pratique. Mais un autre escrivain qui n'est pas moins digne de foy que celuy-cy, lequel nous a laissé par escrit la plus part des choses qui se sont passées dans les guerres du Païs Bas, appellé Reidanus, au 8 livre de ses annales, pag. 182 en une edition Latine, tesmoigne avoir un sentiment en quelque façon contraire à celuy-cy, lors qu'il parle de l'invention de nos grenades, laquelle il attribué à un autre ouvrier. Voicy ses propres parolest *Postremò annonam Berkensibus supportare Adolphus Nivenarius Geldriæ quæ nostra est, præfectus, parabat. Cæterum dum periculum facit Pyloreclæ* (que le vulgaire appelloit des Petards) *quo hostilem munitionem pervertere subito decreverat, cum flamma pyrium pulverem corripuit, ac fornices aulæ Arnhemensis, pluraque simul atria in altum elisit, Centurio cui nomen Dionysio, cum nobilium uno periit. Comes ipse fœdè ambustus, fato suo fungitur.&c. Non absimilis huic casus præterito anno* (s'estoit environ l'an mil cincq cens quatre vingt & sept) *Bergis ad Zomam contigerat, admiratione tamen dignior. Italus à Parmensi ad fœderatos perfugiens, inauditam artem jactabat parandi vasa, cavatosque è ferro aut lapide* (Voila à mon advis, & comme je crois au sentiment de tous les autres Pyrotechniciens une impertinente vanité en cét Italien, de vouloir faire croire des choses si ridicules, particuliérement en ce qu'il promettoit de faire voir des globes creux de cete derniere matiere; car il est tres certain qu'il ne pouvoit pas vuider un globe, ny aucune autre sorte de vases de pierre ronds, que premiérement il ne les eut divisez en deux hemispheres. Pour les rejoindre, & recoller, apres les avoir vuidez puis chargez d'une matiere convenable, ce qui n'auroit pû faire aucun dommage ou pour le moins fort peu aux ennemis, quoy qu'on leur en auroit envoyé par milliers.) *globos : qui in obsessas urbes adigerentur, impleti ejus materia naturâ, ut simul ignem concepissent, in innumeros quasi acinos desilirent, &*

quod

quodcunque vel scintillarum minima attigisset, pertinaci incendio hauriretur. For-
tè dum operi intentus est, ignis scintilla excidit in mensam ubi materiam præpa-
raverat.   Quam dum subito removet, materiem imprudens attigit simul corre-
ptâ igne manu.   Ille attonitus nec quid pro tempore faceret gnarus, ut flammam
comprimeret, femori utrique inserit, ac braccam incendit : hinc latius sparsus
ignis crura invasit : manus ipsa brevi spatio carnibus & cute nudata. Aceto flam-
ma remittebat magis, quàm restinguebatur, & paulatim membra lambens ultra
serpebat.   Ipse triduo post horrendis & nunquam intermissis cruciatibus extin-
guitur.

Il nous rapporte doncques, qu'Adolphe Nivenaire Gouverneur de Gel-
dres, avoit resolu de faire supporter la chereté des vivres dans le païs, le plus
qu'il seroit possible, & de faire souffrir la faim aux habitans de Bergues, plû-
tost que de se rendre. Mais par malheur comme il vouloit faire épreuves de
ses Piloretes, avec lesquelles il avoit determiné de mettre bien tost le feu
dans les admonitions des ennemis : il fut bien estonné qu'ayant donné feu
à la poudre qui estoit contenuë dans ces petards, elle fit sauter toutes les ar-
cades & les voutes du Chasteau d'Harnem, & quantité d'autres beaux édifices, à qui elle donna le saut quant & quant. Vn Brave Capitaine, qui s'appelloit Denis y perit aussi malheureusement, avec un autre gentil homme. Le
Comte même ne se pût garantir de l'incendie, car il y fût tellement brûlé
qu'il en mourut bien tost apres. Presque un pareil accident arriva l'an passé (parlant de l'anné 1587) à Bergues sur Zoom, mais l'histoire en est un
peu plus plaisante, & digne d'admiration.   Un certain Italien ayant quitté
le party du Duc de Parmes, s'estoit jetté parmy les confederez, auquels il
fit croire qu'il sçavoit une invention tout à fait admirable, & auparavant
inoüye, pour ajuster de vases, & preparer de globes creux de fer, ou de
pierre, qui se pourroit jetter dans les places assiegéez avec beaucoup de facilité, où ils feroient des merüeilleuses executions & d'horribles effets
sur les ennemis, par mille & mille petits esclats, que le feu feroit voler
en l'air dans leur diruption, joint que la moindre estincelle seroit capable d'embraser tout ce à quoy elle pourroit s'attacher.   Mais qu'arriva-
t'il, dans le temps que nostre grenadier est le plus occupé à son ouvrage, le
malheur veut qu'une flamesche de feu tombe sur la table ou il avoit sa composition toute preparée ; mais comme il se met en devoir de la retirer bien
promptement, le feu qui ne perd point de temps, luy gaigne aussi tost la
main.   Luy bien estonné de se voir un gand tout du feu, & ne sçachant
pour lors que mettre en œuvre pour s'en deffaire, & pour en estoufer la
flamme, porte aussi tost la main entre ses deux jambes ; ce feu bien loin de
s'esteindre, s'attache à son haut-de-chausses ; & de là se prent à ses cuisses :
bref en moins de rien voila sa main toute denuée de peau, & de chair.   Le
vinaigre ne servy de rien pour amortir cete flamme, car au lieu de diminuer
elle s'accreut de plus en plus : en fin ayant gaigné, non pas insensiblement,
(car il le sentoit trop bien) les autres membres, le malheureux Ingenieur
mourut eu moins de trois jours, apres avoir souffert des douleurs intollera-
bles, sans aucune relâche.

l'adjoûteray encore icy aux tesmoignages de ces deux graves escrivains,
le sentiment d'un troisiéme, dont la foy & l'authorité ne vous doivent pas
estre suspectes : c'est Famianus Strada, en son liv. 10. decad. 2, traitant des
guerres du Pais Bas.   *Sed nihil æquè defensores absterrebat* (il décrit icy les
desordres que fit Mansfeldt au Siege de Wachtendonck, avec ses grenades)
ac ingentes globi ex ære fusi, excavatique, ingesto intus sulphureo pulvere, aliaque

                                                                                    in-

inextinguibili materiâ confecti , qui è grandibus excuſſi in ſublime mortariis ſcintillantibus è tenui foramine funiculis attemperatæ longitdinis , ubi in tecta quò deſtinabantur . ex alto graves inciderent , pondere ea peſſum dabant : (ces globes de pierre n'auroient iamais rien valu,à cauſe de la fragilité de leur matiere) *ſimul incenſi ipſi diſtractique , vicina quæque contumaci adverſus aquam incendio , corripiebant . Hoc pilarum genus , unde aucta dein vidimus & granata , & ollas & conſimiles peſtes , in quibus morti componendis ingenium efferavimus ; excogitaſſe dicitur paucis fermè diebus ante Wachtendoncæ obſidium , Venlonenſis artifex urbis utique ſuæ malo. Nam quum Venloæ cives Clivenſem ducem epulis excepiſſent , placuit oblectando Principi , recentis artificii periculum facere . Itaque uno ex hiſce globis in altum expulſo,poſtquam præceps ac minax rediens faſtigio domus incubuit, perfractoque lacunari in interiora penetravit, fuſo , ex una in aliam domum incendio , paucas intra horas , duæ minimum tertiæ partes urbis , tardis præ ignis rapiditate remediis,conflagrarunt.Scio eſſe quiſcribat ;* (il entend parler de Reidanus,duquel ie vous ay rapporté les teſmoignages cy deſſus)*ante hoc tèpus uno alterove menſe Bergis ad Zomam ſimile quid , nec diſſimile exitu ab Italo tentatum fuiſſe,qui fœderatis ordinibus ad quos transfugerat , pollicitus ſit fabricaturum ſe vaſa globoſque è ferro excavatos,aut è lapide , qui in obſeſſas urbes librati accenſique,ac plura in fragmina,velut in acinos diſſultantes,quicquid ſparſim contigiſſent , pertinaciter inflammarent. Sed hic è ſcintilla in materiam ab ſe paratam forte incidente correptus, ac ſerpente igne membratim excruciatus peremptuſque, an quod promiſerat , præſtare potuiſſet , incertum reliquit. Harum autem invento Venlonenſium machinarum utens opportunè Mansfeldius , quam inopinatam tam profecto inevitabilem tectorum atque hominum inferebat opido cladem , adeo , ut ejecti è domibus paſſim procumbentibus habitatores , nec tamen per vias & in aperto tuti , a procella deſilientium ſupernè globorum , aut à contactu ſequentium ubique flammarum,id remedii ſolum haberent ſi ſe in loca ſubterranea , criptaſque & intimos humi receſſus abderent,furentemque tempeſtatem utcunque ſubterfugerent. Hæc verò pernicies quoniam maximè petebat oppidanos , qui ſe ſuis ſpoliari ſedibus , ac ſenſim eripi patriam videbant ; facile eos commovit conjunxitque, ut conventum una Lanĉteirum Gubernatorem ſedulò urgerent ; conſideraret , quo res loco redacta iam eſſet ? deſtrui paulatim omnia : namque ex oppido quantum ſupereſſe ? profecto ſi hoſtis pergeret quid ultra ipſi defenderent non habituros , niſi ſic ſub terras aliam ſibi conderent , ut iam cæperant, Wachtendoncam &c.* Il ny avoit rien qui eſtonnoit d'avantage les ennemis (il parle icy de l'attaque de Mansfeldt à Wachtendonck) que des certains grands globes de bronze, creux par dedans , & remplis de poudre,& de ſoulphre, & d'autres matieres inextinguibles : leſquels eſtans pouſſéz dans l'air par des grands mortiers , avec des petites cordeaux d'une moyenne grandeur , paſſez dans un petit trou, rompoient & ſaccagoient par leur extréme peſanteur , & par la violence de leurs cheutes,la plus part des baſtiments,ſur leſquels ils tomboient;& ce qui eſtoit de plus eſtrange lors qu'ils eſtoient une fois allumez leur flamme s'attachoit aux lieux voiſins avec tant d'opiniatreté, qu'elle s y maintenoit malgré l'eau qu'on y pouvoit jetter.Cete eſpece de globe fut invēté (à ce que l'on dit,)par un ouvrier de Venloo un peu auparavant le ſiege de Wachtendonck,quoy que s'ait eſté pour la ruine de ſa ville. Car un jour que les habitans de Venloo faiſoient un feſtin au Duc de Cleves,ce maiſtre ouvrier voulut faire eſpreuve de la nouvelle invention de ſes grenades pour donner,ce divertiſſement au Prince,ayant doncques pour cèt effet fait voler dans l'air un de ces globes,le malheur voulut qu'il retomba ſur le ſommet d'un grand baſtiment,lequel fût d'abord percé du haut en bas, les lam-

G g

bris

bris tous rompus avec le toit, puis l'ayant enflammée, elle communiqua auſſi toſt le feu à tout le voiſinnage, en telle ſorte qu'en fort peu de temps les deux tiers de la ville furent brulée, ſans que l'on y pût jamais mettre remede aſſez promptement.   Ie connois un certain eſcrivain (parlant de Reidanus) qui nous rapporte l'hiſtoire d'un pareil accident qui arriva à Bergues ſur Zoom, un mois ou deux auparavant ce meſme temps, d'un Italien fugitif, qui eut une iſſuë toute ſemblable dans une eſpreuve qu'il voulut auſſi faire d'un de ces globes. Ce fuyard promettoit à Meſſieurs les Eſtats Confererez, qu'il feroit des certains vaſes, & des globes de fer, ou de pierre creux par dedans, leſquels eſtans allumez, & jettez dans les villes aſſiegées, mettroient le feu par tout où ils tomberoient, apres s'eſtre rompus en mille & mille morceaux.   Mais par un eſtrange malheur un eſtincelle de feu eſtant tombée ſur la matiere qu'il avoit preparée pour emplir ſes globes, il en fut ſurpris d'une façon ſi eſpouvantable, que le feu luy gaignant les membres l'un apres l'autre, il mourut miſerablement apres avoir ſouffert des dou· leurs, & des tourments effroyables ; ſçavoir maintenant s'il fût venu à bout de ce qu'il avoit promis, c'eſt de quoy l'on doute encore.   Tant y a que Mansfelt ſçeut fort bien ſe ſervir du depuis de l'invention de ces machines de Venloo, avec leſquelles il faiſoit des deſordres, & des ravages ſi pitoyables, ruinoit tant de beaux baſtiments, & faiſoit mourir ſi grande quantite de monde dans les villes aſſiegées, que les pauvres habitans ne pouvoient trouver de ſeureté dans leurs maiſons, non pas meſme dans les ruës, ny dans les places à cauſe de cete tempeſte qui les ſuivoit par tout où ils ſe pouvoient fourrer, voire meſme juſques dans leurs caves, & dans les lieux les plus retirez, & les plus ſouſterrains·   Les bourgeois de la ville conſiderans que cete greſle de fer & de feu, les mettoit tous en deroute, & voyans qu'elle ruinoit & demoliſſoit toutes leurs maiſons, & qu'on leur oſtoit inſenſiblement leur païs, ils ſe reſolurent de ·s'aſſembler en un corps, pour aller unaniment ſupplier Lancteir, qui eſtoit pour lors Gouverneur de la place, afin qu'il donna ordre à leur ſalut, à leurs vies, & à leurs biens, alleguans qu'il pouvoit conſiderer en quelles extremitez ils eſtoient de-ja reduits ? au reſte qu'on leur détruiſoit tout petit à petit, & qu'il y reſtoit fort peu de bâtiments entiers, adjoûtans à cela que ſi l'ennemy continuoit à les perſecuter de ſes grenades, il leur ſeroit impoſſible de reſiſter plus long temps, joint qu'ils n'auroient plus d'occaſions de ·ſe déffendre, n'ayans plus de ville, à moins que de s'en aller baſtir un nouveau Wachtendonck ſous terre, comme ils avoient de-ja commencé.

Pour vous dire la verité, tout ce que ie viens de citer de cét autheur, ne faiſoit pas beaucoup à ce ſubjet dont il eſt icy queſtion, neantmoins i'ay treuvé qu'il avoit d'ecrit de ſi bonne grace, les forces, & vertus de nos foudres pyrotechniques, & qu'il en exprimoit ſi naïfuement les effets, que ie n'ay pas pù m'empeſcher de vous rapporter tout au long ſes penſées.   C'eſt de là que le ſubtil Pyroboliſte tirera des belles conſequences en leur faveur, c'eſt par la qu'il connoiſtra la neceſſité qu'on en a dans les ſieges des places qui s'attaquent aujourd'huy, c'eſt de là, dis-ie qu'il pourra juger de l'utilité qu'elles apportent aux aſſiegeans, pour obliger les aſſiegez à bien toſt parlemanter, pour haſter les renditions des villes, bref pour reduire aux abois les places les plus reſoluës, & les plus opiniatres à leur deffence.

Ie mettrois volontiers fin à ce corollaire icy, ſçachant fort bien que des ſi fameux autheurs ont ſatisfait à mon deſſein par leurs teſmoignages, outre qu'ils nous ont amplement expoſé, le temps, & le lieu auquels nos grenades
                                                                                    ont

ont esté inventéez, comme une chose qui estoit inconnuë, ou pour le moins douteuse auparavāt. Mais comme dans ce present ouvrage, ie fais le personnage d'un Pyrobolifte, i'ay creu que lors que ie rencontre quelque chose qui chocque en quelque façon nostre Art, ou qui semble apporter quelque obscurité dans ses pratiques, il y alloit de mon devoir, d'avertir ceux qui s'estudient particuliérement à s'acquerir la perfection de cete science. Retournons doncques sur nos pas, pour reprendre ce passage de Famianus Strada, où il a decrit la forme, les vertus, & les effets de nos grenades; demandons luy un peu ce qu'il entend par ces pots à feu, & ces grenades, lesquelles à son sentiment tirent leur origine, de l'invention des globes creux, & en reçoivent mesme quelque accroissement, puis que la description de cette nouvelle invention appartient proprement à nos globes, modernes, & privativement à toutes autres especes de globes. Que s'il nous dit que ce sont des certains globes, qu'on appelloit en ce temps là bombes (comme ie sçais que quelques uns les nommēt encore aujourdhuy, sans y mettre aucune distinction) ie luy respōdray toutesfois que le nom de grenade leur auroit esté pour le moins aussi propre, comme estant plus general: que si d'autre part il me vient dire que les petites, qu'on appelle grenades sont descenduës de ces grands globes, la consequence sera encore en quelque façon fausse; puisque nous avons demonstré suffisamment au Chapitre superieur que les Anciens Pyroboliftes, avoient eu la connessance des grenades à main, long temps auparavant que les grandes eussent esté inventées, & mises en oeuvre pour la ruine du genre humain, pour la perte, & la destruction des places & des villes les plus florissantes de l'univers. Ceux qui auront du loisir pourront consulter sur ce subjet, la seconde partie de l'oeuvre de Leonard Fronspergerus, traitant de l'art militaire, lequel il a inscrit, & dedié à Rodolphe II, en ce temps l'a nouvellement esseù Roy de Hongrie; & du depuis fait Empereur des Romains, en l'an de nostre Redempteur 1573. Mais quoy que ie vous concede que nos petites grenades à main n'ait pas esté connuës du temps passé, avant qu'on eut treuvé l'invention des grenades, & consequemment qu'elle n'ayent que fort rarement esté mises en œuvre dans les occurrences militaires; mais que depuis que les grandes, ont esté inventées celles-cy en ont parüës plus nobles, & se sont données bien mieux à connoistre, à cause des admirables effects que produisoient les grandes & de l'espouvante qu'elles jettoient universellement par toutes les villes assiegées: si toûtefois n'advoüray-ie jamais, que ces olles, & pots à feu militaires, ayent tirées leur origine des grandes grenades comme l'autheur que je vous ay cité cy dessus nous le veut faire croire. Bien au contraire j'oseray bien affirmer que les grenades sont sorties de l'invention des pots pyrotechniques; & ie ne rougiray pas pour dire, que cesdites olles que les Anciens avoient en usage n'ont esté que commes des esclairs qui ont precedez nos tonneres & nos foudres modernes : Particuliérement consideré que ie suis appuyé sur les tesmoignages de tant d'insignes autheurs qui ont vescu avec beaucoup de probité, & de credit parmy les Anciens : lesquels nous rapportent que iadis les capitaines, les plus experts, & les mieux entendus dans l'art militaire, ont employé fort heureusement dans plusieurs sieges, & à quantité d'assauts, & d'attaques, des pots à feu qui ressembloient fort aux nostres. Nous en avons de ja discouru cy dessus en quelque endroit: voila pourquoy ie n'en parleray pas d'avantage en ce lieu, nous en dirons quelque chose encore, lors que nous viendrons à décrire cy apres ces olles, ou pots à feu. Recevez ce-pendant pour agreable

(cher lecteur) ce que ie vous en ay dit, & croyez fermement que nos pots
artificiels, est une invention de guerre extrémement ancienne, & asseurez
sans crainte de mentir qu'ils ne tirent pas leurs principes de la construction des grenades, non plus que des autres globes évuidez, mais bien plustot les globes, & grenades de ces pots d'artifice. Voicy comme quoy Sex-
tus Iulius Frontinus discoure des pots à feu des Anciens en son liv. 4. des
Stratagemes Chap. 7. *Cn: Scipio bello navali amphoras pice, & teda plenas,
in hostium classem jaculatus est, quarum jactus & pondere foret noxius, & diffun-
dendo quæ continuerant, aliementum præstaret incendio.* Il nous raconte
que Cneus Scipion dans une armée navale avoit treuvé l'invention de jetter dans les vaisseaux de ses ennemis, des cruches & des pots pleins de poids,
& de feu, dont la cheute n'estoit guiere moins dangereuse, à cause de la gravité de leurs poids, que la matiere qui y estoit renfermée leur estoit nuisible
apres qu'elle en estoit épanchée, pour estre une matiere à laquelle le feu s'attache avec beaucoup d'aspreté, & un aliment qu'il se plait à devorer plus avidemment que toute autre liqueur. Dionisius en son liv. 50. *De Bello Actiaco*
parlāt des feux d'artifices qui furent employez dans la bataille Actiaque, renduë par Cesar contre Marc Anthoine; entre plusieurs feux qui furent jettez
il a remarqué ceux-cy. *Cum milites Cæsariani ab Antonianis, qui in navibus multò excelsioribus atque turritis constituti erant, contis, securibus, atque omni telorum
genere conciderentur, Cæsar ignem petiit quo necessariò sibi utendum videbat. Ibi
illius milites undecunque appropinquantes, tela ignita in hostes conjiciebant, fa-
cesque ardentes emittebant, etiam ollas carbone piceque refertas, eminus machinis injecere, quare (caventibus interim sibi, satisque remotis Cæsariensibus) id
effectum est, ut quod ante viribus non quiverant, solo igne victoriam facerent
suam.* Cesar s'estant apperceu que ses soldats estoient extrémement mal-
traitez, & que les gens de Marc Anthoine les tailloient en pieces, a grands
coups de haches, & de sabres, & qu'ils vous les perçoient de flesches, comme
des cribles sans qu'ils pussēt éviter leurs atteintes, pour estre dans des navires bien plus eslevez que les leurs, mieux munis de chasteaux, & fortifiez
de tours plus advantageuses. Dans cete extremité il se fit aporter du feu,
qu'il jugea luy estre necessaire, pour remedier à un mal si pressant. Comme en effet ses soldats l'ayans environez de tous costez, commencerent à
jetter des dards ardents, à l'encontre ennemis, élancer des tisons de feu, d'ar-
des falots, des brandons, & des pots remplis de charbons ardents, & de poix
tout ensemble avecquoy ils incommoderent fort les Anthoniens dans leurs
vaisseaux (quoy qu'ils s'en donnassent assez de garde & que les Cesariens en
fussent fort éloignez) ce qui reüssit fort bien, & à leur advātage: car en effet,
ce qu'il n'avoient pas pù obtenir à force d'armes, ils le conquirent par le
moyen du feu, & ainsi cét element les faisoit triompher de leurs ennemis.

Ie vous ferois bien comparoitre quantité d'autheurs pour tesmoigner en
faveur des pots à feu des Anciens : mais ie me contente de vous avoir produit ces deux seulement, sçachant fort bien que leur rapport suffira pour
faire foy de leur ancienneté. Mais à tant pour l'heure presente de ces pots
artificiels, nous en parlerons plus au long en son lieu, songeons maintenant à la fabrique de diverses sortes de grenades.

Cha-

Chapitre III.

Des Grenades vulgairement appellées borgnes.

Il y a une certaine espece de Grenades chez les Pyrotechniciens, lesquelles n'ont aucunement besoin d'estre allumées pour estre jettées avec le mortier(d'où vient qu'on appelle ces grenades communémēt borgnes, ou aveugles,à cause qu'elles sont privées de lumiere : deplus c'est un terme fort usité parmy les Pyrobolistes que lors que quelques grenades, ou autres globes artificiels, sont jettez avec le mortier, sans estre allumez pour le respet de quelques deffauts qui soient en eux, lesquels leur empeschent de faire leurs effets comme ils devroient, de les appeller grenades borgnes) mais aussi tost qu'elles touchent la terre, ou qu'elles rencontrent quelque objet dur, & arresté, elles conçoivent promptement le feu, & font des effects tous semblables aux autres grenades.   La figure du nombre 121, fait voir la forme des grenades construites de cete façon : en laquelle le globe marqué de la lettre A est la grenade mesme toute creuse, & vuidée, & percée de part en part : outre cela elle a encore un autre pertuis à costé, pour le mesme dessein que sont percez les grenades que nous avons décrites & dessignées cy dessus.

Sous la lettre B dans la mesme figure se void une matricule faite d'une lame de fer en forme de cylindre, percée de plusieurs trous, outre qu'elle est toute creuse & toute cyzelée par dedans c'est à dire rude & aspre comme une lime : dans cete matricule entrent deux petits fuzils, arrestez bien fermes sur un cylindre de fer plein & solide : lesquels portent chacun une bonne pierre, & bien feconde en feu ; laquelle demeure arrestée entre les ferres du chien, par le moyen d'une petite viz, comme on peut voir en la lettre C.   Premiérement donc cete matricule s'ajuste dans le vuide de la grenade, par le trou de dessous lequel doit estre plus large que celuy de dessus, puis on l'arreste par le haut, avec une petite lame de fer quarrée espesse de deux ou trois lignes seulement,telle qu'elle se void en G, elle est percée par le milieu d'un pertuis fait en égrou, dans lequel on insere spiralement le bout de la matricule, qui est pareillement fait en viz ; le bout qui recevra les fuzils avec ses pierres sera posé sur une rotule percée telle qu'elle est en E, afin qu'elle demeure ferme & arrestée dans son assiete.   Or ce cylindre de fer auquel les fuzils sont attachez,a aussi le bout d'en bas formê en viz, lequel on inserera spiralement dans un autre roué de fer plus grande comme est cellequi est marquée d'un D, sur laquelle tout le fais de la masse de la grenade se reposera , lors qu'elle viendra à tomber sur terre.

La lettre H fait voir un autre fuzil tout simple avec sa pierre, tout prest à faire feu, monté sur un battement d'acier mouvant, lequel n'a besoin d'aucune matricule; on se peut servir de celuy-cy aussi utilement, & commodement que des deux premiers.

Si vous desirez voir cete grenade complete de tous points, & composée de toutes ses pieces, jettez les yeux sur la lettre K en la mesme figure vous l'y treuverez telle que ie vous l'ay décrite. Vous y remarquerez, outre tout cecy deux petites queuës par dessus qui luy servent d'ailes, faites de quelques vieux morceaux de linge, attachées par deux chenettes à deux

petits rampons de fer arreſtez ſur la lame quarrée I: elles ſuivent la grenade
par tout dans l'air, & quand elle deſcent vers la terre, elles la maintiennent
dans un eſtat droit, pour la faire tomber directement ſur cete rouë qu'elle a
au deſſous.

Or auſſi toſt que la grenade ſera tombée ſur ce pied large & plat, les fuzils
renfermez dans la matricule ſeront contrains par la peſanteur de laditte
grenade de remonter vers le haut, & par conſequent les pierres frottées ru-
demẽt contre l'aſpreté des entailles interieures de la matricule, ne manqueront iamais, par cette violente colliſion, à faire feu, lequel s'inſinuant auſſi
toſt, par les trous de la matricule, s'attachera à la poudre incluſe dans la
grenade: & par ce moyen il luy fera faire le meſme effet, que ſi elle avoit
eſté preparée d'une autre façon.

Chapitre IV.

Des Grenades qui ſe jettent par le moyen des grandes pieces
de Canon.

Ie m'en vay commencer à vous décrire le quatriéme & dernier genre de
grenades: à ſçavoir celles que l'on a de coûtume de jetter avec les grandes pieces d'Artillerie, lors qu'on veut boulleverſer les ramparts des ennemis, & faire des breches preſque ſemblables à celles que ſont les mines ordinaires, quoy qu'à la verité elles n'en faſſe pas ſi grande quantité. Il
s'y treuve beaucoup de ſorte de grenades de cete eſpece, qu'une infinité
preſque de Pyroboliſtes ont inventées à leur fantaiſie: mais ie n'ay pas reſolu de vous d'écrire en ce Chapitre tout ce qui s'en treuve: Ie vous rapporteray ſeulement quelques inventions des moins vulgaires, auxquelles un
chacun ſe pourra librement fier, & les mettre en pratique ſans crainte que
elles luy faſſent faux-bon en quelque façon que ſe ſoit.

Eſpece 1.

Entre un grandiſſime nombre de grenades qui ſe rencontrent dans cete
cathegorie, celle que j'ay deſſignée au nombre 122 tiendra le premier
rang, elle a comme on peut voir dans ſa figure ſcenographique la forme d'un
ſpheroide, outre qu'elle eſt toute creuſe comme ſont les grenades vulgaires. Son orifice eſt fait en égrou: d'une telle proportion qu'il peut recevoir un certain inſtrument de fer fait en viz par le bout, lequel s'infere dans
ledit orifice. Cét inſtrument eſt attaché à un tuyau de bois fort rond, ou
ſi vous voulez fait à pluſieurs angles, lequel doit eſtre percé de bout en
bout par le milieu, outre ce trou vous y en percez encore pluſieurs autres
tout à l'entour avec un poinçon de fer aſſez delicat, rougi au feu, en telle
ſorte toutêfois, qu'eſtans percez obliquement & en angle aigu, ils s'en aillent tous oboutir unanimement, à celuy du milieu: par ainſi tous leurs petits orifices ſont tournez vers la grenade. Tous ces trous, auſſi bien
que celuy du milieu, ſeront remplis d'une farine de poudrre bien deliée;
d'aillieurs le tuyau de fer, qui eſt ajuſté dans la concavité de la grenade ſera
chargé de quelques unes de ces matieres lentes, dont nous avons décrit
les compoſitions cy-deſſus ſuivant qu'elles doivent eſtre pour charger les
tuyaux des grenades. On ajuſte doncques à cedit tuyau le plus proprem-
ment qu'il eſt poſſible, quatre ailes ou d'avantage, s'il en eſt beſoin, faites

tes de petites lames de cuivre fort deliées, juftement auffi longues que le tuyau; pour le regard de leur largeur, elle doit eftre telle, que l'une & l'autre eftant adjoûtéez au diametre du tuyau elles conftituent une ligne droite, qui foit égale au petit diametre de la grenade : & par confequent cete largeur fe trouvera égale au diametre du tuyau, lequel fait un tiers du petit diametre de la grenade.

Il faudra proportionner la longueur du tuyau avec tant de moderation, que lors qu'il fera joint à la grenade, il faffe un jufte équilibre avec elle : cete juftelle fera bien ayfée à treuver, fi vous obfervez bien la methode que nous en avons donnée dans le Traité des fuzées, où nous avons enfeigné comment on peut rechercher la jufte longueur des baguettes qu'on defire ajufter fur ces feux artificiels montans dans l'air. En fin pour conclure cete efpece, vous envelopperez bien ce cylindre avec force eftoupes pyrotechniques lafches & efparfes, puis vous le faupoudrerez tout à l'entour d'une bonne poudre battuë, bref vous pousferez cete grenade preparée de la forte jufques fur la charge du canon qui la doit enlever.

Efpece 2.

En la figure du nombre 123 : fe void une autre efpece de grenade de ce mefme genre, lequel on prepare fuivant cét ordre que ie m'en vay vous deduire. Vous prenez une grenade vulgaire, duquel le petit diametre, eft tant foit peu moindre que le diametre de l'orifice du canon d'où elle doit partir : cete grenade fe met dans un certain cylindre évuidé par deffus en hemifphere pour recevoir la moitié de la grenade, dont il aura le diametre de pareille longueur, il aura la bafe plate par deffous, mais par deffus il portera un chapiteau en quelque façon conique. Vous percerez un trou par le milieu de fa longueur qui repondra jufques à l'orifice de la grenade, lequel vous remplirez par apres de poudre battuë. La longueur de ce cylindre eft de deux diametres & demy de l'orifice du canon, pour lequel on le prepare ; Vous le couvrirez donc par deffus dudit chapiteau, fait de la mefme efpelfeur qu'eft celle du cylindre mefme, mais fa longueur fera d'un diametre & demy de l'orifice de la piece. Ce chapiteau fera pareillemēt évuidé en hemifphere du cofté qu'il fe joint au cylindre, de mefme que vous avez fait le cylindre, afin qu'il puiffe commodement recevoir l'autre moitié de la grenade, laquelle il doit couvrir : par deffus il eft fait en coné comme nous avons de-ja dit. Les jointures & commiffures de l'une & l'autre partie c'eft à dire tant du cylindre que du chapiteau, feront poiffées comme il faut, & collées bien fermes avec de la colle bien chaude; le refte fe pourra fort ayfement apprendre par la figure mefme.

Efpece 3.

La troifiéme efpece de ce genre de grenades deffignée au nombre 124 n'a pas beaucoup d'artifice dans fa conftruction : Il ne faut que prendre un cylindre de bois, duquel la hauteur & la largeur foient égales au diametre de l'orifice de la piece, où l'on le veut faire fervir; on le creufe premiérement par deffous en hemifphere, en forte qu'il puiffe recevoir dans fa cavité la moitié d'une grenade vulgaire, dont le diametre foit un peu moindre que celuy du canon : par deffus on percera certaine quantité de trous, lefquels viendront tous about ir enfemble fur l'orifice du tuyau de la grenade. On remplira tous cefdits trous de farine de poudre, pour porter le feu dans le tuyau de la grenade. Cela fait on liera fort & ferme le cylindre avec

la

ladite grenade d'un bon fil de fer, ou de laiton ; puis on la pouſſera juſques dans le fonds du canon,en telle ſorte que le cylindre ſoit poſé ſur la charge de la poudre.

Eſpece 4.

Vous voyez ſous le nombre 125 une quatriéme eſpece de ce meſme gén-re de grenade,en laquelle la lettre D vous donne à conneſtre la grena-de meſme. C, eſt un cylindre de bois, de meſme longueur & largeur que celuy de la troiſiéme eſpece ſuperieure ; il a pareillement une concavité he-miſpherique pour recevoir la moitié de la grenade. E, eſt un trou percé dans le milieu du cylindre, qui reſpond directement dans le tuyau de la grenade, lequel ſe remplit de poudre battuë. B, marque une boite de pa-pier, attachée au cylindre de bois, couverte par deſſus d'une rotule de bois ou de papier,laquelle eſt remplie par dedans, d'autant de poudre grenée qu'il en faut pour faire partir la grenade, comme on la peut voir en A ſur la meſme figure.

Celle-cy ne differe pas beaucoup dé cete autre eſpece de laquelle nous avons de-ja parlé, qui eſt celle là meſme, laquelle je vous repreſente toute ajuſtée dans le fonds du canon,qui ſe void deſſigné au nombre 127, ſinon que celle-cy ne paroiſt point du tout avec ſon cylindre de bois dans la car-touche de papier.   On la prepare ſur un rouleau de bois, à la façon des cartouches des fuzées.   On la charge pareillement par deſſus ſon cylindre de bois, de poudre grenée, de meſme façon que nous avons fait cete boi-te ſuperieure ; comme il paroit aſſez par la figure.   Ces deux eſpeces veu-lent eſtre chargées avec beaucoup de diligence, & de viteſſe, & doit-on bien prendre garde que la poudre ne ſoit point trop violente, de peur que quelque choſe ne leur nuiſe & qu'en ſuite il n'en arrive quelque facheux ac-cident.

Eſpece 5.

Cete methode de jetter les grenades avec le canon, n'a pas eſté inventée pour en tirer ſeulement une à la fois, (comme nous avons fait voir dans toutes les autres eſpeces ſuperieures)mais auſſi pour en envoyer quan-tité de ces petites à mains, tout d'un temps, dans le camp des ennemis , ou dans les bataillons rangez à un jour de combat:ce qui ſera aſſez aiſé,ſi on en rēferme quelque quantité dans des cartouches ou boites de bois creuſes, telles que nous en repreſentons une dans la figure du nombre 126. Pre-miérement le fonds A aura le double de l'eſpeſſeur de ſes coſtéz, & ſera ſortifié d'une lame de fer : puis vous l'envelopperez toute entiere comme j'ay de-ja dit cy deſſus d'une cartouche de bon papier : ou bien vous y atta-cherez, & collerez bien ferme par deſſous, un petit ſac de toile remply de poudre grenée, ainſi que vous le voyez au profil marquée de la lettre D ; Ce tuyau C, qui ſera de fer ou de bois, chargé d'une matiere lente, paſ-ſera à travers le fonds de la boite, par lequel le feu ſera porté aux grenades, lors que la boite ſera tombée au milieu des ennemis.

Eſpece 6.

On peut auſſi jetter avec le canon en quelque lieu qu'on voudra,les gre-nades toutes nuës, ſans enveloppes, ny cartouches, ny boites à pou-dre, telles que nous les avons deſſignées & décrites juſques à preſent : mais il faut auſſi qu'elles ſoient beaucoup plus eſpaiſſes au fonds, que dans

le

le reste de leur circonference, ainsi qu'il s'en void une au nombre 128. On fera faire pour cét effet un tuyau de fer en telle sorte qu'il responde si justement à la superficie conuexe de la grenade, qu'il ne la surpasse pas de la moindre chose du monde : son extremité inferieure sera pareillement engagée dans le fonds de la grenade, comme la lettre A vous le fait voir dans laditte figure : son vuide, lequel sera chargé d'une matiere lente, aura la mesme proportion pour sa largeur, & hauteur, que nous l'avons ordonnée cy dessus dans le reste des tuyaux des grenades : La lettre B vous en montre le profil. Le fonds de cete grenade sera tourné vers la poudre dont le canon est chargée, & consequemment le tuyau vers son emboucheure ; en ce cas la grenade estant mise en cette posture, on n'a que faire de craindre qu'elle sorte du canon, que premierement elle n'ait pris feu ; car necessairement estant agitée par la force de la poudre, il faut qu'elle passe à travers de la canne de la piece, & par consequent qu'elle fasse une quantité de tours, premier que d'arriver à son orifice ; voila pourquoy il n'est pas possible, que la flamme de la poudre, environnant tout le corps de la grenade, ne puisse tout d'un temps allumer la composition qui remplit l'orifice de son tuyau.

Espece 7.

Il ny a pas encore long temps, que du regne DU GRAND VLADISLAS IV. Puissant Roy de Pologne, & de Suede, l'Ingenieur Major de sa Majesté Frederic Getkant (lequel ie puis veritablement appeller un second Archimede de nostre païs, à cause d'une parfaite & singuliére connessance qu'il à dans les mathematiques, jointe à une infinité de nouvelles inventions, qu'il à reduites en pratique : outre que (si ie l'ose ainsi dire) il sçait generallement tous les arts mechaniques, & illiberaux) treuva un moyen tres certain, & une voye toutà fait infaillible pour tirer les grenades avec les grandes pieces d'artillerie ; pour cét effet ayant fait couler en fonte une piéce de canon, laquelle à la verité a un grand rapport, au respet de sa longueur, avec une ancienne piece d'artillerie, que les Italiens appellent encore. *Canone petriero incamerato*, il a pourtant cete difference que la chambre où se loge la poudre, ne ressemble en rien à celles que ces canons Italiques portoient, veu qu'elle est tellement proportionnée qu'elle ne renferme justement que la quantité de la poudre necessaire pour chasser la grenade. Outre cela elle a encore de surplus deux petits canaux qui aboutissent à la lumiere du canon : l'un desquels descent obliquement vers la culasse de la piece pour porter le feu dans la chambre qui renferme la poudre : l'autre descent perpendiculairement sur la grenade qui est au fonds du canon, par lequel le feu est porté pour allumer une certaine estoupe pyrotechnique de laquelle la grenade est enveloppée, tant à l'entour de sa superficie propre, que de son tuyau : afin que dans le temps que la poudre se resoudra en flamme, la grenade se treuve toute preste à partir, & qu'elle n'attende seulement sinon que la puissance motrice fasse ses efforts ordinaires pour la pousser hors, & la porter bien loing. I'ay eu la curiosité de vous faire un profil de la forme de ce canon, avec sa grenade logée comme elle doit estre dans le fonds, au nombre 129. Pour ce qui regarde la proportion de toutes les parties du canon mesme ie n'en parleray point icy : mais au Lib. 1. de la Seconde Partie de nostre Artillerie i'en discoureray assez amplement, à sçavoir suivant ce que i'en ay apris, & diligemment remarqué de cét Insigne Maitre és arts, & sçiences militaires.

Hh

CO-

COROLLAIRE I.

Les grenades de quelle qualité,& condition qu'elles soient,se peuvent mettre en usage dans les occurrances de la guerre,en diverses façons: nous en declarerons une bonne partie dans la suite des chapitres que nous exposerons cy apres. Mais si vous considerez bien attentivement cete grenade designée au nombre 128 en la lettre E,vous treuverez qu'elle n'est pas des plus mesprisables;elle s'engage premiéremēt entre deux parallelipipedes des bois rejoints,puis reliez,& attachez avec deux guindes mises de travers bien fermes,afin qu'ils ne branlent point:puis apres y avoir mis le feu, on la jette de quelque lieu eslevé en bas parmy les ennemis, là où elle fait une estrange execution,tant par sa propre cheute,que par le fracas de son corps,& des parallelipipedes,qui s'esclattent en mille morceaux.

COROLLAIRE II.

Pour envoyer les grenades avec le canon,on ne prendra iamais plus grande quantité de poudre,que pesera la huitiéme partie de tout le poids de la grenade,avec toutes ses dependences,sans lesquelles,on ne la peut pas aysement faire partir du canon.

COROLLAIRE III.

Nous avons remarqué que les grenades de quelle construction qu'elles fussent, estans tombées sur quelque plan,se rompoient le plus souvēt en angles demy droits à l'horizon,par un inconcevable mistere de la nature , & par des ressorts secrets,& inconnus que le jugement humain n'a pas encore pû découvrir. Or celuy qui se souviendra bien de cete remarque,& du salutaire advertissement que ie luy en donne,il évitera facilement les atteintes de toutes sortes de grenades , & mesme s'en mocquera,quoy qu'il n'en soit pas beaucoup éloigné;si auparavant qu'elle soit crevée,ny qu'elle puisse espardre la semence mortelle de ses esclats,il se peut assez promptement coucher à plate terre,sur le plan, où la grenade est arrestée pour faire son effet: c'est ce que ie desire qu'un chacun sçache (quoy qu'a mes depens) particuliérement ceux là qui pendant qu'on abbâtera ces pommes d'angoisses seront obligez,non seulement de se contenter de la veuë, mais aussi d'en recuëillir leur part.

COROLLAIRE IV.

Ceux qui auront la curiosité de sçavoir les effets espouvantables qu'ont produits les grenades dans diverses occurences de guerre,depuis le temps qu'elles sont inventées,qu'ils prennent la peine de fuëilleter , & de lire les commentaires de tous ceux qui ont escrit de nostre âge toutes les choses remarquables qui se sont passées dans les Païs Bas. Ils tesmoigneront assez sans que ie m'en mesle , que parmy quantité d'autres moyens, qui ont servy pour faciliter les sieges des places , & faire des grands progrez aux armées de l'un & l'autre païs, à quoy les revenus entiers de plusieurs Roys & Princes qui regnent dans l'Europe,auroient eu de la peine à subvenir ; les grenades en ont esté le principal instrument , & toûjours les premieres mises en besogne : lesquelles par l'industrie des sçavants Pyrobolistes (en quoy Dieu mercy les Païs Bas sont si riches & si seconds, qu'ils en prestent aux provinces voisines) on a fait pleuvoir dans les villes assiegées, dans les forts,& dans les trēchées ennemies,avec des pertes si pitoyables des
def-

deffendās, une diſſipation ſi notable des admonitions des ſieux inveſtis,une
ruine,& un debris ſi effroyable des edifices,tant publiques que particuliers,
que le ſouvenir meſme eſt capable de donner de l'horreur,& de la pitié tout
enſemble aux moins ſenſibles.Combien y.a t'il encore de vieux guériers, &
d'anciens bourgeois qui vivent encore aujourdhuy, leſquelles s'eſtiment
tres heureux.d'avoir autrefois eſté,& qui non ſeulement ſe glorifient d'avoir
veu quantité de belles occaſions; mais auſſi ſemblent meſpriſer ceux qui
ne ſe ſont pas treuvez comme eux au ſiege d'un Breda, d'un Boſleduc,
d'Oſtende, de Maſtrect, d'un Bergues ſur Zoom, d'un Rhinbergues de
Hulſt, & d'une infinité d'autres places, villes, & forts bien munis qu'ils
vous dechiffrent, où ils ſe ventent de s'eſtre rencontrez, avec une ſatisfaction incroyable du ſeul ſouvenir d'en eſtre eſchappez.

Toutes ces gens vous confeſſeront avec moy, que les grenades que l'on
élançoient des lignes d'approches des aſſiegeans, dans les places aſſiegées,
ne leur donnoient pas ſeulement l'eſpouvante, mais bien plus les contrai-
gnoient à parlemanter plûtoſt qu'ils n'avoient deſſein, obligoient la plus
part des villes à ſe rendre malgré qu'elles n'en euſſent, & à meilleur marché qu'elles n'auroient pas fait,ſi elles n'avoient pas eſté perſecutées de cete
greſle de fer & de feu. Qu'elle apparence auſſi il auroit-il eu de tenir
long temps pied ferme à l'enconrre de ces foudres, veu que comme ie
m'imagine on ne voyoit pour lors d'un coſté que des corps morts, des pauvres malheureux ſoldats eſtandus, ou accablez ſous les ruines que faiſoient
ces impitoyables tourbillons de feu; d'autre coſté, des playes épouvantables,des bras, des jambes, des teſtes caſſées : d'ailleurs les maiſons boule-
verſées ſans deſſus deſſous,& miſes en pire eſtat que ſi le foudre y avoit paſſé,les ruines, & les debris eſtranges; des plus grands & des plus beaux edifices,de tant de villes & de citez qui pour lors floriſſoient?& tous ces deſordres par le moyen des ſeules grenades. En un mot il eſt à croire que la calamité s'y voyoit ſi effroyable qu'il n'eſtoit pas poſſible de treuver un lieu de
ſeureté dans l'enceinte de toutes ces villes non pasmeſme dans les caves,
ny dans les caſemattes les plus profondes, quoy que couvertes de fortes &
eſpaiſſes voutes, où ces grenades ne penetroient par la peſanteur de leur
poids, pour y briſer,rompre, fracaſſer tout ce qui s'y pouvoit treuver de
caché.

Mais afin que l'on ne croit pas que ie veüille eſtablir mes raiſons ſur des
parolles, ou ſur des rapports qui n'ayent que de l'apparence ſeulement
ie m'en vay vous rapporter les teſmoignages de deux inſignes autheurs de
ce temps,qui ſe ſont treuvez en perſonnes au ſiege de Boſle-Duc & de Breda; leſquels n'ont rien laiſſé eſchapper à leurs plumes de ce qui s'eſt fait de
plus remarquable. Premiérement doncques Daniel Heinſius dans l'hiſtoire qu'il à fait du ſiege de Boſle-Duc, parle des grenades en ces termes.*Nec
utriſque diſpar hoſtis, ita animis atque armis ſingula tueri, ut ne paſſum quidem,
niſi vi majore ejectus cederet, aut de ſe largiretur. Quæ inter nihil æquè ac ignita
jacula terrere (malo punico in caſtris nomen) quæ nunc machinâ, nunc manu
ſpargebantur. Negant quicquam ſævius repertum, ex quo mortis titulos ingenio
produximus. Correpti eâ tempeſtate tanquam fulmine mortales, cum murorum
aut domorum partibus impellebantur. E quîs unum machinator deſtinato ictu cum
libraſſet, arma, vaſa, veſtes aliaque in aërem rotata advertêre noſtri, neque dubi-
tatum, quin armamentario ex uſu incidiſſet. Quæ ab hoſte quamdiu ad externa
munimenta, aut ſuccinctum valli, optimum vitandis talibus ſeceſſum aditus pate-
ret,fugâ aut receptu vitabantur.*

Hh 2

I‚

Il advoüe franchement que les ennemis ne leur cedoient en rien, & qu'ils deffendoient leur interreſt avec tant de valeur, & de courage, qu'on ne leur auroit pas fait quitter un pied de terre qu'a grand'force, ou qu'ils ne le vouluſſent bien : pendant ce temps on ne voyoit que de balles à feu (que nous appellions des grenades dans noſtre camp) jettées tantoſt à force de bras, tantoſt guindées avec des machines, leſquelles portoient le feu & l'eſſroy par tous les quatiers ; on a jamais rien veu de plus cruel, ny de plus eſpouvantable ; & nous ne pouvions pas mieux appeller ces horribles inventions, ny leur donner des titres qui exprimaſſent mieux leurs furieux effects que ceux de la mort meſme.   Car lors qu'elles eſtoient envoyées ſur leurs ramparts, ou dans leurs maiſons, ces pauvres miſerables cytoyens ſe trouvoient ſi ſurpris de ce feu meurtrier, que ſi la foudre, où la tempeſte les eut accuëilly : & d'abord que nos grenadiers en avoient pouſſez quelques unes, nous voyons bien toſt apres voler en l'air, armes, & vaiſelles, hardes, meubles, & tout ce qui ſe rencontroit dans le lieu où elles tomboient ; & il ne faut pas douter que dans une longue ſuite, & frequente repetition de coups ſur coups, il n'en ſeroit tōbé quelques unes ſur leurs magazins, & dans leurs arcenals. Pour ce qui eſt de celles, que les ennemis renvoyent dans nos lignes, & dans nos travaux, nos ſoldats avoient beaux moyens de les éviter, pouvans tout à loiſir s'en éloigner avant qu'elles puſſent faire leurs effets.

Boxhornius nous raconte quelque choſe de ſemblable dans ſon hiſtoire du ſiege de Breda, touchant les effets des grenades en ces termes. *Pilis ferreis ignitis (bombas vocant) uno iĉtu ædes tres ad ſolum adfliĉlæ. Nec minus Granatarum violentiâ noxæ erat, paucorum inter cædem, quibuſdam velut miraculo præſentia inter diſcrimina ſervabis.*

Nous voulant par la ſignifier que trois maiſons avoient eſté renverſées d'un ſeul coup de ces balles à feu qu'on appelloit des bombes. Les Grenades ne faiſoient guiere moins de ravage, car il eſtoit bien difficile de ſe garentir de leurs atteintes, que par un grand miracle.

Ie renvoye quantité d'autres eſcrivains, dont les cayers ne ſont remplis d'autres choſes que des effets eſtranges des grenades.   I'en appelle ſeulement à teſmoins, les perfides & fauſſaires Moſcovites encore vivants, pour leur faire confeſſer malgré qu'ils en ayent, & à tout ce puiſſant ſecours des troupes eſtrangeres qui leur vint, lors qu'ils aſſiegerent, & prirent le fort de Smollen dans la Ruſſe Blanche, où ils furent du depuis aſſiegez environ l'an de noſtre ſalut 1634, pour leur faire advoüer (dis-je) les eſtranges executions des grenades, que les Lituaniens leurs jettoient de leurs retranchemens, dans leur camp ſans aucune relâche, pendant l'eſpace de trois mois.   Mais quoy qu'ils ne diſent mot, noſtre valeureux pouvoir, & nos genereuſes reſiſtances les ont tellement eſtourdis, ou pour ainſi dire hebetez, qu'il leur eſt impoſſible de ſe mouvoir pour ſe roidir à l'encontre de nos armes victorieuſes, ny plus ny moins que s'ils avoient eſté frappez d'un coup de tonnere.   C'eſt aſſez que tout le monde ſçache que ces foudres pyroboliques les ont dans ce temps perſecuté juſques à un tel point de deſolation, que ces barbares ne trouvoient pas meſme d'azile aſſeuré dans les entrailles de la terre, & quoy qu'ils fuſſent terraſſez dans les cavernes les plus profondes, & cachez dans le fonds des abyſmes, ces grenades les y ſçavoient treuver pour les en exterminer. En fin ſe treuvans de jour en jour acuéillis de nouveaux malheurs, qui leur énervoient tout à fait le courage, & les forces, ils ont eſté contrains d'apporter aux pieds victorieux de ce

GRAND VLADISLAVS IV noſtre tres Invincible &

tres

tres Heureux Roy, non seulement leurs enseignes, cornetes, & drapeaux, avec tout le reste de leur appareil de guerre (lequel ils avoient esté si long temps à preparer, plustost pour leur ruine que pour la nostre) mais aussi leurs testes inhumaines, trop heureux encore de supplier les nôtres, avec des larmes de sang, de permettre qu'ils pussent rentrer dans leurs maisons sains & saufs, quoy que denuëz de toutes sortes de biens, pour avoir seulement cete seule satisfaction que de pouvoir mourir dans leur terre natale, plustost que d'estre faits la proye des corbeaux & des loups, dans les païs estrangers.

Mais passons outre, & advoüons d'ailleurs qu'il n'y a rien qui empesche que les assiegez ne puissent employer aussi toutes sortes de grenades pour demolir, & ruiner divers travaux des assiegeans, & pour porter beaucoup de desordres & de confusion dans les lignes, & par tout le camp ennemy (sans comparaison neantmoins aux rauages, & desolations qu'elles font dans les places renfermées) Or pour vous confirmer mon dire, ie ne veux point vous apporter d'autres exemples que ce fameux siege d'Ostende si memorable, tant pour sa durée que pour les braves guériers, qui ont la donné des preuves d'une valeur signalée. Voicy comme en parle cét Insigne Analiste Paulus Piasecius Evesque de Premisle plus de 1601 apres la naissance de Nostre Sauveur : *Ac maximè illo initio certabatur jaciendis utrinque machinarum vi pilis ignitis, quæ nullo loco civitatis securos obsessos consistere sinebant continuò & crebrò instar densorum fulminum pervolantes, nempe quæ majori sæpius, quàm minori in uno mense in civitatem 50000, & ex civitate 20000 numero intorquebantur.*

Ils jettoient particuliérement dans l'abord, avec des certaines machines, force grenades, bombes, & boulets à feu, tant d'une part que d'autre, ce qui faisoient que les assiegez, avoient bien de la peine à treuver aucun lieu dans la ville qui les pût mettre à couvert de leurs atteintes funestes, car vous ne voyez rien autre chose dans l'air que feu & flamme, continuellement, & si abondamment que vous eussiez dit que c'estoit proprement des foudres, & des tonneres meslez de gresle & d'esclairs, qui sembloient tomber du ciel pour accabler cete miserable ville : & pour vous en dire quelque chose de plus certain, il a remarqué qu'il s'en est jettez en un mois, jusques au nombre de 50000 dans la ville, mais afin de n'estre pas convaincu de mensonge par un nombre si limité, il dit qu'on peut bien asseurer plus que moins : il rapporte encore que les assiegées en renvoyerent reciproquement dans un pareil espace de temps, plus de 20000 dans les travaux des assiegeans.

Mais à quel propos me travaille-je tant l'esprit à rechercher icy une infinité d'exemples sur ce subjet ? n'avons nous pas encore la memoire toute fraische de tant de fameux sieges, qui se font faits dans les Espaignes, dans la France, Italie, Alemagne, dans la Pologne (pour ne plus parler du Païs Bas, qui a tousiours esté le veritable theatre de la guerre, & l'escole des soldats la plus celebre du reste du monde) bref une infinité de villes assiegées, & prises, par toute l'Europe dont le succez a obligé la plus part des arbitres de la milice non seulement d'avoüer, mais aussi de publier hautement que les grenades, ont tousiours esté la ruine des assiegez, la peste de villes & des citez, & le plus souvent la perte de la plus part des assiegeans : quoy qu'a la verité il ait tousiours esté bien plus aysé à ceux qui attaquoint d'eviter le danger des grenades, à cause de l'estenduë des campagnes, que non pas à ceux qui estoient renfermez entre les quatre murailles d'un bastion, ou dans l'enceinte d'une citadelle, ou de toute autre place fortifiée.

H h 3

Cha-

Chapitre V.

Des Boulets à feu, que les Latins appellent *Globi incendiarii* ou
igniti, les Italiens *Palle di fuoco*, les Allemands *Ernst*,
& *Fewer-Kugelen*, les Flamends *Vyer-ballen*
& les Polonois *Ognifte Kule*.

Puis que les Pyrobolistes, & tous ceux, qui ont fait iadis profession
de cete mesme science que ie traite icy, ont découvert l'usage des
boulets à feu long temps auparavant l'invention des grenades, on aura
raison de s'estonner pourquoy on ne leur donne pas le premier rang
dans l'ordre des feux d'artifices, ou pour le moins pourquoy, on ne les
fait pas marcher devant les grenades comme estant premiers dans l'ordre
naturel des choses. La raison de cecy est, que comme la vivacité de l'esprit
des Pyrobolistes d'aujourdhuy leur fournit de jour en jour des nouvelles
pensées pour inventer des nouvelles machines, tant militaires que recreatives, à cause de l'exercice continuel qu'ils font de ces inventions, & que
comme dans le reste des autres sciences, & des arts mechaniques, les choses
nouvellement inventées s'establissent toûjours au prejudice des vieilles inventions; comme si pour estre recentes, elles s'estoient acquises plus de
noblesse, & de perfection que les anciennes: de mesme en est-il de nos
boulets à feu qui semblent avoir cedé la place aux grenades en quelque façon: d'où vient que leur usage en est beaucoup avily, & qu'on à presque
cessé de s'en servir à la consideration de cete derniere invention. Mais toutêfois la frequente pratique qu'on en a faite, ne nous peut faire nier qu'ils
ne soient en quelque façon utiles dans plusieurs occasions militaires; voila
pourquoy ie ne laisseray de décrire la methode de les construire, & vous
montrer les diverses formes qu'on leur donne maintenant, & celles qu'on
leur dōnoit autrefois: outre cela ie me vante de vous en faire voir les figures
le plus joliement dessinées qu'il me sera possible: mais avant que de passer
plus outre, & d'en decrire les differentes especes, examinons premiérement
un peu leurs formes diverses, afin que nous puissions les leur ajuster par
apres avec plus de facilité.

Pour ce qui regarde la forme des boulets à feu; on leur peut donner toutes differentes, & en plusieurs façons: quoy que la plus commune, & la
plus usitée, soit la spheroide, ou la spherique. Mais consideré que tous
ces globes doivent estre faits de treillis, ou de quelque autre toile encore
plus ferme, & plus forte, s'il s'en treuve, & afin qu'on leur puisse donner commodément ces formes: on preparera premierement par quelque artifice
que ce soit, des certains modeles, (que les Allemands appellent *muster*) sur
lesquels on coupera les toiles; puis on les fera coudre en telle sorte quils
forment des petits sacs d'une figure ovale, telle qu'est celle d'un spheroide,
ou tout à fait ronde, comme celle d'une sphere, lesquels seront remplis
par apres de matieres propres à brûler, & de diverses compositions pyroboliques.

On pourra preparer les modeles des sacs faits en forme d'un spheroide,
en plusieurs façons: ie vous en feray voir icy de cinq sortes, & premiérement. Prenez moy le diametre du mortier qui doit loger le boulet à feu

apres

apres l'avoir tranſporté ſur quelque plan, diviſez-le en 4 parties égales :
comme vous pouvez voir en la figure ſous le nombre 120 : puis ayant poſé
une des pointes du compas ſur l'extremité du diametre, à ſçavoir en B, vous
eſtendrez l'autre pointe juſques au point qui termine les 3 quarts du diametre, à ſçavoir en G ; puis de cete ouverture de compas, décrivez un arc de
cercle D E. puis poſant derechef un des pieds du compas au point C,
tirez un autre arc de cercle D B E par l'extremité du diametre coupant
le premier en D & E. par ce moyen vous aurez une figure longuete,
compriſe & terminée par ces deux arcs de cercles égaux D C E B, laquelle ſera le modele pour former un boulet à feu. Cela fait coupez-moy 4 morceaux d'une toile bonne & forte, de la meſme forme de ce modele, & les
couſez enſemble d'une bonne couture, & ferme, ainſi vous aurez un ſac vuide tout formé, lequel repreſentera un veritable ſpheroïde, apres que vous
l'aurez remply de quelque compoſition artificielle.

La ſeconde voye pour façonner les modeles des boulets à feu, eſt celle-
cy ; diviſez premiérement comme nous avons de-ja dit cy deſſus, le diametre du mortier en 4 parties égales (comme on le peut voir en la figure
du nombre 131 : puis apres avoir prolongé le diametre A B juſques en
C, en telle ſorte que A C ſoit le double du diametre A B, vous diviſerez
pareillement ce prolongement de diametre en 4 parties égales en telle ſorte
que toute la ligne A C ſoit compoſée de 8 parties égales. Prenez-en apres
avec le compas ⅛ : & de A, qui eſt une des extremitez de la ligne droite A C,
décrivez un arc de cercle vers C ; & derechef de C, par un mouvement
reciproque, décrivez-en un autre coupant le premier en E & en D : & par
ainſi vous aurez un autre modele, qui fera une ſixiéme partie d'un boulet
ſpheroïdale. Sur cete figure doncques vous couperez comme auparavant
ſix ſemblables morceaux de toile, & les ferez bien coudre enſemble, pour
en former un ſac.

La Fig. du N° 132 nous donne trois moyens differens pour former ces
modeles. Le premier marqué de la lettre A, ſe fait en prenant le diametre du
cercle pour le rayon des arcs. Le ſecond ſous la lettre B ſe forme par deux
cercles, qui s'entrecoupent mutuellement, deſquels les diametres ſeront
égaux au diametre du mortier, pour lequel on doit conſtruire le boulet à
feu ; en fin le troiſiéme ſe fait en traçant les meſmes cercles. Or ces trois
differents deſſeins donnent les modeles de trois divers ſacs ſpheroïdales, &
de diverſes formes, lors qu'on en cout trois portions enſemble.

La voye ordinaire que l'on tient pour donner une forme parfaitement
ronde aux boulets que l'on deſire avoir d'une telle figure, eſt celle-cy que
ie m'en vay vous décrire. Le diametre de l'orifice du mortier eſtant diviſé
en deux parties égales, décrivez avec le compas une peripherie de
cercle : puis la partagez en quatre quartiers égaux : diviſez derechef un de
ces quartiers, en trois parties pareillement égales. Cela fait tirez une ligne droite, ſur laquelle vous porterez 19 de ces particules, telles que vous en
avez treuvé trois ſur le quart de la circonference de voſtre cercle, comme
nous en avons tracée une en la figure marquée du nombre 133 ſoubs la lettre A. A B, eſt le diametre du cercle ; B C la ligne droite compoſée de
19 parties ſemblables, une deſquelles eſt égale à un tiers du quart du cercle décrit ſur le diametre A B. Or ayant poſé une des pointes du compas
ſur cete ligne droite, à ſçavoir en B, qui en eſt l'extremité, vous eſtendrez
l'autre pointe juſques à l'onzieme point, en telle ſorte toutefois, que vous
paſſiez par deſſus 10 eſpaces, puis de là vous tracerez un arc de cercle. Puis
apres

apres mouvant le compas de son centre , & arrestant une de ses pointes sur l'autre extremité de la mesme ligne , vous décrirez un autre arc de cercle tout à l'opposite , coupant le premier en E D : Cete figure vous donnera un parfait modele pour composer les globes, & boulets dans une construction spherique. Que si maintenant vous coupez douze morceaux d'une bonne toile neufve,& que vous les cousiez bien ensemble,vous aurez un sac parfaitement spherique.

Dans la mesme figure ie vous represente encore un autre moyen en la lettre B, pour former les modeles qui pourront servir à la construction des boulets à feu , lequel Diegus Ufanus en son troisiéme Traité Chap. 1.de son Artillerie nous décrit en cete façon.   Ayant tiré le diametre de l'orifice du mortier vous décrirez sur iceluy une peripherie de cercle ; laquelle estant divisée en 4 portions égales par un autre diametre,coupant le premier à angles droits au centre du cercle , des deux point, où les deux diametres touchent à la peripherie du cercle , & où ils retranchent un des quarts du mesme , à l'intervalle de la soustenduë du quart du cercle, on décrira deux portions de cercles s'entre coupantes par le haut mutuellement : puis du point de l'intersection,soit décrit avec la mesme ouverture du compas une troisiemé portion de cercle qui formera un parfait triangle, spherique , équilatere. Cela fait , si vous coupez sur ce modele 8 morceaux de toile , & que vous les cousiez bien adroitemēt,suivant que l'ordre le requiert, elles vous formeront un sac qui aura la veritable forme d'une sphere: Si vous desirez sçavoir comment on peut coûdre ces sacs,voyez les figures sçenographiques marquéez des nombres 134,& 135,elles vous l'apprendront.

Compositions pour charger les boulets à feu.

Encore bien que toutes ces compositions lesquelles nous avons ordonnées cy dessus pour la charge des globes aquatiques,pourroient servir fort commodément à charger les boulets à feu ; neantmoins à cause que celles cy veulent estre tant soit peu plus violentes , & qu'elles doivent élancer des flammes fort longues,& mesme pousser hors violemment quantité de grosses estincelles de feu ; afin que tous ceux qui voudront s'en approcher pour en suffoquer les flammes n'y puissent avoir aucun accez. Mais ie vous monstreray ailleurs une methode certaine,tant pour les preparer , que pour faire espreuve de leur bonté apres leur preparation.

Composition 1.

Prenez de la poudre battuë 10 ℔, du Salpetre 2 ℔, du Soulphre 1 ℔, de la Colophone 1 ℔.

Composition 2.

Prenez de la poudre battuë 6 ℔, du Salpetre 4 ℔, du Soulfre 2 ℔,du Verre grossierement pulverizé 1 ℔, de l'Antimoine crud ℔ ß, du Camphre ℔ ß, du Sel Ammoniac 1 ℔,du Sel commun ʒ iiij.

Composition 3.

Prenez de la poudre battuë 48 ℔, du Salpetre 32 ℔,du Soulfre 16 ℔, de la Colophone 4 ℔,de la Limure de fer 2 ℔, de la Scieure de bois de Sapin, ou de Pin boüillie dans de l'eau salpetreuse, puis desseichée 2 ℔; du Charbon de bouleau 1 ℔.

On reduira premiérement la poudre en farine fort subtile pour toutes ces compositions; puis on la passera par le tamis de crin : pour ce qui est du reste des ingredians,on se contentera de les triturer assez legerement. La

rai-

raiſon de cecy eſt que ſi on les reduiſoit en poudre trop ſubtile, le feu ne produiroit que des petites eſtincelles, avec fort peu de bruit, & ne les jetteroit pas fort loing eſtant allumées. Où au contraire demeurans en grains, gros, & entiers, une matiere ne s'incorporera pas aiſement avec l'au- tre; voila pourquoy chacun d'eux brûlant en ſoy meſme, & conſervant la flamme par ſes propres forces, ſans les pouvoir joindre, ny unir avec les au- tres, repouſſeroit diſement le feu qu'il auroit conçeu, auparavant qu'il euſt le loiſir de conſommer toute la compoſition entiere. Il faut donc avoir icy égard à l'ordre de cete preparation; ſçavoir comme on doit battre, triturer, moudre, tamiſer, & mixturer les matieres enſemble. Or vous ferez la preuve de la bonté de vos compoſitions, en cete façon ſuivante.

Prenez un tuyau de bois, ou de papier, il n'importe pas, dont la hauteur ſoit d'une demye palme; ſon orifice ſera large d'un doigt ſeulement. Rem- pliſſez-le de compoſition, puis y mettrez le feu par apres, & remarquez bien en ſuite les prognoſtiques ſuivans.

Que ſi elle éleve ſa flamme à la hauteur d'une palme, à ſçavoir deux fois auſſi haut, que le tuyau chargé eſt long.

Si elle jette quantité d'étincelles de tous coſtez, avec un aſſez grand bruit, & petillement éclattant; leſquelles eſtant receuës ſur la peau d'un tam- bour, ayent aſſez de force pour la percer, ou pour le moins aſſez de chaleur pour la brûler.

En fin ſi elle peut conſerver ſon feu le temps qu'il faudroit pour reciter le Symbole Apoſtres.

Que ſi vous obſervez tous ces ſignes pendant l'uſtion de voſtre compoſi- tion: vous pourrez conclure qu'infailliblement voſtre mixtion eſt dans un fort bon temperamment: c'eſt pourquoy vous en pourrez librement charger, non ſeulement vos boulets à feu, mais auſſi vos lances à feu, maſſuës, bouquets, couronnes, dards, cercles à feu, ſacs, cylindres, boi- tes, & le reſte de vos machines pyroboliques, maſſes, & armes deſquel- les nous parlerons plus amplement dans le livre ſuivant. Que ſi vous treuvez que voſtre compoſition ſoit un peu trop foible, ou trop violenté il vous ſera bien aiſé d'y remédier; en y adjoûtant de la matiere, plus vio- lente, ou plus moderée. Vous ne ferez pas grand mal auſſi, d'arrouſer un peu ladite compoſition de quelque huyle; afin que les matieres s'uniſſent mieux en un corps, & que lors que les machines ſeront tombées dans l'eau, ou dans quelque autre lieu humide, le feu n'en ſoit point ſi toſt diverty, mais au contraire, afin qu'il s'attache avec plus d'ardeur à la matiere pour la con- ſommer univerſellement.

Or maintenant que ie vous ay declaré toutes les compoſitions qui ſe peu- vent preparer pour la charge des boulets à feu, il eſt à propos que ie vous en- ſeigne enſuite, en qu'elle façon vous les devez conſtruire de diverſes eſpe- ces, & comment vous procederez pour les charger.

Des Boulets à feu, Eſpece 1.

Pour cete premiere eſpece de boulets à feu, vous ferez faire d'abord un ſac de toile, longuet, & preparé ſuivant l'ordre, & la methode que nous avons donnée cy deſſus: vous le remplirez juſques aux bords de quelqu'unes de ces compoſitions precedentes; en ſerrant tousjours, & entaſſant la matiere le plus qu'il vous ſera poſſible, c'eſt à dire tant qu'elle ſoit devenuë preſque auſſi dure qu'une pierre. Puis ayant inſeré un bouchon de bois dans l'orifice prenez deux anneaux de fer; dōt, celuy qui doit eſtre poſé à l'orifice du bou-

I i

let

let(tel que nous l'avons repreſenté ſouz la lettre B au nombre 136) ſera de ⅓
du diametre du boulet; mais l'autre qui ſe doit ajuſter ſous le fonds du globe,aura par ſon diametre la largeur de ⅔ du meſme diametre du boulet:la lettre A vous en monſtre la forme dans la meſme figure.

Recevez de grace ce que i'ay tiré de la Pyrotechnie de Brechtelius touchant la proportion des anneaux qui ſe font pour toutes ſortes de boulets à
feu. Pour les boulets de 100 ℔ peſant, on fera faire l'anneau ſuperieur
large par ſon diametre de 3 onces & demies,mais l'inferieur de 3 onces ſeulement : la groſſeur de l'un & l'autre ſera d'un quart d'once. Pour les boulets peſans 75 ℔, on aura l'anneau ſuperieur large de 3 onces, & l'inferieur
de 2 onces & demye. Pour les boulets de 50 ℔, l'anneau de deſſus ſera,
de 2 onces & demye ; mais celuy de deſſous de 2 onces ſeulement : l'é-
paiſſeur de l'un & l'autre ,ſera un peu moindre que celle des ſuperieurs.
Pour les boulets de 25 ℔, l'anneau ſuperieur aura la largeur de 1.once & demye : mais l'inferieur de 1.once,& un quart ſeulement. Pour les boulets qui
paſſeront le poids de 100 ℔,comme par exemple ceux de 125,& de 150 , ou
d'avantage,toutes & quantes fois que le boulet ſera augmenté en ſon poids
de 15 ℔. le diametre de l'anneau ſera pareillement agrandy d'une demye
once en ſa largeur.Pour ce qui eſt des boulets d'entre-deux, on leur ajuſtera
des anneaux proportionnez en telle ſorte qu'ils obſerveront touſiours le
milieu entre les grands,& les plus petits,bref ſuivant qu'on les jugera les
plus commodes· Autant en faut il dire de leur groſſeur : car ſelon que l'on
vous preſentera les boulets plus ou moins peſans , tant plus ou tant moins
eſpais ferez vous faire vos anneaux,vous reglant en cela au jugemēt de l'oeil.
Au reſte il faut que vous ſçachiez que quand nous parlerons icy du poids
des boulets à feu , il faut entendre , lors que le diametre de l'orifice du mortier,pour lequel on prepare le boulet,meſuré par la regle du calibre,laquelle
eſt ajuſtée pour calibrer les boulets de pierre , monſtrera un tel,ou tel nombre de livres   C'eſt ce qu'on obſervera diligemment dans la ſuite de ce
diſcours.

Suppoſé doncques que vous ayez deux anneaux tels qu'il vous les faut,
vous en poſerez un ſur l'orifice de voſtre boulet, & l'autre s'appliquera par
deſſous,en telle ſorte que l'un reſponde directement à l'autre. Prenez par
apres une ficelle bien forte & bien ferme,dont la groſſeur n'excedera point
celles des anneaux ; elle ſera longue de ſix ou huit aûnes plus ou moins ſuivant la grandeur des boulets que vous avez en main : puis ayant areſté un
des bouts de voſtre ficelle à l'un ou l'autre des ces anneaux , & l'autre bout
eſtant enfilé dans une éguille (comme on peut voir dans la meſme figure)
vous liérez & ſerrerez fort & ferme voſtre boulet, en paſſant & repaſſant
ladite corde dans ces anneaux du haut en bas,puis de travers, & faiſant autant de revolutions par deſſus cete ſuperficie qu'il vous ſera poſſible,avec un
tel ordre neantmoins, & une cimetrie tellement égale,& proportionnée,que
cete corde diverſement paſſée & repaſſée ſur la partie convexe du boulet,
puiſſe repreſenter par la belle ordonnance de ſa ligature,comme des eſchelle
de corde, ou bien des rets à pécher, ou ſi vous voulez une comparaiſon
plus naïve, elle formera comme une toile d'aragnée, ou pour mieux dire
encore ce boulet reſſemblera à une ſphere geographique, ſur lequel on feint
tous ces meridiens,& ces paralleles qui nous diſtinguent les differents clymats par des lignes imaginaires. Iettez les yeux ſur le deſſein marqué
du nombre 137,vous y verrez cete figure deſſeignée telle que ie vous l'ay
décrite.

Or

Or afin que vous ne vous travailliez pas tant pour lier cefdits boulets, ie vous ay conftruit un certain trepied de bois au nombre 147 fort
commode pour cét effet : fur lequel le boulet, eftant engagé entre ces trois
broches que vous voyez eflargies par le haut & ferrées par le bas, vous le
pourrez fort commodémēt lier tout à l'entour de ficelle. Que fi quelquefois
par hazard il vous arrivoit, ou pour avoir trop de hafte, ou pour n'avoir
pas encore d'habitude acquife dans noftre art, de faire de faux neuds,& des
revolutions inutiles, vous avez pour les delier divers inftrumens, defquels
ie vous donne les figures au nombre 150: en la lettre C vous avez un bout
de corne de cerf qui eft fort aigu: D vous montre un clou,ou une broche
de fer ronde & quelque façon recourbée ; l'autre marqué de la lettre E, eft
une pointe de fer,faite comme un poinçon : A & B vous font pareillement
voir deux éguilles de cuivre fous le mefme nombre.

Apres que vous aurez lié voftre boulet de la forte que nous venons de
dire,il ne reftera finon qu'à fourrer dans l'épeffeur du corps de cedit boulet
des petards de fer:c'eft ce que vous pourrez faire aifement à l'aide d'un petit
picquet, ou d'une broche de fer emmenchée de la façon que vous la voyez
au nombre 149, ou bien avec une tariére faite comme celle qui eft deffignée
au nombre 146. Mais avant que paffer outre il faut que ie vous dife quelque chofe touchant la proportion des petards, comment on les doit engager, & en quel ordre en les chargera : parce que nous en mettrons force
en ufage cy apres, comme tres neceffaires dans la quantité des globes que
nous preparerons.

Meffieurs les Pyroboliftes ont de coûtume de preparer trois fortes de pé-
tards de fer,ou de cuivre pour leurs boulets à feu, & toutes trois d'une longueur inégale, & differente;portez à cela par des raifons fuffifantes, & par
l'experience continuelle qu'ils en ont faite, laquelle eft comme on dit
Maitreffe de toute chofe. Le premier & le plus long des trois eft marqué
de la lettre A, au nombre 137: en la mefme figure fous la lettre B fe void
le moyen : en fin C vous marque le plus petit. Nous donnerons les raifons de cete extréme inégalité cy apres, mais pour le regard de leur longueur,en voicy l'ordre & les regles qu'il faut enfuivre.

Vous diviferez le diametre du boulet à feu en quatre parties égales;
une de ces quatriémes parties vous donnera juftement la longueur du premier petard fans fa pointe. Le fecond fera de $\frac{4}{25}$ de la longueur du premier,
mais le troifiéme de $\frac{5}{16}$ feulement ; ou bien fi vous aymez mieux les proportionner fuivant la largeur des orifices des boulets, Obfervez bien ce qui
s'enfuit.

Pour les boulets à feu centenaires, c'eft à dire portans 100 ℔ de pierre
en leurs diametres,on preparera des petards avec des lames de cuivre,ou de
fer,tournées en tuyaux,puis bien foudez par dedans & par dehors s'il eft
poffible, & garnis par deffus l'orifice d'anneaux de mefme metail : Le diametre de leur orifice fera d'une once de plomb ; mais leur longueur fera de
6 diametres des mefmes orifices : i'entend icy parler des plus longs petards
feulement ; car les moyens n'auront que 5 diametres & demy de hauteur ;
& les plus petits 5 diametres de leur orifices feulement. Pour ce qui eft
des boulets à feu qui fe treuveront au deffous de cete groffeur, on leur di-
minuëra auffi infenfiblement les diametres des glands, ou balles de plomb;
outre que l'on proportionnera le mieux que l'on pourra les longueurs des
petards fuivant la methode que ie viens de dire : Remarquez feulement

Li 2

bien

bien cecy, que les balles de plomb qui doivent servir aux petards qu'on veut inserer dans les boulets à feu pesans 25 ℔ seront de la pesanteur d'une demye once:Mais pour le reste des boulets,à sçavoir de 20 de 15 & de 10 ℔, (car ce sont les moindres que l'on doit preparer)les balles de plomb peseront tout au moins 2 dragmes; pour ce qui est de la raison de la longueur des petards,elle se rapportera à celles que nous avons décrites cy dessus.

Vos petards estans preparez de la sorte que nous avons dit, prenez moy ce picquet, fait en marteau d'armes, puis le chassant par force avec un autre maillet de bois marqué du nombre 248, dans les espaces vuides, qui sont entre les neuds, & revolutions des ficelles, & cordages, faites-y des trous, & y poussez dedans des petards, en tel ordre neantmoins que les plus longs soient plantez vers le milieu du boulet, par dessus & par dessous le diametre : au dessous de ceux-cy vers le fonds vous placerez les medio-cres, & en fin les plus courts estans ajustez tout à l'entour de l'orifice iront rejoindre les plus longs. Cependant vous prendrez bien garde de ne les pas metttre trop proches de l'orifice, car autrement ils feroient leurs effets avant le temps ordonné. On observera aussi bien diligemment cecy,à sça-voir que les petards n'ayent pas tous une mesme situation; mais qu'ils soient tous disposez diversement, en telle sorte que leurs amorces soient alternativement tournéez,tantost dessus,tantost dessous,tantost à droit,tan-tost à gauche : La principale raison de cete disposition si differente est afin que ces petards ne se déchargent point plusieurs en semble, mais peu à la fois , & par intervalles,les uns apres les autres.

Il arrive souvent que le boulet à feu, pour estre remplis d'une matiere trop compacte, & entassée,rejette la trop grande quantité de petards, ou qu'il ne les peut pas tous recevoir dans la dureté de son corps , lesquels neantmoins y doivent necessairement entrer:en ce cas apres que vous aurez enfoncé la pointe de ce marteau dans la matiére,vous acheverez de vuider le trou avec la tariére marquée au nombre 146,ou avec quelque autre semb-blable instrument, & par ce moyen vous en tirerez autant de composition qu'il en faut pour faire place à la corpulence du petard.

Aussi tost que vous aurez inseré ces petards tout à l'étour de vostre boulet, vous les chargerez d'une bonne poudre, jusques à la hauteur de 3 diametres des leurs orifices, puis ayant mis par dessus une balle de plomb , le reste du vuide sera remply, jusques aux bords de leurs orifices, avec du pa-pier,ou de la sçieure d'ais , ou bien avec des estoupes; puis vous en bouche-rez l'entrée fort diligemment.

Pour conclusion vous ferez le trou de l'amorce du boulet dans l'anneau superieur , à sçavoir en coupant la toile en croix par dedans, ou en forme d'estoile. Mais on ne se contentera pas d'un de ces trous seulement ; au contraire si on en perce encore trois autres petits disposez en triangle équi-lateral à la,distance d'une palme ou environ à l'entour de ce grand pertuis du milieu l'affaire en ira beaucoup mieux,& vous tirerez de vostre boulet artifi-ciel tout l'effet que vous en pouviez souhaiter: Or ces trous seront faits,afin que la matiere recluse dans le corps de cete machine conçoive plus facile-ment le feu , & que dans le temps que ledit boulet sera tombé parmy les en-nemis sa flamme n'en puisse estre que mal-aisement esteinte, par les cuirs frais-écorchez,ou par les sacs moüillez,ou bien par les matelats , & paillasses trempées,avec quoy les plus hazardeux s'advanceroient de le couvrir,ou soit qu'il tombât,dans quelque terre molle,ou qu'il demeurast embarassé,sous de la fange,dans de la cendre,ou parmy du gazonnage.

Ce

Ce boulet à feu estant doncques ajusté de la sorte il sera necessaire aussi de luy preparer un bain ; qui est une certaine composition que les Pyroboliftes Allemands appellent quoy qu'improprement, *tauff*, & *ernftkugel tauffen*, comme qui diroit baptême, ou baptiser un globe à feu, si vous defiiez sçavoir comme elle se fait, ie m'en vay vous le dire.

Ayez premiérement un anneau de fer, ou de bois, duquel le pertuis soit égal à l'orifice du mortier pour lequel vous construiséz le boulet que vous avez entre les mains, vous pouvez voir la figure au nombre 145 sous la lettre A: dans la mefme figure vous pourrez aussi remarquer un ais de bois, ou une certaine lame de cuivre, ou de fer dans laquelle sont percé plusieurs trous de diverses grandeurs, & des circonferences inégales: l'un & l'autre de ces instruments est fort commode, pour pouvoir connoistre les groffeurs des globes, afin qu'on ne les engage point imprudemment dans les calibres des mortiers : apres estre reliez de ficelles, & cordages, & empoissez de la matiere suivante.

Prenez doncques 4 parties de Poix navale, ou Poix noire ; de la Colophone 2 parties ; de l'Huyle de lin, ou de Therebentine 1 partie, & les faites fondre ensemble, dans un grand chauderon, ou dans quelque pot de terre vernissée qui soit assez capable, sur des charbons ardens, & les broüillez bien ensemble, puis la mixtion estant tirée du feu, jettez dedans autant de poudre battuë qu'il en faut pour l'épaissir tant soit peu : puis tenant voftre boulet suspendu par un bout de corde, plongez-le dedans cete matiere fonduë jusques aux orifices, lesquels seront premiérement bien bouchez avec des tampons de bois fort juftes : couvrez-le par apres d'eftoupes de lin ou de chanvre de tous coftez, en telle sorte qu'il n'y demeure aucun vuide, ou inégalité sur la superficie du boulet, & que les neuds des cordeaux n'éminent en aucune façon du monde.

Cela fait portez doucement le boulet dans cét anneau pour efpreuver si le plus large de sa circonference se rapportera exactemēt, ou à peu pres, avec le vuide dudit anneau, remarquez bien s'il y passe juftément ou trop à l'aise, car s'il y passe trop au large c'est signe qu'il n'a pas encore sa jufte groffeur, voila pourquoy il le faudra replonger derechef dans voftre bain, & l'envelopper de nouveau avec des eftoupes, & continuer ainsi jusques à ce qu'il se soit acquis une jufte, & legitime groffeur, enforte neantmoins qu'il puisse passer librement, & sans eftre forcé à travers ledit anneau. Vous avez la figure de ce boulet preparé dans sa derniere perfection, au nombre 137. Mais c'est assez de cete efpece de globe à feu ; passons aux autres maintenant pour les examiner à leur tour.

Efpece 2.

Pour preparer cete efpece de boulets à feu, il faut avoir premiérement une de ces poches longues ou fpheriques, faite de la façon de quelques unes de celles que nous avons décrites cy dessus: dans le fonds duquel vous mettrez premiéremēt quelques grenades à main, comme 6 ou 8 ou d'avātage si vous voulez toutes preparées avec des petits canaux fort courts; prenant bien garde que cefdits tuyaux soient tournez vers le fonds du boulet : comme on le peut remarquer en la lettre C, sous la figure du nombre 138. Les ayant bien difpofées de la sorte vous verserez par dessus de la composition propre à charger un boulet à feu, & en remplirez tellement la capacité dudit globe qu'il se puisse acquerir une figure, ou fpherique, ou fpheroidale. Vous ferez faire par apres deux platines de fer creufes, & concaves

com-

comme deux baſſins de balance : leſquels auront quantité de petits trous
percez le long des bords : Or celuy que l'on deſirera mettre ſur l'orifice du
globe aura un aſſez grand pertuis au beau milieu, comme un de ces inſtruments avec quoy on coule le lait nouvellement tiré ; les lettres A & B vous
vous font voir la figure de l'un & l'autre de ces baſſins: Outre tout cela vous
ajuſterez ſur celuy d'en haut un tuyau de fer , & l'y ſoudrez bien proprement : puis apres vous le chargerez d'une matiere lente , laquelle nous
avons ordonnée en quelque autre endroit pour les tuyaux des grenades.

Toutes ces circonſtances eſtans bien & devëment executées; adaptez vos
baſſins ſur la rondeur exterieure de voſtre boulet, en telle ſorte que l'un ſoit
poſé par deſſus & l'autre par deſſous : puis paſſant & repaſſant une forte ficelle de l'un à l'autre par les trous qui ſont aux bords des plats : vous les arreſterez bien fermes tous deux , par des revolutions mutuelles , & les ban-
deres ſi puiſſamment que voſtre boulet ſoit comme inébranlable au milieu
de ces cordages : en fin vous plongerez ledit boulet à feu dans la matiere
fonduë de laquelle nous avons parlé cy deſſus, & dont ie vous ay donné
la compoſition dans l'eſpece ſuperieure.   Eſtant bien trempé couvrez-le
bien par tout d'eſtoupes.   Vous y pourrez ſi vous voulez , ajuſter par deſſus des petards de fer , ou tout à l'entour du ventre du boulet : Mais en cas
que vous y en mettiez vous prendrez bien garde qu'ils n'incommode en
rien les grenades.

Eſpece   3.

Prenez moy un ſac de toile , qui ſoit d'une figure ronde, afin qu'eſtant
remply de compoſition, le boulet puiſſe reſſembler à une ſphere d'une
parfaite rondeur , tels que ſont ceux que nous avons deſſeignez aux figures
marquées des nombres 139, 140 , & 144.   Premiérement vous le chargerez d'une bonne poudre grenée,juſques aux trois quarts de ſa hauteur : parmy cete dite poudre vous pourrez meſler des balles de plomb, des morceaux de fer, des cartiers de cailloux , & choſes ſemblables.   Le reſte du
boulet ſera chargé juſques à l'orifice , d'une compoſition ordonnée pour les
boulets à feu : puis ayant ajuſté par deſſus, & par deſſous deux baſſins de
fer , vous liérez fort ferme le boulet de la meſme façon que le nombre 140
vous en repreſente la figure.

En fin preparez grande quantité de balles de plomb,du poids d'une once,
ou de demye once : en telle ſorte que lors que vous les coulerez dans le
moule vous y paſſiez dedans des petites pointes de fer, ou de laiton fort
deliées avant que le plomb ſoit refroidy dans ledit moule.   Chargez moy
apres toute la ſuperficie de voſtre boulet à feu de ceſdites balle de plomb,
entres les eſpaces vuides des cordeaux,& des neuds, en fourrant ces pointes dans des petits trous que vous aurez fait dans ladite matiere.   En fin
le tuyau de l'orifice eſtant chargé, d'une compoſition lente , plongez voſtre globe dans cete drogue fonduë,tant de fois que les cordages , & les balles de plomb en ſoient tellement couvertes , que rien ne paroiſſe exterieu-
rément plus haut en un endroit qu'en l'autre. Vous avez la forme de ce tuy-
yau de fer en la figure marquée ſous la lettre A.

Eſpece   4.

Le boulet que i'entreprends de vous décrire icy eſt tout à fait épouvantable dans ſes effets: les deſordres & les rauages qu'il produit parmy les
ennemis , ſont d'autant plus grands & plus effroyables,que l'on y ſoupçon-
ne

ne moins de fraude & de fourbe. Comme en effet qu'elle furprife peut on
voir plus grande, que lors qu'apres la cheute de cete maffe de feu, les pauvres
affiegez croyans fermement que c'eft un fimple boulet à feu qui eft tombé
parmy eux, ils y accourët pour en fuffoquer les flammes, comme c'eft la coûtume de faire, ou pour l'accabler de fable, de bouë, de cendre, oü de quelque chofe de femblable, c'eft pour lors que ce traitre & cauteleux inftrument vomit fon vemin mortel, maffacre, & tuë les plus avancez, rompt
bras & iambes, eftropie, & meurtrit les plus éloignez, bref rend inutiles
aux armes la plus part de malheureux qui fe treuvent prefens, lors que ce
foudre produit fes furieufes executions. Mais ce qui eft de plus à appre-
hender dans la production de ces horribles effects ; c'eft qu'il ne trompe pas
feulement une fois ces pauvres inconfiderez, ou pluftoft ces temeraires
qui s'en approchent avec trop de confience, mais il recommence par quatre diverfes fois fon maffacre, ce qui la doit rendre plus à craindre que
50 autres qui produiroient leurs effets ouvertement. Si vous defirez apprendre à le conftruire, examinez bien les regles fuivantes, & les obfervez encore mieux.

Prenez le diametre du mortier avec quoy vous defirez faire fauter voftre
boulet dans le quartier des ennemis : & le divifez en 5 parties égales, fuivant la raifon, & l'ordre des cubes : Or ie ne crois pas qu'il foit neceffaire que
ie vous redife icy comment cela fe doit faire, puis que i'en ay fuffifamment
parlé dans les premiers chapitres du premier livre de cét ouvrage : neantmoins en faveur de cete merueilleufe invention, ie vous en donneray encore la methode fuivante.

Prenez garde fur la table des racines cubiques que i'ay dreffée au Chap.
1. Liv. 1. quel nombre de particules égales en grandeur, refpond au cube
dans le cinquiéme ordre, vous y trouverez 171 : divifez moy doncques le
diametre de l'orifice du mortier en 171 parties égales : Or comme dans la
mefme table 100 particules refpondent juftement au premier cube, voilà
pourquoy vous prendrez $\frac{100}{171}$ parties égales du mefme, pour la premiere
portion de voftre diametre, divifée fuivant la nature des cubes. Dans la mefme table 125 particules font le fecond cube ; vous en tirerez doncques auffi autant de particules en nombre, de ce mefme diametre, pour la feconde portion. De plus pour la troifiéme $\frac{150}{171}$. & pareillement pour la quatriéme
$\frac{171}{171}$; à caufe que ces derniers nombres s'accordent avec le troifiéme & le quatriéme cube ; (encore bien que l'on ne doive point prendre la quatriéme
portion à part, mait la referver dans la cinquiéme, & derniere, pour des raifons que nous dirons cy apres) en fin la quatriéme portion fe treuvera le diametre entier contenant 171 particules.

Au refte par le moyen des portions de voftre diametre immediatement
treuvées, vous formerez des figures comprifes fous deux arcs de cercles, fur
la premiere, feconde, troifiéme, & cinquiéme, ny plus ny moins que fi
vous les décriviez par les diametres entiers de chaque globe en particulier,
ou bien divifez en certain nombre de parties, (comme nous avons montré
cy deffus dans le mefme chapitre) Or vous vous fervirez de cefdites figures, comme de modeles à couper des morceaux de toile de la forme qu'il les
faut pour former les facs des boulets à feu,

En la figure marquée du Nomb. 141. ie vous ay deffeigné un boulet de
cete fabrique qui à la verité eft ovale ; quoy que ie treuve plus à propos
qu'on les faffe tout à fait ronds. Le plus grand de tous noté de la lettre A, en
renferme trois autres plus petits : duquel le petit diametre, ou fi vous vou-

lez

lez la mesure de sa grosseur en est la cinquiéme partie, c'est à dire le diametre mesme, ou la largeur de l'orifice du mortier pour lequel ledit boulet est construit ; le pareil diametre du second marqué d'un B, est la troisiéme portion, le diametre du quatriéme, où nous avons mis un D pour marque est la premiere portion de la mesme largeur de l'orifice. Or toutes ces portions (comme nous avons dit cy dessus) observent entr'elles la raison de deux moyennes, continuément proportionnelles entre deux extrémes : Voicy l'ordre & la proportion que gardent entr'elles toutes les capacitez & corpulences de tous ces quatre globes. Que si le premier boulet à sçavoir le moindre de tous, tel qu'il se void sous la lettre D, contient une livre de composition artificielle ; le second boulet, en tiendra le double : c'est à dire le premier boulet, contenant une ℔, outre une autre ℔ encore dé la mesme composition de laquelle ce petit boulet est remply. Le troisiéme plus grand que celuy-cy, comprendra 3 ℔, de la mesme matiere : mais veu qu'il renferme le second globe, dans lequel le premier est compris, voila pourquoy il n'a besoin que d'une livre de la mesme composition pour emplir le reste de son vuide jusques à l'orifice.

En fin le quatriéme & le dernier, est assez capable de soy pour contenir 5 ℔ de composition artificielle ; mais comme celuy-cy doit pareillement renfermer en soy le troisiéme boulet qui comprend les deux autres plus petits ; supposé d'ailleurs que ces trois inclus ont de-ja receu trois livres de la mesme composition, voila pourquoy ce sera assez de deux livres de ladite matiere pour achever de remplir sa capacité. Sçavoir maintenant pourquoy celuy-cy contient plus de composition que les autres, en voicy la raison. Les trois moindres qui sont renfermez dans le quatriéme, & le plus grand, doivent aussy tost que celuy-cy sera rompus, prendre feu les uns apres les autres par ordre, lors qui seront sur terre, ou arrestez en quelque autre lieu ; c'est pourquoy il faut qu'ils fassent leurs effets, fort promptement, afin que malaisément on les puisse estouffer ; & conséquemment, ils ne demandent que fort peu d'une composition lente dans leurs orifices, afin que le feu soit porté avec plus vitesse dans la poudre grenée. Car comme le globe entier estant jetté avec le morrier, dans l'air, employe beaucoup de temps dans sa course, & comme estant aresté sur terre, il a encore besoin de quelques moments premier que de se rompre ; c'est pourquoy ce cinquiéme veut avoir ce que le quatriéme boulet, plus grands que les trois autres, deuroit comprendre, estant décrit sur la quatriéme portion du diametre du mortier.

Pour ce qui touche la construction, & le reste de la preparation de ce globe avec tous les autres qu'il renferme, ie vous en ay dit cy dessus presque ce qui s'en pouvoit dire. Mais si faut-il que ie le redise encore une fois en cét endroit.

Le premier donc & le plus petit, sera chargé suivant la methode que ie vous ay prescrite dans la precedente espece ; c'est à dire que vous le remplirez jusques aux deux tiers de sa hauteur, d'excellente poudre grenée, mais l'autre tiers sera remply d'une composition artificielle. Le boulet estant lié bien serré par dehors, vous y enfoncerez dedans quantité de balles de plomb, puis vous l'environnerez, & garnirez bien tout alentour de colle, & d'estoupes au lieu de poix noire ; or quand vous aurez mis ce premier dans le second, en telle posture que son orifice responde directement à l'embouchenre de l'autre, vous le chargerez premierement de poudre grenée, jusques à la hauteur du premier boulet : mais le reste du vuide sera remply de

la mefme matiére lente.   Celuy cy fera pareillement relié par dehors fort
& ferme avec une bonne ficelle, puis parmy les efpaces vuides, entre les
neuds, & contours des cordeaux, on percera des trous tout à l'entour de
l'orifice fur l'endroit où la matiere lente eft renfermée; dans lefquels vous
fourerez des petards de fer chargez chacun d'une balle de plomb : (mais
il fe faut bien donner de garde que cesdits petards ne foient trop longs, depeur qu'ils ne touchent, ou incommodent le boulet includ) au deffous de
ceux-cy fur la poudre grenée vous en ajufterez encore d'autres, où feront
enfilez des petits ftiles de fer, lefquels vous ficherez dans tous les intervalles des cordages pour en remplir les vuides. En fin vous l'enduirez bien
tout à lentour de colle, & deftouppes trempées, de mefme que le premier.
Le troifiéme n'aura point d'autre preparation que ceux-cy, c'eft à dire que
vous le chargerez de poudre, enduirez de colle, & envelopperez d'etoupes
comme vous avez fait les precedens. Et finalement le dernier qui eft le
plus grand, & le plus capable de tous, obfervera pareillement le mefme ordre
pour fa charge, & pour fon enduiment que les fuperieurs; finon qu'il portera fes petards plus longs, & en plus grand nombre : Outre cela vous
chargerez fa rondeur exterieure fur la partie qui renferme la poudre, grenée, de balles de plomb : puis vous le plongerez dans le bain; ie veux dire dans cete poix fonduë, de laquelle ie vous ay enfeignée la compofition
cy deffus : Que fi vous treuvez que voftre boulet foit trop menu pour emplir exactement l'orifice du mortier, vous le replongerez derechef deux &
trois fois s'il en eft befoin dans voftre liqueur; puis vous l'envelopperez
d'une telle quantité d'éftoupes imbuë de cete mefme matiére qu'elle puiffe
reparer le deffaut par fon complement, & en fin qu'elle luy puiffe donner une groffeur legitime, & raifonnable pour emplir juftement le calibre du
mortier.

   Remarquez icy que dans les trois boulets qui font remfermez dans ce
dernier, il fera befoin de former trois trous, ou trois orifices affez proches
l'un de l'autre, lefquels on remplira d'une poudre battuë; afin que la poudre
conçoive plus facilement le feu, & que l'ayant reçeu, & introduit chez foy,
on ne l'en puiffe chaffer que fort mal-aifement.

<h3 style="text-align:center">Efpece 5.</h3>

On fe fert ordinairement du canon pour jetter cete efpece de boulets, &
particuliérement lors qu'on a deffein de mettre le feu dans les logis les
plus eflevez des villes, & des places affiegeez, ou bien pour embrafer les baf-
ftiments qui ne font faits que de charpenterie, & fpecialement ceux-là qui
font couverts de bardeaux, de chaûme, ou de rofeaux feulement. La Pologne
la Lituanie, la Ruffie, la Suede, & la Mofcovie n'en ont prefque point d'autre. Cornelius Nepos nous rapporte chez Pline Liv. 16. Chap. 10. qu'outre
quantité de villes d'Efpagne, & de France (tefmoing Cefar) les baftiments de
Rome n'avoient efté couverts que d'aiffelles de chefne, pendant l'efpace de
470 ans. Adjoûtez à cecy le tefmoignage de Vitruve, léquel confeffe en fon
liv. 2. chap. 1. que le Palais de Romule, ou pluftot la cabane qu'il avoit dans le
Capitole, n'avoit autrefois efté couverte que de chaûme, laquelle en mé-
moire de ce premier fondateur des Romains avoit toufiours été confervée
en fon entier : c'eft de ce bel édifice dont nous veut parler Virgile au 8 de
fes Eneïdes, & Ovide au 5, de fes faftes.

> *Remuleaque recens horrebat regia culmo*
> *Quæ fuerit noftri, fi quæris regia nati,*
> *Afpice de canna, ftraminibufque domum.*

Kk

Ils tefmoignent donc bien par là que la demeure de ce premier Romain ne fût jamais couverte que de paille, ie vous laiſſe à penſer de quoy le pouvoit eſtre les cabanes, & les huttes du reſte du peuple.

Ie dis doncques que ſur des edifices baſtis d'une pareille matiere, on pourra jetter avec le canon des boulets à feu fort commodement ; à moins qu'ils ne ſoient ſi bas, ou que les terraſſes, & ramparts ne ſoient ſi hauts qu'on ne les pût pas découvrir ; car en ce cas on les envoyera beaucoup plus commodement avec les mortiers, pourveu toutéfois que vous ſoyez certains qu'il y en a dans la place aſſiegée, qui ſoient baſtis de cete matiere.

La plus part des ſieges qui ſe ſont faits dans noſtre païs, nous fourniſſent tout plein d'exemples de cecy, & on a ſouvent remarqué, que tous les globes qui ont eſté envoyez par le moyen du canon, ou avec les mortiers, ſur les logements des aſſiegez, ont preſque toûjours bien reüſſy. Il m'eſt advis que i'ay encore devant les yeux Biale, qui eſt une petite ville aſſez forte & bien munie dans la Severie, laquelle fût aſſiegée dans la meſme année que les Moſcovites furent contraints au ſiege de Smollen (comme nous avons dit cy deſſus) de ſe rendre avec toute leur armée, & leurs preparatifs de guerre à la mercy de leur Vainqueur ce GRAND VLADISLAS, noſtre Invincible, & touſiours Victorieux Roy de Pologne, & de Suede ; par ce Genereux Heros, & Prince Magnamine CRISTOPHLE, RADIVILLE Palatin de Vilne, General des armées de ce grand & puiſſant Duchée de Lituanie : lequel commendant là abſolument, comme brave capitaine, & excellant politique qu'il eſtoit, fit jetter force boulets à feu ſur ces logements baſtis à la legere, & ſur les cabanes des Moſcovites ; leſquelles n'eſtoient couvertes que de chaûme, de bardeaux, de lattes, & de toute autre bois de fente : qui leur cauſerent des malheurs, & des incommoditez ſi extraordinaires de tous coſtez dans le lieu aſſiegé qu'ils ſont encore contrains d'avoüer qu'ils ont mille & mille fois ſouhaité que la foudre, & la tempeſte tomba pluſtoſt ſur eux, & qu'il leur auroit eſté beaucoup plus facile de ſubir les coups de la juſte vengence divine, que non pas d'experimenter les eſpouvantables effects, de ces humaines, ou pluſtoſt inhumaines inventions : car quoy qui priſſent tout le ſoin poſſible, & qu'ils employaſſent toutes leurs forces (en quoy certes la nature n'a pas eſté ingrate à l'endroit de ce peuple barbare) pour rendre inutiles les efforts de nos cyclopes, & pour donner ordre à l'incendie general qui devoroit leur maiſons ; ils ne purent jamais empeſcher que la plus grande partie de la ville ne fût tout à fait conſommée par le feu : ainſi ces barbares ont reſſenti, que les dards, & javelots forgez avec un pareil artifice, & élancez avec non moins de force, reüſſiſſoient toûjours beaucoup mieux, que ceux que la rage, ou la temerité laſche à l'avanture, ou bien que quelque mal-adroit pouſſe dans l'air ſans conduite, ny ſans deſſein.

Ie ne veux pas laiſſer paſſer ſous ſilence, ce que le juſte Lipſius raconte en ſon livre *Poliorceticon* touchant les prodigieuſes executions que firent les boulets à feu dans certaines places de la Moſcovie, & de la Livonie, lors qu'elles furent aſſiegées & priſes par Eſtienne, Roy de Pologne ; *Iuvat notare & excerpere, ut conſtet pauca ævo iſto inventa (etſi aliter opinio eſt) pauca dico, quæ non ſint ab ævo illo meliore & ſapientiore Ecce quàm novitia res habita, quod Stephanus Poloniæ nuper Rex (planè inter magnos laudatoſque) Moſcoviæ, aut Livoniæ munimenta aliquod lignea, globis ſic candentibus immiſſis incendit & cepit. Cum barbarus ille quereretur, & fremeret, jus belli violari,*
lari,

lari, & armorum decus pollui novâ fraude : ridentibus noſtris, & gaudentibus in ſucceſſu.

Ce bon Roy inventa des certains boulets à feu qu'il fit jetter dans les re-tranchements des Livoniens,& des Moſcovites; leſquels n'eſtans baſtis que de bois,faiſoient beau feu par tous les quartiers,de quoy ces·barbares firent leurs plaintes dans l'eſpouvante que ce feu leur donna, diſant qu'on violoit en cela,le droit de la guerre,& que la bien-ſeance des armes ne pouvoit eſtre que polluée,par des fraudes,& des tromperies ſi manifeſtes.Mais on ſe moc-qua d'eux,& de leur,raiſons.

On employe auſſi quelquefois les boulets à feu dans les combars navales· pour mettre le feu aux voiles,brûler les mats,& cordages, bref pour embra-ſer les vaiſſeaux meſmes des ennemis:mais on y attachera par deſſous à l'op-poſite des orifices, des grandes pointes de fer, avec des barbes fortes & pointuës,afin que s'attachant d'autant plus fort dans les flancs des navires, le feu ne puiſſe manquer de s'y prendre:Ou bien qu'eſtant pouſſez dans les voiles, ces harpôs les puiſſent percer ſans que pour cela les boulets paſſent à travers [ce que neantmoins ie ne me puis perſuader à cauſe de la vio-lence de la poudre, avecque laquelle le canon pouſſe le boulet ; mais bien croirois-ie pluſtoſt que les fleſches ardentes , ou lances à feu tirées avec l'arc, ou l'arbaleſte ſeroient bien plus propres à cauſe que leur mouvement en eſt bien plus moderé comme nous dirons cy apres) joint que ces poin-tes eſtant paſſées à travers la toile,le poids du fardeau les portant naturelle-ment vers le bas; les boulets ſe treuvent tellement embaraſſez,& retenus par ces barbes,qu'il eſt preſque impoſſible de les en arracher; & par ainſi les voiles ſont contrains de neceſſité de brûler malgré qu'on en ait. Tout le remede qui reſte dans cét embraſement eſt de caler promptement les voi-les , & âbattre les vergues,& antennes pour eſtouffer le feu ſur le tillac du vaiſſeau meſme.Ce qui ne donne pas peu d'embarras aux aſſaillis.

La forme de ce globe ſe peut clairement voir au nombre 142., ce cram-pon barbu duquel ie vous ay parlé y eſt auſſi deſſeigné dans la meſme figure ſous la lettre A. Pour ce qui eſt de leur preparation ou de leur charge in-terne,elle ne differe en rien de tant d'autres que nous avons décrites. Les petards de fer armez de leurs balles de plomb,y pourront eſtre fort com-modement employez,afin que leur accez en ſoit d'autant plus dangereux , & à craindre à ceux qui auront aſſez d'aſſeurance pour s'en approcher à deſ-ſein d'en étouffer les flammes.

Eſpece 6.

La derniere eſpece de boulet à feu,eſt celle que ie m'en vay vous décrire : laquelle à la verité eſt en quelque façon ſemblable à cete ancienne grena-de de laquelle nous avons fait mention au Chap: 2 de la 2 partie, de ce livre, qui eſt la meſme que ie vous ay deſſeignée au nombre 115 : quoy que veri-tablement elle ne luy reſſemble en rien quant à ſes effects, mais quant à ſa forme exterieure ſeulement. Or comme cête eſpece de boulet eſt un peu trop antique , auſſi ne la met on plus du tout en uſage,à cauſe que ſa fi-gure n'eſt pas beaucoup commode, pour paſſer dans l'air par un mouve-ment libre & agile. Car nous experimentons fort ſouvent, & ſans aucune contradiction, que tous corps pyrotechniques eſtans violemment pouſſez par quelque machine à feu que ce ſoit, rompent d'autant plus aiſement tous les obſtacles q'uils rencontrent dans un air independant, que plus ils approchent de la forme ſpherique: Or comme celle cy n'eſt guiere éſloi-

K k 2

gnée

gnée de la figure cylindrique, voila pourquoy c'eſt celle qui a le moins d'aptitude pour faire tous ces roulemens dans l'air, que ſont les globes, & boulets lors qu'ils y ſont portez par quelque puiſſant agent. Mais paſſons outre, car ie parleray en quelque lieu plus bas des globes cylindriques, & de
ceux qui auront le fonds plat : Pour le preſent il faut que i'acheve de conſtruire, & de preparer celuy-cy ; ce qui ſe fera par la voye ſuivante.

Ayant pris le demy diametre de l'orifice du mortier auquel le boulet à
feu doit ſervir (tel que vous le voyez dépeint dans la figure du Nomb. 143)
décrivez ſur un papier un parallelogramme dont la longueur ſoit le triple
de ſa hauteur. Comme le parallelogramme G I K H vous le fait voir dans
la figure ſuperieure : Sa hauteur G H ou I K, eſt égale à C F, le demy
diametre du mortier ; c'eſt à dire, à la moitie de B C, le diametre entier
du mortier : mais ſa hauteur G I. ou H K, eſt le triple de ſa largeur ; c'eſt
à dire qu'il eſt d'un & demy, du diametre B C. Puis de G, & de H, à l'intervalle G H, décrivez les deux arcs de cercles H D, & G D, s'entrecou-
pans mutuellement en D : mais ſur I K vous y formerez le triangle équi-
lateral I K E.

Sur la forme de ce modele vous couperez par apres une portion de toile
forte & épaiſſe, laquelle ſera la ſextuple du tout, c'eſt à dire la ſixieme
partie de celles que vous couperez pour former un globe qui puiſſe reſpõdre
à peu pres à la circonference du mortier : puis vous les couſerez fort dextre-
ment tant par le milieu, que par les extremitez de ces dents de deſſus & de
des ſous ; reſervée toutéfois une ouverture par deſſus, par laquelle vous remplirez de compoſition voſtre boulet, lors que vous le voudrez charger : en un
mot vous le lierez fort & ferme, de la façon que vous le voyez preparé ſous
la lettre, A.

Ayant tout executé de la ſorte que ie viens de dire, vous vous trouverez
entre les mains un boulet d'une forme cylindrique lequel ſera couvert par
deſſus comme d'une voûte aſſez baſſe & plate. Or maintenant comme ſa
baſe eſt toute platte & unie pas deſſous, lors que vous voudrez vous en
ſervir, il vous le faudra bien ajuſter dans un mortier qui aura le fonds pareillement plat. Nous en ferons voir le deſſein de quelques uns dans la ſeconde partie de noſtre Artillerie au livre des mortiers.

COROLLAIRE.

De diverſes figures que l'on donne aux Globes, & Boulets pyrotechniques, quelles ſont les plus aptes tant pour recevoir les impreſſions de la puiſſance motrice, que pour le mouvement, & la courſe dans l'air.

Il y en a pluſieurs qui croyent que les boulets qui ont la baſe plate par
deſſous, n'ont pas beſoin d'une ſi grande quantité de poudre, pour eſtre
portez dans une égale, voir meſme dans une plus longue diſtance ſur l'horizon, que ceux-là qui ont la forme parfaitement ſpherique : c'eſt ce que ie
demonſtreray icy ſuivant leurs ſentimens, ſans m'eſloigner en rien des raiſons qui les obligent à le croire.

Les mortiers modernes deſquels on ſe ſert à preſent pour jetter toutes
ſortes de feu d'artifice, n'ayans pour l'ordinaire en longueur que deux diametres

metres ou un diametre & demy, & quelque fois auſſy qu'un diametre de leurs orifices ſeulement; (car pour des plus courts ie ne crois pas qu'on en puiſſe faire) la poudre qui ſe loge dans leurs chambres eſtant allumée par le moyen de l'amorce,& venant à enlever le globe qu'on luy à mis deſſus, n'agit pas de toutes ſes forces (comme quelques uns le veulent croire) à l'encontre de ce fardeau qui le preſſe, & n'en apprehende pas le fonds bien à plein, mais pluſtoſt cherche à s'eſcouler par les vuides du boulet (qui eſt ce que les Artilliers,& Pyroboliſtes appellent vent de la balle, c'eſt à dire un certain eſpace vuide entre le plus grand cercle du globe, & la circonference de la concavité interieure du mortier,ou du Canon) treuvant en effet qu'il luy eſt bien plus aiſé de ſortir par des voyes qui luy ſont incontinent ouvertes, que non pas d'enlever un poids ſi peſant dont on le charge; qui eſt une choſe qu'il ne fait que par contrainte, & lors qu'on luy oblige par force. La raiſon de cecy eſt qu'encore que la ſuperficie convexe de l'hemiſphere ait une raiſon de duplation au reſpet de ſa baſe, c'eſt à dire au plan circulaire (ſelon la doctrine d'Archimede en ſa propoſition 30 de la ſphere, & du cylindre Liv. 1.) mais non obſtant tout cela, ſi dés points qu'on ſe peut imaginer en la baſe de cét hemiſphere, on tiroit des lignes perpendiculaires vers la ſuperficie convexe du meſme, on ne pourroit pas aſſigner un plus grand nombre de points qui terminent les perpenticulaires, que celuy des meſmes points qui ſont en la baſe ſur lequel repoſe l'hemiſphere. Or eſt-il que d'autant plus que toutes ces perpendiculaires s'eſloignent vers le circuit d'une certaine ligne, laquelle on ſuppoſe directement au milieu,tirée du centre de la baſe de l'hemiſphere, vers ſon ſommet le plus eminent, elles en diviennent tant plus courtes; & par conſequent un ſeul point d'une de ces perperdiculaires qui ſont ſur la ſuperficie convexe, eſtant poſé ſur quelque plan, toucheroit immediatement ledit plan & en ſeroit reciproquement touché; mais pour ce qui eſt des points les plus éloignez, du reſte des perpendiculaires,elles ſeroient exemptes, de cét attouchement, à cauſe qu'elles ſeroient plus courtes que celle là du milieu. Voila pourquoy on peut dire qu'il ne s'y treuve qu'un ſeul point d'attouchement de quelque plan, en la ſuperficie convexe de l'hemiſphere. Vous rencontrerez pluſieurs demonſtrations de ce theoreme & de cete ſubtilité d'une Geometrie ſpeculative, & qui n'eſt pas des plus à negliger,quoy que differentes en apparence, mais neantmoins fort uniformes quant à leur fin, chez Clavius en ſa 15. prop. & 16. Liv. 3. d'Euclide. Outre celles cy voyez chez Marius Bettinus en ſon Tome 3. Livre 3. en ſa Schol. ſur la prop. 1. d'Euclide Liv. 2 & 3. & aux autres ſuivans. Vous en treuverez auſſi quelques unes chez Theodoſe Tripolit en ſon Liv. 1. des ſpheres,prop. 3.

Que ſi maintenant nous nous figurons la puiſſance motrice du feu, dans une quantité de poudre pyrique emflammée, comme quelque corps ayant une ſuperficie plane par deſſous, & ſe portant naturellement vers le haut, lequel touche le globe,& le faſſe mouvoir : cete dite ſuperficie ne touchera le globe qu'en un point ſeulement, & s'efforcera de l'enlever. Voila pourquoy on peut conclure qu'elle n'y eſt pas toute entiere, & toute bien unie enſemble, mais ſeulement une de ſes parties aliquotes : car le plan nous repreſente comme une face compoſée de pluſieurs points eſpars dont les actions & les paſſiós ſont toutes disjointes,& particulieres, car l'affection du point du milieu,ne touche en rien ceux qui ſont aux extremitez, au contraire ceux qui ſont aux extremites n'ont aucune communication avec ce-

K k 3

luy

luy du milieu : (il faut neantmoins entendre cecy suivant la qualité de la
matiere du corps dont la superficie est plane, parce que d'autant plus qu'elle
est amassée, & solide, par l'extréme contiguité de ses parties, ce qui arrive à
l'une d'icelles doit necessairement par une action successive passer dans les
autres, à sçavoir premiérement dans les plus voisins, puis dans les plus esloignez, & à bien plus forte raison qui si ladite matiere estoit plus rare, & moins
compacte) joint que cét attouchement du plan avec le globe(à cause que les
parties de ce corps sont éloignées par leur extréme rareté) se dissipe en un
momét & se disperse en plusieurs rayons à l'entour de la partie convexe dudit globe, lesquels n'agissans pas directement & perpendiculairement sur le
reste des points de cete masse spherique, semez & espars sur toute l'estenduë
de sa circonferéce, à l'entour de son centre de gravité, par le corps de la sphere mém e, compris neantmoins & couverts sous la superficie du mesme, mais
seulement obliquement & par reflexion ; à cause que la superficie de la
sphere est courbe, oblique, & mesme lubrique : car les rayons obliques
sont d'autant plus forts ou plus foibles, qu'ils approchent ou s'esloignent
plus ou moins obliquement des perpendiculaires ; c'est de quoy vous pouvez tirer des demonstrations bien manifestes des optiques de Vitellion, &
de quantité d'autres.   C'est pourquoy on pourra aisement conclure que la
puissance motrice ne meut point la sphere avec toutes ses forces, c'est à dire
qu'elle est presque tout à fait inepte pour cete action, encore bien que par
le moyen des forces unies de la poudre allumée, & renfermée dans la machine bellique elle l'agite fort violemment, & l'envoye bien loing de là.
Il n'en va pas ainsi avec la base plate d'un globe ; car comme les points de
toutes les perpendiculaires, autant qu'on s'en peut imaginer descendre de
la superficie verticale d'un corps qui aura un telle base (de quelque figure
qu'il puisse estre) sur le plan de ladite base, sont également distans du
milieu, lequel on se doit figurer au centre de la base ; joint qu'ils sont comme disposez en lignes droites, infinies, & égalemét étenduës, dont l'une n'est
ny plus haute ny plus basses que l'antre, outre que leurs extremitez ne s'esloignent pas de leurs milieus par un mouvement inégal, tantost haut, ou
tantost bas.   Voila pourquoy le plan de cete puissance motrice venant à
toucher une telle base de fort prés, elle unit toutes ses forces ensemble
pour agir & resister à l'encontre du grand fardeau de ce corps qui repose
sur cete base : en ce que chaque point de la puissance motrice, chaque partie, ou chaque rayon sert au lieu de subjet & d'objet à chacun de
ses moments ; Or comme ils retombent directement & perpendiculairement sur le plan, & sur le direct objet de la base, suivant la nature des
rayons du soleil, ou de tout autre corps lumineux, c'est pourquoy ils retournent en eux mesmes ; à raison que l'angle de reflexion est tousiours
égal à l'angle d'incidence, comme nous l'enseigne l'optique.   Voila pourquoy les plus foibles, & l'anguissans qui sont sous l'étanduë de la base (à
cause que les rayons du feu, ne treuvent aucun passage pour s'enfuir par les
interstices, qui pourroiét estre entre le boulet, & la machine qui renferme le
boulet ; veu que la base du corps les couvre generalement tous, & les unit
ensemble) taschent de toutes leurs forces de s'opposer à la violence qu'on
leur fait, & par ainsi estans condensez & bien unis ensemble sous la base
de ce corps, ils l'enlevent en l'air ; d'où vient que iamais on ne verra sortir la
flamme par l'orifice de la machine, que le boulet n'en soit premierement dehors : encore ce feu ne s'estendra-t il pas sur les costez, de mesme qu'il en
arrive aux boulets & autres corps ronds, qui se laissent surprendre de la flamme

ne de tous coſtez , puis les quittant bien toſt apres retourne vers ſa ſphere où eſt ſon repos naturel) mais au contraire il demeurera entierement ſous le fonds, portera tout le fardeau, & l'accompagnera meſme bien loing dans l'air ; & le tout ſuivant l'aſſiete , & l'élevation de la machine ſur l'horizon.

Or maintenant, de tout ce que ie viens de dire, un eſprit prompt & precipité conclura d'abord que la puiſſance de la poudre, ſi petite qu'elle puiſſe eſtre , agit bien plus vigoureuſement à l'encontre de la ſuperficie plane du fonds de quelque globe , & conſequemment que le globe pouſſé par une action plus violente a un mouvement bien plus viſte, & eſt porté à une diſtance bien plus grande : à cauſe que comme elle vient à rejoindre toute ſes force , elle agit toute entiere ſans ſouffrir la moindre desunion en ſes parties ; que non pas ſur une ſuperficie ſpherique ou convexe, où il s'y perd beaucoup de la vertu motrice, quoy que l'on ait employé plus grande quantité de poudre, pour faire mouvoir, ou chaſſer un globe qui ſera tel en ſa ſuperficie.

Puis doncques que ie vous ay demonſtré aſſez clairement & ſuccinctemēt ce qui paroiſſoit avoir en ſoy ie ſçay quelle eſpece de verité, particuliérement aux yeux des moins clair-voyans, & de ces eſprits vulgaires qui ne jugent des choſes que par les apparences ſeulement; le feray maintenant en ſorte autant qu'il me ſera poſſible de vous demonſtrer comme quoy tous ces beaux ſylogiſmes, (qui veulent conclure que les globes cylindriques ayans les baſes plates , ſont plus propres pour recevoir les impreſſions de la puiſſance mouvante de la poudre , & meſme plus capable d'un mouvement viſte , que non pas les corps ſpheriques) ne ſont que des arguments cornus, & fort mal-polis, qui ont grand beſoin d'eſtre relimez premier que de recevoir leur approbation.

Premiérement nous avons deux choſes à examiner icy, dont l'une eſt qu'il nous faut entendre quelle eſt cete puiſſance, & vertu motrice, qui ſe treuue naturellement conjointe à la ſubſtance de la poudre ? Outre cela quelles ſont ſes proprietez ? quelles ſes qualitez ? comment, & pourquoy elle agit ? quelle eſt la fôrme dont elle joüit lors qu'elle meut, & pouſſe les corps par ſon attouchement, & c'eſt en ces circonſtances icy ſur quoy ſemblent eſtre fondez toutes ces opinions. La ſeconde choſe eſt qu'il faut que ie faſſe voir cōment une ſphere eſt auſsi capable de recevoir de la puiſſance mortice, les impreſſions neceſſaires au mouvement, que les globes qui ont la baſe tout à fait plate; ie demonſtreray meſme qu'ils en ſont plus capables , & que ſe ſont les corps les plus aptes de tous pour ſe mouvoir, & par conſequēt ie concluray que tout le reſte des corps qui ſe pouſſent, & guindent en l'air, ſont d'autant plus propres à recevoir les impreſſions des mouvements , & ſont portez par la puiſſance mouvante avec bien plus de viteſſe dans toutes ſortes de milieux, apres qu'ils en ont une fois receu les impreſſions, que leur forme approchera le plus de la ſpherique.

Pour ce qui touche la premiere de ces conſiderations. La generation, ou la production de la puiſſance motrice qui eſt en la poudre pyrique, ne ſe peut attribuer à autre cauſe , ſinon au feu qui eſt introduit dans ladite poudre, lequel transforme toute ſa ſubſtance, (qui de ſa nature eſt fort tranſmuable,) en une autre beaucoup plus ſubtile, & particuliérement en celle la qui luy eſt la plus ſemblable , & la plus neceſſaire à ſa conſervation, & accroiſſement. Car c'eſt une maxime infaillible , que tous les élements produiſſent autant qu'il leur eſt poſſible, & perfectionnent leurs formes dans les

ſub-

ſubjets où ils ſe rencontrent les plus puiſſans ; la raiſon eſt que chaque eſtre
appete naturellement l'infinité & l'éternité.   C'eſt ce qui eſt fort veritable
dans l'action du feu qui non ſeulement a cete ambition naturelle d'eſtre,
mais encore de ſurmonter , & d'eſtre par deſſus toutes autres choſes : Voila
pourquoy (comme dit Scaliger) eſtant comme Prince , & Souverain
Arbitre des élements il augmente de beaucoup ſon empire par une domi-
nation perpetuelle , ſeparant , & uniſſant , les uns & les autres , & ſe ren-
dant propre autant qu'il luy eſt poſſible ce qu'on luy a mis en ſon pouvoir,
pour l'enlever quant & ſoy vers ſon centre , avant que de partir du lieu où il
eſt retenu par la matiere.   Par exemple, tout ainſi comme dans la combuſtion du bois , il ſçait fort bien rendre à la terre , la cendre & l'humidité , à
l'air les exhalaiſons , auſſi n'oublie-t'il pas à ſe ſaiſir de ce qui luy appartient,
& de ſe le conſerver avec beaucoup de ſoin : Il n'en fait pas moins avec la
poudre pyrique qu'avec le bois ; dont la ſubſtance eſtant toute de feu , il la
change entierement en ſoy meſme , ou pluſtoſt en un certain air de feu duquel il s'empare generalement (hormis toutéfois quelque petite portion de
ſumée , & de ſuye engendrée des charbons , & d'une certaine matiere terreſtre attachée au ſoulfre , & au ſalpetre, qui conſervent touſiours quelque
impureté , laquelle s'attache ordinairement aux parois interieures de nos
machines de guerre apres la combuſtion de la poudre.

   Voila pourquoy il nous ſera permis d'appeller cete vertu, & puiſſance
motrice produite dans la poudre par le feu,une certaine nature de feu, compoſée d'un autre naturel, lequel de ſoy eſt fort rare , ſubtil & leger (ce qui
oblige les philoſophes à dire qu'elle ne brûle ny reluit) joint qu'elle eſt ſpi-
rable , violente , vehemente , impetueuſe , outre qu'elle pouſſe , meut , éleve , diſſipe , diſperſe , preſſe , épaiſſit , contraint , échauffe , rarefie , & brûle,en fin telle qu'elle ne peut ſouffrir aucun retardement,aucune condenſation , contraction en ſes parties, ou retour en ſoy meſme. Mais c'eſt aſſez car
qui voudroit raconter par ordre tous ſes attributs,& tant d'autres belles qualitez qui ſont en elle n'auroit certes jamais fait.

   Or puis que maintenant vous avez un aſſez grande connoiſſance de la nature de cete vertu motrice , à laquelle on en a jamais veu ny de pareille , il
eſt auſſi en quelque façon neceſſaire que ie vous faſſe connoiſtre ſa façon ,
ſa vraye,& naturelle maniere d'agir , & de pouſſer, avant que nous parlions
de ſa forme.

   Mais ie croirois faire un grandiſſime tort au docte Scaliger,ſi ie ne me ſer-
vois de ſon raiſonnement(quoy que ie le puiſſe faire de moy meſme comme
ie m'y ſuis deja aſſez efforcé en quantité d'autres endroits cy deſſus) pour
ſoudre cete queſtion ſi peu vulgaire ; laquelle eſt deplus commé un ferme
& inébranlable fondement,ſur lequel repoſe tout ce grand corps de noſtre
Pyrotechnie : veu que (ſi ie l'oſe ainſi dire , & comme il y paroiſt en ſes
eſcrits) on a treuvé perſonne apres Ariſtote, qui ait recherché avec tant
de diligence, d'eſprit, & d'exaction les ſecrets miſteres de la philoſophie
naturelle univerſelle, que ce grand & ſçavant perſonnage.   Voicy doncques comme il en parle avec non moins d'utilité que de ſubtilité en ſon
excerc. 11   *Præterea per rarefactionem fit etiam impulſio , non ſolum attractio:*
velut in tubulis æneis anthracothejo ſalenitro plenis. Ignis enim rarefacta materiâ,
cum proxima loca vindicare vult, pellit. Id quod à denſitate fieri non recté dicitur.
(c'eſt à Cardan , à qui il parle.) *Et quia inveni ſententiæ tuæ pertinaces ali-*
quot populares , paulo fuſius declarabo. Videris ita velle. Pulvis , ubi factus eſt
ignis , non poteſt eo capi ſpatio , quo dum pulvis eſſet , capiebatur. Quam ob
                                                            cau-

cauſam partes ejus tum denſari. Ergò denſationem illam, cum ejus partes pati ne-
queant, erumpere. Ubi miſeri non videtis duas rarefactiones. Unam conjunctam
expulſioni: non enim exiret, niſi diffunderetur. Alteram, quæ eſt cauſa illius conden-
ſationis. Non enim propè globum ferreum condenſaretur, niſi ad foramen prius cum
igneſcit, mox etiam ſucceſſivè rarefieret. Sic tuà ſententia eſt & parum conſiderati,
& parum metaphiſici: qui primam cauſam moventem ignoraveris. Profecto denſa-
tio illa eſt non ſolum ſecundaria, ſed etiam per accidens : Quippe eſt privatio proprii
naturalis ignis : quod eſt raritas. Quonam igitur Naturæ conſilio privatio proprie-
tatis ignis , ignis efficiet effectionem ? id eſt impulſionem. Fit enim à forma appe-
tente locum ſuum. Præterea rarefactio motus eſt , quo rarefacta promovent termi-
nos ſuos, denſatio verò motus, quo denſata contrahunt terminos ſuos. Impulſio autem
promotio extremi. Haud recte igitur motum illum à condenſatione commentus es.
Il preuve fort bien par là que non ſeulement l'attraction ſe fait par la rarefaction des parties, mais auſſi cete violente impulſion, comme on void par
exemple dans les tuyaux d'airain remply d'une matiere ſalpetreuſe : car
comme le feu, dans le temps de la rarefaction de ſa matiere, veu s'emparer des lieux qui luy ſont les plus proches, il faut neceſſairement qu'il
pouſſe, & qu'il preſſe, ce qui ne ſe peut proprement faire par la denſité, &
parce que ce dit il à Cardan, i'en ay rencontré pluſieurs du vulgaire qui s'attachent avecque trop d'opiniatreté à tes ſentiments, voila pourquoy i'en
parleray un peu plus amplement. Voicy comment tu voudrois que l'on
l'entendit. La poudre auſſi toſt qu'elle eſt couvertie en feu ne peut pas
eſtre compriſe dans le meſme eſpace qui la renfermoit, lors qu'elle eſtoit
poudre, c'eſt pourquoy ſes parties taſchent à ſe condenſer, mais comme
ſes parties ne peuvent permetre cete condenſation, il faut de neceſſité que
elles ſortent avec un grand effort ; c'eſt là où pauvres gens que vous eſ-
tes, vous ne voyez pas qu'il ſy fait deux rarefactions, ſçavoir une immediatement conjointe à l'expulſion, car il eſt certain que la poudre ne ſortiroit pas ſi elle n'eſtoit rarefiée. La ſeconde qui proprement eſt la cauſe de ſa
condenſation, car elle ne ſe condenſeroit pas proche le boulet de fer,
ſi elle ne ſe rarefioit auſſi toſt, & ſucceſſivement à l'emboucheure meſme
de la piece lors qu'elle commence à ſe couvertir en feu. Voila ton ſentiment, qui eſt à la verité celuy d'un homme qui raiſonne aſſez mal, & qui
eſt fort peu metaphiſicien, pour n'avoir iamais eu la conneſſance de cete
cauſe motrice, à la verité cete denſation n'eſt pas ſeulement ſecondaire,
mais encore accidentelle; parce que c'eſt proprement la privation de la
proprieté naturelle du feu, qui eſt la rarefaction : comment doncques ſe
pourroit il faire, & par quel ſecret de nature la privation de la proprieté
du feu pourroit-elle produire les effets du feu, qui en eſt l'expulſion ; car
il faut que neceſſairement cela ſe faſſe par la forme appetante ſon lieu.
Outre cela la rarefaction eſt un mouvement par lequel les choſes rarefiées
eſtendent leurs termes, où au contraire la denſation eſt un mouvement par
lequel les choſes condenſées reſſerrent & reſtreignent leurs bornes : Or
eſt-il que l'impulſion eſt une promotion de ſon extréme : tu t'es doncques
bien meſpris de croire que ce mouvement eſt produit par la condenſation.
I'arreſterois volontiers icy le vol de ma plume, ſi la dignité de la matiere,
& la gravité du ſubjet ne m'y obligeoit laquelle nous conduit par cete voye
à la veritable conneſſance des cauſes des admirables effets, & des forces indicibles des Baliſtes, Scorpions, Catapultes, Arcs, & ſemblables
machines de guerre (deſquelles les autheurs ont aſſez traité, & leſquelles
nous expliquerons, & illuſtrerons d'excellentes figures dans quelque autre

Ll

en-

endroit, fuivant leurs tefmoignes) joint que ie fens ie nefçais quels charmes, & vertus fecretes dans fes parolles,& dans fes fentences, qui contraignent ma plume à paffer outre.   Laiffons luy doncques continuer fon
entreprife,& le fuivons ce pendant de prés.   *Sicuti contra nihilo melius, eun-*
dem impulfionis motum in balliflis fieri ob rarefactionem.   Fit fane per condenfa-
tionem : quandoquidèm condenfatur arcus in ballifiis ubi retenditur.   Brevior
enim fit : ergo contractior.   Ea de caufa frangitur aliquando, cùm tenditur:quia
rarefit.   Quod fi dicas hanc rarefactionem effe caufam, propter quam deinde arcus
retendatur, atque condenfetur; duas excitabis adverfum te objectiones.Prima eft.
Nego tibi ullo in genere caufæ reponi poffe.   Non eft forma, non materia : quippe
accidens, & privatio denfitatis, quæ debetur arcui.   Non finis.   Finis enim eft
impulfio.   An verò eft efficiens? Nequaquam.   Nullum enim ens,eft efficiens fui con-
trarii:nulla privatio eft efficiens habitus fui.Raritas enim eft privatio denfitatis.Al-
tera objectio. Si vis hic raritatem effe caufam impulfionis, quia antecedit denfatio-
nem: ergo & in bombardis, atque fclopis eandem caufam, eadem ftatues de caufa.
Rarefactio namque prior eft,illa tua condenfatione.Frangitur arcus ergo,quia nimi-
um rarefit.Id circo vifcida non franguntur,quia non diffipantur partes,fed ufque &
ufque poffunt rarefieri.Terrea non poffunt:ideo franguntur, non flectuntur. Metallis
quadam tenus rarefieri licet:ac propterea flecti.Quare vero franguntur iidem arcus,
fi amota fibula, five clavicula,five fagitta, aut panni obvolutione referentur ? Quid
dum habent quod impellant, minore impetu contrahuntur: cum nihil objectum eft
momentaneo impetu.   Propter quam motus violentiam difrumpuntur.   Id quod in
vegetum quoque circulis evenit.   Senfim flexi conftant, & fequuntur. Si confertis
viribus flectantur, abfiftunt partes illico   Quod fi eo quis configiat : Arcus in parte
concava interiore,cum flectuntur,denfari:cum retenduntur rarefieri: id nos quoque
profitemur.   At enim verò major arcus ambitus exterior : à cujus amplitudine mo-
tus illius inire oporteat rationem.   Hæc nos rudes.   At negare tibi poffint acutiores,
ab impulfione motum illum fieri.   Habere namque præcedentem caufam attractio-
nem.   Impellit enim fagittam funis, quia trahit : trahit vero quia trahitur.Ut
prima fit caufa hæc,tractio, quam facit funis prima conjuncta & ut vocant imme-
diata : tractio arcus fecunda & ulterior.   Tractionis caufa reverfio arcus ad fitum
fuum:quæ fine condenfatione fieri nequit. Eft enim reverfio totius;condenfatio vero
partium.Idem fanè motus,differens tantum ratione,non re.Impulfio igitur eft effe-
ctio mera: condenfatio, caufa mera : tractio impulfionis caufa:effectio , condenfatio-
nis.   Rumpitur vero etiam funis,ubi fine fagitta retenditur,non eadem qua arcus
caufa : Non enim rarefactione, fed arcus vi, qui utrinque diftrahit, & utro-
que : dum nititur redire ad fitum fuum liberum nòn à fune coactum.   Ubi verò
tenditur arcus, & funis adducitur in fibulam, fi rumpatur funis, rumpitur ob ra-
refactionem.

   Il n'en arrive pas moins, (ce ditil,) dans le mouvement de leur impulfion à caufe de la rarefaction qui s'y fait:car il fe fait infailliblement par con-
denfation, puis qu'il eft certain que l'arc de la balifte fe condenfe lors qu'il
fe debende, car comme il fe racourcit il faut neceffairement qu'il fe reftrei-
gne,& refferre en quelque façon lors qu'on vient à le bender:à caufe qu'il fe
rarefie ; que fi vous dites que la rarefaction eft le fubjet pourquoy l'arc fe
retend par apres, & qu'il fe condenfe, vous fufcitez par là deux objec-
tions à l'encontre de vous mefme ; la premiere eft que l'on vous nie franchement qu'elle fe puiffe rejetter fur aucune autre efpece de caufe.   Car
ce n'eft pas la forme, & fi ce n'eft pas la matiere : puis que c'eft un accident,
& une pure privation de denfité.   La feconde objection eft telle que fi vous
voulez que la rarefaction foit la caufe de l'impulfion, par ce qu'elle precede

la condenſation : il faut auſſi par conſequent que de cete cauſe icy vous en eſtabliſſiez une autre de meſme pour les arquebuſes,& eſcopetes : car dans ces armes la rarefaction precede touſiours la condenſation. Or eſt il que ſi l'arc ſe rompt,c'eſt à cauſe qu'il eſt par trop rarefié. C'eſt ce qui fait que les corps viſqueux ne ſe rompent jamais parce que leurs parties ne ſe diſſipent point aiſement,mais ſe peuvent rarefier juſques à un tel,ou tel point,là où au contraire,ceux qui ſont faits de terre ou d'argile, ne le peuvent nullement; voila pourquoy ils ſe rompent, ſans autrement plier.　Pour ce qui eſt des metaux, ils ſe peuvent rarefier juſques à un certain point, auſſi void on qu'ils ſe plyent en quelque façon.　Pourquoy doncques ſe rompent ces meſmes arcs,ſi on vient à les relâcher apres en avoir oſté la noix, la clavette, ou la fleſche? la raiſon de cecy eſt que tant qu'ils ont de quoy pouſſer, ils ſe reſſerrent avec beaucoup moins de violence; mais au contraire lors qu'ils n'ont rien qui leur ſoit appoſé, ils ſe retirent par un mouvement preſque momentané;voila pourquoy l'extréme effort qui ſouffrent par la violence d'un mouvement ſi ſubite,oblige les parties à ſe disjoindre, & par conſequent les arcs à ſe rompre.　C'eſt ce qui arrive auſſi dans les cerceaux lors qu'on les forme pour les lier, car ſi vous les pliez doucement, ils demeurent, & ſuivent aiſement le ply qu'on leur donne, mais ſi au contraire vous les pliez violemment, & tout à coup, ils ſe caſſent auſſi toſt. Que ſi on me veut advouër que les arcs ſe condenſent dans la partie concave interieure lors qu'on les plie : & qu'ils ſe rarefient lors qu'on les remets en liberté, on ſe treuvera d'accord avec moy. Mais peut eſtre eſt-ce le tour exterieur des arcs, de la grandeur & longueur duquel, on doit tirer la raiſon de ce mouvement, voila l'objection de ceux qui l'entendant le moins, & poſez d'ailleurs le cas que meſme les plus ſubtils puiſſent nier que ce mouvement ſe faſſe par l'impulſion; parce qu'il a l'attraction qui en eſt la cauſe precedente,car ſi la corde pouſſe la fleſche, c'eſt parce qu'elle la tire, ſi elle la tire c'eſt parce qu'elle eſt tirée.　Mais ſi l'on veut que celle-cy ſoit la cauſe premiere, il faut que cete traction que fait la corde ſoit la premiere & conjointe,& comme l'on dit la cauſe immediate; ainſi la traction de l'arc n'eſt que la ſeconde cauſe, & la derniere, & la cauſe de cete traction n'eſt autre que le retour de l'arc dans ſa premiere droiture; laquelle ne ſe peut nullement faire ſans condenſation des parties, car c'eſt bien à la verité le retour du tout, mais la condenſation des parties ſeulement.　Veritablement ce mouvement n'eſt different que par la raiſon,& non pas en effet; doncques cete impulſion eſt un pur effet,& la condenſation une pure cauſe : la traction eſt la cauſe de l'impulſion, & l'effet de la condenſation. On remarque encore que la corde ſe rompt lors que l'on debande l'arc ſans fléche, mais ce n'eſt pas la meſme cauſe que celle de l'arc, car ce n'eſt pas par rarefaction qu'elle ſe rompt, mais par la force & violence de l'arc, qui la tire, & violente de deux coſtez, dans le temps qu'il s'efforce de retourner de deux coſtez dans ſon premier eſtat,& dans ſon aſſiéte libre, où il ne ſoit pas contraint par la corde.　Mais ſi au contraire lors que vous venez à bender l'arc,& à tirer la corde vers la noix,ou clavette,la corde ſe rompt,pour lors elle ſe rompt par rarefaction.

　　Tout cecy eſt de Scaliger, il me reſte maintenant à vous expoſer la ſuite de mon entrepriſe:premiérement nous examinerons quelle doit eſtre la forme & la figure de cete puiſſance motrice qui eſt produite & engendrée par la poudre.

On

On ne peu pas douter , si l'on a bien conçeu tout ce que ie viens de dire, que cete puissance n'est rien autre chose que feu, ou un certain air em-flammé , puisque la matiere de la poudre estoit presque toute de feu en puissance (comme disent les phisiciens,) avant qu'elle fût changée en flam-me , & si d'ailleurs en approchant le feu naturel on l'introduit artificielle-ment dans la matiere,elle devient actuellement & d'effet feu & flamme , d'où vient qu'on ne peut aucunement nier qu'elle n'ait prise sa forme du feu : puis que suivant le sentiment de quelques philosophes,toute forme ar-rive extrinsequement,& est introduite de dehors dans la matiere ; mais en telle sorte toutesfois que ladite matiere y ait de-ja quelque sorte de prepa-ration : c'est à dire qu'elle ait de soy quelque aptitude à recevoir une forme telle, qu'elle se treuve en la puissance de l'agent , & de ce qui produit la for-me,& non pas d'autre.

Or que cete forme soit introduite dans la poudre pyrique par la puissan-ce du feu, avant qu'un feu estranger l'ait resout en flamme , on en tire un argument infaillible , en ce qu'encore bien que le salpetre soit de ce natu-rel qu'il rapporte son origine à un certain humeur salé, si est-il pourtant veritable que cét humeur n'est pas aqueux mais tout à fait aërien , & par consequent chaud comme l'air , & fort voisin du feu.　Adjoûtez à cela que lors qu'estant incorporé avec le soulfre & le charbon il vient à estre puis-samment , violemment,& longuement battu dans le mortier, cét humeur se rarefie , & en devient beaucoup plus subtil : ce qui fait qu'ayant quitté toute sa matiere terrestre,& incombustible par cete extréme subtilité, elle devient fort voisine de la nature du feu , & par consequent à cause de cete grande ressemblance , il se couvertit entiérement en feu.　Or de vous re-dire icy que le soulfre & le charbon n'empeschent en rien cete transmuta-tion , au contraire qu'ils luy aydent & l'avancent de beaucoup, c'est ce qui seroit inutil puisque cela à esté suffisamment démontré cy dessus.

Qui plus est , le feu soit naturel,tel qu'il est en sa sphere (laquelle on croit estre la plus proche des cieux) ou soit que s'en soit quelque autre pro-duit artificiellement , c'est à dire ce mesme feu naturel , qui d'abord estoit, pur , net , & rarefié , mais apres rendu espais par la mixtion de quelques corps grossiers & terrestres, condensez par quelque moyen que se soit (tel que nous supposons icy la substance de la poudre pyrique , qui n'est rien autre chose, qu'un air espaissi qui par la force du feu sorte des grains de la poudre , pour se mettre en liberté , & comme hors d'une prison qui la retenoit estroitement enserrée) est veritablement un corps ; pour vous le prouver il n'est pas besoin que ie vous forme icy de nouveaux arguments, puis que la plus grande partie des gens doctes se treuvent d'acord en cete opinion : joint que la raison en est de soy mesme trop évidente , puisque la chose se void à l'oeil ; & qu'elle se peut toucher au doigt.　Or est-il qu'il falloit naturellement que la figure de ce corps fût finie , & terminée, puis-que la figure n'est autre chose , qu'une disposition du terme,ou des termes, Car comme disent les Philosophes Geometres,la superficie termine le corps, la ligne termine la superficie , & le point la ligne : mais la figure est for-mée de leurs differentes dispositions.　Voila pourquoy les hommes sçavants ont voulu qu'entre le reste des choses naturelles , les élements fussent aussy compris sous certaines figures; D'où viennent ces quatre corps mondains de Platon , auquels les Platoniciens en ont encore adjoûté un cinquiéme ; du nombre desquels Clavius en son Chap. 1. Sphær. Sacrob. en parle comme s'ensuit. *Plato igni propter acumen flammæ attribuit Pyra-*

mi-

midem, seu Tetraedrum; ascendit namque quælibet particula ignis ad modum Pyramidis. Aeri verò Octaedron. Sicut enim aër proximè ad ignem accedit, sic etiam Octaedron maximam similitudinem cum Tetraedro obtinet, cum constet ex duabus Pyramidibus. Aquæ deinde concedit Icosaedron, propter nimiam mobilitatem ac fluxibilitatem. Cubum autem sive Hexaedron tribuit terræ, ob suam immobilitatem. Inter omnia enim corpora regularia cubus motui ineptissimus est. Cælo denique adscribit Dodecaedron. Nam quemadmodum cælum in toto ambitu 12 æqualia signa complectitur, ita quoque Dodecaedron 12 æqualibus superficiebus continetur. Platon (dit-il) nous represente le feu souz la figure d'une Pyramide ou d'un Tetraedre, à cause de sa flamme qui se porte naturellement en pointe, comme en effet il n'y a personne qui ne puisse aisement remarquer, que cét element alonge tous ses rayons en Pyramide, voire jusques à la moindre de ses particules. A l'air il luy donne l'Octaedre; car comme l'air est l'élement qui approche le plus du naturel du feu, aussi l'Octaedre a-t'il un fort grand rapport avec le Tetraedre, comme estant composé de deux Pyramides. A l'eau il luy attribue l'Icosaedre, à raison de sa trop grande mobilité, & fluidité. Pour le regard de la terre il luy ordonne le cube, ou l'Hexaedre à cause qu'elle est immobile. Car entre tous les corps reguliers le cube est le moins propre au mouvement. En fin il veut que le ciel soit Dodecaedre; car tout ainsi que le ciel comprend dans son tour entier douze signes égaux, il a quelque sorte de raison de la comparer avec le Dodecaedre lequel comprend dans sa figure douze superficies.

Sçachez neantmoins que tous cecy ne se doit entendre que pour les figures des corps naturels seulement; Car qui pourroit iamais croire que le feu artificiellement condensé dans le vuide d'un canon, ou d'un mortier puisse avoir la forme d'une Pyramide? ou qui est celuy qui pourra s'imaginer comment cete puissance motrice estant composée d'une certaine exhalaison compacte & reserrée, se puisse conserver la forme de l'air naturel, qui retient celle de l'Octaedre? laquelle infailliblement elle ne se peut acquerir que lors qu'il rentre dans sa premiere liberté pour monter vers le haut: voila pourquoy l'eau aussi bien que le feu estans contraints, & naturellement condensez recoivent la mesme figure, que la capacité interieur du corps qui les contient, qui les enferre, & qui les contraint, leur peut donner. Comme par exemple, si cét air igné, ou pluftost cete flamme de feu naturel est artificiellement condensé dans une sphere concave (telle que sont nos grenades) il aura infailliblement une figure spherique: que si on le renferme dans le ventre d'un canon, qui n'est autre qu'un cylindre vuide, il ne faut pas douter qu'il ne retienne aussi la forme d'un cylindre.

Pour ce qui concerne la figure du sommet, ou partie superieure du corps de la vertu motrice, par lequel elle meut, & pousse le poids qu'on luy mets dessus, lors qu'il y touche; il est fort difficile d'en rien establir de certain; & c'est ce que personne ne peut prouver, ny mesme affirmer que par conjecture: ou par des comparaisons au lieu d'arguments. Il est pourtant vray-semblable qu'elle s'efforce autant qu'il est possible de suivre la naturelle, ou tout au moins celle-là qui luy approche le plus, veu que le poids qui est dessus à sçavoir le globe, ne la presse iamais si fort que le corps qui la retient par le costez, & par la base, joint qu'il n'empesche pas si tost qu'elle ne prenne sa forme naturelle: d'où vient que peut estre, elle peut avoir la forme d'un cone, ou d'une pyramide, figures à la verité qui luy sont na-

tu-

turellement propres, joint que dans le sommet elle conserve ordinairement
la plus grande force de cete vertu, lequel estant pressé du poids, est contraint
de rentrer en soy, puis venant à estre repoussé par un effort interieur, retourne bien plus violemment (à cause que cete puissance se rarefie) &
élance son poids, avec d'autant plus de force & d'impetuosité à la façon
d'un élatere : Peut-estre bien aussi se ramasse-t'elle en hemisphere ; veu que
cete figure est une des plus proches de la naturelle, particuliérement de celles que prennent le feu, & l'air, lors qui sont dans leurs spheres; aussi la sphere
est-elle la plus ferme, & la plus certaine de toutes les figures, & de tous les
corps : d'où vient que les portefaix voulans se charger de quelques fardeaux,
chosissent une posture presque spherique; & se metent en telle sorte qu'en se
courbant, & contournant le corps, les membres se ramassent, se resser-
rent, & se replient les uns dans les autres le plus prés qu'il leur est possible,
en sorte que de toutes les parties qui estoient relachées, & comme abandonnées à elles mesmes, ils n'en font plus qu'une entiere. La fable d'Atlas que les
anciens Poëtes ont feint avoir porté sur ses espaules cete immense machine de la terre, nous conduit bien agreablement à la verité de ce
doute.

Mais pour vous donner la vraye, & raisonnable explication, laquelle est
veritablement celle, qui est la mieux receuë de la plus part des naturalistes,
touchant la figure de la superficie qui termine le haut du corps de la puissance motrice ; il faut premiérement que nous fassions une certaine distinction, de la situation, & de l'asiete que l'on donne aux globes dans les mortiers, d'ou celle-cy est assez évidente, voicy comment on la doit entendre.

Tous les mortiers desquels nous nous servons à jetter toutes sortes de
globes pyroboliques (comme nous avons si souvent redit) ont des certaines chambres, dans lesquelles on renferme la poudre, necessaire pour faire
partir un boulet, & l'envoyer là où on a dessein qu'il fasse son effet. Supposons doncques premiérement, que tous les grains de poudre, puissent tous,
generalement, & sans exception, prendre feu de tous costez, & dans un
mesme instant estre reduits en flamme, & consequemment que le globe ne
puisse estre nullement enlevé en l'air, que premiérement toute cete quantité de poudre, ne soit faite puissance motrice. Secondement que vostre globe soit parfaitement rond, en telle sorte que son fonds soit immediatement
touché de la puissance mouvante sans qu'aucun autre corps puisse estre interposé entre l'un & l'autre. Il est tres certain que ladite puissance motrice n'attaquera point l'hemisphere entier inferieur, qui occupe la concavité
du mortier ; mais cete partie seulement, laquelle bouche l'orifice de la
chambre, dont la ligne dimetiente fait justement le tiers, ou tout au moins
une partie aliquote du diametre entier de la sphere, ou bien du vuide du
mortier, qui comprend la sphere. Or est-il que le globe reçoit tout l'effort
qui luy est necessaire pour son mouvement, à sçavoir de cete impetition, ou
de ce choc que produit la puissance mouvante, dans le temps qu'elle est
encore dans la chambre du mortier ; à cause que ses parties estant extrémement condensées, font des puissants efforts pour se mettre plus au large ;
mais aussi tost qu'elle a gaignée la sortie de sa prison, & qu'apres avoir enlevé le globe, elle se treuve en liberté dans le vuide du mortier, pour lors
elle s'affoiblit de beaucoup, à cause qu'elle se rarefie, & se rend moins
necessaire pour imprimer au globe quelques plus violents degrez de vitesse.

C'est

C'eſt aſſez doncques de ce ſeul choc, pour le mouvement dont il a beſoin, parce que c'eſt le plus puiſſant de tous ; conſideré qu'il ſorte d'un lieu fort eſtroit. Que ſi le corps de la puiſſance motrice, eſt veritablement accumulé en hemiſphere, ou en pyramide, ou en fin s'il prend la forme de la convexité d'une certaine portion de ſphere (qui eſt celle laquelle comme ie veux croire luy arrive pluſtoſt que toute autre) en telle ſorte que l'apprehendant, & l'environnant de tous coſtez, elle forme une cavité ſur la partie ſuperieure dudit corps (car elle a la proportion d'un corps en quelque façon ſolide à cauſe de ſon extréme denſité) il ne faut pas douter, qu'elle n'attaque puiſſamment le corps de la ſphere, & qu'elle ne la faſſe ſauter d'importance. Il faut vous imaginer qu'elle n'agit pas icy avec moins de force, & de violence que ſi ce meſme globe eſtoit plat par deſſous ; ce qui arrive pour les raiſõs que ce vous en ay données, & de plus à cauſe que lors qu'elle vient à unir toutes ſes forces en une dans un lieu ſi eſtroit, elle imprime à la ſphere, & au globe qui a la baſe plate un mouvement ſuffiſant pour la viteſſe qui leur eſt neceſſaire, par le moyen du diametre de gravité de la ſphere, lequel paſſe par le centre de gravité de la meſme ſphere, à l'entour duquel conſiſtent toutes les parties des moments égaux. Ajoûtez à cela que comme la ſphere repreſente une eſpece d'unité, qui proprement n'eſt que comme un point, voila pourquoy ſuppoſé qu'elle ſoit ſolide, & compoſée d'une matiere compacte & amaſſée, laquelle eſt compriſe ſous une ſuperficie continuë, & qui ne ſe peut pas aiſement disjoindre à cauſe de ſa figure, & de la ſolidité de ſa matiere, c'eſt aſſez pour la mouvoir, ſi la puiſſance motrice touche en un point ſeulement ; car là où elle touchera un de ces points, cét attouchement, ou cete affection ſera incontinent portée par un mouvement ſucceſſif dans tous les autres. Et ie veux croire franchement que cete impreſſion ne feroit pas un plus grand effort, que ſi cete puiſſance produite d'une pareille quátité de poudre, touchoit la baſe entiere d'un globe plat; au conttaire i'aſſeurerois qu'elle en eſt de beaucoup plus foible: car cete poudre eſtant éparſe (comme nous avons dit en quelque endroit cy deſſus) treuve ſes puiſſances diſſipées, & conſequemment amoindries, ainſi la ſuperficie plane de la puiſſance motrice (ſi elle s'accommode tellement avec la baſe plate, qu'elle meſme ſoit plate) n'eſt pas plus commode pour imprimer le mouvement à un corps qui aura la baſe plate, que celle de toute autre figure.

De plus s'il s'y treuve quelque corps poſé au deſſous du globe ſpherique, ou pour le moins approchant d'une pareille figure, & de quelque autre qui ait la baſe plate, leſquels ſoient tous deux égaux en poids, & en qualité de matiere ; par exemple un cylindre de bois (tel qu'on en met d'ordinaire dans la chambre du mortier par deſſus la poudre) qui ſoit poſé en telle ſorte que la puiſſance mouvente ne touche pas immediatement l'un & l'autre globe ; mais ſeulement par l'entremiſe de ce corps interpoſé ; c'eſt une choſe indubitable que cete puiſſance mouvente, en quelque figure que elle ſe puiſſe mettre dans la chambre du mortier apprehendera & chaſſera le cylindre de toutes ſes forces, & que ces deux globes ſeront aſſaillis par une égale violence, quoy que leurs mouvements ſeront inégaux, à cauſe de l'inégalité de leurs figures, comme on remarquera mieux cy deſſous. Car qu'importe-t'il ſi ce cylindre de bois touche une baſe plate en pluſieurs points, ou s'il ne la touche qu'en un, comme il fait la ſphere pour leur imprimer un mouvement plus violent, puis que (comme nous avons dit cy deſſus) un ſeul point la ſphere eſt comme le corps entier, & tout le corps entier comme un ſeul point : car rien n'en eſt ſeparé, rien ne s'en éloigne,

il ne s'y treuve aucune inegalité qui la rende ou defectueuse ou superabon-
dante en aucune de ses parties, à cause de la noblesse & excellence de sa
figure, qui ne souffre aucun deffaut. Pour ce qui touche la raison pourquoy
la puissance mouvante estant sortie de la chambre du mortier, ne sert pas
de beaucoup pour imprimer un mouvement plus violent tant à la sphere,
qu'à un globe qui aura la base plate, il n'est pas besoin de le redire icy, puisque ie vous l'ay de-ja demonstré cy dessus; cela n'empeschera pas pourtant
que ie ne vous dise encore cecy, sçavoir que d'autant plus que la puissance
mouvente est contrainte, & d'autât moins qu'elle peut respirer l'air, tant plus
furieuse se rend elle, & semble prendre tousiours des nouvelles forces jusques à ce qu'elles se soit mise en pleine liberté.   Et c'est pour cete raison
que l'on ajuste au dessous des grenades, (outre ce cylindre qui bouche les
chambres de la poudre,) certaines rotules de bois de mesme largeur &
circonference que la concavité des mortiers, comme nous avons dit ailleurs.   Voila pourquoy on peut dire que ces rotules suppléent au deffaut
de bases plates, puis qu'elles ne laissent sortir, ny eschapper hors du mortier la moindre particule de la puissance mouvente, que le globe ne soit premierement party, & qu'il n'ait tout à fait abandonné le lieu où il la tenoit
luy mesme prisonniere.   Aussi ne leur servent elles que dans ce moment,
car estans sorties des mortiers, elles prennent bien tost congé des globes, soit
qu'elles demeurent entieres, ou qu'elles se brisent par la puissance mouvante
de peur qu'elles ont de nuire à leurs mouvements, lors qui seroient dans
l'air.

Au reste que ce ne soit qu'une seule impression, momentanée, laquelle
est produite par la puissance motrice qui donne les mouvements aux glo-
bles à la sortie de nos mortiers, & de nos canons, de quelque figure qui
puissent estre, c'est un argument infaillible, & fort aisé à preuver par l'e-
xemple de tous ces corps qui sont violemment poussez, soit avec la main,
ou avec l'arc, ou bien avec les balistes, lequels ne sont jamais accompagnez dans leur course de la puissance qui a imprimé le mouvement, ou
qui leur a communiqué certains degrez de vitesse pour passer dans l'air; car
c'est assez pour le mouvement que la force de cete puissance mouvante, &
chassante, demeure imprimée dans la chose poussée. Il s'y rencontre encore plusieurs grands personnages fort sçavants, & fort renommez, qui
croient que le mouvement qui est une fois imprimé dans un corps mobile,
ne l'abbandonnera iamais, que premieremêt il ne soit supprimé par quelque
cause; c'est ce qu'ils jugent fort facile à faire dans un milieu vuide, & desem-
barassé de toutes sortes d'ostacles, où il ne s'y peut rencontrer aucune
chose qui le puise empescher, diminuer, ou aneantir tout à fait : voicy
la raison que nous en donne Mersennus in Phænom: Ballist. prop. 38. *Quod
rationem attinet, in eo sita est, ut nihil ex iis pereat, quæ semel producta sunt, nisi
causa destruens adsit, cum nulla res, seu nullum ens se destruat, quemadmodum
neque se producat.   Suntque plures magni viri, qui credant istud adeo verum esse,
ut communibus notionibus accenseri possit: qui enim corpus motu spoliabitur, si desit
qui spoliet ? Supponitur enim Deum motui semel impresso non magis suum negare
concursum, quàm rebus cæteris, cumque motus sit modus realis, quomodo peribit, si
nullum impedimentum occurrat.*

La raison de cecy (ce dit-il) est que de toutes les choses produites, rien
n'en peut deperir, sans qu'il s'y treuve une cause qui les destruise; puis qu'il
est tres certain qu'aucun estre n'est si ennemy de soy mesme qu'il se
veüille procurer sa propre détruction; de mesme qu'il n'est pas capable de

se

de se produire soy mesme. Il se rencontre quantité de braues gens qui tiennent cecy tout à fait pour vray & indubitable, joint que l'on peut former des raisonnements fort legitimes là dessus, par les simples connessances qu'on en peut avoir ; car quelle apparence qu'un corps puisse estre privé de son mouvement, s'il ne s'y rencontre rien en son chemin qui se mette en devoir de luy oster ? car il faut supposer icy que le Bon Dieu ne denie pas plustost son concours à un mouvement une fois imprimé dans la chose meuë, qu'au reste des étres, or comme le mouvement est un mode réel, comment se pourroit il faire qu'il pût déperir, puis qu'il ne s'y rencontre aucun empeschement.

Je vous expliquerois fort volontiers comme quoy toutes sortes de corps pouséz par un milieu empeschant, & remply d'ostacles (tel qu'est l'air par lequel nos globes sont portez) se peuvent mouvoir, si s'en estoit icy le lieu: mais je vous advertiray seulement que ceux là s'éloignent bien fort de la verité, & qui s'embarassent deux mesmes dans des inextricables paralogismes, qui estiment que la puissance motrice prodruite par la poudre pyrique acompagne le globe dans sa course quelque espace de temps, & que s'y attachant, elle le pousse, & luy donne toûjours des nouveaux degrez de vitesse, ou tout au moins qu'elle l'assiste quelque temps, & empesche que sa pesanteur naturelle ne le tire si tost & si subitement vers la terre. Car qui est celuy qui vive avec si peu de connoissance des choses, lequel ne connoist pas à peu prés la nature du feu ? ou plustost qui peut estre celuy, qui a eu tant d'adresse que de lier & d'attacher si fortement cét élement, si subtil de sa nature, si volatil, si leger, & si difficile à manier, à un globe porté dans l'air, qu'il l'ait obligé d'y demeurer colé sans ozer s'en departir ? quelle vertu di-je aimantine peut avoir un globe de fer, pour attirer le feu apres soy, & l'obliger à le suivre ; mais quoy que je concede encore cecy, que le feu puisse acompagner le globe bien loin dans l'air, qu'en sera-t'il plus ? que peut-on conclure par là ? comment pourra t'il imprimer des nouveaux degrez de vitesse au globe, ou par quelle voye, & par quel moyen luy augmentera t'il son mouvemenr, ou comment empeschera-t'il que tout au moins estant une fois imprimé, il n'abbandonnc tout à coup le globe ? veuque d'abord qu'il est remis en sa liberté, sa substance en devient si subtile si rare, & si tenuë, qu'il ne luy reste aucune parcelle de la puissance qu'il avoit lors qu'il a esté rarefié, laquelle consistoit entierement en sa densité, en la contrainte & fermeté de ses parties, & dans leur extréme union. Ceux là ne se trompent pas moins qui s'attachent si opiniatrement à cete opinion, qui croient que le mouvement d'un canon (ce que l'un doit pareillement entendre pour toutes sortes d'armes à main) s'augmente d'autant plus, & se treuve plus violent, que la canne de la piece d'artillerie sera plus longue : c'est à dire tant plus long temps que la puissance mouvente de la poudre accompagnera le globe dans le vuide du canon, & que de plus prés elle l'aura pour suivie. Mais il est croyable, que ces pauvres gens qui raisonnent si mal, n'ont jamais eu la connessance de certaines regles de nostre art, qui enseignent, que si l'on fait faire les pieces d'artillerie longues, ce n'est pas afin que la puissance mouvente, durant & demeurant plus long temps dans la canne du canon, elle confere rien plus au mouvement qui chasse le boulet, mais c'est que l'on proportionne ces longueurs en telle sorte, que la quantité de la poudre necessaire pour chasser le boulet, se puisse entiérement ressoudre en flamme dans le vuide du canon, & que dans ce moment que le globe viendra à sortir de l'emboucheure de la piece, pour lors unissant

M m

tou-

toutes ſes forces elle l'attaque, & le prepare au mouvement qui luy eſt neceſſaire.

Ie veux bien que l'on ſçache auſſi que d'autant plus que les pieces de canon ſeront longues, tant plus auſſi de poudre y deura t'on employer, & tout
au contraire tant plus courtes qu'elles ſeronr, d'autant moins de poudre au-,
ron-t'elle de beſoin. Car tout ainſi comme une quantité de poudre trop
grande, & qui paſſe la charge ordinaire de la piéce où l'on l'employe, n'aide
en rien qui ſoit au mouvement du boulet qui en doit partir ; au contraire
luy empeſche, & confond preſque toûjours ſa courſe ; en ce qu'elle ne ſe
peut pas reſoudre toute en flamme dans le moment que le boulet abandon-
ne l'orifice du canon ; mais en reſpend toûjours une certaine portion ſur
terre qui ne prend pas feu, comme l'experience journaliere, & la pratique
que nous en avons faite nous le donne aſſez à conneſtre (encore bien que
quelques uns de nos Pyroboliſtes, en baillent quelques autres raiſons, que
je reſerve pour une autre occaſion) de meſme auſſi par une raiſon contraire, une petite portion de poudre laquelle ſera diſproportionnée
à la longueur de la piece, eſt bien pluſtoſt brûlée, que le boulet n'aura parcouru tout le vuïde dudit canon. Ie dis encore que cét accom-
pagnement que fait la puiſſance movente au globe tout le long de la canne
d'une grande piece, ne luy ſert en rien qui ſoit à luy donner des forces nouvelles pour le faire aller plus viſte : car tant plus que la puiſſance mouvente prolonge ſa durée dans le vuide de la machine, apres la combuſtion
entiere de la poudre, & que tant plus grand eſt le lieu, ou le vuide qu'elle
treuve, d'autant plus ſe rarefie-t'elle, & par conſequent ſa vigueur en diminuë d'autant plus : de ſorte que ſi quelqu'un faiſoit conſtruire un canon
qui eût 100 pieds de longueur, ou d'avantage, & qu'il portaſt un boulet de
fer de 2 onces de pieds en ſon diametre, c'eſt à dire du poids d'une ℔, &
qu'il vienne à charger ſon canon comme c'eſt la couſtume d'une ℔ de
poudre, je crois fermement qu'en ce cas la puiſſance & la vertu motrice qui
ſortiroit de cete livre de poudre, & laquelle accompagneroit le boulet,
dans l'eſpace de 100 pieds du vuide dudit canon, perdroit tellement ſa
force qu'à grand' peine pourroit-elle faire ſortir ce boulet hors de l'emboucheure, bien loin de l'enuoyer en l'air. Mais nous aurons ſubjet de parler de
la longueur proportionnée des canons, avec le poids, & la groſſeur de leurs
boulets, outre cela de la quantité de la poudre neceſſaire pour les faire partir, dans la ſeconde partie de noſtre Artillerie Livre I. ou nous traiterons
des canons.

Contentez vous doncques de ce que je vous ay icy rapporté pour vous
perſuader, & demonſtrer tout enſemble comment les globes pyrotechniques ayans les baſes plates, eſtoient non ſeulement auſſi capables de l'impreſſion neceſſaire au mouvement que ces globes ſpheriques, ou approchans d'une pareille figure, mais encore meilleures, & plus capables d'un
tel mouvement.   Or que les boulets d'une forme ſpherique ou ſpheroïdale ſoyent beaucoup plus commodes & plus propres pour recevoir les impreſſions du mouvement dans toutes ſortes de milieu, je veux vous en bail-
ler une ſeule demonſtration de Merſennus, Mechan. lib 2. part. 3. prop. 6. 7.
& 8. *Rotundæ figuræ ſunt reliquis mobiliores, quia planum quovis modo circum-*
volutæ in uno tantum punɛto tangunt, ideoque minus atteruntur, & impediun-
tur, quia faciunt angulos contingentiæ omni acuto reɛtilineo minores ; hinc ad mo-
tum procliviores ſunt, parum enim abſunt à plano propter anguſtiam anguli :
& unica linea plano perpendicuri ſolo hæret ; unde quodlibet eo difficilius move-
tur

tur, quo pluribus punctis planum tangit , (voila côme sont faits les globes cylindriques, & qui ont la base plate) *tot enim lineæ perpendiculares per mobile transeuntes, illud cum plano uniunt, atque fulciunt, ne dejiciatur : quapropter figurarum planum pro vertice habentium, stabilissima cubus dicitur , quamvis præclivior sit ad volutationem, quàm tetraedrum, aut pentaedrum, quia cum pluribus planis claudatur, magis ad sphæram accedit : nam quo plura latera, pluresque angulos figuræ regulares habuerint, & viciniores circulo, vel sphæræ, ac proinde moventiores erunt : quo vero mobilis latus contingens planum latius fuerit, eo difficilius movebitur : immo si planum mobilis, & planum quod tangit, essent perfectè plana, mobile superius apprehensum à plano subjecto vix disjungi posset: hinc ajunt multi, aut parietem perfectè planum non posse tangi à cubo æneo ita emisso è bombarda , ut aliqua cubi superficies recta versus parietem tendat , quantumvis bombarda parieti vicina , & quantacunque violentiâ explosa fuerit : neque enim aër intermedius cedet.* (Le mesme dans le mesme endroit en la prop. 7. *Aliæ sunt rationes , ob quas figura circularis mobilior est : 1, quia in omni positu dimidia sui parte quoversum ad planum acclinat ; ideoque sphæricum ad latus quacunque vi movebitur, quæ aërem impulsu , vel tractu dividere poterit : cum unicus aër circumstans motum impediat. Hinc perpetua est circuli propensio ad motum : quo vero circulus major fuerit tanto nutus ejus , seu propensio ad motum major erit , quia extremitas diametri majoris remotior est à loco suo naturali, ad quem propterea magis conatur, est autem nutus , seu* ρωπὴ *vis à Deo unicuique rei impressa, qua in loco suo naturali quiescit , & volenti eo dispellere , resistit : quæ resistentia dicitur* ἀντιτυπος. *Cum autem omnis circulus infinitos concentricos intra se contineat , omnis peripheria nutum habet infinitum , ac proinde perpetuum ad motum.* De plus dans la prop. 8. *Ex illo autem perpetuo nutu fit ut cum globum voluimus eum ita veluti proprio nutu se moventem moveamus ;* (c'est ce que l'on doit entendre aussi de la puissance de la poudre, & de la force imprimée sur le boulet) *nam post motum ad centrum universi maximè circularem desiderat : & linea perpendicularis ducta à puncto contactus ad diametrum globi , demonstrat eum esse in æquilibrio : quælibet autem vis duo pondera æquilibria ab hoc statu æquilibri dimovere potest.*

Ces raisonnements nous demonstrent évidemment qu'un globe spherique ou approchant d'une telle forme , rompt le corps de l'air dans sa course bien plus facilement , & penetre quelque milieu que ce soit avec bien moins de difficulté, qu'un cylindre qui aura les bases plates. Mais quelqu'un me pourra objecter icy, qu'il n'est pas possible qu'un cylindre , ait toujours la base opposée à l'encontre de l'air, ny qu'il passe à travers ces espaces aëriens, comme si c'estoit une flesche ; car il peut arriver que sa superficie convexe coupera l'air, ou qu'elle roulera dans l'air, luy opposant tantost sa base plate , tantost sa superficie convexe. Je réponds à cecy premiérement, que le feu sortant du tuyau pourra aisément faire en sorte qu'une de ce bases, sçavoir celle qui est opposée au tuyau, ou à l'orifice du globe par lequel le feu doit sortir, marche devant, & que l'autre la suive, trainant apres soy la flamme du feu côme une longue queuë. 2. La superficie courbe du cylindre touchera l'air en beaucoup plus de points que la sphere ; quoy qu'ils soient tous deux d'une mesme pesanteur, ou soit que la hauteur, & la largeur du cylindre soient mesme égales au diametre de ladite sphere. En ce cas la disposition du cylindre est fort contraire au mouvement, qu'il peut avoir receu. 3. Que si ce cylindre roule de telle sorte que les bases pressent & poussent alternativement l'air circonstant, & le mouvement empeschant, avec la superficie courbe. Qui est celuy qui ne void assez qu'il ny pourroit pas avoir beaucoup de difference entre ce mouvement, si d'avanture une de ces bafes attaquoit toûjours l'air directement : car elle rencontreroit tous-jours la mefme refiftance auffi bien dans une fituation comme dans l'autre. Mais quoy qu'il en arrive, ou foit que le cylindre roule , comme c'eft un ac-cident fort commun aux globes , à caufe de leur figure qui eft naturelle-ment difpofée à cete action , ou foit qu'il ne roule pas , fi eft-il certain que fon mouvement, ne reffemble en rien à celuy du globe fpherique, bien loing d'en égaler le mouvement.

Je pafferay icy fous filence de mon bon gré quantité de chofes admi-rables que j'aurois pû produire ici en faveur de la figure ronde. Toûtefois je ne puis fans crime paffer outre,fans que je vous faffe paroiftre encore une fois Scaliger, cét efprit tout à fait divin, pour vous dire luy mefme ce qu'il a remarqué, & diligemment obfervé dans la fphere ; adjoûtons donc-ques fes raifons,à celles que nous avons de-ja rapportées cy deffus, voicy fes parolles dans fon execit : 30. 1. *Quocunque motu moveatur globus , eandem fui generat in fenfu fpeciem : aliæ figuræ non item.* 2. *Super uno puncto in gy-rum motus loco eodem fruitur femper , quod & Pyramidi evenit , fed circuli ra-tione. Idem globus fi mutat locum , aliam à fe figuram defcribit in aëre , quippe columnarem. Simul verò lineam actu creat , quæ in ipfo non eft , nifi in potentia , fuper planicie , qua labitur , fimul folum corporum pro bafi punctum habet : quod eft maximé admirabile. Quo fiat modo , ut quod non eft fuper eo folidum quiefcat corpus.* 3. *Uno eodemque motu movetur duobus motibus contrariis , furfum , ac deorfum : fi fpectas circumferentiam : non dico de cælo nunc , fed de globe æneo, aut rota. Quorum alia quoque fit contrarietas : quippe devergens naturalis eft , fubiens vero non naturalis , quare uno motu duos efficit contrarios motus , in cor-poribus,quæ contingit.* 4. *Cum fit unum corpus continuum: ejus tamen partes a-liæ aliis celerius moventur. Celerius enim duobus modis intelligitur : aut cùm in breviori tempore tantumdem æquè fpatii , occupatur , aut cum in eodem tempore plus. Quæ igitur ad ambitum partes funt, plus evadunt fpatii, quàm quæ ad axem.* Mais faifons le parler François affin que chacun l'entende. Il dit doncques 1. que de quelque mouvement qu'un corps puiffe eftre meu , il engendre toûjours dans nos fens une mefme efpece de foy mefme : ce qui n'arrive point aux autres figures. 2. Eftant pyroüetté fur un point, il occupe tous-jours le mefme lieu, action qui eft auffi commune à la pyramide , à caufe de fon cercle. Que fi ce mefme globe change de place , il d'écrit en l'air une figure toute autre que la fienne propre, à fçavoir une colomnaire ; il pro-duit auffi tout d'un temps une ligne réellement, & actuellement, laquelle n'eft pas en luy finon en puiffance ; eftant pofé fur un plan bien plat, il eft le feul de tous les corps qui n'a qu'un point pour fa bafe : ce qui eft tout à fait admirable ; comment doncques fe peut il faire , que ce qui n'eft pas,puiffe fur foy faire repofer un corps folide,& le fouftenir. 3. Par un feul & fimple mouvement qu'on luy peut donner. il eft neantmoins meu de deux dire-tement contraires, fçavoir d'un montant, & d'un autre defcendant, au regard de fa circonference: je ne parle pas icy du ciel,mais de quelque bou-let d'airin,ou d'une roüe,entre lesquelles , que ce foit il s'y recontre encore une autre contrarieté fort grande,par ce que celuy qui tend vers le bas , eft naturel , mais celuy qui monte vers le haut eft non naturel, c'eft ce qui oblige à dire, que d'un feul mouvement il en produit deux autres tous con-traires dans les corps qu'il touche. 4. Or quoy qu'il foit de foy un corps continu, fi toutéfois quelques unes de fes parties font-elles meuës par un mouvement bien plus vifte que les autres: mais ce mot de plus vifte fe doit entendre en deux fens , ou parce qu'il occupe autant d'efpace en moins de

temps

temps, ou parce qu'il en occupe d'avantage dans le mefme temps. Voila pourquoy les parties qui fe treuvent dans le tour fuperficiel, font beaucoup plus de chemin, que celles-là qui font à l'axe.

Enfin le cercle, & la fphere ferviront de bornes à ce corollaire, quoy que eux mefmes n'en fouffrent aucun; & qui plus eft nous ne terminerons pas feulement ce corollaire, mais auffi cete prefente année mil fix cens quarente neuf, de laquelle noftre preffe employe les dernieres heures, à imprimer ces lignes. Avec l'aide de Dieu le jour de demain nous apportera un nouveau corollaire, auffi bien comme un nouvel an, an plein de fainteté, an de ce grand jubilé, tant foûhaité de toute la chretienneté. Cete puiffance infinie, laquelle n'a ny commencement ny fin, a aujourd'huy achevé de tracer la circonference, & le cercle d'un œuvre admirable, dans lequel toute ame doit faire fon cours, fans paffer les bornes qui luy font prefcripts. Demain elle en recommence un nouveau lequel je foûhaite plein de bonheur, de paix, & de joye univerfellement fur toute la terre; fuppliant cete puiffance & bonté ineffable, qu'areftant un des pieds du compas de fon amour dans nos cœurs, & dans nos ames, que de l'autre il y trace, & décrive un nouveau cercle, en excitant dans nous des nouveaux degrez de viteffe qui nous puiffent conduire directement, dans les contentements perdurables de la beatitude eternelle; afin qu'eftas éloignez des premiers termes de cete puiffance mouvente, qui nous porte naturellement à fuivre, & appeter les viciffitudes d'une fortune mondaine, nous ne courions plus de risque parmy les dangereux efcüeils de noftre follie. Mais au contraire que tournât toûjours par un mouvement circulaire & perpetuel fur les plaines égales de la force & de la conftance, nous puiffons retourner à noftre premier terme, & rentrer dans le point d'où nous fommes fortis, qui eft le ciel, pour y poffeder la vie eternelle.

COROLLAIRE II.

De diverfes fortes de Petards Pyrotechniques, preparez pour divers ufages dans l'Art Militaire.

Outre cete Efpece de Petards laquelle nous avons décrite cy deffus au Chap. 1. des Globes à feu les Pyrotechniciens en ont encore quantité d'autres qu'ils mettent en ufage. Mais comme je me fuis propofé d'abord de ne traiter en cét ouvrage que des principales inventions pyrotechniques, & des plus ingenieufes, & artificielles, ou tout au moins de celles qui feroient les plus en vogue dans nos pratiques militaires: Voila pourquoy rejettanr toutes celles que i'ay creu inutiles je m'en vay faire voir à noftre pyrotechnicien les figures des Petards qui font marquées du nomb. 151. fous les lettres A,B,C,D,E,F,G,H,I,K,L. La premiere figure marquée d'un A, ne differe en rien de celle que nous avons deffeignée au nombre 137. Outre les boulets à feu, où l'on les employe, elles peuvent eftre auffi fort commodement ajuftez, dans les Bouquets, Couronnes, Sacs, Cercles à feu, Flefches ardentes, & Lances à feu: comme auffi les deux autres figures fuivantes marquées de B & de C, lefquelles peuvent auffi fervir pour les mefmes ufages, quoy qu'à la verité elles foint differentes de la premiere en quelque petite chofe. On tirera la raifon de la grandeur & groffeur des Petards, de la grandeur & groffeur des corps, où l'on les veut faire fervir: quoy que fi l'on fe veut s'arefter à une proportion determinée, on pourra donner à leurs ori-

M m 3

fices

fices le diametre d'un boulet de plomb d'une once, ou de deux tout au plus; pour ce qui touche leur hauteur, on leur donnera 5 diametres sans compendre la pointe. Voila la proportion la plus legitime, & la plus propre qu'on puisse leur donner. Pour le regard de leur charge, il faut avoir recours à ce que nous avons dit cy dessus, pour éviter une redite, qui vous seroit peut-estre ennuyeuse.

Les autres especes de petards sont beaucoup plus grandes, & s'ajustent ordinairement dans les globes de bois desquels ie vous donneray la construction dans les Chap. suivants. La premiere que nous avons marquée dans le mesme nombre de la lettre D, est totalement semblable & de mesme nature que celle que nous avons décripte dans l'espece superieure des petards recreatifs sous le Nomb. 107 en la lettre A. La construction de ces petards est fort facile, joint que la figure est assez intelligible pour vous la faire concevoir. On la charge ordinairement de poudre grenée, jusques à la hauteur des deux tiers de sa propre hauteur : le reste de sa capacité se peut remplir de quantité de balles de plomb ; puis on la bouche bien serrée avec du papier ramassé, ou avec des estoupes mises en plotons.

L'autre petard que nous avons marqué d'un E, est triple en sa figure, c'est à dire qu'il en comprend deux autres moindre que luy, quoy que veritablement luy mesme soit totalement semblable à celuy que nous avons immediatement descrit, & marqué d'un D; il est outre cela percé de cincq petits trous, depeur qu'il ne manque à prendre feu, dont il y en a quatre par les costez diametralement opposez l'un à l'autre, & le cinquiéme est au fonds. Pour ce qui regarde la construction des deux autres qui sont marquez d'un F & d'un G, ils ne different gueres de la composition de ces petards lesquels nous avons desseignez cy dessus au nombre 106. On preparera doncques ces trois icy en telle sorte que le premier enferme le second, & le second le troisiéme. Le plus grand des trois marqué sous la lettre E, se remplit ordinairement de poudre grenée, jusques à la moitié de sa hauteur ; ou tout au moins le reste du vuide qui excede la hauteur de celuy du milieu; puis vous adjustez sur sa charge, le moyen dans lequel vous engagez le dernier, & le plus petit, chargé de poudre, & de quelques balles de plomb ; apres avoir au prealable remply celuy du milieu de poudre grenée, de mesme que le plus grand. J'entends à la hauteur du vuide d'ont il excede le plus petit. Outre tout cecy, tant celuy du milieu que le plus petit, ont leurs chambres particulieres remplies d'une matiére lente, dont nous avons décrit plusieurs compositions cy dessus.

Le troisiéme petard marqué en la lettre H, represente en sa figure un petit tuyau de fer, ou de cuivre sans fonds. Lors que l'on le veut charger, on divise premiéremêt toute sa hauteur en trois parties égales en telle sorte que celles qui sont aux deux extrémitez puissent estre chargées de balles de plomb : mais celle du milieu se charge de poudre grenée. On mets seulement des petites rotules de papier, pour separer les balles d'avec la poudre; on en mets autant aux deux bouts, pour en boucher les l'orifices. On y perce aussi deux petits trous pour amorcer, ou bien quatre si l'on veut, afin d'introduire plus aisément le feu dans la poudre ; on les percera justement au milieu du Petard.

Le quatriéme Petard qui se void en I, n'a besoin d'aucune explication pour se faire entendre ; car il observe la mesme preparation que ceux dont nous auons donné les profils en F, & en G, il n'en est different qu'en une cho-

chofe feulement, à fçavoir qui va toûjours feul, n'en loge aucun chez foy, & ne veut point eftre logé dans un autre pour eftre employé dans les globes.

Enfin ces Petards K & L, l'un defquels reprefentè une croix dans fa figure, & l'autre un équiére ; fe chargent ny plus ny moins que les fimples Petards ; on engage dedans pareillement quelques balles de plomb, ou plufieurs, fuivant qu'ils font plus ou moins capables. Je laiffe le refte de leur conftruction à la difcretion de l'ouvrier diligent, & judicieux.

COROLLAIRE III.

De diverfes formes qu'on peut donner aux ligatures des boulets à feu, & des noms qui leur font les plus conuenables.

Veritablement je ne treune rien de plus difficile dans toute matiere, que de pouvoir exprimer par paroles & par des noms propres, les chofes que nous ne conneffons que par un maniement continuel. ou par un habitude qui s'acquere dans l'ufage que nous en faifons ; jufques là mefme qu'à grand' peine les yeux, qui en font tefmoins, peuvent ils faire un fidel rapport à noftre jugement de ce qu'ils voient conftruire par les mains d'un autre. Pour vous en dire la verité, la pratique manuelle eft de telle confequence dans toutes fortes d'arts lors qu'on veut s'en acquerir la perfection, que fi vous ne pouvez par mettre en œuvre les chofes que vous avez de-ja conceuës, imaginez vous que vous poffedez une ame toutà fait detachée de fon corps. Au refte le deffein, & la peinture, ne fervent pas de peu, pour inftruire les autres, dans quelque chofe qu'ils ignorent ; voila pourquoy ie vous ay deffeigné touchant le ligamment des globes, tout ce qui a pu tomber fous le pouvoir de ma plume, & du burin ; & ce qui fe pouvoit mettre devant les yeux, pour en faire concevoir la belle cymetrie ; ie veux dire tous ces neuds pyrotechniques, & les diverfes revolutions des ligamments, par lefquels on a de coûtume, de lier, bender, & ferrer les globes à feu, pour les rendre plus fermes, & afin qu'ils refiftent mieux à la violence de la poudre, depeur que quelques uns ne fe rompent avant le temps ordonné pour leurs effets.

Les pyrotechniciens ont inventé des noms tous divers pour la ligature des globes fuivant les differentes formes qu'on leur donne. Le premier & le plus fimple de tous eft celuy dont nous nous fommes fervy dans les figures deffeignées, au nombre 136 & 138, les Allemands l'appellent *Riebbondt* ; cét autre qui eft fait de mille entrelas fur la figure du nombre 137 eft appellé par les mefmes *pallen bundt* celuy duquel le nombre 142 eft relié, n'en differe en rien : en fin les plus fortes, & le plus artificieufes ligatures qui fe puiffent faire, & imaginer font celles qui enveloppent les globes, marquez des nombres 140, & 144, il reprefentent dans leur entrelas, & dans leur differentes circonvolutions l'un comme une rofe, & l'autre un limaçon, c'eft ce qui oblige les Allemands à les nommer de ces mots *Rofen* & *Schneckenbundt*. Pour ce qui touche le refte de cete matiere, enquerrez vous en des Pyroboliftes fçavants dans cete pratique, pour moy ie fuis preffé d'ailleurs, il faut que ie continuë mon chemin.

Cha-

Chapitre V I

D'un Boulet de bois chargè de grenades à main.

Tout ainsi comme l'usage des grenades à main (comme nous avons dit cy dessus) est fort frequent dans la pyrotechnie ; aussi est-il fort divers dans les occurrences militaires : Il ne faut avoir qu'un Ingenieur à feu qui soit seulement habile homme, & bien entendu, pour les pouvoir mettre en œuvre en temps & lieu ; or de tous les moyens qu'il pourroit choisir pour élancer quantité de grenades ensemble à l'encontre des ennemis , celuy-cy en est un des plus notables, & des mieux inventez.

On évuide un globe de bois duquel la hauteur entiere à la largeur (laquelle se doit prendre du diametre de l'orifice du mortier)a une proportion supertripartiente les quartes, c'est à dire qu'elle est comme 7 est à 4, quoy que la sesquialtere luy convient assez bien. Le fonds aura d'espaisseur demy diametre à cause de la violence de la poudre ; il sera exterieurement arondy; mais par dedans il sera plat & circulaire : L'espaisseur des costez sera de ⅐ de toute la largeur entiere. Le chapiteau, ou couvercle aura pareillement la forme d'un hemisphere concave par dedans, & convexe par dehors: il se rejoindra avec le globe par un emboitement fort exact.

On engagera dedans par l'orifice superieur un tuyau de bois, de fer, ou de cuivre, qui aura de longueur la moitié de la hauteur du vuide, mais son espaisseur égale à celle des costez du globe, c'est à dire ⅐ de la largeur : On chargera ce tuyau de quelqu'une de ces compositions que nous avons ordonnées cy devant pour la charge des tuyaux des grenades.

On farcira le ventre dudit Globe de quantité de grenades à main, ie veux dire de tant qu'elle en pourra contenir ; puis on remplira les espaces vuides d'une bonne poudre grenée.   Sur toutes choses on observera bien diligemment que tous les petits tuyaux des grenades soient tournez vers le milieu du globe, c'est à dire vers le fonds du grand tuyau ; afin que tous ensemble puissent prendre feu.

Le tout estant bien ordonné de la sorte, les commissures de l'emboitement du chapiteau avec le globe, seront colléez fort & ferme d'une bonne colle, puis l'ayant enduit par tout sa superficie de poix liquide, ou de tarque, on l'enveloppera de linge & d'estoupes imbuës de la mesme drogue; tout le reste se peut assez connestre par la figure.

Chapitre V I I.

D'un Globe de bois composé de plusieurs autres.

Ce globe que ie vous donne au nombre 153 est en quelque façon semblable en effet, & en figure à ce boulet à feu desseigné au Nomb. 141, & décrit dans la 4. espece des mesmes globes.   Voila pourquoy ce qui a esté dit cy dessus touchant la proportion des petits boulets au plus grand qui les contient, sera icy observé: outre cela on remarquera les particularitez suivantes, qui sont propres & peculieres à ce globe.

1. Le

1. Le Pyrobolifte prendra la groffeur des globes telle qu'il luy plaira pour moy ie leur ay donné dans noftre figure ; de leurs diametres.

2. Les globes feront autant ronds qu'il fera poffible ; tant à caufe de la capacité de cete figure, que de fon excellence, joint que c'eft la plus commode de toutes, comme nous avons fi fouvent redit cy deffus.

3. Les hemifpheres s'emboiteront bien proprement & juftement les uns dans les autres, à fçavoir des trois globes B C D; car pour le regard du quatriéme A, il n'eft pas fait de bois mais bien de fer: c'eft à dire que c'eft une grenade chargée de tous coftez fur la partie convexe de balles de plomb quoy qu'à la verité, ces trois premiers puiffent auffi bien eftre de fer fi l'on veut, cela depend de la volonté du pyrobolifte. Suppofé doncques qu'ils foient de bois (ce qui ne les rend pas mefprifables) apres avoir premiérement remply tous les vuides d'une bonne poudre grenée, & de ces petards de fer, ou de cuivre que nous avons décripts cy deffus; les plus propres pour ce globe font marquez en la figure 151 fous le lettres D E H I K L. Vous collerez bien fort les commiffures & les emboitements, par où les hemifpheres fe joignent (ie ne vous dis rien icy de l'ordre qu'on doit tenir pour mettre les globes les uns dans les autres, veuque cela eft fort aifé à remarquer par le profil de la figure mefme) Il faut toutefois diligemment obferver que la grenade foit pofée en telle forte dans le plus petit des trois, qu'elle ne puiffe vaciller de cofté ny d'autre ; mais que l'orifice de fon tuyau foit directement oppofé au fonds du tuyau du plus petit boulet ; puis vous arrrefterez avec de la colle le fecond & le troifiéme bien ferme contre le cylindre attaché au fonds du plus petit, (fans rien obmettre de ce que la figure vous reprefente) chacun d'eux apres fera muny tout à l'entour de lames de fer larges de deux ou trois doigts, & fort aifées à plier, afin qu'on les puiffe plus commodement ajufter fur la partie convexe des globes : en fin on les enveloppera de linge, ou de groffe toile imbuë de goûdron. On pourra auffi les relier, & les bander avecques des bonnes & fortes ficelles, ni plus ny moins que les boulets à feu. Que fi d'avanture vous les faites conftruire de fer, il n'eft pas befoin d'autres ceremonies, finon que de bien fouder les jointures par où les hemifpheres s'emboitent. Toutefois je crains bien fort, qu'à caufe du puiffant effort qu'ils reçoivent en tombant de haut fur un terrein dur, les foûdures ne fe relachent; ou qu'ils ne fe rompent tous en piece. C'eft pourquoy on ne fera pas mal fi on les relie de bonne & forte ficelle, fuivant l'ordre de la ligature que nous avons dit avoir la figure d'une roze ; laquelle eft la plus forte & ferme de toutes celles dont on fe puiffe fervir dans les enveloppes des globes pyrotechniques.

4. Tous les tuyaux qui fe font de lames de metail, ou fi vous voulez de bois, pour l'ufage des globes, doivent eftre proportionnez en telle forte que la grandeur des globes le requiert ; & de la mefme façon que vous les voyez deffeignez dans leur figures. En fin on les chargera de quelqu'une de ces compofitions que nous avons ordonnéez pour la charge des tuyaux des grenades.

Au refte ie crois que ce feroit le plus court; de ne rien dire du tout, que de dire peu de chofe des meruilleux, & efpouvantables effets de ce globe l'oferay pourtant bien affeurer que fi l'on l'envoye en cét eftat au milieu des ennemis, enforte qu'y tombant à l'improvifte, & fans qu'auparavant ils s'en meffient, ils n'ayent pas le loifir de fe fauver promptement, il fer un tel defordre, tuera, & maffacrera pour le moins autant d'hommes que

Nn

cent

cent mousquetaires pourroient faire dans une décharge à travers un bataillon.

Remarquez premiérement que ie n'ay desseigné dans mon profil que trois globes seulement renfermez dans le plus grand ; mais ie veux bien que vous sçachiez qu'on y en peut mettre d'avantage ; pourveu toûtefois qu'ils soient toûjours proportionnez à la grandeur,& capacité du premier globe ; car celuy-cy doit toûjours se rapporter au vuide du mortier.

Remarquez en second lieu qu'au deffaut des mortiers on pourroit fort commodement jetter ces globes avec les balistes : si tant est que vous treuviez bon de les remettre en credit, & leur donner quelque rang parmy nos machines modernes.Ie m'imagine que ce discours donnera sujet de rire à ces petites gens qui ne voient pas plus loing que le bout de leur nez: mais c'est de quoy ie ne mets gueres en peine s'ils s'en rient où s'ils s'en raillēt,car un chacun sçait assez que ces ames peu sensées ne peuvent s'empescher de s'opposer à la verité,& que l'ignorance tient leurs esprits tellement hebetez qu'il leur est impossible de souffrir les lumieres de la raison,qui est fille legitime de la verité , laquelle de soy est tres splendide , & trop éclattante pour des yeux si foibles que les leurs. Pour moy ie m'arreste au jugement des grands personnages qui ont eu la connoissance de l'art militaire tant ancienne que moderne, sans m'amuser à vouloir persuader ces esprits de contradiction, qui ne treuvent rien de bon que les productions de leurs esprits.

Remarquez en troisiéme lieu que l'on peut faire partir ces globes hors des mortiers, avec un feu seul,ou bien avec deux,ny plus ny moins que les grenades , & les boulets à feu ; mais on aura soin de les garnir de bassins de fer (si d'avanture ils sont de bois) afin qu'ils puissent supporter plus aisement la violence de la poudre.

Chapitre VIII.

De la Pluye de feu.

Les Pyrobolistes entre plusieurs inventions desquelles ils se sont advisez, ont inventé un certain feu d'artifice, pour envoyer de loin le feu dans les maisons des places assiegéez, & sur celles-la particuliérement qui ne seront couvertes que de bardeaux, de lates, de paille, de chaûme, ou de roseaux seulement, (comme nous avons de-ja dit cy dessus) lequel il ont appellé pluye de feu, qui est ce que les Allemands expriment d'un mot de pareille substance *Fewer-regen*. La methode que l'on garde pour le preparer est de-ja assez connuë.

Faites fondre 24 ℔ de soulfre dans quelque vaisseau de terre fort l'arge,& ouvert d'emboucheure comme ces rafraichissoirs, sur des charbons ardents sans flamme neantmoins & sans fumée. Iettez-y dedans par apres 16 ℔ de salpetre, & à mesure qu'ils se fondront, brovillez-les bien ensemble avecque une spatule de fer, afin qu'il s'incorpore mieux avec le soulphre ; aussi tost qu'ils seront fondus tirez-le vaisseau du feu, de peur que le feu ne s'y prenne ; puis versez dans cete matiére dissoute 8 ℔ de poudre grenée. Or cependant qu'elle se refroidira, meslez bien fort & bien viste le tout avec la spatule ; puis estant refroidie versez toute ce composition sur un marbre bien poly, ou sur quelques lames de metail,puis la separez toutes en pieces

&

& en morceaux, gros comme des noix italiques, ou comme des pommes
fauvages. Puis les ayant tous enveloppé d'un peu d'eſtoupes pyrotechniques, & faûpoudrez de farine de poudre battuë, vous les enfermerez tous dans un globe de bois ; tel que vous en voyez un ſous le nombre
154: cedit globe a la meſme proportion, que les recreatifs aëriens deſſeignez ſous les nombres 96 & 97 &c. Puis apres rempliſſez moy bien les
eſpaces vuides qui ſe rencontrent entre ces morceaux de compoſition, d'une
bonne poudre grenée. En fin ajuſtez bien proprement à l'orifice du globe un
couvercle lequel vous collerez bien avec de la colle forte & chaude, puis le
couvrez de tous coſtez d'un linge trempé dans du goûdron.

La chambre de l'amorce ſe pourra remplir d'une matiere lente, telle que
nous en avons décript une cy deſſus pour les amorces des Globes recreatifs:
ou ſi vous le treuvez bon, quelqu'une de ces compoſitions dónt on ſe ſert à
charger les tuyaux des grenades y pourra fort bien eſtre employée: pour ce
qui eſt du reſte des circonſtances qu'on doit obſerver dans la preparation de
ce globe, elles ne different en rien de l'ordre que l'on tient pour preparer
les globes recreatifs. Voila pourquoy vous pouvez franchement y retourner pour vous en rafraichir la memoire.

Ie vous adverty ſeulement icy d'une choſe, qu'il faut tellement ſituer le
mortier, & l'élever juſques à une telle hauteur ſur l'horizon, ou le faire de-
cliner en telle ſorte de la perpendiculaire vers l'horizon, que le globe ſe
puiſſe rompre dans l'air. Par ainſi ce globe apres ſa diruption vous repreſentera une veritable pluye de feu, deſcendente, & eſparſe çà & là parmy
l'air apres que ladite matiére aura eſté allumée par la force de la poudre renfermée dedans : parce meſme artifice elle tombera, & s'eſtendera ſur pluſieurs batiments, & meſme les embraſera avec autant de facilité que ſi le
globe entier eſtoit tombé ſur une maiſon ſeulement.

Outre cete compoſition que nous avons donnée cy deſſus pour une matiere liquide (que les Allemands ont appellé *Geſchmoltzen-zeug*) vous pourrez
vous ſervir auſſi de ces ſuivantes, dont la preparation n'eſt en rien diſſemblable, à celle de la ſuperieur.

1.

Prenez du Soulfre 3 ℔, du Salpetre 1 ℔, de la Poudre grenée 1 ℔, de la
Limure de fer ℔ ß, du Verre pulverizé ℔ ß.

2.

Prenez du Soulfre 1 ℔, du Salpetre 1 ℔, de la Poudre grenée 1 ℔,

Ces deux compoſitions ſont de Joſeph Furtenbach, auſſi bien comme
les ſuivantes, leſquelles deviennent extrémement viſqueuſes lors qu'elles
ſe reſoudent en feu, mais ie vous dis viſqueuſes dans un tel point que pour
leur lenteur, & tenacité il eſt impoſſible de les arracher, ou de leur faire
quitter le lieu où elles ſe font une fois attachéez. Ceux qui ſont experts dans
cét art aſſeurent, (avec cét autheur) que ces compoſitious peuvent percer de part en part, une cuiraſſe de fer aſſez forte : ce que i'ay moy meſme
experimenté; ſur une lame de cuivre épaiſſe pour le moins d'une ligne, c'eſt
pourquoy ie vous les donne pour bonnes, & pour eſpreuvéez.

3.

Prenez du Soulfre ℥ j, du Galbin ʒ iiij, du Salpetre ʒ iiij, de la poudre grené ʒ iiij.

4.

Prenez du Soulfre ℥ iiiij, du Salpetre ℥ ij, de la Colophone ℥ j, de la Poudre grenée ℥ı ß.

N n 2

Dans

Dans la magie naturelle de Iean Baptiste de la Porre Lib. 2.Chap. 10, on
treuve deux compositions toutes semblables,décrites suivant l'ordonnance
qui s'ensuit.   *Bellica sæpe instrumenta hujusmodi compositionibus replentur, in-*
de igneas quasdam emittunt pilas eminus, & disrumpuntur, (c'est icy où il
s'accorde fort bien avec nous) *quas sic parant: Pulverem hunc obvolvunt stuppâ*
ac mixtura quam diximus (car un peu auparavant il a décrit une composition
qui brûle dans l'eau,qui est une invention tout à fait admirable,& de laquelle ie vous ay donné plusieurs descriptions ailleurs) *illinunt & implicant, &*
concavas machinas replent pilis,& mixturâ vicissim inspersis, igneq; admoto in ho-
stiũ congressibus pilæ per aëra projiciuntur accensæ. Quod olei vicem expleat,& ar-
dentius exuratur immittunt aliqui suillum adipem, anserinum, sulphur ignem
non expertum, quod Græci vocant ἄπυρον *sulphureum oleum, & naphticum, sal-*
nitrum sæpè purgatum, ardentem aquam, therebythinam resinam, liquidam
picem, quam omnes Kitram vocant, vulgo dictam liquidam vernicem, vitello-
rum ovorum oleum, & aliquando ut molem his addat, & liquida inspisset omnia,
lauri scobem immiscent : iis vitreo vase occclusis illud sub fimo condito, per men-
ses duos vel tres, alternis semper denis diebus innovando fimum, & remiscendo.
Exemptæ inde compositioni, si ignem adjeceris, ardere non desinit, nisi tota fue-
rit absumpta, aquæ enim aspersione, non restinguitur, immò accenditur: ve-
runtamen luto, terrâ, pulvere, & omnino quibusvis aridis suffocatur : si cassidi,
clypeo, & armatis hominibus injeceris, igne candentes reddit, ut comburi cogan-
tur, aut arma exuere.

Aliud trademus, quod valentioris est operationis, terebynthinæ resinæ, picis li-
quidæ, & vernicis, inde picis, thuris, & caphuræ pares portiones, vivi sulphu-
ris sesquitertium, salisnitri purgati duplum, ardentis verò aquæ triplum, & tan-
tundem naphtici olei; sed salicis pollinis carbonum pusillum adjicias. Hæc simul
conficiantur, & in globulos effingito, vel ollulas reple : sic exurit, ut extinguere sit
*vanum.*On charge(ce dit il) fort souvent les machines de guerre de semblables compositions, avec lesquelles ils envoyent de loing certains boulets
remplis de feu qui se rompent, & se brisent en mille morceaux,on les prepare de la sorte qui s'ensuit ;On enveloppe premirement cete poudre avec
de l'estoupe laquelle est imbuë de cete composition que nous avons dit,
puis ils remplissent les vuides des machines à feu, de boulets trempez de
cete dite mixtion, bref apres y avoir mis le feu,ils envoyent ces balles dans
l'air lors qu'ils abordent l'ennemy pour le combatre. ·Quelquêfois au lieu
d'huyle ils jettent dans ces compositions pour les rendre plus ardentes, de
l'axunge de porc,ou de la graisse d'oye, avec du Soulfre vierge, ou qui n'a
jamais passée par le feu, que les Grecs appellent ἄπυρον,outre cela de l'huyle de soulfre, de l'huyle naptique, du soulfre bien purifié, de l'eau de
vie, de la resine therebinte, du tarc,ou poix liquide que quelques uns appellent *Kitre*, & vulgairement nommé vernis liquide, ou pour mieux le
faire entendre du Goûdron, ils y adjoutent encore l'huyle d'œufs, & quel-
quêfois aussi pour donner corps à ces choses liquides, il y meslent de la raclure de bois de laurier. Tous ces ingredians, renfermez dans un vaisseau de verre,on le cache sous du fumier, pendant l'espace de deux ou trois
mois, renouvellant toûjours le fumier de 10 en 10 jours, & remüant de
temps en temps la drogue contenuë dans le vaisseau. Cete composition
s'acquere par ce moyen une telle qualité,que si apres l'avoir tirée de là,vous
y mettez le feu, elle ne cesse de brûler, jusques à ce qu'elle soit tout à fait
comsommée ; car on a beau y ietter de l'eau, elle ne s'esteint point du tout,
au contraire le feu s'en augmente d'avantage, & s'opiniatre tellement à
                                                                                      sub.

ſubſiſter dans cete matiere malgré la froideur & l'humidlté de ſon ennemy,
qu'il luy eſt impoſſible de le ſupprimer : que ſi d'avanture cete matiere tombe ſur un caſque, ſur une ſalade ou ſur des hommes chargez d'armes, elle vous les fait paroiſtre tout de feu, & de flamme, en telle ſorte que ceux
qui en ſont atteints, ſont contrains de quitter là leurs armures, & tout leur
harnois de guerre bien promptement, ou d'eſtre brûlez tous vifs.

Ie vous en donneray encore une autre qui fera des effects pour le
moins auſſi eſtranges que celle-cy. Prenez par exemple de la therebenti-
tine, du tarcq, & du vernis, de la poix, de l'encens, & du camphre, autant de l'un comme de l'autre ; du ſoulfre vif un ſeſquialtere, du ſalpetre
clarifié le double, de l'eau de vie le triple, avec autant d'huyle naptique ; à
quoy vous adjouſterez un peu de poudre de charbon de ſaulx. Tous ces ingredians ſeront bien meſlez enſemble. Puis vous en formerez des balles, ou
bien vous en remplirez des petits pots ; cete compoſition reçoit le feu avec
tant d'avidité, que c'eſt perdre ſes peines que de l'en vouloir ſeparer. Que
ceux qui auront le loiſir, & les commoditez aſſez grandes pour en employer quelque choſe à la preparation de ces compoſitions, qu'ils en faſſent
s'il leur plait les experiences, & ils en verront les effets tels que ie viens de
dire.

COROLLAIRE I.

Ces compoſitions que ie vous ay décrites cy deſſus (ſauf les deux prece-
cedentes qui ſont tirées de la magie naturelle du Sieur de la Porte) doivent neceſſairement eſtre fonduës ; puis bien meſlées, & incorporées enſemble : en quoy veritablement on court grand riſque de ſe brûler. Et ie
me ſouviens d'avoir veu autrefois certains Pyroboliſtes, à qui le malheur arriva, faute de prevoyance, de ſe brûler les mains, la face, & les cheveux,
& conſequemment contraints que quitter là leur ouvrage. Or pour éviter
des pareilles accidents, ie vous donne icy une compoſition, qui n'a aucunement beſoin d'eſtre fonduë ſur le feu, qui pourtant produit les meſmes effects que les precedentes.

Prenez du Soulfre 16 ℔, du Salpetre 8 ℔, de l'Antimoine crud 2 ℔, de
la Poudre 4 ℔, battez bien toutes ces matieres, meſlez-les, & les incorporez bien enſemble : diſſoudez par apres de la colle commune dans de l'eau
boüillie, ou ſi vous voulez de la gomme arabique, ou de prunier, ou de ce-
riſier dans de l'eau froide, ou tiéde ſeulement, & la verſez ſur voſtre compoſition, dans un pot de terre verniſſée, ou dans quelque autre vaiſſeau
de fer, ou de cuivre : meſlez bien le tout avec la ſpatule, ou avec les mains :
formez par apres des boulets telle groſſeur que vous jugerez le plus à propos ; ou pour avoir pluſtoſt fait verſez voſtre compoſition ſur une lâme de
fer, puis la coupez en morceaux octangulaires, ou faits à peu prés comme
des cubes ; leſquels vous expoſerez au ſoleil pour les faire ſeicher, ou bien
vous les mettrez dans un poëſle, où ils ſe deſſeicheront peu à peu. En fin
quand vous en aurez beſoin, vous en chargerez vos globes ſuivant l'ordre &
la methode que nous avons donnée cy deſſus.

COROLLAIRE II.

Que cete pluye de feu, laquelle nous avons ſi amplement décripte cy deſſus, ait tirée ſon origine du feu Grec des Anciens, les teſmoignages
des antiquitez nous en font aſſez de foy. Quelques uns (comme nous avons
dit cy devant au Chap. 2. Liv. 2.) en attribuënt l'invention à un certain Mar-

cus Grachus ; mais neantmoins Iean Zonaras nous asseure qu'il a esté inventé par les Grecs auparavant les temps de Constantin Pogonat Empereur des Grecs.   Nicetas Choniates *in Iaacio*, en parle de la sorte.   *Injicitur ædsiciis miserorum qui ad mare siti ignis Græcus , quem tegentibus quibusdam vasis sopitum habuerant , is statim more fulminis erupit , & exiluit , & incendit quæcunque naclus est , & incidit.*   Il dit qu'on jettoit sur les edifices de ces miserables peuples qui habitoient les costes de la mer un certain feu grec lequel on tenoit comme enseveli dans des certains vaisseaux qui le couvroit entiérement ; puis apres sortoit de là comme si c'eut esté un foudre, lequel mettoit le feu par tout où il tomboit.

D'autres ont appellé ce feu grec πῦρ ὑγρὸς comme qui diroit feu humide, à cause qu'on avoit remarqué qu'il brûloit veritablement sur l'eau, joint qu'il resistoit puissamment à l'humidité ; Or afin que ie m'acquite de ma promesse, en voicy la composition telle que ie l'ay tirée de Scaliger, *exercit.* 13. *Etsi in fulminis historia multiplici multas agnoscimus subtilitates , tamen non hic repetenda duxi , quæ in Problemata nostra suo dignissimus ordine.   Nunc de ignibus , igneisque pulveribus , atque materiis cum hic scribas , eorundemque componendorum doceas rationem : mirum quare & non inde nomen aucupatus sis: ubi admirabilium modus ignium conficiendorum scriptus est.   Circumferuntur enim multi commentarii , qui ipsos vocant Græcos ignes.   Qui igitur ex Arabicis libris aliquot olim excerpsissem : libenter unum aut alterum subjiciam.   Ignis ferrum destruens, inventum filii Amram. Picis liquidæ: sic enim interpretor Zerf, Gummi Iuniperi , quod Samag Agar , in vocem Sandarax corruptis elementis transmutarunt, Olei è lacryma terebynthi, Olei ex bitumine, Olei de sulphure, Olei de nitro, Olei ex ovorum vitellis , Olei laurini, singulorum partes senas.   Pulveris Dhmest , id est Lauri siccæ , Capur , utriusque in aqua vitæ macerati , ana partes quatuordecim. Salispetræ ad pondus omnium,   Indita in vas vitreum oris angusti , benè lutato, & obturato , infodiantur in ventre equino per menses Sex.   Quarto quoque die agitentur : deinde distillentur in seraphino.   Sub his Arabicis alia descriptio Catalanica lingua.   Recrementi lacrymæ laricinæ , quod residet ex olei distillatione , olei ejusdem , picis liquidæ, picis cedri , camforæ, bituminis, mummiæ, ceræ novæ , adipis anatis , stercoris columbini , Olei ex vivo sulphure , Olei juniperini , laurini , lini, canabis, pitrolei, Olei philosophorum , Olei vitellini , singulorum semilibram. Salis petræ libras decem : Salis ammoniaci uncias septem.   Imbuantur aquà ardenti omnia ita , ut cooperiantur : tunc sepulta in equi ventre tertio quoque die : & lectus renovetur.   Post hæc extrahatur anima à Seraphino ; quam spissabis bubuli stercoris pulvere tenuissimo : In hoc Semimaurus ille canit miracula.   Vel solis radiis ignem concipere. Neque id , in quo est , urere , sed admota solà urina , aut aceto extingui , injectavè terra suffocari posse.   In ipsa aqua invictum pertinaciter ardere : tantum abesse , ut ab ea quicquam patiatur.   Est porro quædam subtilitas animadvertenda.   Siquidem & Oleum laricinum poscit , & ejus distillati fæcem.   At utrumque erat in ipsa lacryma. Vtrumque igitur suffecisset hæc. An hoc fecit : quia non ex æquo utrumque continet lacryma ? separatorum igitur æquæ partes appendi possunt.   An in Oleo destillato, aliquid empyreumatis impressum est : neque minus in fæce ipsa ? tum ipsa fæx terrestrior facta est.   Quare & perti nacior. Hos ignes in vasa conjectos etiam nunc in hostes jaculantur* il faut bien remarquer icy ce qui fait le plus à nostre affaire ; toutêfois nous pourrons raporter la plus part de leurs effets à nos pots à feu desquels nous parlerons cy apres.   *Id vasis genus apud veteres Grecos ἀσλὴχθ dicebatur.*

Il paroit doncques bien par le rapport des autheurs que le feu grec a eu les mesmes vertus, & à esté employé dans les mesmes usages, que nous
em-

employons maintenant noftre pluye de feu , à fçavoir pour embrafer les maifons dans les villes , & places affiegées: ie fuis feulement en doute d'une chofe , & pour dire vray ie ne fçais qu'en dire pour en parler avec verité, à fçavoir comment ce feu pouvoit demeurer caché & affoupi (comme Nicetas Choniates nous le rapporte cy deffus) fans qu'il fit fes efforts pour fortir de là avant qu'il fût arrivé au lieu où l'on l'envoyoit. Ces vaiffeaux qui contenoient cete matiere combuftible eftoient-ils peut-eftre conftruits de la mefme façon que ces grenades que nous avons preparéez cy deffus , & appelléez borgnes ? ou peut-eftre eft-ce qu'ils eftoient faits d'argile , & qu'on y attachât des méches allumées portans force feu , lefquels venans à rencontrer quelque objet dur en tombant fe rompoient,& dans ce choc violent fecoüoient le feu fur la matiere efparce çà & là , comme on void arriver dans la diruption de nos pots à feu ? Ou plûtoft (comme ie le veux croire) allumoit on la matiére renfermée dans ces vafes, premier que de les envoyer avec les machines dans les lieux où ils eftoient deftinez ?

Pour moy ie ne void rien qui pût obliger ces vaiffeaux à fe rompre, à moins qui fuffent de terre , ou de bois , car il n'eft pas poffible qu'eftant de fer ou de cuivre , ils fe puffent brifer par la feule violence de la matiére renfermée ; veu que fa vertu ne s'eftendoit que jufques à un certain degré de vehemence , & qu'elle eftoit fufceptible d'un feu inextinguible ; car encore bien qu'elle eut une affez grande quantité de poudre meflée parmy fa compofition (ce qui eft difficile à croire) fi eft-ce qu'elle n'auroit pas efté affez puiffante , pour faire crever , & rompre des vaiffeaux compofez,d'une matiére dure , & compacte , tels que font les metaux , comme poutroit faire noftre poudre pyrique , à qui feule il eft permis de produire des pareils effets , & privativement à toutes autres matieres,tant naturelles qu'artificielles. (il y en a qui racontent des merueilles touchant les eftranges effets de l'or fulminant,par lefquelles il femble non feulement égaler,mais encore furpaffer de bien loin les operations de noftre poudre pyrique , à quoy i'ay auffi en partie confenty : mais comme fes operations font directement contraires aux effects de noftre poudre , & que l'on ne la peut pas mettre en ufage dans nos feux d'artifices, comme cete dite poudre : voila pourquoy on ne le mettra point au rang de ces matieres) c'eft ce qui fe rencontre tres veritable dans toutes les compofitions pyrotechniques que nous appellons *lentes* , lefquelles outre quelques unes encore de celles dont le feu grec eft compofé , contiennent non feulement du Salpetre , mais auffi de la poudre battuë , & mefme quelque portion de poudre grenée ; qui neantmoins, eftant allumées dans les tuyaux , ou dans les globes , où l'on les aura mifes, ne les endommageront en rien , fi ce n'eft d'avanture que ces vaiffeaux foient trop minces,& trop delicats , ou qu'ils n'ayent pas efté bien enveloppez de toile trempée de poix liquide , ou bien que le feu qui s'eftoit attaché à la matiére , & qui en avoit de-ja apprehendé une partie , s'efforçant à fortir , ne peut refpirer l'air qu'avec grande difficulté. Outre cela on prepare encore des matieres lentes , avec de la poudre fimplement battuë , defquelles on remplit pareillement des cartouches de bois ou de papier , qui toutéfois font hors de danger de fe rompre : ie vous laiffe à penfer combien moins doivent craindre cét accident ces vaiffeaux de fer & d'airain tels que font nos grenades ? lefquels à grand peine peuvent eftre brifez par la violence de la poudre grenée (car notez que d'abord qu'elle a perdu la forme de fes grains , elle perd quant & quant la force & la vertu qu'elle avoit pour forcer les vaiffeaux de metail, voire mefme ceux de bois ou de

ter-

terre, s'ils font tant foit peu efpais, bien enveloppez de toile & d'eftoupe Goûdronnée, ou liez bien fermes par dehors d'une bonne corde, ou forte ficelle.

Nous conclurons doncques que ces vaiffeaux qui contenoient le feu
Grec, eftoient de bois, ou de metail, ouverts, & non fermez de mefme
que font nos pots à feu qui font maintenant fi fort en ufage dans la pyrotechnie. Difons de plus que la matiére renfermée dans leurs capacitez,
eftoit couverte de quelque autre compofition fort lente, pour empefcher
que le feu ne fut premier introduit dans la matiére violente, que le vaiffeau
ne fût arrivé dans le lieu où l'on l'envoyoit. Ou bien il faut croire qu'on
ajuftoit dedans quelque morceau d'efponge, ou de mefche allumée à l'entrée du vaiffeau, lequel on bouchoit peut-eftre d'une toile; ou d'une petite rotule de bois qui ne s'arreftoit point ferme fur ledit orifice: & par ainfi
la matiére qui eftoit cachée venant à prendre feu fortoit impetueufement,
& confequemment brûloit & devoroit, tout ce à quoy elle pouvoit s'attacher.

Ie ne nie pas pourtant que ceux qui s'en fervoient n'avoient, affez d'invention pour faire enforte que ces vaifeaux de bois ou d'argile fe rompiffent
dans l'air premier qu'ils vinffent à tomber fur terre & que la matiere rem-
fermée dedans fût efparfe de tous coftez fans eftre allumée: laquelle il e-
ftoit impoffible de voir, ny de connoiftre apres qu'elle eftoit tombée, &
beaucoup moins la deftacher des lieux où elle fe prennoit: auffi d'abord
ne faifoit-elle aucun dommage; mais à quelque temps de là venant à s'efchauffer par les rayons du foleil (ce qui eft ayfé à fe perfuader fuivant les
parolles de Scaliger) ou par le fouffle du vent, ou par l'eau de la pluye,
ou mefme par la rofee du foir (ie vous décriray cy deffous des compofitions
qui ferons ces effets) elle ne manquoit à concevoir le feu; d'où s'enfui-
voit l'incendie des bâtiments, & confequemment de villes entiéres. Or comme nous nous fommes apperceu que les compofitions de cete nature, formées en plottons, ou bien en petits cubes, eftans renfermées dans nos
globes de bois, pouvoient par la violence de la poudre eftre efparfes & def-
unies dans l'air, & de là en apres defcendre allumées, ou non, fur les maifons
des places affiegées; i'ay treuvé bon de vous décrire les compofitions fuivantes, & de vous donner tout d'un temps le moyen de les preparer fuivant l'ordre qu'en ont laiffé les autheurs: quoy que celle que nous avons
décrite cy deffous de Scaliger ne foit pas des plus mauvaifes ny des plus
ineptes pour cét ufage.

Iean Baptifte de la porte en fon liv. 2. Chap. 10. *Ignea mixtura aquam*
fol accendere poteft. Maximè autem fervens in meridie, & id præcipuè illis re-
gionibus, ubi fol flagrat, vel fub caniculæ ortum, nec aliunde evenit, nifi accen-
dibilium rerum compofitione, hanc tamen fedulo parabis, qualis eft quæ ex his
conftat: Caphura paretur, inde vivi fulphuris: trebynthinæ refinæ, juniperi,
& vitellorum ovorum oleum, pix liquida, colophonia in pulverem redacta, fal-
nitrum, & omnium duplum ardentis aquæ, arfenici, & tartari pufillum: hæc
omnia bene tufa, & remixta, vitreo condas vafe: quod per duos menfes obru-
tum immorari oportet, fimum femper innovando, & remifcendo, eodemque (ut
docebimus) eliciatur aqua vafe, hæc infpiffetur, vel noftro pulvere (il entend
icy une certaine poudre, de laquelle il a montré la preparation cy deffus
pour les globes brulans dans l'eau) *vel ftercore columbaceo & tenuiter cribrato,*
ut ftrigmenti formam habeat, ligna delinito) on en pourra auffi fort commodément former des petits plotons, ou des cubes comme nous avons dit
ail-

ailleurs) *vel aliqua combuſtibilia , & æſtivis ſole utitor diebus. Hæc omnia Marco Gracho adſcribuntur. Vim retinet comburendi maximam columbaceum ſtercus.* (I'ay experimenté auſſi fort ſouvent que la fiente d'oye, de canard, & de poulle meſme, eſtant bien ſeiche, qui de ſoy eſt un excrement fort chaud, n'eſtoit pas des plus meſpriſables dans ces compoſitions) *Refert Galenus in Myſia, quæ eſt Aſiæ pars ſic domum conflagraſſe : Erat projeCtum columbaceum ſtercus, in propinquo feneſtram tangebat, ut jam contingeret ejus lignu, quæ nuper illitâ reſinâ fuerant, cui jam putri & ex calefaCto, & vaporem edenti, media æſtate cùm ſol plurimus incidiſſet, accendit reſinam, & feneſtram, hinc fores aliæ reſinâ quoquè illitæ, ignem concipere, & ad teCtum uſque ſubmittere incipiunt: ubi autem à teCto ſemel eſt accenſa, flamma celeriter in totam graſſata eſt domum, cum maximam habeat inflammandi vim*

Le meſme au meſme lieu : *Ignem qui oleo extinguitur , & accenditur aqua , fieri ſi opus ſit , ea ſunt conſideranda , quæ facilius in aqua ardent , vel in ea ſponte accenduntur , uti caphura & viva calx : unde ſi cera , naphta , & ſulphure mixtum compoſueris , ignemque concipiens , ubi oleum injeceris , vel cænum, extinguitur : reviviſcit enim , & majorem concipit ignem infuſa aqua. Hac fiunt compoſitione faces , quæ fluminum trajeCtu , & pluvioſis locis non extinguntur. Narrat Livius , vetulas quaſdam in eorum ludis, accenſis facibus ex his confeCtis, Tyberim tranaſſe, ut miraculum ſpeCtantibus , & cernentibus oſtentarent.*

Faiſons parler tous ces autheurs un language plus vulgaire que celuy-là, afin que pluſieurs les puiſſent entendre. Iean Baptiſte de la porte nous raconte doncques d'une certaine mixtion de drogues, laquelle s'allume aux rayons du ſoleil, particuliérement dans ces regions où le ſoleil eſt exrrémement chaud, ou qui ſont directement ſous la canicule, laquelle n'eſt faite que de matieres fort combuſtibles ; voicy comme il veut qu'on la prepare, & les ingredians qui entrent dans ſa compoſition. Premiérement prenez du camphre, puis de l'huyle de ſoulfre vif, de terebenthine, de genevre, & de jaunes d'œufs: prenez encore de la poix liquide, de la colophone pulverizée, du ſalpetre, de l'eau de vie le double de tout ; adjoutez à tout cecy un peu d'arſenic, & autant de tartre. Toutes ces drogues eſtant bien reduites en poudre, & meſlées enſemble, ſeront miſes dans un vaiſſeau de verre : que vous enſevelirez ſous du ſumier, l'eſpace de deux mois entiers, ayant ſoin de renouveller ſouvent le fumier, & de remuër ce qui eſt dans le vaiſſeau, puis par le moyen du meſme vaiſſeau, on en tirera l'eau (ſuivant la methode qui je diray cy apres) laquelle on eſpaiſſira, ou avec noſtre poudre (parlant de celle qu'il a enſeignée un peu auparavant laquelle brûle dans l'eau) ou bien avec que de la fiente de pigeons paſſée bien deliée par le tamis, en ſorte qu'elle prenne à peu prés la conſiſtence d'une boüillie : Puis enduiſez-en les bois, & tout ce que vous trouverez de combuſtible dans un bâtiment, pourveu toûtefois que vous le faſſiez en plein eſté, & lors que le ſoleil élance le plus ardemment ſes rayons ſur ces corps qui luy ſont oppoſez: on croit que tout cecy vient de l'invention de Marcus Grachus. Pour ce qui eſt de la fiente de pigeons, il eſt tres certain qu'elle a des grandes diſpoſitions pous concevoir le feu, & le mettre en quelque lieu que ſe ſoit, pourveu qu'il treuve des diſpoſitions ſuffiſantes dans la matiere pour recevoir ſa forme. Galien nous rapporte que dans la Myſie, qui eſt une partie de l'Aſie, il y eût une maiſon brûlée de la ſorte : On avoit jetté hors d'un colombier quantité de fiente de pigeons, ſi proche de la feneſtre d'un bâtiment voiſin qu'elle touchoit immediatement au bois de la

O o

croi-

croiſeé , que l'on avoit peu de temps auparavant enduite de reſine.   Or
comme ce bois eſtoit de-ja pourry , eſchauffé , & plein de vapeurs chaudes,
le ſoleil venant à darder ſes cayons dans les jours les plus ardents de l'été
ſur cete matiére diſpoſée à recevoir la forme du feu,alluma tout auſſi toſt la
reſine , & conſequement la feneſtre , en ſuite de quoy les portes qui
eſtoient auſſi enduites de pareille matiére s'enflammerent , & delà le feu
paſſa juſques au toict , où s'eſtant une ſois attaché , l'incendie fût bien toſt
univerſelle par toute la maiſon,& conſomma tout ce qu'il treuva de combuſtible , tant cét élement a de force pour devorer ce qui s'oppoſe à ſa violence.

Le meſme autheur nous advertit dans le meſme endroit qui ſi l'on veut
preparer un feu qui ſe puiſſe eſtcindre avec de l'huyle , & allumer avec de
l'eau, il faut bien obſerver les choſes qui brûlent le plus ayſement ſur léau,
ou qui de leur bon gré s'y allument , comme par exemple le camphre , & la
chaux vive,d'où vient que ſi vous faites une compoſition de cire,de napre,
& de ſoulfre,& que vous y mettiez le feu, ſi vous jettez deſſus de l'huyle,ou
de la boüe , elle s'eſteindra infailliblement : mais ſi par apres vous l'arroſez
d'eau par deſſus elle reprendra vie , & ſera éclatter un feu plus grand qu'auparavant.   C'eſt de cete compoſition qu'on fait ces falots & flambeaux qui
ne s'eſteignent point à la pluye, ny pour traverſer les riviéres.   Tite Live
nous raconte que dans leurs jeux,& recreations certaines vieillottes paſ-
ſoient à travers le Tybre avec des flambeaux allumez,compoſez de ces matiéres , pour faire croire au peuple qu'elles faiſoient des miracles.

Cardan dans ſes ſubtilitez : *Aqua ſolet vehementes accendere ignes,quoniam
humidum ipſum quod exhalat pinguius redditur,nec à circumfuſo fumo abſumitur;
ſed totum ignis ipſe depaſcitur,quo purior inde factus,& ſimul collectus,à frigido ala-
crior inſurgit , unde etiam ignes qui aqua excitantur, & accenduntur,conſtant pice
navali,& Græca, ſulphure , vini fæce , quam vocant tartarum , ſarcocolla, halini-
tro,petroleo. Relatum hoc ad Marcum Grachum , Additur igitur calx viva duplo
pondere , & cum ovorum luteis pariter miſcentur omnia , & in ſimo equino ſe-
peliuntur.*

L'eau a de coûtume de produire des grandes incendies , par l'accroiſe-
ment qu'elle donne au feu , la raiſon eſt que l'humidité qui en exhale en
devient bien plus graſſe,& n'eſt pas ſurpriſe, ni acablée de la fumée qui l'environne,mais au contraire eſt entiérement devorée du feu ; d'où vient que
eſtant purifié , & reüny par ce froid, il s'éleve plus gayement en l'air que ſi
il n'avoit pas reſſenti ſon contraire.   Voila pourquoy les feux qui s'allument dans l'eau doivent eſtre faits de poix navale, de poix Grecque , de
ſoulphre,de lye de vin qu'on appelle du tartre, de ſarcocolle, de halinitre, &
de petrole , cecy ſe raporte à Marchus Grachus.   On adjoute encore le
double de chaux vive puis on meſle le tout également avec des jaunes
d'œufs en fin on enſevelit tout dans du fumier de cheval.

Le meſme au meſme lieu : *Olei petrolei, juniperini olei , & halinitri, æquales
ſingulorum partes ; nigræ picis,pinguedinum anſeris & anatis,ſtercoris columbini,
liquidæ vernicis , rurſus ſingulorum tantundem ; aſphaltici partes 5 : excipe ardenti aquâ & in ſimo equino ſepeli.*

Prenez de l'huyle de petrole , de l'huyle de genevre,& du halinitre,de
chacun parties égales; de la poix noire,de la graiſſe d'oye,& de canart,de la
fiente de pigeons , du vernis liquide , autant de l'un comme de l'autre ; de
l'aſphalte ou bitume 5 parties , mettez toutes ces drogues dans de l'eau
de vie , & lesenſeveliſſez ſous du fumier de cheval.

Dans

Dans le mesme endroit le mesme autheur ordonne : *Vernicis liquidæ, sul-*
phurei olei, & juniperini, & olei lini, & petrolei, lacrymæ larignæ, partes æquæ
singulorum ; aquæ ardentis tres & mediam; tum halinitri, ligni laurini sicci, in
pulverem redactorum quantum sufficit, ut omnia simul mixta, luti spissitudinem
recipiant. Hæc omnia vitreo vase excipe, & in fimo equino tribus mensibus sepeli.
Si igitur ex his pilæ lignis hæreant, spontè imbribus accenduntur ; sed hoc non
omnino semper euenit. Illud autem semper evenit, ut jam accensus nullis aquis ex-
tinguatur.

Prenez du vernis liquide, de l'huyle de soulfre & de genevre, de l'huyle de
lin, & de petrole, de la gomme de pin, de chacun parties égales ; 3 parties & ?
d'eau de vie, du halinitre, & du bois de laurier sec, & mis en poudre autant
qu'il en faut pour espaisir la composition, & luy donner la consistance d'une
boüillie assez espaisse pour en former des plotons : mettez tous ces ingredians dans un vaisseau de verre, & l'ensevelisses trois mois dans du fumier de
cheval. Que si doncques apres ce temps vous formez des balles de cete matiére, & que vous les attachiez contre du bois, elles s'allumeront d'elles-
mesmes à la pluye, mais l'affaire ne reüssit pas toûjours comme l'on desire.
Il est bien vray que lors qu'elles sont une fois allumées, il ny a aucun moyen de les éteindre avec l'eau.

Scaliger exercit. 13. *Deinde reperiri in libello qui doceret multa salis, multa*
conficere aluminis genera, ignis confectionem, qui sputo accendatur. Furibus hunc,
atque latronibus maximo esse usui (le piroboliste le peut aussi utilement mettre en pratique dans les feux d'artifices qui se mettent en usage dans diverses ocurences de guerre, où se font les veritables larcins d'honneur) *Olei*
sulphurini, laricini, cedrini, picis liquidæ ana uncias quatuordecim. Salispetræ
uncias sexdecim. Salis ammoniaci, vitrioli, tartari calcinatorum, ana uncias octo.
Magnetis calcinati, calcis vivæ ex silicibus fluvialibus, ana semunciam. Sevi,
adipis anatis, ana uncias sex. Aquâ vitæ cooperta omnia sepeliantur in equi ventre
per menses tres, in margine scriptum fuit, in equæ fætæ ventre. Quarto quoque
die conturbantur : Tum igni decoquuntur, quoad abeat liquor, & remaneat fæx.
Ea vase rupto extrahitur, ac teritur. Hoc asperso pulvere si aqua perfundatur igne
concepto ardere. Hæc ego hic posui circulatorum hostis maximus : quo & illud Cte-
siæ Cnidii mendacium apponere liceret. Is ex fluviatili verme Indico excipit ole-
um : cujus illitu, aut asperso Persarum reges sine ullo igni urbes hostium incendio
absumere consueuissent.

Scaliger exercit. 13. j'ay rencontré dit-il dans un petit livre un certain secret qui monstre à preparer plusieurs sortes de sel, & d'alun, voire mesme
à faire un feu qui s'allume avec un peu de crachat, c'est de quoy les larrons,
& voleurs de nuits se sçavent fort bien servir. On prend de l'huyle de
soulfre, de sapin, de cedre, de la poix liquide de chacun quatorze onces ;
du Salpetre seize onces, du sel Ammoniac, du vitriol, du tartre calciné de
chacun huit onces, de l'aimant calciné, de la chaux vive faite de cail
loux de riviere, de chacun demye once, du suif, de la graisse de canart de
chacun six onces. On abbreuve toutes ces drogues jusques par dessus
avec bonne eau de vie dans quelque vaisseau propre pour cet effet ; puis
on l'enferme dans le ventre d'un cheval trois mois tous entiers (il y avoit
écrit à la marge, dans le ventre d'une cavalle pleine) On remue le tout bien
proprement de quatre en quatre jours ; ce temps expiré on fait boüillir la
composition sur un feu assez grand, jusques à la consomption de toute la
liqueur, en sorte qu'il ny demeure que la lye, puis pour la tirer de là on

rompt

rompt le vaisseau, apres on la pulverise, Que si vous jettez de cete poudre sur l'eau, elle ne manquera pas de concevoir aussi tost le feu, & de brûler gaillardement, j'ay décrit cecy tout à dessein, comme estant, ennemy capital des Charlatãs, Empiriques, Vendeurs de mithridat, & Conteurs de sornettes, à quoy nous adjouterons encore un conte fait à plaisir rapporté chez Ctesius Cnidius; celuy-cy sçavoit extraire une huyle d'un certain vermisseau des Indes, de laquelle les Roys de Perse frotans, ou arrousans seulement les murailles des villes assiégées, ils les pouvoir faire brûler entiérement, sans se servir d'aucun autre feu.

Ælian en son liv. 5. Hist. Arim. chap. 5. & Ammian liv. 23. racontent pareillement que les Perses se seruoient d'une certaine huyle, avec quoy ils mettoient le feu aux villes, & en embrasoient les portes tellement qu'il estoit impossible d'en esteindre les flammes avec l'eau mesme, à cause d'une certaine vertu conjointe à sa nature qui resistoit particuliérement à cét element : Or elle estoit composée de napte. Mais si le rapport de Ctesius Cnidius touchant cete huyle des Perses paroist une fable, ou un mensonge à Scaliger, que diroit-il doncques d'une certaine eau dont Leonard Fronsberger fait mention, laquelle a une vertu si estrãge, & si merueilleuse, qu'une piece de canon en estant chargée, elle peut envoyer un boulet à la distance de 3000 pas ? Il la compose de six parties d'eau de salpetre, de deux d'huyle de soulfre, de trois d'eau de sel ammoniac, de deux parties d'huyle benite, ou de baûme. Pour ce qui est de cela je n'en veux point douter, nõ pas même en desavoüer l'invention, que premiérement je n'en aye fait les experiences. Toutefois je ne treuve pas que Scaliger a eu beaucoup de raison de dire, ou de croire que cecy fût un mensonge, ou une supercherie de ces debiteurs de fumée, car pour moy je crois fermement que cela se peut faire, & vous pouvez bien aussi le croire puis que j'ay moy mesme experimenté, à sçavoir que l'on peut facilement faire des certaines compositions lesquelles estant arrouzées d'eau concoivent aussi tost le feu, puis s'emflamment bien tost apres, sans qu'on en approche aucunement le feu. Or la cause de cér effet consiste particuliérement en la chaux vive, avec quoy on mesle certaines portions d'autres matiéres chaudes & ignées : je vous en donneray icy deux compositions de nostre invention, lesquelles j'ay moy mesme épreuvées.

1.

Prenez du Salpetre 10 ℔, du Soulfre vif 6 ℔, de la Chaux vive 20 ℔.

2.

Prenez 6 ℔ de Salpetre, 4 ℔ de Soulphre, d'Encens ℔ ß d'Huyle de lin ℔ ß d'huyle de Petrole ℥ iiij, de la Poudre pyrique 8 ℔. de la Chaux vive 12 ℔, du jus d'oygnons 1 ℔.

Les deux suivantes sont de Fronsberger.

1.

Prenez égales portions d'Encre, de Soulphre & d'Huyle de jaunes d'œufs : vous les mettrez dans une poësle de terre vernissée, & les ferez bien frire ensemble sur un bon feu de charbon, en sorte qu'apres une longue ébullition, la matiére se soit acquise la consistance d'une confection ; adjoûtez y encore un quart de cire, & l'incorporez bien avec le tout : en fin conservez la bien dans une vessie imbuë d'huyle, puis en bouchez l'orifice avec un peu de cire, si exactement que l'air n'y puisse avoir aucun accez. Cét autheur nous asseure que cete composition estant exposée au vent en quelque lieu decouvert, elle se peut allumer, & qu'estant arrouzée d'eau de pluye elle produit des flammes en abondance, & dit encore que ce feu qu'elle

vo-

vomit de la forte, gafte, ruine , & devore tout ce qui veut s'oppofer à fa violence.

2.

Prenez de la Chaux vive de Venize, de la Gomme Arabique , du Soulfre,
de l'Huyle de lin , de chacune portions égales , mettez les toutes en une
maffe ; puis lors que vous en voudrez voir des effets, vous l'arroferez
d'un peu d'eau, qui luy fera concevoir le feu tout auffi toft , & jetter des
flammes de tous coftez.

A ces deux ici vous en pourrez adjoûter vne troifiéme, & une quatriéme
fi vous voulez, tirées chez Hiérome Ruffel Italien : à fçavoir les compofitions d'une piérre, laquelle eftant trempée d'eau, ou de falive feulement s'allume tout auffi toft. Prenez doncques de la Chaux vive, de la Tutie qui ne foit
point preparée, du Salpetre clarifié par plufieurs fois, (fuivant la derniere
methode que je vous en av donnée) de la pierre d'Aymant de chacun une
partie, du Soulfre vif, et du Camphre de chacun deux parties : mettez tout
dans un pot de terre neuf affez eftroit : ajuftez ce vaiffeau dans un creu-
fet affez ample , puis le couvrez d'un autre de pareille grandeur , & les
liez bien enfemble d'un fil de fer; puis luttez les jointures bien proprement,
avec de la terre de fapience , en forte que ce qui fera dedans ne puiffe refpirer l'air ; en fin quand le luttement fera bien feiché, on mettra ces creufets dans un chaux-four, ou dans un fourneau où fe cuit la brique, & les lai-
ra- t'on là cuire à grand feu : puis lors que la chaux fera confommée, ou que
la brique fera cuite , on les tirera de là : en fin fans autres ceremonies , vous
cafferez les creufets, d'où vous tirerez un corps dur comme une pierre.

L'autre que le mefme autheur a inventée eft telle ; Prenez du Baûme, ou
de l'Huyle benite, 1 ℔ . de l'Huyle de lin 3 ℔, de l'Huyle d'œufs 1 ℔, de la
Chaux vive 8 ℔, meflez tout enfemble & les incorporez comme il faut.   Il
affeure que tout ce qui fera enduit de cete compofition, brûlera infailliblement fans qu'on puiffe apporter aucun remede, pour en éteindre ou fuffoquer les flammes, particuliérement fi cete matiére vient à eftre moüillée de tant foit peu de pluye. Quelques uns croyent qu'Alexandre le grand
a efté le premier inventeur de cete compofition.

Quiconque en voudra fçavoir d'avantage touchant cete matiére qu'il s'en
aille vifiter ces autheurs, ils luy en diront des nouvelles. Ie vous adverty
feulement que ces matiéres eftant bien efpreuvées peuvent eftre employées en quantité d'ufages dans la pyrotechnie , car outre tous ceux-là pour
lesquels elles ont efté inventées , elles pourront encore fervir pour allumer
des feux dans l'eau : comme par exemple fi l'on avoit deffein de brûler des
ponts de bois, on pourra mettre cete invention en pratique fçavoir en faifant defcendre au fonds de l'eau certaines petites barques , ou chalouppes,
ou bien des caiffes & coffres de bois bendéz & reliez de bandes de fer, armez de grenades chargées de poudre, & remplis entre les vuides de quelqu'une de ces matiéres , à condition toutefois , que ces petits vaiffeaux ou
coffres feront couverts par deffus, bien fermez , & bien enduits de poix,
refervée feulement une fort petite ouverture par laquelle l'eau puiffe fe glif-
fer infenfiblement dans la matiére ; Remarquez de plus que le corps entier
de ce poids doit eftre tel, qu'il ne pefe ny plus ny moins qu'une maffe
d'eau de pareille groffeur ; pour les raifons que nous avons dites ailleurs, &
afin qu'il foit porté avec plus de facilité vers le pont qu'on veut embrafer,
comme par un fecond flux d'eau, là où il s'attachera avec des bons crampons artificiellement ajuftéz , jusques à ce que les grenades prennent

O o 3

feu

feu par le moyen de cette matiere qui les environne, (apres qu'elle mesme
sera allumée,) & que par leurs effets ordinaires , elles puissent ruiner, briser,
& boulverser le pont où l'on s'est attaché.

Si la curiosité vous porte à voir de ces petits vaisseaux nageans entre
deux eaux Marinus Mersennus nous en décrit quelques uns dans son Coroll. 2. prop. 49 de ses Hydraul : & dans son Liv. 2. Art. Navig : aussi
fait Harmon prop. 6. advertissement 5. D'où l'ingenieux Pyroboliste pourra tirer quantité de belles choses , & les approprier aux usages de ses seux
artificiels: pour moy je me contente de vous les avoir montré au doigt pour
vous obliger à les aller rechercher.

Chapitre I X.

Des Globes Luysans.

Nous avons fait voir dans la seconde partie de ce livre au Chap. 3.
Coroll. 1. Comment on devoit preparer les Globes Luysans , tels
qu'on a de coûtume de les employer dans les seux d'artifices recreatifs. Il me reste maintenant à vous exposer la seconde espece
des mêmes globes qui sont militaires, plus dangereux, & plus propres à faire
des executions de guerre que non pas les premiers. En voicy doncques.

Espece 1.

Dissoudez sur le feu dans un vaisseau de terre vernissée, ou d'airain, égales portions de Soulfre, de Poix noire, de Poix resine , & de Terebenthine : Puis prenez moy un globe de pierre ou de fer dont le diametre soit
tant soit peu moindre que le diametre du canon, ou du mortier, où l'on
veut faire servir ledit globe, plongez-le dans cete matiére fonduë d'abord
que vous le verrez trompé par toute sa superficie exterieure, tirez-le de là,
& le roulez doucement sur de la poudre grenée   Cela fait couvrez le tout
à l'entour d'une toile de cotton , puis le replongez derechef dans vostre
composition , & reïterez comme auparavant ce roulement sur ladite poudre grenée, puis couvrez pour une seconde fois vostre globe d'une autre
toile de cotton : & recommencez tant de fois ce roulement & ces enue-
loppements que vostre globe se soit acquis une juste grosseur pour emplir exactement l'orifice de la machine. Souvenez-vous neantmoins que
la derniére croute du globe doit estre de poudre grenée. Estant donc ainsi
preparé, on l'ajustera dans le canon ou mortier tout nud, sans aucune
autre enueloppe , immediatement sur la poudre de la chambre, laquelle
doit faire sauter ledit boulet: puis donnez franchement feu à vostre amorce,
pour l'envoyer où bon vous semblera. Voyez la Figure du Nombre 155 , en
la lettre A, B.

Espece 2.

Prenez du Salpetre clarifié suivant la derniere methode que je vous ay
enseignée 1 partie; du Soulfre 1 partie; de l'Orpiment 1 partie; de la
Poix navale en pierre 1 partie; de la Colophonie une demye partie; du
Vernis en grains, ou de la Gomme de Genevre 1 partie; de l'Encens 1 partie; battez tous ces ingredians, & les pulverizez bien subtilement, & les
incor-

incorporez enfemble. Prenez en apres de la Terebenthyne 1 partie ; de la Graiffe de mouton 1 partie ; de l'Huyle de petrole une demye partie ; mettez tout dans un vaiffeau de terre, ou de cuivre, & les faites fondre à feu lent, auffi toft qui feront fondus, jettez par deffus la compofition fuperieure, & les incorporez bien avec ces graiffes fonduës. En fin jettez dedans, une bonne quantité d'eftoupes de lin, ou de chanvre, ou fi vous voulez du cotton, & les broüillez bien avecque la drogue fonduë: tirez les de là petit à petit, & en formez des boulets, ou plotons de telle groffeur qu'il vous plaira. Ceux-cy fe pourront facilement jetter avec la main à l'encontre des ennemis, lors qu'on les verra dans le foffé au pié du rampart ; ou preparez à donner quelque affault : ils ferviront auffi pour divertir ceux qui s'ayantureront à dreffer les galleries, venir à la fappe, ou fe loger dans les mines ; joint que par le moyen de la clarté qu'ils produiront, tout fe verra à découvert dans les foffez, & dans les dehors; les menées & entreprifes des ennemis feront mifes en évidence, bref à l'aide de ces flambeaux nocturnes vous pourrez découvrir tout ce que les ennemis pourroint machiner pour voftre ruine, la ruine de vos compatriòtes de la ville, & de voftre païs. Ajoutez à cela que non feulement ces globes efclairent la nuit, mais brûlent auffi bien ferré, & confomment tout ce à quoy ils peuvent s'attacher.

Que fi la neceffité vous oblige, & qu'il faille former des boulets plus gros de cete mefme eftoupe pour les mieux ajufter aux orifices des canons ou des mortiers ; vous le pourrez faire auffi ayfement qu'avec ces autres que nous avons decrits dans la premiére efpece : ceux-cy ferviront particuliérement, pour envoyer d'és places affiegées, dans les lignes des ennemis, lors qu'ils commencent à faire leurs approches de loing, ou dans d'autres ouvrages efloignez qu'ils pourroient eflever hors la portée des bras, afin que produifant là des flammes éclatantes, elles découvrent tout ce que la nuit tenoit caché aux yeux des affiegez, & qu'efclairât par ce mefme moyen toute la campagne circomvoifine, ils puiffent prevenir le deffein des ennemis, & confequemment donner ordre à tout ce qui leur pourroit nuire : Ie vous confeille icy pour le plus feur, de lier les plus grands bien ferré, avec des bonnes ficelles, des fils de fer, ou de laiton entre-tiffus en forme de rets, depeur que la violence de la poudre ne les diffipe, ou ne les faffe crever dans l'air, au lieu de demeurer entiers jufques à leur parfaite confomption.

Que fi cete compofition vous femble un peu de trop grands fraiz, vous pourrez vous fervir de la fuivante fort commodement, laquelle ne fera pas moins d'effets que celle-cy.

Prenez du Soulphre 10.℔, de la Poix noire 4℔, de la Colophone 1℔, du Salpetre 2℔, du Suif 2℔. Faites fondre tout dans quelque vaiffeau fur les charbons ardens : adjoûtez-y par apres 1℔, de Charbon; meflez-le jufques à ce qu'il foit bien incorporé avec le refte ; en fin tirez le vaiffeau du feu, avec voftre matiére fonduë, puis jettez dedans 3℔ de poudre battuë; non pas tout à la fois, mais petit à petit, & par intervalles, en la remüant & meflant continuellement avec un bafton. De cete compofition vous en imbuërez des eftoupes, de mefme que vous avez fait de la precedente ; puis vous en formerez des boulets.

Ou bien prenez de la Colophone 1℔, du Soulfre 3℔, du Salpetre 1℔, du Charbon 1℔, de l'Antimoine crud un peu. Vous ferez la mefme chofe

avec

avec cete compofition que vous avez fait des autres; Celuy qui la inventé
eft Fronsbergerus, de qui Brechtelius la auffi emprunté.

Efpece 3 & 4.

On pourra pareillement remplir ces globes luyfans, de quelques matieres dangereufes & mortelles, en forte que non feulement, ils puiffent éclairer fuffifamment pour diffiper les tenebres; mais auffi tuer, & fuf-
focquer ceux là qui s'en approcheront de trop prés. C'eft ce qui fût autrefois pratiqué par les Hollandois à ce fameux & tant celebre fiége d'Often-
de (fuivant le rapport de Diegus Ufanus au traité 3. de fon Artill. Chap. 20.)
auquel les affiégez envoyerent de la ville grand nombre de globes luyfans
(preparez comme nous dirons cy apres) dans les quartiers des affiegeans,
lefquels cauferent la perte d'une infinité prefque de foldats : mais en fin les
autres s'eftans fait fages aux defpens des plus malheureux, commencerent
quoy que trop tard (comme l'on dit des Phrygiers) à s'en donner de garde, & a reconneftre à leur grand malheur, le dommage que leur avoient
caufé ces globes artificiels. Pour ce qui concerne la preparation de cesdits
globes, elle n'a aucune difficulté. Il vous faut feulement prendre une
grenade à main, armée de balles de plomb tout à l'entour, ou quelque autre qui foit plus groffe fi vous voulez (pourveu qu'elle n'excede point l'o-
rifice du canon, ou du mortier où elle doit fervir) laquelle fera creufe, &
vuide par dedans (mais on aura foin d'en boucher l'orifice avec un bâton
rond, & qui fe puiffe tirer de là quand on voudra) puis vous l'envelloppe-
réz de tous coftez, d'eftoupes imbuës d'une compofition liquide &
chaude, à l'efpaiffeur d'un ou de deux bons doigts, puis apres avoir tiré
le bâton qui tenoit l'orifice bouché, vous emplirez ladite grenade d'une
bonne poudre grenée: puis vous remplirez promptement le vuide qu'oc-
cupoit le bâton avec un peu de ces mefmes eftoupes : cela fait roulez voftre globe de tous coftez fur de la farine de poudre : en fin vous le relie-
réz de corde, de fil de fer, ou de laiton, comme nous avons fi fouvent
redit.

On pourra preparer encore ces globes fuivant la methode que voicy. Prenez une certaine quantité de petards de fer chargez interieurement, de
poudre grenée, & de balles à moufquets; de quelqu'une de ces efpeces que
nous avons décrites cy deffus, & de plus reliez avec un double ou triple
fil de fer, ou d'archet bien retort, en telle forte que leurs orifices eftans
alternativement difpofez, ils ayent des fituations toutes differentes entr'eux Puis vous les liérez bien fort, formant comme une fphere rayonnan-
te, c'eft à dire chargée tout à l'entour de rayons; ou bien faite en guife d'un
herizon ramaflé & recueilly en foy mefme; les intervalles qui refteront vuides entre les petards feront remplis de poudre battuë, trempée, & petrie
d'eau de vie, dans laquelle on aura diffout de la colle commune, ou quelque
autre forte de gomme, en telle façon neantmoins que le corps entier puiffe reprefenter une fphere parfaitement ronde. Faites-le par apres feicher
au foleil, ou dans un poële chaud, apres l'avoir couvert d'un linge de lin
ou de cotton : en fin on le garnira bien tout à l'entour d'eftoupes preparées
fuivant la methode que nous en avons donnée, jufques à ce qu'il ait la groffeur qui luy eft neceffaire. Voyez-en d'avantage touchant les globes de cete
nature chez Diegus Ufanus, au 3 traité de fon Artill. Chap 20, & 21. &
chez Hanzelet en fon Artill. pag. 187, & 211. chez Brechtelius part. 2 de
fon

ſon Artill. Chap. 1. & 4. Fronsberger en ſon Art. part. 2. pag. 194. & 196. La où
ce dernier autheur enſeigne pareillement le moyen de preparer un certain
globe, qui brûle épouvantablement tout ce ſur quoy il tombe, & fait le
meſme office que les chauſſes-trappes parmy les ennemis, voicy l'ordre
que cét autheur obſerve pour le preparer: on arreſte bien ferme tout à l'entour d'un globe de bois un aſſez bon nombre de grands ſtilles de fer bien
aigus, & diſpoſez en telle ſorte que les pointes qui ſont fichées dans le bois
regardent toutes le centre du globe, & que les bouts d'en hault aillent
tellement en s'eſlargiſſant, que toutes les pointes ne s'approchent pas de
plus prés que d'un, ou deux doigts; & par ainſi ſi elles ſont toutes également longues & également enfoncées dans le bois (ce qui doit eſtre neceſſairement) & ſi par conſequent elles ſont d'une égalle longueur par
deſſus la ſuperficie, elles repreſenteront la veritable forme d'un heriſſon
ramaſſé en une boule d'eſguillons, tels qu'on les void lors qu'ils dorment.
ayant ajuſté le globe de la ſorte, on le garny entre les pointes d'une eſtoupe
de chanvre ou de lin, premiérement plongée, & ſuffiſamment trempée d'une
compoſition liquide, comme nous avons fait cy devant, en telle ſorte toutefois que les pointes de fer excedent encore l'eſtoupe d'un grand demy
doigt, & qu'elles parroiſſent ainſi découvertes ſur la ſuperficie. Pour ce qui
du reſte de ſa preparation, on peut aller conſulter l'autheur. Outre tous
ces écrivains pyroboliſtes que i'ay icy citez au ſubject de ces globes
qu'on aille voir chez Hierome Cataeenus en ſon examen d'Artill. pag. 37.
Hierôme Ruſcel dans ſes preceptes de la Milice moderne pag. 11. 32 & 33.
& chez Eugene Gentilin dans ſon inſtruct. d'Artill. chap. 60. & tant d'autres,
on y trouvera des merueilles décriptes en leur faveur.

Chapitre X.

Des globes qui aveuglent, ou qui jettent une fort grande fumée, que les Allemands appellent *Dampf*, & *Blend Kugeln*.

On a de coûtume de faire quantité d'execution à la faveur des tenebres, dans les occurrances de guerres, auſſy bien que dans pluſieurs autres occaſions: ie ne parle pas icy de l'obſcurité des nuicts
les plus ſombres, car c'eſt un effet naturel de la cauſe premiere de
toutes choſes, depuis l'ordre qu'elle a eſtably entre les eſtres : mais i'entens
ſeulement icy traiter des tenebres artificielles, & particuliérement de celles que l'on peut produire, & faire durer quelque temps dans un lieu eſtroit
ſuivant les regles de noſtre Art : ſoit qu'on les faſſe pour aveugler l'ennemy
qui nous veut forcer dans nos places, & nous y attaquer de vive force à
deſſein de nous oſter la vie, l'honneur, & les biens; ou bien ſoit que l'on
ait deſſein de favoriſer le paſſage aux aſſaillans, en acablant les aſſiegez dans
leurs forts d'une fumée eſpaiſſe & importune; en ſorte qu'on les puiſſe
prendre comme des poiſſons eſtourdis dans l'eau trouble. Pour cét effet
on prepare des globes qui pendant leur embraſement, produiſent une fumée
acre & deplaiſante, & en ſi grande abondance qu'il eſt impoſſible d'en ſup-
porter l'incommodité ſans crever. En voicy la methode : Prenez de la poix
navale en pierre 4 ℔, de la Poix liquide ou du Goûdron 2 ℔, de la Colophone 6 ℔, du Soulfre 8 ℔, du Salpetre 36 ℔, Faites fondre toutes ces dro-

P p

gues

gues fur des charbons ardents, dans quelque vaiffeau que ce foit : adjou-
ftez-y par apres 10 ℔, de charbon, de la fcieure de bois de pin, ou de fapin 6 ℔, de l'antimoine crud 2 ℔, & les incorporez bien enfemble, puis jettez dans cette liqueur de l'eftoupe de chanvre ou de lin un affez bonne
quantité, & la broüillez bien dans cete compofition; lors qu'elle en fera
bien imbibée, formez-en des globes de telle groffeur qu'il vous plaira, foit
pour jetter avec la main, ou bien avec les machines telles que vous les jugerez à propos. Au refte vous obferverez icy tout ce que nous avons dit
plus haut des globes reluifans.

Et voila le veritable moyen pour faire naître la nuit en plain midy, pour
obfcurcir mefme le foleil, & pour offufquer les yeux des ennemis pour quelque temps feulement, cete voye eft la plus licite que l'on puiffe fuivre,
parce qu'elle raporte fon origine aux forces des chofes naturelles, &
croyez qu'elle fera toufiours affez jufte, pourveu que la guerre, où l'on
pratiquera ces ftratagemes, ne foit point entreprife injuftement. Car ie
veux bannir, & chaffer bien loing des limites de noftre Art, & de la milice
Chretienne tous les moyens illicites dont on fe peut fervir pour les conftruire, ou pour les faire reüffir: car i'eftime cet art tout à fait infame, & remply
d'impieté qui dãs la plus part de fes pratiques employe des charmes, fortile-
ges, invocations des efprits immõdes, & quantité d'autres fuperftitions abominables, qui ne peuvent-eftre qu'odieufes à Dieu & aux hommes, & totalement indignes du nom d'Art. I'ay horreur de rapporter icy ce que les Tartares, Mofcovites, & mefme nos Kaufaques faifoient prefque tous les jours à
nos yeux par l'entremife, & l'affiftance des puiffances infernales. Mais pour
ne me point arrefter aux damnables abominations, & aux crimes épouvantables, qu'ont accoûtumé de commetre ces impies, qui s'appuyent fur les
regles de cete fcience infernale: ie dy feulement quils font fi parfaits dans
cet art, fi habiles gens à faire élever des brovillars, fufciter des tempeftes
qui obfcurciffent la lumiere du jour, jufques à faire perdre la veuë des ob-
jets les plus proches, par des bruines, des vapeurs efpaiffes, & des fumées
fi importunes qu'il femble qu'ils avent efté toute leur vie dans l'efcole du
Perfe Zoroafte, ou qu'ils ayent efté élevez dans la cour de Pluton, & de
tous les diables, pour en apprendre les maudites pratiques: mais comme ces
malheureux font tout à fait abandonnez de Dieu, & alienez de fes graces,
lors qu'ils exercent ainfi ces malefices, & nous font paroiftre ces phantof-
mes, qui ne laiffent jamais aucun veftige apres leur diffipation; auffi voyons nous que les dards, & javelots qu'ils élançoient contre nous, pour
épancher le fang des innocens, retournoient contre leur teftes criminelles,
& leur faifoient fubir les chaftiments qu'ils avoient preparez pour noftre
ruine. Outre un grand nombre d'exemples defquels les annales de noftre
pays font remplis, ie me contenteray, de vous rapporter l'hiftoire de cete
prodigieufe, & tout enfemble miraculeufe victoire, qu'il pleut au tout Puiffant nous donner en l'an 1644, proche une petite bourgade de la Podolie nommée Ochmatow fur 80000 Tartares Crimenfiens & Pere-
copenfiens : où cete nation barbare & totalement adonnée aux arts magi-
ques, apres avoir prononcé quelques incantations diaboliques, firent fou-
dainement élever un broüilart fi efpais, & fi horrible, que nous creûmes
fermement, que la nature ayant renverfé le cours naturel des chofes, avoit
changé le jour à la nuit. Ainfi noftre armée petite en nombre à la verité,
mais grande en cœur, & en forces de corps, affiftée & conduite par ce
Foudre de guerre Staniflas Koniecpolski, autrefois General de l'armée
du

du Roy de Pologne, estant ainsi affublée des ces tenebres, apres avoir long temps couru çà & là par la campagne & marché ie ne sçais combien de milles, à peine pût elle rencontrer ceux qu'elle avoit si long temps cherché, & poursuivy avec tant de soin, pour tirer une vengence d'eux conforme à leurs demerites, & à tant de maux qui nous avoient procurez. Comme en effet l'esperance que nous avions tousiours mis en l'assistance particuliere du ciel ne fût pas vaine pour nous. Car tout aussi tost que ces brigans parurent devant nous, le soleil nous rendit sa lumiere acoûtumêe, & apres avoir dissipé l'espesseur de ces broüillars, sous le voile desquels ces canailles faisoient d'horribles executions parmy les miserables barbares, il nous fit renaître en fin un jour tout nouveau; ensorte que nous experimentâmes que le ciel ne nous avoit point abandonné dans ces extrémitez. Et pour dire en peu de mots ce que plusieurs ont décrit fort au large, ie m'y suis treuvé, ie les ay veu, & nostre D I E U les a vaincu.

Chapitre XI.

De Globes Empoisonnez.

Entre plusieurs belles ordonnances & reglements militaires qui furent autrefois establis parmy les Anciens Allemands, auxquelles ils obligeoient par serment tous ceux qui desiroient s'addonner à l'art pyrotechnique, celles-cy ne furent, pas des dernieres, ny des moins considerables : (au rapport de François Joachim Brechtelius en son Artill: Part 2. Chap. 2.)à sçavoir qu'ils ne prepareroient jamais aucuns feux artificiels sautans, voltigeans, ny choquans quoy, ny qui que ce fût; que de nuit ils ne tireroient point de canon; qu'ils ne cacheroient point de feux clandestins en aucuns lieux secrets; & sur tout qu'ils ne construiroient aucuns globes empoisonnez, ny autres sortes d'inventions pyroboliques,où il y entreroit aucun poison, outre cela qu'ils ne s'en serviroient jamais pour la ruine & destruction des hommes; car les premiers inventeurs de nostre art estimoient ces actions autant injustes parmy eux qu'elles estoient indignes, d'un homme de cœur,& d'un veritable soldat (aussi bien que plusieurs autres que la pratique militaire condemnoit)à sçavoir d'attaquer son ennemis par des fourbes si lasches, & avec des armes clandestines à la façon de voleurs & des brigands,pouvant l'assaillir,& luy nuire ouvertement en mille & mille autres façons. Mais tout beau c'est à tort que l'on donne ce nom d'armes à quelque poison que ce soit,qui soit ordonné pour faire mourir l'homme, car les poisons sont proprement les traits, & les dards desquels les cyclopes d'enfer s'arment pour d'étruire le genre humain: lesquels les Agirtes, Aliptes,donneurs de brevets,magiciens,enchanteurs,vieilles sorciéres,& canailles de semblables farine achetent au prix de leurs ames, pour les élancer à l'encontre des miserables qui s'en donnent le moins de garde. Or puis qu'ainsi est que les loix divines & humaines deffendent absolument dans l'estat civil,de se servir de ces pernicieuses inventions,& que mesme elles enjoignent des peines, & des châtiments corporels à ceux qui pour assouvir leurs convoitises abuseront des poisons, charmes, incantations, & autres semblables malicieuses pratiques; ie vous laisse à penser combien plus religieusement le deuroit-on observer dans l'estat militaire, qui est la vraye lice,non pas d'une licence effrenée,ou d'une dissolution infame & dereiglée,

mais

mais bien de toute honesteté, d'une force inébranlable, d'une magnanimité constante, d'une sincere probité, en fin le theatre de toutes sortes de vertus. Pour ce qui touche les armes secretes, qui ne sont autres choses que des certaines inventions pleines d'artifices, ou des stratagemes de guerre, qu'un esprit subtil, & une longue pratique dans la science militaire nous apportent insensiblement, ie ne les desappreuve aucunement, aussi ne les mets-ie pas au rang de ces supercheries illicites : puis qu'il est tres constant que quantité de braves capitaines les ont mis assez souvent en pratique, & les ont fort loüé, ie m'en vay vous en faire voir quelques unes dans ce petit ouvrage. Mais ie supplie que l'on ne met pas au rang de nos inventions belliques cete façon de nuire à l'ennemy, laquelle se pratique par la voye des globes empoisonnez: veuque comme i'ay de-ja dit cy dessus c'est une action fort lasche à un brave soldat, aussi bien qu'a un vray Chrestien, que de faire mourir son prochain par aucun venin ny poisõ: n'en avons nous pas assez, de tant de differentes especes de flesches, & d'autres armes autant admirables que dangereuses en leurs effets? desquelles ceux qui ont vescu dans le premier âge (qu'on a appellé le siecle d'or, le siecle heureux, saint, & exempt de toutes malices, fraudes, & mechancetez) n'ont eu aucune conneslance: mais qui toutêfois avec le temps ont bien sçeu treuver l'invention de se forger des armes, pour ruiner & exterminer leur espece. N'en avons nous pas dif-je assez, de celles que nous pouvons librement employer à l'encontre de nos ennemis sans blesser nos consciences? sans nous servir encore de tant de voyes deffenduës pour destruire nos semblables & nos ames.

Au reste en tout ce que nous pouvons avoir leu dans l'histoire touchant tant de beaux exploits de guerre qui se sont faits dans les premiers siecles, nous ne treuvons rien en aucun lieu qui puisse condemner, ny couvaincte de crime illicite (car celuy cy doit estre permis) les loüables effeds des globes de cete espece : Comme en effet ie dis qu'il a esté permis autrefois, voire mesme aux ames les plus consciencieuses, & qu'il est encore loisible à present aux plus Chrestiens, de se servir de ces globes, non pas contre les Chrestiens à la verité, mais bien contre les Turcs, Tartares, & autres infideles, tous ennemis juréz du nom Chrestien, & de la religion que nous professons, lesquels nous pouvons sans scrupule exclure du nombre de nos prochains. Ie ne treuve point de remede plus réel & plus expediant pour preparer des globes qui puissent estre jettez dans les places ennemies, & au contraire des places dans le camp, & dans les cartiers des assiegeans, que ceux qui peuvent engendrer un air pestilentiel, dans les lieux où ils creveront, pour faire perir les hommes sans apparence de remede. Nous sommes asseurez par nos propres experiences, & par le rapport & sentiment des medecins que les suffumigations veneneuses (qui doivent proprement servir à la preparation de ces globes) nuisent particuliérement à la santé de l'homme, en ruinent les principes, & par consequent en esteignent les esprits qui arrestoient l'ame unie avec les organes corporelles. Mais toutêfois faut considerer que ceux-cy ne se peuvent mettre en pratique que dans des lieux assez étroits, renfermez de tous costez, & couverts par dessus; car pour en dire la verité il est bien difficile de donner quelque poison certain, qui puisse faire des grands effets, dans un air libre, & bien estandu (tel que nous entendons icy celuy de quelque ville assiegée ou bien de quelque autre fort, qui peut recevoir l'air pur & fraiz du dehors; toutêfois s'il m'est permis de dire mon sentiment touchant ce qui en peut arriver, on peut rèmarquer ce qui s'ensuit quoy que veritablement ie ne l'aye iamais appris par aucune ex-

perien-

perience que i'en aye fait , mais feulement par quelque petite conneffance
que i'ay des chofes naturelles:On s'en pourra doncques fervir non pas contre la foy , mais bien contre ceux qui combattent les fideles,& contre la
foy mefme.

Ah, que la malice eft une mere feconde, que de maux elle nous produit ?
un feul mal d'ordinaire nous en engendre un milion?un crime en entreine
apres foy une infinité : ce n'eftoit pas affez qu'un efprit determiné eût treuvé l'invention d'un arc, & des fléches (ce que les anciens tenoient autrefois
pour une invention tout à fait divine: puifque Diodore le Sicilien l'a attribué
à Apollon , & Pline au Scythe filz de Jupiter) pour la commune ruine du
genre humain ; mais il a fallu qu'ils ayent encore inventé quelque chofe de
pire pour fe detruire les uns les autres, ils ont treuvé le moyen de tremper
leurs flefches,& javelots dans du poifon,pour les rëdre plus mortelles.Vous
pouvez avoir des tefmoignages de tout cecy dans quantité d'autheurs : entre autres vous en treuverez plufieurs paffages chez Pline lib. 12. Chap. 53.
traitant des Scytes; chez Paul Æginete liv. 6. Chap. 88.parlant des Daciens
& Dalmaciens ; chez Theophrafte liv. plant. 9. Chap. 15, difcourant des
guerres des Ætiopiens & generalement des Barbares ; chez Diofcorides liv.
6. Chap. 20. En fin chez Virgile dans fes Æneides liy.9.comme s'enfuit.

Vngere tela manu,ferrumque armare veneno

Et au liv. 10.

Vulnera dirigere , & calamos armare veneno

Et au liv. 12.

Non fecus ac vento per nubem impulfa fagitta
Armatam fævi Parthus quam felle veneni
Parthus.five Lydon telum immedicabile torfit

Silius auffi en fon liv. 1.

Spicula quæ patrio gaudens acuiffe veneno

Chez Ovide mefme au liv. 3, Trift.

Nam volucri ferro tinЯile virus ineft

Homere n'en dit pas moins dans fon Odiff. 1.

Φάρμακον ἀνδροφόνον διζήμρ⊕·, ὄφρα οἱ ἔδ.Ἰὺς χείεδαι,

c'eft à dire

Pharmacum mortiferum quærens,ut ei effet unde fagittas oblineret.

qui eft

Cherchant une drogue mortelle,avec quoy il pût tremper fes fagettes.

Or ce mal icy prenant fon origine du premier de tous les maux,en a engendré un nouveau plus pernicieux & plus deteftable que fa propre mere,
lequel nos anceftres ont deja bien fceu mettre en pratique dans leur temps;
enforte que les hommes font maintenät contraint de mourir non feulement
d'un genre de mort,mais de trois tout à la fois:car par la voye de cete invention,une balle de plomb,ou de fer,nous perce le corps,le poifon nous eftouf-
fe , & le feu nous confomme.

Il eft bien vray que le premier inventeur de noftre poudre pyrique, eft
coulpable,en ce qu'il a donné le moyen pour jetter à l'encontre des ennemis des boulets de fer ou de plomb par la violence de feu;mais cete maudi-
te race l'eft encore bien d'avantage laquelle y a adjoûté le poifon; comme fi
ces boulets n'euffent pas eu affez de forces ou de vertus, pour faire mourir
un homme dans un feul moment. C'eft de là qu'eft venuë l'invention des
globes veneneux que les Pyroboliftes mettent en ufage; de là les balles à
moufquets empoifonnées,dont fe fervent les moufquetaires & arquebufiers

P p 3

mo-

modernes. Mais premier que nous en touchions quelque chose, ie vous supplie d'entendre le sentiment de Joseph Quercetan Medecin fort renommé *in libello Sclopetario* touchant les moyens qu'on tient pour les empoisonner. *Ut igitur huic quæstioni non absurdæ respondeamus, ingenuè fateor plumbum quidem per se & simpliciter in sua natura consideratum, nullam posse venenatam inferre plagis illis qualitatem, nisi fortè venenum extrinsecus adhibeatur: quod facilè factu esse nemo negaverit. Neque enim cuiquam dubium est, quin plumbum (quamvis corpore suo grave inter cætera metalla & terreum sit) tamen & rarum & spongiosum sit, quemadmodum Philosophi omnes fatentur, quippe quod constet ex sulphure impuro, & combustibili: magnaque crassi mercurii copia impuri & fæculenti (quæ tantæ infundendo facilitatis,& raritatis & molliciei causa est) ac propterea facillimè quovis liquore imbuatur. Quod si etiam ipso ferro multò densiori, solidiori, minusque poroso (quippe in quo minima mercurii copia sit) tribuitur, ut etiam venenatam aliquam qualitatem recipiat, dubium nemini esse debet quin plumbum propter causas superius expositas multò facilius, venenatam illam qualitatem admittat, cujus quidem rei varia apud auctores testimonia reperiuntur &c.* Vn peu plus bas. *Neque ad rem pertinet, si quis neget plumbum suam in fundendo crassitiem exuens, alterius generis substantiam admittere. Sic enim natura fert, experientiaque comprobat, metalla omnia per ignem purgari, terramque fæculentam, sive sulphur impurum exuere: eademque operâ multò puriora in sua substantia evadere. Hac eadem arte fiunt præparationes cupri, stanni, atque adeo ferri: quod per ignitam fusionem fæces ac sordes suas exuit, atque in imum abjicit, quodque in eo purius ac syncerius est, quod Chalybs appellatur, remanet, ut 4 Meteor: cap: 6 Arislot: testatur. Etsi autem horum metallorum imperfectorum proprium sit, crassitiem & sordes suas per vim ignis exure (quemadmodum supra dictum est) nihilominus tamen substantiam quanquam à natura sua alienam imbibunt. Cui namque dubium est, quin Calybs inter ea quæ solidiora sunt, substantia quadam planè contraria temperetur atque inficiatur? Quis dicet acetum, fuliginem, salem, aquam pilosellæ, aut lumbricorum (raphanorum succo permixtam) esse substantiæ ferreæ? At ferrum in illum succum sæpius immersum ac restinctum, adeo indurescit, ut vix quisquam nisi re ipsa sit expertus fidem sit habiturus. Idem ex contrario mollescit extinctum sæpius in succo cicutæ, saponis & althææ. Quod idem quoque stanno usu venit atque etiam plumbo: quæ fusa & sæpius in succo squillæ restincta sic afficiuntur, ut illud stridorem exuat, hoc verò mollitiem & nigredinem, quod fieri non posset nisi aliquid ex ipsius temperationis spiritu & virtute retinerent. Perspicuum est igitur illa quamvis per ignem purgentur, & crassitiem suam exuant, tamen alterius etiam generis substantiam facilè posse imbibere. At qui absurdum esset existimare spirituum metallicorum, quæ generis ejusdem sunt, mixtionem eò facilius fieri non posse. Sic enim videmus cuprum, tingi & flavescere, per calaminæ & tuthiæ spiritum: rursus idem albescere per arsenici, auripigmenti, & aliorum quorundam spirituum. Unde commode concludetur: si metalla (ex quibus generaliter glandes & globi conficiuntur) ac præcipuè plumbum natura sua spiritualem substantiam quæ sui generis sit, recipiant (ex qua veluti ex tam variis aquis mercurialibus fœtidis, & lethiferis, quæ componi solent adhibendo succum Aconiti, Napelli, Squillæ, Taxi, Apii risus, & similium simplicium, venenatarumque bestiarum, quæ propter substantiæ suæ dissensionem substantiam nostram lædunt & corrumpunt) mixtiones venenatas inde confici, atque plagas reddi istiusmodi veneno ita complicatas, ut solo trajectu ac transmissu notas ejus veneni periculosissimas relinquant, nisi mature opportunum remedium adhibeatur. Nam experientia nos docet multas hodie reperiri mixtiones, adeo venenatas,*

tas , & pestiferas , ut si in iis acies sagittæ temperetur , quâ vulnus fiat , & sanguis profluat , quamvis sagitta non adhærescat , sed velocissimè transmittatur ; tamen venenum adeo subtile esse & pestiferum , ut sensim à minoribus venis ad majores serpens , atque inde ad præcordia progrediens , confestim vulneratum interimat. &c.

Parlant encore sur ce mesme subjet : *Verum ut ex hoc diverticulo in viam redeamus concludimus globulos infici veneno posse , non infundendo venenum in foramen aliquod datâ operâ factum , quemadmodum non nullis placere video : sed immergendis globulis , atque aliquoties extinguendis in illis aquis mercurialibus , & succis lethiferis : à quibus illorum substantia alterari & corrumpi potest , inficereque atque imbuere maligna illorum qualitate plagas (tanta illorum subtilitas est) quantumvis velociter ipsi globuli transmittantur. Quod vel ex iis liquet qui hanc in bestiis experientiam animadverterunt : quam rationibus aliquot confirmare instituimus in eo libro de antidotis , cujus paulò supra mentionem fecimus. Verumtamen ut concedamus globulum velociter per corpus permeantem tam celeriter venenum suum imprimere non posse : at certè tamen frequenter usu venit, ut in plaga satis diu globulus lateat, neque deprehendi à chirurgo possit.*

Venenum autem quod in illo globulo latet (qua de re dubitaturum neminem arbitramur) an non intereà satis habet temporis ad partes læsas inficiendas ? Nam quo magis ex spirituali & subtili substantia compositum est (quemadmodum superius demonstravimus) eò celeriores sunt ac subtiliores ipsius effectus : vaporeque suo maligno , per venas , arterias , & nervos infuso , spiritus naturales , vitales & animales inficit : quos contrarietate & pugnantia quadam suffocat , per eosdem se permiscens : unde vita hominis extinguitur , quæ in viva & idonea ipsorum actione consistit. Hæc eadem venena quo magis subtilia & communicabilia sunt , eò perniciosiora esse solent , quemadmodum ex viperarum , aliarumque venenatarum belluarum morsu licet animadvertere &c.

Exposons tout cecy en françois : pour ne doncques point respondre absurdement à cete question , l'advoüe (ce dit-il) ingenuëment que le plomb consideré purement & simplement dans sa nature , ne peut de soy , porter aucune qualité veneneuse dans les playes,si d'ailleurs on ne l'a trempé de poison par dehors. Ce que l'on me confessera estre fort facile à faire , car ie crois que personne ne doute que le plomb (quoy que naturellement pesant & terrestre entre tous les metaux) ne soit neantmoins d'une nature assez rare & spongieuse, ce que tous les Philosophes publient unanimement, puis qu'il est composé d'un soulfre impur & combustible , & d'une assez grande quantité d'un mercure grossier, impur, & feculent (qui est la cause de sa grande facilité à se fondre, de sa rareté, & de sa molesse) voila pourquoy il s'imbibe fort aisément de quelque liqueur que se soit. Que si on attribuë ces mesmes qualitez au fer qui est beaucoup plus compact, solide, & moins poreux (à raison qu'il ne contient pas tant de mercure) comme estant susceptible d'impressions veneneuses : à plus forte raison doit on croire que le plomb peut beaucoup plus facilement recevoir & introduire en soy ces qualitez dangereuses, & pestiferes, pour les raisons que ie vous ay apportéez cy dessus. On treuve quantité de tesmoignages en faveur de cete matiere,chez les autheurs &c.

Un peu plus bas il dit encore,ce n'est pas raisonner bien à propos de dire que le plomb se depoüillant dans sa fonte de sa nature grossiere , il introduit en soy quant & quant quelque autre substance d'une autre espece. Car c'est un effet de la nature que nous remarquons par les experiences que nous en faisons, que tous les metaux se purifient,& se purgent par le moyen du feu, que par luy ils quittent leur terre feculente,& leur soulfre impur: & par mé-moyen en deviennent beaucoup plus pur en leur substance. C'est de cét artifice, dont on se sert pour preparer le cuivre, l'estain, & le fer, lequel dans sa fonte se deffait de quantité de saletez & d'excrements, qu'il fait descendre au fonds : ainsi la matiére la plus pure & la plus sincere, que nous appellons acier, demeure toute unie en soy, comme Aristote nous le tesmoigne au 4 des Meteores Chap. 6. Or encore que se soit le propre de ces metaux imparfaits de rejetter leur impuretez, & immondices par la force du feu (comme nous avons dit cy dessus) si faut-il toutêfois croire quils s'imbibent d'une certaine substance estrangere, & contraire à leur nature. Car qui est celuy qui peut douter que l'acier entre les choses les plus solides ne puisse estre trempé, & mesme infecté de quelque substance tout à fait contraire à sa nature ? qui est celuy qui dira, ou qui croira que le vi-naigre, la suye de cheminée, le sel, l'eau de pilosselle, l'eau de vers(meslé avec du jus de raifforts,)ont une certaine qualité de fer ? car le fer estant plongé & plusieurs fois éteints dans ce jus, s'endurcit tellement que diffi-cilement le peut on croire,à moins que de l'avoir experimenté. Le mesme encore par un effet contraire,estant souventêfois éteint dans le jus de cyguë, de saponaire,& de guimauves,se ramollit. Autant en arrive-t'il à l'estain, & au plomb,lesquels estans fondus, & éteints dans le jus de Squille ou scylle (qui est une oygnon marin qui a la forme d'un naveau) par plusieurs fois, en recoivent la trempe telle, que celuy-cy en perd son petillement, & cét autre sa molesse & sa noirceur tout ensemble, ce qui ne se pourroit pas fai-re s'ils ne retenoient quelque chose, de la vertu & de l'esprit de cete trempe: Il est doncques tres manifeste que ces metaux quoy que purifiez par le feu, & quoy que depoüillez de tous leurs excrements, si est-ce que toutêfois ils imbibent toute autre substance d'une autre espece. Car se se-roit une sotise de croire que le mélange des esprits metalliques qui sont d'une mesme nature & espece ne se puisse pas faire avec plus de facilité que cela. Ainsi voyons nous que le cuivre se charge de couleur,& se jaunit avec l'esprit de Calamine,& de Tutie : puis derechef on peut luy faire perdre ce-te couleur, & le reblanchir avec de l'esprit d'Arsenic, d'Orpiment, ou de quelque autre semblable drogue. De là on pourroit tirer cete conclusion avec beaucoup de raison : que si les metaux (de quoy l'on fait generale-ment toutes sortes de balles, & boulets) & particuliérement le plomb re-çoivent en eux une substance naturellement spirituelle qui soit de leur espe-ce (avec quoy on les prepare aussi aisement qu'avec une infinité d'autres eaux mercuriales, puantes, & mortelles, que l'on a de coûtume de com-poser avec le suc d'Aconite de Napellus, de Squille, d'If, de Basinet qui est une espece de ranuncule, & d'autres semblables simples, & même des bestes venimeuses, lesquelles à cause de la dissention de leur substance,blessent & ruinent totalement la nostre) voila de quoy on prepare ordinairement ces mixtions mortelles;c'est par ce poison que les playes deviennent tellement compliquées que c est assez d'avoir seulement passé à travers les membres de ceux qui en sont atteints pour y laisser les impressions mortelles de leur venin,si l'on y donne ordre de bonne heure. Car l'experience nous ap-prend tous les jours qu'il s'y treuve aujourdhuy des mixtions tellement violentes & dangereuses,que si on y trempe seulement la pointe d'une flè-che, avecque quoy l'on vienne à faire quelque blessure sur le corps tant soit

peu

peu notable , quoy que mefme elle ne faffe que paffer affez legerement
fans demeurer fiché dans la playe , fi eft-ce que ce poifon eft fi fubtil , & penetrant que paffant infenfiblement des petites veines dans les plus gros vaiffeaux , & de là dans les parties nobles , il tuë promptement celuy qui en
eft atteint, auparavant qu'on puiffe luy apporter aucun remede. &c.

Or pour retourner fur nos premiéres brifées , nous concluons que l'on
peut empoifonner les balles dont on charge les armes à feu , fans que l'on
verfe pour cela du poifon dans aucun trou qu'on y pourroit avoir fait à ce
deffein , comme ie voy que quelques uns en appreuvent l'invention; mais
bien en les plongeant feulement , & les éteignant par plufieurs fois dans
ces eaux mercuriales , & dans ces fucs mortels , lefquels peuvent alterer & corrompre leur fubftance , & confequemment empoifonner les
blefures par leur mauvaife qualité (tant eft grande leur fubtilité) pour
vifte que puiffent paffer lefdits boulets. C'eft ce que l'on fçait affeurément
de ceux là mefme qui en ont fait les experiences fur des animaux : lefquelles j'ay deffein de vous confirmer , par des bonnes raifons dans mon livre
des antidotes , duquel ie vous ay de-ja fait mention cy deffus. Toutêfois
fi vous advoüray-ie qu'une balle paffant avec une grandiffime viteffe à travers un corps , ne peut pas fi promptement communiquer fon poifon :
pourveu que vous m'accordiez d'ailleurs , qu'il arrive le plus fouvent que la
balle ne demeure que trop long temps dans la playe , avant qu'elle puiffe eftre aperceuë, & tirée hors par le chirurgien.

Or dans ce temps là que la balle empoifonnée , demeure arreftée dans la
partie atteinte , n'a t'elle pas affez de loifir pour l'infecter tout à fait ? c'eft
de quoy ie ne crois pas que perfonne puiffe douter , car d'autant plus que
fon poifon eft compofé d'une fubftance plus fubtile & fpirituelle (comme
nous avons demonftré cy deffus) d'autant plus prompts & fubtils en font
fes effets , & confequemment cete vapeur maligne fe répandant , dans les
veines, dans les arteres, & par tous les nerfs, elle infecte d'abord les efprits naturels, vitaux , & animaux lefquels par ie ne fçays qu'elle contrarité & anti-
patie naturelle, elle fuffoque auffi toft en fe meflant pefle-mefle avec eux ,
d'où s'enfuit privation de la vie de l'homme ; laquelle ne fubfifte proprement que dans leur union vive , & bien temperée. Souvenez vous encore
que ces poifons font d'autant plus pernicieux que plus ils font fubtils &
communiquables, comme on le peut affez reconneftre dans la morfure des
viperes, & des autres beftes venimeufes &c.

Voila tout ce que cét autheur nous a dit touchant la façon & les moyens
que l'on doit tenir pour empoifonner les balles de plomb, & tels autres boulets que l'on voudra: outre cela comment ces poifons eftans diffus par tout le
corps humain , ils efteignent & fuffoquent entiérement les efprits vitaux & animaux, s'il arrive que quelqu'un en foit percé ou bleffé en quelque façon.

Ceux-là donc qui voudront preparer de ces globes empoifonnez pourront
s'ils veulent, fuivre les methodes qu'ont tenu les Anciens Pyroboliftes, ou celles qui font icy de noftre invention. Prenez de l'Aconite licoctome appellé chez les Italiens *Luparia* , chez les Allemands *Wulffvurt* ; du Napellus qui a la racine faicte comme un ret , celuy-cy eft un poifon bien plus
violent & plus dangereux que les autres ; tirez-en le fuc avecque la preffe ,
mais prenez-bien garde d'y toucher avecque les mains nuës: le fuc en eftant
tiré , verfez-le dans une terrine de verre d'une moyenne grandeur , mais
toutêfois affez capable , puis l'expofez au foleil dans le mois de Iuillet , l'ef-

Qq

pace

pace d'un jour tout entier, c'est à dire tant que le soleil sera chaud, &
qu'il luyra sur l'horison, mais aussi tost qu'il sera couché, mettez ladite
terrine dans une armoire ou caisse de bois couverte, dans quelque lieu
chaud, ou il ny ayt oygnons, ny aulx, ny aucune autre chose qui puisse
rendre une odeur acre & forte, autrement ce suc perdroit beaucoup de sa
vigueur naturelle; Le jour suivant aussy tost que le soleil sera levé apportez
derechef vostre terrine dans le mesme lieu, & l'exposez à l'ardeur de ses rayons, puis le soir venu faites de mesme comme auparavant, & continuez toujours ainsi l'espace d'un mois tout entier : au bout du terme vous aurez une
matiere veneneuse grosse & espaisse en forme d'onguent: mais ie vous adverty icy que lors que vous ouvrirez & fermerez le coffre, où vous reserrerez
cete terrine pendant la nuit, de le laisser ouvert environ l'espace d'une
bonne heure, depeur que l'odeur violent & malin de ce poison estant attiré par les narines, & porté au cerveau, ne cause de l'alteration à vostre
santé.

Prenez encore outre cela 3 ou 4, petites Rubetes qui se nourissent dans les
hayes, & qui ont le dos herissoné par des certaines petites tubercules, c'est
une espece de grenoüilletes assez grädes, & peintes de diverses couleurs par
toute la peau, que quelques autres appellent Crapauts: ces animaux seront
d'autant plus nuisibles, & mortelz, qu'ils seront pris dans des buissons &
dans des bois plus ombragez & froids, car c'est là où ils s'aquierēt un si puissant venin. Vous aurez aussy un vaisseau d'airain faict à la façon d'un alambique, assez ample pour contenir ces Rubetes & Crapaux, ensorte qu'elles y
puissent toutes estre assez au large : ce vaisseau aura un chapiteau par dessus, lequel s'emboîtera avec le recipient: par dessus ledit chapiteau il y aura un anse, pour l'enlever quand on voudra, sur le costé de ce vaisseau il
s'y élevera un petit hemisphere concave environ gros comme la moitié
d'une pomme d'orenge, qui sera faite en guise d'une petite auge ou urceole
qui pendra exterieurement, & qui aura le plan du cercle de l'hemisphere parallele à l'horison ; vous ferez aussy une certaine petite fente par dessus cét
auget, par où on y pourra voir clair, puis vous le remplirez d'huyle
de Scorpions, & mettrez dedans vos crapaux: en suite fermez bien exactement vostre vaisseau par dessus, estant bien bouché faites entrer le tuyau
de vostre alembique dans une phiole de verre laquelle reposera dans un
chauderon ou bassin plain d'eau froide.   En fin le tout estant bien disposé
de la sorte, faites allumer du charbon tout à l'entour, non pas toutefois trop
proche, ny trop ardent, depeur qu'il ne l'eschauffe plus qu'il ne soit de besoin, mais à la distance d'une ou de deux palmes seulement, afin que par
ce moyen le vaisseau s'eschauffe fort lentement, & qu'ainsi il puisse communiquer au dedans une chaleur assez moderé : laquelle les crapaux venans
à sentir, vomiront incontinent, & rendront le venin dont ils estoient abondamment remplis. S'estans donc ainsi vuidez par ce vomissement, &
suans d'ailleurs, & consequemment alterez à cause de cete chaleur estrangere, laquelle ils n'ont pas accoûtumé de ressentir, ils boiront avidemment
l'huyle contenu dans ces petits receptacles, pour estancher l'ardeur de leur
alteration : puis bien tost apres ils revomiront tout le venin qu'ils auront
avalé : lequel sera receu dans la phiole suspenduë au bout du tuyau de l'a-
lambique. On entretiendra cependant le feu tousiours dans un pareil degré
de chaleur l'espace de 4 heures entieres sans l'augmenter ny diminuër : ce
temps escoulé vous laisserez l'ouvrage imparfait jusqu'au jour suivant, &
attendrez pour l'ouvrir, qu'il s'y soit elevé un peu de vent ; auquel tournant
                                                                      le

le dos, & vous éloignant du vaiſſeau à la diſtance de quelques pas , vous en-
leverez le couvercle avec une perche aſſez longue, laquelle vous paſſerez
dans l'anneau dudit couvercle : & laiſſerez ce vaiſſeau ainſi découvert l'eſpace de 4 ou 5 heures : En fin ces vapeurs nuiſibles eſtant éuanoüies vous
pourrez librement vous en approcher pour en oſter la phiole.   Voila pour
ce qui touche la preparation de ce poiſon ; reſte à vous en donner l'uſage.
Vous arrouſerez la compoſition , de laquelle on ſe ſert pour emplir les boulets à feu de cete liqueur mortelle , comme auſſi du jus tiré de ces herbes
dont nous avons fait mention cy deſſus , & en chargerez voſtre boulet ſuivant l'ordre & la methode accoûtumée.

Vous pourrez encore adjoûter à cecy, les ſucs extraits des herbes ſuivantes , à ſçavoir d'Anemone, de Boüillon ſauvage , de Cyguë , d'Herbe im-
patiente, de juſquiâme, de pommes inſenſées, de Mandragore, de Napellus blanc & bleu , de Pied d'oye , de Pulſatille , de Ranoncule , de Morelle venimeuſe, de Squille , d'If , de Baſinet , & de quantité d'autres ſimples
de pareille nature.

Ces poudres ſuivantes y pourront auſſy fort bien ſervir comme le Mercure ſublimé, l'Arſehic blanc, l'orpiment, le Cynabre, le Minium, la
Litharge, parmy quoy vous pourrez auſſi mêler des menſtruës de femmes
brehaignes, & ſteriles, & de la cervelle de rats, de chats, & d'ours, de
l'Eſcume de chien enragé, du Sang de chauve-ſouris, de l'huyle dans laquelle vous aurez fait mourir quantité d'araignées domeſtiques, de l'Argent
vif, & du Diagréde auſſi, de la Coloquinthe, de l'Euphorbe, de l'un &
l'autre Elebore, du Thymelea grave, du Catapuce, des eſcorces d'Ezule,
des Noix vomiques, & pluſieurs autres ſemblables ingrediaiᷠ, qui ont des
qualitez nuiſibles.

Vous pourrez auſſi preparer une poudre pyrique en cete façon qui ſera
capable d'infecter l'air & de tuer promptement ceux qui ſeront contraint
d'en reſpirer la fumée. Enſeveliſſez moy un crapaut dans du ſalpetre, & le
ſourrez dans du fumier de cheval l'eſpace d'environ quinze jours ; tirez-le
de là par apres, & le proportionnez avec du Soulphre & du charbon, comme nous avons enſeigné cy deſſus.

Ou ſi vous aymez mieux faites fondre du ſalpetre dans quelque vaiſſeau
propre à cét effet ſur des charbons ardens ; puis jettez dedans force arai-
gnéez domeſtiques toutes vives enſorte qu'elles y ſoient ſuffoquées, &
qu'elles y regorgent tout leur venin ; vous pourrez auſſi ſemer par deſſus
voſtre Salpetre quelque peu d'Arſenic, apres y en avoir incorporé une aſſez
bonne quantité: puis de cete mixtion preparez voſtre poudre pyrique ſuivant l'ordre accoûtumé.

Notez 1. Ie crois que l'on feroit encore mieux, ſi parmy cete compoſition que nous avons ordonnnée cy deſſus pour les globes ſumeux, on mé-
loit les jus de ces herbes, leurs fuëilles, ou leurs racines à demy ſeiches
c'eſt à dire un peu fleſtries, ou mortifiées, & meſme toutes ces autres matiéres venimeuſes que nous avons deduites tantoſt ; & que ſuivant l'ordre
eſtably on en forma des globes & boulets.   On peut auſſi y adjouter de l'eſcorce exterieure de bouleau : car toutes ces choſes engendrent une fumée
extrémement épaiſſe & importune : joint que les racines de ces herbes,
ou bien les fuëilles encore moites, produiſent le meſme effet: adjoutez à cela
que la fumée qui en eſt engendrée contenant en ſoy beaucoup d'humidité, s'éleve d'autant moins vers la plus haute region de l'air ; mais rampant
tout doucement aſſez proche de terre, elle ſe maintien dans le lieu

où elle eſt produite, ſe porte de ruë en ruë, entre dans les maiſons, & paſſe dans les lieux les plus ſecrets de la place aſſiegée: & voila pourquoy, on
ne pourra point choiſir de temps plus commode, ou qui puiſſe mieux favoriſer le deſſein de celuy qui envoyera ces boulets,que lors que le ciel ſera
fort couvert, nuageux, & bruineux; pendant un grand broüillart, lors
qu'il pleuvra, ou qu'il neigera, dans des nuits fort obſcures & facheuſes;
qui ſeront les plus propres pour faire reuſſir des pareils deſſeins; la raiſon
de cecy eſt que dans ce temps, la region de l'air qui nous eſt la plus voiſi-
ne, eſt extrémement groſſe & eſpaiſſe, & par conſequent bien plus mal-
aiſée à eſtre penetrée par cete fumée veneneuſe, qui s'efforce de s'enlever,
que non pas lors que le ſoleil luit,que le ciel eſt ſerain & beau, & qu'elle ne
rencontre aucun obſtacle dans l'eſtanduë de l'air.

    Notez 2. On pourra armer ces globes d'une quantité de petards, afin
que d'autant plus mal-aiſement les puiſſe-t'on ſuſſoquer, pour en empeſcher les effets.

    Notez 3. Donnez vous bien de garde que ce que vous avez preparé pour
la perte & ruine de vos ennemis, par un effet contraire à voſtre intention,
ne ſe tourne à voſtre des avantage, & qu'au lieu de porter la mort chez les
autres,par ces dangereuſes inventions, vous n'en ſoyez prevenus chez vous
meſmes,& accabléz avant que de pouvoir vous reconneſtre.   Voila pourquoy pour éviter l'inconvenient qui en pourroit arriver, vous ſemerez tout
à l'entour du globe exterieurement de la poudre commune,& non pas veneneuſe; puis vous l'envelopperez par deſſus d'eſtoupe pareillement
exempte de cete infection : ou bien ſi vous voulez mettre cete compoſition
veneneuſe dans un ſac, comme on fait les globes à feu,vous chargerez le tuyau de fer d'une matiere lente.

    Ie laiſſe le ſoin du reſte à l'ingenieux Pyroboliſte, lequel inventera tout
ce qu'il jugera à propos pour l'uſage de ces inventions: quoy que pour vous
en dire la verité nous n'avons pas beſoin de maiſtre pour nous mõſter à faire mal : car la malice de ſoy, & de ſa propre nature eſt aſſez induſtrieuſe,
& particuliérement lors qu'il eſt queſtion de mettre au jour des productions de ſon eſpece.   Ie vous adverty neantmoins de rechef, & vous repete
encore ce que ie vous ay deja dit, qu'il ſe faut tellement ſervir de ces inventions pour l'extirpation des hommes, que vous ne vous repentiez jamais, ny en cete vie mortelle, ny en celle que nous eſperons dans l'éternité, d'avoir employé des moyens ſi dangereux, & ſi ſuſpects à une bonne
conſcience; or vous ne vous en repentirez jamais, ſi vous vous ſouvenez
bien que l'amour de voſtre prochain, doit toûjours accompagner l'amour
divin : & que nous avons noſtre Dieu, & nôſtre Iuge qui nous void continuellement,& qui nous ſçaura bien rendre la pareille ſi nous faiſons mal.

Chapitre XII.

Des Globes Puants.

Il ſemble que les Globes puants, & de mauvaiſes odeurs, relevent en
quelque façon des globes veneneux, & empoiſonnez, mais toutefois
ceux-cy peuvent eſtre mis en uſage avec bien plus de liberté (ſuppoſé
qu'il ſoit permis de nuire à ſon ennemis par toutes ſortes d'artifices) que
non pas ceux-là que nous avons décripts dans le chapitre precedent veu
que

que par le moyen de ces derniers, on incommode seulement les assiegez, leur envoyant chez eux des vapeurs puantes, des fuméez des-agreables, & des brovillards artificiels autant insuportables au nez & au cerveau pour leurs puanteurs extraordinaires, que dommageables au yeux à cause de leur qualité ardente, acre, & grossiere; joint que la corruption de l'air ne s'ensuit pas si tost apres. Pour ce qui est du reste de leur preparation ils n'ont rien qui ne soit commun avec les autres globes artificiels, & pyrotechniques : voicy la veritable methode qu'on doit observer pour les preparer. Prenez 10 ℔ de Poix navale, 6 ℔ de poix liquide ou Goudron, du Salpetre 20 ℔, du Soulfre 8 ℔, de la Colophone 4 ℔, Faites foudre tous ces ingredians à feu lent dans quelque vaisseau de terre : tout estant fondu jettez dedans 2 ℔, de Charbon, de la raclure ou parure de l'ongle d'un cheval, ou mulet &c. 6 ℔, de l'Assa Fætida 3 ℔, du Sagapenum (que les Italiens appellent Saracenum putidum) 1 ℔. du Spatula Fætida ℔ ß: meslez bien tout & les incorporez ensemble : En fin jettez dans cete composition des estoupes de lin ou de chanvre suffisamment pour absorber toute la matiere : & cependant qu'elle sera encore chaude, vous en formerez des globes de telle grosseur qu'il vous plaira; le reste de la preparation s'achevera suivant l'ordre & la methode que nous avons donnée cy dessus, pour les globes, luysans, pour les fumeux & pour les empoisonnez.

COROLLAIRE.

Qui est-celuy qui ne sçait pas, que l'air dans lequel nous respirons, ne puisse estre puissamment corrompu; & que d'une puante corruption il s'en engendre le plus souvent des maladies contagieuses, & consequemment des pestes inévitables ? veritablement tout ainsi comme une ville assiégée telle qu'elle soit, n'est autre chose qu'un theatre de tous les maux, & miseres qui peuvent affliger un homme, aussi est elle extrémement subjecte aux airs contagieux, vapeurs pestilentielles, & toutes sortes d'alterations dangereuses, qui proviennent de la puanteur des charognes, de la pourriture des animaux corrompus, & quelquefois de la quantité des boües, & des fumiers qu'on a pas la commodité de faire vuider hors des égouts & cloaques publiques. Ie n'entreprens pas icy de vous raconter tant d'exemples que nous avons des villes & places assiegées, dans lesquelles on a veu perir d'avantage de peuple par des maladies contagieuses que par le fer ny le feu de ennemis. Or pour en venir au point que ie pretends, ie dis que cete corruption de l'air peut estre introduite dans les villes assiegées, partie par des puanteurs engendrées dans les lieux mesmes, & partie aussi par des fumées qui y sont portées de dehors, pour y corrõpre l'air pur & net. Les puanteurs qui proviennent de dedans sont les haleines mal-saines, & pourries de malades de faim, de veilles, de fatigues continüelles, & de milles autres semblables incommoditez : outre cela les cadavres des soldats massacrez, les bestes mortes, les fiantes, fumiers, & immondices, qu'on ne peut pas porter hors de l'enceinte des murailles, lesquelles vomissant & élevant en l'air quantité d'exhalaison puantes, grossieres & mal-digerées, infectent aussi tost l'air de la place, pour estre compris & renfermé dans un espace trop limité. Les assiegeans peuvent produire des effets presque tous semblables à ceux-cy; en envoyant dans les lieux assiegez divers globes empoisonnez : ou bien en y élançant avec des machines antiques (ce que l'on ne pourra aucunement faire avec nos modernes) les cadavres des soldats morts, les charoignes des chevaux & autres bestes mortifiées, à demy pourries, & pleines d'infections,

Q q 3

outre

outre cela les vuidanges des latrines , renfermées dans des grands tonneaux
ou femblables vaiffeaux , & une-infinité d'autres puanteurs , & vilenies
de pareille eftoffe , que l'on fera pleuvoir fur les affiegez : Les commentaires des hiftoires font tous remplis de ce qu'en ont pratiqué les Anciens Romains , & plufieurs autres nations belliqueufes qui fleuriffoient de leur
temps.   Et fans aller fi loing nous en avons mefme de exemples plus recens dans les chroniques de la ville de Liege ou l'on treuve cete remarque : *Leodicenfes caftrum de Argenteal fortiter impugnare cœperunt , jaŝis lapidi-*
bus magnis cum mangonalibus (voila comment ils appelloient de ja de ce
tèmps-là les baliftes des Anciens)*& fufo metallo in vafculis terreis ferroque can-*
denti projeŝis , tandem ftercoribus etiam injeŝis. Les Liegeois s'eftans attachez
fort & ferme au chafteau d'Argenteal,élancoient des grandes pierres dedans
avec des mangonales , outre cela des metaux fondus, renfermez dans des
vaiffeaux de terre , du fer rouge , & en fin des excrements humains en abondance.

On peut tirer deux confequences de cecy,premiéremēt qu'il eft tres conftant qu'une ville peut eftre infeŝée puiffamment par ces horribles puanteurs :   que l'air peut eftre tellement corrompu , & que par cete voye on
peut apporter tant d'incommodité à ceux qui font renfermez dans les places, qu'on peut ayfement les contraindre à fe rendre, ou pour le moins les
difpofer à parlementer pluftoft qui n'en auroient eu de deffein.

Secondement c'eft une chofe tout à fait digne de remarque (laquelle
j'ay dit & redit en tant d'endroits) à fçavoir que par le moyen des machines antiques on pouvoit non feulement guinder en l'air des fi puiffantes
maffes , telles que font les cadavres des chevaux morts , & des hommes af-
fommez , & toutes fortes de vaiffeaux remplis de matiéres ardentes, flam-
bentes , & boüillantes , mais auffi des groffes pierres rondes , des grands
cartiers de roches , & des fardeaux d'une demefurée grandeur. Entre quantité de tefmoignages que nous avons de cete verité ; ie vous produiray feulement celuy qui fe treuve chez Paulus Emilius en fon hiftoire du fiege
Ptolemaïde,fait par Philippe Roy de France , & Henry Roy d'Angleterre,
en ces termes : *Saxorum molarium iŝu quæ Tollenonibus* (ils appelloient icy
les Baliftes de ce mot de Tollenons à caufe du rapport qu'elles ont avec ceux
que Vegefe nous décrit en fon Liv. 4. Chap: 21.) *mittebantur , teŝa domo-*
rum in urbe fupernè perfingebantur , magna incolentium pefte. Ils ruinoient ce
dit-il toutes les couvertures des édifices à force de jetter de ces grandes maffes de pierres, lefquelles ils envoyoient dans la ville , par le moyen de ces
furieux engins qu'on appelloit des Tollenons, ce qui eftoit la veritable pefte , & la perte des habitans.   Silius en fait auffi mention en fon liv. 1.

> *Phocais effundit vaftos Balliſta molares,*
> *Atque eadem ingentis mutato pondere teli*
> *Ferratam excutiens ornum media agmina rupit.*

Iugez maintenant de la grandeur de leur poids par leurs eftranges &
épouvantables executions.   On treuve encore dans les annales d'Efpagne,
(fuivant le rapport de Lipfius) l'hiftoire d'un jeune homme nommé Pe-
lage , mais fur tout fort chafte & honnefte, lequel eftant follicité par un
Roy barbare à commettre,ou fouffrir une aŝion fale , & honteufe , le frap-
pa du point par malheur comme il le careffoit ; Cét infame & cruel Roy
commenda auffi toft qu'on eût à le mettre fur une fonde machinale (ce qui
étoit proprement une balifte) pour eftre jetté au de là du Betis , à travers
les rochers & les efcuëils.   Mais nous parlerons de cecy plus au long en
fon

fon lieu, ou ie vous feray voir les figures de toutes les machines des Anciens, lefquelles j'ay tirées des remarques de toutes les antiquitez,& mefme pris la peine bien fouvent d'en former les modeles de mes propres
mains, pour en éprouver les admirables effets, (quoy que dans des proportions bien plus petites & plus racourcies,) & pour fçavoir s'il eftoit ainfi
que les autheurs nous les avoient tant vantées. Ce que i'en ay dit icy en
paffant a feulement efté à l'occafion des globes puants, afin de vous advertir, que les affiegez peuvent élancer à l'encontre de leurs aggreffeurs, non
feulement des puanteurs en grande abondance, avec beaucoup de commodité & de promptitude, mais auffi une infinité de vaiffeaux de toutes fortes
de figures qu'on fe peut imaginer, remplis de compofitions ou veneneufes
ou fumeufes : outre cela des grandiffimes maffes de feu, & toutes autres
inventions pyroboliques defquelles nous difcourerons dans le livre fuivant,
& particuliérement de celles qu'on employe d'ordinaire à la deffence des
places affiegées. Que ceux qui auront le jugemět bon & l'éprit fain jugent un
peu de cecy:que s'ils me contraignent de fuccomber apres tant des fi plaufi-
bles arguments & des raifons fi convaincantes, tant noftres,que des autres
autheurs fi fameux & fi graves,ie me rendray tres volontiers,& embrafferą
l'opinion de ceux qui auront des fentiments contraires. Mais comme ie ne
crains rien de ce cofté là, auffi plaindray-ie tant que ie vivray la miferable
condition de quelqu'unes de ces machines antiques.

Chapitre XIII.

D'un Globe appellé Tefte de mort, parmy les Inge-
nieurs à feu.

Qu'on faffe fondre un globe parfaitement fpherique de fer, de laiton, de cuivre, ou de quelque autre metail que ce foit, d'une telle groffeur qu'il réponde exactement à l'emboucheure du canon
où il doit fervir : on l'évuidra par le diametre de fa hauteur en telle
forte que la longueur de cete évuidure (laquelle a la vraye forme d'un cylindre vuide) foit de ⅔, & la largeur d'un ⅓ du mefme diametre. Outre celle-là on fera quantité d'autres petites cavitez de la figure d'un petard vulgaire tout à l'entour du circuit, lefquelles regarderont toutes celles du milieu. Au fonds de celles-cy on percera des petits canaux qui pafferont jufques dans le vuide du milieu pour y recevoir le feu.Ils feront chargez d'une
poudre battuë fort deliée,mais les cavitez feront remplies d'une bonne poudre grenée, & de quantité de poftes de plomb,ou groffe dragée;puis on les
bourrera bien par deffus avec de l'eftoupe,ou du papier.

Le grand cylindre du milieu, fera remply de poudre battuë, parmy laquelle on mêlera une quatriéme partie de charbon,& fera arroufée d'eau de
vie ou d'huyle de petrole, ou bien on le chargera d'une de ces compofitions
que nous avons ordonnées pour les tuyaux des grenades : en fin le globe fera
enveloppé exterieurement d'une toile trempée de poix liquide, hormis l'orifice de l'excavation du milieu. Lors que l'on le voudra tirer, on le fituera
dans le canon en telle forte que l'orifice de ce tuyau du milieu touchera immediatement la poudre fans qu'il y ait aucun corps interpofé: la figure 156
vous fera voir le refte de fa conftruction.

Notez. que ces globes icy pourront auffi eftre faits de bois: mais à telle
con-

condition qu'on inferera dans toutes ces cavitez qui font à l'entour du grand tuyau , des petards tels que vous en voyez un deffeigné fous la lettre D en la figure du Nomb. 151.Il faudra auffi neceffairement que ce globe foit bendé exterieurement avec des bons cercles de fer , attachez avec des clous , depeur que par la violence de la poudre , lors qu'on le tire du canon, ou pendant que l'on charge les petards,il ne vienne à fe rompre,& fe diffiper premier que de prendre feu.

Chapitre XIV.

Du Globe appellé vulgairement le Valet du Pyroboliste.

Ce globe que vous voyez deffeigné au nombre 157,s'est acquis le nom de Valet d'Ingenieur à feu,à caufe qu'il demeure toufiours de bout , pour faire fon devoir,au contraire des autres qui ne fçavent en qu'elle pofture fe mettre , pour rendre quelque bon fervice ; car les uns veulent eftre couchez,les autres de travers,ou tout à fait renverfez,lors qu'il eft queftion de fe fervir d'eux. Or ce Gentil Serviteur icy n'eft pas difficile à gouverner , ni à conftruire , auffi eft-il d'une nature fort fimple , & traitable : Il faut prendre feulement un cylindre de bois folide dont la groffeur correfponde au diametre de l'emboucheure du canon : il a fa hauteur depuis le haut jufques à la pointe de trois diametres de fa largeur : fa pointe fe terminant en pyramide multangulaire porte juftement un diametre de fa groffeur : apres cela on le perce avec une tariére par le milieu de fa hauteur, en telle forte que le diametre de cete évuidure , ou de la largeur de ce cylindre vuide , ait un tiers de fa groffeur ; fa hauteur fera de trois diametres, c'eft à dire jufques à la bafe de fa pointe. En fuite on perce quantité de de trous dans fa fuperficie exterieure , larges d'un ou de deux doigts, lefquels refpondent directement au vuide du milieu ; on ajufte dans ces trous des petards de fer femblables à ceux que ie vous ay fait voir cy deffus dans l'autre globe , lefquels on charge de poudre & de balles de plomb (fuppofé toutefois que ce globe foit de bois.) Le vuide du milieu fe pourra auffi remplir des mefmes compofitions que nous avons ordonnées pour le globe precedent.La pointe fera garnie d'un fer bien aceré,afin que ce globe venant à tomber fur terre , ou fur du bois , ou bien fur quelque autre objet dur & refiftant , il s'y puiffe attacher , & y demeurer fi ferme qu'on ne puiffe pas l'en arracher.Outre cela pour le rendre plus ferme, on pourra le relier de trois cercles de fer , à fçavoir un à fon orifice fuperieur , l'autre à la bafe de fa pointe , & le troifiéme au milieu , afin qu'il fe mocque des forces de la poudre & qu'il n'en apprehende nullement les efforts. Pour ce qui eft du refte il n'a rien de particulier & qui ne foit commun avec le globe precedent.

Chapitre XV.

Du Manipule Pyrotechnique.

Il arrive fort fouvent que le temps nous reduit à des telles extremitez,ou que nous nous treuvons fi fort embaraffez dans diverfes difficultez (qui font veritablement fort frequentes & prefque inévitables dans les occurren-

rences militaires) qu'il nous eſt impoſſible de preparer aſſez toſt nos globes artificiels : voila pourquoy noſtre Manipule ſuppléra au deſſaut des autres, lequel n'eſt autre choſe qu'une certaine quantité de petards de fer
ou de cuivre unis enſemble (ſemblables à ceux que ie vous ay deſſeignéz
en la figure du Nomb. 151 ſous la lettre F G & I. Soit doublez, triplez, ou
ſimples, pourveu qui ſoient chargez d'un bonne poudre grenée, & de
balles à mouſquets) joint qu'ils ſont bien reliez d'un fil d'archet, ou de fer,
afin que ces petards ne craignent point la violence de la poudre, & qu'ils
n'en ſoient point diſſipez, ou deſ-unis, mais au contraire demeurans bien
alliez en un corps, ils faſſent tous leur devoir, lors qui ſeront arrivez au
lieu où l'on les aura envoyez.　Les amorces ſeront remplies d'une matiére
lente, telle que nous l'avons ordonnée cy deſſus.　Au reſte on pourra conſtruire ces Manipules de diverſes grandeur, afin qu'on les puiſſe faire ſervir
aux canons, & mortiers de calibres tous differents : on les ajuſtera doncques ainſi tous nuds dans les machines immmediatement ſur la poudre
dont elles ſont chargées.

Chapitre X V I.

De certains Globes Pyrotechniques que l'on peut cacher en quel-
que lieu ſecret, pour leur faire produire leurs effets dans un cer-
tain temps determiné.

Nous vous avõs de-ja adverty cy deſſus ce me ſemble que les Anciens
Capitaines Allemands avoient toûjours non ſeulement blâmé mais
auſſi banny hors des limites de leur milice les feux clandeſtins, (appelle chez eux *heimlich* ou *leg fewer*) comme des inventions inju-
ſtes & illicites, & que pour céte raiſon ils avoient deſſendu aux Pyroboliſtes, & Ingenieurs à feu de n'en point conſtruire du tout : nous treuvons
dans l'hiſtoire neantmoins que du temps duquel ces ordonnances eſtoient
encore nouvellement eſtablies, & dans leur vigeur, ces feux eſtoient encore aſſez en uſage: mais à la verité dans le ſiecle où nous ſommes, auquel il
ſemble que toutes les inventions antiques doivent prendre fin, pour en introduire des nouvelles autrefois inconnuës aux Anciens ; à peine ces feux
y reluiſent-ils encore : & ie crois veritablement que ſi par nos eſcrits nous
n'en conſervions les dernieres flameſches qui ſe meurent, d'icy à quelques
années il n'en reſteroit pas meſme le ſouvenir. Or puiſque nos peres, & tous
ceux qui ont encore veſcu avant eux, ont experimenté en effet qu'ils leur
eſtoient utiles (quoy qu'ils ne les eſtimaſſant guéres licites, ny honneſtes)
pourquoy ne nous ſera-t'il pas maintenant permis, ou pluſtoſt pourquoy
ne nous le doit-il pas eſtre auſſi bien comme à eux ? il ne faut ſeulement
qu'avoir un peu d'eſprit & d'induſtrie, pour les ſçavoir accommoder aux
temps, & aux lieux.　Or ie treuve pluſieurs moyens pour les conſtruire diverſement, & leur donner diverſes formes, ſuivant la quantité, & la difference des circonſtances qui nous obligent à nous en ſervir ; car autres ſeront ceux qui ſe doivent cacher dans les maiſons, cabinets, granges, gre-
niers, & lieux ſemblables ; autres ceux que l'on inſinuëra dans les tours où
ſe gardent les poudres, dans les magazins, & arcenals, auxquels l'on peut
librement entrer, & en fin autres ceux que l'on enfermera dans des cha-

R r

riots,

riots, coffres, tonneaux, & semblables bagages que l'on peut transporter dans les villes & forteresses des ennemis : toutes ces cicronstances de lieux demandent des preparations toutes particulieres, & des formes toutes diverses pour ces feux clandestins. Ie vous en proposeray icy un modele, seulement pour exemple, en trois globes de trois differentes figures, le premier desquels marqué en la lettre A, au nomb. 159, retient entiérement la forme d'un globe à feu vulgaire : sinon qu'on y attache une méche, disposée en limacon tout à l'entour (pourveu toutéfois que ce soit sur un terrain égal & plain) laquelle ne soit pas de ces meches communes à la verité;mais de celles qui ne sument & ne puent point,dont ie vous ay enseigné la preparation au liv. 2. chap. 27. On fait entrer un des bouts dans l'orifice du globe, & l'autre qui est allumé apres quelques revolutions spirales faites à l'entour demeure à costé, en telle sorte que ses divers retours & replis ne se touchent, depeur que le feu en passant ne la coupe, & qu'ainsi elle n'anticipe le temps ordonné à sa combustion. Cete méche n'a point d'autre longueur determinée que de l'intervalle du temps auquel il faut que le globe fasse son effet : ce qui ne sera pas beaucoup difficile à ordonner pourveu que vous soyez certain de la quatité, & de la longueur de la méche que le feu peut consommer à chaque quart d'heure:ensorte que si l'on desire que le globe fasse son effet deux heures apres qu'il aura esté caché,& que vous soyez asseuré d'ailleurs que le feu consomme à peu prés un demy pied de méche en chaque quart d'heure ; vous pourrez conclure aisement que pour deux heures il vous faut avoir quatre pieds de méche.

L'autre globe desseigné en la lettre B, est ordinairement fait de bois : (quoy que l'on le pourroit faire construire de fer ou de bronze à la façon d'une grenade vulgaire ; mais en ce cas on seroit obligé de remplir le vuide de poudre grenée,sans y mesler aucune autre composition comme nous dirons plus bas)il doit estre cancelé spiralement,depuis le fonds jusques au sommet,en telle sorte que l'on puisse ajuster,& coller dans ce sillon spiral,une méche qui passe & tourne depuis un bout jusques à l'autre; comme il se void dans l'autre figure marquée d'un C: celuy-cy est beaucoup meilleur que le premier, parce que la méche ne fait qu'un corps avec le globe, & n'a pas besoin d'un si grand espace sur le terrain, quoy quils soient tous deux d'un égale grosseur.

En fin le troisiéme globe de cete espece que nous avons marqué d'un D, retient aussi quelque chose de la forme d'un globe vulgaire: il a un petit baston droit & rond engagé dans son orifice, sur lequel est entortillée en forme spirale une méche de la longueur qu'elle doit estre pour aller jusques au temps,auquel le boulet doit faire son effet, & la colle-t'on bien fort, depeur qu'elle ne se des-enveloppe en brûlant.

Tous ces globes icy se doivent charger de matieres violentes, & qui produisent force feu, telle que i'estime celle que l'on dit avoir anciennement esté employé dans la preparation du feu Grec, comme vous pouvez l'avoir remarqué cy dessus par le discours de Scaliger dans la description de nostre pluye de feu. Or cete matiére sera suffisemment violente, tant à cause des ingredians extrémement chauds & ignéz qui entrent dans sa composition, qu'à cause de la forme de sa preparation qui est toute particiére : car nous sçavons fort bien que le fumier a une puissante,& admirable vertu,pour trãformer,& rectifier les matieres que l'on cache quelque fois dãs ses entrailles: c'est en quoy il est fort semblable à la chaleur naturelle : cete mere qui produit tant de merueilles,s'est reservé une vertu de pourrir qui n'est pas à mespriser prifer : & l'on void toufiours que la putrefaction engendre autant de forte d'animaux , qu'il y a de chofes qui fe peuvent putrefier : que fi quelqu'un fait reflexion là deffus , & qu'il le confidere un peu attentivement, ie vous affeure qu'il ne tirera pas un petit principe d'un fi grand fecret. Voila pourquoy à mon avis cete compofition fera plus vehemente que toutes celles qui fe mélent , & s'incorporent feulement fans autre preparation : hormis toutéfois, la poudre pyrique preparée en telle forte qu'elle foit long temps battuë en plotons ; car par cete forte de preparation, elle devient extrément violente, (comme nous avons dit cy-deffus) & fe change en une fubftance tout à fait legere & volatile.

Brechtelius dans le livre 2. Chap. 2. de fon Artillerie nous expofe encore cete compofition pour la charge de ces globes : Prenez 3 ℔. de Poudre, du Soulfre 1 ℔, mettrez-les tous deux en poudre bien fubtile , & les incorporez enfemble : adjoutez-y par apres un peu de Colophone, & quelques goutes de therebentine ; puis petriffez-moy bien tout cecy avec de l'huyle de lin , & de l'eau de vie, eftant bien malaxé, rempliffez voftre globe de cete compofition. Toutéfois fi l'on me veut croire on fe fervira plûtoft de celle dont le feu Greque eftoit compofé : car il eft fuffifamment violent comme on le peut affez remarquer par la nature de chaque ingrediant qui entre dans fa compofition ; joint que noftre feu fecret & clandeftin a beaucoup de rapport quant à fes operations, & à fes effets, au feu Grec ; comme quantité d'autheurs digne de foy nous le rapporte : ie ne doute pas toutéfois que quelqu'unes de ces matieres ne vous pourront bien manquer, pour eftre trop difficile à recouvrer , ou pour eftre de trop grand prix. Souvenez vous encore qu'au lieu de méche vous pourrez librement employer de l'eftoupe pyrotechnique , particuliérement celle que Brechtelius a décrit pour ce mefme effet, en fon Artillerie, partie 2, Chap. 2. & dont nous avons donné la conftruction à fon imitation au livre 2. Chap, 2.

Chapitre XVII.

Des Boulets de fer ardents ou rougis au feu.

C'ete une pratique qui n'eft pas beaucoup nouvelle que les boulets de fer rouge, Puifque long temps auparavant que nos pieces d'Artillerie modernes fuffent inventées , le fer chaud , & brûlant eftoit une arme d'un grandiffime deffence parmy les anciens : comme Diodorus Siculus entre plufieurs autres nous le refmoigne quand il dit. *Tyrios immififfe in Alexandri Magni machinamenta maffas magnas ferreas candentes :* que les Tyriens avoient envoyé fur les travaux qu'Alexandre le Grand avoit fait élever des groffes maffes de fer rouge. Un autheur incertain chez Suidas en parle auffi en ces termes : *Liquidá omnia & fufilia in hoftes ex fuperiore loco ferventia mittebantur. Inter alia vero & ferri cruftas quas multo igne candentes reddiderant in murum fubeuntes parabant effundere.* On envoyoit fe dit-il dés lieux les plus eminents fur les ennemis, tout ce qu'ils treuvoient de liquide & de fufible , & le tout chaud & boüillants ; & entre autre chofes ils avoient quantité de croutes de fer qu'ils avoient fait rougir au feu, & qu'ils tenoient de-ja toutes preftes pour jetter fur ceux qui s'avantureroient d'escalader leurs murailles. Vitruve parlant pareillement des Maffilitans, Liv. 10 Chap. 22. *Et jam cum ager ad murum*

con-

Contra eos compararetur, *& arboribus excifis*, *eoque collocatis*, *locus operibus*
exageraretur, *balliftis veƈtes ferreos candentes in id mittendo totam munitionem*
coegerunt conflagrare. Où l'on void évidemment que ces peuples fe fervirent
de leurs baliftes pour jetter des barres de fer rouge avec quoy ils mirent à
ce qu'il dit, le feu dans les amonitions.   Qui en voudra fçavoir d'avantage
fur ce fujet pourra s'il luy plait l'apprendre des autres autheurs, defquels
nous avons de-ja produits les tefmoignages ailleurs.   De dire maintenant
dans quelle vogue ont efté nos boulets ardents, depuis l'invention de la
poudre à canon, quels ravages ils ont fait, & quelles exécutions dans diverfes occurrences de guerre, il ny a que ceux qui n'ont jamais porté les
armes, ou qui n'ont jamais fueilletté les hiftoires qui en peuvent ignorer
les effets : dans lefquelles, entre une infinité d'autres exemples qui s'y
rencontrent. *Emanuel de Meteren* nous en raconte une en fon hiftoire des
Païs Bas liv. 20. affez remarquable, qui arriva à Rhenobergh affiegée par l'Admiral d'Arragon en l'an de Noftre Seigneur 1598, où il affeure qu'un boulet
de fer (faut neceffairement qu'il ait efté rouge, quoy que l'autheur n'en
dife mot) ayant efté envoyé d'une batterie des affiegeans à l'encontre d'u-
ne tour où l'on confervoit de la poudre à canon, & qu'ayant percé la muraille qui n'eftoit efpaiffe que d'une brique, il tombât dans un vaiffeau
plein de poudre, laquelle prit incontinent feu, & le communiqua dans
le mefme inftant à tous les autres vaiffeaux (qui eftoient jufques au nombre de 150) d'où il s'en enfuivit un tintamare fi efpouvantable par la violence de la poudre, & une incendie fi generale, que non feulement elle fit
fauter la tour où elle eftoit renfermée, mais auffi embrafa, les maifons les
plus eflevées ruina les plus voifines, & bouleverfa une grande partie des
murs de la ville, & ce qui fut le pis de tout, la plus part des bourgeois & des
foldats y furent accablez avec le gouverneur de la place ; bref le defordre
fût fi effroyable, & la confufion fi grande parmy ces miferables affiégez que
fort peu en fortirent fains & entiers ; qui ne fuffent eftropiez de quelques
membres, incapables de porter les armes, ou de jamais excercer leurs me-
ftiers.   Paulus Piafecius Evefque de Prémifle qui a efcrit nos annales nous
raconte auffi une pareille hiftoire en ces termes : *inde progreffus* (Parlant de
l'Admiral d'Aragon) *ad Rheni ripam oppidum Rhinberck Colonienfis Archiepif-*
copi quod jam ante ab Hifpanis occupatum Hollandi morante in Gallia Alberto Ar-
chiduce in fuam poteftatem afferuerant, *& præfidio proprio munitum*, *eo ufque*
tenebant, *oppugnavit.   Et initio quidem obfeffi fatis animi ad refiftendum præfe-*
rebant, *fed cum fortuito* (ie veux pourtant croire que cela fût fait à deffein
& de propos deliberé) *à tormenti jaculo ignis delatus in locum ubi repofitus erat*
pulvis nitratus incendium ingens excitaffet, *quo præcipua turris concidit*, *& vi-*
cinam partem muri in ruinam traxit, *ut facilis effet intro ingreffus oppugnatori-*
bus, *paƈti incolumitatem fibi*, *& impedimentorum abducendorem libertatem*,
deditionem fecerunt. l'Admiral d'Arragon ayant fait marcher fes troupes vers
le Rhin s'en alla attaquer Rhinberck, place qui appartenoit à l'Archevefque
de Cologne, auparavant occupée des Efpagnols, mais qui dans le temps que
l'Archiduc Albert eftoit en France fût reduite fous la puiffance des Hollandois, & dans laquelle ils avoient eu jufques là des bonnes & fortes garnifons.
D'abord (ce dit-il) les affiegez tefmoignoient avoir affez de courage par
la refiftance qu'ils faifoient ; mais le malheur ayant voulu qu'un boulet de
canon eftant fortuitement entré dans un magazin, où il y avoit quantité de
poudre, fit un tel defordre dans fon embrafement que la principale tour
fût bouleverfée, laquelle par fa cheute entraina quant & foy, un pan fi notable

de

de la muraille voisine qu'il fût aysé aux assiegeans d'y entrer par la bréche, ce qui les obligea bien tost apres à parlementer, comme en effet ayant obtenu quartier, & la liberté de sortir avec leur bagage, ils se rendirent. Mais Diegus Ufanus au second traité de son Artillerie, Dial. 12, rapporte encore une histoire presque autant tragique que celle-cy: à quoy il adjoute un estrange exemple d'un navire Hollandois qui s'en allant pour entrer dans Ostende chargé de poudre pyrique fut embrasé par un boulet de canon: cét autheur estime que ces deux accidents arriverent par un autre voye, & croit que le boulet ayant frappé rudement contre quelque pierre, ou clou, ou quelque autre objet dur, avoit fait du feu suffisamment pour allumer la poudre, d'où s'estoient ensuivies ces incendies si épouvantables. Pour moy mon sentiment est (auquel *Emanuel de Meteren* semble aussi s'accorder) que c'estoit quelque boulet ardant qu'on avoit tiré tout à dessein: car il n'est pas à croire qu'un boulet de canon pour avoir percée une muraille espaisse d'une brique seulement, traversé une planche d'un vaisseau, ou rencontré un clou pût jetter une assez grande quantité d'étincelles, ny du feu capable de penetrer les barriques, & tonneaux à poudre; mais bien me persuaderay-ie plustost que quelque fuyard estant passé chez les ennemis, auroit accusé & decouvert le lieu ou ces poudres étoient cachées, ou que cete tour en auroit été remplie, & ce vaisseau chargé, ce qui les auroit obligé à y envoyer des boulets ardens tout à dessein pour y mettre le feu: aussi a-t'on treuvée par experience que c'estoit la meilleure invention qu'on se pouvoit imaginer pour employer dans des pareilles occasions, & il est tres certain que l'on ne peut pas avec toute autre espece de boulet (quoy que nostre Art en ait inventé de bien de sortes) porter le feu si commodement, qu'avec les boulets ardents: car outre qu'ils rompent & brisent tout, ils brûlent aussi puissamment s'il leur arrive de tomber sur un matiére combustible: joint qu'il est impossible de remarquer lors qu'ils sont dans l'air, s'ils portent du feu ou non, mais seulement paroissent comme des boulets vulgaires.

Nous pouvons bien faire revenir icy ce que nous avons dit cy dessus de Lipsius, touchant les globes à feu qu'on à de coûtume de jetter avec le canon: car ie suis d'avis aussi bien comme luy qu'on pourroit faire les mesmes effets fort commodement avec des boulets ardents: & nous sommes obligez d'ajoûter foy à un personnage si grave & si renommé qu'est celuy là. Or pour favoriser encore d'avantage son sentiment nos Annalistes qui ont escrit les beaux exploits, & tous les genereux faits d'armes de nostre tres Heureux & tres Genereux Roy, en nostre langue, n'ont mis aucune distinction entre les boulets ardents & les globes à feu: mais ont simplement appellé en languge du païs: *Kule Ognisse* ces globes qui servent à mettre le feu, dans des batiments, retranchements, palissades & autres obstacles de guerre faits de charpenterie, ce qui en langue Latine signifie *Globus igneus*, ou *ignitus*, un globe igné ou de feu; or est-il que ce mesme mot se peut appliquer aussi (quoy qu'assez improprement) aux boulets ardents: joint que chez les Latins, ces mots *igneus*, *ignitus*, & *candens*, sont presque tous d'une mesme signification, & que l'on se sert indifferement de l'un au lieu de l'autre.

Au reste ie n'ay pas dessein de vous entretenir plus long temps sur ce subjet pour vous obliger à croire que les boulets ardēts ne sont pas d'une petite utilité dans les occurrences militaires: puis que quantité d'autres autheurs ont pris cete peine auparavant moy, & se sont fort bien acquité de ce devoir;

R r 3

voir;

voir ; il me reste seulement de vous expliquer comment on les doit tirer avec le canon.

Premierement on chargera le canon comme on a de coutûme de sa juste charge pour chasser un boulet de son calibre : vous ajusterez sur cete poudre un cylindre de bois, qui soit justement de la grosseur & rondeur du calibre du canon, il aura sa hauteur égale ou un peu moindre que le diametre du globe : & pour plus grande seureté vous pourrez pousser encore par dessus un bouchon de paille, de foin ou d'estoupes, ou bien ce qui vaudra encore mieux que tout, des nerfs de divers animaux defilez en guise d'estoupes, apres les avoir moüillez au prealable. Cela fait vous nettoyerez bien le vuide du canon & en tirerez avec l'écuvillon, qui est fait d'une peau de mouton attaché au bout d'une perche, tous les grains de poudre qui pourroient estre demeurez çà & là dans la canne du canon. Cela fait pointez vostre piece suivant l'Art vers le lieu où vous desirez porter le feu ; qu'il demeure là ferme, & arresté jusques à ce que vous ayez mis dedans, vostre boulet de fer qui sera parfaitement rond, courant à l'aise dans son calibre, & tout rouge, que vous prendrez avec des tenailles de fer hors du feu qui ne sera guéres esloigné de la batterie : en fin aussi tost que vous aurez reconnu que le boulet touchera au bouchon de paille, donnez incontinent feu à vostre canon.

Il y en a qui poussent dans la piéce des boites faites avec des lames de fer ou de cuivre : & quelqu'autres y en mettent d'argile, puis par dessus les boulets ardents, qu'ils poussent jusques sur la poudre le plus viste qu'il leur est possible avec le poussoir, qui doit estre garny par le bout qui touche le boulet d'une lame de cuivre, mais la premiere methode que ie vous ay donnée est la plus commode, & la moins perilleuse à mon advis.

Chapitre XVIII.

De la Gréle Pyrotechnique.

Nous appellons Gréle pyrotechnique, du mot commun & usité parmy tous les pyrobolistes, un certain ramas de plusieurs petits corps durs, qui semble avoir du rapport avec la gréle naturelle, laquelle s'engendre des humides vapeurs de la terre qui s'élevent jusques dans la seconde region de l'air, où elle se forme & s'endurcit toutes en petits boulets, puis retombe en grande abondance, & quelque-fois avec grande impetuosité sur la terre. Or la nostre neantmoins est encore un peu plus dure & plus perilleuse que celle-cy ; car elle est ordinairement composée, d'un gros gravoir, de cailloux de rivieres, petites pierres rondes & choses semblables, de la grosseur environ d'un œuf de pigeon, telles qu'elles se treuvent sur le bord des eaux courantes : quelque fois aussi on la fait de balles de plomb, ou de gros postes ; ou bien de carreaux de fer faits comme des déz en fin de toute autre sorte de fragments d'un pareil metail.

On a de coûtume d'envoyer cete gréle sur les ennemis avec des pieces de canon fort courtes, & qui ont le calibre fort grand, telles que sont les pieriéres des Anciens, nos mortiers modernes, nos demys courtauts, & semblables pieces de campagne.

On la situë differemment dans le vuide des machines lors que l'on veut

faire

faire gréler ; car quelque-fois on la renferme dans des boëtes, ou des cartouches de bois comme vous en voyez quelques unes de desseignéez en la figure du N°. 160, sous les letres A B ; quelque-fois aussi on la loge, dans des boëtes de fer ou de cuivre, de la mesme façon que vous en voyez deux aux letres D E ; finalement on coule parmy les vuides de la poix en pierre fonduë, afin que ces balles ou cailloux demeurent attachez, & unis ensemble.

La longueur de la boëte sera de 1½ ou 2 diametres tout au plus de l'orifice du canon où elle doit estre employée ; le fonds aura l'épaisseur d'un demy diametre ; le couvercle d'un quart, & les costez d'un seiziéme seulement ; j'entens parler des boëtes de bois, car pour celles de fer elles obserueront bien cete même longueur, mais pour ce qui est du reste, rien qui soit.

Il y en a quelques uns qui ny font pas tant de façon : ils chargent premiérement le canon comme il est de raison, & suivant l'ordre acoûtumé ; puis poussent par dessus la poudre, un cylindre de bois ; sur ce cylindre, ils versent de la gréle jusques à la pesanteur d'un boulet de fer du calibre de la piece. En fin ils bourrent bien le tout d'un bon bouchon de paille ou de foin pour arester la gréle ferme sur le cylindre.

D'autres preparent des poches de toile, lesquelles ils remplissent de cete gréle, lors qu'ils en veulent charger leurs machines. Ie vous en fait voir une espece fort jolie en la mesme figure sous les lettres G & H laquelle represente en sa forme une grappe de raisins ; la preparation en est aussi fort aysée. En la lettre F se void une rotule de bois, au centre de laquelle est attaché un baston perpendiculairement élevé. On relie fort & ferme le fonds du sac d'une bonne ficelle ; puis on ajence dedans des balles de plomb les unes sur les autres, plus grosses toutêfois que des balles communes comme de 2 de 3 ou de 4. onces. On lie premiérement la poche bien serrée par le haut, puis vous conduisez la ficelle tout à l'entour de la superficie exterieure entre les sillons que forment les balles, en telle sorte que la symetrie de ses circonvolutions recroiséez, represente comme un ret à pécher. L'ayant ainsi ajustée empoissez-la bien depuis un bout jusques à l'autre.

Nous avons encore une autre façon pour preparer la gréle, qui n'est pas des plus vulgaires, à sçavoir quand on ramasse en une boule (comme on peut remarquer en la lettre C) tout ce qui s'ensuit.

Prenez de la Poix noire 4 parties, de la Colophone 1 partie, de la Cire 1, partie, du Soulfre 2 partie, un peu de Terebentine : faites fondre le tout à feu lent : jettez par apres dans cete liqueur 8 parties de Chaux vive, des Tuyles pulverizées 4 parties, de la Limure de fer 1 partie, mêlez bien tout ensemble, & les incorporez : en fin jettez dedans des petits cailloux, ou des balles de plomb autant qu'il en sera de besoin. Puis de cete mixtion formez-en des boulets avant qu'elle soit refroidie, de la grosseur justement du calibre des canons, ou mortiers qui doivent les mettre en œuvre.

Il y en a certains qui forment ces boulets avec du Plastre ou de l'Albâtre reduit en poudre ; mais qui voudra sçavoir le secret de cete preparation qu'il prenne advis de quelque sculpteur, il luy apprendra à manier ces materiaux. D'autres les preparent avec de la boüe, ou bien avec de la terre forte, de quoy on fait les tuyles, en y meslant de cete gréle parmy ; puis en ayant formé des boulets, ils les laissent seicher au soleil ou au vent.

On se sert particuliérement de cete gréle dans les combats qui se rendent en pleine campagne, dans les batailles rengées, ou bien lors que les

.assie-

assiegeans font des extrémes efforts pour forcer une place , s'emparer d'une
porte ouverte , monter fur la breche , pour lors on charge les canons , &
mortiers de cete gréle que l'on ajufte fur ces lieux là pour y faire des executions épouvantables parmy les ennemis dans le temps qui font en confufion, en abondance, & en eftât de fe rendre maiftres de la place affiegée.

Pour ce qui regarde la quantité la poudre neceffaire pour chaffer cete
gréle, il n'en faut pas d'avantage que pour un boulet commun.

Chapitre XIX.

De divers Boulets de fer enchaifnez & de quelques autres
femblables Inftrumens.

Ie vous propofe icy dans le dernier chapitre de ce livre, les figures & l'u-
fage de quantité de boulets de fer enchaifnez, affez differents entr'eux,
& de quelques autres perilleufes machines qu'on a acoûtumé de mettre
en ufage dans les combats navales pour couper, rompre, brifer toutes les
parties eminentes & élevées d'un vaiffeau, comme font les grands mats, mats
de mifenne, beauprez, trinquet , antennes, vergues, voiles, hauts-bans, cables,
cordages, efcoutes, pavillons, capeftants , gouvernail, rames, ancres, & mille
autres chofes qui font de l'attirail d'un vaiffeau dont la conneffance n'eft refervée qu'aux feuls mariniers & gens de mer. Outre tout cela ces furieufes
inventions n'efpargneront pas mefme les foldats combatans, en fin tailleront
en pieces, eftropieront, affommeront autant de matelots qu'ils en rencontreront d'occupez à leurs offices, & de fufpendus à leurs cordages.

Toutes les figures de ces globes, & boulets fe peuvent ayfement voir fous
les nombres, 161,162,163,164,165,166,167,168,169. Mais celle qui eft
marqué du nombre 170 donne à conneftre une boëte de bois dans laquelle
on renferme ces cinq efpeces de globes qui fe voyent attachez avec des
chaifnes, pour eftre mife ainfi dans la piece. Pareillement ce globe à double
pointe , marqué du nombre 161, a fa boite particuliere: vous en voyez la figure marquée d'un A au deffus. Pour ce qui eft des trois autres pieces on les
pourra commodement charger dans les canons , fans qu'elles foient em-
boitez.

Tous ces globes que ie vous reprefente icy feront pareillement d'eftranges executions, dans des combats en raze campagne, dans des affauts, & violentes irruptions des ennemis : au refte on s'en pourra fervir par tout où la
neceffité le requerera, de mefme que nous avons dit de noftre gréle cy deffus. En fin les deux derniers deffeignez fous les nomb. 168, & 169 feront fort
utiles pour rompre les paliffades, ruiner les ouvrages fraizez, brifer les chauf-
fes-trapes, chevaux de frifes, herfes, grilles, couper les hayes, les faulx , & autres bois qui fe plantent au pied, ou fur les ramparts: & en un mot pour renverfer bouleverfer, foudroyer corbeilles, gabions, batteries, chandeliers, & tous
les obftacles de bois que l'on pourroit oppofer à leurs épouvtanables efforts.

Il n'eft pas neceffaire ce me femble que ie vous enfeigne comme quoy
vous pouvez vous fervir de toutes ce machines effroyables, veuque cela s'apprendra mieux en les pratiquant & en les confiderant que non pas par aucuns preceptes, ou quelque plus long difcours que ie vous en pourrois faire.

Fin du quatriéme livre.

D V

DV GRAND ART
D'ARTILLERIE
PARTIE PREMIERE
LIVRE V.

De diverses Machines de guerre fixes, ou mobiles, Masses, Engins, & autres Armes Pyrotechniques, tant recreatives
que serieuses, ou militaires.

I'AY pris le soin dans ce livre de vous faire un ramas des inventions les plus artificieuses, & les principales de toute la Pyrotechnie, une partie desquelles portera le titre de Machines, & d'Engins, l'autre de Masses, quelques unes de Missiles, & d'Armes artificielles, outre quelques autres particulieres appellations qu'elles se sont acquises par la diversité de leurs formes. Il est bien vray qu'on pourroit assez proprement se servir de ce mot de machines pour appeller toutes ces belles inventions: puisque machine (suivant la definition d'Asconius) est une chose en laquelle la matiére ne doit pas estre considerée mais bien l'art & la subtilité, tant de l'inventeur, que de l'invention : *est enim machina* (comme dit cét autheur) *ubi non tam materiæ quam artis atque ingenii ratio ducitur* : Comme en effet tous nos engins artificiels & pyrotechniques, outre un grand nombre d'estranges operations de certaines choses naturelles que nous y joignons, en les mêlant diversement, composant, & preparant, suivant les reigles de nostre art, se glorifient en elles mesmes d'avoir eu des inventeurs si signaléez pour leurs esprits, & si feconds dans la production de leurs conceptions : c'est de là que les Latins ont pris occasion d'apeller les Architectes, & autheurs de ces machines *Ingeniarii* ou *Ingeniosi*, en quoy les François les ont imité, en leur donnant le titre *d'Ingenieurs à feu* : mais ce n'est pas icy le lieu pour faire la recherche de l'étimologie de ce mot.

Au reste ce mot de Machine & de Machination, s'estend extrémément au large & au long : car tous ces mots de tromperies, fraudes , subtilités stratagémes, embusches, supercheries, & embuscades passent chez les Comiques, tous generalement sous ce nom : d'où vient que chez le Prince des Orateurs, pro Dom : 1.7 : *iisdem machinis sperant me restitutum posse labefactari, quibus antea stantem perculerunt* : ils s'imaginent ce dit Ciceron que si je suis une fois retably, & remis sus pied, ils pourront derechef m'esbranler avec les mesmes machines dont ils se sont servis auparavant pour me ruiner: ou l'on peut voir que par ce mot de machine, il entend suborner par leurs tromperies. Brutus en son Epistre 18. l'employe (dit-il) toutes les machines possible pour arrester ce jeune homme : *omnes adhibeo machinas ad tenendum adolescentem:* voulant dire qu'il se servoit de toutes les inventions, & de tous les moyens imaginables pour moderer cét esprit turbulent & jeune. Mais j'aurois ce me semble beaucoup plus de raison de me servir de ce mot pour appeller toutes nos pieces d'Artillerie modernes, sous lequel ie comprend les Canons, Coulevrines, les Periéres des Anciens, chambrées & autres, &

S f

tou-

toutes les autres machines qui ont la canne longue.   Outre cela les mouſquets arquebuſes , ou bombardes (pour les nommer de leur ancien nom) &
toutes les autres armes à feu manüelles.   Voire meſme les mortiers & petards meritent auſſi ce titre de machine , à cauſe du grand rapport qu'il y a
de leur forces avec les vertus de celles des Anciens : telles qu'eſtoient
les Beliers , Onagres , Baliſtes , Catapultes , & Scorpions avec leſquels ils
renverſoient les murailles , ruinoient les Cloſtures des villes , & élançoient
toutes ſortes d'armes offenſives : quoy que toutêfois Lipſius ne leur a jamais voulu faire tant d'honneur (non plus que pluſieurs autres autheurs)
que de les appeller de ce nom de machine , mais ſeulement du mot general
de *Tormentum* que nous exprimons maintenant par celuy de *canon* ou *piece
d'Artillerie*. Mais ſçavez vous ce qu'il a appellé machine, ça eſté la Tortuë A-
rietaire, les Plutes, les Muſcles, les Tours roulantes, Sambuques, Tollenons
& toutes ſortes d'Echeles artificielles , ou choſes ſemblables deſſus , ou deſſous leſquelles on placeoit ces Torments , & où l'on mettoit des ſoldats en
ſeureté, pour attaquer quelque fortereſſe, ou bien pour eſcalader des murailles. Veritablement il a eu grand' raiſon d'y mettre de la diſtinction puiſque
leurs fonctions étoient ſi differentes entr'elles: tout de même que maintenāt
nous autres nous comprenons ſous ce nom de machine, ſeulement des certaines inventions artificielles, ou de maſſes proprement compoſées de feux
d'artifice recreatifs, comme ſont tous ces Palais, Arcs triomphaux, & diverſes fabriques ordonnées ſuivant l'ordre de l'Architecture civile, les Chaſteaux, Tours, Colomnes, Pyramides, Obeliſques, Coloſſes, Pariles, Sigilles,
diverſes ſtatues humaines, & des repreſentations toutes ſortes d'animaux ;
outre cela des Fontaines, Roües à feu terreſtres & aquatiques, & pluſieurs
autres inventions de cete eſpece, deſquelles nous ferons mention chacune en ſon lieu, à qui veritablement nous avons donné le nom de machine
non pas au reſpect de leurs formes (leſquelles ſont extrément diverſes &
preſque infinies parmy ces inſtruments) mais à la conſideration de leurs effets, par leſquels elles marchent non ſeulement de pair avec toutes ces
autres machines artificielles, mais encore les devancent de bien loin. Nous
aurions bien pû comprendre à la verité toutes les longues pieces d'Artillerie, les Mortiers, & les Petards, ſous ce nom general de canon ; neantmoins à raiſon qu'une eſpece de ces machines differe de beaucoup de l'autre, tant en ſa forme, en ſes effects, & en ſa vertu, qu'en la façon de les manier, joint que leur ſtructure & leur uſage ont beſoin d'un grand raiſonnement pour en pouvoir tirer une conneſſance utile : voila pourquoy chacune aura ſon livre à part dans la ſeconde partie de noſtre Artillerie.   Or ce
qui nous oblige d'aſſeurer que le nom de machine leur convient bien, &
ce qui nous fait demeurer ſi fermes dans noſtre opinion, eſt premierement l'authorité de la S. Eſcriture qui nous fortifie puiſſamment de ce
coſté là : car nous entendons Moyſe au Deuteronome Chap. 20. qui dit.
*Si quæ autem ligna non ſunt pomifera ſed agreſtia , & in cæteros apta uſus , ſuc-
cide , & inſtrue machinas , donec capias civitatem quæ contra te dimicat.* Si
vous treuvez quelques arbres qui ne portent pas de fruits, coupez-les & en
faites des machines pour vous en ſervir à l'encontre des villes qui combattent contre vous, juſques à ce que vous les ayez priſes. Et au Paralip. Chap.
20. parlant du Roy Ozia il en eſt fait mention aſſez clairement preſque en
meſmes termes : *Fecit in Hieruſalem diverſi generis machinas , quas in turribus , collocavit , & angulis murorum , ut mitterent ſagittas , & ſaxa grandia.*
Où vous voyez qu'il fit conſtruire diverſes machines dans Hieruſalem , leſ-
quel-

quelles il fit placer ſur les tours, & aux angles des murailles pour élancer des javelots, & des groſſes pierres. Secondement cét illuſtre Prince des Architectes & ce grand Inventeur de machines Vitruve, m'augmente encore de beaucoup le courage, & le deſſein que j'ay de demeurer dans mon ſentiment, lequel met les baliſtes (d'où nos canons modernes ont tiré leur origine) pareillemēt au rang des ſes machines, où il nous les fait voir par ordre, & toutes diſtinguées les unes des autres, au Chap. 1. de ſon 10. liv. Voicy ſes parolles : *Machina eſt continens ex materia conjunctio, maximas ad onerum motus habens virtutes. Ea movetur ex arte circulorum rotundationibus, quam Græci* κυκλικὴν κίνησιν *appellant. Eſt autem unum genus ſcanſorium quod Græcè* ἀκροβατικὸν *dicitur : alterum ſpiritale, quod apud eos* πνευματικὸν *appellatur, tertium tractorium, id autem Græci* βάναυσον *vocant. Scanſorium autem eſt cum machinæ ita fuerint collocatæ, ut ad altitudinem tignis ſtatutis, & tranſverſariis colligatis, ſine periculo ſcandatur, ad apparatus ſpectationem. Spiritale eſt, cum ſpiritus expreſſionibus impulſus, & plagæ voceſque organicas exprimuntur. Tractorium verò, cum onera machinis pertrahuntur, aut ad altitudinem ſublata collocantur. Scanſoria ratio non arte, ſed audacia gloriatur. Ea catenationibus, & tranſverſariis, & plexis colligationibus, & eriſmatum fulcturis continetur. Quæ autem ſpiritus poteſtate aſſumit ingreſſus, elegantes artis ſubtilitatibus conſequitur effectus. Tractoria autem majores, & magnificentia plenas habet ad utilitatem opportunitates, & in agendo cum prudentia ſummas virtutes. Ex his ſunt alia, quæ mechanicas, alia quæ organicas moventur. Inter machinas & organa id videtur eſſe diſcrimen, quod machinæ pluribus operibus, aut vi majore coguntur effectus habere, uti balliſtæ, torculariumque prela. Organa autem unius opere, prudenti tactu perficiunt quod propoſitum eſt, uti Scorpionis, ſeu aniſocyclorum verſationes. Ergo & organa, & machinarum ratio ad uſum ſunt neceſſaria, ſine quibus nulla res poteſt eſſe non impedita.* Ie ne peux mempeſcher de repeter ce que ie viens de dire. Il nous définit donc la machine un conjonction ou aſſemblage compoſé de matiere lequel a en ſoy des grandes vertus pour mouvoir des fardeaux. Elle a des certains mouvements artificiels par des tours & roulements de cercles. Or il s'en fait pour monter, d'autres pour reſpirer ou attirer l'air, les troiſiémes pour tirer les peſans fardeaux ; celles qui ſont faites pour monter, eſt lors que les machines ſont tellement diſpoſées que l'on peut grimper juſques au haut ſans peril par des certaines pieces de bois dreſſées, auxquelles il y en a d'autres attachées de travers ; les ſpiritales ſont celles qui attirans le vent, expriment des voix organiques. Celles qui tirent, ſont celles-la qu'on fait ſervir à tirer des grands fardeaux, ou a les élever dans des lieux hauts. Là façon & methode de monter, ne conſiſte pas en l'artifice, mais en la hardieſſe. Celle-cy eſt compriſe ſous des enchaiſnements, des traverſes, & des repliments admirables. Et celle-la qui treuve entrée par la puiſſance du vent peut tirer des beaux effets de ſon art par ſes ſubtilitez ; mais celle qui montre à tirer eſt encore plus commode & plus magnifique que toutes les autres à cauſe de ſon utilité, & qu'elle joint des grandes forces avec ſa prudence. De tout cecy les unes ſont meuës mechaniquemēt les autres organiquement. Entre les machines & les organes il y a cete difference que les machines ſervent & ſont miſes en action par pluſieurs ouvriers, & ont beſoin d'une plus grande force pour faire leurs effets, comme ſont les baliſtes & les preſſes des preſſoirs. Mais les organes par un ouvrier ſeulemēt, & viennent à bout de ce que lon s'eſtoit propoſé par un prudent attouchement telles que ſont les guindements du Scorpion ou de l'Aniſocycle. Par conſequent on peut mettre en uſages les organes, & les machines comme neceſſaires, & ſãs lefquelles on demeureroit bien embaraſſé dans quantité d'affaires.

La deſſus quelqu'un me pourra objecter que nos Canons, nos Mortiers & nos Petards comme auſſi tout le reſte des armes à feu manüelles, pourroient avec bien plus de raiſon eſtre appellez organes, que non pas machines, ſuivant la difference que Vitruve vient de mettre entre les machines & les organes, en ce que la plus part d'icelles peut eſtre chargée, maniée & gouvernée par un homme ſeul. Mais ie réponds à cela qu'en ce cas, la denomination ſe doit tirer de la plus grande piece : car il eſt certain qu'il y a quantité de grandes pieces d'Artillerie, & des mortiers d'une grandeur & peſanteur ſi notable qu'il eſt impoſſible qu'elles puiſſent eſtre chargées par un ſeul canonier, ou maniées par un Pyroboliſte, mais ont beſoin de la main de pluſieurs ouvriers pour eſtre miſes en eſtat : joignez à cela qu'on y employe pas ſeulemēt des hommes, mais auſſi des chevaux pour les tirer, les mouvoir, & les tranſporter d'un lieu à un autre : pour ce qui eſt des mouſquets, piſtolets & ſemblables armes à feu manüelles, & portatives, ie ne nie pas qu'on ne les pourroit en quelque façon appeller des organes, à l'imitation des Scorpions, des Arcs, & des Arbaleſtes des Anciens : toutêfois que ſi tout cela ne vous contente point, donnez leur ſi vous voulez le nom que nous avons donné à nos canons, ainſi qu'a fait ce celebre autheur de noſtre temps Ericus Puteanus, dans un petit livre où il nous décrit le canon triſpherique inventé par Mich : Flor : Langrenus : *Serò tandem & audaci herclè curioſitate Machinarum Machina* (cecy eſt remarquable) *Bombarda inventa eſt, ſumpto à ſono nomine vim cæli magno naturæ prodigio exprimens* &c. (& un peu plus bas) *Hac machinâ ſic inventâ, Dani primum niſi ſunt* &c. (puis encore au meſme endroit) *Nunc autem quia ſecundum tertiumque globum machina gerit, facili negotio, exiguoque ſpatio, quæ poſt primum ictum ſtatu ceſſerat, reduci poteſt, ignem concipere, & inopiniato verbere vim ingruentem diſturbare.* Il n'a pas meſme fait difficulté de donner le nom de machine en ce meſme lieu aux piſtolets : *Tormentum igitur hoc Bertoldi & varium, & pulchrum, & ad extremum terrorem comparatum eſt. Ut ignem ferret, & objecta feriret, è ferro communi omnium armorum materia. Scorteum fieri potuiſſe, uſurpato metalli vice corio, miror ac ſtupeo. Potuit profectò, & gemino quidem beneficio, ut & pretium vile, & onus exiguum eſſet. Optimum verò, quod æneum eſt; tubi oblongi formâ, & unius oris, globum vi flammæ emittentis. Ligneo præterea ſolidoque quaſi feretre ſuſpenſum, rotis etiam geminis libratum, moveri commodè, verti, vehique poteſt. Ut verò vim faciat, ante omnia pulvis è nitro, ſulphure, carbone compoſitus, palà ſive cochleari concavo æreoque ingeritur, piſtillo ligneo & oblongo cogitur. Globus ſuccedit, interjecto ſive ſtramine, ſive fæno, ſive ſtuppâ, ferreus plerumque : nam & lapideus aliquando eſſe ſolet; in minoribus machinis* (cecy fait beaucoup à noſtre affaire) *plumbeus, Glandis, appellatione* &c. Toutes ces expoſitions parlent d'elles meſmes, & ſont aiſées à qui les lira avec attention : Retournons à noſtre ſubjet. Comprenant doncques tous ces inſtruments de guerres que ie vous ay rapportez cy deſſus, ſous le nom commun de machine, nous mettrons au rang des maſſes, les divers Tuyaux pyrotechniques tant recreatifs que militaires, les Cylindres, les Souches, les Barils ou Tonneaux, les Sacs, les Paniers & Corbeilles, à quoy nous adjouſtons encore, les Couronnes, Bouquets, Cercles à feu, Baſtons, Calices, & les autres feux artificiels de meſme qualité. Nous appellerons miſſiles (c'eſt à dire feux qui s'envoyent d'un lieu à un autre) les Fléches, ou javelines ardentes, les Pots à feu, & les Phioles artificiel-

les

les.   On pourroit pareillement faire comparaiſtre icy tous ces globes &
boulets, tant recreatifs que militaires leſquels nous avons décrit ſi au
long dans le livre precedent. Mais puiſque chacun d'eux a de-ja ſon nom
à part,ils ſemblent eſtre exclus de la cathegorie de ceux-cy : joint auſſi que
ils ont trop peu de reſſemblance quant à leurs formes avec les miſſiles que
nous décrirons dans ce livre : ce n'eſt pas qu'ils ne meritent bien ce meſme titre de miſſiles, puis qu'on les jette & envoye où lon veut avec la main,
ou bien avec des machines propres à cét eſtet.   En fin nous appellerons Armes Pyrotechniques & Artificielles, les Targes & Pavois, les Sabres, Glaives, Perches, Maſſuës, & Lances.
   Au reſte puiſque toutes ces inventions ſont partie recreatives, & en
partie ſerieuſes ; c'eſt pourquoy nous diviſerons ce livre en deux parties : la premiere contiendra les recreatives, l'autre comprendra les
ſerieuſes & militaires, tant les machines maſſes, & miſſiles, que les Armes
Artificielles.

PARTIE PREMIERE

DE CE LIVRE.

Des Machines, & Engins, Maſſes, Miſſiles, & Armes Pyro-
techniques Artificielles & Recreatives.

Chapitre I.

Des Boucliers & Eſcus artificiels.

Eſpece 1.

Prenez moy deux planches de bois de ſapin, ou de tilier, bien ſeiches, bien polies, & bien rabotées, eſpaiſſes d'un doigt, ou un peu
moins : Faites-les arrondir toutes deux par un menuiſier ſi vous même ne le pouvez faire. Vous pourrez leur donner deux ou 3 pieds de
diametre ſi vous voulez, car nous laiſſons cela à la diſcretion de l'ouvrier.
Tracez par apres ſur la ſuperficie des lignes ſpirales bien égales, commençant des centres de ces rondeles, & continuant juſques à un doigt proche
des bords, les traces de cete ſpire toutes paralleles entr'elles, leſquelles
auront trois ou quatre doigts de diſtance entre-deux.   Creuſez maintenant le long de ces deux lignes, des canaux d'une égale largueur, &
profondeur, avec quelque formoir ou autre inſtrument propre à ce faire,
(ie vous en ay fait voir les figures au livre 2) en ſorte que ces évuidures
ou canaux ayent la forme comme d'un demy-cylindre vuide, ou parallelipipede.   Les canaux pour les plus eſtroits ſeront touſiours de ſix lignes ; & les plus larges d'un doigt : mais il les faut creuſer avec tant
d'adreſſe, que lors que vous viendrez à joindre vos deux rondelles, les
extremitez des canaux ſe puiſſent mutuellement rencontrer , en telle
ſorte que le rapport de ces deux cavitez, faſſe comme un tuyau vuide ſer-
pentant ſpiralement juſques au fonds : voila pourquoy ſi vous deſirez
que cela ſe faſſe bien exactement vous prendrez bien garde à ce que ces
lignes premiérement tracées ſur l'une & l'autre rondele paſſent directe-

ment par le milieu de la largeur des canaux. Cela fait vous les remplirez,
ou d'eſtoupe pyrotechnique formée en meché, mais fort legerement torte;
ou bien d'une compoſition lente arrouzée d'eau de gomme, afin qu'elle
adhere mieux, & que lors que vous voudrez joindre la rotule ſuperieure,
avec l'inferieur qui ſera peut-eſtre poſée ſur un plan horizontal,elle ne tombe hors du canal, & que par ainſi voſtre travail ne ſoit rendu vain. Apres
cela cloüez-les bien toutes deux enſemble ; & pour les affermir d'avantage collez-les avec de la colle chaude. Outre cela il faudra tracer ſur la
partie exterieure de l'une ou de l'autre de ces rotules,une ligne égale, & directement correſpondante au canal interieur, ſur laquelle vous percerez
des trous, qui paſſeront juſques à cedit canal, dans leſquels vous engagerez des tuyaux de petards de la groſſeur & longueur de ceux que nous
avons deſſeignez au nombre 108. en la lettre B; en telles diſtances qu'il y
aura touſiours un ou deux grands doigts entre-deux ; depeur que l'un venant à ſe crever par la violence de la poudre qu'il renferme, ſon voiſin n'en
reſſente quelque incommodité:Voila pourquoy on les arreſtera bien fermes
dans leurs trous avec de la colle, outre qu'on les reliéra avec deux ou trois
petites lames de fer par dehors, ou bien avec une bonne ficelle pour les
empeſcher de crever. De plus vous attacherez par derriére c'eſt à dire
ſur le coſté qui doit regarder le corps, deux ances ou manipules de cuir,
ou de quelque autre choſe de ſemblable, afin que vous puiſſiez commodement manier le bouclier. En fin vous couvrirez tous ces petards d'un
ſimple papier que vous collerez ſur le tout : avec tant d'adreſſe neantmoins
& d'artifice que cete couverture s'eſlevera un peu en rondeur, ou en pointe
vers le milieu, afin que par cete boſſe,voſtre roüe puiſſe reſſembler à un veritable bouclier de guerre : & pour mieux couvrir voſtre jeu vous pourrez le peindre en couleur de fer ou d'airain,afin de mieux tromper & le faire
croire tout autre qu'il ne ſera pas.Bref il ny reſte plus rien qu'a percer un
trou pour luy donner feu, qui paſſe juſqu'au canal, en cas qu il ne vienne
pas aboutir à l'extremité de la roüe ; alors quand vous voudrez en avoir le
plaiſir, donnez feu ſans crainte à la matiere renfermée, & que celuy qui
portera le bouclier demeure ferme & aſſeuré à chaque coup de petards, ſe
donnant bien de garde d'abandonner ſes armes qu'ils n'ayent tous faits
leurs effects,& petez juſque au dernier, voyez s'il vous plait la figure deſſeignée au nomb. 171.

Eſpece 2.

Tout ce que nous avons dit cy deſſus dans la premiere eſpece de bouclier,
touchant la proportion de leurs roüës, la forme, & la grandeur,la trace de la ligne ſpirale, l'excavation du canal, ſon rempliſſage d'eſtoupe pyrotechnique, & artificielle, de la compaction de roüës, leur conglutina-
tion, leur couverture, & en fin de leurs ances ou manipules, doit eſtre
auſſi pratiqué dans cete ſeconde eſpece : il ny a que cecy en quoy elle differe de l'autre ; à ſçavoir qu'au lieu de petards, on ajuſtera perpendiculairement ſur le plan de la roüe, des fuzées courantes, ou des petards de fer
dans des trous que l'on aura percez juſques ſur la meche, d'une telle grandeur, que la rondeur des fuzées ou petards le requerera. Vous remarquerez encore s'il vous plait qu'on pourra faire ledit canal tant ſoit peu
plus

plus eſtroit , & ce à cauſe que le feu continuant ſa courſe le long de la ligne ſpirale , & devorant ſucceſſivement la matiére renfermée dans le canal , il à ſes reſpirations bien plus larges , & plus frequentes par les trous d'où il fait ſortir les petards , ou fuzées , que non pas dans le ſuperieur. La lettre A vous monſtre le lieu où il faut mettre l'amorce pour donner feu à la machine. Voyez la figure du nombre 172.

Eſpece 3.

La figure que vous voyez deſſeignée au N°. 173. repreſente la forme d'un ancien eſcu. Celuy-cy ſe prepare auſſi de la meſme façon que les boucliers decrits cy deſſus , à ſçavoir de deux planches aſſez legeres : avec cete difference neantmoins que les canaux ne ſe creuſent point ſpiralement comme dans les autres mais bien en ligne droite ſuivant la largeur de l'eſcu , ie veux dire en traçant depuis une extremité juſques à l'autre qui luy eſt oppoſée(ou tout au plus à un doigt proche du bord)des lignes droites , & des tranſverſales,leſquelles joignent alternativement les droites & paralleles, à ſçavoir la ſuperieure avec l'inferieure qui luy eſt la plus proche, par les mêmes extrémitez de ces lignes;en telle ſorte qu'elles ne faſſent que cõme une ligne droite continuë , & conſequemment que les canaux qui ſont conduits & creuſez tout le long de cete trace, ne repreſentent qu'un canal continu , lequel commençant à la teſte de l'ecuſſon,s'en va aboutir à ſon extremité la plus baſſe ; c'eſt à dire attaché & continué ſeulement par les extremitez alternatives , en ſorte qu'il ſe plie , ſe courbe & ſe porte obliquement ſuivant l'incurvation des bords de l'eſcu. Ces canaux droits ſeront diſtans les uns des autres de deux ou trois doigts , comme nous avons dit cy deſſus. On percera les trous dans leſquels on doit engager les fuzéez courantes ou petards , en tel ordre qu'ils ne ſoient pas directement oppoſez l'un à l'autre , ſuivant la longeur de l'ecuſſon , mais bien diſpoſez en forme triangulaire , ou bien d'un rombe compoſé de deux triangles équilateres , par toute la ſuperficie : car par ce moyen les fuzées , & les petards ſeront ſuffiſamment eſloignez les uns des autres. Pour ce qui regarde le reſte de la preparation de cét eſcu , elles n'a rien qui ne ſoit commun avec les ſuperieurs. On pourra bien auſſi luy former un ventre par quelque artifice , pour le moins ſelon ſa largeur , afin qu'il en ait un peu meilleure grace , & que s'élevant vers le milieu il repreſente en ſa figure comme une tuyle creuſe,ou quelque autre choſe de cete forme,

Eſpece 4.

Il ſe rencontre encore parmy nos feux recreatifs , une autre eſpece d'eſcuſſon , d'une forme ovale, ou eliptique, laquelle vous eſt repreſentée en la figure du nombre 174. Sa conſtruction eſt en quelque choſe ſemblable à celle que nous avons immediatement décrite , dans l'eſpece ſuperieure, premierement en l'ordre , non pas veritablement des fuzées ſimples ou des petards; mais bien de boëtes de bois, ou de papier remplies de fuzées courantes, leſquelles on diſpoſe en forme d'un triangle équilatere ou bien d'un rhombe compoſé de deux triangles de meſme nature. Outre cela vous évuidez les canaux , ſuivant la longeur , ou largeur de l'eſcu, ou bien meſme en quelque façon obliques , tous paralleles entr'eux ſur la ſuperficie : les tranſverſales qui joignent les droits enſemble , ſeront orthogonelement ou obliquement recourbez , comme nous avons dit dans l'eſpece precedente. Au reſte vous pouvez s'il vous plait former ce canal ſur une ligne ſpirale laquelle

quelle fuive la forme de l'efcuſſon , tant en ſa longueur qu'en ſa largeur :
alors difpofez vos boëtes de mefme que vous avez ajencé vos petards , &
vos fuzées cy deſſus dans la premiére & feconde efpece : prenant toutêfois
bien garde que les paralleles de voſtre canal ſpiral, ou bien celles de vos canaux droits (ſi d'avanture vous les avez fait tels) ſoient beaucoup plus
efloignéez les unes des autres que dans les precedentes figures, le tout ſuivant la groſſeur des boëtes, qui à raiſon de leur groſſeur doivent eſtre ſituéez
dans des plus grandes diſtances, que non pas les fuzées & les petards qui
ne contiennent pas tant de compoſition & qui par conſequent ne produiſent pas tant de feu.　Que ſi ces boëtes ſont faites de bois , on percera au
fonds des petits trous, dans leſquels on inſerera par un des bouts des petits
tuyaux de fer ou de cuivre remplis d'une poudre battuë & preſſée fort mo-
derement : l'autre bout entrera dans des autres trous percez tout le
long de voſtre canal , afin que le feu ſoit porté dans les boëtes par ces petits
canaux & que la poudre qu'elles tiennent renfermée le puiſſe concevoir,
pour faire partir les fuzées courantes.　Que ſi vous ne faites vos boëtes que
de papier, vous pourrez les laiſſer toutes ouvertes par deſſous, & ſans aucun fonds : vous n'aurez ſeulement qu'a percer dans voſtre rondele des
trous, profonds de deux ou trois lignes , & d'une telle largeur que les boëtes y puiſſent exactement entrer : là où elles ſeront colléez avec de la colle
forte : au milieu de ces excavations on percera ſeulement des petits trous
qui paſſeront juſques dans les canaux , leſquels on remplira de poudre battuë.　Cela fait on les couvrira d'un petit chapiteau fait en pointe en cas
que la ſuperficie exterieure de l'efcu ſoit toute plate & à decouvert ; mais ſi
elle eſt en quelque façon relevée par le milieu (ce que l'on pourra faire
avec une couverture de papier ou de toile) on les laiſſera tout plats & ſans
chapiteaux.　Ce qui reſte pour le complement de la preparation de cete
efpece, ſe trouvera dans la deſcription des precedentes, où vous le pourrez
recouvrer.

Eſpece 5.

Cete derniere efpece d'Efcu dont vous voyez la forme deſſeignée au
nombre 175, ne peut eſtre miſe en pratique que premiérement on ne
ſçache comment on doit conſtruire les rouës à feu : c'eſt pourquoy ie reſerveray ſa parfaite preparation juſques à ce que nous ayons occaſion de parler des rouës : ie veux vous advertir ſeulement icy d'une choſe, ſçavoir que
l'efcuſſon peut eſtre fait en telle forme & figure qu'il vous plaira ; de plus
que ce ne doit eſtre qu'une planche ſimple & ſolide : que ſa ſuperficie peut
eſtre ou plate ou relevée en boſſe au milieu à la façon d'un pavois.　Finalement que la rouë à feu ſe doit mettre au milieu de l'efcuſſon ſur un petit
eſſieu , ou clou rond bien ferme areſté dans l'eſpeſſeur du bois, afin qu'elle
puiſſe mieux tourner. Le reſte qui appartient à la conneſſance de cete machine, s'apprendra par la ſuite.

Chapitre II.

Des Coutelas à feu.

Faites faire de deux planches de bois bien unies, & bien seiches, un Coutelas fait comme un sabre de Polacre, ou comme le cymetere d'un Turc, tant soit peu recourbé en arriére, & avec un simple tranchant, tel que l'on le peut voir en la figure du nomb. 176: joignez les trenchants de deux aix ensemble; & tenez le dos ouvert de deux ou trois doigts de largeur, afin que ces ais vous fassent comme un canal vuide dont le profil, ou la section trãsversale constituëra un triangle isocelle. Divisez tout ce vuide suivant la longueur du Coutelas par des petits ais triangulaires, qui se rapporterõt exactement à l'ouverture orthographique du vuide, & les collez bien serré contre les planches qui forment le Coutelas, & pour d'avantage les affermir atrachez-y des petites chevilles de bois par dehors, ou bien des petits cloux, afin qui fassent une corps ferme & indissoluble. Vous attacherez pareillement au bout une poignée, avec quoy on le puisse tenir ferme & le manier aysement. Mais auparavant que vous mettiez toutes ces petites separations dans le vuide, il est necessaire que vous formiez interieurement un petit canal justement sur la rencontre des deux trenchants du sabre, dans lequel vous verserez de la composition lente à la hauteur d'un demy doigt, ou bien vous y coucherez une meche faite de nostre estoupe Pyrotechnique, la couvrant par dessus d'une petite lame de plomb seulement, ou bien d'un ais bien delicat, sur lequel vous collerez du papier pour le tenir aresté sur vostre amorce. Vous n'oublirez pas à y percer des petits trous qui respondent à chacune de ces chambretes par où la composition puisse communiquer son feu aux fuzées courantes, estoiles, estincelles, globes luisants, & toutes autres choses semblables desquelles on remplit ordinairement ces chambretes. En fin apres avoir colé du papier sur le dos du sabre, vous le couvrirez de toile bien proprement tout à l'entour puis en ferez peindre la lame en couleur de fer. Si vous desirez en tirer encore plus de plaisir vous pourrez coller exterieurementé sur les deux costez du Coutelas, des petards de papier disposez en sautoir, ou en croix S. André, comme on le peut remarquer dans nostre figure; la lumiere par où on donra feu à la composition sera faite vers la pointe du sabre, ou environ.

Chapitre III.

Du Demy espadon artificiel.

La forme du Demy espandon que nous avons desseigné au Nº 177. ne differe pas de beaucoup de celle du Coutelas que je vous ay décrit. cy dessus : On le construit aussi bien comme l'autre d'un bois leger & sec. On évuide & canele son tranchant tout le long, en sorte qu'il paraisse comme un canal demy cylindrique : vous y ajustez par apres des fuzées du poids de 8 ou 10 onces, ou des plus grosses si vous voulez (pourveu qu'elles soient proportionnées à la grandeur du demy-espadon, & quelles n'excede point la capacité de l'évuidure) vous les chargerez d'une de

T t

ces

ces matieres lentes dont les compositions ont esté decriptes cy dessus;
mais au deffaut de celles-là, la composition suivante y pourra fort bien
servir.   Prenez de la poudre 5 parties, du Salpetre 3 parties, du Charbon 2 parties, du Soulfre 1. partie, apres les avoir battuës, mêlées, &
incorporées ensemble, remplissez-en des fuzées jusques aux bords de leurs
orifices, sans y mettre ny rotules, ny petards de poudre grenée, comme
on fait coutumiérement dans les fuzées vulgaires : puis sans les lier par
dessus, ny sans les percer autrement, ajustez-les ainsi toutes ouvertes les
unes sur les autres dans l'évuidure de vostre demy-espadon, puis les collez,
& les couvrez de papier par dessus.   Outre cecy vous pourrez encore attacher sur les deux costez, & mesme sur le dos dudit espadon, des petards de
papier, lesquels vous affermirez sur des certains petits arrets, afin qu'ils ne
branlent point : bref vous y ajusterez à chacun des petits tuyaux remplis
de farine de poudre qui leur apporteront le feu dés fuzéez, à mesure qu'elles
le recevront.

Chapitre I V.

Des Glaives ou Espées artificielles.

C'est une peine prise à credit (comme on dit ordinairement) que
d'employer beaucoup de soin à l'execution d'une chose, qui se pourroit effectuer avec moins, cete une maxime bien veritable, & qui
s'accorde mesme fort bien avec ce Chapitre: car pour vous dire la verité la figure de ce Glaive à feu que ie vous ay dessignée sous le nomb. 178
n'a aucunement besoin d'explication ; consideré que le Glaive n'a rien de
dissemblable, ni d'estranger de la construction du demi-espadon cy dessus
descript, qu'en la seule figure. Voila pourquoy pour n'estre point obligé à
redire tout ce qui a esté dit cy dessus & pour éviter la peine d'inventer des
nouveaux, termes, & de nous servir icy des graces & de l'abondance des
mots d'un Orateur, pour vous exprimer une chose deux fois, ie vous dis, &
vous le repete haut & clair, que la façon de construire les Glaives à feu, ne
differe pas du travers de l'ongle de celle que nous avons descrite cy dessus
pour la construction des demi-espadons.

Chapitre V.

Des Perches à feu.

Vous ferez faire des Perches à feu de la longueur de dix ou douzes
pieds; elles seront grosses par leurs diametres de deux doigts tout au
plus. En l'une des extremitéz, à la longueur de deux ou trois pieds
vous creuserez 3 ou 4 canaux à l'opposite l'un de l'autre : dans l'un
desquels vous attacherez des fuzées preparées de la mesme façon que nous
avons dit dans la description des demi-espadons; mais dans les autres vous y
attacherez des petards de papier seulement: apres avoir percé des trous qui
passeront depuis les fuzées jusques aux petards, en fin vous couvrirez bien
proprement tout vostre artifice, afin de mieux tromper les yeux du peuple.
Voyez la figure 179.

Cha-

Chapitre VI.

Des Rouës à feu.

Espece 1.

La plus commune & la plus simple espece, de toutes les especes, de Rouës à feu que l'Ingenieur peut construire est celle que nous avons dépeinte sur nostre escusson au nomb. 175.   On la prepare de planches de tilliet ou de sapin assez legeres, disposées en forme octangulaire & bien attachées ensemble.   Elle a au centre un petit moyeu avec tous ses rays qui soustiennent les costéz de la rouë. Les bords de chaque costé se creusent de la mesme façon que nous avons dit cy dessus des Espadons, & des Perches, puis vous attachez bien ferme avec de la colle, des grandes fuzées le long de ces excavations, à sçavoir une, deux, ou plusieurs, suivant la longueur du costé de la Rouë: mais il est necessaire icy que lesdites fuzées soient percées ny plus ny moins que les fuzées vulgaires qui montent en l'air, & qu'elles soient chargées d'une matiére legitime : Elles seront pareillement liées par dessus ; y reservant toutéfois à chacune un trou assez large, par lequel le feu puisse passer apres qu'il aura consommé toute la matiére qui estoit dedans, pour s'attacher à l'amorce de la plus voisine, & qu'ainsi consecutivement une estant brulée l'autre soit aussi tost emflammée par un ordre perpetuel jusques à la derniere : mais celle-cy doit estre liée bien serré par dessus, & si doit-on faire en sorte par quelque moyen que ce soit, qu'aussi tost que la premiere fuzée sera allumée, le feu qui en sortira en grande abondance ne vienne par malheur à l'incommoder : pour conclusion vous pourrez si vous voulez mettre dans cete derniere fuzée un petard de poudre grenée.

Espece 2.

Cete espece de Rouë est un peu plus ingenieusement inventée que la precedente.   Elle est parfaitement ronde quant à sa forme ; elle est pareillement canelée tout à l'entour de sa convexité, dans laquelle on attache & colle des fuzées preparées de la mesme façon que les precedentes.   Par dessus on arreste encore bien ferme des petards de papier, qui recoivent le feu par des petits canaux remplis de poudre battuë, qui le leur apportent en passant dés fuzées voisines. La figure marquée du nombre 180 vous fait voir le reste.

Espece 3 & 4.

La forme de cete Rouë que ie m'en vay vous décrire a les mesmes conditions que celle de la prémiere espece, en sorte que la construction de toutes deux n'est presque qu'une mesme chose: neantmoins celle-cy surpasse les deux precedentes, en ce qu'elle porte deux ordre de fuzées, & qu'elle fait deux fois sa course par deux mouvements tout contraires, à sçavoir par un qui tourne à droite, & l'autre à gauche ; elle ne fait pas toutéfois ces deux tours si differens, en un mesme temps comme vous pouvez vous imaginer ; mais apres qu'elle a tournée d'un costé durant le temps que les fuzées dé l'ordre inferieur ont demeurées à brûler; par un mouvemēt retro-

T t 2

garde

grade elle recommence un autre tour tout contraire au premier, apres avoir communiqué le feu à l'ordre superieur des fuzées, par un petit canal secret. Or qui veut sçavoir comment les fuzées doivent estre ordonnées dans l'ordre superieur, qu'il porte derechef ses yeux sur la figure du nombre 181.

Remarquez que toutes ces especes de fuzées que nous avons décrites Icy, sont ordinairement ou horizontales, ou perpendiculaires : c'est à dire, que pendant qu'elles se brûlent en tournant sur un axe de fer (tel que la figure du nombre 182 vous en fait voir le modele) leur plan doit estre parallele avec l'horizon, ou bien perpendiculaire. Ie vous represente la figure d'une Roüé horizontale au nomb. 204. en la lettre E; & pas loing de là une autre, perpendiculaire, que i'ay marquée de la lettre G. Souvenez-vous toutefois que cete horizontale, tient le lieu de la quatriéme espece des roüés à feu; parce qu'elle differe en quelque chose des autres : particuliérement en ce que le plan de la surface est tout parsemé de fuzées courantes, ou bien de fuzées montantes, si d'avanture elle est assez grande: joint que sa construction est fort semblable à celle du Bouclier de la féconde espece, au respect des fuzées qu'on attache sur son plan : pour le regard du reste de sa construction, elle n'a rien de particulier, & qui ne soit commun avec les roüés que nous avons cy devant décrites.

Outre cecy ie vous expose encore une autre Roüé circulaire, de laquelle est formé le bassin d'une fontaine de feu. Celly-cy se void en la figure du nombre 202 sous la lettre. B. Son plan est marqué d'un E, mais sa veritable orthographie; & l'ordre qu'il doit tenir pour tourner à l'entour d'un tuyau de feu, paroist en la lettre F; mais passons outre, nous en discourrerons ailleurs plus au long, lors que nous viendrons en son lieu.

Espece 5.

Pour construire cete Roüé artificielle que ie m'en vay vous décrire dans cete cinquiéme espece il faut que vous ayez premiérement un bassin de bois assez ample, qui ait les bords fort estendus, droits & non retroussez : tel que ie vous le fais voir en la figure du nombre 183 sous la lettre B: de plus vous aurez une planche de bois seiche, legere, & quarrée en sa forme, large de tous costez de deux ou trois pieds. Coupez luy les quatre coins, & en formez une table octangulaire : puis évuidez-la tout à l'entour de son espesseur en canal demy-cylindrique. Faites par apres un trou au beau milieu de la planche, dans lequel vous ajusterez un globe aquatique, ou quelque autre qui luy ressemble, tels que sont ceux que nous avons décrits dans la troisiéme espece des globes sautans sur des plans horizontaux: en telle sorte qu'il y en ait la moitié de cachée sous la planche dans le vuide du bassin; & que l'autre émine par dessus son plan. Cloüez cete planche avec les bords du plat : puis posez vostre globe dans le milieu, & l'arrestez-là si ferme avec du fil de fer, ou par quelque autre moyen, que difficilement puisse-t'il estre separé d'avec ladite planche; cela fait vous colerez dans les canaux qui sont faits dans l'espaisseur des costez, des fuzées preparées comme nous avons dit ailleurs les joignant les unes aux autres successivement en telle sorte que prenant feu les unes apres les autres, elles fassent pyroüeter la Roüé d'un tour perpetuel, jusques à ce qu'elles soient toutes consommées. Vous pourrez adjouter si vous voulez sur chaque costé de la roüé trois ou quatre boëtes, perpendiculairement dressées sur le plan de la planche: bref vous disposerez sur ce mesme plan des petards arengez de bout en

bout

bout; vous y en mettrez non feulement un fimple rang, mais bien un double, un triple, ou autant qu'il vous plaira, ou que l'eftenduë de la Roüe en
fera capable.

Tous les canaux feront ordonnez de la forte qui s'enfuit; conduifez un
canal fecret depuis l'amorce où la premiére fuzée doit prendre feu, qui paffe à travers la planche jufques au globe qui eft arrefté au milieu, lequel
vous percerez pareillement jufques à la matiére qui eft au dedans: rempliffez moy ce canal d'une poudre battuë fort menuë, puis le bouchez diligemment par deffus.　Ajuftez encore deux petits canaux, qui paffent
dés fuzées voifines à chaque boëte, & de chaque boëte à chaque petard,
& de petards en petards, fi les ordres font multipliez, mais j'entens que ces
canaux foient tous remplis de poudre battuë.

Ces boëtes feront toutes preparées, & placées fur la planche fuivant le
mefme ordre que nous avons dit, dans la defcription de la quatriéme efpece
d'efcuffons.　Finalement vous enduirez bien le globe, la planche, les fuzées, les petards, les boëtes, & le baffin, univerfellement par tout de poix
fonduë; en telle forte que la Roüe eftant jettée dans l'eau, cét élement ne
treuve aucune fente par laquelle il puiffe entrer, & s'infinuër dans les canaux, dans les fuzées, ou dans les boëtes, non plus que dans le corps du
baffin: car à moins de cét exacte enduiment, tout voftre travail s'en
iroit en fumée; non, ie veux dire en eau, fans que vous en puffiez avoir le
divertiffement. C'eft en quoy le pyrobolifte monftrera qu'il aura de la diligence & de l'adreffe dans fon art.

Remarquez qu'il faut premiérement d'onner feu à cét artifice par le milieu de la Roüe, & auffi toft que vous verrez que la matiere renfermée aura
bien conceuë la flamme, vous expoferez voftre machine doucement fur
l'eau. Iettez les yeux fur la mefme figure vous y remarquerez toutes les
circonftances que nous vous avons décrites dans la belle fymetrie de cete
Roüe artificielle, en la lettre A.

Chapitre VII.

Des Maffuës Artificielles.

Efpece 1 & 2.

Ie ne m'arrefteray pas icy à vous décrire plufieurs efpeces de Maffuës, que
quantité de Pyroboliftes fe font plû à inventer, & à nous dépeindre;
veuque (comme je vous ay de-ja dit fi fouvent) je n'ay pas deffein de
m'arrefter à des chofes de fi peu de confequence, ny comme l'on dit communément, à baleyer jufques aux moindres pailles hors de noftre grange
Pyrotechnique, mais de faire en forte par noftre travail, & noftre diligence d'y amaffer le pur froment, & d'y tranfporter les grains les plus
triez & les plus purs dés principales inventions de la Pyrotechnie.　Voila
pourquoy ie ne vous en reprefenteray icy que les trois efpeces fuivantes
feulement.　Les deux premiéres defquelles, marquées fous les nombres
184, & 185, reffemblent en toutes chofes aux globes aquariques décripts
cy deffus dans la feptiéme & neufviéme efpece, c'eft là où ie vous renvoye
pour en apprendre la conftructiõ. Vous aurez feulemẽt foin d'y faire ajufter
des manches bien tournez, & bien polis, tels que nos figures vous les repre-

ſentent ; encore bien qu'on les puiſſe faire d'une autre façon ſi l'on veut,
cela depend de l'ingenieur ; I'adjoûte encore icy la compoſition ſuivante,
laquelle i'ay jugée eſtre plus propre & convenable que celle dont on ſe ſert
coutumiérement dans la conſtruction des globes aquatiques.　Prenez de
la Poix 1 ℔, du Soulfre ʒ iiij , du Charbon ʒ ij ; battez, meſlez, & incorporez tout enſemble, en les arrouſant de quelque liqueur graſſe, ou
d'eau de vie , en fin chargez-en vos globes : ou bien s'il vous plait vous
ſervir de la compoſition que nous avons ordonnée cy deſſus pour les coutelas, elle eſt auſſi excellente, & fort propre pour cét effet.

Eſpece　3.

Faites faire par un tourneur une Maſſuë avec ſa poignée, qui ait la teſte
exterieurement arondie comme un grand oeuf, ou pour mieux dire comme un ſpheroïde , mais interieurement elle ſera ou creuſe comme eſt ſa
convexité, (en telle ſorte toutêfois que ſon bois demeurera eſpais tout à
l'entour de cinq doigts pour le moins) ou bien elle n'aura qu'un trou ſeulement dans le milieu, qui penetrera depuis le haut juſques à la moitié de ſa
hauteur , & large de trois ou quatre doigts.　De plus vous percerez tout à
l'entour, des trous de la largeur de 3 ou 4 doigts ; & de la profondeur des
fuzées courantes ; & ferez en ſorte qu'ils ſoient tournéz tous vers l'excavation du milieu.

Vous y percerez en ſuite des petits canaux paſſants du fonds de ces évuidures juſques au vuide du milieu, leſquels vous remplirez de poudre battuë.
Formez en apres des boëtes ou cartouches de papier ſur un cylindre, un
peu plus menu que les vuides des excavations ne ſont larges, qui ſera bien
collé, afin qu'il ſe puiſſe rapporter, & s'ajuſter à l'aiſe dans ces trous : ſi
vous voulez, vous pourrez leur faire des fonds de papier, pourveu que
vous les perciez par le milieu, afin que le feu puiſſe eſtre porté dans les fuzées empriſonnées dans ces tuyaux : quand vous les aurez doncques miſes
dans ces excavations, vous les couvrirez auſſi par deſſus d'un petit chapiteau conique ; vous aurez pourtant ſoin de couvrir premiérement tous les
orifices des boëtes, avec des petites roüelles de papier, afin qu'elles demeurent immobiles dans leur niches.　Vous pourrez remplir ſi vous voulez la cavité du milieu de voſtre maſſuë de cete compoſition que nous
avons ordonnées dans les deux autres eſpeces cy deſſus décriptes : Sinon,
la ſuivante vous ſervira, laquelle a preſque les meſmes vertus.　Prenez du
Salpetre 1 ℔, du Soulphre ℔ ß, de la Poudre ʒ iiij, de Charbon ʒ ij.　Finalement plongez moy voſtre maſſuë toute entiére, armée de la ſorte de tous
ces Chapiteaux pointus, dans une quantité de poix liquide, ou l'enduiſez
tout à l'entour de colle ; en un mot donnez-luy telle couleur qu'il vous
plaira. Voiez la figure du Nomb. 188.

Chapitre VIII.

Du Baſton à feu.

Le baſton à feu pourra bien quelquefois ſuppléer au deffaut d'une
Roüe artificielle, veuque lon le fait tourner & pyroüetter horizonta-
lement & perpendiculairement ſur un clou, qui eſt une action commune aux Roües à feu : Pour ce qui eſt de ſa conſtruction elle n'eſt

ny

ny de grand prix ny de grand travail: On charge premiérement deux fuzées montantes de quelque grandeur que ce soit, d'une composition à ce convenable, jufques aux bords de leurs orifices: puis on les perce jufques à la troisiéme partie de leur hauteur avec une tariére ou poinçon propre à cét office. Vous faites faire en fuite par un tourneur une boule de bois folide avec des petits effieux diametralement oppofez, que l'on fait entrer le plus juftement qu'il eft poffible dans les orifices des fuzées. Percez par aprés cete même boule par le diametre, qui coupe Orthogonalement la ligne droite paffant par le milieu des petits effieux : outre cela attachez à ces deux fuzées par dehors des petards de papier tous d'un cofté, avec leurs petits tuyaux, efloignées toutefois des leurs orifices de deux ou trois bons doigts : vous ajufterez fur la partie oppofite de ces petards, un long canal par lequel le feu puiffe eftre porté, de la fuzée confommée jufques à l'orifice de la chambre de l'autre, laquelle fera couverte d'un petit chapiteau de papier de mefme que nous l'avons ordonné cy deffus aux fuzées courantes fur des cordes. Au profil du N° 187, en la lettre A fe void la boule de bois, avec fes deux axes, ajuftéz dans les orifices des fuzées : B C font les deux fuzées chargées de compofition, & percées comme elles doivent eftre : E F font les petards de papier. D le canal : le refte fe peut entendre par la figure mefme.

Chapitre IX.

Du Calice à feu.

Faites faire une Coupe, ou un Calice de bois, ou de quelque metail fufible, ou battu, femblable à ceux dont nous nous fervons à table de quelle forme qu'il vous plaira; pour moy je n'en ay pas treuvé de plus commode pour cét effet que celuy que vous pourrez remarquer en la figure du Nomb. 188: fon fonds fera percé avec toute fa bafe depuis le pied jufques à la concavité du vaiffeau: puis on inferera dedans un canal de bois ou de metail, chargé de la compofition fuivante, laquelle produira une flamme fort obfcure & noire, Prenez de la Poudre ℥ iiij, du Soulfre ℥ ij, du Charbon ℥ j, de l'Antimoine crud ℥ ij, du Sel commun ℥ j.

Vous remplirez la capacité de la coupe de fuzées courantes, aprés avoir mis au prealable fur le fonds un peu de poudre grenée, meflée avec d'autre battuë pour les faire partir. Vous les couvrirez bien proprement d'une rouëlle de bois, efpaiffe de trois ou quatre lignes feulement, avec tant de juftéffe, que fa fuperficie inferieure repofe immediatement fur les reftes des fuzées, & que fa circonference ioigne l'interieure du vaiffeau: en fin empoiffez le refte du vuide du calice jufques aux bords avec du goudron; & principalement cét orbicule de bois pofé fur les fuzées, fe couvrira d'une tôile imbuë de poix liquide; afin qu'il ne branle aucunement dans le vafe, & qu'il ne s'y gliffe de cete liqueur fonduë parmy les fuzées, par quelque ouverture qui pourroit eftre reftée entre ces deux corps.

L'Ingenieur Pyrobolifte pourra controuver mille fortes d'inventions qu'il fera reuffir par le moyen de ce calice artificiel. Particuliérement pour boire à la fanté de quelque homme de remarque. Il fera premiérement mettre le feu au tuyau caché dans le fonds du calice par deffous, pendant ce temps il boira promptement la liqueur qu'on luy aura prefenté dans ledic

vaif-

vaiſſeau puis l'eſlevant par deſſus ſa teſte , il attendra juſquesà ce que le feu
s'eſtant pris aux fuzées,elles ſe ſoient enlevéez toutes dans l'air,pour y produire leur eſtets : mais ie vous adverty icy qu'il ſaut verſer ſi peu de vin ou
de quoy que ce ſoit dans la coupe,qu'il ſe puiſſe boire en un,ou deux traits,
ou bien il faut que celuy qui boira ait le gozier ſait à l'Allemande , ie veux
dire à la Greque,pour vuider le hanap tout d'un trait, car on ne coure pas
icy riſque de ſe brûler le nez ſeulement,mais auſſi quelque fois d'y perdre le
gout du pain.   Or outre la forme de ce calice que ie viens de vous decrire
conſultez la figure des N° 200 & 201. elles vous en ſeront voir d'autres,

Chapitre X.

Des Tuyaux artificiels.

Que ſi on a jamais inventé quelque choſe d'important & de neceſſaire;pour conſtruire les machines artificielles pyrorechniques deſquelles nous ferons mention dans le chapitre ſuivant; il ne faut pas
douter que les tuyaux à feu ne doivent tenir les premiers rangs : car
ie ne crois pas qu'on puiſſe à grand peine treuver quelque autre invention
qui ſoit plus propre pour emplir , ſouſtenir , & porter toute une machine ,
ny pour jetter tant des divers feux, ny en ſi grande abondance , par ordre ,
& par intervalles ſuivant la volonté du Pyroboliſte,que tous ces tuyaux que
non mettons en uſage dans la Pyrotechnie.   Voila pourquoy ie vous en
propoſeray quelques uns de ceux qui ſont les plus en vogue aujourdhuy
parmy nos ingenieurs à feu;& le tout par ordre,& ſans confuſion.Soit done-
ques icy.

Eſpece 1.

En la figure du nombre 189 eſt repreſentée la forme d'un tuyau compoſé de pluſieurs boëtes, duquel la hauteur eſt arbitraire, & telle qu'on
la luy veut donner : or toutes ces boëtes ſont toutes evuidées du coſté que
chacune d'elles couvre immediatement celle qu'elle tient au deſſous de
ſoy , afin que l'une ſe puiſſe commodement emboiter dans l'autre.   Que
ſi elles ſont faites de bois , il faudra faire les commiſſures & emboitements
ſi bien rapportées,& ſi juſtes que l'on ne s'en puiſſe preſque appercevoir à
moins que d'y prendre garde de bien prés,enſorte qu'eſtans toutes jointes
enſemble on les prenne pour un cylindre veritablement ſolide : Que ſi au
contraire on les fait faire de papier ſeulement (qui ſont cellesque i'eſtime les meilleures, tant à cauſe de leur fermeté que de leur legereté) conſiderez qu'elles ſont toutes d'une égale groſſeur & grandeur par de
dans, voila ponrquoy on colera exterieurement proche des fonds de chaque boëte d'autres petites boëtes encore , hautes d'une palme ou environ ;
ſi bien ajuſtez que la circonference interne de leur concavité, ſoit égale avec le tour exterieur des tuyaux: bref vous les ferez paſſer au delà du
fonds de la moitié de leur hauteur,afin que l'inferieure ſe puiſſe ayſement
joindre avec la ſuperieure.

   Ie ne treuve rien de plus commode pour conſtruire ces boëtes que cete
petite machine marquée ſous la lettre A, avec ces deux cylindres qui ſont
ſous B & C ſur leſquels, (apres les avoir frotez de ſavon) on colle, façon-
ne, & donne-s'on la juſte grandeur & groſſeur que l'on veut aux boëtes , en
y col-

y collant papier fur papier, & faifant rouler ledit cylindre fufpendu
fur deux petites fourches qui le fouftienēt par des axes qu'ils ont aux deux
bouts, à l'un defquels eft attachée une poignée pour les faire tourner. Eftans
bien roulez & colez on les met dans un lieu mediocrement chaud, là où on
les laiffe feicher petit à petit ; car autrement fi on les faifoit feicher à grand
feu, & tout à coup, elles fe retireroient, & feroient mille plis : voila pourquoy auffi toft qu'on les a tirez de deffus ces moules, ou cylindres, on y
adjufte promptemēt des rotules de bois pour leur fervir de fonds, lefquelles
on colle bien ferré, puis on les clouë encore par dehors, afin qu'elles foient
plus fermes, & qu'elles adherent mieux aux tuyaux. Les tuyaux de bois
que l'on arrefte aux fonds de chaque boëte fe traitent de la mefme façon,
& fe chargent de la mefme matiere, que nous avons dit cy deffus dans
la quatriéme efpece des globes aquatiques ; les fuzées pareillement font
mifes dans le mefme ordre. Si vous defirez fçavoir comment on doit ajufter
tous ces tuyaux dans les machines pyrotechniques, faut arrefter vos yeux
fur ce fimulacre de la Fortune que nous avons reprefenté en la figure du
Nomb. 202; c'eft là où vous verrez auffi en grand volume, un tuyau femblable à celuy-cy fouz la lettre A.

Efpece 2.

Nous avons fait marcher devant une efpece de tuyaux compofez de plufieurs boëtes, qui fe diminuent petit à petit, lors que les fuzées conte-
nuës dans le tuyau inferieur enlevent le fuperieur qui de ja eft quitte des
fiennes, & le renvoyent comme inutile vers fon centre, où il retourne par
fon propre poids ; en voicy d'autres qui font folides, & qui demeurent
toufiours dans leur premiére hauteur ; ils portent feulement par dehors
certains feux artificiels attachez, qui s'entre fuivans d'un ordre continu depuis le haut jufques en bas, brûlent, & s'enlevent en l'air avec eftonnement: outre cela ils portent encore dans leurs corps, des globes artificiels recreatifs, & quantité d'autres chofes femblables qui pareillement en fortent
& s'en vont en l'air faire leurs effets, & par ainfi ces tuyaux demeurent
vuides : Or ie m'en vay vous en entre tenir fort fuccinctement, & vous les
décrire fans beaucoup de ceremonies. Premiérement.

Le tuyau qui fe void au nombre 190 fera fait d'un bois folide, dur, & fec,
de la mefme hauteur qu'on jugera luy eftre neceffaire: fa groffeur pareillement fera telle qu'on voudra, cela dependra de la volonté, & du bon jugement du Pyrobolifte: on le percera avec une grande tariére de bout en bout,
en telle forte que la largeur de ce trou foit d'un tiers, ou tout au moins d'un
quart de toute l'efpaiffeur. On divifera par apres toute la hauteur du tuyau
en certaines parties egales entr'elles, lefquelles correfponderont à la hauteur
des fuzées montantes de quelque grandeur qu'on les vueilles prendre, ou
bien on les fera un peu plus courtes. Derechef toutes ces portions fe reti-
reront en dedans : la premiere & la plus haute en effect fe portera orthogo-
nalement & parallelement à l'axe du tuyau, mais toutes les autres obliquement, c'eft à dire qu'elles feront faites plus larges par le haut, & ce fuivant la groffeur qui leur demeurera du tuyau ; mais celles d'embas fe-
ront plus deliées, & leurs retraites (que les Allemands appellent *ab-
farz*) feront égales à celles de la plus haute portion, & leur efpaiffeur
à leur efpaiffeur. De plus on fait tout à l'entour de ces retraites fur des
plans orbiculaires, des canaux évuidez en demy-cylindre, larges d'un

doigt, & profonds de fix lignes ou environ. Puis de chacun de ces canaux
on en fait paffer encore des plus petits, jufques au vuide du tuyau, par lefquels le feu doit eftre porté pour allumer les fuzées, ajuftées dans des cartouches de papier fur le plan de ces retraites, avec un canal qui paffe par
le milieu.   Où elles font arreftées fort & ferme, avec de la colle & de la
ficelle, depeur qu'elles ne s'en aillent en l'air avec les fuzées.   Pour obferver un bon ordre tant en la conftruction qu'en la difpofition de ces canaux
& tuyaux armez de fuzées, il faut retourner au chapitre des globes aquatiques, où nous en avons marqué une efpece fous le nombre 83, le profil
voifin donne le refte à entendre fuffifamment, fur lequel A & B marquent
les tuyaux accompagnez de leurs fuzées, C les grands & petits canaux,
D l'orifice du vuide du tuyau.   Les canaux feront remplis d'une poudre
fort fubtilement, battuë, mais le grand tuyau interieur & tous ceux
que nous décrirons cy apres, feront chargez d'une compofition pareille à
celles que nous avons ordonnées ailleurs pour les globes aquatiques, &
boulets à feu : vous obferverez pourtant bien diligemment qu'apres chaque cinq ou fix livres de poudre mifes dans le tuyaux, vous y verfiez toutes
les fois une demye livre de poudre grenée, pour nettoyer l'orifice du tuyau
de quantité de faletez, & de fuye, qui s'y arreftent, & qui pour l'ordinaire
empefchent que la flamme ne forte avec toute liberté.   Le fonds de ce
tuyau fera parfaitement folide, c'eft à dire que l'on percera le vuide de
trois ou quattre grands doigts plus court que le tuyau, & ne penetrera jamais toute fa hauteur entiere.

Efpece   3.

L a forme du tuyau defleigné au nombre 191 ne differe pas peu de celle
 du precedent ; parce que celuy-cy reprefente un cylindre parfaitement
rond en fa forme exterieure ; quoy que veritablement il foit évuidé de la
mefme façon que le fuperieur. On tourne un fil tout à l'entour de fa convexité depuis un bout jufques à l'autre par une voye fpirale ; puis fuivant
cete trace, on creufe des trous dans l'épaiffeur du bois à la profondeur de
deux ou trois doigts dans une diftance jufte & convenable, dont les bafes
& les cathetes tombent obliquement fur l'axe & fes paralleles en l'orthographie de la profondeur, dans une diftance neantmoins égale : (voyez les lettres B & C fouz la mefme figure) on arrefte dans ces trous par quelque
forte d'artifice des cartouches de papier, avec des fonds de bois, dans lefquelles on infere des fuzées courantes, ou montantes, accommodées à la grandeur des tuyaux, c'eft-ce que la mefme figure nous reprefente aux lettres A
& E : mais il faut avoir foin de faire paffer des petits canaux de chaque trou
jufques au vuide interieur du grand tuyau, lefquels s'en aillent aboutir
par des petites canules de papier à la poudre qui fera mife au deffous des
fuzées.

Efpece   4.

A peine puis-ie rien adjoûter de nouveau à ce tuyau defleigné en la figure
 du nombre 192, car pour ainfi dire, c'eft le frere germain du precedent
n'y ayant rien qui luy reffemble mieux que celuy-là.   Ils ont toutefois cete difference, que ce premier eft armé de fuzées, qui fortent hors de certaines cartouches de papier qui l'environnent ; où au contraire celuy-cy eft
entourré de quantité de boëtes de papier difpofées dans le mefme ordre
que

que ce premier , joint qu'elles font bien ajuftées par deffus avec dés fonds
de bois, qu'elles font bien colées fur la fuperficie du tuyau, bien attachées,
bien cloüées,biē fouftenuës par deffous avec des certains fupports,outre cela qui envoyent en l'air un grand nombre de fuzées courantes:enun mot elles font dans une fituation droite,& parallele avec l'axe,& avec les coftéz du
tuyau : pour ce qui eft du refte de fa preparation cete efpece n'a rien en foy
que l'autre ne fe puiffe vanter d'avoir auffi.

Efpece 5.

On divife le circuit du cylindre par les deux bouts ; premiérement en
certaines parties égales puis on tire des lignes qui joignent les points
enfemble, & qui dans un exacte compaffement forment de part & d'autre
deux figures multangulaires , dont les angles refpondent directement aux
angles,& le coftéz mutuellement aux coftéz:L'ayant ajufté par les deux extremitez,on esbauche le cylindre tout le long,& le rabote-t'on bien uni d'un
bout à l'autre, fuivant les bafes oppofées, ainfi vous en formcz un prifme polyedre : Si vous defirez le voir jertez les yeux fur la figure du Nombre 193.

Cela fait vous le percerez de la mefme façon que les autres tuyaux ; puis
chaque hedre ou cofté fera percé de plufieurs trous , tombans obliquement
& en angles aigus fur l'axe du prifme , & fur le plan des coftéz; & paffans
tous jufques au vuide du milieu.Dans ces trous on inferera ou des petards
de fer,ou des fuzées courantes,ou bien des montantes,pourveu que le tuyau
foit affez grand pour les fouffrir.

Cete tour eflevée au milieu de noftre chafteau fortifié de cinq baftons,eft
baftie fur un tuyau de cete fabrique , comme on le peut voir en la figure du
nomb. 204.Mais l'ingenieur adroit pourra inventer quantité d'autres belles
chofes tant recreatives que ferieufes, où il pourra fe fervir adroitement de
cete efpece de tuyau : pour moy ie paffe outre pour vous en faire voir quelques autres que ie n'eftime pas moins.

Efpece 6.

Si vous vous en fouvenez ie vous ay de-ja entretenu affez long temps des
tuyaux de cete nature , au liv. 3. efpece troifiéme des fuzées montantes, & au liv. 4. efpece douziéme des globes aquatiques : & encore
bien que ie fois obligé de vous tenir ce que ie vous ay promis pour lors,
toutêfois puis qu'il y a fi peu de difference entr'eux qu'a grand' peine les
puiffe-t'on difcerner les uns des autres,fi ce n'eft par leur grandeur,ou groffeur,voila pourquoy ie vous renvoye fur le lieu pour en prendre la conftruction : toutêfois ie difire que vous remarquiez encore cecy en paffant ;
à fçavoir que toutes fortes de tuyaux , (hormis celuy que nous avons décrit le premier) pourront fe charger de la mefme forte par dedans, que le
tuyau du Nomb. 194 à efté chargé.   La lettre A dans cét endroit vous
marque des eftoiles, & des eftincelles pyrotechniques , meflées avec de la
poudre grenée ; B un globe recreatif, chargé de petards de papier ou de
fer; C un globe luyfant, ou aquatique ; finalement D fait voir un autre
globe recreatif garny de fuzées courantes : les vuides & interftices qui font
parmy ces feux font remplis d'un matiere lente,& d'une poudre grenée pour
faire deloger chaque globe à fon tour.

Efpece 7.

Veritablement j'advoüe que c'eft une chofe tout à fait inutile, & mefme importune, que de fe travailler toufiours apres la recherche des nouveaux mots, pour décrire chaque efpece de tuyau ; puifque par la conftruction d'un feul, on peut arriver fans aucune difficulté à la conneffance de tous les autres ; joint que les figures vous les rendent fi claires, & fi manifeftes, qu'il eft impoffible de chopper dans leur preparation. C'eft pourquoy ie n'adjoûteray icy que deux mots en faveur de cete efpece, à fçavoir que vous devez difpofer tous vos petards fur la fuperficie de voftre tuyau fuivant une ligne fpirale un peu ferrée, en telle forte qu'ils vous forment dans leur fituation des rhombes compofez de deux triangles équilateres, ou des fautoirs, & dans cét ordre les arrefter bien ferme fur la convexité du tuyau. Le refte de tout ce qui concerne cete efpece à de-ja efté declaré ailleurs: allez - en relire la methode donnée, puis venez jetter les yeux fur la figure marquée du Nomb. 195.

Efpece 8.

Prenez moy un cylindre de bois bien tourné, ou pour le moins tellement esbauché, rabotté & arrondy, qu'il paroiffe rond en quelque façon, & qu'outre cela il ait fes deux bafes égales. Sa groffeur dépendra de voftre volonté, pourveu que fa hauteur foit fextuple ou decuple de fon efpaiffeur. Cela fait il fera canellé tout à l'entour de la mefme façon que vous le voyez au nomb. 169; Or fi vous ignorez par quel artifice cela fe faffe ie m'en vay vous l'apprendre en peu de mots.

Divifez le cercle qui fait le tour de la bafe en fix parties égales, ce que vous ferez aifement en prenant le demy diametre de la groffeur du cylindre : divifez derechef chaque fixiéme en fept autres parties égales : vous prendrez une de ces parties pour l'épaiffeur de ce rais, ou pour cete partie qui s'éleve entre deux canaux, & les fix autres refteront pour les canaux mefmes & évuidures, qui font entre ces éminences, voicy comme on les forme.

Prenez la moitié de la largeur du canal pour demy-diametre, & tirez un demy-cercle d'un point de la peripherie comprenant la bafe jufqu'a un autre, à fçavoir à droite & à gauche. Puis derechef apres avoir pris, pour l'épaiffeur de l'entre-deux, tracez avec le compas un autre arc de cercle pareil au premier, une des pointe eftant arreftée fur la mefme peripherie ; & continuez de la forte ce compaffement, jufques à ce que vous ayez defcrit fix arcs de cercle. Vous en ferez autant fur l'autre bafe : En fin apres avoir tiré des lignes droites le long de la fuperficie du cylindre dés points des bafes oppofeez terminantes exactement les rayons & les évuidures, vous creuferez fix canaux de la mefme largeur & profondeur que les lignes tracées fur les bafes vous le monftreront. Outre cela vous ferez percer ledit cylindre de bout en bout, en telle forte que le diametre de fon vuide foit dés ⅓ ou des ⅔ de la largeur d'un des canaux.

En fuite de cecy preparez des petits mortiers en la façon qui s'enfuit : Faites tourner des cylindres de bois dont la groffeur, & la hauteur foient égales avec la largeur de l'évuidure : puis vous ferez une retraite à l'une ou à l'autre des bafes de la hauteur de ⅓, mais dans la largeur, de ¼ feulement : vous creuferez pareillement la bafe par une évuidure circulaire fort profonde & efcarpée ; puis dans le fonds de cete excavation, vous creuferez

en-

encore une autre petite chambre, ou receptacle pour mettre la poudre, de la hauteur de ⅓ & ⅓ du canal, mais de la largeur de ⅓ seulement.

Collez bien serré des tuyaux de papier sur ces cylindres, & les attachez bien ferme avec des cloux dans toutes ces retraites : de la largeur desquelles les tuyaux tireront leur grosseur : mais pour le regard de leur hauteur, ils auront le double de la largeur de l'évuidure. Ces petits mortiers renfermeront dans leur interieur des globes recratifs faits de papier, mais avec des fonds de bois neantmoins, & preparez comme nous avons enseigné cy dessus : on mettra par apres dans les chambres des mortiers, la poudre qui est necessaire pour les faire déloger : en fin apres avoir tourné spiralement un fil depuis un bout jusques à l'autre, on disposera tous ces petits mortiers suivāt la trace du fil conduit sur les canaux, & sur les rayons, où lon les arrestera bien ferme avec des petits crampons de fer, attachez aux bases des mortiers, & à chaque costé des saillies du tuyau ; & pour les affermir d'avantage on fera passer par dessus environ le milieu, des petites lames qui s'attacheront au corps du tuyau. En fin si avec tout cecy vous craignez qu'ils ne soient pas assez fermes, vous arresterez par dessous des estayes de bois ou bien vous y pousserez des grandes pointes de fer, lesquelles seront recourbées par un bout pour les tenir fermes. Mais auparavant que vous attachiez ces mortiers avec le tuyau, il faut necessairement y percer des petits trous pour amorcer, contre lesquels vous appliquerez d'extrement les lumieres, & amorces de vos mortiers. Tout le reste est aysé à comprendre par la figure. En laquelle les lettres A & B donnent à connestre les mortiers, la lettre C monstre le globe recreatif. Ie vous adverty encore d'une chose, sçavoir que chaque petit mortier doit estre ajusté dans chaque canal, & que jamais l'un ne doit estre mis au dessous de l'autre. Ie ne vous parleray plus icy de la charge du tuyau, puisque ie l'ay tant de fois redite.

COROLLAIRE I.

On peut preparer ces tuyaux en telle sorte qu'on les puisse aisément porter tout de mesme que l'on feroit une massuë, & pour cét effet il ne faut que leur attacher des manches, ou poignées afin de les pouvoir manier sans peril, & en destruire ses ennemis, c'est pour cete raison qu'on pourra non seulement les mettre au rang de feux recreatifs artificiels, mais aussi parmy les plus serieux, & les plus militaires, apres qu'on les aura garnis par dedans d'une charge dangereuse & mortelle, & arméz par dehors de matieres propres à faire des executions parmy les ennemis. C'est ce que i'ay treuvé bon de laisser aux soins des ouvriers, & à l'industrie des Ingenieurs : joint que nous aurons occasion de parler de cecy dans un autre endroit.

COROLLAIRE II.

Encore bien que ces 7 derniers tuyaux puissent estre assez commodement chargez de ces compositions ordonnées pour les globes aquatiques, & boulets à feu : i'adjoûteray encore icy neantmoins à leur faveur ces compositions suivantes, lesquelles seront propres, & peculieres pour les tuyaux à feu.

1. Prenez de la Poudre 12 ℔, du Salpetre 8 ℔, du Charbon 4 ℔, de la Limure de fer 2 ℔.

2. Prenez de la Poudre 24 ℔, 10 ℔ de Salpetre, 6 ℔ de Soulfre, 4 ℔ de Charbon, deux ℔ de Colophone, & de la râpure de bois 8 ℔.

COROLLAIRE III.

Nous avons fait si souvent mention dans ces figures décrites, d'une certaine ligne spirale, qui se trace tout à l'étour d'un corps cylindrique, ou d'un certain fil qui se tourne en limaçõ sur la superficie d'un cylindre: il sera fort à propòs que ie vous apporte des raisons de cecy un peu plus specieuses, afin que cete conneßance vous serve non seulement pour reüssir dans la construction de nos tuyaux artificiels, mais aussi pour venir à bout de quantité de pieces d'Architecture, Mechaniques & Hydrauliques : Or puisque j'ay rencontré si à propos un passage de Vitruve parlant sur ce sujet en son liv.10. Chap.11 où il nous enseigne comment on doit construire cete viz helicique ou machine spirale, laquelle enleve une si grande quantité d'eau, dont l'invention neantmoins à esté attribuée à Archimedes, auparavant mesme que l'on eut jamais connu Vitruve; Escoutons doncques ce qu'il nous en dit voicy ses propres termes.

Est etiam cochleæ ratio quæ magnam vim haurit aquæ , sed non tam altè tollit quàm rota. Ejus autem ratio sic expeditur. Tignum sumitur , cujus tigni quanta fuerit pedum longitudo, tanta digitorum expeditur craßitudo: id ad circinum rotundatur. In capitibus circino dividuntur circinationes eorum tetrantibus in partes quatuor , vel octantibus in partes octo ductis lineis : eæque lineæ ita collocentur, ut in plano posito tigno ad libellam, utriusque capitis lineæ inter se respondeant ad perpendiculum : ab his deinde à capite ad alterum caput lineæ perducantur convenientes , uti quàm magna erit pars octava circinationis tigni , tam magnis spatiis distent secundum latitudinem. Sic & in rotundatione & in longitudine , æqualia spatia fient. Ita quo loci describuntur lineæ quæ sunt in longitudine spectantes, faciendæ decußationes , & in decußationibus finita puncta. His ita emendate descriptis, sumitur salignea tenuis, aut de vitice secta regula , quæ uncta liquida pice, figitur in primo decußis puncto: deinde trajicitur oblique ad insequentes longitudines & circuitiones decußium. Et ita ex ordine progrediens, singula puncta prætereundo , & circumvolvendo , collocatur in singulis decußationibus : & ita pervenit & figitur ad eam lineam , recedens à primo in octavum punctum , in qua prima pars ejus est fixa : Eo modo quantum progredietur obliquè per spatium & per octo puncta , tantundem in longitudine procedit ad octavum punctum. Eadem ratione , per omne spatium longitudinis & rotunditatis singulis decußationibus obliquè fixæ regulæ , per octo craßitudinis divisiones involutos faciunt canales , & justam cochleæ naturalemque imitationem &c.

Que si quelqu'un treuve ce passage un peu trop difficile à entendre, à cause des termes inusités qui ne tombent pas en la conneßance d'un chacun, qu'il lise les commentaires de Philandre, & de Daniel Barbarus sur le mesme subjet, il y treuvera de quoy se mieux satisfaire, veu que ces autheurs en ont parlé plus intelligiblement.

Outre ceux cy Marinus Bettinus *in Ærario Philosophiæ Mathematicæ* tom. 1. pag. 48, & 49, nous donne encore un autre moyen pour décrire une viz ou ligne spirale à l'entour d'un cylindre par des projections obtiques, invention de laquelle (comme quelques uns ont creu) Albert Durerus a esté l'autheur. Ce mesme Bettinus nous en rapporte encore un troisiéme moyen pour ce faire qu'il a pris chez Pappus liv.8. coll. Mat. prop. 24. & ce suivant l'explication du sentiment de Vitruve sur le mesme passage que nous avons de-ja cité cy dessus i'en ay tiré de cet autheur une exposition la plus compendieuse qu'il m'a esté possible pour vous la faire voir, apres en

avoir

avoir retranché certaines circonſtances qui regardoient particuliérement ſa figure & meſme y avoir ajouté quelque choſe du noſtre.

Cylindri perimetro exponatur recta æqualis, & ex altero ejus termino erecta perpendiculari (longiore ſi laxiorem vis helicem, breviore ſi arctiorem) connectantur perpendicularis & baſis alterius extremi puncta, linea obliqua ſeu hypotenuſa, & factum erit triangulum in pagella vel papyro : cujus baſi circumpoſita ad perimetrum cylindri, hypotenuſa obliquo amplexu & continuato, notabit limitem in ſuperficie cylindrica, quem pro ſpirali ſignabis, eritque facta prima ſpiralis. Iterum applicandum erit triangulum circa cylindrum pari modo pro ſecunda ſpirali.

Triangulum rectangulum baſi ſua oſtentat progreſſum circularem extremi puncti, rectæ perpendicularis : latus vero perpendiculare indicat ſua longitudine progreſſum quem fecit punctum, quod motum eſt ab imo ad ſummum eodem tempore, quo peracta eſt circularis peripheria.

Tout cecy a ſi peu de difficulté que ce ſeroit vous faire tort de vous le vouloir interpreter, pour ce qui eſt du reſte vous irez le rechercher chez l'autheur meſme : l'adjoûte doncques à cecy que ſuivant cete derniere methode on pourra fort commodement décrire une ligne helicique, ou ſpirale ſur le tuyau de cete derniere eſpece que nous avons expoſée, à ſçavoir ſi l'on fait un triangle orthogone dont la baſe ſoit priſe du circuit du tuyau meſme, & la perpendiculaire de ſa hauteur ; puis que l'on joigne les points de la perpendiculaire, & de l'extremité de l'autre baſe par une troiſiéme ligne oblique, ſi par apres vous appliquez ce triangle ſur la ſuperficie du tuyau en telle ſorte, que ſa hauteur s'accorde avec la hauteur dudit tuyau, & ſa baſe avec la circonference de ſa baſe, alors la troiſiéme ligne oblique marquera une parfaite ſpire ſur la ſuperficie du cylindre, ſuivant laquelle vous diſpoſerez par apres vos mortiers dans les canaux, ou évuidures du tuyau, là où on les areſtera fort & ferme ſuivant l'ordre que nous en avons donné cy deſſus.

Vous pourrez auſſi vous enquerir du meſme autheur ſi vous voulez, comment on peut decrire une ligne ſpirale ſur un plan, ce qu'il faut neceſſairement que vous ſçachiez auſſi, afin que vous puiſſiez former des canaux heliciques ſur les boucliers, & eſcus pyrotechniques, comme nous avons deja dit cy deſſus.

Chapitre XI.

De diverſes Machines & Engins Pyrotechniques recreatifs, compoſez de fuzées, de Petards, Globes, Rouës, Boucliers, Maſſuës, Cimeteres, Glaives, Perches, Baſtons, Tuyaux, & de tout autre ſemblable feu artificiel.

Tout ce que nous avons dit juſques à cete heure des feux d'artifices recreatifs, ſe doit rapporter à ce preſent chapitre comme au centre commun de toutes ces inventions artificielles, joint que tout ce que ie vous ay ſi abondamment declaré touchant les moyens, les ordres, & la façon de conſtruire toutes ces machines à feu, n'eſtoit proprement que ce que les Grecs ont appellé *τάξις* une certaine ordonnance, un appa-

pareil bien-reglé qui nous a appris à connoistre les matieres, les choisir, & les preparer ; & qui de plus nous a insensiblement conduit à la connessance de certaines parties essentielles, ou de plusieurs membres desquels
ces puissantes & admirables machines sont composées, & de toutes ces autres inventions, que nous appellons parmy nous des passe-temps pyrotechniques, des feux de joye, & des divertissements populaires.   Maintenant
suit l'autre partie comprise dans ce chapitre, laquelle les Architectes ont
appellée à l'imitation des Grecs διάτεσις ce qui est suivant la definition de
Vitruve (*rerum apta collocatio, elegansque in compositionibus effectus operis
cum qualitate :* une juste & convenable assiete des choses, & un elegant effet de l'ouvrage avec qualité dans toutes ses compositions : Or celle-cy est
composée de plusieurs parties entre lesquelles, (sans m'arrester à toutes
les autres qui demandent une connoissance particuliere de l'Architecture
de laquelle le Pyroboliste ne sera pas tout à fait ignorant) i'en ay choi-
siés deux seulement, dont ie veux icy vous entretenir.   La premiere est le
Thematisme (du mot Grec θεμάτισμ☉) qui signifie assiette, bien-seance,
& bonne grace, que l'on definit *emendatus operis aspectus , probatis rebus
cōpositioni cum authoritate:* Or toute cete grace & cete admirable symmetrie
qui se rencontre dans les parties, procede d'une profonde meditation, & des
soins particuliers que prend un Ingenieur à rechercher dans son imagina-
tion tant de differentes inventions pour les produire en public lesquelles
il sçait fort bien accommoder au temps, au lieu, à la qualité, & authorité
des personnes à qui il desire complaire, se servant particuliérement de celles qui sont les mieux receuës, & les plus approuvées dans l'usage commun
des hommes, & dans l'observation naturelle des choses, sans toutêfois tanter
rien d'impossible, ni qui puisse choquer tant soit peu les regles de nostre Art.

   La seconde est la distribution que les mesmes ont appellée οικονομία Celle
cy veut que l'on met la main à l'œuvre tout de bon, elle cōsiste dans une pratique actuelle & dans une parfaite & mutuelle cōnexion des membres, voulant qu'on se serve de son jugement pour raisonner, & sçavoir, quoy, comment, & pourquoy cecy doit estre mis dans un endroit & non pas dans cét
autre, pourquoy de travers & non pas droit, & en fin pourquoy employé
dans un téps & non dans toute autre saison de l'année. Acelle cy se rapporte
encore la moderation dans les frais, le bòn menâge dans la dépence, & la sage
conduite dans les entreprises.   Et sur toutes choses le soin particulier de
nostre salut & de nostre vie non seulement, mais aussi de tous ceux qui peuvent encourir des grands dangers par nostre faute regarde directement cete
œconomie. Voila doncques les deux parties de nostre Pyrotechnie desquelles ie desire vous entretenir pour le present.

Du Thematisme, & de la Bien-seance que l'on doit observer dans les machines pyrotechniques & recreatives.

   Les Anciens aussi bien comme les Modernes ont voulu que les feux
d'Artifice recreatifs fussent mis en usage particuliérement dans quatre certains temps, premiérement aux sacres & coronnements des Papes, des Empereurs, & des Rois, aux receptions des Princes, & des Generaux d'armée,
dans les creations des Bourgue-maistres, Eschevins & de tout autre Magis-
trat, pour faire retentir cete joie commune qui accompagne ordinairement ces jours pleins de rejoüissance & d'un applaudissement public.
   Secondement on employe les feux de joie apres quelque signalée victoire
                                                                      rem-

remportée fur mer ou fur terre, aprés s'eftre rendu maiftre d'une province entiére, pour une ville renduë, un fiege levé, apres une grande deffaite des ennemis, & la prife de plufieurs prifonniers, une flotte battuë & quantité d'autres beaux & heureux exploits de guerre: lors que la paix fe fait entre deux puiffants eftats; aux entrées triomphantes des Empereurs des Rois & des grands Capitaines; (ce qui fe fait bien auffi quelquefois en leur abfence par leurs fubjets leurs cytoiens & leurs amis) pour leur rendre l'honneur & la gloire deuë à leur vertu & à leur fortune: ou pour refmoigner une reconnoiffance publique, en fin parmy plufieurs autres congratulations populaires, dons, fpectacles, jeux publiqs, trophées élevez, arcs triomphaux & autres femblables honneurs, dont on a de coûtume de combler la vertu.

Vous pourrez adjoûter à cecy les jours des Feftes, les Anniverfaires, & Dedicaces des Saints, les Canonizations des bien - heureux: car il femble que cela foit tres jufte de donner des jours pleins de joie, & de benedictions à ceux là qui ont remporté des victoires fur le monde & dans le monde; & qui ont donné des marques vifibles de leur pieté, fainčteté, continence, magnanimité chreftienne, & de toutes les autres vertus qui rendent les ames belles & agreables devant le throfne du tout puiffant.

En trofiéme lieu, aux feftins, & affemblées de nopces.

En quatriéme lieu, aux banquets & bonnes cheres des amis, comme nous avons dit ailleurs.

Pour ce qui regarde le premier. Il fera fort à propos de conftruire de couronnes à feu, de reprefenter les armes tant des Princes, que des Provinces, des villes, & des peuples: quelque grande ftatuë on coloffe majeftueux, que quantité d'autres plus petites environneront reprefentans les peuples & fubjets, à qui ce Prince fait la loy, tous veftus à la mode du païs, adorans, faluans, flechiffans les genoux, & fe fouf-mettans en mille façons à leur Souverain. On fera fervir auffi aux inaugurations des Papes ce fonge miftique de Jofeph rapporté dans les facréz cayers, à fçavoir des onze gerbes qui fe fousmettent à une douziéme plus grande affife au milieu d'elles. Pour les Empereurs on pourra leur accommoder des feux qui nous feront voir cete ancienne ceremonie jadis mife en pratique parmy les Anciens Romains aux creations des Empereurs, de laquelle Nicephore Gregoras nous fait mention en fon liv. 3. de l'Hiftoire Romaine pag. 25. *Theodorus poft obitum patris totius populi fuffragiis creatus eft Imperator more à majoribus accepto* καθὼς εἰ ἀσπίδι *clypeo infidens.* Et au livre 4. *Michaelem Paleologum clypeo infidentem circa Magnefiam optimates Imperatorem appellant.* Où il dit qu'on éleva Theodore fur un bouclier apres la mort de fon pere pour le faire reconneftre Empereur, & que Michael Paleologue fut receu à l'Empire avec une pareille ceremonie. Iule Capitolin *in Maximo & Balbino: Inter hæc Gordanus Cæfar fublatus à militibus Imperator eft appellatus.* Parmy ces entre faites (dit il) Cefar Gordian fût eflevé par les foldats & declaré Empereur. Ammianus Marcellus auffi au livre 20. où il fait mention de Julian l'Empereur eflevé à cete fupréme dignité par les foldats Gaulois: *Impofitus fcuto pedeftri & fublatus eminens, populo filente, Auguftus renunciatus, jubebatur diadema proferre.* Ayant efté mis fur un bouclier de pieton, & eflevé en l'air,

fans

sans que le peuple fit aucun bruit, il fût publié Empereur, & honoré du
diademe. On remarque aussi chez Adon le Viennois dans la chronique
de l'an & six que cete mesme coûtume estoit autrefois en usage parmy les
Gaulois, dans la creation des Rois, où il dit : *Sigebertus contra Chilpericum*
fratrem more gentis clypeo impositus Rex constituitur. que Sigisbert fût mis
sur un bouclier suivant la coûtume du païs, & proclamé Roy au prejudice de son frere Chilperic. Les Goths observoient pareillement la mesme
ceremonie, tesmoin Aurelius Cassiodore lib. 10, var. Epis. 31. *Indicamus*
parentes nostros Gothos inter procinctuales gladios more majorum scuto, (& non
pas *scutorum*, comme Thomas Dempsterus l'a fort bien corrigé) *supposi-*
to, regalem nobis contulisse Deo præstante dignitatem. Où il dit que les anciens Gots leurs peres leur avoient establis des Roys suivant la coûtume de leurs ayeux, qui les eslevoient sur un bouclier parmy les espées
nuës.

Cete ceremonie di-je sera fort à propos dans les couronnements des Empereurs, & aux sacres des Rois, en faisant former des statuës remplies de
feu d'artifice, portantes l'image du Roy, ou de l'Empereur sur un pavois:
(ce qui sera le Hierogliphe du courage belliqueux du Souverain, & de sa
force indomptable pour laquelle on l'a élevé à ce haut rang d'honneur; ou
pour le moins un advertissement & un éguillon pour l'émouvoir, & le porter à s'acquerir cete vertu heroïque requise à la deffence & conservation de
ses états) ou bien elles seront soustenuës des armoiries de diverses
provinces, des villes, & citéz particuliéres: qui seront comme les voix,
peintes, & les veritables images de la volonté des peuples; pourveu que ces
inventions ne choquent en rien l'estat du Royaûme, c'est en quoy l'Ingenieur montrera qu'il à de l'esprit & du jugement. On pourra aussi dresser une colomne, couronnée par dessus d'un diademe Royale, ou d'une
couronne imperiale avec cete devise *currenti*: cete epigraphe tire son origine d'une ancienne coûtume qui fût establie parmy les Polonois apres la
mort de Premislas, ou de Lesque premier de ce nom; car une grande
dispute s'estant élevée entre les plus grands seigneurs du païs pour la principauté & ne se treuvant d'ailleurs aucune voye par laquelle ils pussent satisfaire à tant de personnes de marque qui tesmoignoient avoir de l'ambition pour le gouvernemenr de l'estat, & qui pourtant ne se vouloient ceder les uns aux autres, ils treuverent bon de remettre le choix entre les
mains de la fortune: pour cét effet ils establirent une course à cheval où chacun deux se devoit treuver monté sur un courfier pommelé à un certain jour
determiné, pour voir qui d'entr'eux arriveroit le premier au bout de la
carriere, & qui par consequent demeureroit Seigneur & Prince de toute
la Pologne. Or de vous dire maintenant par quel moyen un certain de
ces competiteurs nommé Lescus arriva le premier au but ordonné par la
subtilité de je ne sçais quels fers hexagones, & des stiles secrets qu'il
avoir semez & cachez sous le sable par toute la carriere, pour faire bron-
cher les chevaux & les arrester dans leur course à la reserve d'un certain
sentier que luy seul connessoit fort bien : vous décrire di-je comme
quoy il parvint à la principauté, c'est ce qui n'est pas de ce lieu : qui voudra en sçavoir d'avantage, qu'il prenne la peine de lire Martin Cromere
en son liv. 2. des faits de guerre des Polonois. J'adjoûte à cecy seulement qu'on se pourra fort proprement servir de cete invention pour donner à entendre la bonne fortune de celuy qui entre en possession d'un
sçep-

sçeptre ou d'une couronne ou de quelque pouvoir particulier sur les peuples : principalement si celuy cy à esté proclamé Roy d'une voix commune, & comme choisy des subjets entre le reste d'une infinité d'autres competiteurs qui briguoient la mesme dignité. C'est ceque le sage & prudent Pyroboliste sçaura fort adroitement accommoder à l'estat des affaires.

Les Princes pourront aussi tirer des excellantes & salutaires meditations sur les vicissitudines mondaines, l'incertitude de toutes nos prosperitéz, & du changement soudain de toutes les choses terrestres au seul aspet de cete roüe de Fortune qu'on luy representera par des feux recreatifs, & artificiels : comme on a fait derniérement à Hafne, au couronnement de Frederic, regnant encore aujourdhuy Roy de Dannemarc : Comme en effet on en pourra fort bien representer avec nos roüës à feu desquelles nous avons parlé cy dessus : & ie treuve cete invention fort convenable pour des parcilles rencontres : car comme disoit Pythagoras : *circulus enim seu rota bonorum, & malorum est*, c'est une roüe ou un cercle des biens & des maux.   On attribue doncques le cercle à la Fortune qui n'est autre chose que la providence divine, comme nous le tesmoigne cet ingenieux inventeur des fables Æsope lequel ayant esté jadis interrogé par quelqu'un, qui luy demandoit, que faisoit Dieu ? il respondit fort à propos : τὰ μὲν ὑψηλὰ ταπεινοῖ, τὰ δὲ ταπεινὰ ὑψοῖ, *Deprimit excelsa, & tollit humilia*. Il abaisse ce qui est élevé, & éleve ce qui abaissé.   Joignez à cela les parolles du texte sacré : *Hunc humiliat, & hunc exaltat : Deposuit potentes de sede, & exaltavit humiles*.   Il humilie les uns, il exalte les autres, il à depossedé les puissants de leurs sieges, & a élevé les humbles.   Souvenez vous encore de cete celebre sentence κύκλος τὰ ἀνθρώπινα, qui veut dire *circulus sunt res mortalium*. les affaires humaines ne se peuvent pas mieux representer que par un cercle qui rapporte toûsiours son commencement à sa fin. Ces changements sont fort legitimes en ce qu'ils nous ostent le degoût d'un continuel usage des choses.   Car comme dit le Philosophe en son liv. 7. mor: Eudem: & au 2 de sa Rhetor : μεταβολὴ πάντων γλυκύ c'est à dire *vicissitudo rerum omnium jucunda*.   Le changement & la vicissitude des choses plait extrémement à l'homme.

Vous avez encore pour ces mesmes occurrences une autre representation de la Fortune, avec une boule sous ses pieds, un voile déplie & enflé de vent, & cheveluë sur le front en la figure du nomb. 203. afin d'advertir par là ceux que la main du tout puissant à elevé à ces supremes degrez d'honneur pour faire la loy aux autres, que leur felicité, leur bonheur, & leur majesté dependent absolument de celuy qui en est l'autheur, qu'elles sont semblables aux changements des vents, & au reste fort douteuses, & de peu de durée : & afin que les grands hommes ne se laissent pas enchanter aux fausses apparences de cete Fortune flateresse, mais qu'ils conservent toujours un esprit égal dans toutes leurs affaires.

La figure que nous avons mise pour frontispice de nostre œuvre ne represente autre chose que la vanité des honneurs, & de la gloire mondaine : car que peut estre un homme avec toute sa majesté, sa dignité, & ses honneurs, sinon une bouteille formée du souffle d'un enfant, & d'un peu de matiére savonneuse ? & voire mesme encore moins qu'une bouteille.   On s'en servira doncques aussi si l'on veut dans des pareilles occurrences : & ie veux croire que cete figure à tiré son origine du songe de l'Empereur Constantin, qui auparavant le revers de sa fortune vied en songe un petit en-

X x 2

fant

fant qui jettoit hors du fein de fon pere des petites boules fort fragiles: d'où il tira un fort finiftre augure des malheurs qui l'accuëillirent bien toft apres.

Pour quelque grãd Capitaine, ou General d'armée qui fortira en campagne à qui le Prince ou Magiftrat aura nouvellement donné le pouvoir abfolu de conduire fes armes, & de manier toutes les forces de l'eftat : l'ingenieux pyrobolifte fçaura cõment on peut accommoder cete ceremonie des Anciens Capitaines Romains, lefquels (comme écrit Servius Grammaticus en fon liv. 8. Æn.) apres avoir pris le foin & la conduite des armes de leur patrie, entroient dans le temple de Mars, & là branloient premiérement le bouclier puis la lance du fimulacre, & s'efcrioient tout d'un temps : *Mars, Vigilia.*

Apres le fecond, fuit le temps des Empereurs, & des braves Capitaines tous glorieux & tous triomphans apres quelque victoire fignalée remportée fur les ennemis. Certes fi javois à vous raconter tout ce que l'on peut reprefenter de beau dans ce temps là, & quels doivent eftre les feux d'artifices qu'on y peut employer, i'aurois beau fubjet de vous entretenir, veuque i'en voy un champs tout plein qui fe prefente à mes yeux, mais je me contenteray de vous en faire voir les principaux feulement.

Il fera doncques permis à l'ingenieur à feu de pratiquer adroitement tout ce que l'on fe peut imaginer neceffaire dans une folemnité triomphante, cõme font les arcs triomphaux, pyramides, obelifques, trophées, ftatuës, defpoüilles des ennemis, enfeignes & eftandars des peuples fubjuguez, des Capitaines captifs ayant les mains enchainées derriere le dos, des foldats tous craffeux, ords, mal-peignez maigres, & à demy morts de faim : & voire mefme les vives reprefentations des villes entiéres conquifes.

Outre tout cecy il pourra encore former toutes fortes de couronnes telles qu'eftoient autrefois les couronnes d'or triomphales ; les civiles de chefne, les murales ailées, les vallaires de campagne, les herbuës obfidionnales ; & en fin les navales faites en prouës de navire. Mais afin que l'Ingenieur à feu n'ignore rien de la pompe & de la magnificence des triomphes des Anciens Empereurs Romains, & qu'il ait matiére d'où il puiffe former divers projets avec fes feux d'artifices, lefquels il accommodera aux temps & aux lieux ; ie vous ay tranfcrit icy ce que Joannes Rofinus, & Thomas Dempfterus nous ont recuelly dans leurs additions, de quantité d'auteurs, touchant les Antiquités Romaines. Premiérement doncques Rofinus en fon liv. 10, Chap. 29 : *Ad ipfam pompam Triumphi quod attinet in genere, hæc fuit fere ejufmodi : Imperator, ut fcribit Zonaras lib. 2. triumphali habitu ornatus, armillis fumptis, laurea redimitus & ramum dextra tenens populum convocabat, & militibus fuis aliis communibus, aliis propriis laudibus oneratis, pecuniam & ornamenta dividebat ; cum armillas aliis, aliis haftas puras, aliis coronas aureas, aliis argenteas, expreffum viri nomen, & facinus ferens largiretur. Nam fi quis primus murum afcenderat, muri : fi caftellum aliquod expugnarat, caftelli fpeciem corona gerebat : fi navali prælio vicerat, roftris corona exornabatur : fi equeftre, equeftre aliquid præfeferabat. Qui autem civem in acie, aut in obfidione, aut in alio periculo confervaffet, cum fummam laudem affequebatur tum quernam coronam accipiebat, cujus honos argenteis & aureis omnibus excellebat.*

Neque vero hæc dona fingulis tantum virtutis caufa dabantur, fed & cohortibus & exercitibus univerfis : fpoliorum autem magna pars militibus diftribuebatur. Quin etiam quidam univerfum populum donarunt, & fumptus in ludorum pu-
bli-

*blicorum apparatus fecerunt,& si quid reliqui erat,in porticus,templa,aut alia ejus-
modi opera publica confumpferunt.His rebus perfectis atque facrificio facto , triumphans currum confcendebat,ita precatus.*

DII, NUTU ET IMPERIO, QUORUM NATA ET AUCTA EST
RES ROMANA, EANDEM PLACATI, PROPITIATIQUE SER-
VATE. *Tum per portam triumphalem vehebatur. Præcedebant tubicines , canentes modos triumphales , aut quod etiam in Æmilii triumpho factum eft , claffi-
cum. Poft hos ducebantur boves mactandi in facrificiis , vittis fertifque redimiti ,
& aliquando auratis cornibus. Illis fuccedebat fpeciofa oftentatio fpoliorum &
manubiarum , quæ fingulari arte compofita , partim plauftris vehebantur, partim
geftabantur ab adolefcentibus ornatis. Ferebantur & tituli victarum gentium
cum imaginibus devictarum urbium : ac fuerunt fpoliis interdum mixta anima-
lia , antea non vifa , aut mirabiles plantæ , ex locis captis afportatæ. Succede-
bant inde qui ex hoftibus capti erant. Duces vincti catenis , & poft illos ante currum Imperatoris portabantur coronæ aureæ , fi quæ ipfi ab urbibus & provinciis
fuerant fummi honoris caufa , quod fæpè accidit , per legationes exhibitæ. Ac
tum demum ipfe Imperator curru fublimi , magnificè exornato , vehebatur ful-
gens vefte triumphali , & redimitus coronâ laureâ , ramumque lauri manu ge-
ftans. Veftis triumphalis erat purpura , auro intexto picta , de qua Plinius lib. 9.
cap. 36. & lib. 8. cap. 48. Tali autem vefte extra hanc pompam , uti nemini
fas fuiffe , docet hiftoria Marii , in qua apud Plutarchum fic legitur: Peracto triumpho , induxit fenatum Marius in Capitolium , atque incertum num prudens
id , an fortunâ fuâ elatus fecerit , infolentius ingreffus Curiam eft vefte triumphali. Verum cito offenfum animadvertens Senatum , furrexit , fumptaque rediit
prætexta. Dionyfius Halycarnaffeus lib. 3. loquens de toga picta purpurea , qua
Reges fuerint ufi , indicat , quod Regibus exactis non licuerit ulli , etiam fi conful effet , eam ufurpare , ficut nec coronam regiam. Nam hæc fola inquit de ornatu
regio confulibus adempta funt , quod individiofa viderentur , & libertati gravia.
Poft victoriam tantum ex Senatus confulto triumphantes ornantur auro , & ami-
ciuntur togis pictis purpureis. De corona laurea Plin. lib. 15. cap. 50. Currum
qui neque bellicarum , neque ludicrarum quadrigarum fed turris rotundæ inftar ,
tefte Zonara, conftructus erat , ufitatè traxerunt equi : quos , cum albos junxiffet
in fuo triumpho Camillus, vehementer populum offendit , propterea quod albæ qua-
drigæ Deorum Regi & Patri facræ, ac peculiariter dicatæ habebantur. Quidam
tamen cervos , quidam leones junxerunt. Sub curru, eo loco , cui Imperator infide-
bat , fufpenfum fuit idolum Fafcini , de quo Plinius lib. 28. cap. 4. fic : Deus Fa-
fcinus Imperatorum quoque, non folum infantium cuftos , currus triumphantium
fub his pendens , defendit , medicus invidiæ , jubetque eofdem refpicere. Quod autem Plinius dicit , moneri triumphantem à Fafcino , ut refpiciat , exiftimo illud effe
Tertuliani in Apologetico : Hominem fe effe etiam triumphans Imperator in illo
fublimiffimo curru admonetur. Suggeritur enim à tergo : Refpice poft te , hominem
momento te. Zonaras auctor eft in ipfo curru miniftrum publicum advectum effe ,
qui pone coronam auream , gemmis diftinctam fuftinens , admoneret eum , ut re-
fpiceret : id eft , ut reliquum vitæ fpatium provideret , nec eo honore elatus fuper-
biret. Appenfum quoque fuiffe currui tintinnabulum , & flagellum , quibus nota-
tum fuerit , ipfum in eam calamitatem incidere poffe , ut & flagris cæderetur , &
capite damnaretur. Nam , inquit , qui ob facinus fupremo fupplicio afficiebantur ,
tintinnabula geftare folebant , ne quis inter eundum contactu illorum piaculo fe ob-
ftringeret. Teftis eft etiam Plinius lib. 33. cap. 7. triumphantium ora minio illini
folita , & fic Camillum triumphaffe : quod tamen pofterioribus temporibus exolevit.
Moris item fuiffe , ut triumphans fecum in curru haberet filiolos pueros, patet ex Li-*

X x 3

vio

vio lib. 45. *cum de filiis Æmily loquitur. Quin etiam cognatorum, si aliquos ha-*
bebat, virgines & pueros in curum adsciscebat: natu vero grandiores in equis ju-
galibus imponebat. Si autem plures erant, equis singularibus vecti ipsum profe-
quebantur. Currum inde sequebatur equitum & peditum exercitus suo quìsque or-
dine. Ex his si qui peculiares coronas, aut alia dona ob egregium facinus ab Impe-
ratore acceperant, ea præ se ferebant. Cæteri omnes laureati incedebant, cientes
lætissima voce triumphum, & accinentes triumphalia carmina, quibus etiam jo-
cos miscere licebat. Qui verò ad spectaculum confluxerant, ex urbe, & aliis Ita-
liæ locis homines, omnes velut in publica eaque lætissima festivitate, cum lætissimâ
aggratulatione, & applausu, pompam spectant, induti vestitu mundo, & ut pluri-
mum albo. Procedente etiam pompa in honorem deorum omnes ædes sacræ fue-
runt apertæ, atque coronis & suffitibus repletæ. Sic igitur ad Capitolium ductus
Imperator simul atque de foro, versus illud currum flectere cæpit, hostes ante cur-
rum ductos abduci mandavit in carcerem. Cic. Verrina 7. *ubi vel detenti sunt per-*
petuò, vel illico securi percussi. Cum ventum fuit in Capitolium triumphans ita pre-
catus est.

Gratias Tibi Jupiter Optume Maxume, tibique Ju-
noni Reginæ, et cæteris hujus custodibus, Habitato-
ribusque arcis dii, lubens lætusque ago, re Romana
in hanc diem et horam per manus quod voluisti meas,
servate, bene gestaque, eamdem et servate, ut faci-
tis, fovete protegite propitiati supplex oro.

Et immolatæ sunt cum maxima solemnitate hostiæ, seu victimæ, & dicata Iovi
corona aurea, & aliquot pretiosæ manubiæ, clypei & alia monumenta ibi suspensa.
Datum etiam in ipso Capitolio epulum sumptibus publicis, & aliquantum pecuniæ
viritim plebi distributum, cætera relata in ærarium publicum. Quod si quis opima
spolia fuisset consecutus, ea in templo Iovis Feretrii suspendebantur. Erant autē spolia
Opimaquæ dux hostium Duci à se immediatè interfecto detraxerat. Quorum uti
Festus & cum eo alii tradunt, tanta raritas fuit, ut intra annos paulo minus 530.
tantum tria contigerint nomini Romano: una, quæ Romulus de Acrone: altera quæ
Cossus Cornelius de Tolumnio: quæ Marcus Marcellus Iovi Feretrio de Vitidomato
fixerunt. Marcus Varro ait, Opima etiam spolia esse, si manipularis miles detraxerit,
dummodo Duci hostium detraxerit. Et un peu apres: *sed etiam erectæ fue-*
runt triumphales columnæ, & statuæ, arcus triumphales, trophæa, atque alia mo-
numenta, Quin & hoc usitatum fuisse ait Plinius lib. 35. *cap:* 2, *Ut ædes ornamenta*
triumphalia circa limina acciperent. Sic enim scribit: Aliæ foris & circa limina a-
nimorum ingentium imagines erant affixis hostium spoliis, quæ nec emptori refrin-
gere liceret: triumphabantque etiam dominis mutatis ipsæ domus: & erat hæc sty-
mulatio ingens exprobrantibus tectis quotidie imbellem dominum intrare in alie-
num triumphum. De columnis triumphalibus, & statuis Plinius lib. 34. *cap,* 5.6.7.
& Valerius Maximus lib. 2, *cap.* 5. *De Arcubus triumphalibus ita scribit Georgius*
Fabricius in sua Roma cap. 15. *Arcus olim honoris virtutisque causa erecti sunt iis,*
qui externis gentibus domitis, singulares victorias patriæ pepererant. Ii primum ru-
des & simplices fuerunt, cū præmia virtutis essent, non ambitionis lenocinia: sæculo
insolentiore monumenta victoriarum, & triumphorum pompa in iis incisa. Erant
aut latericii ut Romuli: aut ex rudi lapide quadrato, ut Camilli: aut ex marmore, ut
Cæsaris in foro: Drusi cum trophæis in via Appia: Trajani in ejusdē foro: Gordiani in
Viminali: Gratiani, item Theodosi, non longè à via triumphali: deinde etiam reliqui.
Arcuum forma primum erat semicircularis, unde & nomen fornicis accepit: fornix
enim Fabianus à Cicerone dicitur, qui à Victore arcus Fabianus nominatur. Postea
quadrata, ita ut in medio ampla esset porta fornicata, & ex ejus utroque latere por-
tæ

tæ minores additæ. Intra mediæ portæ fornicem Victoriæ alatæ pependerunt, quæ demissæ victori transeunti coronam imponerent. In superiore arcus parte spatia sunt in quibus aliquot homines, vel qui tubis canerent, vel qui trophæa maxime insignia ostentarent, stetisse existimantur. Huc magnificentia Augusti temporibus vel paulò ante cæpit. Nam de Cæsaris arcu, Servius: de Drusi Suetonius: De Germanici & Neronis, Tacitus. Novitium hoc inventum ait Plinius, non quod arcus ante Cæsarum tempora non fuerint, sed quod tali ornatu non fuerint. Antiquissimi de quibus extra aliquid, sunt tres: novitii autem Plinio, nobis veteres, quinque. Hactenus Fabricius.

Trophæa erant corpora trunca cum spoliis. Sic enim idem Fabricius de trophæis Marii scribit: Inter templa S. Eusebii, & S. Iuliani in Esquilino, moles latericia, in qua bina trophæa ex marmore. Sunt autem trunca corpora cum spoliis, quorum alterum thorace squamoso indutum, cum ornamentis militaribus, & clypeis, an-ante se habens juvenem captivum, brachiis ad tergum revinctis, & undique alatas Victorias. Alterum armis militaribus ornatum, inter quæ clypei inæqualiter rotundi, galea aperta cum cono & cristis clausa. In eodem inest forma chlamydis, & alia quædam quæ marmore detrito, & corrupto cognosci satis non possunt. Locus ille hodie Cimbricum vocatur, quia de Cimbris, a Caio Mario trophæa illa sunt erecta.

I'avois pris dessein de passer sous silence toutes ces anciennes ceremonies comme n'estant pas proprement de l'essence de ma traduction, neantmoins i'en ay treuvé la matiére si recommandable de soy, que i'aurois creu pecher d'en laisser le lecteur ignorent; ie suivray doncques nos autheurs de prés, sans perdre le temps, ny changer leurs termes. Voicy comment Rosinus nous parle en general de la pompe des Anciens Triomphateurs. L'Empereur ce dit Zonaras liv. 2. superbement vestu de ses ornements triumphaux, paré de riches brasselets, couronné de laurier, & portant à sa main droite un rameau, faisoit assembler tout le peuple en un lieu, & là apres avoir loüé hautement ses soldats en commun, & quelqu'uns en particuliers de ceux qui s'estoient rendus remarquables par des actions qui passoient le commun, leur distribuoit de grandes sommes d'argēt & des riches ornements; aux uns il donnoit des brasselets de grand prix, aux autres des pures javelines, à ceux cy des couronnes d'or, à ceux là d'argent seulement, où leurs noms estoient expressément escrirs, leurs beaux faits, & leurs exploits marquéz: car si quelqu'un s'estoit monstré vaillant à l'assaut d'une muraille, la couronne dont on l'honoroit en avoit la forme: s'il avoit forcé un chasteau elle representoit un chasteau: s'il avoit remporté quelque victoire sur mer sa couronne estoit navale, & ornée tout à l'entour deproües de vaisseaux, s'il avoit deffait quelque escadron de cavallerie son diademe en portoit des marques: bref que si quelque soldat avoit conservé un cytoien dans un combat, dans une ville assiegée, ou dans quelque autre peril notable, il le chargeoit premiérement de mille loüanges, puis le couronnoit de chesne, qui luy estoit un honneur bien plus precieux que tout l'or, n'y l'argent du monde.

Les braves en particuliers ny estoient pas seulement recompenséz pour leurs vertus, mais aussi les troupes & les armées entiéres. Car on distribuoit parmy les soldats toutes les dépoüilles des ennemis. Il s'en est treuvé mesme qui ont fait des grandes munificences à tout le peuple, qui ont consommé des grandes richesses pour dresser les appareils des jeux publics, & même s'ils avoient quelque chose de reste, ils l'employoient à la fabrique des galleries, des temples, & de semblables ouvrages publics. Chacun estant

recompensé suivant son merite, & le sacrifice achevé, l'Empereur montoit tout triomphant sur son chariot faisant mille veux au ciel pour sa
patrie & pour l'accroissement de l'empire Romain puis on le menoit droit
à la porte qu'ils appelloient triomphale.   Les trompetes alloient devant
faisans mille fanfares, apres suivoient les bœufs qui devoient servir de victimes aux sacrifices tous chargez de bouquets, de couronnes, & de rubands,
ayant les cornes pour le plus souvent dorées.   A ceux cy succedoient immediatement les butins & les depoüilles des ennemis ordonnées avec une
artifice admirable, on en trainoit une partie sur des chariots, le reste estoit
porté par des jeunes hommes, dont la beauté & les riches ornements
sembloïet augmenter de beaucoup le prix de leurs glorieuses charges. Vous
voyez en suite les titres, & les noms des peuples vaincus, avec les representations des villes subjuguées: mais j'oubliois à dire que parmy l'ordre de
ceux qui portoient les depoüilles, on faisoit marcher des animaux estrangers & auparavant inconnus parmy eux, des plantes admirables, qu'ils ap-
portoient comme des raretéz des païs conquis.   Apres suivoient les prisonniers, les captifs & capitaines vaincus, attachez avec des grosses
chaisnes : puis en fin marchoient ceux qui portoient les couronnes d'or
devant l'empereur, si d'avanture quèlques provinces, ou villes luy en avoient
envoyées quelques unes pour hommage par leurs embassadeurs.   Quant à
la personne du conquerant elle estoit elevée sur un haut char de triomphe,
magnifiquement orné, tout esclattant de gloire, dans ses ornements triomphaux, la teste chargée d'une couronne de laurier, & portant dans la main
une branche de ce mesme arbre pour marque particuliere de ses victoires, &
des ses vertus heroïques : sa robe triomphante estoit de pourpre entretis-
suë d'un fil d'or, & il n'estoit permis à qui que se fût de porter un tel habillement à moins que d'estre arrivé dans ce haut degré d'honneur, comme
nous lisons chez Plutarque dans l'histoire de Marius : que la ceremonie
du triomphe estant achevée Marius fit entrer le Senat dans le Capitole, &
on ne sçait s'il fit cela tout à dessein, ou par vanité, mais tant y a qu'il
entra insolemment dans le Senat vestu de sa robe triomphante.   Il est bien
vray qu'ayant remarqué que les Senateurs s'estoient offencez d'une action
si extravagante, il se leva, & qu'ayant reprit sa robe il s'en retourna sans dire mot.   Denis Halycarnasse en son livre 3 parlant de la pourpre que portoient les Monarques, dit qu'il n'estoit pas licite non pas mesme aux con-
sules de la porter, non plus que la couronne royale, comme estant un honneur trop sujet à estre envié, & trop suspect parmy des esprits ambitieux.
Voila ce que ie desirois vous faire entendre touchant le triomphe des Anciens Empereurs, si vous en voulez sçavoir d'avantage lisez Pline, Sueton
& Rosinus qui nous en à raconté tant de merueilles cy dessus, sinon voicy
Thomas Dempsterus qui vous en dira assez, dans des remarques qu'il à fait
sur le mesme chapitre de Rosinus traitant des triomphes.

Atque ut victoriæ aliquas notas spectaret populus, sanguine respergebantur (à
sçavoir les chariots) *Luc. Seneca lib. 1. de Clementia cap. ult. in fine : nullum
ornamentum Principis fastigio dignius, quàm illa corona ob cives servatos, non
hostilia arma detracta victis, non currus barbarorum sanguine cruenti, non parta
bello spolia.* &c.

Currum hunc ducebant quatuor equi albi &c. *Servius Honoratus ad lib. 4. Æned.
uers. 543: propriè ovatio est minor triumphus, qui enim ovationem meretur, & uno
equo utitur, & à plebejis, vel ab equitibus Romanis ducitur in Capitolium, & de o-
vibus sacrificat: unde & ovatio dicta, qui autem triumphat, albis equis utitur quatuor,*

tuor, & Senatu præeunte in Capitolio de tauris sacrificat. &c.

Equis vecti triumphantes, & quandiu stetit Respublica, ac erepta libertate mutati mores. & pro equis leones juncti. Plin. lib. 8. cap. 16, jugo subdidit eos, primusque ad currum junxit M. Antonius, & quidem civili bello, cum dimicatum esset in Pharsalicis campis. &c. Andreas Alciatus Emblem. 29.

> *Romani postquam eloquii, Cicerone perempto,*
> *Perdiderat patriæ pestis acerba suæ,*
> *Inscendit currus victor junxitque leones,*
> *Compulit & durum colla subire jugum,*
> *Magnanimos cessisse suis Antonius armis*
> *Ambage hac cupiens significare duces.*

Pompejus Magnus elephantos primus currui junxit Romæ. Plinius lib. 8. cap. 2. Post hunc Cajus Cæsar Gallico triumpho Sueton. cap. 37. Recherchez les autres s'il vous plait chez le mesme autheur de qui il a recueilly les tesmoignages, pour moy ie me suis attaché aux choses les plus notables seulement.

Antonius Heliobagalus triumphavit tigribus, ut Bacchum referret; leonibus ut Martem; denique canibus, ut exemplo careret. Ælius Lamprid in eo Aurelianus Augustus ad hostium timiditatem exprimendam cervis vectabatur. F. Vopiscus in illo. Denique Nero, uno & portentoso exemplo, equas Hermaphroditas conjunxit, C. Plin. lib. 11. cap. 49. hæc quidem in Romano ritu; at insolentius multo Susacus Ægypti princeps, devictos bello à se Reges currui, cui insidebat, subjungebat. Ioseph. lib. 8. Iudaicar. Antiquit. cap. 10.

C'est de là que vous pourrez tirer mille belles inventions pour en composer vos feux artificiels, le nombre n'en est pas petit, & la diversité qui en est si grande, qu'infailliblement vous y trouverez de quoy exercer vostre esprit, y employer honnestement vostre loisir, & y satisfaire les plus curieux; d'un costé vous avez les sacrifices à imiter avecques leurs victimes & les offrandes qui s'y faisoient, d'un autre tous les appareils d'un triomphe, comme sont tous les arcs triomphaux, les pyramides, statuës portatives, les couronnes, les trophéez, & les despoüilles des ennemis, que vous pourrez disposer dans l'ordre que ces anciens ont observé. Vous voyez d'ailleurs les triomphateurs, trainez dans le Capitol tantost par quatre chevaux blancs, comme un Scipion, & tantost par des lions comme un Marc Anthoine: un Pompée le grand & un Caius Cesar par des élephants, un Heliogabal par des tygres quand il contrefait le Baccus quelquefois par des lions lors qu'il represente le Dieu Mars, ou par des puissans dogues pour estre sans exemples & sans imitateurs, adjoûtez encore à tous ceux-cy le triomphe d'Aurelian Auguste qui se fait trainer par des cerfs pour exprimer la timidité de ses ennemis: un Neron que des juments hermaphrodites accouplées à son char tirent en triomphe, & si vous en desirez des plus insolents vous avez Susacus Prince Egyptien qui fait attacher au timon de son chariot triomphant des Roys captifs pour le trainer en triomphe, comme il est escrit chez Ioseph. lib. 8. des Antiquités Iudaïques. Chap. 10.

Que si ces deux autheurs ont encore trop peu dit pour vous contenter, voicy encore Appian Alexandrin qui s'offre à vous faire voir l'ordre que observoient les Romains dans leurs triomphes, il en parle en ces termes dans son Lybique, où il fait mention de l'entrée triomphante du Grand Scipion: *sertis redimiti omnes, præcinentibus tubis, currus spoliis onustos deducebant, ferebantur & ligneæ turres, captarum urbium simulachra præferentes, imagines deinde, & scripturæ eorum quæ gessissent, aurum deinceps, & argentum, partim*

tim

tim rudibus massis, partim notis, aut hujusmodi impressum signis : coronæ prætereà
quas virtutis gratia urbes, aut socii, aut exercitus dedissent : candidi subinde bó-
ues,& elephanti illos sequebantur : post hos Carthaginenses, & Numidiæ principes
bello capti : Imperatorem lictores præibant purpureis amicti vestibus : tum cytha-
ræorum ac tibiarum turba ad Hetruscæ similitudinem pompæ : hi succincti . co-
ronisque aureis redimitti, suo quique ordine canentes, psallentesque prodibant :
horum in medio, quispiam talari veste, fimbriis, atque armillis auro splendenti-
bus amictus, gestus varios edebat, hostibusque devictus insultans risus undìque
ciebat, postea thuris & odorum copia imperatorem circumsteterat, quem curru de-
aurato, multifariamque notis refulgente candidi vehebant equi, auream capite
gestantes coronam, lapillis ornatam gemmisque : hic vestem succinctus purpuream,
patrio more aureis intextam sideribus, altera manu eburneum sceptrum, alterà
laurum præferebat : vehebantur & cum eo pueri, virginesque, & ad habenas hinc
inde cognati juvenes : demum qui exercitus in turmas aciesque divisus currum
sequebantur, milites vero lauro coronati, laurum manu ferentes : quibus merito-
rum insignia adjuncta erant, qui primores hos quidem laudibus ferrent, hos salibus.
insectarentur, nonnullos infamia notarent. (Atque hi quidem) togis candidis, ut
loquitur vetus scholiastes Iuvenalis ad vers. 45. sat. 10.

    Vous repeter encore tous ces ordres de marcher dans le triomphe de cet
Empereur c'est m'engager à une redite importune des mesmes termes, laquelle il me seroit impossible d'eviter, neantmoins cét autheur adjoûte des
choses si particulieres, & si remarquables pour l'Ingenieur à feu, que ie
croirois faire tort à ceux qui n'entendent pas cete langue Latine si ie ne
leur exposois en la nostre. Il dit doncques que tous ceux qui accompagnoient le triomphe marchoient dans un ordre admirable tous couronnez de guirlandes de fleurs, & au son des trompettes, qui ne cessoient de
joüer de fanfares tout long du chemin, apres suivoient les chariots, une
partie desquels estoit chargée des despoüilles, & l'autre de puissantes tours
de bois,& des representations des villes,& forteresses reduites souz l'obeis-
sance de ce grand conquerant, en suite paroissoient les images, & devises, de toutes les belles actions que les plus braves & genereux soldats
avoient executées; puis apres les couronnes precieuses, que les villes,
les alliez & les armées mesmes leur avoient offertes comme des marques de leur reconnessance, & des hommages qui rendoient à la vertu d'un si puissant monarque; en suite de cecy on voyoit passer les taureaux
blancs avec les elephants qui devoient estre les victimes des sacrifices. Apres
ceux-là marchoient les Cartaginois, & les Princes de Numidié, qui
avoient esté faits prisonniers dans diverses batailles : Les harauts d'armes
precedoient immediatement l'Empereur, tous richement vestus d'une
fine pourpre; puis les trompetes, joüeurs d'instruments, chantres, &
musiciens suivoient tous en troupe couronnez de guirlandes & de couronnes d'or, chantans & joüans tous, chacuns suivant leur ordre, parmy
ceux-cy se voyoit un baladin vestu d'une robe, qui luy alloit jusques aux
talons, chamarrée d'un passement d'or, & bordée d'une frange d'une pareille matiere, lequel se mettant en mille postures ridicules, sautant &
gambadant, à l'entour des miserables vaincus, faisoit rire tous les spectateurs; d'autres cependant brûloient forces encens, & des odeurs precieux aux pieds de l'Empereur, que des chevaux blancs comme la neige, & couronnez de guirlandes d'or chargées de toutes sorte de pier-
reries trainoient sur un chariot tout reluisant en or où l'Empereur
estoit eslevé & paroissoit comme on soleil brillant, vestu d'une robe
de

de pourpre selon la mode du pays, toute en broderie d'estoiles d'or, portant dans une de ses mains un sceptre d'ivoire, & dans l'autre un rameau de laurier: quant & luy machoit toute la jeunesse, c'est à dire les jeunes garçons & jeunes fillettes qui de part & d'autre tenoient les chevaux par les resnes: bref, apres tout marchoit en bel ordre la gendarmerie, divisée en diverses brigades: tous les soldats y estoient pareillement couronnéz d'un rameau de laurier avec un autre qu'ils tenoient dans la main: chacun d'eux outre cela portoit les marques deuës à ses merites, ou à ses demerites, car comme ils sçavoient fort hautement loüer, & applaudir à ceux qui s'estoient rendus recommendables par leurs belles actions, aussi marquoit t'on d'infamie tous ceux qui s'estoient laschement comportéz dans les occasions, & ceux cy paroissoient en robes blanches comme dit fort bien cet ancien Scholiaste Juvenal, au vers. 45, sat. 10.

> -- *Hinc præcedentia longi*
> *Agminis officia, & niveos ad fræna Quirites.*

Les robes des triomphateurs estoient toutes peintes, ou chargées de palmes: on les appelloit peintes à cause qu'elles estoient toutes parsemées d'estoiles d'or, les autres se nommoient palmées, à raison des palmes qui estoient ou brodées ou peintes sur l'estofe. Lucan parlant de robes peintes dit en son liv. 9. vers. 177.

> -- *Pictasque togas velamina summo*
> *Ter conspecta Jovi*

Martial faisant mention des robes palmées, ou parsemées de palmes escrit en son liv. 7. epigr. 1. *ad Loricam.*

> *I precor & magnos illæsa merere triumphos,*
> *Palmatæque ducem, sed cito redde toga.*

Outre toutes ces effigies, on portoit encore dans les triomphes les noms des villes, des montagnes & des fleuves, les figures solides des chasteaux, des villes & des tours, ordinairement toutes d'or massif, ou d'argent, ou de fer, ou de quelque autre matiére; Mais principalement d'ivoire comme on le peut remarquer chez Ovide en son liv. *de Ponto* eleg. 2.

> *Protinus argento versus imitantia muros*
> *Barbara cum victis oppida lata visis.*
> *Fluminaque & montes, & in altas proflua sylvas,*
> *Armaque cum telis instrue juncta suis*
> *Deque Trophæorum quod sol incenderat auro*
> *Aurea Romani tecta fuisse fori*

Et au liv. *de Ponto* Eleg. 4.

> *Oppida turritis cingantur eburnea muris*

Claudian en son liv. 3. *de laudibus Stilich.*

> *Ostentarent suos prisco si more labores,*
> *Et gentes cuperent vulgo monstrare subactas:*
> *Certarent utroque pares à cardine laurus,*
> *Hæc Alemannorum spoliis, Australibus illa*
> *Ditior exuviis, illic flavente Sicambri*
> *Cæsarie, nigris hinc Mauri crinibus irent:*
> *Ipse albis veheretur equis, currumque sequutus*
> *Laurigerum festo fremuisset carmine miles:*
> *Hi famulos traherent reges, hi facta metallo*

Oppida , vel montes , captivaque flumina ferrent
Hinc Lybici fractis lugerent cornibus amnes ,
     Inde catenato gemeret Germania Rheno

On y portoit encore les images des fleuves & rivieres, des villes & des places subjuguées, chargées de fers & de chaifnes, pour marques de leur servitude. Ovide en fon eleg. 4. *de Ponto.*

     Squallidus imittat fracta fub arundine crines
       Rhenus, & infectus fanguine potet aquas,

L'ingenieur pourra donner des formes humaines aux fleuves & aux montagnes dont les Princes fe feront rendus maitres, dans des poftures pleines de foufmiffion, & profternées aux pieds des vainqueurs : les rivieres leur prefenteront diverfes efpeces de poiffons en hommage, les montagnes offriront leurs metaux dans des petits chariots roulans, remplis de quantité de croutes metalliques: mais ceux qui auront l'efprit tant foit peu ingenieux en inventeront plus que ie n'en fçaurois pas décrire : pour moy ie paffe outre pour vous faire voir feulement celles qui feront les plus remarquables.

Les captifs qu'on menoit en triomphe eftoient ordinairement chargez de chaifnes, c'eft à fçavoir attachez par le col, les bras, les mains, & les iambes. Pour ce qui regarde l'enchainement du col, entre autres autheurs Ifidore en fait mention au liv. 5. de fes etymologies chap. 27. où il dit que les liens dont ils attachoient les prifonniers, eftoit ce qu'ils appelloient *vincula à vinciendo* comme qui diroit lier, ferrer, ou preffer. C'eft de quoy parle Ovide au liv. 1. *de arte 3.*

     Ibunt ante duces onerati colla catenis.

Pour ce qui eft des mennotes avec quoy ils leur engageoient les mains, Seneque en parle au liv. *de tranquill.* cha. 10. *alligatique etiam funt qui alligaverunt ; nifi tu leviorem in finiftra catenam putas :* car on attachoit ordinairement la main gauche d'un foldat avec la droite d'un prifonnier, depeur que le vaincu ne voulut entre prendre quelque nouveau deffein pour fe mettre en liberté, là où au contraire le vainqueur avoit toufiours la main droite libre, & prefte à la porter fur la garde de fon efpée, en cas qu'il eut efté obligé de s'en fervir.

Papin. Stat. liv. 12. Thebaid. v. 470. en parle ainfi.

     Me pietas me duxit amor depofcere fæva
     Supplicia, & dextras juvat infertare catenis.

Tertullian fait mention des entraves qu'ils jettoient aux jambes des captifs dans fon Liv. ad Mart : *nihil crus fentit in nervo, cum animus in cælo eft.* Et Sidon Apoll. carm. 2. vers. 179.

     Defpiciens vaftas tenuato in crure catenas.

Ce que ie treuve de plus honteux, eft en ce qu'ils tondoient les cheveux aux capitaines, & chefs de guerre prifonniers, pour marque de leur captivité ; comme la efcrit Properfe au liv. 4. Eleg. 12.

     Teftor majorum cineres tibi Roma colendos,
       Sub quorum titulis Africa tonfa jacet

Ovide en touche auffi quelque mot au liv. 1. *Amor.* eleg 14.

     Iam tibi captivos mittet Germania crines,
       Culpa triumphatæ munere gentis eris.

On trainoit auffi le plus fouvent en triomphe les machines de guerre, tefmoing Tite Live liv. 9, decad. 3. parlant du triomphe de Metellus, & au liv. 6. decad. 4. decrivant celuy de M. Fulvius.

Les

Les citoyens rachetez, les peuples rendus, les voifins & alliez marchoient pefle-mefle avec les bourgeois, lequels accompagnoient auffi le char du triomphateur par derriere, Valere le Grand nous en parle en fon liv. 5. chapitre 2. *& duo millia captivorum ab Hannibale venditorum, Titi Flaminii currum* &c. Ces deux mille captifs qui furent vendus par Hannibal avoient tous la tefte razée fuivant le tefmoignage de Tite Live livre 4. décad. 4.

Voila ce que i'ay pù apprendre des triomphes des Anciens Romains par les tefmoignages des autheurs, plufieurs defquels fourniront quantité de belles penfées à noftre ingenieur pour en couftruire fes feux artificiels, Mais à tout cecy i'ay treuvé à propos j'adjoûter encore l'invention des ftatuës de Mars, de Bellone, de la Victoire, de Nemefe, & de Pallas, tirées des monuments des Anciens, que le Pyrotechnicien pourra pareillement eriger en faveur des triomphateurs : en y adjoutant, diminuant ou changeant quelques circonftances, fuivant que le temps, l'occafion, le lieu, les perfonnes, & la dépence le permetront.

Les Anciens nous reprefentoient le Dieu MARS tout de feu, & de flamme, tantoft tiré fur un chariot triomphant, & tantoft advantageufement monté fur un cheval de bataille, quelque-fois on le voyoit la lance en main dans un lieu, & dans un autre il portoit un foüet; ils luy peignoient ordinairement un cocq à fes coftez, advertiffans par là les Capitaines & foldats à fe tenir toufiours fur leur garde, eftre vigilans dans leurs affaires, & diligents dans leurs entreprifes. Ses courtizans les plus en credit, & fes favoris à qui il faifoit part de fa gloire, eftoient la Terreur, l'Effroy l'Epouvante, & la Contention, comme il eft efcrit chez Homere en fon Iliad. liv. 14. & chez Virgile prefque en mefmes termes Æneid. 8.

> - - *trijtefque ex æthere diræ*
> *Et fciffa gaudens vadit Difcordia palla,*
> *Quam cum fanguineo fequitur Bellona flagello-*

Et au 2 des Æneides.

> - - *circumque atræ Formidinis ora,*
> *Iræque Infidiæque, Dei comitatus aguntur*

Papinius groffit fon trein d'un bien autre façon en fon livre 3. Thebaid. v. 425. où il dit que la rage, & la fureur, luy ajufte fa perruque, la cholere luy dreffe fes plumes, l'épouvante & l'effroy luy enharnachent fes chevaux, & que la renommée precede toufiours fon chariot pour femer par tout le bruit de fa gloire & faire retentir le fon de fes vertus heroïques.

> - - *comunt Furor Iráque criftas,*
> *Fræna miniftrat equis Pavor aliger, ac vigil omni*
> *Fama fono, varios rerum fuccincta tumultus,*
> *Ante volat currum.*

Quelques autres feignent que la renommée conduit les chevaux du chariot de ce Dieu de la guerre.

Valerius Flac. liv. 3. des Argonau.

> - - *Terrorque Pavorque*
> *Martis equi, fic contextis umbonibus hærent*

Claudian en fon liv. 1. en Ruffin.

> *Fer galeam Bellona mihi, nexufque rotarum*
> *Tende Pavor, frænet celeres Formido jugales.*

Le mefme autheur *de laudibus Stilichonis.*

> - - *currum patris Bellona cruentum*

Yj 3

Ditibus exuviis tendentem ad sidera quercum
Præcedit, lictorque Metus, cum fratre Pavore
Barbara ferratis innectunt colla catenis,
Formido ingentem vibrat succincta securim.

Quelques escrivains nous rapporte que BELLONE estoit seur de Mars ; d'autres nous affirment qu'elle estoit sa femme & si nous voulons adjouter foy à des troisiémes, il s'en treuve qui disent qu'elle estoit & sa seur & sa femme tout ensemble. On la representoit anciennement avec des cheveux espars, & flottans sur ses espaules, la main armée d'un flambeau, comme il paroist dans Silius Ital. liv. 5. Punicor.

Ipsa facem quatiens, ac Flamen sanguine multo
Sparsa com im medias acies Bellona pererrat.

Quelques uns nous la faisoient voir avec une faux dans une des mains, & dans l'autre un bouclier.

Le simulacre de la VICTOIRE estoit representé par une vierge ailée, qui prenoit son effort dans l'air, portant dans la main une palme, & une couronne sur la teste : les Anciens nous donnoient à entendre par les ailes de cete belle Deesse, combien les évenements de la guerre sont douteux, & incertains, ou bien que la poursuitte de ces ambitieux qui suivent la fortune avec trop d'opiniatreté n'est pas proprement une course, mais un vol effectif & continuel, ou en fin pour nous faire connestre avec quelle vitesse elle se porte de lieu en lieu, & province en province, pour gaigner les oreilles & les cœurs des hommes. Dans les temples son simulacre estoit ordinairement soustenu par d'autres statuës qui l'eslevoient en l'air avec leurs mains.

Sa robe estoit toujours d'une etoffe blanche, ou teinte d'une couleur de pourpre : car comme celle cy est le symbole de la majesté, cete autre est le vray Hyerogliphe de la paix & la veritable marque de la joye qu'elle fait naitre dans les cœurs de ceux qu'elle favorise.

Autrefois on nous la representoit aussy sans ailes assise sur une boule. quelques uns même nous ont feint que par un prodige estrange la foudre brûla un jour les ailes du simulacre de la Victoire : ce qui a donné occasion à un certain Poëte de s'esguayer sur ce subjet,

Dic mihi Roma alis cur stet Victoria lapsis,
Urbem ne valeat deseruisse suam.

Et ie treuve que Rome avoit grandissime raison d'avoir osté les ailes à la victoire, puis que c'estoit le vray moyen de la retenir chez soy, & de l'empescher qu'elle ne quitta son parti.

On pourra doncques faire construire une statuë de bout tenant en ses mains la victoire, pour tesmoigner par cete posture droite que celuy qui a obtenu la victoire n'estoit pas un endormy, ny un homme à se coucher lors qu'il estoit question d'obtenir une victoire, & d'arracher des palmes & des lauriers d'entre les mains de ses ennemis.

NEMESIS estoit la deesse vengeresse des crimes & des impietéz, celle qui recompensoit les gens de bien, la Reine des causes, & la Souveraine arbitre de toutes choses ; les anciens Theologiens disoient qu'elle estoit fille de la Iustice. Son simulacre estoit pareillement ailé, & avoit sous ses pieds une roüe, à cause de l'admirable vitesse avec laquelle elle agit. Quelque fois aussi on la faisoit voir avec un frein, & la mesure d'une coudée en main. Cete invention sera fort jolie pour estre representée, lors qu'un Prince,

cé , ou quelque grand Capitaine aura remporté quelque signalée victoire sur des subjets rebels, sur les violateurs de la paix, & autres perturbateurs du repos des estats , afin que telles gens apprennent par cete representation que Dieu est juste vengeur des crimes, & qu'il ne laisse point le parjure impuni , & qu'ils apprennent un autrefois à ne point passer les limites , ni la juste mesure que sa providence eternelle leur a ordonnée.

M I N E R V E , qui est la mesme que P A L L A S, est appellée par Ciceron liv. 3. *de natura Deorum* chap. 15, l'inventrice des guerres.

Le simulacre de Pallas , portoit dans sa main droite une pomme de grenades , & dans sa gauche un heaume , suivant le tesmoignage de Celius, car il y a deux choses qui conservent une Republique , à sçavoir l'union des cœurs & des volontez, laquelle est representée par les grains qui sont unis dans une pomme de grenade , l'autre est la promptitude à sa deffence, & à sa conservation , que nous figurons par le heaume. Car le heaume porté a la main & non sur la teste signifie, qu'un brave Prince & genereux, doit mettre à couvert son païs & non sa teste , c'est à dire proteger ses subjets, & deffendre ses interrests avec ceux du public au peril de sa vie. C'est pour cete raison que dans les jardins de medecine on void un Scipion depeint avec un monde à ses pieds couvert de son armet.

Autant en dirons nous de la Paix, Deesse à qui les Anciens avoient consacré l'olivier : c'est à ce subjet qu'Ovide a fait une plaisante fiction au 6. liv. de sa metamorphose fable 1. feignant que Minerve & Neptune disputoient un jour qui des deux feroit porter son nom à Cecropia : pendant ce contraste qui mettoit les 12 dieux bien en peine pour en resoudre , & terminer un different de si grande importance , Neptune pour les obliger à pencher de son costé , ayant frappé la terre de son trident , en fit sortir un cheval, Minerve aussi de son costé qui avoit la mesme ambition que luy, en fit naistre un olivier ; simboles de la paix & de la guerre, mais l'invention de Minerve ayant pleu aux Dieux d'avantage que celle de Neptune, fit qui porterent leur jugement en sa faveur, ainsi fût terminé leur different : or par cette plaisante fiction , il nous donne à entendre que la paix est bien plus à souhaiter que la guerre, & que ses loix sont bien plus douces à subir que le joug pesant d'une deplorable guerre qui nous detrempe les douceurs de la vie avec tant d'amertumes. Cete invention icy servira bien, quand quelque Prince aura mis fin aux guerres civiles ou estrangeres qui desoloient ses estats , & rendu la paix à ses subjets.

La Colombe portant en son bec un rameau d'olivier est le veritable symbole de la paix : aussi est-ce celuy-la que le souverain chef de l'Eglise Romaine INNOCENT X à choisi pour en charger ses armes : ce qui fait croire que le bon Dieu reünira les Princes Chrestiens pendant le Pontificat de ce Prince debonnaire , & qu'il renvoira la paix à son peuple, qui gemit de puis tant d'années sous le faix des miseres, & qui ne respire qu'apres cete seule faveur, qu'il luy plaise nous envoyer du ciel.

Or , afin que ie vous die quelque chose de la paix à l'occasion de l'olivier , les Romains la depeignoient anciennement avec une branche d'olivier à la main , quelque-fois avec des espics de blé , & la couronnoit d'un rameau de l'aurier ; quelque-fois certains Peintres & Sculpteurs la representoient avec une rose ; d'autres ne luy mettoient qu'un caducée en main.

L'amie de la Paix , & sa plus grande confidente estoit la Felicité, dont le simulacre estoit representé comme s'ensuit. C'estoit une femme élevée
sur

fur un throfne royal, tenant en fa main droite un caducée, & de la gauche
une corne d'abondance : (tefmoing Pline liv. 35.) Car il eft certain que
la veritable felicité & tout le bon heur d'une Republique confifte en l'union
& concorde des fubjets avecques leur Prince, & en la fertilité du fole qui
ne fe peut bien cultiver que pendant la paix.

Ces ftatuës ferviront particuliérement à la decoration des arcs triomphaux, ou fur d'autres ftructures artificielles, où l'Ingenieur trouvera bon
de les placer pour en faire paraifte d'avantage fon entreprife. Sinon il les
pourra élever fur des pied-eftaux fans autre artifice, de mefme que ie vous
en reprefente une dans la figure du nomb. 205.

Lors que quelque grand Amiral aura obtenu une victoire fignalée fur
mer ; on pourra reprefenter fur les eaux un Neptune triomphant, tiré par
des chevaux marins, le chef environné d'une couronne navale ; élançant
de fa main gauche un trident, & portant dans fa droite un petit vaiffeau avec
toutes fes voiles au vent, où l'Honneur paraîtra elevé fur la prouë fous la forme d'un jeune adolefcent decemment habillé, portant dans fa main gauche
une pique, & dans fa droite un fceptre ; & fa tefte couronnée de laurier : la
vertu fera affife au gouvernail, fous l'habillement d'une matrone ; quoy
qu'anciennement on nous la reprefenta fous la figure d'un jeune homme.
Neptune fera environné de tous coftez d'un grand nombre de Nimphes,
de Nereïdes, & d'autres monftres marins, enflans des conques & des cors,
& prefentans des couronnes aux braves qui auront deffein de s'acquerir de
la gloire. Au refte l'Ingenieur ne treuvera que trop de matiére fur ce
fubjet.

On treuve dans les hiftoires que le premier qui a voulu paroiftre fous
l'appareil d'un triomphe navale parmy les Romains à efté C. Duilius; voicy comme quoy Valere le Grand en parle au liv. 1, Chap. 6. C. Duilius
qui premier remporta des Peniens le triomphe navale, toutes & quantes-
fois qu'il s'en alloit en quelque feftin, il faifoit porter un flambeau ou falot
puis apres fouper s'en retournoit chez foy de la mefme façon, faifant marcher devant foy des trompetes & jouëurs d'inftruments, voulant tefmoigner
par là un fuccez de guerre fignalé, & extraordinaire par cete ceremonie
nocturne.

Au refte il faut que l'on fçache que Neptune s'eft acquis l'empire des
eaux, pour avoir efté le premier inventeur de la navigation, pour avoir
le premier fait conftruire les vaiffeaux de mer, & armé la premiere flotte :
de laquelle on tient que Saturne le fit grand Amiral.

Mais auparavant que ie met fin à nos triomphes, il faut que ie vous décrive icy cete admirable & artificieufe fabrique, & cet raviffante piece reprefentée dans la ville de Paris au retour triomphant du Roy tres Chreftien
L O V I S X I I I. apres la prife de la Rochelle en l'an de noftre falut 1628,
laquelle fut inventée par Henry Clarnere Norembergeois, un des plus celebres ingenieurs à feu de noftre temps, duquel ie vous ay deja parlé en
quelque autre endroit cy deffus. Voicy comment Paule Grodicki, per-
fonnage autant renommé, que fçavant, & de plus, grand maître de l'Artillerie
dans le Royaume de Pologne. Cét excellant ouvrier avoit fait élever au milieu de la Seine comme un grand rocher, qui paroifloit inacceffible pour
fes efcueils, & efpouvantable pour fes precipices : auquel il avoit enchaîné
une jeune pucelle toute nuë : tout à l'entour d'elle paroiffoient des Nymphes, qui courroient cà & là portans des flambeaux ardens dans leurs
mains, & declamans des vers lugubres. Quelque temps apres il fit for-

tir

tir de l'eau un espouvantable monstre marin duquel la hure estoit d'une forme effroyable, jettant feu & flamme par la geule & vomissant des flamesches & estincelles de feu en si grande abondance qu'il donnoit autant d'espouvante que d'admiration; cete horrible beste estoit porté avec le cour de l'eau vers le rocher avec apparence de vouloir engloutir cete miserable victime qu'on luy avoit destinée. Mais comme elle vint pour aborder le rocher on vit paraistre en l'air un jeune Heros, armé a l'advantage & monté sur un grand cheval ailé, couant à bride abatuë, lequel presentant sa lance à cét effroyable monstre s'en vint luy percer le corps de part en part. D'où sortirent àpres une grandissime abondance de feux d'artifice, dont le monstre, le cavalier, le cheval, la pucelle & le rocher estoient composez : Ce qui dura l'espace de quelques heures sans cesser pendant lesquelles ces corps envoyent en l'air des feux d'artifices differemment preparez. Entre autres choses il fit voir en l'air plusieurs caracteres de feu, portans le nom du Roy, & des senrences glorieuses & triomphales : outre cela les armoiries & le nom de la ville renduë se faisoient voir en plusieurs endroits dans l'étenduë de l'air.

Ce qui avoit fourny le subjet d'une si jolie invention estoit la fable d'Andromede fille de Cephée Roy d'Etiopie, & de Cassiope, laquelle pour la vanité de sa mere qui s'estoit vantée que sa fille surpassoit les Nereides en beauté & en grace, fût attachée par les Nimphes & à grand Rocher & exposée à un effroyable monstre marin : puis toutêfois de livrée de ce danger par Persée qui passant par là pour s'en retournent en son pays la vit dans cete extremité, la secourru, l'enleva, & l'espousa chez luy Properse en parle en ces termes en son liv. 2.

Andromede monstris fuerat dedicata marinis
Hæc eadem Persei nobilis uxor erat.

Il faut advoüer que cét Ingenieur avoit fort bien rencontré dans le projet de son dessein, & que son invention estoit rauissamment bien imaginée à cause du rapport qu'il y a de cete fiction avec les veritables adventures & les hauts faits d'armes de nostre Roy tres Chrestien executéz pendant le siege de la Rochelle ; lequel il nous representoit sous la forme de Persée, le Pegase ailé que montoit ce feint liberateur donnoit à entendre la vertu martiale de ce grand Monarque tousiours munie des ailes de la vivacité de son esprit & d'une loüable promptitude dans toutes ses entreprises : Andromede estoit la veritable image de la Religion Catholique pour lors oppressée par les Protestans reformez de la Rochelle : le Rocher estoit la ville de la Rochelle mesme laquelle se faisoit assez connestre par ce mot de roche ou de rocher : En fin le monstre marin mis à mort par Persée, & cete Andromede delivrée ne signifioient autre chose que la Religion Catholique destinée à la mort par les Huguenots ses ennemis, & mise en liberté par la prise de la ville ; les Protestans reduits sous le joug, & leur propre religion punie, estouffée, & tout à fait esteint par le secours de nostre Genereux Persée.

L'usage de cete fable sera aussi fort à propos mis en pratique, lors que quelque General d'armée ou grand Capitaine aura fait lever le siege d'une ville, contraint l'ennemis à quitter une place, ou un fort auquel il se seroit violemment attaché & rendu la liberté à ceux qui se croyoient de-ja sous la puissance de leurs ennemis.

Z z

On

On pourra auſſi repreſenter les villes priſes, ſous la forme de quelque jeune damoiſelle, ou d'une venerable matrone (pourveu que ce ſexe ait du rapport avec le nom de la ville) On la placera à l'entrée de la porte de quelque grand edifice, en telle poſture qu'elle ſemble ſalüer quelque Heros qui s'en approche, & qui teſmoigne apparemment avoir deſſein d'y entrer, elle luy montrera comment toutes les portes luy ſont ouvertes, que tout y eſt à ſa devotion, & qu'il ne luy reſte qu'a prendre poſſeſſion du lieu. Ce qui a eſté fait derniérement à ce que nous en ont rapporté ceux qui ont veu les feux d'artifice repreſentez apres la rendition de Gravelines, une des jolies places maritimes de toute la Flandre, aſſiégée, & priſe par Monsᵉ. le Duc D'Orleans.

Mais qui eſt celuy qui a jamais ſçeu donner des regles ſuffiſentes de quelque art, & qui puſſent ſatisfaire l'eſprir de l'homme ? ne treuve-t'on pas encore tous les jours des nouveaux ſuppléements aux choſes inventées ? & ce qu'ont ignoré nos predeceſſeurs, eſt aujourd'huy ſi commun, que quelques uns ſont meſme honteux de le repeter ſi ſouvent ; on ne demande tous les jours que des inventions nouvelles, ſans ſe ſoucier de ce qui a de-ja eſté ou veu ou fait. Voila pourquoy ie laiſſe tout le reſte à la diſcretion des autres qui s'en pourront imaginer à leur fantaiſie. Paſſons maintenant aux veilles, & jours de feſtes, & parlons un peu des feux d'artifice qu'on à de coûtume de repreſenter ces jours là.

Pour moy ie crois fermement, que nos feux artificiels, que nous appellons recreatifs, ou de joye, ont tiré leur origine d'une certaine ceremonie qu'obſervoient les Anciens Romains aux jours de feſtes, par des certains jeux qu'ils celebroient à l'honneur de leurs fauſſes divinités : ie vous rapporteray icy bas les teſmoignages de quantité d'auteurs au ſujet de ces feux, & vous en feray voir la pompe ; mais il faut que ie vous die encore quatre mots auparavant.

Les plus celebres d'entre les jeux qu'ayent exercé les Anciens, ont eſté ceux qu'ils appelloient Seculaires: ceux là qui en voudront ſçavoir l'origine qui voyent Valere le Grand liv. 2, Chap. 4. & les autres autheurs. On les appelloit Seculaires, parce qu'ordinairement on les celebroit de 100 en 100 ans, qui eſtoit le nombre des années qu'ils eſtimoient eſtre compris ſous l'eſtenduë d'un ſiecle. Celuy qui eſtablit & qui celebra le premier ces jeux, fût P. Valerius Poplicola, le premier conſul crée apres l'aboliſſement des Rois: mais le dernier fût Septimius Severus, avec ſes fils Anthoine & Geta, Chilon & Vibon tous quatre conſuls : car apres Septimius, Zoſimus aſſeure qu'on en rétablit pas un; à cauſe que la fin du ſiecle eſtoit arrivée pendant le troiſiéme conſulat du Prince Conſtantin Chriſtian, & de Licinius. Mais Oroſius liv. 6. Eutropius liv. 9. Zonaras liv. 2. & Euſebius liv. 6. teſmóignent que les deux Philippes ſçavoir le pere & le fils (que l'on croit avoir eſté les deux premiers Empereurs Chreſtiens) les avoienr celebré dans Rome avec un grand appareil des Iuifs, plus de mil ans apres la fondation de la ville. Celuy qui à l'imitation de ceux-cy inſtitua premier l'an Seculaire Chreſtien (que nous appellons maintenant le Grand Iubilé) fût le Pape Boniface, en l'an de noſtre redemption 1300, du Regne d'Albert Empereur Romain, teſmoin Iean Valla. liv. 8. Apres luy le Pape Clement V I. à la requeſte & inſtance du peuple Romain fit revenir cete celebre & miſterieuſe ceremonie du Jubilée à la cinquantiéme année, c'eſt à dire que elle ſeroit celebrée de cinquante en cinquante ans, & la fit garder en l'an 1350 du Regne de Charles IV Empereur de Rome. En fin le Pape Xiſtus IV

or-

ordonna que cete feste seroit observée tous les 25 ans, & luy mesme la celebra en l'an 1475 du temps que Frederic III Empereur des Romains regnoit : Bref les Catholiques celebrent cete presente année 1650 ce grand & misterieux jubilée pendant le Regne du PAPE INNOCENT X aujourd'huy chef de l'Eglise Catholique, & sous l'Empire de Ferdinand III Empereur des Romains. Quiconque aura la curiosité de sçavoir avec quelles ceremonies on celebre cete feste, qu'il lise nostre Annaliste Paulus Piasecius Evesque de Prémisle, qui estoit present à Rome lors que le Iubilée arriva en l'an 1625, sous le Regne d'Urbain VIII où il remarqua avec beaucoup de soin & de curiosité tout ce qui s'y passa ; mals pour en avoir des nouvelles plus recentes, on pourra l'apprendre mieux de ceux qui reviendront cete année de Rome ; car tout change de jour en jour. Retournons cependant à la coûtume des jeux seculaires observée parmy les Anciens Romains, afin que nous puissions tirer quelque chose delà pour nous en servir dans nos entreprises artificielles. Voicy doncques premiérement comme quoy Rosinus en parle en son liv. 5. Chap. 21. Suivant Euseb. & Euttop. *Instantibus itaque ludis tota Italia præcones missitabantur convocatum ad ludos, qui nec spectati, nec spectandi iterum forent. Tum ætatis tempore paucis antequam spectacula edebantur, diebus, Quindecim viri sacris faciundis in Capitolio, & Palatino templo pro suggestu confidentes, piamina dividebant populo, quæ erant tædæ, sulphur, & bitumen* (faut remarquer cecy) *Nec tamen ad ea servis quoque accipienda jus ullum. Coibat autem populus, cum in quæ supra retulimus loca, tum præterea in Dianæ templum, quod erat in Aventino, & cui triticum, faba, hordeumque dari mos. Tum ad instar Cereris initiorum pervigilia fiebant. Ubi vero jam advenit festus dies, triduum trinoctiumque sacris intenti, in ripa ipsa maxime Tiberis agitabant. Sacrificia vero Iovi, Iunoni, Apollini, Latonæ, Dianæ, prætereaque Parcis, & quas vocant Ilithyas, tum Cereri & Diti, & Proserpinæ suscipiebantur. Igitur secunda primæ noctis hora Princeps ipse tribus aris ad ripam fluminis extructis totidem agnos, & unà Quindecim viri immolabant, & sanguine imbutis aris, cæsa victimarum corpora concremabant. Constructâ autem scenâ in theatri morem, lumina & ignes accendi, (& cecy encore) & hymni concini, ad hunc usum tum maximè compositi. & item spectacula edi solemniter solita, datâ celebrantibus hac mercede. tritico, fabâ, hordeo, quæ supra inter universum populum dividi ostendimns. Mane verò Capitolium ascendere, sacra ibi de more agitare, tum in theatrum convenire ad ludos in honorem Apollinis & Dianæ faciundos consueverunt. Sequenti die nobiles matronas, qua hora præcipitur ab oraculo convenire in Capitolium, supplicare Deo, frequentare lectisternia, canere hymnos ex ritu mos habebat. Tertio denique die in templo Apollinis Palatini, ter novem pueri prætextati, totidemque virgines patrimi omnes matrimique Græca, Romanaque voce carmina & pæanas concinebant, quibus imperium suum & incolumitatem populi Diis immortalibus commendabant &c.*

Puis qu'il est necessaire que le Pyroboliste ait la connessance de ces ceremonies pour en former diverses inventions artificielles, ie vous les exposeray en nostre langue suivant le dessein de l'autheur ; il dit doncques qu'a mesure que le temps des jeux s'approchoit, on envoyoit des couriers par toute l'Italie pour convoquer les peuples & les inyiter à venir voir des jeux qui jamais n'avoient esté veus auparavant, & qui peut-estre ne se verroient jamais. Puis estans tous assemblez & le temps de la feste approchant de son terme, quelques jours auparavant que l'on fit rien voir au public, quinze graves personnages destinéz à faire les sacrifices entroient

dans

le Capitole & dans le temple Palatin , & là s'estans assiz sur un lieu eslevé distribuoient les offrandes à tout le peuple , qui n'estoient autres choses que des flambeaux , du soulfre , & du bitume , reservé touréfois les serfs & esclaves, à qui il n'estoit pas licite de s'y treuver pour en prendre. Outre ces lieux que ie vous ay rapportez le peuple s'assembloit encore dans le temple de Diane , qui estoit au mont Aventin , & là on luy distribuoit ordinairement du froment, des febues,& de l'orge. Pour lors ils commēçoient à veiller comme si c'eut été pour Ceres. Puis aussi tost que le jour de la solemnité estoit venu , ils se rendoient au bords du Tibre , où ils demeuroient trois jours & trois nuits parfaitement attentifs aux sacrées ceremonies. Apres ces preparations ils offroient leurs sacrifices à Jupiter , à Junon, Apollon, Latone, Diane, puis apres aux Parques , & à certaines divinités qu'ils appelloient Ilithyes , & en fin à Ceres, à Pluton, & à Proserpine. Or pour cét effet la seconde heure de la premiére nuit le Prince ayant fait eriger trois autels sur le bord du fleuve y sacrifioit luy mesme autant d'aigneaux,& avec luy les quinze venerables, puis apres avoir arrousées les autels de sang , ils brûloient les corps des victimes. En fin ayant fait élever des tables en façon de theatre ils allumoient force feux, lampes , & flambeaux , chantoient des hymnes qui estoient faits pour des pareilles solemnités , puis commençoient à solemniser leurs spectacles tout de bon , donnant pour recompense à ceux qui estoient employez à faire les principales ceremonies du froment , des febues, & de l'orge, comme nous avons dit qu'on le distribuoit parmy le commun peuple. Le matin n'estoit pas plustot venu qu'ils montoient au Capitole pour y faire les sacrifices comme ils avoient accoûtumez, puis ils s'assembloient sur un theatre où ils s'exerçoient en mille sortes de jeux en l'honneur d'Apollon , & de Diane. Le jour suivant les nobles matrones se rendoient au Capitole à l'heure que l'oracle leur avoit commendée pour faire des prieres à ce beau Dieu , pour frequenter les reposoirs , & chanter des Hymnes selon la coûtume. En fin le troisiéme jour , trente sept jeunes garçons bien couverts & autant de fillettes ayans tous peres & meres declamoient quantité de vers & chantoient des hymnes en langue Grecque & Romaine dans le temple d'Apollon Palatin, par lesquels ils recommendoient leur empire , & le salut du peuple aux dieux immortels &c.

Pour ce qui touche les jeux decennales qui furent celebrez par l'Empereur Gallican , Trebellius Pallio en parle en ces termes : *Interfectis sane militibus apud Byzantium , Gallienus quasi magnum aliquid gessisset Romam cursu rapido convolavit , convocatisque Patribus decennia celebravit novo genere ludorum , nova specie pomparum , exquisito genere voluptatum. Iam primùm interrogatos Patres, & equestrem ordinem , albatos milites & omni populo præeunte , servis etiam prope omnium , & mulieribus, cum cereis facibus , & lampadibus præcedentibus Capitolium petiit. Processerunt etiam altrinsecus centeni albi boves , cornibus auro jugatis , & dorsalibus sericis discoloribus præfulgentes. Agnæ candentes ab utraque parte 200 processerunt,& 10 elephanti,qui tunc erant Romæ, 1200 gladiatores pompaliter ornati,cum auratis vestibus matronarum,mansuetæ feræ diversi generis 200,ornatu quàm maximo affectæ.Carpenta cum mimis & omni genere histrionum:pugiles facculis,non veritate pugillantes. Cyclopea etiam luserunt omnes apenarii , ita ut miranda quædam monstrarent. Omnes viæ ludis strepituque,& plausibus personabant. Ipse medius cum picta toga & tunica palmata inter patres , ut diximus , omnibus sacerdotibus prætextatis , Capitolium petiit. Hastæauratæ altrinsecus quingenæ , vexilla centena, & præterea quæ collegiorum*

erant

erant dracones & signa templorum , omniumque legionum ibant. Ibant præterea
gentes simulatæ, ut Gothi, Sarmatæ, Persæ, ita ut non minus quàm ducenti singulis
globis ducerentur.

Apres une assez notable deroute de soldats faite aupres de Byzance,
Gallienus, comme s'il eut fait une grande conqueste, s'en retourna à Rome en grande diligence, & là ayant fait assembler tous les Anciens, celé-
bra les jeux decennales par des nouveaux divertissements par des pompes
extraordinaires, & par un genre tout nouveau de voluptueuses recreations. Premiérement il s'en alla vers le Capitole accompagné de tous ces
Anciens qui l'environnoient de toute part, & suivy de la cavallerie, & des
soldats vestus de blanc qu'un nombre innombrable de peuple precedoit
tant hommes que femmes, serviteurs & esclaves, tous avec des flambeaux
de cire, & des lampes ardentes dans les mains, aux deux costéz on faisoit marcher en bel ordre cent bœufs blancs ayans les cornes dorées, &
tous couverts de riches housses de soye de diverses couleurs, sur les ailes
marchoient encore deux cens aigneaux blancs comme la neige, & 10 elephants qui pour lors estoient à Rome : 1200 gladiateurs pompeusement
vestus en habits de matrones tous esclatans en or. 200 bestes sauvages ap-
privoisées,& couvertes d'ornements precieux,des chariots chargéz de mas-
ques,& de toutes sortes de bouffons : des baladins faisans semblant de s'en-
tre-frapper avec des sacs & vessies. Les Apenaires côtrefaisoient aussi les Cyclopes, enforte que s'estoit merueille de les voir ; toutes les ruës retentis-
soient de cris de joye, d'applaudissements, & de jeux divertissans. Galienus
estant au milieu de tous ces Anciens comme nous avons dit avec une robe
peinte,& un long mâteau chamarré de palmes, accompagné de tous les prestres & sacrificateurs,couverts de robes longues,entra de la sorte dans le Capitole : il avoit pour sa garde de part & d'autre cinquante hallebardiers arméz de pertuisannes d'orées, outre cela cent drappeaux l'acompagnoient,
avec toutes les bannieres des colleges, les gonfanons des temples, & de
toutes les legions:apres cela suivoit un grand nombre de peuple deguisé,
comme des Gots, des Sarmates & des Perses, qui ne marchoient pas
moins que de deux cens en chaque troupe.

Voila des plaisans divertissements,& bien dignes d'occuper les esprits serieux de ces grands capitaines, mais laissons les faire à leur guise & suivre
leur propres fantaisies, sans leur contredire: que le Pyrobolifte se contente
seulement d'en prendre ce qui luy peut estre utile, & de tirer de tant de divers caprices de nouveaux projets pour l'invention de ses feux artificiels,
passons aux autres.

Pour ce qui touche les festes de Bachus qui se faisoient ordinairement
de nuit, on en treuve de plusieurs especes chez quantité d'autheurs mais
particulierement S. Augustin nous rapporte en son liv. 10. Chap. 13. de la
Cité de Dieu, que non seulement les Romains, chez qui ces festes estoient
en grandissime honneur,mais aussi les Grecs les celebroient avec des excéz
& des insolences espouvantables, courans par les ruës,& par les places de la
ville comme des desesperez, portans des flambeaux, & des cruches remplies de vin,duquel ils prenoient abondamment(pour ce qui est des autres
infamies qu'ils commettoient, ie n'en veux point souiller ces pages)mais en
fin les Romains s'en sont lassez, les ont abolies & chasséez de leur Republique, & mesme deffendu par des loix severes de jamais les remettre sus
pied, ny les celebrer dans tout leur Empire. Alexandre d'Alexandrie, nous
raconte aussi quelque chose de semblable touchant les jeux florales en son

Zz 3

liv.

liv. 6. Gen. dier. Chap. 8.　Et Ovide entre autres remarque nous en rapporte cecy au liv. 5. des Fastes.

Lumina restabant, quorum me causa latebat,
　Cum sic errores abstulit illa meos.
Vel quia purpureis collucent floribus agri,
　Lumina sunt nostros visa decere dies.
Vel quia nec flos est hebeti, nec flamma colore,
　Atque oculos in se splendor uterque trahit.
Vel quia deliciis nocturna licentia nostris
　Convenit, à vero tertia causa venit

Diane avoit ses jours de festes aussi bien comme les autres, qui arrivoient d'ordinaires aux Ides d'Aoust: ces jours qu'on luy dedioyent, se celebroient pareillement avec des flambeaux alluméz, des torches, & des falots ardents, comme Properse nous le tesmoigne au liv. 2. eleg. 33.

- - sed tibi me credere turba vetat,
　Cùm videt accensis devotam currere tædis
　　In nemus, & Triviæ lumina ferre deæ.

Ovide en ses Fastes en fait aussi mention.

Sæpe potens voci frontem redimita coronis
　Fæmina lucentes portat ab urbe faces.

Les Anciens donnoient aussi des jours de festes à la memoire de Ceres lesquels ils solemnisoient avec des flambeaux ardents, à cause qu'elle entreprit la premiére la queste de sa fille Proserpine ravie par Pluton le Dieu des Enfers.　Lactence Firmian en fait mention en son liv. 1. Chap. 21. *Quia facibus ex Ætnæ vertice accensis Proserpinam Ceres quæsisse dicitur, idcircò sacra ejus ardentium tædarum jactatione celebrantur.*　La raison dit-il pourquoy on celebre la feste de cete Deesse des moissons avec des torches allumées, c'est parce qu'elle mesme alluma autrefois un flambeau sur la croupe du mont Etna, pour chercher sa fille Proserpine enlevée par le Roy des ombres.　Ceux qui solemnisoient cete feste couroient à corps perdus avec des falots de soulfre & de boüe, comme la remarqué Brodée, un ancien Scoliaste & juvenal. sat. 2. vers. 90.

Talia secreta coluerunt orgia tæda
　Cecropiam solidi Baptæ lassare Cocyton.

Lucius Ann. Senec. dans une anagramme act. 2. in Choro, en parle aussi.

Tibi votivam matres Grajæ
　Lampada jactant.

Qui veut en apprendre d'avantage sur ce subjet qu'il lise Statius liv. 7. Theb. v. 412, & le mesme encore liv. 12. Theb. v. 132.　Qu'il voye Claudian liv. 2. & 3. Martian. liv. 2. de Nupt. Ovide. épitre. 2. de Phillis à Demophon, & aux Fastes 2. & tant d'autres.

Outre cela les Atheniens adjoûtoient encore à ces trois festes, des lampes, & des feux qui voüoient à Panatenée, à Vulcan & à Prometée: & le premier usage de la lampe dans le sacrifices est attribué à Vulcan, à cause qu'on tient qu'il a le premier inventé l'usage du feu, & que luy seul la enseigné aux hommes, comme Ister nous le rapporte chez Suidas par ce mot λαμπαδ᾽.

On ne se servoit pas seulement des flambeaux, & des torches dans les festes, & jours de recreations, mais aussi dans toutes les initiations des Prestres & Sacrificateurs. Tesmoings Hesiod. liv. 9, pag. 424, & Iuvenal. sat. 256

Quis

Quis enim bonus, & face dignus
Arcana qualem Cereris vult esse sacerdotis.
Et Stat. liv. 2. Thebaid. sur la fin.
Tuque Attæa Ceres cursu cui semper anhelo
Votivam jaciti quassamus lampada mystæ.

Ie passe sous silence les festes, & jours dediéz à Saturne, que l'on celebroit aussi auec des luminaires, comme on remarque chez Macrob. Saturn.
chap. 7. Mais à tous ces feux de joye on peut encore rapporter toutes ces fo-
üées sacrées des Sauvages, lesquels sur le soir allumoint des certains feux de
chaume, par dessus lequels ils sautoient trois fois, voicy comme Ovide en
parle.

Dum licet apposita veluti cratere camella
Lac niveum potes purpureamque sapam
Moxque per ardentes stipulæ crepitantis acervos
Trajicias celeri strenua membra pede

Cete coûtume est passée jusques à nous : car par toute la Pologne, la Lituanie, la Russie & dans toutes les provinces circonvoisines, cete ceremonie y est encore fort religieusement observée : voire mesme aujourd'huy
par toute la France, la veille de la nativité S. Iean baptiste toute la popu-
lace, hommes & femmes, jeunes & vieux, s'assemblent par troupes dans
les places publiques des villes, & les paysans dans les Campagnes, où
apres avoir allume quantité de feux çà & là par tous les carrefours, ils ont
de coûtume de tourner, sauter, & dancer à l'entour, en signe de rejoüissance. Le Grand Olaüs nous raconte en son liv. 15. Chap. 4. Hist. Gent.
Sept. que la mesme chose se faisoit aussi de son temps dans la Suecie.

Mais c'est assez discourru sur les feux de joye que les Anciens avoit accoutumé de faire pour solemniser les veilles, & les jours de leurs festes. Il est bien
vray que ie pourrois dire plusieurs choses sur ce subjet, touchant l'ordre que
l'on y deuroit tenir, consideré que nous surpassons de bien loin les Anciens
non seulemêt en inventions artificieuses mais aussi en pieté & Religion, mais
depeur que l'on ne croye que ie veüilles pluftost faire un livre qu'un Chap:
pour en faire un veritable abbregé ie n'en parleray point du tout : joint que
je suis pressé de vous faire voir les feux d'artifice que l'on pratique ordinairement dans les festins de nopces, dans les banquets, & assemblées publiques, lesquels sont maintenant ceux que l'on mets le plus en usage : Car
pour vous en dire la pure verité, dans le siécle où nous sommes, nous tenons
le cœur & la main si serrée aux honneurs que nous devrions rendre à l'Autheur de tous biens & de toute honneur, que difficilement nous pouvons
nous resoudre à faire quelque depense pour solemniser ses festes, & tant
de beaux jours qui sont establis pour l'honnorer en ses Saints (qu'a Dieu
ne plaise toutêfois qu'on y meslast aucune superstition, feinte pieté, ou
vanité pharisienne) là où au contraire nous sommes si liberaux dans nos
festins, si excessifs dans nos superfluitéz & si prodigues dans toutes nos
debauches que nous ne treuvons rien de trop cher ny de trop chaud, que
nous n'employons librement pour satisfaire à nos appetits déreiglez. Non-
obstant tout cecy si vous desirez en avoir quelques inventions qui puissent
servir à la solemnité des jours de devotion, & de sainteté, les Sacrez Cayers vous en fourniront un nombre presque innombrable dans lesquels vous
treuverez des thresors mystiques & moraux inépuisables. Voila pourquoy
s'il s'y presente quelque occasion qui vous oblige à représenter des feux
d'artifice sacréz, vous aurez là vostre recours, ou en consulterez ceux qui
seuls

feuls ont ce pouvoir d'interpreter les lettres facrées, & de nous expliquer les mifterieux fecrets qu'il a plu à la divine majefté nous y tenir caché. Pour moy ie paffe mon chemin, & fans me laffer, ie continueray à traiter deva-nitez humaines, dans le deffein que j'ay de vous faire voir les feux d'artifice recreatifs que l'on employe de coûtume dans le temps des banquets & des feftins de nopces.

Nous avons tout plein de tefmoignages de plufieurs autheurs fort renommez, que les Romains auffi bien comme les Grecs fouloient faire de feux folemnels dans les nopces & feftins : on ne rencontre rien autre chofe chez les leurs Poëtes, efcrits font tous farcis de ces termes *tædæ* ou *faces jugales, faces legitimæ, tædæ geniales, & fefla*, des flambeaux jugales, des feux legimes, des flammes & des brafiers d'un amour mutuel. Voicy Claudian liv. 2. in Ruffin.

> *- - dilecta hic pignora certè*
> *Hic domus, hoc proprium tædis genialibus omen*

Le mefme autheur de 4. Hon. Conful.

> *Cum tibi prodiderit feflas nox pronuba tædas*

Et dans une Epithalame, d'Honnoré & de Marie

> *Tu feflas Hymenææ faces, ut Gratia flores*
> *Elige.*

Seneque le Tragicomedien

> *Et tu qui facibus legitimis ades,*
> *Noctem difcutiens aufpice dexterâ*

Ovide en fon liv. 1. Methamorph. Fab. 9. & ailleurs.

> *Conde tuas Hymenææ faces & ab ignibus atris*
> *Aufer, habent alias mæfla fepulchra faces.*

Or pour fçavoir ce que ces Anciens Poëtes nous ont voulu exprimer par fes feux & par ces flambeaux : Feftus nous l'expofe en ces termes en fon liv. 6. *Facem in nuptiis in honorem Cereris præferebant, aquaque expurgabatur nova nupta, five ut cafla puraque ad virum veniret, five ut ignem & aquam cum viro communicaret.* On portoit des flambeaux devant les efpoux aux nopces, en l'honneur de Ceres, & lavoit-on l'efpoufée avec de l'eau claire, foit que fe fût pour paraiftre pure & chafte lors qu'elle viendroit fe rendre entre le bras de fon efpoux, ou foit qu'ils vouluffent tefmoigner par là que la femme devoit partager l'eau & le feu avec fon mary.

Lactance Firmian. liv. 2, chap. 10. apporte d'autres raifons : *duo illa principia* (parlant du feu & de l'eau) *inveniuntur, quæ diverfam & contrariam habent poteflatem, calor & humor, quæ mirabiliter Deus ad fuflentanda & gignenda omnia excogitavit.* On y treuve (dit-il) ces deux admirables principes, qui ont deux qualitez fi contraires à fçavoir la chaleur & l'humidité, que Dieu à fi admirablement inventez pour engendrer nourrir & fuftenter toutes les chofes crées. Puis un peu plus bas : *Alterum enim quafi mafculinum elementum efl; alterum quafi fæmininum : alterum activum; alterum patibile : ideoque à veteribus inflitutum efl ut facramentis ignis & aquæ nuptiarum fædera fanciantur, quod fœtus animantium calore, & humore corporentur, atque animentur ad vitam: cùm enim conflet omne animal ex anima & corpore, materia corporis in humore efl, animæ verò in calore.*

Il y a un des élements qui eft comme le mafle & l'autre comme la femelle; l'un eft actif, eft l'autre eft paffif. Voila pourquoy les Anciens ont voulu que les mariages & aliances nuptiales fuffent authorifées par les facrements du feu & de l'eau, la raifon de cecy eft parce que les fruicts des

ani-

animaux font compofez de chaleur & d'humidité: car comme tout animal eft fait d'une ame, & d'un corps, la matiére du corps confifte en l'humidité & la forme de l'ame en la chaleur.

Le pin eftoit le bois qu'on employoit ordinairement dans la compofition des flambeaux tefmoing Ovide *lib. 2. Faftor.*

> *Exoptat puros pinea tæda deos.*

On avoit de coûtume de les faire porter par cinq jeunes garçons chez les Romains, au rapport de Plutarque *Prob. Rom. Chap.* 10: mais chez les Grecs la mere de l'efpoufée les portoit elle mefme, à ce que dit Dempfterus fur un paffage d'Euripide *in Phæniff.* mais ie ne vous entretiendray pas d'avantage fur ce fubjet. Paffons maintenant aux ouvrages pyrotechniques & artificiels qu'on peut proprement mettre en ufage dans les feftins de nopces.

Perfonne ne doute comme ie crois que la folemnité nuptiale ne foit un temps ordonné pour une rejouiffance commune entre les amis, apres une aliance contractée entre des parties fortables, ou pour mieux dire comme un theatre où l'on fait paraiftre à decouvert la veritable joye, la franchife des cœurs, & une certaine liberté mutuelle entre les parents, amis, & alliez, accompagnée de mille paffe temps innocens, de jeux, & de divertiffements fi particulières neantmoins à ces ceremonies conjugales, que mefme on ne pourroit pas les pratiquer en toute autre faifon fans choquer en quelque façon la modeftie, & la bien-feance des ames fcrupuleufes. Voila pourquoy comme on fe donne toute forte d'honnefte liberté dans ce temps là, le Pyrobolifte aura une matiere affez ample pour inventer un million de machines artificielles, lefquelles il accommodera aux temps & & aux lieux, fuivant que fon efprit luy fuggerera les plus à propos. Si toutêfois il veut fuivre l'ordre que l'on garde en cecy il donnera les premiers rangs aux ftatuës, aux figures humaines, aux reprefentations de divers animaux, bien artiftement façonnez, defquelles il ornera diverfes fabriques, des edifices, & des palais en apparence, des arcs triomphaux, des chataux & des fontaines, & autres femblables ouvrages pyrotechniques. Entre autres chofes il pourra faire paraiftre une Iunon, une Diane, une Venus, un Cupidon & toutes ces autres belles divinitéz tant mafles que femelles que ces pauvres aveugléz Payens ont creu prefider aux feftins aux banquets & aux nopces, defquels vous rencontrerez les effigies, ou tout au moins leurs defcriptions dans les efcrits des Poëtes telles que les Anciens fe les figuroient. Or pour ayder charitablement à ceux qui peut eftre n'auroient pas la commodité d'avoir ces livres qui quelquefois font affez difficiles à recouvrer, & auffi pour ne point renvoyer ailleurs noftre nouveau pyrotechnicien qui pourroit fe trouver embaraffé dans les intrigues de ces fictions Poëtiques; i'ay pris la peine de les ramaffer çà & là, pour les luy faire voir icy comme dans un miroir, fans qu'il prenne le foin de les aller chercher.

JUNON feur & femme de Jupiter, outre plufieurs autres noms & qualitez que fes adorateurs luy impofoient, elle fe faifoit appeller Lucine, à caufe qu'on s'ymaginoit qu'elle ouvroit les yeux & faifoit voir la lumiere aux enfans à leur naiffance, d'où vient qu'elle fe nommoit auffi Lucréce. Où bien ce titre de *Juno Lucina* venoit de ces mots *à Juvando & luce*, ce qui eft la raifon pourquoy les femmes qui enfantoient dans ce temps que elle eftoit en credit, la reclamoient pendant leurs plus grandes douleurs. Elle s'appelloit encore Iunon la Iugale, ou par ce que ceux qui font accou-

A a a

plez

plez semblent égaux sous un mesme joug, d'où vient que Latins nommoient le mari & la femme *conjuges*, selon le sentiment de Pompée : ou bien comme Servius s'imagine, à cause du joug qu'on mettoit sur la teste de l'homme & de la femme lors qu'on les espousoit.

Rosinus nous décrit la figure de son simulacre en son liv. 2. Chap. 6. *ex Albeco*, en ces termes : *Fæmina erat in throne sedens, sceptrum regium tenens in dextera, ejus caput nubes tenebant opertum supra diadema, quod capite gestabat, cui & Iris sociata erat, quæ ipsam per circuitum cingebat : nunciamque Iunonis Iridem populi appellabant. Ideo juxta illam Iridem ancillam paratam, ad obsequium dominæ figurabant. Pavones autem ante pedes ejus, à dextris & sinistris stabant, avesque Iunonis specialiter vocabantur.*

On la representoit par une femme assise sur un throne, portant un sceptre royal dans sa main droite, elle avoit la teste dans les nuës chargée d'un diademe, bref elle estoit accompagnée de l'arc en ciel qui l'environnoit de tous costé : aussi les peuples appelloient-ils Iris, la messagere de Iunon. Voila pourquoy lors qu'ils vouloient representer cete Iris ils nous depeignoient une servante toute preste à recevoir les commendements de sa maitresse. Elle avoit sous ses pieds des paons, outre ceux-là qui estoient à ses costez, lesquels on appelloit specialement les oyseaux de Iunon.

D I A N E seur d'Apollon, & fille de Iupiter, s'appelloit aussi la Lune, Lucine, & de quantité d'autres qualitez que les Anciens luy attribuoient. Elle presidoit aux accouchements ; & aux exercices de la chasse, les accouchées luy dressoient des sacrifices aussi tost qu'elles estoient delivrées de leur fruit, & luy faisoient des vestements, les chasseurs celebroient sa feste au mois d'Aoust fort pompeusement, avec des flambeaux & des torches ornées d'épics, c'est ce qui à fait chanter Gratius de la sorte, dans son Cynegitique.

> *Spicatasque faces sacrum ad nemorale Dianæ*
> *Sistimus, & solito catuli velantur honore,*
> *Ipsaque per flores medio in discrimine luci,*
> *Stravêre arma sacris.*

On la representoit sous le visage, la taille, & le port d'une femme, les cheveux épars sur ses épaules, laquelle portoit en sa main une arc & une flesche, son front estoit orné d'un croissant : quelquefois on la feignoit suivre un cerf à la course sous un habit de chasseur.

Cleobulus nous en racôte une plaisâte histoire : sçavoir qu'un jour elle pria sa mere de luy vouloir titre une robe, mais sa mere qui connoissoit l'imperfection de sa nature luy respondit : comment veux tu que ie le fasse puisque tantost tu es entiere, & tantost ru n'es qu'à demy ? de mesme en est-il des hommes capricieux, & sujets aux changements comme la Lune, car veritablement ils n'ont ny regles ny mesures.

V E N U S a tousiours esté estimée & honorée parmy les Payens, comme la Déesse des voluptez, des delices, & de la generation. Les Poëtes veulent nous faire accroire qu'elle a esté engendrée d'une semence de feu tombée du ciel dans la mer, & d'un peu d'escume, voulans signifier par là combien cete extréme union du feu & de l'eau est puissante, quand ils sont tous deux bien alliez : comme dit Varro.

Son simulacre a tousiours esté representé fort diversement. Car quelquefois on la faisoit voir sous la forme d'une jeune pucelle sortant de la mer dâs une coquille. Et quelque-fois aussi elle paroissoit comme une femme portant une conque dans sa main, & ayant la teste couronnée d'une guirlande

de

de rozes & de toutes sortes de fleurs, Les Graces marchoient à sa suite, Cupidon & Anteros à ses costez. Icy on la voyoit eslevée sur un char triomphant tiré par des colombes, à cause de leur chasteté: ailleurs c'estoient des cygnes acoupplez qui traisnoient son carosse, nous tesmoignant par là, ou que l'amour s'acquere avec beaucoup de candeur & de sincerité, ou que les adorateurs de cete divinité sont tousiours exterieurement nets, polis, & bien ajustez; mais au dedans noirs comme ces oyseaux, ou bien que ne se souvenans pas qu'il faut mourir, ils chantent comme les cygnes, lors qu'ils sont le plus proches de leur fin.

De plus on la depeignoit toute nuë: pour nous apprendre qu'une volupté effrenée en renvoit quantité les mains vuides, & dépouillez de leurs meilleurs vestements.

Phidias Eleis cét excellent Sculpteur nous a autrefois representé l'effigie de Venus foulant aux pieds une tortuë. Comme nous rapporte Plutarque *in præceptis connubialibus*, advertissant les femmes par la lenteur de cét animal, de demeurer arrestées dans leurs maisons, & par son silence d'apprendre à tenir leurs langues.

Le sort qui tomboit sur Venus dans le jeu, estoit iadis estimé le plus heureux, à sçavoir lors que tous les déz tomboient sur le mesme costé. Ce simulacre pourra doncques estre employé fort à propos, quand on voudra congratuler au grand bonheur de quelque Prince, qui aura augmenté ses estats par un heureux mariage, ou par une aliance fort avantageuse; non pas à la verité par l'entremise de Mars mais bien de Venus.

Cupidon estoit le Dieu des amours, du luxe, & de toutes sortes de lasciveté. Servius parle de son image en ces termes chez Rosinus : On le dépeint ce dit-il comme un enfant, parce que ce n'est rien autre chose qu'un effrenée convoitise des choses sales & deshonnestes : joint que les amans ne font que begueyer la plus part du temps, que comme des petits enfans.

On luy donne des ailes parce qu'il ny a rien de plus leger que l'esprit d'un amant, rien de plus incertain que ses promesses, ny rien de plus changeant que ses resolutions, on luy met des flesches empennées en main, à cause qu'ordinairement les éguillons du repentir, & les remords de la conscience suivent les plaisirs de l'amour, ou bien pour monstrer combien les evenements en sont douteux, & leur course prompte, & de peu de durée. C'est ce qui a obligé Boëce à s'escrier dans la Consolation de sa Philosophie.

Omnis habet hoc voluptas
Stimulis agit fruentes
Apiumque par volantum
Ubi grata mella fudit,
Fugit, & nimis tenaci
Figit icta corda morsu.

Philostrate a ravissemment bien exprimé la puissance de cete passion amoureuse, lors qu'il luy a remply le sein plein de conquestes, de victoires & de triomphes. Plutarque l'appelle Dictateur qui estoit autrefois la charge la plus éminente qui fût dans Rome; quelques autres l'appellent un doux Tyran.

On la representé autrefois monté sur un lion pour tesmoigner comme il peut dompter toutes choses.

Philippe à feint qu'il avoit arrachée le foudre des mains de Jupiter; détroussé Apollon, osté les ailes & le caducée à Mercure, desarmé Hercu-

le de fa maſſuë, Mars de fon eſpée, Bachus de fon thyrſe; & Neptune de
fon trident: par où il nous ſignifioit qu'il ny a rien d'inexpugnable à l'a-
mour. Veritablement toutes ces belles penſées auront bonnes graces parmy
les inventions des feux d'artifice pourveu qu'elles ſoient bien adroitement
appliquées par le Pyroboliſte à divers ſubjets, particuliérement dans l'alli-
ance de quelque brave & genereux guerier, lequel ayant tousjours eſté invincible dans les armes, & detaché de toutes ſortes de paſſions, ne reſpi-
roit autre choſe que le feu & le ſang dans la guerre, ſe ſera neantmoins laiſſé eſbranler, aux attraits de quelque rare beauté, abattre par les amoureux
efforts d'un objet plein de charmes, & en fin desarmer par les mains d'une
femme qui triomphera de ſa liberté ſous l'empire d'un ſacré & legitime mariage.   Vous pourrez adjoûter à cecy cete fabuleuſe hiſtoire d'Hercule lequel devint ſi paſſionnement amoureux de la belle Omphale qu'oubliant
qu'il eſtoit Hercule ce dompteur de monſtres, il ſe couvrit de la robe d'une
femme, ſe meit à faire des ouvrages qui ne ſont propres qu'a celles de leur
ſexe, bref permit qu'elle ſe reveſtit de ſes propres habits, & ce que ie treuve
encore de plus eſtrange il fût complaiſant juſques à un tel point, qu'il en
receut des coups de ſa ſandale.

On depeignoit auſſi l'amour ſous la forme d'un jeune enfant, ayant la teſte nuë, veſtu d'une robe verte, où ces mots *Mors* & *Vita* eſtoient eſcrits
tout à l'entour du bord : ce ſont là les termes de cete paſſion qui ſe porte
touſiours dans les extremitéz.   Il portoit ſur le front cete diviſe *æſlas* &
hyems, teſmoignant par là que l'amitié doit eſtre touſiours conſtante, &
égale dans la proſperité auſſi bien que dans l'adverſité : il avoit auſſi le coſté
ouvert à l'endroit du cœur où l'on voyoit eſcrit en beaux caractères *longè* &
propé : nous advertiſſant que la diſtance des lieux ny la ſeparation des choſes aymées ne doit point deſunir les amitiés.

Les G R A C E S que les Grecs ont appellées en leur language Charites :
encore bien qu'elles n'aſſiſtaſſent point aux alliances, ny aux nopces,
neantmoins puis qu'elles eſtoient compagnes de la Déeſſe Venus, ie diray
icy deux mots en leur faveur.   Voicy doncques comment on nous repreſentoit leur troupe: c'eſtoient trois pucelles qui s'entretenoient par les mains
en telle ſorte que la premiere ne faiſoit voir que le derriere de la teſte ſeulement; la ſeconde qui eſtoit au milieu des deux autres avoit la face de-
peinte en profil, c'eſt à dire qu'on ne luy voyoit que le coſté droit du viſage:
mais la troiſiéme paroiſſoit de front & à plein.   Seneque nous explique
la difference de ce deſſein par un fort beau raiſonnement en ſon livre des
Benefices. Pourquoy dit-il nous feint-on que les trois graces ſont trois ſeurs
& pour qu'elle raiſon s'entretiennent-elles par les mains ? quelques uns veulent dire que la premiere eſt celle qui confere les biens-faits, la ſeconde celle
qui les reçoit, & la troiſiéme qui les rend. Car il eſt certain qu'un bien-fait en
engendre un autre. Une faveur attire un remerciment & le retour d'un autre
faveur, & par ainſi de bien-fait en bien-fait & de courtoiſie en courtoiſie,
c'eſt un cercle perpetuel.   On les depeignoit avec un viſage gay, & la
mine riante : pour nous apprendre par là que celúy qui donne, ou qui
merite quelque choſe, doit touſiours paraiſtre d'un humeur plai-
ſant, d'un viſage ſerain & contant ; & à plus forte raiſon celuy qui reçoit
le bien-fait, puis que c'eſt luy ſeul qui joüit du fruit de la reconneſſance des
autres.   On les repreſentoit jeunes & pucelles, parce que la memoire des
bien-faits ne doit jamais vieillir, joint que les faveurs faites veulent eſtre
touſiours entiéres, deſinterreſſées & ſans aucune eſperance de lucre ny attē-
te

te de retour. En fin il n'y doit rien avoir dans le bien-fait qui puiſſe obliger
en choſe du mōde celuy qui le reçoit. On les faiſoit voir ſans ceintures, pour
teſmoigner leur humeur liberal, & veſtuës de robes reluiſantes, parce que
les bien faits ne peuvent pas demeurer cachéz, mais toſt ou tard viennent
en lumiere au grand honneur du bien-faiteur.

Parmy ces divinitéz vous pourriez bien faire paſſer Bachus, à qui ſeul
d'entre les Dieux il eſtoit permy d'entrer dans les nopces & feſtins, où il
preſidoit le plus ſouvent, comme on peut voir par ces vers de Papin liv. 1.
ſil. 2. mais nous parlerons de luy à ſon tour, & en ſon lieu.

> -- *tibi Phæbus, & Evan* (ainſi s'appelloit Bachus.)
> *Et de Menelaja volucer Tegeaticus umbra,*
> *Serta ferunt.*

Ie ferois volontiers paraiſtre icy parmy les autres, FLORE & PRIAPE
comme des divinitez qui aſſiſtoient auſſi aux alliances nuptialeschez les Anciens ; mais la honte m'empeſche d'en parler pour ne point faire rougir le lecteur : voila pourquoy ceux qui auront cete curioſité en iront rechercher
leur hiſtoire ailleurs, où ils pourront apprendre ſous quelle poſture & en
quelle forme les Anciens les ont repreſentéez. Toutefois pour ne vous rien
celer de ce que l'honneſteté me permet de vous dire, on depeignoit Flore
ſous la forme d'une Nimphe couronnée de fleurs, d'un port & maintient
fort gracieux, & avec un viſage ioyeux & afſété. Quiconque en voudra
ſçavoir d'avantage qu'il liſe les Hieroglyphique de Pierius Valerianus, les
Emblemes d'André Alciat, & les jours geniales d'Alexandre d'Alexandrie, où il pourra tirer mille belles penſées de quantité d'inventions in-
genieuſes, pour preparer non ſeulement des feux d'artifices nuptiaux, mais
auſſi pour les triomphes, & autres occaſions où l'on en aura de beſoin. Il
me reſte donc à vous dire quelque choſe en faveur de Fontaines à feu, leſquelles on pourra auſſi fort commodement employer dans telles ſolemnitéz:
quoy que le Pyroboliſte s'en puiſſe ſervir dans toutes les autres ſaiſons, &
rencontres comme nous décrirons cy apres.

Tout ce que les Architectes ont de coûtume de repreſenter avec l'eau par
les regles Hydrauliques des fontaines artificielles, en formans divers tuyaux par le moyen deſquels ils repreſentent à nos yeux du verre, une
cloche, une croix, ou une eſtoile, un arc en ciel, une pluye, ou toute
autre choſe de ſemblable : nous ſçavons fort bien les imiter par nos feux
d'artifice en toutes ces inventions ; mais nous parlerons de ces particularitez icy en quelque autre lieu. Toutes ces fontaines artificielles dont
nous empruntons le nom & l'invention des Italiens ſeront fort propres
pour cacher quantité de feu d'artifice que l'on fera ſortir de là par apres
abondamment & differemment avec l'admiration de tous les ſpectateurs,
quoy que proprement elles ne ſemblent avoir eſté inventées que pour loger l'ennemis de cét element, & fournir de l'eau pour la commodité des
habitans des villes & des communautez des peuples: & ie ne doute pas que
ces feux ne ſoient d'autāt plus agreables & plaiſans aux yeux des ſpectateurs
que l'on les verra ſortir hors de toute eſperance d'une fontaine qui paſſera
dans la croyance univerſelle de tout le monde pour un organe particuliérement deſtiné à jetter de l'eau : & ce qui ſera le plus admirable dans cete
invention, c'eſt qu'il ſera impoſſible à qui que ſe ſoit d'en connoiſtre l'artifice, ny de pouvoir juger apparemment ſi cete machine ſera remplie de feu
ou d'eau, à cauſe qu'elle aura toutes les marques exterieures d'une fontaine : car pour en coûvrir meſme la tromperie avec plus d'artifice on rem-

plira

plira quelqu'uns de fes baffins d'eau vive : laquelle fi on veut on fera élever en l'air par des tuyaux de plomb, que l'on enflera de vent fi la machine n'eft pas beaucoup grande, ou par une retombée d'eau qui viendra d'un lieu élevé fi d'avanture la machine eft d'une grande fabrique, afin de mieux tromper les yeux du peuple, & leur faire croire cependant, que ce qui voyent eft une machine hydraulique, & une veritable fontaine.

Or dans ces reprefentations le Pirobolifte aura foin de faire paraiftre fon bon jugement dans la difpofition & le bel ordre des diverfes ftatuës, lefquelles doiuent auoir du rapport avec la fabrique de ces ouurages hydrauliques: comme par exemple vn Neptune tiré par des hypotames, vne Arethufe couchee toute nuë, les Images des Nymphes, & des Nereïdes nageantes & flottantes à fleur d'eau, & fe joüant auec des monftres marins: entre lefquelles Helis paraîtra montée fur un belier. Sirene fur un dauphin, & Europe fur un taureau; un Najade toute nuë, outre cela on y pourra reprefenter la fable d'Acteon furprenant Diane & fes compagnes aux bains : la fiction d'Arion; l'hiftoire de Ionas vomy par une baleine fur le bord de la mer, & quantité d'autres belles penfées qui fe lifent chez les Poëtes, & dans les hiftoires facrées & profanes. Ie vous enfeigneray icy bas l'ordre qu'il faudra tenir pour former toutes ces differentes inventions. Mais il eftoit neceffaire que ie vous dy ces deux mots en paffant touchant ces feux Nuptiaux & Genethliaques, fçavoir quels ils doivent eftre, & à quoy ils font les plus propres; mais il n'eft pas à propos que ie m'y arrefte d'avantage ceux qui auront l'efprit tant foit peu inventif, formeront mille projets differents de toutes ces penfées que ie leur ay fourny, & en conftruiront des machines artificielles qui ne cauferont pas moins d'eftonnement aux oreilles, que d'admiration aux yeux. Voyons maintenant le quatriéme & dernier lieu, auquel on peut employer les feux d'artifice.

Le quatrieme temps auquel nous pouvons mettre les feux d'artifice en œuvre, eft celuy qu'on employe à faire des feftins, des banquets, & des affemblées parmy les amis pour fe bien-veigner les uns les autres. Ie crois qu'il ny a perfonne qui ne fçache, ou qui ne puiffe bien conjecturer fans que ie luy dife, que Bacchus eft celuy qui prefide dans des pareilles occurrences, & que c'eft luy qui triomphe pour lors, & qui l'emporte par deffus toutes les autres divinitéz qui pourroient s'y rencontrer.

Voila pourquoy nous luy erigerons pareillement des ftatues, à fes amis, à fes compagnons, & à toute fa fuite, defquels nous tirerons les figures des mefmes fources d'où nous avons tirées celles des autres que nous avons depeintes cy deffus : ie commenceray premierement par l'hiftoire de ce Dieu des bouteilles, afin que le Pyrobolifte fçache rendre raifon pourquoy on luy donne cete figure & non pas celle là, pourquoy certaine pofture & non pas toute autre.

B A C C H U S fuivant le tefmoignage de Diodore *lib. 5. antiquit. chap. 5.* eftoit filz de Jupiter & de Semele qui fut élevé par des Nymphes dans la grotte de Nyfe, qui eft entre le Nil & la Phenicie, d'ou vient qu'elles luy impoferent le nom de Dionyfe. D'ailleurs on le nomme Bacchus à caufe d'une certaine couronne qu'il portoit fur la tefte, laquelle eftoit toute chargée de bayes, ou peut eftre de ce mot *bacchari* qui exprime les cris & les hurlements que faifoient ceux qui celebroient fes orgies. Les autres l'appelloient le pere *Liber* comme qui diroit libre, & fans foucy, ou à caufe qu'il delie la langue à ceux qui ufent du jus de la vigne, ou peut eftre à caufe qu'il les delivre de tous foins, & fait perdre la memoire des travaux, des difgraces &

des

des miseres souffertes à ceux qui suivent ordinairement sa court. Escoutez Ovide.

> *Cura fugit , multo diluiturque mero ,*
> *Tunc veniunt risus, tunc pauper cornua sumit ,*
> *Tunc dolor & curæ , rugaque frontis abit.*

Mais Ausonius a bien mieux examiné sa genealogie, ses titres , & ses qualitez dans l'Epigr. 26. que voicy.

> *Ogygia me Bacchum vocat,*
> *Osyrim Ægyptus putat ,*
> *Mystæ Phanacen nominant.*
> *Dionyson Indi existimant.*
> *Romano Sacra Liberum.*
> *Arabica gens Adoneum.*
> *Lucaniacus Pantheum.*

Il le fait donc parler luy mesme de la sorte, l'Ogygie dit-il m'appelle Bacchus , l'Egypte me prent pour Osyris , parmy les Mystes ie passe pour Phanasse , ie suis Dionise dans les Indes. Les Romains m'honorent comme Liber , l'Arabie me reconnoit pour Adonis, & la Lucanie pour Panthée: voila des denominations bien differentes & des qualités bien contraires, qui seront autant de formes diverses qu'on luy pourra donner pour le faire paraistre parmy vos machines artificielles.

Tout le monde est d'accord que c'est luy qui à inventé le vin , & qui à le premier planté la vigne , c'est ce qui à fait dire à Tibullus livre 2. Elegie 3.

> *At tu Bacche tener jucundæ confitor uvæ.*
> *Tu quoque devotos Bacche relinque lacus*

Voicy la description que Macrobe nous donne en son liv. 1. Saturnal. touchant le Simulacre de Bacchus. *Liberi Patris simulachra partim puerili ætate , partim juvenili fingebantur : præterea barbata specie , senili quoque. Coronabatur Pampineis , hedera , & ficulneis frondibus. Pampino quidem & ficu, ex memoria Nympharum Staphilæ, & Sycæ ; hedera verò ex memoria Cissi pueri, qui fuerat in hanc plantam conversus. Effictus est aliquando in curru pampineo, & triumphans, qui pantheris modo, modò tigribus, ac lyncibus trahebatur. Silenus pando asello propter astans Bacchus & Satyris thyrsos in ferulas vibrantibus , cæteroque bacchantium comitatu, tum præeunte, tum subsequente.*

Aliquando etiam depingebatur pectore nudo muliebri , capite cornuto, vitibusque coronato, tigridi inequitans, manu dextra racemum prætendebat, sinistra poculum.

On nous representoit les simulacres de ce bon pere ce dit il quelque-fois dans un âge qui tenoit en partie de l'enfance , & en partie de l'adolescence: tantost on le dépeignoit avec de la barbe, & tantost comme un vieillard. Il portoit sur son chef ordinairement une couronne de pampre, ou de liére, ou de füeilles de figuier quād il paroissoit couronné de pampre & de figuier c'estoit pour honorer la memoire des Nymphes staphile , & Syce ; mais on luy donnoit le liére à consideration du jeune Cissus, qui fût changé en une plante de son nom. Quelque-fois on le voyoit élevé sur un chariot triomphant chargé de pampre de vigne , & tiré tantost par des pantheres, tantost par des tygres , ou par des lynx. A costé de luy marchoit le bon vieillard Sylene monté sur son asne , acompagné d'un grand nombre de Satires, arméz de thyrses, & du reste des Bacchantes qui marchoient en desordre devant & derriere luy.

En certains endroits on le representoit la poitrine toute decouverte , &
les

avec les memmelles d'une femme, la teste armée de cornes, & couronnée de pampre de vigne, monté sur un tygre, & portant dans sa main droite, une grappe de raisins & dans sa gauche une cruche à boire.   Tesmoing Albricus *lib. de imag. Deor.*

La raison pourquoy on le depeignoit ainsi nud, c'estoit pour nous donner à entendre la nature du vin qui ne peut rien tenir de secret.

On luy consacroit des tygres pour montrer qu'il ny a rien qu'on ne puisse dompter par la force du vin.

Quelques uns disent qu'il fit mourir Licurge, voulans dire par là que bien souvent les loix demeurent opprimées dans les republiques, où le vin est en usage sans discretion.

Dempsterus nous rapporte que Bacchus a aussi esté soldat, & qu'il a fait autrefois des grandes conquestes dans les Indes, voicy comme il en parle. *Tyrsus erat Bacchi hasta hedera obvoluta, quam exercitus ejus in India ad decipiendos rudes Indorum animos belloque inidoneos gestavit.*

On solemnisoit tousiours ses festes de nuit avec des flambeaux, comme nous avons dit cy dessus.

Les Compagnons de Bacchus, & ceux qui faisoient la principale partie de son train, estoient *les Silenes, les Satires, les Bacchantes, & les Bassarides, les Lenes, les Thyes, les Mimallones, les Nayades, les Tytires, les Nymphes, & les Faunes.*

Silene le pere nourissier de Bacchus, estoit representé par un bon vieillard, monté sur un asne, qui avoit la teste toute chauve : nous voulant tesmoigner par le triste équipage de ce bon homme que l'yvrognerie transforme en bestes brutes les hommes les plus sages & rend les esprits les plus forts, & les plus relevez aussi stupides que cet animal qui servoit de monture à ce Silene.   C'est de luy que parle Senec dans son Oedipe acte 2.

> *Te senior turpi sequitur Silenus asella,*
> *Turgida pampineis redimitus tempora sertis,*
> *Condita lascivi deducunt orgia mysta.*

Et Ovide dans son premier *liv. 1. de Arte.*

> *In caput aurito cecidit delapsus asello.*

Les vestements des SYLENES dans les jeux des Romains estoient des longes robes, tissuës de toutes sortes de fleurs.

Les SATYRES estoient couverts de peaux de boucs, & portoient par dessus une hure espouvantable.

FAUNE que les Latins appelloient *Faunus*, & les Grecs PAN estoit le Dieu des champs & des bergers, mais au reste fils de Mercure. Son simulacre avoit la teste faite comme celle d'une chevre, d'une couleur rousse & bazannée, & portant deux cornes sur le front, la poitrine esclatante de rayons, il avoit toute la partie inferieure depuis le nombril jusques en bas herissée de poil, ses deux pieds estoient pieds de chevre, dont l'un estoit tortu. Macrobe en fait mention *liv. 1. Saturn. Chap. 23.*

Mais à quel propos me romp-ie la teste à vous entretenir de Bachus & de tout son trein ? n'est ce pas assez de vous avoir montré au doigt les lieux où vous pouvez trouver de quoy vous satisfaire, que ceux doncques qui auront plus de loisir refueillent ces autheurs citez ; pour moy apres vous avoir donné quelques advertissements touchant la bien-seance & la belle ordonnance de nos machines à feu, ie passe à la distribution, ou oeconomie d'icelles.

Ad-

Advertissement. I.

Ie treuve que ce ne sera pas un petit ornement à nos machines recreatives & pyrotechniques, si l'Ingenieur a tant d'adresse que de pouvoir mettre judicieusement en pratique les ordres d'Architecture; soit qu'il veüille bastir des palais, dresser des arcs triomphaux, élever des pyramides ou des obelisques, construire des tours, ériger des colomnes, ou quelques unes de leurs parties seulement, representer des fontaines & tant d'autres choses semblables, dont les ordonnances dépendent de l'architecture civile. Voila pourquoy ie suis d'avis que nous dressions toutes ces pieces suivant un ordre ou Ionique, ou Corinthien, ou Romain que quelques autres appellent Italique & mixte. Il est bien vray que l'ordre Dorique, qui est veritablement le masle de tous les ordres, semble estre le plus propre pour les arcs triomphaux, les obelisques, les pyramides & toutes les autres machines qu'on peut ériger pour honorer les conquestes des grands Capitaines, qui auront remporté quantité de belles victoires sur leurs ennemis : mais toutefois parce que ces jours de triomphe sont ordinairement si comblez de joye, d: cris d'alegresse, & d'applaudissemēts publiques, à cause de ces heureux succez & du prix inestimable de l'honneur & de la gloire que ces braves guerriers se sont acquis, qu'il semble qu'on n'en peut pas donner assez de tesmoignages exterieurs, d'où vient que ces ouvrages triomphaux veulent estre excellemment bien élabourez, & paréz de tous les ornements les plus riches, qu'on peut s'imaginer, neantmoins avec une certaine majesté qui ravisse les cœurs par les yeux: c'est pourquoy le Romain est le plus propre pour cet effet: car il est tout à fait triomphale, & à en soy ie ne sçay quelle grauité, & authorité royale acompagnée d'une grace nompareille: ce qui a obligé les Romains à s'en seruir si souuent dans des pareilles rencontres, Comme on peut conjecturer par ces arcs triomphaux de Constantin, & de L. Septimius Seuerus (pour ne point parler de ceux de Trajan & des autres Empereurs Romains, lesquels Omphrius Panvinus a remarqué jusqu'au nombre de quatorze) qui pour la plus part paroissent encore aujourd'huy tous entiers dans Rome.

L'ordre Corinthien & l'Ionique s'accorderont bien avec les ouvrages nuptiaux & festes natales; car la fabrique en est extrémement delicate & feminine, dont le premier est comparé à une jeune fille superbement attiffée, & parée de ses plus beaux attours; l'autre paroist comme une bonne matrone sans fard & sans superfluitez, couverte d'une robe fort modeste. Ces mesmes ordres pouront aussi servir à toutes ces machines qu'on preparera pour les feux de joye qui se font aux sacrées ceremonies & jours de devotion ; pourveu toutefois que ces ouvrages soient en lieu où ils puissent estre veüs du monde pendant le jour, car quelle apparence de consommer son temps, sa peine, & son argent à la fabrique d'une chose qui ne doit subsister que quatre moments, parestre fort esloignée de nos yeux, & peut-estre dans les tenebres de la nuit.

Les festins & les banquets veulent pareillement avoir un ordre de Corinthe : puisque c'est dans ces jours de recreations, que chacun fait esclater son luxe, sa vanité, & toutes les superfluitez qu'il se peut imaginer.

Les ordres les plus plats & les moins enjolivéz, sont tousiours les plus beaux pour les fontaines, tel qu'est le Toscan, & le Dorique entre-meslé de Rustique : car elles doivent representer ie sçais quoy d'aspre & de grossier : mais on pourra neantmoins corriger cete rudesse par des autres or-

B b b

dre

dres plus delicats, & elebourez fuivant les regles de l'architecture, particuliérement fi on les employe en des temps qui exigent quelque chofe de plus relevé que le commun:ou bien fi d'avanture elles eftoient toutes nuës, & fans aucun ornement exterieur, on y feindra du coquillage en apparence, finon on y ajuftera des   petits gamayeux, des veritables cailloux, & petites conques marines.

Advertiffement. 2.

Tous ces ornements accidentels,foit qui foient à plein relief, ou a platte peinture feront bien judicieufement ordonnéz,fans qu'il y paroifle aucune confufion,ou incongruité dans leur ordonnance.   En forte qu'aux inaugurations & facres des Rois,on y appropriera des ftatuës qui reprefenteront des hiftoires facrées:aux triomphes des conqueftes; aux nopces & nativitez,des dances,des balets, des bonnes cheres & autres femblables divertiffements; & en fin aux banquets, des fictions qui exprimeront les careffes mutuelles & la joye qui regnent ordinairement dans les feftins & affemblées des amis.   Voyla pourquoy on fe fervira des couronnes & des fceptres aux facres des Rois,mais aux inaugurations, on employra les mitres ducales, les armoiries des provinces, & des citez particulieres, les clefs des villes & des places , & toutes autres chofes femblables qui regardent particulierement l'eftat & la condition de ceux qu'on éleve à quelque degré d'honneur ecclefiaftique.

Pour ce qui concerne les ouvrages des triomphes,on les pourra tirer des ornements de la colomne de Trajan l'Empereur, que le Senat Romain avoit autrefois fait eriger à fes fignalées vertus,comme une marque perpetuelle de fa reconnoiffance : voicy l'ordonnance dans laquelle George Fabrice le Chemnicien nous la depeint,dans fa Rome Chap. 7. *Columna ipfa pario marmore incruftata,qua res geftæ Trajani, & præcipuè bellum Dacicum eft expreffum. Cernere in ea eft formas munitionum,popugnaculorum, pontium ,navium : item fortia militum opera,lignantium,ædificantium,caftra metantium,foffas agentium , èquos adaquantium,trophæa ferentium,in triumpho euntium: item formas thoracum galearum, clypeorum,fcutorum, zonarum,lituorum, pugionum, pilorum, gladiorum, pharetrarum,aliorumque armorum. Ab ea parte in qua infcriptio eft , victoriæ funt alatæ,cum duabus aquilis. &c.*

Cete colomne eftoit reuetuë d'une croufte du plus beau marbre Parien qu'on pût voir fur lequel eftoient reprefentez tous les beaux faits d'armes de l'Empereur Trajan,& principalement la guerre Dacique. On y pouvoit ayfemët remarquer toutes les places fortifiées,les baftions & ravelins,les ponts, & les vaiffeaux de guerre : outre cela tous les atteliers des entrepreneurs,& les employs differents des foldats,vous y voyez d'un cofté ceux qui fcioiët coupoient & charpentoient les bois,ceux qui d'un autre cofté les affembloient,icy on en voioit qui formoient & fortifioiët un camp,là d'autres qui conduifoient des lignes d'approches & des retranchements, ceux cy abbrevoient leurs chevaux , ceux là eftoient chargez de trophées , & ces autres fembloient conduire un Conquerant en triomphe : d'ailleurs vous y voyez des corcelets, morions, gantelets, pavois , efcus, ceintures, trompetes,poignards, javelines,efpées, carquois, & toutes fortes de pareilles armes.Voyez le refte chez l'autheur mefme.

Prudence nous depeint fort naïvement dans fon liv.2.parlant de Simmachus Prefet de la ville,les arcs triomphaux , & les ornements defquels on avoit acoûtumé de les parer par ces vers.

Fru-

Fruſtra igitur currus ſummo miramur in arcu,
Quadrijugéſ ſtanteſque duces in curribus altis,
Fabricios,Curios,hinc Druſos,inde Camillos,
Sub pedibuſque ducum captivos poplite flexo,
Sub iuga depreſſos, manibuſque in terga retortis.

Sur les corniches des ces arcs triomphaux nous ne voyons ce dit-il que des chariots de triomphes des conquerants pompeuſement trainéz ſur des chars triomphants,des Fabrices,des Curius, des Druſes , & des Camilles, & des Captifs humiliéz aux pieds des vainqueurs ayans les mains garrotées par derriere le dos.

A toutes ces hiſtoires icy on poura adjoûter des bouquets militaires de diverſes ſortes,ou des couronnes deſquelles nous avons parlées cy deſſus:mais on prendra bien garde de les employer dans les triomphes ſans confuſion & bien à propos : c'eſt à dire qu'apres une victoire remportée en pleine campagne on pourra ſe ſervir des couronnes de laurier , apres une ville forcée & une place emportée,on y en mettra des ailées; pour un combat navale, des couronnes garnies de poupes & de proües; celles de füeillages de cheſne pour ceux qui auront conſervé leurs concitoiens: pour un ſiége levé des couronnes d'herbes des prés; d'olivier pour ceux qui auront rendu la paix à leur patrie. Le Pyrotechnicien fera pendre auſſi quantité de guirlandes & de ſeſtons (que les Italiens ont ainſi appellé de ce mot *feſtivitas*) comme des marques de joye : or ces feſtons ſont des certains ornements ou jonchées de fleurs , de füeilles & de fruits entretiſſus les uns parmis les autres par un agreable meſlange, & une diverſité raviſſante des fruits, ſe rencontrans avec les fleurs & des fleurs avec les füeilles. Si eſt-ce toutefois qu'on fait plus d'eſtime dans les ouvrages triomphaux des feſtons & guirlandes,où il y a peu de fleurs , mais force fruits entremeſlez de füeilles, & de rameaux de Liére ou de Laurier : outre cela il vous ſera permy de meſler parmy vos ornements des rameaux deſtachéz , des fueillages de Liére,de Laurier, d'Olivier , de Pampre de vignes indifferemment arrengées, non pas à la volée pourtant , & ſans ſçavoir ſi on a pas quelque raiſon contraire pour les mettre dans un autre lieu,ou dans une autre poſture.

Aux ouvrages ſacrés on employra des Cherubins,des palmes,des pommes de grenades, des croix, des eſtoiles,des emblémes ſacréz , repreſentans des miſteres pieux & divins, pour toucher les cœurs aux ſpectateurs , & leurs faire naître dans l'ame des bons mouvements de pieté & de devotion.

Les ornements & acceſſoires deſquels on embellit les machines qu'on erige aux jours des nopces, des nativitez,des feſtins & banquets , ſont les bouquets tiſſus de roſes, de lys, de violettes, de narciſſes & d'autres fleurs : bref de quantité de fruits, comme ſont les pommes , les poires les raiſins de toutes ſortes , les prunes, les olives, les neſles , les dates, les citrons, les Oranges, les grenades, les coings, les melons , les comcombres , & pepons & mille autres ſortes de fruits que vous conneſſez auſſi bien que moy,leſquels toutefois vous reliérez en encarpes ou feſtons,avec des füeilles d'olivier ou de vignes entremeſlées, ou bien vous les ajuſterez en divers lieux comme nous dirons cy deſſous ; ce qui donnera une grace nompareille à voſtre architecture pyrotechnique : il ny aura point de danger d'y repreſenter quãtité de petits oyſeaux naïvement dépeints & branchéz ſur des rameaux de palmiers, ou ſur des grappes de raiſins: outre cela des cornes d'abondance, des eſpics, & des manipules de froment ou

B b b 2

ſeigle

seigle en espics : d'avantage dans les convives & festins, vous y pourrez faire peindre ou mettre en relief des couppes, des tasses, des phioles, des bouteilles, des cruches, des barils, des tonneaux, des plats mesme chargez de viandes, des paniers pleins de dessert, des assietes & des coûteaux & toutes autres ustensilles de table, & ce qui paroistra aussi beaucoup toutes sortes d'instruments de musique, tels que sont les cytres, les guiterres, les mandores, violons, basses, flutes, cornets, haut-bois, & toutes choses semblables. Aux rejouissances des nopces vous y representerez particuliérement les armes tant de l'espoux que de l'espousée : on les attachera, ou sur la frise (si ce sont des colomnes) ou contre le fust de la colomne mesme, enjolivées de fleurs, de fueilles, & de rubans tout à l'entour ; ou bien on les pendra dans les pierres d'attéte des bases ; en fin on les placera ou l'on les jugera le plus à propos, pourveu qu'ils ne troublent en rien l'ordre & la symmetrie de vostre architecture, pour ce qui touche le secret de faire parestre en l'air des caractéres de feu artificiel, representans les noms de l'espoux & de l'espousée, ou quelques autres devises ingenieuses, ie n'en diray rien icy, puis que i'en ay de-ja fait mention ailleurs.

On ornera les fontaines de toutes sortes de coquillages, de petites pierres de diverses couleurs, de petits gamayeux, pointes de Diamants, cailloux luisans, de l'un & de l'autre coral, des esclats de marbre : & de mille semblables petites fantaisies qui serviront d'enjolivement soit qu'elles soient naturelles ou feintes : de plus vous ferez peindre des reptiles & insectes de toutes sortes, commes des crapaux, des grenoüilles, serpents, couleuvres, lezards, viperes, sauterelles, cigales, escarbots, hannetons, mouches, formis, grillons, abeilles, araignées, chenilles, limassons, sansuës, escrevisses, & une infinité d'autres animaux qui hantent naturellement les eaux ; parmy lesquels vous pourrez encore entremesler des fleurettes, & herbes aquatiques : comme aussi des muffles de lions, ou des testes d'ours ayans la gueule beante : vous y pourrez pareillement representer quantité de petits animaux comme des herissons, des belettes, escurieux, des rats, des loirs, lapins, lievres, loutres, & tant d'autres : & en fin tous ces oyseaux dont le sexe est douteux tels que sont ; les oyes, les canards, les plongeons, les sarcelles, les cygognes, les cygnes, & les arondeles, & tous ceux qui sont de cete nature.

Advertissement. 3.

On fera les ornements & habits des statues humaines, des vestements les plus anciens que l'on pourra tirer des monuments des antiquitez ; tels qu'estoient jadis les habillements des Romains, car vous m'advoüerez qu'il n'y a rien de si beau, ny qui plaise d'avātage à nos yeux que toutes ces statuës couvertes de robes differentes en noms parmy eux ; aussi bien qu'en figures, car ils avoient la togate, la sagée, la pretexte, la trabée, la paludaire & l'estolée, qui se voient dans les reliques de ces anciennes structures & dans ces vieilles medailles qui se rencontrent encore aujourdhuy, la forme & l'usage desquels se treuvent décrits chez Nonnius, Marcellus, Iustus Lipsius, Rosinus, Dempsterus, & plusieurs autres anciens escrivains.

Vous revestirez si vous voulez ces statuës de peaux de lions, de tigres, de leopards, de linx, de pantheres, de loups, d'ours, & de pareils animaux sauvages & feroces, pour imiter en cela ce qu'ont fait autrefois ces Anciens Heros qui se sont revestus des depoüilles de ces bestes farouches.

Adjoutez encore à ces ornements toutes sortes d'armes militaires, lesquel-

quelles paraiſtront d'autant plus agreables aux yeux du monde, qu'elles repreſenteront plus vivement le viſage de cete groſſiére antiquité.

Voila pourquoy ie treuve que ce ne ſera pas un petit ornement que d'y
faire peindre ou relever en boſſe des fondes, fuſtibales, arcs, arbaleſtes,
des eſpieux, lances, fariſſes, pertuiſannes, piques, & demyes-piques, des
fleaux, des dards, javelines, eſtocs, zagayes, des haches, & des marteaux
d'armes, des maſſes, des eſpées, & des ſabres, adjoutez y encore des boucliers,
des eſcus, & des pavois, des halecrets, plaſtrons, cuiraſſes, hauſſe-cols, gantelets, taſſettes, genoüilliérez, & toutes les armes offenſives & deffenſives
dont ſe couvroient les anciens Romains: vous y pourrez mettre encore ces
antiques eſcopetes arquebuſes, arcs, fleſches & carquois qui ont eſté en uſage
du temps de nos peres : toutes ces armes orneront à ravir tous nos ouvrages
artificiels, particuliérement les ſtatuës, les trophées, arcs triomphaux, & toutes autres choſes ſemblables.   En fin pour dire beaucoup de choſes en peu
de mots vous vous donnerez de garde le plus qu'il vous ſera poſſible de ne
point faire une choſe deux fois, ou qui ait de-ja eſté faite par un autre, ou
qui ſoit trop vulgaire, mais vous inventerez toufiours quelque choſe de
nouveau, changerez les fabriques, renverſerez les ordres, & varierez les ornements en telle ſorte, que vous puiſſiez cauſer de l'admiration, & de l'é-
tonnement aux yeux de vos ſpectateurs, lors qu'ils verront des ſi grandes
nouveautez dans vos inventions, des agréements ſi rauiſſants dans leurs ordonnances, & des effets dans la preparation des matieres, qui feront tout
à fait au de là de leur eſperance & de leur attente : car comme dit Serlius,
les choſes qui ſe font par une voye vulgaire, ſont bien quelquefois le ſubjet
de nos loüanges, mais iamais de noſtre admiration.

De l'Economie ou Diſtribution des ouvrages artificiels dans les Machines Pyrotechniques recreatives ; & de quantité d'autres choſes touchant le meſme ſubjet.

L'Explication du Thematiſme, ou de la bien-ſeance qui s'obſerve dans les
Machines Pyrotechniques recreatives, a eſté beaucoup plus prolixe que
ie ne penſois pas qu'elle deût eſtre : mais i'eſpere traiter cete derniere partie avec bien plus de brieveté, par des certaines regles fort compendieuſes &
ſuccinctes, par leſquelles ie vous donneray à conneſtre l'œconomie & la veritable diſtribution des ouvrages pyrotechniques dans les machines recreatives, qui comprendront ſuccinctement la pratique manüelle. Comme
il s'enſuit.

I.

D'abord que l'Ingenieur à feu aura conceu quelque belle penſée dans ſon
eſprit pour le deſſein d'une machine pyrotechnique, il faut neceſſairement
qu'il la ſçache bien exprimer par ſes idées, qui ſont l'Ichnographie, l'Orthographie, & Scenographie : Et pour cét effet il eſt neceſſaire ſçavoir un
peu deſſeigner, ou tout au moins crayonner (comme dit Vitruve) afin
qu'il puiſſe avec moins de difficulté coucher ſes deſſeins ſur le papier
tracer ſes plans, lever ſes profils, pour les pouvoir propoſer nettement à
ceux qui font la deſpence des machines que l'on veut conſtruire.

2.

Ce ne ſera pas aſſez d'avoir Crayonné legerement ſur un papier la forme
de la fabrique qu'il deſidera repreſenter, il ſera bon auſſi qu'il ſçache faire

des modeles & prototypes de bois de cire , de plaſtre, de papier ou de linge collé emſemble , afin que par ce moyen tous les deffauts, inconveni-
ants & deformitéz puiſſent mieux paraiſtre, & conſequemment eſtre corri-
géz avant que la machine ſoit baſtie.

3.

Auſſi toſt qu'il aura veu que ſon deſſein agréera, il faut d'abord qu'il ayt
égard aux frais & à la deſpenſe que l'on y veut faire, afin qu'il proportionne
les grandeurs de tous les corps ſuivant la petite meſure du modele ; & qu'il
puiſſe traitter avec les ouvriers desquels il a beſoin pour luy ayder dans ſon
entrepriſe ; faire marché avec eux tant pour leur ſalaire particulier, que pour
tout le reſte de ce qui ſera neceſſaire pour mettre la machine artificielle
dans la perfection qu'il ſe ſera propoſé. C'eſt ici où l'Ingenieur doit teſmoigner qu'il eſt extrémement fidel & bon meſnager en la diſtribution de
l'argent d'autruy : ce qui luy ſera fort ayſé à faire , pourveu qu'il n'exige
pas des choſes qui ſoient difficile à recouvrer, ou de trop grand prix; s'il n'y
recherche pas ſon intereſt particulier , & ſi ſous eſperance de recevoir des
preſens de ſes ouvriers il ne depenſe pas trop liberalement , ou pluſtot avec
trop de prodigalité les choſes desquelles il ſera obligé de rendre conte, ſinon en ceſte vie pour le moins en l'autre devant celuy qui ne peut eſtre jamais trompé.

4.

Lors que l'on aura commencé à mettre la main à l'œuvre, tout de bon, il
prendra diligemment garde que tous ſes ouvriers ne travaillent point negligemment à la preparation de toutes les matiéres, & quils ayent à obſerver ponctuellement toutes les regles de noſtre Art , ſans qu'ils en negligent
la moindre circonſtance du monde , qu'ils conſtruiſent les fuzées, les petards , les globes, les tuyaux & ce qui s'enſuit, le plus exactement qu'il leur
ſera poſſible, afin que le tout puiſſe reüſſir à l'honneur de l'Architecte , que
l'on en tire un loüable effet, & que la depence n'en ſoit pas vaine.

5.

Premierement les Charpentiers feront ſuivant la proportion des meſures
du modele, avec des ſoliveaux & autres pieces de bois, l'ordonnance de toute la machine, laquelle comprendra la grandeur & groſſeur de tout le corps
de la fabrique future : mais toute vuide par dedans neantmoins, en baſtiſ-
ſant ſeulement , & faiſant les aſſemblages des chantiers , & des membrures
avec les traverſes , afin que toute la fabrique ſoit ferme, & inébranlable
dans ſon aſſiete. I'entens ſeulement parler icy des grandes machines telles
que ſont les palais , les arcs triomphaux, les tours , les chaſteaux, & toutes
celles qui ſont de pareille conſequence : car pour le regard des colomnes, des
piedeſtaux , fontaines , obeliſques, pyramides, ſtatuës humaines, ou repreſentations de divers animaux, tous ces ouvrages requierrent une ordonnance toute particuliere : quoy que neantmoins on puiſſe bien ſe ſervir de cete
voye pour en conſtruire quelques uns de ceux-cy, comme vous le pouvez
remarquer ayſement dans les deſſeins d'un dragon que ie vous repreſente
aux nombres 197 & 198, dont le premier vous donne à conneſtre la baſe
ſur laquelle toute la maſſe de la machine doit eſtre aſſemblée & baſtie;
l'autre fait voir la forme de tout le corps de l'animal, avec l'ordre & la diſ-
poſition interieure de tous les ouvrages pyrotechniques, & feux artificiels
qui entrent dans ſa ſtructure. Mais pour ce qui eſt de l'ordonnance des
gran-

grandes, & puiffantes machines, je vous les reprefente aux figures, tant orthographiques, que fcenographiques du rempart d'un chafteau deffeigné
en la lettre A, fous le nombre 204. Il fera auffi fort aifé d'eriger des tours
rondes ou polygones, des colomnes ou des obelifques, pourveu qu'elles ne
foiët pas trop grandes, fur des troncs d'arbres, ou fur des grands blocs de bois
ronds ou polyedres reprefentans à peu prés des tuyaux, comme je vous ay
enfeigné au Chapitre fuperieur : (confiderez la figure de la tour deffeignée
au nombre 204. dont la forme n'eft pas beaucoup efloignée de celle
d'un certain tuyau décript & dépeint au Nomb. 192.) or les plus grandes
feront bafties de groffes poutres, longs foliveaux, & de bonnes planches
lefquelles renfermeront dans leur interieur quantité de tuyaux, & autres
ouvrages artificiels : adjoûtez encore à toutes ces inventions, des pilaftres,
des paraftates, des architraves, des chapiteaux, des piedestaux, des colomnes,
& des pyramides faites de planches; ou pour le moins formées de quatre
ou plufieurs guindes, perpendiculairement élevées fur les angles des bafes, & fe joignantes toutes en un point vers le haut (ce qui eft propre à la
pyramide) ou bien vous formerez des parallelipipedes, ou des prifmes
polyedres, ou des pyramides vuides, & percées de bout en bout, puis en-
velloppées de tojle trempée de cire ou de colle, ou bien reveftuës d'un papier collé, mais par dedans elles feront remplies, d'un ou de plufieurs
tuyaux, & de fuzées montantes avec leurs perches proprement ad-
juftées dans les vuides, entre les tuyaux, & contre les parois de la machine
mefme.

6.

On pourra pareillement former les ftatuës humaines en deux façons
comme auffi celles de toutes fortes de beftes.

Premiérement : Le fculpteur taillera en bois des corps avec tous leurs li-
neaments & leurs mufcles apparemment diftinéts, fuivant les mefures &
la forme que le Pyrotechnicien fe fera propofée; il les reprefentera ou nuds,
ou reveftus comme bon luy femblera : puis apres les avoir enduits de favon
ou de cire, il les reveftira d'une croûte efpaiffe d'une ou de deux lignes, faite d'une certaine boüillie ou pafte de papier petrie avec de l'eau de colle :
on les fera feicher par apres à petit feu: puis cete croûte qui couvre ladite ftatuë eftant feiche, elle fera divifée en deux parties, c'eft à dire qu'elle fera coupée des deux coftez jufqu fur le bois avec un bon couteau cõmençant depuis le fommet de la tefte, & continuant jufqu'à la plante des pieds : & par
ainfi il vous fera facile d'enlever cete peau de papier qui en fa forme reprefentera la ftatuë d'un hõme ou d'une befte. Dans le vuide vous ajufterez bien
adroitement un ou plufieurs tuyaux, lefquels auront efté premiérement
forméz fuivant l'incurvation des membres de ce corps, bien liéz & bien
garrotéz, de peur que la violence de la poudre ne les diffipe avant qu'ils
ayent fait leurs effets entiers : & fi on fe fouviendra de les attacher tous fur
quelque bafe folide & ferme, afin qu'ils ne branflent ny vacillent aucunement : en fin on les couvrira de cette couverture de carton, puis on recol-
lera les commiffures fort & ferme.

Il y en a qui fe contentent de reveftir de cete croûte de carton, un feul
tuyau feulement, lequel paffe de bout en bout à travers le corps de la ftatuë; comme on le peut fort bien remarquer dans le fimulacre de la Fortune
deffeigné au Nomb. 202. Mais il s'y en treuve d'autres qui rempliffent dex-
trement les bras, les cuiffes, les mains, & les pieds, de fuzées courantes, ou
de petards, ou bien de tuyaux fort artiftement arrengez lefquels, fe com-
muni-

muniquent succeſſivement le feu par des petits canaux qui le portent de l'un à l'autre juſques à la conſomption du dernier.   Cét ordre icy ſe peut voir dans le deſſein de cét autre ſimulacre de Bachus deſſeigné au N° 200 : mais je vous adverty icy de rechef qu'il doit eſtre ferme & areſté ſur un appuy ſolide,en ſorte qu'il ne branſle, ny ne pende en l'air: voila pourquoy il eſt neceſſaire que le col, les bras,les reins. les cuiſſes , les jambes, ſoient garnis de lames ou baguettes de fer courbées & pliées ſuivant les angles qui ſont formés tant des membres & du corps, que des membres entr'eux,lors qui ſont courbèz,penchéz,racourcis , ou eſtendus : & voire meſme le corps entier ſera fortifié par dedans de ſemblables garnitures, ſi d'avanture il eſt dans une ſituation panchée en arriere ou en avant, à droite où à gauche. Or pour ce qui touche le moyen de trouver les grandeurs & ouvertures des angles qui ſont formez par les differentes inflexions & recourbements des membres & du corps , vous les pourrez ayſement prendre toutes avec deux certaines petites regles attachées enſemble à l'un des bouts par un petit axe qui paſſe à travers , en ſorte que vous puiſſies facilement les ouvrir & les reſſerrer pour en former des angles obtus,aigus ou droits ou tels qu'ils ſe treuveront dans les replis de la ſtatuë courbée : Cét inſtrument eſt fort commun parmy tous les charpentiers & tailleurs de pierres : & ne reſſemble par mal , quant à ſa forme, a un compas de proportion , duquel on ſe pourra fort bien ſervir dans un beſoin pour faire cét effet.

   La ſeconde voye que l'on tient pour former ces ſtatuës eſt telle : ſuivant la grandeur & forme de quelque corps , ils forment & compoſent , avec quantité de ces tuyaux de papier que nous avons décrit au nombre 189 la moitié de la ſtatuë à ſçavoir la partie qui comprend la poitrine,les mammelles,le ventre, le dos, & le reſte des mèbres inferieurs puis avec des tuyaux un peu plus petits,ils formèt le col,la teſte,les bras,les cuiſſes,les mains,les pieds & toutes les autres extremitéz du corps , en les pliant & façonnant tous comme bon leur ſemble ſur des globes de bois,chargez d'une matiére lente,& tellement percez en deux endroits , que le repli du membre le requerera : dans ces trous on y inſere deux petits canaux, proprement ajuſtéz ſur les fonds des tuyaux pour y donner entrée au feu,lors que ces boules l'auront receu. Toutes ces circonſtances eſtans bien & deuëment pratiquées, on reveſt la ſtatuë de quelque habillement de toile , ou de ſoye,ou de papier ſi vous voulez,taillé , couſu & bigarré ſuivant le deſſein de l'Architecte.   On ajuſte ſur le tuyau qui fait la teſte de la machine un maſque de carton : on luy chauſſe auſſi des ſouliers de papier aux pieds , & des gands aux mains , ou bien on fait en ſorte qu'ils ne paroiſſent point.   On met ordinairément dans la teſte ,un globe chargé d'une matiére lente. Quelquefois auſſi on perce ces globes en pluſieurs endroits,ſi on veut faire paraiſtre une pluye , ou bien des grands rayons de feu,tels que produiſſent les globes ſautans, c'eſt ce que vous fait voir celuy ſur lequel le ſimulacre de la Fortune eſt poſé en la figure au nombre 202.

   Il faut toutefois que je donne advis icy au Pyroboliſte,qu'il ait à diligemment affermir par deſſous, tous les tuyaux qui forment les membres du corps,& de les unir & acoupler tellement l'un avec l'autre qu'ils puiſſent ayſement eſtre ſeparez par la violence de la poudre, afin que les premiers n'entrainent pas quant & ſoy ceux qui ne ſeront pas conſommé ; car autrement toute voſtre entrepriſe ne produiroit pas les effets que vous vous en ſeriez promis.

                                                                 On

7.

On revestira tous les animaux que l'on desirera representer de leurs propres peaux, afin qu'approchans plus prés du naturel, ils trompent mieux les yeux des spectateurs : toutefois on aura soin de couper ces peaux toutes en petites pieces puis les recoudre assez legerement & à grands points, afin que lors que les feux d'artifices viendront à faire leurs efforts pour sortir, ils ne rencontrent aucun obstacle qui les puisse retarder, les faire biaiser, ou rebrousser chemin ; mais que d'une action libre ils puissent s'enlever en l'air sans se faire aucune violence, ny souffrir la moindre contrainte du monde dans leur depart. Il faut entendre la mesme chose des habillements des statuës humaines, soit qu'ils soient de papier, de toile peinte, ou de soye : particulierement si les feux d'artifice sont tellement disposez dans ces corps, que non seulement on ait dessein de les faire enlever perpendiculairement, mais aussi obliquement, à droite & à gauche.

8.

Les Globes aquatiques seront pareillement revestus d'escailles de poissons, d'ailes ou de plumes d'oiseaux de mer ou de riviere.

9.

Les revestures des chasteaux, des palais, des arcs triomphaux, des tours &c. s'ils sont fait de planches apres les avoir garnis par dedans de diverses especes de tuyaux & d'autres feux artificiels seront couvertes de quantité de petards de papier ou de fer ; en formant des canaux sur leurs plans opposez, & ajustant les petards de la mesme façon que ie vous l'ay enseignée cy dessus dans la construction des boucliers & des escus, & dans le mesme ordre qui se void aux figures desseignées au nombres 200, 202, & 204, aux lettres B & D.

10.

Entre plusieurs regles methodiques sur lesquelles vous pouvez fonder toute l'ordonnance & la bien-seance de cét art en tant que pratique, & la belle disposition des feux d'artifice, voicy la plus generale que ie vous peux donner : à sçavoir qu'il n'y ait aucune particule dedans, ny sur la machine qui ne soit occupée de quelque feu artificiel : Voila pourquoy toutes les poutres, soliveaux, traverses, planches & ais, les chapiteaux des colomnes (s'il y en a) les incombes, les parastates, les listeaux, les canellures, les corniches, les frises, les architraves, les modillons, dentilles, saillies, trigliphes, les goutes & clochettes, les metopes, & en fin les plinthes, piedestaux, apophiges, & les bases, de plus tous les enrichissements & arcessoirs comme les couronnes, fueillages, festons, fruits, fueilles, fleurs, diverses bestioles, insectes & reptiles, les armories & escus, armes de toutes sortes, & pour dire beaucoup en un mot tout ce qui fait corps ne demeurera point depourveu, soit de petards, d'estoiles ou d'estincelles, de fuzées courantes, ou de montantes, ou de petits mortiers chargez de globes à feu. Pour ce qui touche la façon de construire les bassins avec leurs piedestaux, & le moyen de garnir les marches & degrez des fontaines avec les petards & fuzées, on le pourra remarquer aysement aux figures marquées sous les lettres C & D.

11.

On disposera quelques petards de fer en byaizant, d'autres seront posez perpendiculairement à l'horizon : mais leurs lumieres seront tournées aux uns dessus aux autres dessous, une partie à droite, & l'autre à gauche

 'ainsi

ainſi ils ſeront tous diverſement & alternativement diſpoſez le long des
canaux.   On obſervera auſſi bien diligemment que les doubles petards,
c'eſt à dire ceux qui en contiendront deux ou trois autres plus petits, ayent
leur ſituation perpendiculaire à l'horizon.

12.

Or comme toutes ſortes de choſes ne plaiſent pas à toutes ſortes de perſonnes; & que ce qui agrét à l'un & bien ſouvent deſaprouvé d'un autre :
& conſideré d'ailleurs que nos ouvrages ne doivent pas eſtre approuvéz
d'une perſonne ſeulement d'entre tous les ſpectateurs; mais diligemment
examinez de pluſieurs à qui il eſt neceſſaire que le Pyrotechnicien obeiſſe;
pourveu que cete pluralité ait dans l'eſprit aſſez de force & de capacité
pour juger de nos ouvrages, car autremenr il vaudra beaucoup mieux plaire
à peu, & plaire à gens qui y ſoyent bien entendus, que non pas rechercher
les applaudiſſements d'une populaſſe ignorante, ou en craindre leurs
diſcours ſçandaleux & mediſants.   Voila pourquoy il entremeſſera parmy ces petards, des fuzées courantes ou montantes, & d'autres inventions pyrotechniques, afin que de temps en temps, & par intervalles
elles partent & s'enlevent en l'air pour augmenter leur divertiſſement &
éviter leurs reproches.   De plus ſi l'Ingenieur treuve à propos, ou ſi celuy qui fait la dépenſe de toute la fabrique veut abſolument que l'on faſſe
voir quantité de feux tout d'un temps, ou que la deſcharge des petards
ſoit plus frequente, on fera faire grand nombre de lumieres en divers
endroits de la machine, par leſquelles le feu puiſſe eſtre introduit quand
on voudra, dans les ouvrages qui ſont renfermez dans le corps de la fabrique.   Car il y en a des certains qui ont de coûtume de faire une ſeule lumiere ſur le ſommet de la machine ſeulement, afin que toute la maſſe de ces
feux faſſe ſon effet, comme par un ordre ſucceſſif, & continuel : mais en
cecy il faut ſuivre la volonté de l'Ingenieur : il eſt bien vray que cete façon
de donner feu aux machines eſt bien artificieuſe, mais l'autre eſt bien plus
ſeure & moins perilleuſe.

13.

On fait grand eſtime dans ces ouvrages icy des feux de diverſes couleurs : comme ſi par exemple il eſtoit beſoin de repreſenter une arc en
ciel, une flamme infernale; de l'eau, ou des eſtoiles, ou bien quelque
autre choſe de ſemblable : en ce cas l'ingenieux Pyroboliſte ira rechercher
toutes les regles & compoſitions que nous avons données cy deſſus touchant la bien ſeance & legitime conſtruction des fuzées montantes.   De
plus s'il faut faire paraître des eſclairs ou quelque lumiere extraordinaire
qui ſoit preſque auſſi toſt eſuanoüie que veuë, il le fera ayſement avec un
peu d'ambre jaune, ou de Colophone, de gomme de genevre, ou de poix
navale bien pulverizée.

14.

Que ſi l'Ingenieur a feu à deſſein de repreſenter dans ſes fontaines artificielles, une croix, une eſtoile, une pluye, une arc en ciel ou quelque
choſe de ſemblable, il fera faire de tuyaux d'argile (car les compoſitions que nous employons dans nos feux d'artifice pour lentes qu'elles
puiſſent eſtre font fondre toutes ſortes de metaux, à cauſe du ſoulfre
& du Salpetre, & des autres matieres chaudes & violentes qui ſont meſlées parmy) leſquels ſeront faits de la meſme forme & façon que ceux
dont les maîtres fonteniers ſe ſervent pour repreſenter ces meſmes figures :

res.: On les fera plus larges par deſſus afin qu'ils puiſſent boucher, &
couvrir fort proprement les orifices des tuyaux ou des globes. Les compoſitions dont on les remplira feront fort lentes, parmy leſquelles on me-
ſlera certaines portions de matieres produiſantes des flammes de toutes
couleurs, & des eſtincelles en grandiſſime abondance : tous ces tuyaux
d'argile façonnez ſuivant l'artifice que nous avons dit, feront pareillement chargez de la meſme compoſition tant qu'ils en pourront contenir.

15.

On employra toute la diligence poſſible à bien conduire les canaux, bien
ajuſter les petards, & fuzées, & à proprement arrenger les autres feux artificiels. Car c'eſt en ce bel ordre que giſt toute la grace des ouvrages c'eſt
là où l'Ingenieur fait paraiſtre ſon bon jugement, bref c'eſt de ce ſoin que
depend abſolument ſon ſalut & ſa vie, & non ſeulement ſa ſienne propre,
mais auſſi celle de ſes ouvriers, & de tous les ſpectateurs : car pour vous
en avoüer le peril i'ay veu beaucoup de machines artificielles, mais à la
verité fort peu qui ayent bien reüſſies; veuque la plus part prenant feu par
tout & en un moment, ont fait perdre la vie à pluſieurs, brulé une partie du peuple, & eſtropié quantité de malheureux qui s'eſtoient portez
à ces ſpectacles pour y recevoir du contentement, Or le diligent Pyroboliſte évitera ayſement tous ces inconveniens, & tant d'autres fautes qui
ſont tres dangereuſes à commettre, s'il charge premieremenr tous ſes canaux d'une matiere lente, de laquelle il ait experimenté la bonté par pluſieurs fois, I'appreuve toutefois d'avantage ces petites meſches faites d'eſtoupes pyrotechniques bien ſeiche & bien travaillée, car moy meſme les
ay ſouvent miſes en uſages & m'en ſuis fort bien trouvé: toûtefois ſoit que
vous vous en ſerviez, ou ſoit que vous trouviez les compoſitions lentes
plus à propos, l'une & l'autre ſera renfermées dans des canaux de cuivre
(car ceux de bois ſont auſſi toſt bruſlez, ou crevent par le milieu, ceux
de plomb ſe fondent à la moindre chaleur du monde, ceux de fer ſe rougiſ-
ſent & s'emflamment auſſi toſt, d'où s'enſuit un peril evident que le feu
ne s'inſinuë dans la matiere de la fabrique meſme, comme dans la charpenterie, dans les toiles, ou dans le papier, ce qui cauſeroit la ruine entiere
de toute l'entrepriſe de l'artifice : mais pour les canules de cuivre elles ne
s'eſchauffent que difficilement à cauſe de la denſité de leur metail comme
nous avons dit ailleurs) leſquelles on enveloppera des nefs d'animaux imbus de colle dans laquelle on aura diſſout un peu d'alun de plume à l'eſpaiſſeur ou environ d'une ligne : puis apres on couchera toutes ces canules
dans les canaux des planches, ou bien on les ajuſtera toutes nuës d'un feu
à l'autre.

Les jointures & commiſſures des canules feront bien diligemment relu-
tées avec de l'argile, ou bien avec ces nerfs meſmes empaſtez de force colle,
afin qu'elles s'entretiennent toutes fort & ferme, & que le feu n'en puiſſe
pas ſortir ſi aiſement; outre cela vous y ferez quantité de petits ſoûpiraux
pour donner vent au feu: car autremēt, ou il ſe ſuffoqueroit dans les tuyaux
ou bien il les feroit crever par tout: on fera toutefois ces ſoûpiraux avec tant
de precaution & d'adreſſe, qu'ils puiſſent non ſeulemēt jetter leurs flammes
& leurs eſtincelles fort loin des autres ouvrages artificiels; mais afin que ſi
d'ailleurs les canules & petits conduits ſont cachéz dans les canaux des ſolives & des planches, ou pour le moins s'ils ſont attachéz par dehors, puiſſent donner feu aux petards & fuzées veuque le feu prēdra avant par quantité d'ēdroit à meſure que les petards ſe dechargerōt; mais néahtmoins con-

sideré que ces souspiraux ne sont pas suffisans pour evacuer les immondices qui s'engendrent dans les tuyaux de la fumée des matieres impures & grossiéres; c'est pourquoy on fera des certains égouts, qui seront des ouvertures assez grandes, par lesquelles la crasse & les saletez se déchargeront, & par où le feu prendra vent tout ensemble : Mais il les faut toutefois ordonner avec tant de prudence que le feu ne puisse en aucune façon arriver jusques à la pure & nuë composition de laquelle les corps renferméz dans la machine sont chargez, mais qu'elles soient portées hors par d'autres canules metalliques sans aucun peril.

Sur toutes choses on se donnera bien de garde d'approcher de la machine tant par dedans que par dehors aucune mesche, ny feu, afin d'oster toute occasion aux malheurs qui en pourroient arriver. Au reste il n'est pas beaucoup necessaire ce me semble d'enseigner icy le moyen ny l'ordre qu'on doit tenir dans la disposition de ces canaux, puisque difficilement en peut-on establir aucune regle, à cause d'une infinie varieté dans l'ordonnance des ouvrages; & ie ne doute aucunement que celuy qui entreprendra de mettre la main à des entreprises si chatoüilleuses, n'observe si exactement ces advertissements que ie luy ay donnez, qu'il ny commettra aucune faute, joint que i'espere que le nouveau Pyrotechnicien pourra tirer une grande connneissance de l'artifice, de l'ordonnance . & de la communiquation de ces feux, par ces figures tant orthographiques que scenographiques que ie luy ay tracées au net avec tant de soin.

16.

La dernier chose de quoy ie desire que vous soyez tous advertis : c'est que sur toutes choses ceux qui seront employez à la fabrique de ces ouvrages seront fort sobres, gens de bien, chastes, & pieux, qui s'empescheront de jurer, blasphemer, ny mesme de proferer aucunes parolles deshonnestes : car tout ainsi comme dans toutes nos actions nous ne pouvons rien faire de bien sans un assistance particuliere de la Divine Bonté; à plus forte raison dans le perilleux maniment de ces ouvrages de feu, devons nous avec une fervente devotion, pureté de cœur aussi bien comme de corps, benir, & adorer Dieu dans la crainte de ses jugements, implorer son ayde & ses graces divines, afin qu'il luy plaise faire bien reüssir toutes nos entreprises, & nous preserver de tous les dangers qui nous environnent : car dans tout ce temps, il faut croire que nous pouvons mourir autant de fois qu'il y a de moments, veu qu'un battement un peu trop violant, ie ne dis pas seulement d'une pierre contre une pierre, d'un fer ou de quelque autre metail à l'encontre d'un autre, mais les simples frottements de deux pieces de bois, la rencontre de deux cordes un peu trop rude, que dis-je, le choc de deux pailles, doivent estre autant de causes de nos apprehensions, qu'ils le peuvent veritablement estre de nostre ruine, & de la perte de nostre vie parmy ces dangereuses occupations.

Le reste de ce qui concerne l'achevement de ces machines artificielles, s'adresse particuliérement aux mareschaux, charpentiers, dinandiers, menuisiers, tourneurs, massons, orphebvres, sculpteurs, plastriers, peintres & à plusieurs autres ouvriers & artisans, lesquels toutefois dependent absolument de l'Ingenieur à feu, qui prèdra garde à ce qu'ils observent precisemèt ses ordres & se conforment unanimement aux regles qu'il leur à prescriptes. Voila pourquoy il sçaura les ouvrages qu'il leur doit mettre entre les mains; cõsiderera leur travail, leur en dira son sentiment, ne les mettra point en œuvre quils ne soint bons & bien faits, rejettra les deffectueux & ceux

qui

qui feront travaillez avec trop de negligence : car s'il y arrive quelque malheur dans ces ouvrages, on en imputera point la caufe à ces manneuvres; mais bien à l'Ingenieur qui aura conduit toute l'entreprife : comme en effet puifque toute la gloire & l'honneur des beaux fucces de ces inventions retourne à l'autheur de toute la fabrique, de mefme par un effet contraire, s'il y arrive quelque difgrace par fes mauvais ordres, tout le blame la honte & la confufion retombera fur l'entrepreneur, & le rendra auffi confus, qu'il auroit efté glorieux, fi le tout avoit forti l'effet qu'il s'en eftoit promis.

Or apres avoir mis fin icy, & impofé comme on dit la colophone à tous ces ouvrages artificiels recreatifs, defquels i'ay difcouru ce me femble fuffifamment, & peut-eftre plus long temps, que quelqu'uns n'auroient fouhaité, nous pafferons en fin à la feconde partie de ce livre en laquelle nous nous entretiendrons des feux artificiels ferieux & militaires.

PARTIE SECONDE
DE CE LIVRE
Des Maffes, des Miffiles, & des Armes Pyrotechniques militaires & ferieufes.

Chapitre I.
Des Olles ou Pots à feu, des Phioles, & Bouteilles, des Boëtes, des Conges & des Cruches à feu.

Parmy tous les ouvrages deffenfifs Pyrotechniques defquels nous nous fommes propofé de vous entretenir dans la feconde partie de ce livre nous ferons paraiftre fur les premiers rangs les olles ou pots à feu, les phioles, les bouteilles, les boëtes, les cruches & cantres & toutes fortes de femblables vaiffeaux d'argille ou de verre, pour eftre plus fimples dans leur compofition, & beaucoup moins artificiels que les autres qui fuivront par apres. Ie vous les ay enveloppez tous dans un feul chapitre à raifon qu'ils fe preparent tous d'une mefme façon mais non pas toutefois en toutes fortes de façons, car le plus fouvent ce qui entre dans la preparation de l'un, n'eft pas toufiours propre pour la charge d'un autre, à caufe de la diverfité de leurs figures & de leurs grandeurs. Nous remarquons donc icy plufieurs & divers moyens pour emplir & charger trois certains petits vaiffeaux.

Moyen 1.

On verfe premiérement dans quelque vaiffeau de la chaux vive fubtilement pulverizée, & paffée par un tamis affez fin en telle quantité que elle rempliffe juftement la troifiéme partie du vaiffeau : puis on acheve de le remplir jufques aux bords d'une bonne poudre grenée, en fuite de quoy on le bouche bien exactement par deffus avec un fort papier premiérement, ou avec une rotule de bois puis on l'enveloppe par apres d'un linge bien poiffé. On attache au col, aux oreilles, ou aux anfes (fi le vaiffeau eft de terre) certains bouts de méches, de la mefme façon

qu'on

qu'on le peut remarquer en la figure marquée 206. Ce vaisseau estant ainsi
preparé, apres en avoir allumé les mesches par les deux bouts, sera jetté
de quelque lieu élevé parmy les ennemis comme par exemple du haut d'un
rempart, d'une muraille, ou d'un bastion de quelque forteresse dans le fossé, ou dans les lieux les plus proches si on les veut jetter avec la main;
mais avec des machines propres à cét effet s'il est question de les élancer
dans des distances esloignées, comme dans les lignes & travaux des ennemis (& par cete derniere voye ces mesmes vaisseaux pourront estre envoyez par les assiegeans dans les places assiegées; on s'en pourra aussi servir
quelquefois dans les combats navales lors que les vaisseaux viennent à se
joindre & à s'abborder l'un l'autre, là où ils feront des prodigieux effets dans
la confusion des soldats, des matelots, & des attirails qui se rencontrent
ordinairement dans des lieux si estroits: car aussi tost qu'ils seront tombéz
sur le pont du vaisseau, ou qu'ils auront rencontré quelque objet dur, ils
ne manqueront à se rompre, & s'eclatter en mille morceaux, à cause de la
fragilité de leur matiere, ensuite de quoy la poudre s'espandra par tout,
les mesches allumées qui seront engagées avec le fracas du reste tomberont
dessus, d'ou s'ensuivra une flamme espouvantable, la perte de beaucoup
des ennemis,& peut-estre l'incendie de tout le vaisseau : d'ailleurs la chaux
s'élevant en l'air & faisant élever une poussiére espaisse formera comme un
tourbillon qui sera fort nuisible & presque insupportable à ceux qui s'y
treuveront enveloppéz.. Quelque-fois au lieu de chaux on y employra
de la cendre de chesne ou de fresne; à condition qu'elle soit bien tamisée,
afin que ces atomes en soient presque imperceptibles.

Moyen 2.

Quelque-fois on prepare des vaisseaux de terre ou de verre, qui ont les
cols assez longs dont le vuide a environ la largeur d'une once, & res-
semblent proprement à des matras, retortes, ou phioles d'Alambiques;
on leur remply le ventre de poudre grenée avec certaine portions de mercure sublimé & de Bol d'Armenie. Quelque-fois on mesle parmy des certains
fragments de fer pour en former comme une grêle. Les cols seront remplis d'une matiére lente, en fin on y met le feu, puis on les jette où l'on veut
qu'ils produisent leurs effets.

Moyen 3.

Si d'avanture le vaisseau est fort capable & qu'il ait l'orifice assez ample,
à sçavoir de trois ou quatre doigts de largeur, on meslera parmy la poudre grenée certaine, quantité de petards de fer doubles ou multipliez, &
preparez suivant leur ordre, ou bien si vous voulez vous inserez dedans des grenades manüelles sans tuyaux mais seulement remplies de
leur charge ordinaire jusques aux bords; la figure des vaisseaux desseignez au nombre 206 vous fait voir l'un & l'autre, le premier desquels marqué d'un A, renferme des grenades à main, l'autre en la lettre B contient
des petards de fer.

Moyen 4.

Il y en a qui remplissent ces mesmes vaisseaux de compositions fort vio-
len-

lentes & tellement ardentes qu'on ne les peut suffoquer par aucun moyen:
nous en avons décrit plusieurs de cete nature cy dessus. Celles que nous
avons ordonnées pour preparer les pluyes de feu seront fort propres pour
cét effet, & particuliérement celles qui produisent le feu Grec: car c'estoit
dans des semblables vaisseaux qu'on le renfermoit comme nous avons de-ja
monstré ailleurs   Cela n'empeschera pas pourtant que ie ne vous en de-
crive icy quelques unes fort particulieres desquelles les Pyrotechniciens de
ce temps ont de coûtume de remplir ces vaisseaux, la premiere est celle que
nous donne Fioravantus: Prenez du Vernix duquel on dore les cuirs 10 ℔,
du Soulfre vif 6 ℔, de l'Huyle de resine 2 ℔, du Salpetre ℔ ß, de l'Oliban
1 ℔, du Camphre 6 ʒ, de la meilleure eau de Vie 14 ʒ, mettez-les tous dans
un vaisseau & les messez bien ensemble sur un feu lent & moderé & vous
en formerez une certaine mixtion, dans laquelle vous tremperez une
quantité d'estoupe, laquelle estant mise dans des pots, puis allumée
produira un feu inextinguible, en quelque lieu qu'on le puisse jetter.

Usanus nous décrit celle cy au traité troisiéme de son Artillerie Chap. 20.
Prenez de la poudre à canon, du Soulfre, du Salpetre, du Sel Ammoniac de chacun ℔ ß, du Camphre 2 ʒ, reduisez les tous en poudre fort subtile, puis les passez par un fin tamis: adjoutez y encore une pincée de sel
commun, c'est à dire autant qu'on en peut prendre avec trois doigts: puis
apres renfermez le tout dans un vaisseau d'airain ou de terre vernissée, &
versez par dessus de l'huyle d'olives; ou de petrole ou de lin, ou de
noix, ou bien de la graisse fonduë autant qu'il en faut pour donner à vostre
composition la consistence d'une boüillie ou d'une confection assez espaisse. Meslez-les bien tous ensemble & les incorporez, puis en ayant pris
un peu à l'écart observez si cete matiére brûle violemment, & si vous avez
de la difficulté à l'estindre en y jettant de l'eau: car si vous remarquez que
elle est foible vous y adjouterez de la poudre pyrique. Lors que vous l'aurez dans le point que vous la desirez remplissez en des pots, des cruches
ou semblables vaisseaux de terre ou de verre.

Vous pourrez renfermer dans cesdits vaisseaux des fragments de cete
matiére liquefiée que ie vous ay enseignée cy dessus dans la prepation de
la pluye de feu, apres les avoir enveloppéz d'estoupes pyrotechniques, ou
bien des boulets de la grosseur d'une noix Italique faits de la composition
suivante: puis vous remplirez les vuides d'une bonne poudre grenée, melée avec de la poudre battuë. Voicy ce qui entre dans ladite composition:
Prenez du Salpetre, & de la poudre à canon de chacun 2 ℔, du Soulfre
℔ ß, de la Colophone ʒ iiij, du Camphre ʒ ij, du Sel Ammoniac ʒ j. Mettez
les tous ensemble & les incorporez, puis les petrissez avec de l'huyle de
lin ou d'olives, bref formez-en des balles de la grosseur d'une grosse noix.
Ces balles brûslent puissamment lors qu'elles sont une fois emflammées, en
telle sorte que si elle viennent à tomber sur le pont d'un vaisseau elles percent en moins de rien la planche de part en part, mettent le feu par tout où
elles s'attachent, bruslent & emflamment les matieres les plus resistantes
au feu, & ce que ie treuve de plus estrange dans la nature de cet artifice
c'est qu'il est impossible non seulement d'en estouffer la flamme par aucun
moyen que se soit, mais au contraire s'augmente & prend des nouvelles forces à mesure qu'on luy jette de l'eau pour le suffoquer.

Tous ces vaisseaux seront couverts de toiles cirées, ou poissées, comme
nous avons dit des autres cy dessus: On attachera aux oreilles ou anses
(s'il y en a: & faut qu'il y en ait; car elles y sont non seulement commodes
mais

mais auſſi neceſſaire) des bouts de meche fort & ferme, de peur qu'ils ne tombent.　Que ſi d'avanture ces pots n'ont ny oreilles ny anſes ny meſme le col aſſez long pour y arreſter des meches, en ce cas on pourra enduire toute la ſuperficie exterieure de colle pyrotechnique ou de goudron ſeulement, & par ce moyen vous y pourrez ayſement attacher des meſches tout à l'entour.

Advertiſſement.

Que les olles & pots ardents de cete façon, & divers vaiſſeaux remplis de feu pour embraſer les édifices, & tout autre ſubjet combuſtible ayent eſté mis en uſage jadis par les Anciens, la choſe en eſt hors de controverſe par les teſmoignages que nous en avons rapportéz d'une infinité preſque d'auteurs dans la deſcription des grenades manuelles, & de la pluye de feu.　Vous m'advoüerez toutefois que tous ces vaiſſeaux à feu des Anciens n'eſtoient que des divertiſſements d'enfans, des pures bagatelles, & moins que des ombres en comparaiſon des nos pots à feu modernes, à cauſe qu'ils manquoient pour lors de noſtre foudroyante poudre à canon, par le moyen de laquelle nous pouvons produire par tout des effroyables embraſements, brûler, ou eſtouffer la plus part de nos ennemis, particulierement ſi on en remplit des grenades ou des petards, & qu'on les renferme dans ces vaiſſeaux, & que dans cet eſtat on les élance à travers les ennemis comme nous avons dit ey deſſus.

Chapitre II.

Des Couronnes & Bouquets à feu que les Allemands appellent *Pech & Sturm-krantzen.*

Quiconque a de l'ambition pour s'acquerir une couronne ailée ou navale, & qui deſire d'en eſtre honnoré de la main de ſon Prince ou de ſon Roy (qui ſont les ſuperbes marques de la gloire & de la recompenſe que la vertu affecte ſi paſſionnement) il faut de neceſſité qu'il ſçache premierement manier nos couronnes Pyrotechniques, faut qu'il les ait toutes eſpreuvées s'il à deſſein de s'en voir une de laurier ſur la teſte, car c'eſt par celles-cy que l'on paſſe à celles qui nous comble d'honneur & de gloire apres que nous nous les ſommes acquiſes : Les noſtres brûlent, ic l'advoüe, & piquent bien ſouvent ceux qui les empoignent genereuſement, mais qui eſt celuy qui ne ſçait pas que les roſes ſe cüeillent entre les eſpines, & que nos contentements les plus chers, prennent naiſſance au milieu des cuiſantes douleurs de mille deſplaiſirs qui s'oppoſent touſiours à la conqueſte du bien que nous pourſuivons; perſōne ne s'eſt jamais acquis de la gloire que ce n'ait eſté par la voye des difficultez des peines & des travaux;ce n'eſt pas une petite loüange qu'on puiſſe donner à un ſoldat de dire qu'il ſçait & qu'il veut patir ; cete ſeule loüange qu'on donne à la grandeur de ſon courage,quoy que le reſte luy menque,eſt le juſte prix de ſa vertu. Voila pourquoy ie dis que quiconque ſera couronné de nos guirlandes à feu aura la teſte chargée d'un grand fardeau,mais il n'en ſera pas toute-fois moins ſuperbement orné, s'il a la gloire pour but de ſes actions, s'il m'eſpriſe toutes les difficultez, & qu'il ſouffre avec conſtance toutes les traverſes qui peuvent luy rendre difficile la recherche d'un bien

qui

qui n'a point de prix.   Or ie m'en vay vous apprendre dans la ſuite de ce
diſcours de qu'elles ſleurs nos couronnes doivent eſtre tiſſuës.

Faites faire un long ſac d'une bonne toile de lin ou de chanvre, qui ne
ſoit pas plus large que de quatre ou ſix pouces; mais long de trois ou quatre pieds.   Rempliſſez-le de quelqu'une de ces compoſitions que nous
avons ordonnéez cy deſſus pour les globes à feu : quant à ce qui eſt des
compoſitions ſuivantes on s'en ſervira pour les bouquets particuliers.

1.

Prenez du Salpetre 3 ℔, du Soulphre 1 ℔, de la Poudre 2 ℔, du Verre
Pulverizé ℔ β.

2.

Prenez du Salpetre 3 ℔, du Soulphre ℔ 1, du Charbon ℔ β, du Verre
Pulverizé ℥ iiij.

3.

Prenez de la Poudre 2 ℔, du Salpetre 3 ℔, de la Colophone ℔ β, battez-les bien delié & les incorporez tous enſemble.   Auſſi toſt que vous aurez remply un ſac de quelqu'une de ces compoſitions, formez-en un cercle, puis joignez les bouts & les couſez bien enſemble : & pour les rendre plus fermes, ou de peur que les ſils ne venans à ſe rompre dans le temps
de la combuſtion il ne retournent à leur premiere droiture, on paſſera par
le milieu un cercle de fer de la meſme grandeur que le tour interne du
bouquet, avec lequel on l'enveloppera de corde tout à l'entour & de nœuds
entrelaſſez ſuiuant quelqu'une de ces methodes que nous avons enſeignées
cy deſſus pour la ligature des globes à feu.   Eſtans ajuſtez de la ſorte vous
engagerez dedans des petards de fer chargez de bonne poudre & de balles de plomb, par le moyen de certaines pointes de fer quon y aura fait au
deſſous, ou bien on les diſpoſera ſelon le meſme ordre que ie vous fais
voir en la figure d'un bouquet au Nomb. 207. ou en celle du Nomb. 208.

La troiſiéme eſpece de couronne que ie vous preſente au N° 209. eſt ſeulement toute brochée de pointes de fer barbillonnées, afin que celuy ſur la
teſte de qui elle tombera ne puiſſe l'empoigner pour s'en deffaire; mais
qu'il ſoit contraint de brûler tout vif, & par cete eſpece de ſupplice il emporte quant & ſoy la veritable couronne de martyr.

Quelquefois auſſi on attache tout à l'entour de ces couronnes, & bouquets des grenades à main de la groſſeur d'un globe de fer d'une ou de deux
livres peſant.   Mais elles auront des petits tuyaux longs de trois ou quatre
doigts inſerez en viz dans leurs orifices, afin qu'elles ſe puiſſent arreſter
ferme avec leſdites couronnes & bouquets, & pour cete meſme raiſon on
les lie bien ſerré avec du fil de fer.   Vous voyez la figure d'un tel bouquet
au nombre 210.

L'uſage de ces guirlandes & bouquets ne diſfere en rien de ces pots à
feu, & vaiſſeaux d'argile que ie vous ay décripts au chapitre ſuperieur; j'adjoûte ſeulement cecy, ſçavoir que vous aurez ſoin d'y percer deux ou
trois trous, par où le feu puiſſe paſſer en un meſme temps dans la matiere
artificielle; & ainſi eſtans allumees de tous coſtez, vous les jetterez là où
bon vous ſemblera.

D d d   Cha-

Chapitre III.

Des Cercles à feu , ou Spheres artificielles.

S i vous avez compris la façon de compofer les couronnes à feu fuivant
la methode que ie vous ay donnée cy deffus , vous n'aurez pas beaucoup de difficulté d'ajufter des fpheres artificielles qui ne font faites
que de plufieurs cercles paffez l'un dans l'autre en croix. Preparez feulement comme nous avons fait trois ou quatre couronnes,à telle condition
toutefois quelles puiffât entrer l'une dans l'autre,depuis le plus grand cercle
jufques au plus petit,c'eft à dire que la circonference interieure du premier
fera juftement la circonference exterieure du fecond,derechef la circonfe-
rēce interieure du fecōd renfermera exactement la circonference interieure
du troifiéme:& ainfi confecutivement ils feront tous tellement proportionnez que la rondeur externe de l'un puiffe eftre receu concentriquement
dans la rondeur interne de l'autre ; les ayant tous dans cete jufte proportion
inferez-les les uns dans les autres:à fçavoir les deux premiers à anglesdroits,
les deux autres plus petits pareillement à angles droits entre'ux ; mais
avec les grands à demys angles droits feulement:ou fi vous en avez d'avantage difpofez-les toufiours en telle forte qu'ils fe coupent mutuellement à
angles aigus par le haut & par le bas aux points diametralement oppofez :
que fi vous voulez, vous en pourrez auffi mettre de travers en tel ordre
qu'il vous plaira , pourveu que vous les arreftiez bien ferme avec du fil de
fer ou de cuivre : car fi vous ne les reliez que de ficelles les nœuds en feront auffi toft coupez par le feu , & par ainfi toute voftre befogne fe fepa-
rera,& fe diffippera fans faire l'effet que vous en auez efperé.

Ie vous adverty rey que vous avez befoin de grands cercles pour conftruire ces fpheres : Ie veux dire qui ayent plufieurs pieds de circonference : le
plus grand par exemple aura 15 pieds de tour en fa circonference exterieure : mais pour ceux-là qui font compris dedans , tireront leurs circonferences dans fon efpeffeur. Il eft auffi neceffaire de les plonger tous dans du
goûdron,& d'y percer des trous en divers endroits , afin que toute la maffe prenne feu de tous coftez,& par confequent qu'elle ne puiffe eftre em-
poignée,ny fuffoquée par qui que fe foit dans le temps quelle fera parmy
les ennemis,où elle fera des defordres efpouvantables.Ie ne vous ay pas deffeignée la figure de cete fphere , parce qu'il eft affez aifé de fe l'imaginer
par le difcours que nous en avons fait & par les figures de nos couronnes
artificielles. Pour le regard de celle que vous voyez au nomb. 211. elle
ne fe prepare pas tout à fait de cete façon : voicy comme quoy Hanzelet
veut qu'on la conftruife.

Prenez un cercle de bois ou de fer pour le mieux,de ceux que les tonne-
liers employent à relier les tonneaux à vin, ou autres liqueurs : enduifez-le
par tout de goûdron meflé avec de la poudre pyrique , par apres prenez une
bande de toile de la mefme longueur que la circonference , mais de la largeur de trois poûce feulement, couvrez-en ce cercle, & le rempliffez d'une
compofition faite d'une livre de poudre, d'une once de Soulfre,de 3 ℔ de
Salpetre,& arroufée d'un peu d'huyle de lin ou de petrole ; on y pourra auffi
mefler parmy des petits morceaux de Soulfre. Cela fait coufez bien proprement cete toile,& la reliez de fil par tout,puis percez avec un poinçon de
fer des trous en divers endroits;dans lefquels vous infererez de l'eftoupe py-

rotechtechnique : En fin vous chargerez de foulfre toute la fuperficie exterieure du cercle & l'envelopperez d'eftoupes , hormis les amorces , dans lefquelles on a inferé l'eftoupe pyrotechnique, qui demeureront libres.   Or cecy n'eft que la moitié de l'ouvrage. Vous en preparez donc encore un autre de la mefme forte (ou bien plufieurs fi vous voulez) puis les ayant mis l'un dans l'autre, vous les lierez bien ferré avec un fil de fer , de peur qu'ils ne fe feparent lors qu'on viendra à les jetter de quelque lieu eflevé parmy les ennemis. Les ayant preparez de la forte vous mettrez le feu aux eftoupes pyrotechniques inferées dans les amorces, & attendrez qu'elles foient bien alluméez & qu'elles ayent portées le feu dans la compofition, premier que de les envoyer au lieu où elles doivent faire leurs effets,

Chapitre I V.

Des Cylindres artificiels.

Ie repete encore icy derechef ce que ie vous ay de-ja tant de fois redit que nous ne fommes ingenieux dans noftre art , qu'à l'exemple des autres pour la recherche des inventions des ouvrages Pyrotechniques. Car ie ne nie pas que nous ne relevons plufieurs chofes de noftre temps dans cét art (pour les autres ie ne m'en mefle pas) que nous difons avoir efté inconnuës aux anciens , lefquelles toutefois pour mon regard ie ne peux croire qu'ils ayent ignorées tout à fait : & peut-eftre bien que nos enceftres ont eu une plus parfaite conneffance des chofes que nous nous imaginons eftre de noftre invention que nous mefmes (excepté feulement quelque petite galenterie de quoy noftre art fe vante eftre la premiere caufe) mais qui par lapfe de temps fe font infenfiblement abolies & ne font par venuës jufques à nous; or les hommes font maintenant d'un tel naturel , que d'abord qu'ils fe font attachez à quelque piece de ces antiquités avec tant foit peu d'attention, ils penetrent auffi toft jufques au fonds, ils en decouvrent les fecrets affez ayfement , puis leur vanité leur enflant le cœur dans leur bon fuccez , ils s'imaginent en eftre les inventeurs : dou vient qu'ils les debitent non feulement comme leurs propres ouvrages , les vantent & les loüent hautement: mais encore meprifent arrogamment tous ces braves autheurs des fiécles paffez, qui n'ont pas eu moins de foin que nous à les cultiver: Pour moy i'advoüe que tous ont efté des grands hommes, remplis d'efprit & d'inventions, mais on m'accordera auffi que nous meritons bien d'avoir quelque part en leurs loüanges , en ce que nous fçavons adjoûter quantité de chofes à leurs ingenieufes pratiques : faire le choix de celles qui nous font propres, les trier d'avec celles qui nous femblent inutiles, puis apres les avoir decraffées d'une certaine rouille que la longueur des années leur avoit contractée, leur rendre leur premier luftre. Or ie tiendray toufiours ferme dans cete opinion que j'ay fi fouvent prononcée dans cét oeuvre pour quelque argument apparent qu'on me puiffe apporter : à fçavoir que les ouvrages des Anciens font tous eftropiez , & imparfaits fans noftre poudre foudroyante, & qu'ils n'ont feulement veu que les ombres & non pas les veritables idées de nos efpouvantables & admirables inventions de guerre. Ie vous en ay de-ja expofées quelques unes cy deffus & apres les avoir balancées avec nos modernes, ie vous ay fait voir de combien les noftres les furpaffoiët & en dignité & en nobleffe. En voicy

quantité d'autres qui fuivent : premiérement ie veux vous confirmer dans ce Chapitre par les tefmoignages de plufieurs autheurs que le cylindre pyrotechnique a efté une invention des plus antiques que les Anciens ayent mis en ufage ; puis ie vous feray voir ce que les autheurs modernes y ont adjouté de nouveau.

Faifons paraiftre Vegefe fur les premiers rangs, pour nous dire fon fentiment touchant les cylindres : voicy comme il en parle en fon liv. 4, chap 8, où il nous enfeigne à preparer plufieurs efpeces de machines, pour la deffence des murailles : *Rotæ quoque de lignis viridibus ingentiffimæ fabricantur vel intercifi ex validiffimis arboribus cylindri (quas taleas vocant) ut fint volubiles lævigantur : quæ per pronum labentia fubito impetu bellatores fternunt, equofque folent deterrere.* On conftruifoit ce dit-il des grandes & puiffantes roües de bois vert ; ou bien apres avoir coupé des gros troncs d'arbres, on en formoit des cylindres (qu'ils appelloient des rouleaux) & les arrondiffoit-t'on bien, afin de les rendre plus roulants ; lefquels on precipitoit impetueufement le long des penchans, & du haut des montagnes pour en accabler les ennemis, & donner l'efpouvante à leur chevaux. Faifons venir enfuite Ammianus Marcellinus pour nous dire ce qu'il en penfe en fon livre 31 ; *Nonnulli fcalas vehendo, afcenfufque innumeros ex omni latere parantes fub oneribus ipfis obruebantur, contrufis per pronum faxis. & columnarum fragmentis, & cylindris.* C'eft à dire que la plus part de ceux qui faifoient leur efforts pour monter à l'affaut, ou pour Efcalader les murailles demeuroient accablez fous le poids des groffes pierres, des grandes pieces de colomnes, & des puiffans cylindres qu'on rouloit le long des penchans & des taluds des murailles.

Il eft donc tres conftant par les tefmoignages de ces deux autheurs, pour ne point m'arrefter aux autres, que les Anciens ont mis les cylindres en ufage. Mais pour accabler feulement les plus hardis de leurs ennemis qui venoient à l'efcalade, qui le plus fouvent ne faifoit que les eftropier, rompre leurs efcheles & brifer les machines fur lefquelles ces pefantes maffes tomboient par hazard : laiffans & les foldats & les ouvrages qui en eftoient tant foit peu efloignez hors de danger. Mais nos cylindres fo nt maintenant beaucoup plus artificieux, & plus efficaces, car non feulement ils brifent par leur pefanteur tout ce fur quoy ils tombent, mais auffi tuent & maffacrent les foldats les plus efloignez, renverfent & fracaffent les machines, lors qu'apres les avoir vuidé on y renferme dedans des pierres, des cailloux, des carreaux de fer, & toutes chofes femblables qui par la force de la poudre renfermée font envoyez ça & là, à droite & à gauche pour tuer, maffacrer, rompre, & renverfer tout ce qui rencontrent en leur chemin. Mais notez que pour plus grande feureté on les relie par les deux bouts & par le milieu fur l'endroit de la poudre avec des bons cercles de fer : Et voila la premiere efpece de nos cylindres, duquel ie vous fais voir la figure au nombre 212 en laquelle la lettre A vous marque une rotule ou tampon de bois duquel on bouche les orifices du cylindre.

La Seconde efpece qui reffemble à celuy cy fe void au nombre 213, il eft armé tout à l'entour de pointes barbillonnées, pour accabler non feulement par leur pefanteur, par leur mortelles entrailles, par leurs flammes & leur feu (en quoy ils reffemblent aux premiers) mais auffi pour deftruire par leurs pointes & éguillons, les foldats qui fe hazardent à un affaut, ou à gagner le haut d'une breche. Celuy-cy fe relie auffi bien ferré par les deux bouts avec des bons cercles de fer.

La

La troifiéme efpece de ces cylindres qu'on peut remarquer au nombre
214 eft encore plus pleine d'artifice & fait des plus pernicieufes executions
que les deux premiers, car on luy remplit fa capacité de quantité de grenades à main, & de petards multipliez, chargez fuivant leur methode acoû-
tumée, parmy lefquels on verfe autant de poudre qu'il en faut pour remplir les efpaces vuides qui fe treuvent entre ces corps ronds. Or ce cylindre
fe fait ordinairement de deux demy-cylindres évuidez de la mefme forte
que le profil marqué fous A vous le fait voir. Or pour les arefter bien ferme lors qu'ils font rejoints on fait paffer par le diametre de leur efpeffeur
deux coings de bois percez par les bouts de deux trous dans lefquels on infere deux petites clavicules de bois pour les tenir areftez, & ferrer les deux
pieces en telle façon que les materiaux renfermez ne puiffent prendre
vent lors qu'ils auront conceu le feu. On ajufte fur tous ces cylindres des
petits tuyaux de bois qui paffent jufques à la poudre, lefquels on remply
d'une de ces compofitions que nous avons ordonnées cy deffus pour les
tuyaux de toutes fortes de grenades.

En fin ie vous donne encore icy une quatriéme efpece de cylindres, de
laquelle ie crois que les anciens ont eu quelque conneffance, fi nous adjoûtons foy à Saluftius, car voicy ce que ie treuve dans fes fragments : *Saxa-
que ingentia, & axe vinctæ trabes, per pronum incitabantur, axibufque emine-
bant in modum ericii militaris veruta binum pedum.* Il dit qu'on rouloit de
ce temps là tout le long des penchans, des grands cartiers de rochers, & des
poutres entieres attachées fur des effieux, ou qui eftans montées fur des roües reffembloient à des cavaliers de frife où à des chauffes trappes militaires.
Mais bon Dieû jufqu'a quel point eftrange n'avons nous pas porté cete efpece de cylindres par le moyen de noftre poudre ? car cete invention com-
parée avec les noftres n'eftoit qu'une pure ombre de celle que vous voyez
deffeignée au nomb. 215, Et pour n'eftre point jugé menteur ie veux faire
voir par la conftruction de la noftre, la difference qu'il y a entre l'une &
l'autre, & ce que l'on a adjoûté de nouveau à la noftre ; la defcription en
eft tirée de la Pyrotechnie d'Hanzelet. Prenez un cylindre évuidé de la
même façon que font nos tuyaux recreatifs, c'eft à dire qui ait un trou dans
fa hauteur. large de trois ou quatre doigts : rempliffez-le d'une compofition telle que nous l'avons difpenfée pour la charge des tuyaux recreatifs.
Sa fuperficie exterieure exceptées les bafes fera toute brochée de longues
pointes de fer, entre lefquelles on difpofera des grenades d'une mediocre
grandeur, engagées dans les cylindres par leur petits tuyaux, mais il faut
qu'ils foient de fer, & qui foient engagez en viz dans les orifices defdites
grenades d'un cofté & de l'autre dans le cylindre, (voyez la figure A.) afin
que la grenade foit d'autant plus ferme arreftée fur le cylindre : ces tuyaux
feront d'une telle longueur qu'ils puiffent paffer jufques fur la compofition renfermée dans le corps du cylindre. Le tout eftant difpofé de la
forte vous montrez cedit cylindre fur deux roües vulgaires, telles que font
celles d'un chariot, avec fes effieux, dont la groffeur refpondra exactement à la grandeur des orifices du cylindre, en forte qu'ils y puiffent entrer pour y eftre areftez bien ferme. Il feront pareillement percez de bout
en bout d'un trou large d'environ d'un poûce de chaque cofté, ces trous
feront remplis d'une compofition dont on charge d'ordinaire les tuyaux des
grenades. En fin cete furieufe maffe (à qui pour fon admirable conftruction, & pour fes eftranges effets on pourroit fans crime donner le nom de
machine) fera poiffée par tout : puis apres l'avoir allumée par les deux

D d d 3

ex-

extremitez des axes elle fera precipitée parmy les ennemis : pour y produite des effets plus eftranges & plus pytoyables que mille autres dont les
anciens fe foient jamais fervy : Vous dire comment cela fe pourra faire il
ny a perfonne pour peu verfé dans noftre art qui foit qui ne puiffe
bien fe l'imaginer : pour moy ie ne fuis pas d'avis de m'arrefter à vous entretenir fur une matiere fi claire & fi manifefte, joint que ie fuis preffé d'ailleurs à vous faire voir la conftruction des autres feux qui nous reftent à
vous decrire.

Chapitre V.

Des Sacs à feu.

La façon de fe fervir de nos Sacs artificiels dans les deffences des affauts & des efcalades ne differe en rien de celle des cylindres precedents; pour ce qui eft de leur preparation la voicy. Prenez une barre
de bois affez groffe, & longue de plufieurs pieds, faitez la équarrer
comme un parallelipipede : que les deux extremitez foyent faites en pointe en forme de pyramide : puis percez ce bois de deux trous à angles
droits, affez proche des deux bouts; cela fait paffez à travers deux grandes
chevilles de bois garnies de pointes de fer comme vous pouvez voir en la
figure du Nomb. 316. en la lettre A, fur cete piece de bois attachez un
fac d'une bonne & forte toile affez grand & ample neantmoins, afin qu'il
puiffe renfermer dans fa capacité une grande quantité de ces compofitions,
qui fervent aux globes à feu. Puis apres l'avoir lié à ce bois par les extremitez & remply tout d'un temps par l'orifice fuperieur d'une compofition
convenable on le battera fort & ferme en l'entaffant jufqu'à ce qu'il fe foit
acquis la dureté que nous donnons aux globes à feu lors que nous les preparons. En fin trempez toute la maffe dans du goudron, puis l'enveloppez d'eftoupes. Voyez en s'il vous plait la figure au Nomb. 216.

 Le deffein de cét autre fac deffeigné au Nomb. 281, eft prefque femblable au precedent, finon que fa groffeur eft uniforme par tout fans eftre
plus enflé ny ventru par le milieu qu'aux extremitez, tel que nous vous
avons depeint l'autre, il eft tout rond comme un cylindre, joint qu'il
n'a point d'effieu qui paffe d'un bout à l'autre comme le precedent; mais
feulement des petits tuyaux de bois attachez bien ferme aux deux extremitez du fac remplis d'une compofition lente. La defcription du fuperieur vous en apprendra la compofition, la figure vous rendra le refte fort
aifé.

Chapitre VI.

Des Tonneaux & Barils artificiels.

Que les tonneaux auffi bien que les cylindres décrits cy deffus ayent
efté fort vulgairement mis en ufage entre quantité d'inventions
dont les anciens Grecs auffi bien que les Romains, & tant d'autres
nations qui ont vefcu de leur temps fe font fervy pour la deffence
des places, cela fe peut aifement conneftre par le difcours que ie m'en

vay

vay vous en faire.   Premierement voicy les parolles de Dionis Caſſius en
ſon lib. 56. parlant de Tibere qui avoit aſſiegé une place ſituée au haut d'un
rocher dans le Dannemarcq. *Dalmatarum alii lapides multos aut fundis emit-*
tebant , aut manu devolvebant , alii rotas , alii currus totos petris plenos ; alii
arcas ſive dolia rotunda facta more gentis , & lapidibus referta demittebant. Par où
vous entendez que les aſſiegéz ne ſe contentoient pas ſeulement de rouler grand nombre de pierres , des roües, des chariots chargez de cailloux,
des coffres remplis de pierres, mais encore des grands tonneaux ronds faits à
la mode du païs chargez de pareille marchandiſe.   Heron rapporte quelque choſe de ſemblable en ſon Chap. I. *Columnas, Rotas, currus quadrirotos pon-*
deribus onuſtos, vaſa textilia, lapidibus aut terrâ madefactâ repleta, cujuſmodi ſunt
ea quæ ex tabulis figura circuli cempoſita, vinum, oleum, & tales liquores ſuſcipiunt:
On faiſoit rouler du haut en bas des colomnes , des roües, des chariots
chargez de peſants fardeaux, & ſur tout des vaiſſeaux ronds compoſez,
d'un aſſemblage de douves, tels que ſont ceux qu'on employe à conſerver
le vin, l'huyle, & toutes ſortes de ſemblables liqueurs, leſquels ils rempliſ-
ſoient de cailloux , de pierres , & de terre moüillée pour en rendre la rencontre plus dangereuſe. Ammianus a auſſi des pareils ſentimēts en ſon liv.
20. *Et vimineæ crates cum procederent, confidenter, eſſentque parietibus contiguæ ;*
dolia deſuper cadebant , molæ , & columnæ fragmenta , quorum nimiis ponderi-
bus obruebantur pugnatores.   Or comme on eut paſſé le foſſé à la faveur des
clayes & qu'avec beaucoup de confiēce on les eut portées juſqu'au pied des
murailles ; on vit fondre d'en haut des tonneaux , des grands cartiers de rochers, & des fragments de colomnes, deſquels les aſſiegez ſe treüverent plu-
toſt accabléz quils n'en eurēt preveu la cauſe. Or ie vous dis encore derechef
icy que toutes les authoritez de ces eſcrivains ne nous preuvent rien autre
choſe, ſinon que toutes ces inventions ſervoient à accabler les ennemis, ou
à ruiner leurs machines par la gravité de leur poids: & veritablement l'artifice n'en eſt pas ſi inconnu, ny la pratique ſi difficile, que nous ne puſſions les
mettre en uſage, auſſi bien comme eux, ſi nous les jugiós neceſſaires à la def-
fance de nos places: mais noſtre poudre foudroyante a treuvée des expe-
dians bien plus efficaces pour exterminer ceux qui entreprennent ſur nos
vies & ſur nos biens. Voila pourquoy nous preparons maintenant des grands
tonneaux au centre deſquels nous arreſtons un petit vaiſſeau plein de poudre ſur un eſſieu qui paſſe par le milieu, ou bien nous y mettons une groſſe
& puiſſante grenade, laquelle nous environnons de pierres, de cailloux, de
carreaux de fer , & de ſemblables d'ēnrées , puis nous rempliſſons toüs les
eſpaces vuides de chaux vive: les tonneaux eſtant pleins autant qu'ils peuvent eſtre , nous les faiſons renfoncer, & bien relier de cercles de fer, en fin
apres y avoir ajuſtéz des tuyaux, pour porter le feu juſques dans la poudre
nous les jettons de la ſorte du haut des remparts parmy les ennemis , où ils
font plus de ravages en un inſtant que toutes les machines des Anciens n'en
auroint pù faire en dix jours.

   Or les effets de cès inventions prodigieuſe font ſi eſpouvantables qu'il
n'eſt pas poſſible de vous les pouvoir faire comprendre, bien loing de vous
les faire croire, à moins que vous ne vous ſoyez treuvé en quelque occaſion
où elles ayent eſte employées & que vous les ayez veües de vos propres
yeux.   Car je ne crois pas que l'eſprit humain pût jamais inventer une
peſte plus pernicieuſe que celle là, pour deſtruire l'ennemy dans le ſiege
d'une place laquelle il s'opiniatre d'emporter par force, pour moderer la violēce de ſes aſſauts, & pour arreſter les courages les plus determinez à la perte

de

de leur propre vie. Nous avons un exemple des horribles effets de ces machines meurtrieres dans le siege de S. André en Escosse, arrivé en l'an de Nostre Sauveur 1524: auquel un de ces tonnneaux chargé de poudre de pierres & carreaux de fer, ayant esté roulé du haut en bas parmy les ennemis, blessa plus de six cens soldats dans un assault: entre lesquels il s'en treuva trois cens vingt & un de morts sur la place. Nous apprenons cete histoire de Hierosme Russeli Italien, dans les preceptes qu'il nous donne de la milice moderne.

Les assiegeans pourroient aussi assez aysement jetter des pareils tonneaux dans les villes & places assiegées (& mesme des cylindres & des sacs) s'ils avoient des machines propres à cela: ce qui leur seroit fort facile, s'ils vouloient remettre en usage les anciennes balistes: desquelles nous ne parlerons pas icy d'avantage puisque nous en avons suffisamment fait mention ailleurs.

On peut aussi quelquefois cacher ces bariques artificielles sous terre, dans un passage fort estroit, à l'entrée d'une place, ou devant la porte d'une ville: dans lesquelles on aura ajusté fort adroitement un roüet d'arquebuse garny d'une bonne pierre à fuzil, avec une longue ficelle qui s'attachera à la detente pour le faire debander lors qu'on voudra faire joüer la mine: mais vous aurez soin de faire passer ce fil par un canal fousterain en telle sorte qu'il ne paraisse nullement. Que si ce moyen ne vous plaît pas, vous pourrez pour le plus certain y mettre un morceau de mesche, ou de nostre estoupe pyrotechnique retorte d'une telle longueur qu'elle puisse durer jusques au temps que l'ennemy doit parestre pour entrer par cét endroit: en telle sorte toutefois que le bout de la mesche qui sera allumée puisse respirer l'air par un canal de cuivre ou de fer lequel viendra jusqu'à la superficie de la terre, depeur que le feu demeurant accablé sous sa propre cendre il ne s'esteigne, & par consequent ne trompe vostre attente. Mais ie n'ay que faire de m'en donner d'avantage de peine, l'ingenieur qui aura l'esprit bon, trouvera des expediants assez pour faire reüssir son dessein.

Nous treuvons que la necessité suggera autrefois divers moyens aux assiegez non seulement pour rompre & renverser les machines des assiegeans à force de pierres, & par le poids des puissantes masses qu'ils élançoient à l'encontre, mais aussi pour les brûler & reduire en poudre. Voila pourquoy entre autres expedients qui jugeoient propres pour cete execution ils remplissoient des barils & tonneaux de matieres ardentes, puis les envoyent parmy les ouvrages des ennemis. Tesmoing Cesar livre 2 de de la guerre civile parlant des Massiliens assiegez: *Ubi ex ea turri quæ cirtum essent opera tueri se posse confisi sunt, musculum sexaginta pedes longum ex materia bipedali, quem à turri lateriria ad turrim hostium murumque producerent, facere instituerunt: cujus musculi hæc erat forma. Duæ primùm trabes in solo æquè longæ, distantes inter se pedes quatuor collocantur: inque eis columellæ pedum in altitudinem quinque defiguntur. Has inter se capreolis molli fastigio conjungunt, ubi tigna quæ musculi tegendi causâ ponunt, collocentur. Eò super tigna bipedalia injiciunt, eaque laminis clavisque religant: ad extremum musculi tectum trabesque extremas, quadratas regulas, quatuor patentes digitos defigunt: quæ lateres, qui super musculo struantur, contineant. Ita fastigiato atque ordinatim instructo ut trabes erant in capreolis collocatæ, lateribus lutoque musculus, ut ab igni qui ex muro jaceretur tutus esset, contegitur. Supra lateres coria inducuntur, ne canalibus aqua immissa lateres diruere posset. Coria autem, ne rursus igni ac lapidibus corrumpantur, centonibus conteguntur.*

Hoc

Hoc opus omne tectum vineis ad ipsam turrim perficiunt, subitoque in oppinantibus hostibus, machinatione navali, phalangis subjectis ad turrim hostium admovent, ut ædificio jungatur. Quo malo perterriti subito oppidani, saxa quam maxima possunt vectibus promovent, præcitataque muro in musculum devolvunt. Ictum firmitas materiæ sustinet, & quicquid incidit fastigio musculi delabitur. Id ubi vident, mutant consilium. Cupas tædâ ac pice refertas incendunt, easque de muro in musculum devolvunt. Involutæ labuntur; delapsæ ab lateribus longuriis furcisque ab opere removentur. Interim sub musculo milites vectibus infima saxa turris hostium convellunt. Compluribus jam lapidibus ex ea quæ suberat turri subductis, repentina ruina pars ejus turris concidit.

En sorte que ces pauvres & miserables assiegez n'ayans pas pù ruiner une certaine machine qu'on avoit dressée pour abbattre leurs tours, à cause de la resistance de la couverture qui estoit à l'espreuve des pierres & de l'eau qu'on y pouvoit jetter, ils s'adviserent de remplir des tonneaux de poix, & de bitume, puis les rouler tous ardens du haut en bas des murs sur cete machine, quoy que cét expediant ny servit de rien, veu que ces corps ronds ne pouvans demeurer arrestéz sur le comble qui estoit elevé en pointe, rouloient à bas, joint que d'ailleurs les soldat en esloignoient promptement le feu avec des grandes perches de peur qu'il ne s'y attachât par les costez.

Cete invention m'agréet fort, mais ses effets me deplaisent infiniment. Il est bien vray qu'ils en eussent veu des beaucoup plus violents, si ces malheureux eussent eu quelque connessance de nostre poudre à canon, & si dans des si pressantes necessitez ils eussent eu la science & l'adresse de preparer des tonneaux tels que ie les vous ay decripts cy dessus. Il ny a galleries pour impenetrables qu'elles paraissent, il ny a couverture si forte; cuirs de beufs, ny madriers, blindes, ny chandeliers assez espais, il ny a hommes armez les fussent-ils d'acier jusques aux dents, qui puissent souffrir le choc des cailloux & carreaux de fer, ny des grenades que nous renfermons ordinairement dans ces pernicieuses machines. Heureux qui en auroit pù éviter la fureur, ou qui par sa fuite auroit pù donner ordre a son salut, avant que le feu fut passé dans la poudre! bien loing de s'en approcher pour esloigner nos tonneaux de leurs engins avec leurs fourches.

Ie vous ay desseigné les formes de nos tonneaux artificiels aux nombres 219, 220, & 221. Mais la derniere figure vous represente deux barils enfilez sur un mesme axe de fer : lesquels ne sont pas remplis de pierres, mais bien de grenades, de petards, & de poudre grenée, reliez de bons cercles de fer, & brochez tout à l'entour de grandes pointes d'acier; la raison pourquoy on les arme de la sorte, est pour prevenir le dessein de certains avanturiers qui pourroient se hazarder à les couper à coup de haches avant que le feu fut porté dans la capacité des tonneaux; c'est pour cela mesme qu'on les arreste sur un essieu de fer, & qu'on garny les rouës de bandes de fer & de liens de pareille matiere.

Que si d'avanture ces bariques artificielles ne sont pas trop pesantes, on en pourra faire provision pour les combats de mer, en charger sur les vaisseaux de guerre, & dans les occasions les envoyer à travers les navires des ennemis, de mesme que nos pots à feu.

Vous aurez grand soin de bien arrester les tuyaux qui contiennent l'amorce : car c'est en cecy que gist tour l'artifice autrement vous courez risque de voir vôtre travail inutile.

E e e

Dans

Dans les deux precedentes figures les lettres AA vous marquent un petit baril rempli de poudre, & une grenade, qui se mettent aux centres des tonneaux. Le reste s'apprendra aisement par les figures.

Chapitre VII.

Des Falots & Flambeaux Pyrotechniques.

Nous n'entendons icy par ce mot de Falots rien autre chose sinon des certains brandons de feu d'artifice qu'on envoye de loing ou de prés parmy les ouvrages des ennemis pour les embraser promptement. Pour dire la verité on les met fort peu, ou point du tout en usage aujourd'huy; les Anciens s'en sont autrefois fort heureusement servy an rapport de Vitruve lib. 2. chap. 9. *Divus Cæsar cum exercitum habuisset circa Alpes imperavissetque municipiis præstare commeatus, ibique esset castellum munitum, quod vocabatur Larignum, tunc qui in eo fuerunt, naturali munitione confisi, noluerunt imperio parere. Itaque imperator copias jussit admoveri. Erat autem ante castelli portam turris ex hac materia, alternis trabibus transversis (uti Pyra) inter se composita altè, ut possit de summo sudibus & lapidibus accedentes repellere: tunc verò cum animadversum est, alia eos tela præter sudes non habere, neque posse longius à muro propter pondus jaculari, imperatum est fasciculos ex virgis alligatos, & faces ardentes ad eam munitionem accendentes mittere. Itaque celeriter milites congesserunt. Postquam flamma circa illam materiam virgas comprehendisset, ad cælos sublata, effecit opinionem uti videretur jam tota moles concidisse. Cum autem ea per se extincta esset, & requieta turrisque intacta apparuisset, admirans Cæsar, jussit extra telorum missionem eos circumvallari. Itaque timore coacti oppidani cum se dedissent, quæsitum unde ea essent ligna quæ ab igni non læderentur: tunc ei demonstrarunt, eas arbores, quarum in his locis maximæ sunt copiæ, & ideo id castellum Larignum, item materies Larigna est appellata.*

Ie vous exposeray cecy en quatre mots. Cesar ayant ses troupes aux environs des Alpes, assez proche un chasteau qu'on appelloit Larigne à cause de certains arbres de ce nom qui y croissoient en abondance le fit sommer à se rendre. Mais comme ceux qui le tenoient se fioient à la fortification naturelle du lieu ils ne voulurent point se souf-mettre à la premiere semonce que l'Empereur leur en fit faire, ce qui obligea Cesar à faire advancer ses troupes, vers ce lieu pour s'en rendre maitre, mais il renrencontra à la porte du chasteau, un puissant obstacle à sçavoir une tour fort haute, bastie de grandes poutres posées l'une sur l'autre de travers, à la façon d'un bucher, d'où les assiegez estoient resolus de se deffendre fort & ferme avec des zagayes, estocs, & pierres: de quoy Cesar s'estant apperceu, & qu'ils n'avoyent poins d'armes qui pussent luy nuire qu'à la portée de leurs bras, il fit apporter quantité de fagots, & les jetter à l'entour de cète redoute de bois avec force flambeaux & brandons de feu qu'on y envoya parmy, ce qui fût incontinant fait: le feu s'attacha en effet fort asprement à ce bois qu'on y avoit jetté, & fit élever tant de flamme & de fumée que l'on creut fermement que la tour seroit tout à fait consommée,

Mais

Mais auſſi toſt que ce feu fût eſteint & que la flamme fut diſparuë on fut
bien eſtonné de revoir la tour auſſi entiere comme auparavant, ce que Ceſar ayant remarqué comme un effet prodigieux commenda qu'on eût à la
ſerrer de pres, & s'en approcher juſques à la portée de leurs armes, cecy
donna l'eſpouvante aux aſſiegéz tellemēt qu'ils ſe rendirent bien toſt apres
Ceſar leur ayant demandé d'où venoit ce bois qui reſiſtoit ainſi à la violence des flammes : ils luy montrerent les arbres que ce terroir produiſoit
abondamment, du nom deſquels ils avoient appellé leur chaſteau Larigne.

Silius nous fait auſſi mention de ces falots *In pugna Cannenſi.*

> *Ullum nec deſit teli genus, hi ſude pugnant,*
> *Hi pinu flagrante cient, hi pondere pili,*

Lucan meſme *in Pharſalica :*

> *-- inde ſagittæ*
> *Inde faces & ſaxa volant.*

Vigile en parle auſſi en quelque endroit

> *Iamque faces & ſaxa volant, furor arma miniſtrat.*

Lipſius en ſon 5 lib. *Poliorceticon*, nous explique de quelle matiere les Anciens avoient de coûtume de preparer ces torches, en ces termes. *Fuere faces*
communes illæ, è picea, larice, abiete & quibus in uſum luminis domi etiam uſi; etſi
hæc credo paulò robuſtiores aut grandiores. Has manu jaciebant, & deſtinabant in
machinas propinquas: ſed & iis pugnabant.

Les falots les plus communs eſtoint ceux qui ſe faiſoient de pin, de ſapin,
& d'un autre bois preſque de meſme nature, deſquels il ſe ſervoient non ſeulement pour leur uſage particuliers dans leurs maiſons, mais auſſi dans leurs
combats, & à mettre le feu aux machines des ennemis lors qu'ils en eſtoint
aſſez proche pour les y pouvoir élancer avec le bras.

Tout cecy eſt de-ja vieil : mais voicy Paulus Piaſecius Eveſque de Premiſle
& le plus celebre de nos analiſtes, qui nous en rapporte des exemples un
peu plus recens, dans un paſſage. où il fait mention de Wielkoluki ville de
Moſcovie autrefois aſſiegée & priſe par Eſtienne Roy de Pologne, il en parle
en ces termes ; *Arx verò erat foſſa profundiori circumdata, & loco muri ejus pa-*
ries, ex immenſa in latum & altum roborum mole compaginatus, quem vallum con-
tiguum ceſpitico vertice exæquans, firmum & ad omnem machinationem impetum
immobilem reddebat, ut nulla vi alia, niſi incendio labefactari potuiſſet &c. puis
en ſuite de quelques autres diſcours : *Zamoyſcius Cancellarius cum legione ſua*
in alteram fluminis ripam arci adverſam trajecerat, ibique aggeribus excitatis, ma-
chinas contra primaria arcis propugnacula bifariam erexit Ab altera verò parte
Rex foſſas propè arcem duci, tormentaque contra hoſtiles munitiones dirigi fecit,
& biduo in eo opere inſumpto, prima Septembris tormenta vibrari cæpta, qua-
tuor diebus mænia arcis quatiebant; ſed irrito eventu, cum parietes terrâ repleti
& vallo ſuſtentati, ictus pilarum tormentorum non reciperent, donec cuniculis
actis, unum propugnaculum everſum, ignem ex copioſiore pulvere nitrato ibi aſ-
ſervato concepit, & ſummo niſu reſtinguentibus illud Moſchis, alia parte ſubjectæ
ſub veſperum parieti faces ſulphureæ, quæ multis horis latentes humiditate ſoli ex-
tinctæ credebantur, media nocte oborto validiori vento agitatæ exarſerunt. Mox-
que flammis inde dilatatis tota arx quinta Septembris deflagravit. Moſchos ex
incendio erumpentes furor militaris excepit, vix tertia parte omnium qui ibi fue-
rant ſervata &c.

Par où vous pouvez entendre que le Roy de Pologne conſiderant que
ſon artillerie n'avoit pû esbranler pendant quatre jours entiers les remparts
de cete place qu'il avoit aſſiegée, il fut contraint d'avoir recours à la mine

E e e 2

d'un

d'un costé, & de faire jetter de l'autre quantité de torches & de flambeaux faits d'une matiere soulfrée qui sur la minuit à la faveur d'un vent qui s'éleva, embraserent toutes les baricades & clostures qui n'estoient faites que de bois, lors que l'on y pensoit le moins,& qu'on croyoit mesme qu'ils fussent entierement esteins.

Voila tout ce que ie pouvois vous dire touchanr l'usage & les effets des torches & salots artificiels: il me reste seulement à vous informer comme quoy vous les pourez preparer suivant les regles de nostre art,en cas que d'avanture la necessité vous oblige à vous en servir. Prenez doncques du Soulfre 8 parties, de la Colophone 2 parties, du Salpetre 4 parties ,de la Poix noire 1 partie, de la Cire β partie, de la Terebenthine 1 partie : apres avoir mis tous ces ingredians dans un pot de terre vernissée, ou d'airain faitez les fondre sur des charbons ardents; lors qi seront fondus jettez dedans du vieil linge bien lavé & bien desseiché, ou bien de l'estoupe; imbibez-là bien de cete matiere, puis l'ayant tirée de là enveloppez-en un baston assez long avant qu'elle soit refroidie, & la liez bien serré de fil de fer ou de laiton : mais il faudra que premiérement vous attachiez quelques clous à ce baston, afin que la composition adhere mieux. Vostre flambeau estant preparé de la sorte, vous le pourrez allumer asseurement, le porter,ou le jetter là où bon vous semblera sans crainte que ny le vent ny la pluye le puissent esteindre,au contraire ardra dans l'eau & sous l'eau avec une opiniatreté merueilleuse, jusqu'à son entiere consomption, & ne pourra jamais estre suffoqué à moins que de l'accabler ou de sable ou de cendre.

Chapitre VIII.

Des Flesches ardentes.

Ce que nous appellons icy sagettes ou flesches ardentes, est ce qu'on nommoit autrefois des *Malleoles* : quoy que neantmoins certains autheurs les confondent avec les flambeaux & manipules. Comme fait Nonius Marcellus qui dit que : *Malleoli sunt manipuli spartei pice contecti qui incensi aut in muros aut testudines jaciuntur.* Festus s'y trompe de mesme : *Malleoli vocantur non solum parvi mallei, sed etiam ii qui ad incendium faciendum aptantur, videlicet ad similitudinem priorum.* Comme aussi Tite Live : *alii stuppam picemque & malleolos ferentes tota collucentes flammis acie advenere.* Mais Herodianus s'explique un peu mieux quand il parle de la forme des Malleoles ,quoy que neantmoins il ne laisse de leur donner quelquefois le nom de torche,car comme il en parle en son liv. 8, discourant sur le siege d'Aix : *Sed & machinis admotis faces injiciebant, pariter pice & resinâ oblitas, & in extremo sagittæ mucronem habentes, quæ cum accensæ deferrentur, infixæ & inhærentes machinis, facilè eas comburebant.* Mais de tous les Autheurs ie n'en treuve point qui ait donné une decription plus pertinente, de la forme,de l'usage , & de la façon de les preparer que Ammianus lib. 23.Il nous la donne en ces termes : *Malleoli teli genus figuratur hac specie : Sagitta est cannea inter spiculum & arundinem multifido ferro coagmentata quæ in muliebris coli formam, quo nentur linea stamina, concavatur ventre subtiliter, & plurifariam patens, atque in alveo ipso ignem cum aliquo suscipit alimento & si emissa lentius arcu in valido (ictu enim rapidiore*

ex

extinguitur. (c'est icy où l'on peut remarquer le besoin qu'ils avoient de noftre Salpetre & de noftre poudre, pyrique lefquels font fi puiffans qu'ils peuvent conferver le feu dans tous nos miffiles pyrotechniques, malgré l'impetuofité des vents,& la rapidité des mouvemens les plus viftes; mais au contraire s'emflamment d'avàntage lors qu'ils fe treuvent attaquéz pár ces ennemis eftrangets) *fi hæferit ufquam tenaciter cremat, aquifque confperfa acriores excitat æftus incendiorum, nec remedio ullo quam fuperinjecto pulvere confopitur.* Le malleole eft une efpece d'armes fait comme un grand dard de canne, armé d'un fer de plufieurs doubles entre la pointe & le rofeau, il a juftement la forme d'une quenoüille, on le creufe fubtilement par dedans & en plufieurs fortes, puis on le remplit de quelque aliment capable de côcevoir le feu,& en cét eftat on l'envoye où l'on veut avec une arc, mais par un mouvement fort moderé neantmoins, car s'il eft porté avec trop de viteffe, la flamme s'efteindra infailliblement,s'il s'arrefte,ou qu'il s'attache en quelque endroit il brûle puiffamment; fi vous y jettez de l'eau le feu s'irrite & en augmente fa flamme de plus en plus, enfin il ne vous fera pas poffible de l'efteindre qu'en l'accablant de pouffiere ou de fable. Vegefe parle des Malleoles prefque au mefme fens lib. 4. Chap. 18. *Malleoli velut fagittæ funt, & ubi adhæferint (quia ardentes funt) univerfa conflagrant.* Enée qui eft un efcrivain fort ancien, *in libello Poliorcetico cap.* 32. appelle cète efpece d'armes fimplement des flefches ardentes de mefme que nous; ce que vous pourrez remarquer par fes parolles qu'Ifaac Cafaubon nous a traduites en Latin. *Adverfus magnas* (ce dit il) *machinas fuper quibus multi armati admoventur,& ex quibus tela mittuntur,cum àlia tum catapultæ & fundæ, atque etiam in tecta arundinacea fagittæ igniferæ,*

Voila ce que j'avois à vous dire touchant les flefches ardentes des Anciens : refte à vous expofer brievement les noftres & vous enfeigner comme quoy on les pourra conftruire, vous en trouverez de trois fortes aux nombres 222, 223. & 224. La conftruction de la premiere eft telle: faites faire un petit fac de la grandeur d'un oeuf d'oye,ou de cygne d'une figure longue, ou ronde, de mefme que nous vous en avons deffeignéz quelques uns pour les globes à feu. Rempliffez-le d'une compofition faite de 4℔, de Salpetre clarifié, d'une ℥ de Soulfre, de Poudre battuë 1 ℥, de Camphre β ℥,de Colophone ℥ β.Ou bien de celle-cy qui eft faite de 2 ℥ deSalpetre, de 2 ℥, de Poudre, de Soulphre 1 ℥, de Colophone ℥ β. Adjoûtez y fi vous voulez celle-cy qui eft d'egale vertu avec les deux precedentes dans laquelle entrent 8 ℥, de Salpetre, de la Poudre 6 ℥, & du Soulphre 4 ℥, Lorsque vous aurez bien remply ce fac faites un trou par le milieu dans lequel vous pafferez une flefche commune, telle qu'on a de coûtume de tirer avec les arcs ou arbaleftes. Faites en forte qu'elle paffe le fac de tout le fer, puis paffez immediatement par deffous le fonds du fac une petite cheville de bois à travers la flefche, ou bien l'arreftez avec deux ou trois cloux afin que ledit fac ne branfle point, & qu'il ne retourne vers les panneaux lors qu'il fera dans l'air, ou quand il s'attachera fur quelque objet refiftant.

Cela fait on l'enveloppera de ficelle entretiffuë, comme la figure le demonftre, ou comme nous vous l'avons enfeigné dans la conftruction des globes ardents. En fin enduifez toute la fuperficie du fac de poix liquide meflée avec de la poudre battuë, puis apres y avoir donné feu par deux petits trous qu'on percera proche la lame,vous l'envoyrez où bon vous femblera,avec un arc,ou arbalefte.

Des

Des deux autres dards celuy qui eſt marqué du nomb. 223 a une hemi-phere concave à la teſte, dans laquelle on engage une grenade à main, ou un globe ardent lors qu'on a deſſein de porter le feu dans quelque lieu. En fin le troiſiéme a une certaine boëte au bout, laquelle on remplit de quelqu'une de ces compoſitions que nous avons décrites cy deſſus. Le diligent Py-roboliſte en treuvera d'avantage chez Brechtelius partie 2. chap 3. de ſa Pyrotechnie. Chez Ufanus en ſon 3 traité chap. 23. Hanzelet pag. 162, Hieroſme Ruſcel, pag. 48. & chez quantité d'autres autheurs qui en parlent aſſez au long.

Or il eſt tres ayſé à conjecturer par la ſuite de noſtre diſcours, à quoy les fleſches ardentes peuvent eſtre utiles, quoy qu'on n'en faſſe pas grand eſti-me aujourdhuy & que la plus part des perſonnes ſans experience s'imagi-nent qu'elles ne peuvent pas eſtre beaucoup propres pour porter le feu dans quelque lieu, ou peut-eſtre à cauſe que dans les ſieges modernes on n'a pas eu occaſion de les mettre en uſage. Toutefois Ufanus nous raporte dans ſon troiſiéme traité d'Artillerie chap. 23. que l'Eſpagnol s'en eſt ſervy fort heureuſement dans les ſieges d'Yprés & d'Oſtende. Mais ſi je repre-nois l'hiſtoire un peu plus haut, ie pourrois vous produire une infinité d'ex-ẽples par leſquels ie vous ferois aduoüer que leur vertu eſt admirable & que l'uſage n'en eſt pas à mepriſer. Or pour ne point embaraſſer ce chapitre d'un grand nõbre de teſmoins que ie pourrois faire comparaître icy, ie me cõten-teray de Martin Cromer parlant des beaux explois de guerre executez par les Polonois lib. 26. devant la ville de Choinice aſſiegée par le Roy Caſimir en l'an de N. S. 1466. lequel rapporte cecy: *nec multo noſtri poſt* (il entend les Po-lonois) *ſagittis ignem jaculati noctu oppidum incenderunt ita, ut quarta ejus cum frumento conflagraret.* marque que l'uſage en eſt excellent puiſque par cete voye ils embraſerent une bourgade en telle ſorte que la quatriéme partie en fût conſommée avec tout le froment; vous treuverez mille exemples de cecy chez d'autres autheurs. Mais s'il y a lieu où l'on puiſſe s'en ſervir commodement, c'eſt dans les combats navales pour mettre le feu aux mats & aux voiles des ennemis; particulierement de celles qui ſont armées de pointes de fer. Car veritablement ie ne crois pas qu'il y ait choſe plus dan-gereuſe dans des pareilles occaſions que ces fleſches ardentes, parce que eſtans une fois embaraſſées parmy les voiles & les cordages on ne pourroit pas les arracher aiſement ce qui les brûleroint ſans relâche, joint qu'il ſeroit impoſſible d'en eſteindre les flammes à moins que de caller les voiles, pen-dant ce temps ie vous laiſſe à penſer ſi les agreſſeurs pourroient aborder les vaiſſeaux, les ruiner & les ſaccager par le moyen des advantages que leur auroient donnéz ces fleſches ardentes : car qu'eſt ce ie vous prie qu'un vaiſ-ſeau qui ne va point à la rame particulierement, lors qu'il ſe void ruiné de voiles en pleine mer, & au milieu de ſes ennemis, ſinon un oyſeau dans l'air ſans ailes, un homme ſans pieds & ſans mains, bref un corps ſans ame. En fin on pourra jetter la nuit toutes ces eſpeces de fleſches ſans les al-lumer, dans les maiſons des places aſſiegées, afin que ce feu ſurprenne d'au-tant plus les habitains, qu'ils auront moins preveu des effets ſi funeſtes à leur ruïne. Mais pour faire cecy adroitément, il faut inſerer dans les amorces des ſacs, ou dans les orifices des deux autres, un petit morceau d'eſponge al-lumée & preparée ſuivant que nous l'avons enſeignée, au lib. 3, chap. 28. l'u-ſage & la neceſſité que vous en aurez vous y rendront ſçavans.

Cha-

Chapitre IX.

Des Lances à feu.

Nos Lances ardentes reſſemblent preſque à une eſpece de longs javelots qu'on appelloit autrefois Phalarices, & qu'ordinairement on
élançoit à l'encontre des ennemis avec des machines ou biẽ à force
de bras. Eſcoutez ce qu'en dit Vegeſe touchant la premiere voye de
les darder : *Quod ſi oppidani exire non audeant, majore Balliſta malleolos vel
phalaricas cum incendio deſtinant.* Nous parlerons de la ſeconde un peu plus
bas. Voyons premiérement ce que diſent les eſcrivains en faveur de leur
forme, de leur preparation & de leurs effects. L'autheur cy deſſus cité lib.
4. c. 18. apres nous avoir décrit les malleoles. *Phalarica, autem ad modum haſtæ, valido præfigitur ferro; inter tubum & haſtile ſulphure, reſina, bitumine, ſtuppiſ-
que convolvitur, infuſo oleo quod incendiarum vocant, quæ balliſtæ impetu deſti-
nata, perrupto munimine ardens figitur ligno, turritamque machinam frequenter
incendit.* Les Phalarices eſtoient une eſpece de dards arméz d'un puiſſant fer
bien aceré, leſquels entre le fer & la hampe eſtoient garnys de ſoulphre
de reſine, de bitume, & d'eſtoupes parmy quoy on meſloit de l'huyle ardente, puis en cet eſtat on les élançoit par le moyen des baliſtes dans les ouvrages des ennemis, à travers leurs baſtiments, où ils s'attachoient tous ardens, & conſequemment cauſoient des incendies eſpouvantables. Tite
Live decad. 2. lib. 1. nous rapporte que le Phalarice eſt proprement une arme Sagontine. *Erat Saguntinis Phalarica miſſile telum, haſtili oblongo, & cætera tereti præter quam ad extremum unde ferrum extabat, id ſicut in pilo qua-
dratum ſtuppa circumligant, linebantque pice, ferrum autem tres in longum habebat pedes, ut cum armis transfigere corpus poſſet, ſed id maximè etiamſi adhæſiſ-
ſet in ſcuto, nec penetraſſet in corpus, pavorem faciebat.* Lipſius adjoûte encore cecy ſur ce paſſage de Tite Live : *Terrible telum ſi examinatis viſu & iftu:
hæc talia quid niſi præludia noſtrorum fulminum ?* Silius fait auſſi mention des
Phalarices des ces Sagontins au ſubjet de Tite Live,

> *Armavit clauſos, & portis arcuit hoſtem*
> *Librari multa conſueta Phalarica dextra*
> *Horrendum viſu robur, celſiſque nivoſæ*
> *Pyrenes trabs lecta jugis cui plurima cuſpis,*
> *Vix muris toleranda lues, ſed cætera pingui*
> *Uncta pice, atque atro circumlita ſulphure ſumat.*
> *Fulminis hæc ritu ſummis è mænibus arcis*
> *Incita, ſulcatum tremula ſecat aëra flamma.*

Lucan lib. 1. Pharſal, vers, 195.

> *Quid nunc verſant jaculis levibuſque ſagittis*
> *Perditis, hæſuros nunquam vitalibus ictus ?*
> *Hunc aut tortilibus vibrata phalarica nervis*
> *Obruet, aut vaſti muralia pondera ſaxi*
> *Hunc aries ferro, balliſtaque limine portæ*
> *Submoveat, ſtat non fragilis pro Cæſare murus.*

Vir-

Virgile raconte des chofes effroyables touchant les effets de cete efpece d'armes lib.9.de fes Æneid.

Non jaculo , neque enim jaculo vitam ille dediſſet ,
Sed magnum ſtridens contorta Phalarica venìt
Fulminis aſta modo , quam nec duo taurea terga
Nec duplici ſquamma lorica fidelis , & auro
Suſtinuit , collapſa ruunt immania membra.

Nous treuvons encore chez Servius s'arreſtant fur ce paſſage de Virgile, où il nous explique fort au long l'etimologie de ce dard, fa forme,& fa figure en ces termes : *de hoc telo legitur , quia eſt ingens torno faſtum habens ferrum cubitale ſupra quod veluti quædam ſphæra , cujus pondus etiam plumbo augetur , dicitur enim ignem habere adfixâ ſtuppa circumdatum , & picc oblitum,intenſumque aut vulnere hoſtem aut igne conſumit : hoc autem telo pugnatur de turribus , quas phalas dici manifeſtum eſt , unde & in circo phalæ dicuntur diviſiones inter Euripum & metas,quod ibi conſtruſtis ad tempus turribus , his telis pugna ediſolebat,hinc Phalarica haſta , ſicut alia muralis.* En forte qu'il croit que ce genre d'armes eſtoit un bois aſſez long armé d'un fer long d'une coudée fur lequel on ajuſtoit comme une certaine fphere dans laquelle on metoit du plomb pour la rendre plus pefante,quelques uns croyent qu'on y attachoit du feu par le moyen de certaines eſtoupes imbuës de poix,de laquelle on l'enveloppoit, puis on l'allumoit avant que de l'envoyer parmy les ennemis. Il eſt tres manifeſte qu'on les appelloit *Phales,* du nom des tours d'où l'on les élancoit : de là eſt venu ce mot de Phalarice , & dard phalarique, à la difference des autres qu'on nommoit murales à caufe qu'on les lançoit du haut des murailles.

Tacite les appelle en quelques endroits des dards & lances ardentes : *Crates vineaſque parantibus adaſtæ tormentis ardentes haſtæ.* Or c'eſt ce nom que nous avons retenu pour nous : par un commun confentement de tous nos pyrotechniciens & Pyroboliſtes.Car les Italiens les appellent *Dardi di fuoco :* les Francois ne nous les nomment pas autrement que *Lances & Piques à feu* les Allemands *Fewer-picken,* les Flamends *Vyer-ſpiſſen :* & en fin nous autres Polonois *Ogniſtæ Wlocznie,*ou *Kopiie.*

S'il vous plait voir la figure de nos lances à feu jettez les yeux au nombre 225 : pour le regard de leur conſtruction, elle eſt de celles que nous avons ordonnées pour les flefches de la premiere efpece , il ny a que cete feule difference,à ſçavoir qu'elles renferment en foy quãtité de petards de fer vulgairement preparéz,& tels que font ceux que nous avons ordonnez pour les globes à feu,c'eſt en quoy elles ſurpaſſẽt de beaucoup les phalarices des anciens , ou au contraire c'eſt en cela que les phalarices les furpaſſent ; car à grand peine pourrions nous aujourdhuy envoyer nos lances à feu avec nos pieces d'Artillerie de la mefme façon que les Anciens élancoient leurs Phalarices par le moyen de leurs Baliſtes, & Catapultes, comme il paroiſt par les tefmoignages des Autheurs que nous avons citez cy deſſus.

Mais en efchange de ces lances,nous avons d'autres brandons artificiels pour faire les mefmes effets que faifoient autrefois les phalarices : lefquels nous pouvons commodement envoyer chez les ennemis avec nos canons. C'eſt de quoy l'on arme maintenant les ſoldats dans les aſſauts des places & fortereſſes , dans les preſſantes attaques des villes forcées , & dans les abordemens des vaiſſeaux.Comme en effet cete efpecé d'armes eſt horrible & efpouvantable à qui en confidere les eſtranges executions : car imaginez vous que les foldats font armez d'autant de piſtolets, que cete forte d'armes

mes

mes renferme en foy de petards de fer : & confequemment un foldat armé d'une pareille lance fait le devoir de plufieurs moufquetaires : & d'avantage il les furpaffe encore de beaucoup, car non feulement il a le feu & le plomb, qu'il fait pleuvoir fur fes ennemis , mais encore le fer & la hampe de la lance, de quoy il fe peut deffendre de ceux qui luy refte à combatre : joignez encore à cela que fi l'affaut fe fait de nuit, il fert de flambeau à fes compagnons , & leur fait affez de clarté pour decouvrir les embafcades des ennemis, & s'empefcher d'en eftre furpris.

Chapitre X.

Des Tuyaux à feu.

Ie ne vous ay depeint qu'une feule efpece de ces tuyaux à feu militaires fous le nombre 226, laquelle eft femblable à celle des tuyaux recreatifs deffeignez au N° 195. Mais ie ne treuve rien qui empefche que nous n'employons tous les recreatifs dans des occafions militaires , apres en avoir ofté les matieres qu'on y avoit employéez pour former les feux de joye , & remis en leur place quelques compofitions de celles qui fe preparent pour la perte & ruine des ennemis, à fçavoir les grenades manüelles, les petards , & toutes chofes femblables ; comme vous le pourrez remarquer dans la figure mefme ; en laquelle au lieu de petards de papier, j'ay arefté bien ferme fur la fuperficie exterieure du tuyau nos petards militaires. Il y a encore une autre chofe en quoy nos recreatifs different de ces militaires : à fçavoir qu'on les pourra faire portatifs ny plus ny moins que nos lances à feu cy deffus décriptes. Au refte ie vous adverty que tous ces petards doivent eftre tellement difpofez qui foient tournez directement vers l'ennemis, pour fe decharger fur eux.

Epilogue.

Voila Amy Lecteur la tafche de la premiere partie de noftre Artillerie achevée avec autant de diligence que la foibleffe de noftre nature me la pû permettre, que fi vous, & toutes les honeftes gens en peuvent tirer quelque chofe d'utile, ie ne me repentiray point du travail , de la dépenfe , ny de tant de belles heures de ma vie que i'y ay employéez. Au contraire fi ie reconnois que mon labeur vous ait efté agreable, voftre eftime m'elevera le courage , & m'obligera à m'attacher à quelque chofe de plus fublime & de plus digne de vous : tout cecy n'eft qu'un avant-jeu des deffeins que ie medite, & que ie me fuis propofé de donner au public pourveu qu'il plaife à la Divine Bonté feconder mes intentions. I'advoüe qu'en effet i'ay obmis quantité de chofes en ce petit ouvrage, tant pour les feux recreatifs que pour les ferieux & militaires, mais ie veux bien que vous fçachiez que ce n'a pas efté tant par ignorance que par le mefpris que i en ay fait, ou que i'ay treuvé bon de differer à un autre temps, ou bien parce qu'une partie auroit deja efté preoccupée, à quoy vous adjouterez l'importunité de l'imprimeur qui ne m'a donné aucune relâche Au refte fi j'ay choppé en quelque endroit, ou s'il m'eft efchappé quelque chofe qui n'ait pas toute fa grace requife, comme ie fçais qu'il m'eft arrivé fort fouvent, ie vous en de-

F f f

man-

mande pardon , ie n'ay ny crainte , ny honte d'estre repris pourveu que ce
soit par des amis, & qu'ils le fassent amiablement, car pour la medisance & la
 correction impertinente, elles ne peuvent provenir que d'un esprit envieux
ou bouffon. Pour moy ie me mocque de tous ces critiques & de leurs jugements au lieu de leur chanter des injures. Mais que dis-je n'auroit-il pas
mieux valu , pour conserver la bonne opinion que ceux qui me connessent,
auroit de-ja conceu de ma reputation , de me taire , que de parler si haut,
particulierement en une telle matiere, qui renferme en soy la connessance
de plusieurs facultez, où il sera bien difficile que ie n'aye commise quelque
faute , & par consequent que ie n'aye donnée suffisante occasion aux mal-
veillans(dont ie ne manque pas)à remordre sur l'une ou sur l'autre des sciences que j'ay enveloppées dans mon ouvrage. Mais tout cela ne nous épouvante point encore ; parce que les amis qui seront sages & prudents , nous
rendront des charitables offices d'amis: car vouloir contester avec des folz &
des ennemis en armes égales , c'est se vouloir rendre semblable à eux. Au
reste l'amour propre de mes ouvrages ne me sera point mesconnoistre dans
les sentiments que i'en ay ; ie sçais & ie l'advove que ie suis homme & par
consequent sujet à faillir. Et pour confesser la verité en un mot il y a beaucoup de sotises parmy toutes les choses humaines , beaucoup de temerité,
beaucoup de superstitions, & beaucoup de frivoles, entre lesquelles ie con-
sens qu'on mete les nostres pour parler & conclure avec Sçaliger.

Au Commencement sans commencement , à la Fin sans fin , au Iour sans
nuit , à l'Ouvrier sans salaire , au Createur sans depence , à la
Science sans discipline, au Triomphateur sans guerre ,
à la Perptuité sans moments , soit à jamais
Loüange, Honneur, & Gloire.

Excuse au Lecteur.

J'avois tousiours souhaité Amy Lecteur, avec une extreme passion de mettre au jour ce fruit de mon esprit , dans la plus grande perfection qu'il me
seroit possible, avant que de vous le faire voir. Mais j'ay eu tant de malheur
que peut estre outre les deffauts que ie n'ay pas pù éviter par une fragilité
naturelle au reste des hommes, il s'y est glissé certaines ablepsies auquelles il
m'a esté impossible de donner ordre, quoy que j'y aye apportée toute la diligence qu'on se peut imaginer , soit que s'ayt esté par le peu de soin ou
l'ignorance mesme des imprimeurs, & ouvriers estrangers, de qui nous avons
esté obligé de nous servir dans cete impression, ou soit que le correcteur qui
en devoit prendre un soin tres particulier, n'ait pas suffisamment examiné
nos pages, premier que de les faire mettre sous la presse. Mais quoy qu'il
en soit ie vous supplie de nous pardonner , & de vous souvenir que nous
sommes tous hommes ; au reste si vous rencontrez quelques mots transpo-
sez, quelques lettres omises, changées, ou superfluës , prenez la peine de les
corriger vous mesme avec la plume, de peur que tels deffauts ne rendent vostre lecture infructueuse. Voicy toutes les fautes que j'ay pù decouvrir dans
la reveüe generale de nostre livre, lesquelles vous corrigerez de la sorte.

Pag.

pag. 2. ling. 25. lisez tentées.	pag. 108. l. 22. l. 920 pour 290.
p. 4. l. 43. l. duquel *pour* auquel	p. 111. l. 31. l. speculatif
ibid. l. 47. l. c'est *pour* ce.	p. 115. l. 20. l. du *pour* de
p. 5. l. 7. l. comme *pour* com-	p. 120. l. 40. l. mais ie vous dy
ibid. l. 14. l. posez.	p. 121. l. 37. l. ⅓ *pour* 1/33
p. 9. li. 32. l. Betinus.	p. 130. l. der. l. au renuoy de la page de tant de lots &c.
p. 14. l. 2. l. des *pour* de.	p. 139 l. 31. l. en pointe par le bas vers la &c.
p. 15. col. 2. l. 59 *pour* 99.	
p. 21. l. 12. l. une ss.	
p. 24. l. 12. l. 12½	p. 144. l. 21. & aux autres ostez jusques
p. 25. l. 36. l. vous *pour* nous.	p. 148. l. 47. l. consommera.
p. 27. l. 29. l. soyent *pour* soit.	p. 155. l. 21. l. quelque petite fuzèe.
p. 32. l. 4. l. que *pour* qui.	ibid. l. der. l. longueur & largeur
ibid. l. 6. l. ce poids se met.	p. 162. l. 24. l. si la chose est telle & voir si elles &c.
p. 33. l. 1. l. Rige *pour* Rigue.	
p. 35. 37. 43. 31. l. des *pour* de.	p. 163. l. pen. l. excellence
p. 41. l. 6. l. ces *pour* ce.	p. 164. l. 31. l. comme il est
p. 46. l. 6. l. difference.	p. 165. l. 36. l. horizontaux
ibid. l. 42. l. desseignée.	p. 166 l. 11. l. les semences
p. 47. l. 14. l. qu'elles.	p. 168. l. 14. l. par les Allemands
p. 54. l. 21. l. en usage.	p. 172. l. 6. l. ils l'appellent
p. 61. l. 10. l. quartiers.	p. 176. l. 36. l. un peu de chaleur
p. 62. l. 17. l. seigle.	p. 177. l. 9. l. de la *pour* que la
ibid. l. 37. l. desquelles.	p. 208. l. 37. l. leur en renvoyer
p. 73. l. 51. l. que le rond.	ibid. l. 31. l. de Hulst
p. 78. l. 41. l. les nostres.	p. 220. l. 37. l. rondes *pour* ronds.
p. 81. l. 13. l. mention	p. 230. l. 47. l. ses gens
ibid. l. 29. l. qu'elles	p. 238. l. 1. l. crampons
p. 83. l. 9. l. ses *pour* ces	p. 250. l. 47. l. sur laquelle
p. 91. l. 42. l. consommées	p. 281. l. pr. l. il sera
p. 92. l. 4. l. tel *pour* telle	p. 282. l. 39. l. poësle à frire *pour* rafraichissoir.
p. 93. l. 5. l. qui n'en	
ibid. l. 9. l. des varietez.	p. 285. l. 38. l. de telle grosseur.
p. 73 l. 23. l. en seve.	p. 288. l. 44. l. 800000.
p. 101 l. 40. l. que ce ne soit.	p. 301. l. 49. l. du feu *pour* de feu
p. 104 l. 38. l. deüement.	p. 329. l. 34. l. espadon.

Pour ce qui est du reste des fautes cher lecteur, j'espere que vous aurez assez de bonté pour les marquer avec la plume, à mesure que vous les rencontrerez afin de les preparer pour une seconde edition.

Que si d'ailleurs vous treuvez quelques deffauts dans mes figures vous pouvez en accuser le graveur, car pour moy i'y ay apporté tout le soin que i'ay pù pour les rendre autant exactes & parfaites qu'il estoit possible. I'espere toutefois que vous n'y aurez aucune difficulté qui vous puisse arrester: car nos descriptions sont assez prolixes pour vous esclaircir dans vos doutes. Au reste que si vous desirez tirer quelque fruit de nostre travail & de vostre lecture, montrez vous aussi curieux dans la pratique manüelle de nos ouvrages Pyrotechniques, que judicieux examinateur de nos deffauts.

Le Relieur aura soin d'inserer ces figures entre les Pages
suivant l'ordre des caracteres qu'elles portent au bas.

A Pag.	11	F Pag.	149	L Pag	205	Q Pag.	534
B	21	G	153	M	242	RS	370
C	42	H	159	N	249	TV	385
D	109	I	169	O	321	W	389
E	131	K	189	P	341	X	395

TABLE
DES LIVRES, DES CHAPITRES,
des Appendices, & des Corollaires, de cete Premiere Partie d'Artillerie.

CHAPITRES DV LIVRE PREMIER
De la Regle du Calibre.

CHAPITRES DV LIVRE SECOND
Des Matieres & des materiaux qu'on a de coûtume d'employer dans la Pyrotechnie.

CHAPITRES DV LIVRE TROISIEME

Des Fuzées.

De

CHAPITRES DV LIVRE QVATRIEME

Des Globes ou Balles à feu.

CHAPITRES DE LA PREMIERE PARTIE

Des Globes Recreatifs.

CHAPITRES DE LA SECONDE PARTIE

Des Globes serieux preparéz pour les usages militaires.

Co-

CHAPITRES DV LIVRE CINQVIEME.

De diverses Machines de guerre fixes ou mobiles, Masses, Engins & autres Armes Pyrotechniques, tant recreatives que serieuses ou militaires.

CHAPITRES DE LA PREMIERE PARTIE.

Des Machines, Engins, Masses, Missiles, & Armes Pyrotechniques, artificielles & recreatives.

CHAPITRES DE LA SECONDE PARTIE.

Des Masses, des Missiles & des Armes Pyrotechniques militaires & serieuses.

F I N.

1960.